电 机 学

（第七版）（修订版）

Fitzgerald & Kingsley's Electric Machinery
Seventh Edition

［美］Stephen D. Umans　著

刘新正　苏少平　高　琳　译

電子工業出版社·

Publishing House of Electronics Industry

北京·BEIJING

内 容 简 介

本书是电机学领域的经典教材,正文内容包括磁路和磁性材料、变压器、机电能量转换原理、旋转电机概述、同步电机、多相感应电机、直流电机、变磁阻电机和步进电动机、单相和两相电动机、转速及转矩控制等,附录内容包括三相电路,交流分布绕组的电势、磁场和电感,dq0 变换,实际电机性能和运行的工程问题,常数和 SI 单位转换系数表等。全书在强调基本原理的同时,介绍了稀土永磁材料、永磁交流电机、变磁阻电机、步进电动机等新内容,更新与扩充了关于感应电机的内容,修订了全书中的习题与示例,引入了MATLAB,添加了便于读者学习的指导意见,同时在配套网站上提供了本书的习题解答。

本书可作为高等院校工科电气工程及其自动化专业或其他相关专业学生的教材或教学参考书,也可作为工程技术人员的参考用书。

Stephen D. Umans: Fitzgerald & Kingsley's Electric Machinery, Seventh Edition
9780073380469

Copyright © 2013 by McGraw-Hill Education.

版权贸易合同登记号 图字:01-2013-5741

图书在版编目(CIP)数据

电机学:第七版:修订版 /(美)斯蒂芬·D. 乌曼(Stephen D. Umans)著;刘新正,苏少平,高琳译 .
北京:电子工业出版社,2021.6
书名原文:Fitzgerald & Kingsley's Electric Machinery, Seventh Edition
ISBN 978-7-121-41199-1

Ⅰ. ①电…　Ⅱ. ①斯… ②刘… ③苏… ④高…　Ⅲ. ①电机学－高等学校－教材　Ⅳ. ①TM3

中国版本图书馆 CIP 数据核字(2021)第 091264 号

责任编辑:谭海平　特约编辑:王　崧
印　　刷:三河市良远印务有限公司
装　　订:三河市良远印务有限公司
出版发行:电子工业出版社
　　　　　北京市海淀区万寿路 173 信箱　邮编:100036
开　　本:787×1 092　1/16　印张:32.75　字数:838 千字
版　　次:2014 年 10 月第 1 版(原著第 7 版)
　　　　　2021 年 6 月第 2 版
印　　次:2024 年 11 月第 5 次印刷
定　　价:89.00 元

译者序

不知不觉间,距离我们翻译本书第六版已过去了多年。我们欣喜地看到本书英文第七版的出版,也很荣幸再次有机会将其翻译为中文版呈现给读者。

第七版依然延续了以前各版突出原理、淡化细节、例题及习题丰富的编写风格,最显著的变化是删除了第六版中关于电力电子学知识的第 10 章。如果与第六版仔细对照,读者还会发现,其余章节的编排顺序和主题内容虽然未做改动,但对具体问题的阐述以及对例题和习题做了较多修改,特别是补充了一些分析电机动态过程及闭环控制系统的内容。

正如作者所指出的,本书重点关注的是电机运行的基本原理和特性,由于电机运行所基于的电、磁作用机理不变,对电机运行的描述就不会有太大变化。如何适当地引入新的分析工具,既不加重学生的负担,又能使学生加深对电机原理、特性和应用的理解,是目前电机学教材编写和教学实践需要认真考虑的问题。除了翻译本教材,译者近年还翻译或阅读过美国高校的多本电机学教材,其中大都引入了应用 MATLAB 软件分析电机及其系统的内容。受制于课时安排,国内目前鲜有在电机学教材和课程教学中对此类工具的应用,建议教师或者学生自己不妨做一些尝试。

本书的译者均为西安交通大学电气工程学院教师。其中第 1 章、第 2 章、第 10 章和附录由刘新正翻译,同时负责全书其他各章的校译和统稿;第 3 章、第 4 章、第 5 章、第 8 章和第 9 章由苏少平翻译;第 6 章、第 7 章由高琳翻译。

外文教材的翻译是一个艰难的再创作过程,我们在翻译过程中一直努力追求的目标是,一方面做到忠实于原文本意及描述特色,另一方面又兼顾国内读者的阅读习惯,做到中文流畅。本版翻译中修改了第六版中的部分论述方式,并改正了一些译文瑕疵,但错误和不妥之处仍在所难免,敬请读者指正。

前　言

自 Fitzgerald 和 Kingsley 教授于 1952 年首次出版第一版以来,本书的一贯宗旨是,始终将重点放在对电机特性内部物理本质,以及应用解析方法来描述电机性能的分析这两个方面。自第一版出版发行以来,情况有了很多变化,例如低损耗电工钢、稀土永磁材料的开发,制造技术的改进,以及电力电子控制和驱动系统的出现等。

然而,主宰电机特性的基本原理保持不变。本书长久以来的声誉,在很大程度上就源于其侧重于这些基础原理。每次新版编写所面临的挑战都是,既要适当地使一些处理方法"现代化",又要保持这一基本中心思想不变。在以前版本的现代化中,已经放入了对稀土永磁材料的介绍,引入了永磁交流电机、变磁阻(开关磁阻)电机和步进电动机,以及对磁场定向控制策略的讨论等。

第六版的重要改进是,引入 MATLAB 在例题和练习题以及章末习题中的应用。MATLAB 在很多大学得到了广泛使用,并有学生版本。虽然本书的读者不需要具备高深的数学知识,但书中的数学运算可能会使读者稍感棘手和枯燥,在交流电机的分析中尤其如此,因为分析中有大量涉及复数的代数运算。类似于 MATLAB 的分析工具,可以将学生从冗长乏味的计算中解放出来,但这种计算本身对加深理解所学内容毫无帮助。

考虑这样一个问题:在第一版出版发行的那些年代,学生可以使用的主要计算工具是计算尺。由于涉及求解带有复变量的方程,当仅利用计算尺计算感应电机在单个负载点的性能时,就是一项艰巨的任务,可能相当耗时,且存在很大计算出错的概率。

时间很快就到了 2013 年。求解相同问题的 MATLAB 程序,可以很容易地在几分钟内完成编写和调试,然后基本上即刻得到答案。只需要稍加修改,同样的程序就可用于计算、描绘和观察电机在其整个运行范围的性能,以及研究参数变化的影响等。这一任务如果用计算尺(或者甚至用计算器)来做,就需要对很多运行点重复计算,而每个运行点的计算都会像第一次计算那样耗时。

应该强调,虽然在本书中选择使用 MATLAB,但还有许多同等功能的数值分析计算程序可供选择,用起来同样有效。关键的一点是,这类程序的使用,能极大地减轻学生的计算负担,进而显著增强其关注于原理来思考问题的能力。

注意,即使没有明确建议,书中的大多数章末习题也都可以用 MATLAB 或同类软件来处理。因而,对那些能轻松自如地使用此类工具的学生,应鼓励他们去使用,以使他们从烦琐的手算折磨中解脱出来。在求解课后习题时,当然仍应该要求学生以书面形式来说明他们是如何解答的,因为解答的过程才是理解所学内容的关键。然而,问题完全公式化后,从摆弄数字本身一般就不再能学到什么东西。首要的是,要从求解的过程和对结果的审查中体现出做例题和章末习题的价值。

此外,在进行第六版修订的时候,与能量转换相关的主题又被重新引入许多工科课程计划中。根据涉及这些教学计划的教师的反馈意见,纳入了涵盖电力电子学基本原理的一章,重点是其在电机领域的应用。当然并未打算用电力电子学一章来替代有关电力电子学的成熟课程,现在很多工科教学计划中都有这样的课程。先期阅览了本次第七版的教师提出,不再需要放入电力电子学一章,因此已将其从第七版中剔出并移到了第七版的网站中。

本次修订侧重于支撑电机特性的基本物理原理,这是本书自第一版以来一直强调的,因此无须改变。再者,纵览第六版及其前面的版本发现,除了删除关于电力电子学的一章,也没有必要修改其他主题所涵盖的范围。另一方面,删除电力电子学一章也为其他主题留出了扩充的空间。因此,本次修订的重要特征如下:

- 所有内容都已经做了仔细的审查、修订和/或必要的扩充,使其更加透彻。其中一例是第 5 章中对永磁交流电机分析处理的扩充。类似地,第 7 章关于直流电机内容的呈现也已做了重新组织,使其更加明晰。
- 本版中增加了 15 个新例题,使得书中的例题总数达到了 111 个。此外,修改了前一版中的一些例题。
- 书中总共 371 个章末习题中,有 96 个是新习题。其余的几乎所有习题,虽然保留了前一版的形式,但在内容上或数值上也都做了更改,因而以前的解答不能再用。
- 在第七版的例题、练习题和章末习题中,相当多地扩展了 MATLAB 的使用。
- 新变化之一是,在每章章末放入了该章出现的变量符号及其定义的列表。
- 介绍了一些关于电机动态过程的简单例子,也包含了几个 MATLAB/Simulink 例题和习题。
- 更新了前一版中的绝大多数图片。

就像过去版本中的情况一样,对于一门单纯介绍性的课程来说,第七版中很可能包含了太多的内容。但书中的内容已经做了精心组织,使得教师可以挑选适合于他们所希望包括的主题内容。最初的两章介绍磁路的基本概念、磁性材料及变压器,第 3 章介绍机电能量转换的基本概念,第 4 章给出对各种类型(旋转)电机的总览和介绍。有些教师会在介绍性的课程中,选择省略掉第 3 章的所有内容或大部分内容,这样做是可行的,而且不会对本书其余内容的呈现产生太大影响。

接下来的五章对各种类型的(旋转)电机做了更深入的讨论:同步电机在第 5 章讨论,感应电机在第 6 章讨论,直流电机在第 7 章讨论,变磁阻电机在第 8 章讨论,单相和两相电动机在第 9 章讨论。由于各章几乎是独立的(第 9 章的内容除外,它基于第 6 章中对多相感应电机的讨论),所以这些章的次序可以改变,教师可以选择侧重于一种或两种类型的电机,而不必覆盖所有这五章的内容。

最后,教师可能希望从第 10 章有关控制的内容中挑选专题,而不是包括所有内容。关于转速控制的内容,是对较早前有关各种类型电机的章节中所出现内容的相对直接扩展。有关磁场定向控制的内容理解起来稍显复杂,它建立在附录 C 中 dq0 变换的基础之上,因此,在介绍性的课程中省略掉这部分内容,将其推迟到以后更高级的课程中,以便有充足的时间去学习,当然是合情合理的。

我要特别感谢南卡罗来纳大学(University of South Carolina)的 Charles Brice 教授和

塞达维尔大学(Cedarville University)的 Gerald Brown 教授,他们细心审阅了书稿的各个章节,发现了许多打字和数字错误。我还要感谢其他审阅者,他们在本次修订的策划过程中提供了很多反馈意见。

Mukhtar Ahmad——*Aligarh Muslim University*

Said Ahmed-Zaid——*Boise State University*

Steven Barrett——*University of Wyoming*

Tapas Kumar Bhattacharya——*Indian Institute of Technology Kharagpur*

Kalpana Chaudhary——*Indian Institute of Technology, Banaras Hindu University, Varanasi*

Nagamani Chilakapati——*National Institute of Technology Tiruchirapalli*

S. Arul Daniel——*National Institute of Technology Tiruchirapalli*

Jora M. Gonda——*National Institute of Technology Surathkal*

N. Ammasai Gounden——*National Institute of Technology Tiruchirapalli*

Alan Harris——*University of North Florida*

R. K. Jarial——*National Institute of Technology Hamirpur*

Urmila Kar——*National Institute of Technical Teachers' Training and Research, Kolkata*

M. Rizwan Khan——*Aligarh Muslim University*

Jonathan Kimball——*Missouri University of Science and Technology*

Dave Krispinsky——*Rochester Institute of Technology*

Prabhat Kumar——*Aligarh Muslim University*

Praveen Kumar——*Indian Institute of Technology Guwahati*

N. Kumaresan——*National Institute of Technology Tiruchirapalli*

Eng Gee Lim——*Xi'an Jiaotong-Liverpool University*

Timothy Little——*Dalhousie University*

S. N. Mahendra——*Indian Institute of Technology, Banaras Hindu University, Varanasi*

Yongkui Man——*Northeastern University, China*

David McDonald——*Lake Superior State University*

Shafique S. Mirza——*New Jersey Institute of Technology*

Medhat M. Morcos——*Kansas State University*

G. Narayanan——*Indian Institute of Science, Bangalore*

Adel Nasiri——*University of Wisconsin-Milwaukee*

Sudarshan R. Nelatury——*Penn State*

Sanjoy K. Parida——*Indian Institute of Technology Patna*

Amit N. Patel——*Nirma University*

Peter W. Sauer——*University of Illinois at Urbana-Champaign*

Hesham Shaalan——*US Merchant Marine Academy*

Karma Sonam Sherpa-Sikkim——*Manipal Institute of Technology*

Ajay Srivastava——*G. B. Pant University of Agriculture & Technology*

Murry Stocking——*Ferris State University*

A. Subramanian——*V. R. S College of Engineering and Technology*

Wayne Weaver——*Michigan Technological University*

Jin Zhong——*University of Hong Kong*

有兴趣的读者可以访问本书的网站 www. mhhe. com/umans7e。第六版中的电力电子学一章已粘贴在了该网站上。在教师版上，为教师粘贴了可下载版本的解答手册、书中插图的 PowerPoint 幻灯片以及 PowerPoint 形式的讲授大纲。网站为学生和教师提供了书中用到的各个例题的 MATLAB 和 Simulink 文件的副本。

在这一版本的修订期间，我的母亲 Nettie Umans 去世了，我一直盼望着和她分享这一版本，她应该很激动地看到了第七版的出版。我深深怀念她！

Stephen D. Umans

Belmont，MA

目录

第 1 章　磁路和磁性材料

本书的目的是学习用于电能和机械能相互转换的装置。重点放在旋转电磁机械,因为大多数机电能量转换借此来实现。但是,所得到的方法普遍适用于各种其他装置,包括直线电机、执行机构和传感器。

虽然变压器不是机电能量转换装置,但它是整个能量转换过程中的一个重要组成部分,因而在第 2 章进行讨论。正像本书中所讨论的大多数机电能量转换装置一样,磁耦合的绕组是变压器工作的核心所在。因此,针对变压器分析所得到的方法,奠定了后续讨论旋转电机的基础。

事实上,所有变压器和电机均采用铁磁材料来定形和导向磁场,而磁场对能量传递和转换起着媒介的作用。永磁材料在电机中也得到了广泛应用。如果没有这些材料,大多数为人们所熟悉的机电能量转换装置就不可能付诸实践。具备分析和描述含有此类材料的系统的能力,是设计和理解机电能量转换装置的基础。

本章将导出一些磁场分析的基本方法,并简要介绍实用磁性材料的性能。在第 2 章,将这些结论用于变压器的分析,在以后各章中将用于旋转电机的分析。

本书假设读者已经具备磁场和电场理论的基本知识,这些知识在工科学生的基础物理学课程中可以找到。某些读者可能学过基于麦克斯韦方程的电磁场理论课程,但深入理解麦克斯韦方程并不是掌握本书内容的先决条件。磁路分析方法提供了对精确的场理论解的代数近似,被广泛用于机电能量转换装置的研究,并构成了此处所介绍的大多数分析的基础。

1.1　磁 路 概 述

在大多数实际工程领域中,磁场的完整而详细的解,涉及求解麦克斯韦方程,且需要一系列描述材料特性的限定关系。虽然实践中常常难以得到精确解,但各种简化假设却使得我们可以得到有用的工程解[①]。

我们首先假设,对本书中讨论的系统,涉及的频率及尺寸使得麦克斯韦方程中的位移电流项可以忽略。此项计及时变电场在空间产生的磁场,与电磁辐射有关。忽略该项得到相应的麦克斯韦方程的磁准静态形式,此麦克斯韦方程使磁场与产生磁场的电流相关联:

$$\oint_C \boldsymbol{H} \mathrm{d}\boldsymbol{l} = \int_S \boldsymbol{J} \cdot \mathrm{d}\boldsymbol{a} \tag{1.1}$$

---

① 基于有限元法的计算机数值解法构成了许多商品化程序的基础,并已成为分析和设计不可或缺的工具。正如在本书中可看到的,这些方法一般最好用来改进基于解析法的初步分析。因为这样的数值解法对理解电机原理和基本特性并无帮助,所以本书中将不做讨论。

$$\oint_S \boldsymbol{B} \cdot \mathrm{d}\boldsymbol{a} = 0 \qquad (1.2)$$

式 1.1 通常称为安培定律,其表述为:磁场强度 $\boldsymbol{H}$ 的切线分量沿闭合回线 C 的线积分,等于通过与该回路关联的任何表面 S 的总电流。从式 1.1 可见,$\boldsymbol{H}$ 的源即为电流密度 $\boldsymbol{J}$。式 1.2 通常称为磁场的高斯定律,其表述为:磁通密度 $\boldsymbol{B}$ 是守恒的,即没有净磁通进入或离开一个闭合面(这等于是说,不存在磁场的单极源)。从这些式子可见,磁场量可以由源电流的瞬时值唯一确定,因而磁场随时间的变化直接跟随源电流的时间变化。

第二个简化假设涉及磁路的概念。在复杂几何结构中,极难得到磁场强度 $\boldsymbol{H}$ 和磁通密度 $\boldsymbol{B}$ 的通解。然而,在很多实际应用中,包括很多类型电机的分析中,三维场问题常常可以简化为本质上所谓的一维路的等效,获得满足工程精确度的解。

磁路由其中大部分为高磁导率磁性材料的结构组成[1]。高磁导率材料的存在,趋向于使磁通被限制在由此结构所确定的路径中,与电流被限制在电路的导体中极为相像。本节展现磁路这一概念的应用,读者将会看到,磁路概念对本书中的许多情况相当适用[2]。

图 1.1 所示为一个简单磁路的例子。假设铁心由磁性材料构成,其磁导率 μ 远远大于周围空气的磁导率($\mu \gg \mu_0$),而 $\mu_0 = 4\pi \times 10^{-7}\,\mathrm{H/m}$ 是自由空间的磁导率。铁心具有均匀横截面,并由带有 i 安培电流的 N 匝绕组励磁。该绕组在铁心中产生磁场,如图 1.1 中所示。

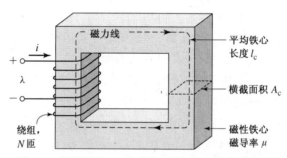

图 1.1 简单磁路。λ 为绕组磁链,在 1.2 节中定义

因为磁性铁心的高磁导率,精确解将表明,磁通几乎完全被限定在铁心,磁力线沿铁心所规定的路径而行。因为横截面积均匀,横截面上的磁通密度基本均匀。磁场可以用磁力线来形象化,而磁力线形成与绕组相匝链的闭合回线。

当应用于图 1.1 的磁路时,铁心中磁场的源为安培—匝数之积 Ni。按磁路术语,Ni 为作用于磁路的磁动势(mmf)$\mathcal{F}$。虽然图 1.1 仅显示了单个绕组,而变压器及大多数旋转电机一般至少具有两个绕组,所以 Ni 必然要用所有绕组的安培—匝数的代数和来替换。

穿过表面 S 的净磁通 ϕ 是 $\boldsymbol{B}$ 的法线分量的面积分,因而

$$\phi = \int_S \boldsymbol{B} \cdot \mathrm{d}\boldsymbol{a} \qquad (1.3)$$

在 SI 单位制中,ϕ 的单位是韦伯(Wb)。

---

[1] 按照其最简单的定义,磁导率可以认为是磁通密度 $\boldsymbol{B}$ 与磁场强度 $\boldsymbol{H}$ 的比值。

[2] 对磁路的更广泛的分析,参见 A. E. Fitzgerald, D. E. Higgenbotham 和 A. Grabel 的 *Basic Electrical Engineering* 第 5 版,McGraw-Hill,1981,第 13 章;以及麻省理工学院的 *Magnetic Circuits and Transformers*,MIT 出版社,1965,第 1 章到第 3 章。

式 1.2 表述为:进入或离开闭合面的净磁通(等于 $\boldsymbol{B}$ 在该闭合面上的面积分)为 0。这等于是说,进入围绕某一空间的表面的磁通,必然从该表面的其他部分离开此空间,因为磁力线形成闭合回线。因为几乎没有磁通从图 1.1 的磁路各边"泄漏"出去,这表明通过铁心各横截面的净磁通相同。

对这一类磁路,通常假设铁心所有横截面上的磁通密度(及对应的磁场强度)均匀且相同。此时,式 1.3 简化为简单的标量式:

$$\phi_c = B_c A_c \tag{1.4}$$

式中:ϕ_c 为铁心中的磁通;B_c 为铁心中的磁通密度;A_c 为铁心的横截面积。

从式 1.1 知,作用在磁路上的磁势与该磁路中磁场强度间的关系为[①]

$$\mathcal{F} = Ni = \oint \boldsymbol{H} d\boldsymbol{l} \tag{1.5}$$

铁心尺寸会使得任何磁力线的路径长度接近平均铁心长度 l_c。所以,式 1.5 的线积分变为只是 $\boldsymbol{H}$ 的大小与平均磁通路径长度 l_c 的标量积 $H_c l_c$。因而,按磁路方式,磁势和磁场强度的关系可以写为

$$\mathcal{F} = Ni = H_c l_c \tag{1.6}$$

式中,H_c 是铁心中 $\boldsymbol{H}$ 的平均值。

铁心中 H_c 的方向可以根据右手定则确定,可以用两种等效的方式来表述。(1)设想一个载流导体握在右手,拇指指向电流流动的方向,则四指指向该电流所产生的磁场的方向;(2)等效地,如果将图 1.1 中的线圈抓在右手(形象化比喻),四指指向电流的方向,则拇指将指向磁场的方向。

磁场强度 $\boldsymbol{H}$ 与磁通密度 $\boldsymbol{B}$ 之间的关系为磁场所处材料的特性。通常假设为线性关系,因而

$$\boldsymbol{B} = \mu \boldsymbol{H} \tag{1.7}$$

式中,μ 为材料的磁导率。在 SI 单位制中,$\boldsymbol{H}$ 以安培每米为单位,$\boldsymbol{B}$ 以韦伯每平方米为单位,也称特斯拉(T),μ 以韦伯每安培·匝·米或亨每米为单位。在 SI 单位制中,自由空间的磁导率为 $\mu_0 = 4\pi \times 10^{-7} \mathrm{H/m}$。线性磁性材料的磁导率可以用其相对磁导率 μ_r 来表示,其值为相对于自由空间的磁导率,即 $\mu = \mu_r \mu_0$。对于变压器和旋转电机中用到的材料,μ_r 的典型值范围为 2000~80000。铁磁材料的特性在 1.3 节和 1.4 节描述。目前暂且假设 μ_r 为已知常数,虽然它实际上随磁通密度的大小略微有点变化。

变压器绕组绕在像图 1.1 的闭合铁心上。然而,组合有运动部件的能量转换装置,其磁路中必然有气隙。含有气隙的磁路如图 1.2 所示。当气隙长度 g 比邻近的铁心面的尺寸小很多时,磁通 ϕ_c 将沿铁心和气隙所限定的路径流通,可以采用磁路分析方法。假如气隙长度变得非常大,可以观察到磁通从气隙的边缘"泄漏",磁路分析方法将不再严格适用。

因而,倘若气隙长度 g 足够小,图 1.2 的结构可以按有两个串联部分的磁路来分析,两个串联部分通过相同的磁通 ϕ:磁导率 μ、横截面积 A_c 及平均长度 l_c 的磁性铁心和磁导率 μ_0、横截面积 A_g 及长度 g 的气隙。铁心中,

---

[①] 一般而言,磁路中任一段上的磁势降都可以用该磁路段上的 $\int \boldsymbol{H} d\boldsymbol{l}$ 来计算。

$$B_c = \frac{\phi}{A_c} \tag{1.8}$$

气隙中,

$$B_g = \frac{\phi}{A_c} \tag{1.9}$$

将式 1.5 用于这个磁路得到

$$\mathcal{F} = H_c l_c + H_g g \tag{1.10}$$

采用式 1.7 的线性 B-H 关系,引出

$$\mathcal{F} = \frac{B_c}{\mu} l_c + \frac{B_g}{\mu_0} g \tag{1.11}$$

此处,$\mathcal{F} = Ni$ 为施加在磁路上的磁势。从式 1.10 看到,磁势的一部分 $\mathcal{F}_c = H_c l_c$ 是产生铁心中的磁场所需要的,而剩余部分 $\mathcal{F}_g = H_g g$ 在气隙中产生磁场。

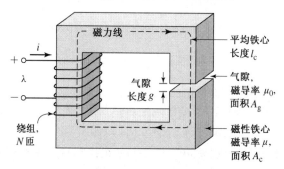

图 1.2 具有气隙的磁路

对实际磁性材料(如在 1.3 节和 1.4 节所讨论的),B_c 和 H_c 不是简单地用一个像式 1.7 描述的已知恒值磁导率 μ 来关联的。事实上,B_c 常常是 H_c 的非线性、多值函数。因而,虽然式 1.10 继续成立,但却不能直接得到如式 1.11 那样,使磁势和磁通密度关联的简单表达式。必须用 B_c-H_c 的非线性关系特性,或用图解法或用解析法取而代之。然而,在大多数情况下,引入材料的恒值磁导率也能得出满足工程精度要求的结果,因而常常得以采用。

根据式 1.8 和式 1.9,式 1.11 可以按照磁通 ϕ 重写为

$$\mathcal{F} = \phi \left(\frac{l_c}{\mu A_c} + \frac{g}{\mu_0 A_g} \right) \tag{1.12}$$

式中,与磁通相乘的项分别称为铁心和气隙的磁阻($\mathcal{R}$):

$$\mathcal{R}_c = \frac{l_c}{\mu A_c} \tag{1.13}$$

$$\mathcal{R}_g = \frac{g}{\mu_0 A_g} \tag{1.14}$$

因而

$$\mathcal{F} = \phi (\mathcal{R}_c + \mathcal{R}_g) \tag{1.15}$$

最后,式 1.15 可以倒过来求解磁通:

$$\phi = \frac{\mathcal{F}}{\mathcal{R}_c + \mathcal{R}_g} \tag{1.16}$$

或者

$$\phi = \frac{\mathcal{F}}{\frac{l_c}{\mu A_c} + \frac{g}{\mu_0 A_g}} \tag{1.17}$$

一般而言,对总磁阻为$\mathcal{R}_{tot}$的任何磁路,可以求出磁通为

$$\phi = \frac{\mathcal{F}}{\mathcal{R}_{tot}} \tag{1.18}$$

与磁势相乘的项称为磁导$\mathcal{P}$,它是磁阻的倒数。因而,例如,磁路的总磁导为

$$\mathcal{P}_{tot} = \frac{1}{\mathcal{R}_{tot}} \tag{1.19}$$

注意到式1.15及式1.16与电路中电流和电压间的关系类似,这种类比在图1.3中做了描绘。图1.3(a)所示为一个电路,其中电压V驱使电流I流过电阻R_1和R_2。图1.3(b)所示为图1.2中磁路的示意性等效表示。由此可见,磁势$\mathcal{F}$(类似于电路中的电压)驱使磁通ϕ(类似于电路中的电流)通过铁心磁阻$\mathcal{R}_c$和气隙磁阻$\mathcal{R}_g$的组合。电路和磁路解之间的这种类比,常用于求取在相当复杂的磁路中磁通的简化解。

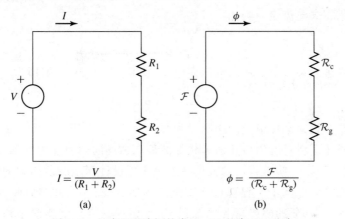

图1.3 电路和磁路间的类比:(a)电路;(b)磁路

驱使磁通通过磁路各段所需要的磁势,通常称为该段磁路上的磁压降,与它的磁阻成正比变化(正好类似于电路中电阻性元件上的电压降)。考虑图1.2中的磁路。从式1.13可见,材料的高磁导率会引起低的铁心磁阻,常常可以使其比气隙磁阻小得多,也就是说,因为$(\mu A_c / l_c) \gg (\mu_0 A_g / g)$,$\mathcal{R}_c \ll \mathcal{R}_g$,所以$\mathcal{R}_{tot} \approx \mathcal{R}_g$。这样,铁心磁阻可以忽略,就可以从式1.16仅根据$\mathcal{F}$和气隙特性来求出磁通:

$$\phi \approx \frac{\mathcal{F}}{\mathcal{R}_g} = \frac{\mathcal{F}\mu_0 A_g}{g} = Ni \frac{\mu_0 A_g}{g} \tag{1.20}$$

正如在1.3节中将看到的,实际磁性材料磁导率不是恒值,而是随磁通量大小变化的。从式1.13到式1.16可见,只要这一磁导率维持足够大,其变化将不会显著影响磁路的性能,该磁路磁阻的主要部分是气隙磁阻。

在实际系统中,如图1.4所描绘的,当磁力线通过气隙时,有些向外"散射"。倘若这种边缘效应不是太过分,磁路概念仍然适用。这些边缘磁场的影响是增加气隙的有效横截面积A_g。已经探索了不同的经验方法来计及这一影响。在短气隙中,采用将气隙长度加到形成横截面积的两个方向的尺寸上来修正这种边缘磁场。本书中通常忽略边缘磁场的效应。如果忽略边缘现象,则$A_g = A_c$。

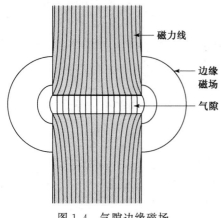

图 1.4 气隙边缘磁场

一般而言,磁路可能由多个元件串联和并联组成,为完善电路和磁路的类比,可以将式 1.5 展开为

$$\mathcal{F} = \oint \boldsymbol{H} \mathrm{d}\boldsymbol{l} = \sum_k \mathcal{F}_k = \sum_k H_k l_k \quad (1.21)$$

式中:$\mathcal{F}$ 是磁势(总安培-匝数),起到驱使磁通沿磁路的闭合路径流通的作用;而 $\mathcal{F}_k = H_k l_k$ 为该回路第 k 个元件上的磁压降。这正好类比于由电压源和电阻所组成电路的基尔霍夫电压定律:

$$V = \sum_k R_k i_k \quad (1.22)$$

式中,V 是源电压,驱使电流沿闭合回路流通,而 $R_k i_k$ 为该回路中第 k 个电阻性元件上的电压降。

同样,与基尔霍夫电流定律类比:

$$\sum_n i_n = 0 \quad (1.23)$$

此式是说,电路中进入某一节点的净电流即电流之和等于 0。对磁路即为

$$\sum_n \phi_n = 0 \quad (1.24)$$

此式表述为,磁路中进入某一节点的净磁通为 0。

至此,已经描述了将具有简单几何形状的准静态磁场问题简化为磁路模型的基本原理。本节的目的仅限于引入一些工程技术人员在解决实际设计问题中所用到的概念和术语。必须强调,这样的想法完全基于工程观点和直觉。例如,虽然一般并非如此(参见 1.3 节),但已默认磁路中"铁心"部分的磁导率为已知恒值,且磁场完全限定在铁心和其气隙中。尽管这样的假设在许多情况下是可行的,但事实是绕组电流在铁心外也产生磁场。正如将看到的,在变压器及旋转电机中,当将两个或更多绕组放置在一个磁路上时,铁心外会有磁场。这类磁场,称为漏磁场。漏磁场会显著影响装置的性能,不能忽视。

例 1.1　图 1.2 所示的磁路有尺寸 $A_c = A_g = 9\mathrm{cm}^2$,$g = 0.050\mathrm{cm}$,$l_c = 30\mathrm{cm}$,$N = 500$ 匝。假设铁心材料的 $\mu_r = 70000$。(a)求磁阻 $\mathcal{R}_c$ 和 $\mathcal{R}_g$。对磁路工作在 $B_c = 1.0\mathrm{T}$ 的情况,求(b)磁通 ϕ 及(c)电流 i。

解:

a. 根据式 1.13 和式 1.14 可以求出磁阻:

$$\mathcal{R}_c = \frac{l_c}{\mu_r \mu_0 A_c} = \frac{0.3}{70000 \times (4\pi \times 10^{-7}) \times (9 \times 10^{-4})} = 3.79 \times 10^3 \quad \frac{\mathrm{A \cdot 匝}}{\mathrm{Wb}}$$

$$\mathcal{R}_g = \frac{g}{\mu_0 A_g} = \frac{5 \times 10^{-4}}{(4\pi \times 10^{-7}) \times (9 \times 10^{-4})} = 4.42 \times 10^5 \quad \frac{\mathrm{A \cdot 匝}}{\mathrm{Wb}}$$

b. 根据式 1.4 得

$$\phi = B_c A_c = 1.0 \times (9 \times 10^{-4}) = 9 \times 10^{-4} \ \mathrm{Wb}$$

c. 根据式 1.6 及式 1.15 得

$$i = \frac{\mathcal{F}}{N} = \frac{\phi(\mathcal{R}_c + \mathcal{R}_g)}{N} = \frac{9 \times 10^{-4} \times (4.46 \times 10^5)}{500} = 0.80 \, \text{A}$$

练习题 1.1

求例 1.1 中的磁通 ϕ 和电流,如果(a)匝数加倍到 $N = 1000$ 而磁路尺寸保持相同及(b)匝数等于 $N = 500$ 而气隙减小到 0.040cm。

答案:

a. $\phi = 9 \times 10^{-4} \, \text{Wb}$ 及 $i = 0.40 \, \text{A}$。

b. $\phi = 9 \times 10^{-4} \, \text{Wb}$ 及 $i = 0.64 \, \text{A}$。

例 1.2 图 1.5 所示为一同步电机的磁结构示意。假设转子和定子铁心具有无穷大磁导率($\mu \to \infty$),求气隙磁通 ϕ 及磁通密度 B_g。本例中,$I = 10\text{A}$,$N = 1000$ 匝,$g = 1\text{cm}$,$A_g = 200\text{cm}^2$。

解:

注意到有两个气隙串联,总长度为 $2g$,由于对称,两个气隙中磁通密度相等。由于此处假设铁心磁导率为无穷大,其磁阻可以忽略,可用式 1.20(将 g 用总气隙长 $2g$ 来替换)求取磁通:

$$\phi = \frac{NI\mu_0 A_g}{2g} = \frac{1000 \times 10 \times (4\pi \times 10^{-7}) \times 0.02}{0.02} = 12.6 \, \text{mWb}$$

及

$$B_g = \frac{\phi}{A_g} = \frac{0.0126}{0.02} = 0.630 \, \text{T}$$

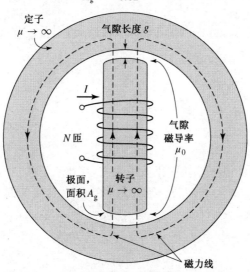

图 1.5 简单同步电机

练习题 1.2

对图 1.5 的磁结构,尺寸如例 1.2 中所给出的,观测到气隙磁通密度为 $B_g = 0.9\text{T}$。求气隙磁通 ϕ 以及对 $N = 500$ 匝的线圈,产生这样的气隙磁通所需要的电流。

答案: $\phi = 0.018\text{Wb}$ 及 $i = 28.6\text{A}$。

1.2 磁链、电感和能量

当磁场随时间变化时,在空间产生电场,其由称为法拉第定律的另一个麦克斯韦方程来确定:

$$\oint_C \boldsymbol{E} \cdot \mathrm{d}\boldsymbol{s} = -\frac{\mathrm{d}}{\mathrm{d}t} \int_S \boldsymbol{B} \cdot \mathrm{d}\boldsymbol{a} \qquad (1.25)$$

式 1.25 表述为:电场强度 $\boldsymbol{E}$ 沿闭合回线 C 的线积分,等于匝链(即穿过)该闭合回线的磁通随时间的变化率。在具有高电导率绕组的磁结构中,如在图 1.2 中,可以证明,导线中的 $\boldsymbol{E}$ 场极小,可以忽略,因而式 1.25 的左边简化为绕组接线端感应电压[①] e 的负值。再者,式 1.25 右端的磁通由铁心磁通 ϕ 主导。由于绕组(及闭合回线 C)匝链铁心磁通 N 次,式 1.25 简化为

$$e = N\frac{\mathrm{d}\varphi}{\mathrm{d}t} = \frac{\mathrm{d}\lambda}{\mathrm{d}t} \qquad (1.26)$$

式中,λ 为绕组的磁链,定义为

$$\lambda = N\varphi \qquad (1.27)$$

磁链以韦伯(或等同为韦伯-匝)为单位来度量。注意到已选用符号 φ 来表示时变磁通的瞬时值。

一般来说,线圈的磁链等于磁通密度法线分量的面积分,积分在任何被该线圈跨过的表面上进行。注意到,感应电势 e 的方向由式 1.25 定义,因此,如果绕组端部被短路,电流将沿阻碍磁链变化的方向流通。

对由恒值磁导率磁性材料构成的磁路或包含起主导作用的气隙的磁路,λ 和 i 之间将为线性关系,可以定义电感 L 为

$$L = \frac{\lambda}{i} \qquad (1.28)$$

将式 1.5、式 1.18 及式 1.27 代入式 1.28 得到

$$L = \frac{N^2}{\mathcal{R}_{\mathrm{tot}}} \qquad (1.29)$$

从此式可见,磁路中绕组的电感正比于匝数的平方,反比于与此绕组关联的磁路的磁阻。

例如,根据式 1.20,在铁心磁阻与气隙磁阻相比可以忽略的假设下,图 1.2 中绕组的电感等于

$$L = \frac{N^2}{(g/\mu_0 A_{\mathrm{g}})} = \frac{N^2 \mu_0 A_{\mathrm{g}}}{g} \qquad (1.30)$$

电感以亨(H)或韦伯·匝每安培来度量。式 1.30 给出了电感表达式的结构参数形式,电感正比于匝数的平方、磁导率及横截面积,反比于长度。必须强调,严格来说,电感的概念需要磁通和磁势间的线性关系,因而并不严格适用于在 1.3 节和 1.4 节讨论的,磁性材料的非线性特性主宰磁系统性能的场合。但是,在许多实际应用场合,系统的磁阻由气隙磁阻(当然是线性的)主导,磁性材料的非线性影响可以忽略。在其他情况下,或许完全可以接受

---

① 常采用术语电动势(emf)而非感应电压来表示由时变磁链引起的电压分量。

假设铁心材料磁导率取平均值,并以此来计算相应的平均电感,该电感可用于满足合理的工程精度的计算。例 1.3 说明前一种情况,例 1.4 说明后者。

例 1.3 图 1.6(a)的磁路,由具有无穷大磁导率磁性铁心上的 N 匝绕组,以及长度分别为 g_1 和 g_2、面积分别为 A_1 和 A_2 的两个并联气隙组成。

求(a)绕组的电感及(b)当绕组带有电流 i 时气隙 1 中的磁通密度 B_1。忽略气隙的边缘效应。

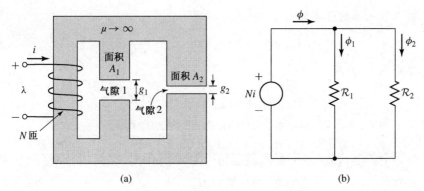

图 1.6　例 1.3 的(a)磁路及(b)磁路等效

解:

a. 图 1.6(b)的磁路等效说明,总磁阻等于两个气隙磁阻的并联合成。因而

$$\phi = \frac{Ni}{\frac{\mathcal{R}_1 \mathcal{R}_2}{\mathcal{R}_1 + \mathcal{R}_2}}$$

其中,

$$\mathcal{R}_1 = \frac{g_1}{\mu_0 A_1} \qquad \mathcal{R}_2 = \frac{g_2}{\mu_0 A_2}$$

根据式 1.28,

$$L = \frac{\lambda}{i} = \frac{N\phi}{i} = \frac{N^2(\mathcal{R}_1 + \mathcal{R}_2)}{\mathcal{R}_1 \mathcal{R}_2}$$

$$= \mu_0 N^2 \left(\frac{A_1}{g_1} + \frac{A_2}{g_2} \right)$$

b. 从磁路等效可以看到

$$\phi_1 = \frac{Ni}{\mathcal{R}_1} = \frac{\mu_0 A_1 Ni}{g_1}$$

因而,

$$B_1 = \frac{\phi_1}{A_1} = \frac{\mu_0 Ni}{g_1}$$

例 1.4 在例 1.1 中,假设图 1.2 的磁路在磁通密度为 1.0T 时,铁心材料的相对磁导率为 $\mu_r = 70000$。

a. 在实际装置中,铁心可能用电工钢来制造,例如 1.3 节介绍的 M-5 电工钢。这种材料严重非线性,其相对磁导率(为了本例的讨论,定义为比值 B/H)从磁通密度 $B = 1.0$T 时的近似值 $\mu_r = 72300$,变为磁通密度升高到 1.8 T 时的值 $\mu_r = 2900$。在铁心钢的相对磁导率为 72300 的假设下,计算电感。

b. 在相对磁导率等于 2900 的假设下,计算电感。

解:

a. 根据式 1.13 及式 1.14,且基于例 1.1 给出的尺寸,有

$$\mathcal{R}_c = \frac{l_c}{\mu_r \mu_0 A_c} = \frac{0.3}{72300 \times (4\pi \times 10^{-7}) \times (9 \times 10^{-4})} = 3.67 \times 10^3 \frac{\text{A} \cdot \text{匝}}{\text{Wb}}$$

而 $\mathcal{R}_g$ 维持例 1.1 中计算的值不变,为 $\mathcal{R}_g = 4.42 \times 10^5 \text{A} \cdot \text{匝}/\text{Wb}$。

因而,铁心及气隙的总磁阻为

$$\mathcal{R}_{tot} = \mathcal{R}_c + \mathcal{R}_g = 4.46 \times 10^5 \frac{\text{A} \cdot \text{匝}}{\text{Wb}}$$

因此,根据式 1.29 有

$$L = \frac{N^2}{\mathcal{R}_{tot}} = \frac{500^2}{4.46 \times 10^5} = 0.561 \text{H}$$

b. 对 $\mu_r = 2900$,铁心磁阻从值 $3.67 \times 10^3 \text{A} \cdot \text{匝}/\text{Wb}$ 增加到

$$\mathcal{R}_c = \frac{l_c}{\mu_r \mu_0 A_c} = \frac{0.3}{2900 \times (4\pi \times 10^{-7}) \times (9 \times 10^{-4})} = 9.15 \times 10^4 \frac{\text{A} \cdot \text{匝}}{\text{Wb}}$$

因此,总磁阻从 $4.46 \times 10^5 \text{A} \cdot \text{匝}/\text{Wb}$ 增加到 $5.34 \times 10^5 \text{A} \cdot \text{匝}/\text{Wb}$。因而,根据式 1.29,电感从 0.561H 减小到

$$L = \frac{N^2}{\mathcal{R}_{tot}} = \frac{500^2}{5.34 \times 10^5} = 0.468 \text{H}$$

本例说明了磁路中气隙起主导作用的线性化影响。尽管铁心磁导率减小的系数为 72300/2900 = 25,但电感减小的系数仅为 0.468/0.561 = 0.83,这完全是由于气隙的磁阻远大于铁心的磁阻。在很多情况下,通常假设电感为相应于铁心的有限恒值磁导率(或在很多场合,就假设 $\mu_r \rightarrow \infty$)的常值。基于电感的此种描述来分析,所得到的结果通常完全在可以接受的工程精度范围内,并可以避免由模拟铁心材料非线性引起的过分复杂化。

练习题 1.3

对相对磁导率 $\mu_r = 30000$,重做例 1.4 的电感计算。

答案:$L = 0.554\text{H}$。

例 1.5   用 MATLAB[1] 绘出例 1.1 及图 1.2 磁路的电感随铁心磁导率变化的曲线,范围为 $100 \leqslant \mu_r \leqslant 100000$。

解:

以下为 MATLAB 源程序:

```
clc
clear
%  Permeability of free space
mu0 = pi*4.e-7;

% All dimensions expressed in meters
```

---

[1]   MATLAB 是 MathWorks, Inc. , 3 Apple Hill Drive, Natick, MA 01760, http://www.mathworks.com 的注册商标。有 MATLAB 学生版可供选用。

```
Ac = 9e-4; Ag = 9e-4; g = 5e-4; lc = 0.3;
N = 500;

% Reluctance of air gap
Rg = g/(mu0*Ag);

mur = 1：100：100000;
Rc = lc./(mur*mu0*Ac);
Rtot = Rg+Rc;
L = N^2./Rtot;

plot(mur,L)
xlabel('Core relative permeability')
ylabel('Inductance[H]')
```

最终绘图结果如图 1.7 所示。注意到,本图清楚地确认,对本例的磁路,直到相对磁导率降低到 1000 前,电感对于相对磁导率极不敏感。因而,只要铁心的有效相对磁导率"大"(本例中大于 1000),铁心材料特性的任何非线性将不会影响电感器的端部特性。

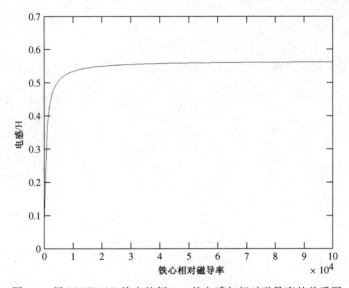

图1.7　用 MATLAB 绘出的例 1.5 的电感与相对磁导率的关系图

练习题 1.4

编写 MATLAB 程序,绘出例 1.1 的磁路在 $\mu_r = 70000$,气隙从 0.01cm 到 0.10cm 变化时,电感随气隙长度变化的曲线。

图 1.8 所示为具有一个气隙及两个绕组的磁路。此时,注意到作用在磁路上的磁势,由作用在磁路上的总安培-匝数(即两个绕组的净安培-匝数)提供,电流的参考方向已取为沿相同方向产生磁通。因此,总磁势为

$$\mathcal{F} = N_1 i_1 + N_2 i_2 \tag{1.31}$$

根据式 1.20,由于忽略铁心的磁阻及假设 $A_c = A_g$,则铁心磁通 ϕ 为

$$\phi = (N_1 i_1 + N_2 i_2)\frac{\mu_0 A_c}{g} \tag{1.32}$$

在式 1.32 中，ϕ 为由两个绕组的总磁势产生的合成铁心磁通，正是该合成磁通 ϕ 决定铁心材料的工作点。

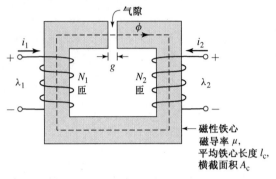

图 1.8 具有两个绕组的磁路

如果将式 1.32 拆分为与各自电流相应的项，则线圈 1 的最终磁链可以表示为

$$\lambda_1 = N_1\phi = N_1{}^2\left(\frac{\mu_0 A_c}{g}\right)i_1 +$$
$$N_1 N_2\left(\frac{\mu_0 A_c}{g}\right)i_2 \qquad (1.33)$$

上式可以写为

$$\lambda_1 = L_{11}i_1 + L_{12}i_2 \qquad (1.34)$$

式中，

$$L_{11} = N_1{}^2\frac{\mu_0 A_c}{g} \qquad (1.35)$$

为线圈 1 的自感，$L_{11}i_1$ 为由线圈 1 自身电流 i_1 引起的磁链。线圈 1 和线圈 2 之间的互感为

$$L_{12} = N_1 N_2\frac{\mu_0 A_c}{g} \qquad (1.36)$$

而 $L_{12}i_2$ 为线圈 1 由其他线圈中的电流 i_2 引起的磁链。同样，线圈 2 的磁链为

$$\lambda_2 = N_2\phi = N_1 N_2\left(\frac{\mu_0 A_c}{g}\right)i_1 + N_2{}^2\left(\frac{\mu_0 A_c}{g}\right)i_2 \qquad (1.37)$$

或者

$$\lambda_2 = L_{21}i_1 + L_{22}i_2 \qquad (1.38)$$

式中，$L_{21} = L_{12}$ 为互感，而

$$L_{22} = N_2{}^2\frac{\mu_0 A_c}{g} \qquad (1.39)$$

为线圈 2 的自感。

重要的是要注意到，将合成磁链分解为由 i_1 和 i_2 所产生的分量，是基于各自作用的叠加，因而隐含着线性的磁通—磁势关系（恒值磁导率的材料特性）。

将式 1.28 代入式 1.26 得到

$$e = \frac{\mathrm{d}}{\mathrm{d}t}(Li) \qquad (1.40)$$

此式针对具有单个绕组的磁路。对静态磁路，电感固定（假设材料非线性不会引起电感变化），此式简化为熟悉的电路理论形式：

$$e = L\frac{\mathrm{d}i}{\mathrm{d}t} \qquad (1.41)$$

然而，在机电能量转换装置中，电感常常是时变的，式 1.40 必须写为

$$e = L\frac{\mathrm{d}i}{\mathrm{d}t} + i\frac{\mathrm{d}L}{\mathrm{d}t} \qquad (1.42)$$

注意到，对有多个绕组的情况，式 1.26 中必须采用每个绕组的总磁链来求取绕组端电压。

磁路上绕组端部的功率，是通过该特定绕组流入磁路的能量速率的度量。功率 p，由电

压和电流的乘积来确定:

$$p = ie = i\frac{d\lambda}{dt} \tag{1.43}$$

其单位为瓦特(W),或焦耳每秒。因而,磁路中磁储能在 t_1 到 t_2 时间段的变化 ΔW 为

$$\Delta W = \int_{t_1}^{t_2} p\,dt = \int_{\lambda_1}^{\lambda_2} i\,d\lambda \tag{1.44}$$

在 SI 单位制中,磁储能 W 以焦耳(J)为单位来度量。

对恒定电感的单绕组系统,当磁链从 λ_1 变为 λ_2 时,磁储能的变化可以写为

$$\Delta W = \int_{\lambda_1}^{\lambda_2} i\,d\lambda = \int_{\lambda_1}^{\lambda_2} \frac{\lambda}{L}\,d\lambda = \frac{1}{2L}(\lambda_2^2 - \lambda_1^2) \tag{1.45}$$

在任意给定 λ 值下的总磁储能可以通过令 λ_1 等于 0 来求出:

$$W = \frac{1}{2L}\lambda^2 = \frac{L}{2}i^2 \tag{1.46}$$

例 1.6 对例 1.1(见图 1.2)的磁路,求取(a)电感 L;(b)$B_c = 1.0$T 时的磁储能 W 及(c)形式为 $B_c = 1.0\sin\omega t$ T 的 60Hz 时变铁心磁通的感应电势 e,其中 $\omega = (2\pi) \times (60) = 377$ rad/s。

解:

a. 根据式 1.16 和式 1.28 及例 1.1 有

$$L = \frac{\lambda}{i} = \frac{N\phi}{i} = \frac{N^2}{\mathcal{R}_c + \mathcal{R}_g}$$

$$= \frac{500^2}{4.46 \times 10^5} = 0.56\,\text{H}$$

应注意到铁心磁阻远小于气隙磁阻($\mathcal{R}_c \ll \mathcal{R}_g$)。因而,从合理的近似来说,电感由气隙磁阻所主导,即

$$L \approx \frac{N^2}{\mathcal{R}_g} = 0.57\,\text{H}$$

b. 从例 1.1 看到,当 $B_c = 1.0$T 时,$i = 0.80$A。因而,根据式 1.46 有

$$W = \frac{1}{2}Li^2 = \frac{1}{2} \times 0.56 \times 0.80^2 = 0.18\,\text{J}$$

c. 根据式 1.26 及例 1.1 有

$$e = \frac{d\lambda}{dt} = N\frac{d\varphi}{dt} = NA_c\frac{dB_c}{dt}$$

$$= 500 \times (9 \times 10^{-4}) \times (377 \times 1.0\cos(377t))$$

$$= 170\cos(377t)\quad\text{V}$$

练习题 1.5

对 $B_c = 0.8$T 重做例 1.6,且假设铁心磁通以 50Hz 而非 60Hz 变化。

答案:

a. 电感 L 未变。

b. $W = 0.115$J。

c. $e = 113\cos(314t)$V。

1.3 磁性材料的特性

就机电能量转换装置而论,磁性材料的重要性有两点。通过采用磁性材料,就有可能以相对低的磁化力来获取高的磁通密度。由于随着磁通密度的增加,磁力和能量密度增加,这一效应对能量转换装置的工作性能至关重要。

再者,磁性材料可用于沿精心确立的路径来束缚及导向磁场。在变压器中,磁性材料用来最大限度地使绕组间匝链,也降低变压器运行所需的励磁电流。在电机中,磁性材料用于定形磁场,以获得所期望的转矩产生和端部电特性。因而,知识渊博的设计人员能利用磁性材料来得到满足特殊需要的装置特性。

铁磁材料,一般是由铁或铁与钴、钨、镍、铝及其他金属的合金构成,迄今为止是最通用的磁性材料。虽然这些材料的性能差异很大,但决定其性能的基本现象对它们却是共同的。

研究发现,铁磁材料由许许多多的磁畴构成(磁畴即区域),其中所有原子的磁矩平行,使磁畴产生净磁矩。在未磁化的材料样品中,所有磁畴的磁矩随意取向,材料中由此而引起的净磁通为 0。

当外部磁化力施加到这一材料时,磁畴的磁矩趋于沿施加的磁场排列。其结果是,磁畴的磁矩附加到施加的磁场上,产生比磁化力单独作用所引起的磁通更大的磁通密度值。因而,有效磁导率 μ,其等于总磁通密度与所加磁场强度的比值,比自由空间的磁导率 μ_0 要大。随着磁化力的增加,这一现象会继续,直到所有的磁矩沿施加的磁场排列。此时,磁畴将不再能使磁通密度增加,也就是说材料完全饱和。

在没有外部施加磁化力时,磁畴磁矩沿着与磁畴的晶体结构相关的一定方向,称易磁化轴,自然排列。因而,如果施加的磁化力减小,磁畴磁矩将沿着距离所施加磁场方向最近的易磁化方向释放。其结果是,当施加的磁场减小到 0 时,虽然磁畴将趋于沿其初始方向释放,但磁偶极子力矩将不再是完全随意地沿着自己的方向,它们将保留一个沿所施加磁场方向的净磁化分量。这一效应,正是造成所谓的*磁滞*现象的原因。

由于这一磁滞效应,铁磁材料 B 和 H 之间的关系就是非线性的和多值的。一般而言,材料的特性无法解析描述。通常以绘图的形式,用一系列按经验确定的曲线给出。曲线基于采用美国测试与材料协会(ASTM)规定的方法[1],对材料试样测试获得。

用于描述磁性材料的最常用曲线为 B-H 曲线或磁滞回线。图 1.9 所示为 M-5 钢的一簇磁滞回线的第一象限和第二象限(相应于 $B \geqslant 0$),M-5 钢是用于电气设备的典型有取向电工钢。这些回线显示了磁通密度 B 和磁化力 H 之间的关系。各条曲线是通过在一固定大小的相等正值与负值间,循环改变所施加的磁化力来获得的。磁滞使得这些曲线具有多值性。经几个循环,B-H 曲线形成所示的闭合回线。箭头显示随着 H 的增大和减小,B 所遵循的路线。注意到,随着 H 量值的增加,当材料趋于饱和时,曲线开始变平。可以看出,在大约 1.7T 的磁通密度下,这一材料严重饱和。

---

[1] 众多磁性材料的数据资料可从制造商处获得。在用这样的数据时,可能会由于采用了不同的单位制而引起一个问题。例如,磁化力可能以奥斯特(Oersteds)或安培•匝每米给出,磁通密度以高斯(Gauss)、千高斯或特斯拉(T)给出。附录 D 中给出了几个有用的转换系数。提醒读者,本书的公式建立在 SI 单位制上。

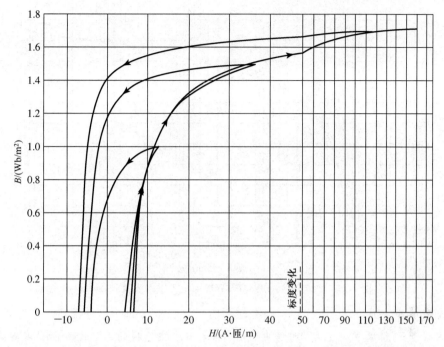

图 1.9   0.012 英寸[①]厚 M-5 有取向电工钢的 B-H 回线,这里仅画出回线的上半部分

也注意到,当 H 从其最大值到 0 减小时,磁通密度减小但不会到 0,这是如上描述的磁畴磁矩取向的释放结果。其结果是,当 H 为 0 时,留有剩磁。

值得庆幸的是,对许多工程应用来说,用单值曲线描述材料已足够了,单值曲线用绘在磁滞回线顶点的 B 和 H 最大值的轨迹得到,称为直流磁化曲线或基本磁化曲线。M-5 有取向电工钢的直流磁化曲线示于图 1.10。直流磁化曲线忽略了材料的磁滞本质,但仍清楚地展示了其非线性特性。

例 1.7   假设例 1.1 中铁心材料为 M-5 电工钢,其有图 1.10 中的直流磁化曲线。求产生 $B_c=1\mathrm{T}$ 所需要的电流 i。

解:

从图 1.10 读出 $B_c=1\mathrm{T}$ 时的 H_c 为

$$H_c = 11 \ \mathrm{A \cdot 匝/m}$$

铁心路径的磁压降为

$$\mathcal{F}_c = H_c l_c = 11 \times 0.3 = 3.3 \ \mathrm{A \cdot 匝}$$

忽略边缘效应,$B_g = B_c$ 且气隙上的磁压降为

$$\mathcal{F}_g = H_g g = \frac{B_g g}{\mu_0} = \frac{1 \times (5 \times 10^{-4})}{4\pi \times 10^{-7}} = 396 \ \mathrm{A \cdot 匝}$$

所需要的电流为

$$i = \frac{\mathcal{F}_c + \mathcal{F}_g}{N} = \frac{399}{500} = 0.80 \ \mathrm{A}$$

---

①   1 英寸 = 2.54 cm ——编者注。

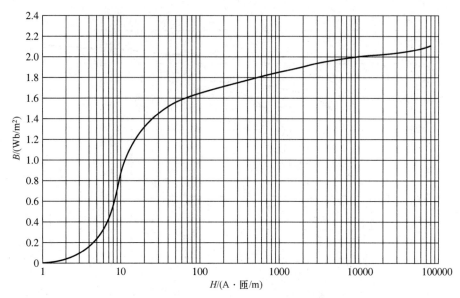

图 1.10　0.012 英寸厚 M-5 有取向电工钢的直流磁化曲线

练习题 1.6

重做例 1.7,但求 $B_c = 1.6T$ 时的电流 i。电流必须按怎样的系数增加以引起磁通以 1.6 倍系数增加?

答案:

可见,电流 i 将为 1.302A。因而,电流应当以系数 1.302/0.8＝1.63 增加。因为气隙磁阻占统治地位,尽管铁心在 1.6T 磁通密度下开始显著饱和,这一系数仅稍微超过磁通密度增加的分数。

1.4　交 流 励 磁

在交流电力系统中,电压和磁通的波形非常接近于时间的正弦函数。本节描述在这样的运行条件下,磁性材料与交流稳态工作相关的励磁特性和损耗。采用闭合铁心即没有气隙的磁路作为模型,就像图 1.1 中所示的磁路。磁路长度为 l_c,贯穿整个铁心长度的横截面积均为 A_c。此外,假设铁心磁通 $\varphi(t)$ 正弦变化,因此

$$\varphi(t) = \phi_{\max} \sin \omega t = A_c B_{\max} \sin \omega t \tag{1.47}$$

式中,$\phi_{\max}$ 为铁心磁通 φ 的幅值,单位为韦伯;$B_{\max}$ 为磁通密度 B_c 的幅值,单位为特斯拉;ω 为角频率,$\omega = 2\pi f$;f 为频率,单位为 Hz。

根据式 1.26,在 N 匝的绕组中感应的电势为

$$e(t) = \omega N \phi_{\max} \cos \omega t = E_{\max} \cos \omega t \tag{1.48}$$

式中,

$$E_{\max} = \omega N \phi_{\max} = 2\pi f N A_c B_{\max} \tag{1.49}$$

在稳态交流运行中,通常更感兴趣的是电压和电流的均方根值或 rms 值(有效值),而不是瞬时值或最大值。一般来说,周期为 T 的周期性时间函数 $f(t)$ 的有效值定义为

$$F_{\mathrm{rms}} = \sqrt{\left(\frac{1}{T}\int_0^T f^2(t)\,\mathrm{d}t\right)} \tag{1.50}$$

根据式 1.50 可以得出,正弦波的有效值为其峰值的 $1/\sqrt{2}$ 倍。因而,感应电势的有效值为

$$E_{\mathrm{rms}} = \frac{2\pi}{\sqrt{2}} f N A_{\mathrm{c}} B_{\max} = \sqrt{2}\,\pi f N A_{\mathrm{c}} B_{\max} \tag{1.51}$$

在铁心中产生磁通 $\varphi(t)$ 就需要励磁电流 $i_\varphi(t)$,对应于励磁磁势 $N i_\varphi(t)$[①]。因为铁心的非线性磁特性,与正弦波铁心磁通相对应的励磁电流就是非正弦波。励磁电流随时间变化的函数曲线,可以用如图 1.11(a) 所描绘的作图法,从铁心材料的磁特性求得。由于 B_{c} 和 H_{c} 通过已知几何常数与 φ 和 i_φ 相关联,因而根据 $\varphi = B_{\mathrm{c}}A_{\mathrm{c}}$ 和 $i_\varphi = H_{\mathrm{c}}l_{\mathrm{c}}/N$ 绘出图 1.11(b) 中的交流磁滞回线。与式 1.47 和式 1.48 相匹配,感应电势 e 及磁通 φ 的正弦波形示于图 1.11(a)。

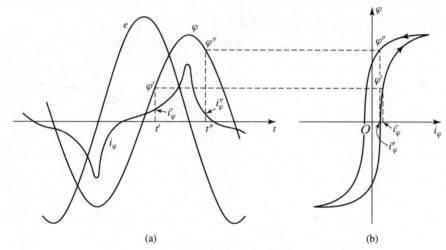

图 1.11 励磁现象:(a)电势、磁通和励磁电流;(b)相应的磁滞回线

在任意给定时刻,相应于给定磁通值的 i_φ 值,可以直接从磁滞回线求得。例如,在时刻 t',磁通为 φ' 而电流为 i_φ';在时刻 t'',相应的值为 φ'' 和 i_φ''。注意到,由于磁滞回线是多值的,就需要留心从磁滞回线的磁通上升段取上升的磁通值(图中 φ');同样,必须选择磁滞回线的磁通下降段来取下降的磁通值(图中 φ'')。

注意到,因为磁滞回线由于饱和效应而"变平",励磁电流的波形为尖顶状,其有效值 $I_{\varphi,\mathrm{rms}}$ 由式 1.50 来定义,式中 T 为循环的周期。$I_{\varphi,\mathrm{rms}}$ 与相应的 H_{c} 的有效值 H_{rms} 由下式相联系:

$$I_{\varphi,\mathrm{rms}} = \frac{l_{\mathrm{c}} H_{\mathrm{rms}}}{N} \tag{1.52}$$

铁心材料的交流励磁特性,经常是用有效值伏安数(视在功率,励磁容量)而非关联 B 和 H 的磁化曲线来描述的。在这一表述背后所隐藏的理论可以通过将式 1.51 和式 1.52 结合来进行解释。根据式 1.51 和式 1.52 知,将图 1.1 的铁心励磁到特定磁通密度所需要的有

---

① 更一般地,对有多个绕组的系统,励磁磁势为作用在磁路中产生磁通的净安培·匝数。

效值伏安数(视在功率)等于

$$E_{\text{rms}} I_{\varphi,\text{rms}} = \sqrt{2} \, \pi f N A_{\text{c}} B_{\text{max}} \frac{l_{\text{c}} H_{\text{rms}}}{N}$$
$$= \sqrt{2} \, \pi f B_{\text{max}} H_{\text{rms}} (A_{\text{c}} l_{\text{c}}) \tag{1.53}$$

在式 1.53 中,乘积 $A_{\text{c}} l_{\text{c}}$ 可以想象为等于铁心的体积,因而可以看出,用正弦波对铁心励磁所需要的有效值励磁伏安数正比于励磁频率、铁心体积以及磁通密度峰值与磁场强度有效值的乘积。对质量密度为 ρ_{c} 的磁性材料,铁心质量为 $A_{\text{c}} l_{\text{c}} \rho_{\text{c}}$,则有效值励磁伏安每单位质量 S_{a} 可以表示为

$$S_{\text{a}} = \frac{E_{\text{rms}} I_{\varphi,\text{rms}}}{质量} = \sqrt{2} \, \pi f \left(\frac{B_{\text{max}} H_{\text{rms}}}{\rho_{\text{c}}} \right) \tag{1.54}$$

注意到,以此方式规格化后,有效值励磁伏安仅由 B_{max} 决定,因为在任意给定频率 f 下,B_{max} 通过材料磁滞回线的形状确定 H_{rms} 的唯一值。因而,磁性材料的交流励磁需求量,常常由制造商以有效值伏安每单位质量的形式提供,这是对材料的闭合铁心样品通过实验室测试确定的。M-5 有取向电工钢的测试结果在图 1.12 中给出。

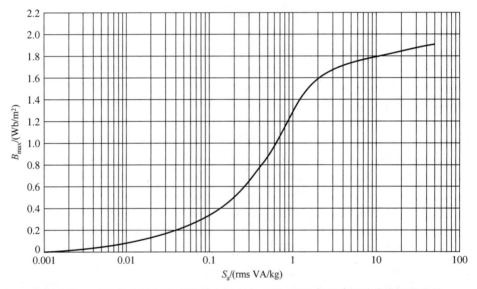

图 1.12 0.012 英寸厚 M-5 有取向电工钢在 60 Hz 下的每千克有效值励磁伏安数

励磁电流提供产生铁心磁通所需要的磁势,以及与铁心磁场中能量相关的功率输入。部分能量以损耗方式被消耗,引起铁心发热。其余能量以无功功率出现,与磁场中能量存储有关。这一无功功率在铁心中不消耗,而由励磁电源循环供给和吸收。

在磁性材料中,产生与时变磁通有关的损耗有两个机理。第一个损耗产生机理归咎于磁性材料的磁滞本性。正如已经讨论过的,在像图 1.1 那样的磁路中,时变励磁将引起磁性材料经受由磁滞回线所描绘的循环变化,如图 1.13 所示。

式 1.44 可用于计算当材料经历一个循环时,图 1.1 磁性铁心的输入能量 W:

$$W = \oint i_{\varphi} \, d\lambda = \oint \left(\frac{H_{\text{c}} l_{\text{c}}}{N} \right) (A_{\text{c}} N \, dB_{\text{c}}) = A_{\text{c}} l_{\text{c}} \oint H_{\text{c}} \, dB_{\text{c}} \tag{1.55}$$

已知 $A_{\text{c}} l_{\text{c}}$ 是铁心的体积,积分是交流磁滞回线的面积,可以看出,磁性材料每经历一个循环

变化,就有净能量输入到材料。这个能量用来移动材料中的磁偶极子,以发热方式在材料中耗散掉了。因而,对给定磁通量,相应的磁滞损耗正比于磁滞回线的面积和材料的总体积。由于每个循环都有能量损失,所以磁滞引起的功率损耗正比于所施加的励磁频率。

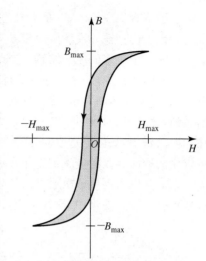

图 1.13　磁滞回线;磁滞损耗正比于回线面积(阴影部分)

第二个损耗产生机理是欧姆发热损耗,与铁心材料中的感应电流有关。根据法拉第定律(式 1.25)可知,时变磁场引起电场。在磁性材料中,这些电场导致感应电流,通常称为涡流,感应电流在铁心材料中形成环流并反抗材料中磁通密度的改变。为抵消相应的去磁作用,励磁绕组的电流必然增加。因而,交流状态下由此引起的"动态"B-H 回线,比缓慢变化情况的磁滞回线稍微"丰满"一些,且当励磁频率增加时,这一效应也增加。正是由于这一原因,电工钢的特性随频率改变。因此,制造商一般会提供某一特定电工钢在所预期的工作频率范围的典型特性。例如,注意到图 1.12 明确说明是在频率 60 Hz 下的励磁有效值伏安。

为减小涡流的影响,磁结构通常由磁性材料的薄片或者叠片做成。这些叠片沿磁力线的方向排列,相互之间用其表面的氧化层,或者用绝缘珐琅或清漆的薄涂层来绝缘。这样,由于绝缘层切断了电流路径,就大大减小了涡流的值;叠片越薄,损耗越低。通常近似认为,涡流损耗按励磁频率的平方增加,也按峰值磁通密度的平方增加。

一般而言,铁心损耗取决于材料的冶炼技术、磁通密度和频率。有关铁心损耗的资料一般以图形方式给出。图以瓦特每单位质量随磁通密度变化的函数形式绘出,通常会给出不同频率的曲线簇。图 1.14 所示为 M-5 有取向电工钢在 60 Hz 下的铁心损耗密度 P_c 的曲线。

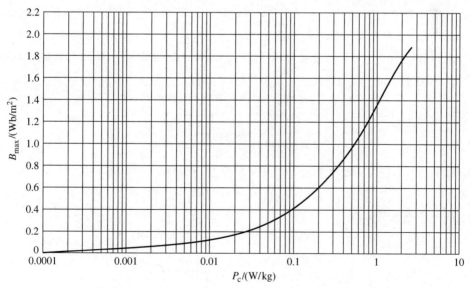

图 1.14　0.012 英寸厚 M-5 有取向电工钢在 60 Hz 下以瓦特每千克为单位的铁心损耗密度

几乎所有的变压器，以及电机的某些部件都采用薄钢片材料。材料有非常良好的磁化取向，沿该方向，铁心损耗低而磁导率高，此类材料称为有取向钢。导致这一特性的原因在于硅-铁合金晶体的原子结构，它是一个体心立方体，每个立方体在每个角上各有一个原子，立方体中心也有一个。在立方体中，易磁化轴为立方体的边；立方体表面的对角线较难磁化，穿过立方体的对角线最难磁化。采用适当的制造技术，大部分立方晶体的边沿轧制方向排列，使其成为良磁化方向，沿该方向的性能在铁心损耗及磁导率方面均超过无取向钢。在无取向钢中，晶体随意取向，形成在所有方向都有相同特性的材料。因此，有取向电工钢可以比无取向等级的电工钢工作在更高磁通密度下。

无取向电工钢用于磁通不沿按轧制方向所取的路径流通，或低价格是重要考虑因素的应用场合。在这些钢中，损耗稍高，而磁导率比有取向钢的低得多。

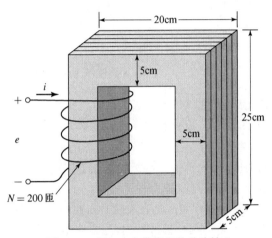

图 1.15　例 1.8 中带绕组的叠片铁心

例 1.8　图 1.15 中的磁性铁心，用 M-5 有取向电工钢的叠片制成。绕组用 60 Hz 电压励磁，以在钢中产生 $B = 1.5\sin\omega t$ T 的磁通密度，其中，$\omega = 2\pi 60 \approx 377\,\mathrm{rad/s}$。钢占铁心横截面积的 0.94。钢的质量密度为 $7.65\,\mathrm{g/cm^3}$。求(a)所加的电压；(b)峰值电流；(c)励磁电流有效值；(d)铁心损耗。

解：

a. 根据式 1.26，电压为

$$e = N\frac{\mathrm{d}\varphi}{\mathrm{d}t} = NA_c\frac{\mathrm{d}B}{\mathrm{d}t}$$
$$= 200 \times 25\,\mathrm{cm^2} \times 0.94 \times 1.5 \times 377\cos(377t)$$
$$= 266\cos(377t)\,\mathrm{V}$$

b. 从图 1.10 中得出与 $B_{\max} = 1.5\mathrm{T}$ 相对应的磁场强度为 $H_{\max} = 36\,\mathrm{A\cdot 匝/m}$。注意到，正如所预期的，在 1.5 T 磁通量下，相对磁导率 $\mu_r = B_{\max}/(\mu_0 H_{\max}) = 33000$，比在例 1.4 中求出的相应于 1.0 T 磁通量的值 $\mu_r = 72300$ 小，但明显大于相应于 1.8 T 磁通量的值 2900。

$$l_c = (15 + 15 + 20 + 20)\,\mathrm{cm} = 0.70\,\mathrm{m}$$

峰值电流为

$$I = \frac{H_{\max}l_c}{N} = \frac{36 \times 0.70}{200} = 0.13\,\mathrm{A}$$

c. 对 $B_{\max} = 1.5\mathrm{T}$，从图 1.12 的 S_a 值得到电流有效值。

$$S_a = 1.5\,\mathrm{VA/kg}$$

铁心体积和质量为

$$\mathrm{Vol}_c = 25\,\mathrm{cm^2} \times 0.94 \times 70\,\mathrm{cm} = 1645\,\mathrm{cm^3}$$
$$M_c = 1645\,\mathrm{cm^3} \times \left(\frac{7.65\,\mathrm{g}}{1.0\,\mathrm{cm^3}}\right) = 12.6\,\mathrm{kg}$$

总有效值伏安及电流为

$$S = 1.5\,\mathrm{VA/kg} \times 12.6\,\mathrm{kg} = 18.9\,\mathrm{VA}$$

$$I_{\varphi,\mathrm{rms}} = \frac{S}{E_{\mathrm{rms}}} = \frac{18.9}{266/\sqrt{2}} = 0.10\,\mathrm{A}$$

d. 从图 1.14 得到铁心损耗密度为 $P_c = 1.2\,\mathrm{W/kg}$。总铁心损耗为

$$P_{\mathrm{core}} = 1.2\,\mathrm{W/kg} \times 12.6\,\mathrm{kg} = 15.1\,\mathrm{W}$$

练习题 1.7

对 $B = 1.0\sin\omega t\,\mathrm{T}$ 的 60Hz 电压，重做例 1.8。

答案：

a. $V = 177\cos 377t\,\mathrm{V}$。

b. $I = 0.042\mathrm{A}$。

c. $I_{\varphi} = 0.041\mathrm{A}$。

d. $P_c = 6.5\mathrm{W}$。

1.5 永 磁 体

图 1.16（a）所示为典型永磁材料铝镍钴合金 Alnico 5 的磁滞回线的第二象限，而图 1.16（b）所示为 M-5 钢的磁滞回线的第二象限[①]。注意到，这些曲线本质上相似。然而，Alnico 5 的磁滞回线表现出大的剩余磁通密度或剩磁 B_r（约为 1.22T），以及大的矫顽磁力值 H_c（约为 $-49\mathrm{kA/m}$）。

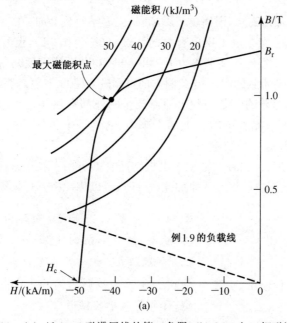

图 1.16 （a）Alnico 5 磁滞回线的第二象限；（b）M-5 电工钢磁滞回线的第二象限；（c）M-5 电工钢磁滞回线在小的 B 值下的放大

---

① 为得到剩磁的最大值，图 1.16 的磁滞回线是假设材料用足够磁势励磁，以确保其严重饱和而得到的。在 1.6 节中将进一步讨论这一点。

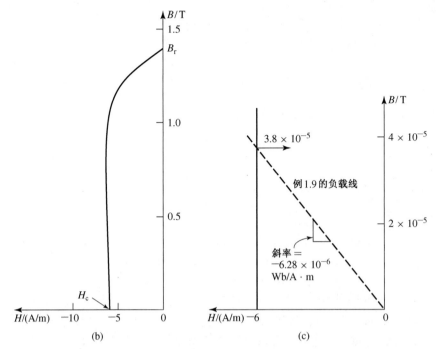

图 1.16(续)　(a) Alnico 5 磁滞回线的第二象限;(b) M-5 电工钢磁滞回线
的第二象限;(c) M-5 电工钢磁滞回线在小的 B 值下的放大

剩磁 B_r 对应于施加的磁势(因而也是磁场强度 H)减小到 0 时,在一段此种材料中所残留的磁通密度。然而,虽然 M-5 电工钢也有大的剩磁值(约为 1.4T),但其矫顽磁力值却小得多(约为 $-6A/m$,小 7500 倍以上)。矫顽磁力 H_c 相应于使材料磁通密度减小到 0 所需的磁场强度(正比于磁势)。正如将会看到的,某一磁性材料的矫顽磁力越低,它就越容易被退磁。

剩磁的意义在于,当没有例如绕组电流所产生的外部励磁存在时,它也能在磁路中产生磁通。对用小磁体把便条贴在电冰箱上的人来说,这是一个很熟悉的现象。剩磁广泛用在像扬声器及永磁电机等这样的装置中。

从图 1.16 看来,似乎 Alnico 5 和 M-5 电工钢两者都可用于在无励磁的磁路中产生磁通,因为两者都有大的剩磁值。但事实并非如此,这一点可以用一个例子来很好地予以解释。

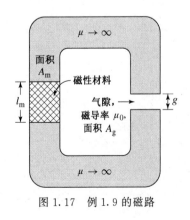

图 1.17　例 1.9 的磁路

例 1.9　如图 1.17 所示,磁路由高磁导率($\mu \rightarrow \infty$)铁心,长度 $g=0.2$cm 的气隙,以及长度 $l_m=1.0$cm 的磁性材料段组成。铁心及气隙的横截面积等于 $A_m=A_g=4$cm^2。如果磁性材料为(a)Alnico 5 及(b)M-5 电工钢,计算气隙中的磁通密度 B_g。

解:

a. 由于铁心磁导率假设为无穷大,铁心中的 H 可以忽略(否则,有限大的 H 会产生无限大的 B)。已知作用于图 1.17 磁路上的磁势为 0,可以写出

$$\mathcal{F}=0=H_g g + H_m l_m$$

或

$$H_g = -(l_m/g)H_m$$

式中，H_g 和 H_m 分别为气隙和磁性材料中的磁场强度。

由于通过磁路的磁通必定连续，所以

$$\phi = A_g B_g = A_m B_m$$

或

$$B_g = (A_m/A_g)B_m$$

式中，B_g 和 B_m 分别为气隙和磁性材料中的磁通密度。

可以求解这些方程式得到 B_m 随 H_m 变化的线性关系：

$$B_m = -\mu_0 \left(\frac{A_g}{A_m} \right) \left(\frac{l_m}{g} \right) H_m = -5\mu_0 H_m = -6.28 \times 10^{-6} H_m$$

为求解 B_m，认为对 Alnico 5，B_m 与 H_m 也由图 1.16(a)中的曲线关联。因而，这一线性关系，通常称为负载线，可以绘在图 1.16(a)上，用图解法得到解，结果为

$$B_g = B_m = 0.30\text{T} = 3000 \text{ 高斯}$$

b. 对 M-5 电工钢的解严格按(a)中的步骤进行。负载线与(a)中的相同，因为其仅由气隙的磁导率、磁体及气隙的几何尺寸决定。因此，从图 1.16(c)得

$$B_g = 3.8 \times 10^{-5}\text{T} = 0.38 \text{ 高斯}$$

这比用 Alnico 5 得到的值小得多，基本可以忽略。

例 1.9 说明，永磁材料(通常称为硬磁材料)例如 Alnico 5 和软磁材料例如 M-5 电工钢有巨大差别，此差别在很大程度上由其矫顽磁力 H_c 的极大差别体现。矫顽磁力是对使材料磁通密度减小到 0(退磁)所需要磁势大小的一个度量，正如从例 1.9 所见，它也是对材料在含有气隙的磁路中产生磁通能力的一个度量。因而，看到，制造性能优良的永磁体的材料，表现为大的矫顽磁力 H_c(相当于超过 1kA/m)。

衡量永磁材料性能的一个有用标准称为其最大磁能积，对应于在该材料磁滞回线第二象限找到的 $B\text{-}H$ 乘积最大值点 $(B \cdot H)_{max}$。正如从式 1.55 看到的，B 和 H 的乘积具有能量密度的量纲(焦耳每立方米)。现在来说明，若磁路中某一永磁材料工作于此点，将使得在气隙中产生一定的磁通密度所需要的永磁材料体积最小。

在例 1.9 中，得到了图 1.17 磁路的气隙中磁通密度的表达式：

$$B_g = \frac{A_m}{A_g} B_m \tag{1.56}$$

也得出了

$$H_g = -\left(\frac{l_m}{g} \right) H_m \tag{1.57}$$

式 1.57 乘以 μ_0 得到 $B_g = \mu_0 H_g$，再用式 1.56 来乘得到

$$B_g^2 = \mu_0 \left(\frac{l_m A_m}{g A_g} \right) (-H_m B_m)$$

$$= \mu_0 \left(\frac{\text{Vol}_{mag}}{\text{Vol}_{air\,gap}} \right) (-H_m B_m) \tag{1.58}$$

式中，Vol_{mag} 为永磁体的体积；$\text{Vol}_{air\,gap}$ 为气隙的体积。出现负号是因为，在磁路的工作点，永磁体(H_m)中的 H 为负。

求解式 1.58 得出

$$\text{Vol}_{\text{mag}} = \frac{\text{Vol}_{\text{air gap}} B_{\text{g}}^2}{\mu_0(-H_{\text{m}} B_{\text{m}})} \tag{1.59}$$

这正是期望得到的结果。此式寓意着,为在气隙中获得期望的磁通密度,使磁体工作在 B-H 乘积的最大可能值点 $B_{\text{m}} H_{\text{m}}$,即最大磁能积点,可使所需要的永磁体的体积最小。而且,这一乘积的值越大,产生期望的磁通密度所需要的永磁体的体积越小。因此,最大磁能积是衡量磁性材料性能的一个有用的标准,常常以"品质因数"列表在永磁材料的资料单上。作为实际考虑,这一结论适用于大多数实际工程应用,采用具有最大可利用的最大磁能积的材料,可使需要的磁体体积最小。

式 1.58 似乎意味着,仅仅减小气隙体积,就可以获得任意大的气隙磁通密度。实际上并非如此,因为气隙长度的减小会使磁路中的磁通密度增大,而随着磁路中磁通密度的增大,将达到一个磁性铁心材料开始饱和的点,此时无穷大磁导率的假设将不再有效,因而,使得到式 1.58 的推导失效。

例 1.10 修改图 1.17 的磁路,使气隙面积减小到 $A_{\text{g}} = 2.0 \text{cm}^2$,如图 1.18 所示。求为达到 0.8T 的气隙磁通密度所需要的最小磁体体积。

解:

注意到恒值 B-H 乘积的曲线为双曲线。在图 1.16(a) 中绘出对不同 B-H 乘积值的一组此类双曲线。从这些曲线可以看到,Alnico 5 的最大磁能积为 40kJ/m^3,出现在 $B = 1.0\text{T}$ 及 $H = -40 \text{kA/m}$ 这一点。磁体工作在此点,将得到最小磁体体积。

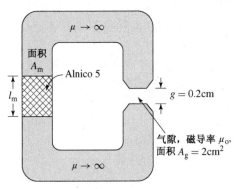

图 1.18 例 1.10 的磁路

因而,根据式 1.56 有

$$A_{\text{m}} = A_{\text{g}} \left(\frac{B_{\text{g}}}{B_{\text{m}}} \right)$$

$$= 2 \text{ cm}^2 \times \left(\frac{0.8}{1.0} \right) = 1.6 \text{ cm}^2$$

根据式 1.57 得

$$l_{\text{m}} = -g \left(\frac{H_{\text{g}}}{H_{\text{m}}} \right) = -g \left(\frac{B_{\text{g}}}{\mu_0 H_{\text{m}}} \right)$$

$$= -0.2 \text{ cm} \times \left(\frac{0.8}{(4\pi \times 10^{-7}) \times (-40 \times 10^3)} \right)$$

$$= 3.18 \text{ cm}$$

因而,最小磁体体积等于 $1.6 \text{cm}^2 \times 3.18 \text{cm} = 5.09 \text{cm}^3$。

练习题 1.8

假设将气隙面积进一步减小为 $A_{\text{g}} = 1.8 \text{cm}^2$,且想要的气隙磁通密度为 0.6T,重做例 1.10。

答案:

最小磁体体积 $= 2.58 \text{cm}^3$。

1.6 永磁材料的应用

例 1.9 及例 1.10 讨论永磁材料的工作时,做了其工作点仅由已知磁路几何结构及涉及的各种磁性材料的特性所决定的假设。事实上,在实际工程装置中,情况通常要更为复杂[①]。本节将就这些问题展开讨论。

图 1.19 所示为几种常用永磁材料的磁化特性,这些曲线仅是驱使材料进入严重饱和后,所获得的每种材料磁滞回线的第二象限特性。Alnico 5 是一种广泛应用的铁、镍、铝及钴的合金,最初发现于 1931 年,其具有相对较大的剩余磁通密度。与 Alnico 5 相比,Alnico 8 有较低的剩余磁通密度和较高的矫顽磁力,因此,它比 Alnico 5 遭受退磁的可能性要小。铝镍钴材料的缺点是其有相对较低的矫顽磁力以及它的机械脆性。

陶瓷永磁材料(也称铁素体磁体)用氧化铁和碳酸钡或碳酸锶粉末制成,比铝镍钴合金剩余磁通密度低,但矫顽磁力明显要高。因而,此类材料趋于退磁的可能性更小。在图 1.19 中示出的一种此类材料陶瓷 7,其磁化特性几乎为一条直线。陶瓷磁体具有良好的机械性能,制造起来也不贵。

随着稀土永磁材料的发现,永磁材料技术从 20 世纪 60 年代开始取得了重大进步,其中以钐-钴为典型代表。从图 1.19 可以看出,钐-钴具有像铝镍钴材料那样的高剩余磁通密度,同时有更高的矫顽磁力及最大磁能积。

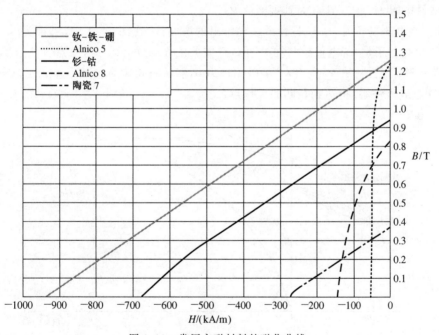

图 1.19 常用永磁材料的磁化曲线

[①] 有关永磁体及其应用的更多讨论,参见 P. Campbell,*Permanent Magnet Materials and Their Application*,Cambridge University Press,1994；R. J. Parker,*Advances in Permanent Magnetism*,John Wiley & Sons,1990；R. C. O'Handley,*Modern Magnetic Materials：Principles and Applications*,John Wiley & Sons,2000；以及 E. P. Ferlani,*Permanent Magnet and Electromechanical Devices*,Academic Press,2001。

最新的稀土永磁材料是钕－铁－硼材料家族,它们表现出具有比钐－钴更大的剩余磁通密度、矫顽磁力及最大磁能积的特征。钕－铁－硼永磁材料的开发在旋转电机领域产生了巨大影响,导致全球电机制造商都在研发功率等级不断增大的永磁电动机。

注意到在图 1.19 中,Alnico 5 和 Alnico 8 的磁化特性的磁滞特征非常明显,而其余材料的磁化特性看起来似乎基本上是直线。这种直线特性是有欺骗性的,因为在任何情况下,材料的特性都会像 Alnico 材料那样急剧向下弯曲,但与 Alnico 材料不同,其他材料的这种弯曲(通常称为磁化曲线的膝部)出现在第三象限,因此在图 1.19 中没有体现出来。

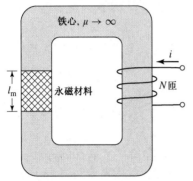

图 1.20　包含永磁体和励磁绕组的磁路

考察图 1.20 的磁路。此磁路在高磁导率软磁材料的铁心中,包含有一段硬磁材料及一个 N 匝的励磁绕组。参考图 1.21,假设硬磁材料最初未磁化[相应于图中的(a)点],考虑当电流加到励磁绕组时将发生的情况。因为假设铁心具有无穷大磁导率,可以认为图 1.21 的水平轴线既表示所加电流 $i = Hl_m/N$,又表示磁性材料中的 H。

当电流 i 增加到其最大值时,B-H 的轨线从图 1.21 中的(a)点向其最大值点(b)上升。为使材料完全磁化,假设电流已经增加到足够大的值 i_{max},驱使材料在(b)点已确实进入饱和。然后,当电流减小到 0 时,B-H 特性开始形成磁滞回线,在 0 电流到达(c)点。注意,在(c)点,材料中的 H 为 0,但 B 为其剩磁值 B_r。

然后,当电流变负时,B-H 特性继续描绘出磁滞回线,在图 1.21 中,可视为(c)点和(d)点之间的轨线。于是,若电流维持在 $i^{(d)}$ 值,磁体的工作点将为(d)这一点。注意到,如同在例 1.9 中一样,若材料从(c)点出发,励磁保持为 0,然后将长度为 $g = l_m(A_g/A_m)(-\mu_0 H^{(d)}/B^{(d)})$ 的气隙嵌入铁心,将达到相同的工作点。

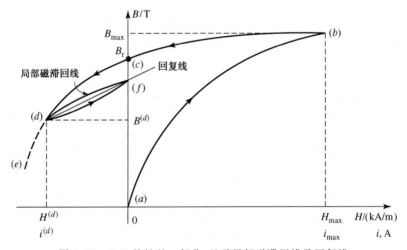

图 1.21　B-H 特性的一部分,显示局部磁滞回线及回复线

假如使电流更负,轨线将继续描绘出趋向(e)点的磁滞回线。然而,如果改为将电流退回 0,则轨线一般不会沿磁滞回线返回到(c)点,而是开始描绘出局部磁滞回线,当电流到 0

时到达(f)点。于是,若电流在 0 和 $i^{(d)}$ 之间变化,B-H 特性将描绘出所示的局部回线。

正如从图 1.21 可以看出的,(d)点和(f)点之间的 B-H 轨线可以用直线来表示,称为回复线,此线的斜率叫做回复磁导率 μ_R。可见,一旦材料被退磁到(d)点,则磁性材料的有效剩磁将为(f)点的剩磁,其小于所期望的基于原磁滞回线的剩磁 B_r。注意到,假如使其退磁减小到越过(d)点,例如到图 1.21 中的(e)点,则将形成一个新的局部回线,具有新的回复线及回复磁导率。

刚刚讨论的负励磁的去磁效应等同于磁路中气隙的作用。例如,显而易见,图 1.20 的磁路可用来作为磁化硬磁材料的系统。磁化过程仅仅需要将一个大的励磁加到绕组,然后减小到 0,给材料留下剩磁 B_r[图 1.21 中的(c)点]。

在这一磁化过程结束后,如果将材料从铁心中移去,就等同于在磁路中开了一个大气隙,以在例 1.9 中所看到的相似的方式使材料退磁。这样,磁体磁性就被有效削弱,因为如果再将其插入磁性铁心,它将沿回复线回到稍微小于 B_r 的剩磁。因而,硬磁材料例如图 1.19 的铝镍钴材料,在磁势和几何结构变化的情形中,常常不能稳定地工作,而不正确地使用就常常存在可能使其严重去磁的危险。

以减小剩磁值为代价,就可使硬磁材料例如 Alnico 5 在一定范围内稳定工作。基于图 1.21 所示的回复线,这一过程可用一个例子来很好地予以解释。

例 1.11 图 1.22 所示为一个包含硬磁材料、高磁导率(假设为无穷大)铁心和活塞的磁路,以及用来磁化硬磁材料的一个 100 匝的绕组。系统磁化后,将绕组移去。活塞沿所指示的 x 方向移动,因而气隙面积在 $2\text{cm}^2 \leqslant A_g \leqslant 4\text{cm}^2$ 范围变化。假设硬磁材料为铝镍钴Alnico 5,且系统最初在 $A_g = 2\text{cm}^2$ 下磁化,(a)求出磁体长度 l_m,使系统工作在与 Alnico 5 磁化曲线的

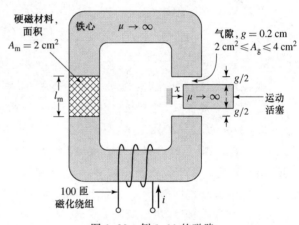

图 1.22　例 1.11 的磁路

最大 B-H 乘积点相交的回复线上;(b)设计出磁化该磁体的步骤;以及(c)计算当活塞来回移动,气隙在这两个极限值间变化时,气隙中的磁通密度 B_g。

解:

a. 图 1.23(a)显示了 Alnico 5 的磁化曲线,以及对应于气隙的两个极端值 $A_g = 2\text{cm}^2$ 和 $A_g = 4\text{cm}^2$ 的两个负载线。可见,如果 $A_g = 2\text{cm}^2$ 的负载线与 B-H 特性相交于最大磁能积点[在图 1.23(a)中标注为(a)点],$B_m^{(a)} = 1.0\text{T}$ 及 $H_m^{(a)} = -40\text{kA/m}$,系统将工作在期望的回复线上。

从式 1.56 及式 1.57 可以看出,需要的负载线斜率由下式给出:

$$\frac{B_m^{(a)}}{-H_m^{(a)}} = \frac{B_g}{H_g}\frac{A_g}{A_m}\frac{l_m}{g}$$

因而

$$l_{\mathrm{m}} = g \left(\frac{A_{\mathrm{m}}}{A_{\mathrm{g}}} \right) \left(\frac{B_{\mathrm{m}}^{(a)}}{-\mu_0 H_{\mathrm{m}}^{(a)}} \right)$$

$$= 0.2\,\mathrm{cm} \times \left(\frac{2}{2} \right) \times \left(\frac{1.0}{4\pi \times 10^{-7} \times 4 \times 10^4} \right) = 3.98\,\mathrm{cm}$$

b. 图 1.23(b)所示为 $A_{\mathrm{g}} = 2\mathrm{cm}^2$ 及电流 i 施加到励磁绕组的系统的一系列负载线。这些负载线的一般方程可以很容易地推导出来,因为根据式 1.5 有

$$Ni = H_{\mathrm{m}} l_{\mathrm{m}} + H_{\mathrm{g}} g$$

以及根据式 1.3 及式 1.7 有

$$B_{\mathrm{m}} A_{\mathrm{m}} = B_{\mathrm{g}} A_{\mathrm{g}} = \mu_0 H_{\mathrm{g}} A_{\mathrm{g}}$$

因而

$$B_{\mathrm{m}} = -\mu_0 \left(\frac{A_{\mathrm{g}}}{A_{\mathrm{m}}} \right) \left(\frac{l_{\mathrm{m}}}{g} \right) H_{\mathrm{m}} + \frac{\mu_0 N}{g} \left(\frac{A_{\mathrm{g}}}{A_{\mathrm{m}}} \right) i$$

$$= \mu_0 \left[-\left(\frac{2}{2} \right) \times \left(\frac{3.98}{0.2} \right) H_{\mathrm{m}} + \frac{100}{2 \times 10^{-3}} \times \left(\frac{2}{2} \right) i \right]$$

$$= -2.50 \times 10^{-5} H_{\mathrm{m}} + 6.28 \times 10^{-2} i$$

由此式及图 1.23(b)可见,为使磁性材料进入饱和,到点 $(H_{\max}, B_{\max})$,磁化绕组中的电流必须增加到值 $i_{\max}$,其中

$$i_{\max} = \frac{B_{\max} + 2.50 \times 10^{-5} H_{\max}}{6.28 \times 10^{-2}}\,\mathrm{A}$$

本例中,由于没有 Alnico 5 的完整磁滞回线,因而必须估算 $B_{\max}$ 及 $H_{\max}$。在 $H = 0$ 线性外推 B-H 曲线,后退到 4 倍矫顽磁力,即 $H_{\max} = 4 \times 50 = 200\mathrm{kA/m}$,得到 $B_{\max} = 2.1\mathrm{T}$。毋庸置疑,这个值很极端化,有些过高地估算了需要的电流。然而,用 $B_{\max} = 2.1\mathrm{T}$ 及 $H_{\max} = 200\mathrm{kA/m}$,得到 $i_{\max} = 113\mathrm{A}$。

因此,将气隙面积设为 $2\mathrm{cm}^2$,增大电流到 113A 然后减小到 0,将得到想要的磁化。

c. 因为没有关于回复线斜率的具体资料,将假设其斜率与 B-H 特性在点 $H = 0, B = B_{\mathrm{r}}$ 的斜率相同。根据图 1.23(a),如果回复线以此斜率绘出,可见当气隙面积在 $2 \sim 4\mathrm{cm}^2$ 之间变化时,磁体磁通密度 B_{m} 在 $1.00 \sim 1.08\mathrm{T}$ 之间变化。由于气隙磁通密度等于该值的 $A_{\mathrm{m}}/A_{\mathrm{g}}$ 倍,气隙磁通密度在 $A_{\mathrm{g}} = 2.0\mathrm{cm}^2$ 时就等于 $(2/2) \times 1.00 = 1.0\mathrm{T}$,在 $A_{\mathrm{g}} = 4.0\mathrm{cm}^2$ 时就等于 $(2/4) \times 1.08 = 0.54\mathrm{T}$。从图 1.23(a)注意到,当以这样的气隙变化工作时,磁体似乎具有 1.17T 的有效剩余磁通密度,而不是初值 1.24T。只要气隙变化限制在此处考虑的范围内,系统将继续工作在图 1.23(a)中标注为"回复线"的线上,可以说磁体稳定。

正如已经讨论过的,假如工作点变化过大,像 Alnico 5 这样的硬磁材料就可能退磁。就像在例 1.11 中所说明的,可以牺牲一些有效剩磁来使这些材料稳定。然而,这一做法并不能保证工作的绝对稳定。例如,如果例 1.11 中的材料处于气隙面积小于 $2\mathrm{cm}^2$ 或经受过度的去磁电流,稳定作用将消失,将会发现材料工作在新的回复线上,剩磁进一步减小。

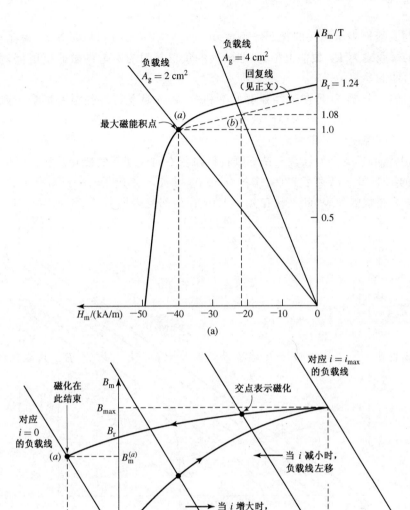

图 1.23　(a)例 1.11 的 Alnico 5 的磁化曲线；(b)对应 $A_g = 2cm^2$
且 i 值变化的一系列负载线,说明例 1.11 的磁化步骤

　　然而,许多材料例如钐－钴、陶瓷 7 以及钕－铁－硼(见图 1.19)都有很大的矫顽磁力值,这些材料具有非常低的回复磁导率值,回复线在大部分有用工作区上基本为 B-H 特性的切线。例如,这一点可从图 1.19 看出,该图显示了钕－铁－硼的直流磁化曲线,从图可见,材料有 1.25T 的剩磁和－940kA/m 的矫顽磁力。曲线在这些点之间的部分为斜率等于 $1.06\mu_0$ 的直线,与其回复线的斜率相同。只要这些材料工作在其 B-H 特性的这一低值磁导率部分,如果不过分退磁,它们就不需要进行稳定处理。

　　对这些材料,通常假设其直流磁化曲线在有用的工作范围为直线,斜率等于回复磁导率 μ_R 较为方便。在此假设下,这些材料的直流磁化曲线可按如下形式写出:

$$B = \mu_R(H - H_c') = B_r + \mu_R H \tag{1.60}$$

第 1 章　磁路和磁性材料　➤　29

此处，H'_c 是与其线性表示相关的视在矫顽磁力。正如从图 1.19 可以看到的，视在矫顽磁力一般比材料的矫顽磁力 H_c 数值上稍大（即较大的负值），因为对低的磁通密度值，直流磁化特性有向下弯曲的趋势。

永磁材料的一个显著（且在某种程度上不利的）特征是其特性受温度影响。例如，虽然钐－钴材料比钕－铁－硼材料的温度敏感性小得多，但钕－铁－硼和钐－钴永磁材料的剩磁和矫顽磁力都随温度的升高而减小。

图 1.24 中显示了高温等级钕－铁－硼材料在各不同温度下的磁化曲线。可以看出，剩磁从 20℃下的 1.14T 下降到了 180℃下的 0.85T。表 1.1 给出了这一材料剩余磁通密度随温度变化的更为完整的列表，此材料有 $\mu_R = 1.04\mu_0$ 的回复磁导率。

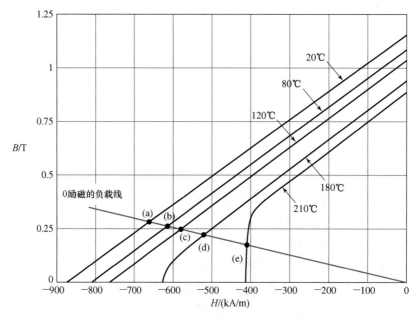

图 1.24　钕－铁－硼材料第二象限磁化曲线，显示了其与温度的相关性

表 1.1　图 1.24 中磁化曲线的剩余磁通密度随温度变化表

温度/℃	B_r/T	温度/℃	B_r/T
20	1.15	150	0.99
80	1.08	180	0.94
120	1.03	210	0.89

有趣的是，与稀土永磁材料不同，虽然陶瓷永磁材料的剩磁随温度上升而减小，但其矫顽磁力却随温度上升而增大。图 1.25 显示了典型陶瓷永磁材料磁化特性受温度影响的一般特征。

虽然这些永磁材料显示出其磁性随温度上升而降低，但磁性的这一降低通常是可逆的。尽管永磁材料的工作点将随温度的改变而变化，但只要工作点维持在磁化特性的线性段，那么随着温度的降低其磁性将会完全恢复。然而，如果温度上升到一个被称为居里温度的值，那么材料将变得完全被去磁，即使温度降低其磁性也将不再能恢复[①]。

---

① 钕－铁－硼的居里温度约为 350℃，钐－钴和铝镍钴（Alnico）的居里温度约为 700℃。

考察像图 1.26 中所示的包含有永磁材料和绕组的磁路。图 1.24 中包含了一个 0 励磁的负载线，对应于这一磁路在绕组中励磁电流为 0 的工作情况。当温度在 20℃ 与 120℃ 之间变化时，工作点在(a)点与(c)点之间变化。在这一温度范围内的每个工作点，都落在材料磁滞回线第二象限的线性部分。正如已经明了的，工作在磁化特性的这一线性部分是稳定的，当绕组电流改变时，只要维持在第二象限工作，磁体将继续工作在磁化特性的线性部分[①]。材料将不会被永久退磁，随着温度降低，由温度引起的任何磁性损失将得到恢复。

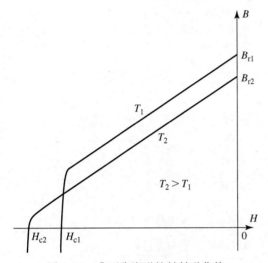

图 1.25 典型陶瓷磁性材料磁化特性受温度影响的一般形状

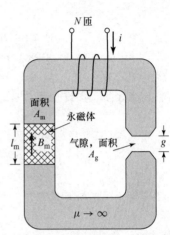

图 1.26 有永磁体、气隙和励磁绕组的磁路

随着温度进一步升高，将会达到一个磁化特性向下弯曲出现在第二象限的温度，从图 1.24 中 180℃ 和 210℃ 的曲线可以看出这一现象。在 180℃ 所对应特性的情况下，只要磁体磁通密度不下降到低于磁化特性变为非线性的点，绕组电流变化不会使磁体去磁。低于此点的工作情况，类似于参考了图 1.21 中的局部回线及回复线对 Alnico 5 工作情况所做的讨论。因此，如果给绕组施加足够的电流，驱使磁体低于此点，然后将电流减小，就将产生一个局部回线，磁体将稍微有点去磁。如果磁体温度降低，会发现磁体部分地去磁了。在 210℃ 所对应特性的情况下，可以看出 0 励磁工作点下跌到了磁化曲线的非线性部分，其后果是，任何导致磁体磁通密度增加的绕组电流都将使磁体去磁。

例 1.12 一个类似于图 1.26 中所示的磁路，有一个 220 匝的绕组($N=200$)，且包含有一段长度 $l_m = 3cm$ 和横截面积 $A_m = 2.5cm^2$ 的钕—铁—硼永磁体。气隙有 $A_g = 0.259cm^2$ 的有效面积和 $g = 0.9cm$ 的有效长度。

a. 推导出此磁路负载线随绕组电流 i 变化的表达式，并且说明当绕组电流等于 0 时其与图 1.24 的 0 励磁负载线相一致。

b. 此磁路用峰值为 I_{peak} 的绕组正弦电流励磁。为避免出现使永磁体去磁的可能，希望限制 I_{peak} 的值，使磁体磁通密度 B_m 始终维持为正。对磁体工作温度 20℃ 和 120℃，

[①] 注意到，如果驱使永磁体的工作点越过其磁化特性不再是线性的，且开始向下弯曲的点进入第三象限，永磁体将会永久退磁。

计算电流峰值 I_{peak} 的最大值。

解:

a. 此磁路与例 1.11 和图 1.22 中的磁路基本相同,因而负载线的表达式与该例中推导出的相同。对此例的特定情况,

$$B_{\text{m}} = -\mu_0 \left(\frac{A_{\text{g}}}{A_{\text{m}}}\right)\left(\frac{l_{\text{m}}}{g}\right) H_{\text{m}} + \frac{\mu_0 N}{g}\left(\frac{A_{\text{g}}}{A_{\text{m}}}\right) i$$

$$= \mu_0 \left[-\left(\frac{0.259}{2.5}\right) \times \left(\frac{3}{0.9}\right) H_{\text{m}} + \frac{200}{9 \times 10^{-3}} \times \left(\frac{0.259}{2.5}\right) i\right]$$

$$= -4.34 \times 10^{-7} H_{\text{m}} + 2.89 \times 10^{-3} i$$

若 $i=0$,当 $H_{\text{m}}=-600\text{kA/m}$ 时,从此式得出 $B_{\text{m}}=0.26\text{T}$,与图 1.24 的 0 励磁负载线非常一致。

b. 根据式 1.60,在线性工作区,磁体中 B_{m} 和 H_{m} 之间的关系由下式给出:

$$B_{\text{m}} = B_{\text{r}} + \mu_{\text{R}} H_{\text{m}}$$

将此式与(a)中得到的负载线表达式结合得出

$$B_{\text{m}} = \frac{\mu_{\text{R}} N i + l_{\text{m}} B_{\text{r}}}{l_{\text{m}} + g\left(\frac{\mu_{\text{R}}}{\mu_0}\right)\left(\frac{A_{\text{m}}}{A_{\text{g}}}\right)} = 2.17 \times 10^{-3} i + 0.249 B_{\text{r}}$$

对峰值为 I_{peak} 的正弦电流,只要满足下式,B_{m} 就将始终维持为正:

$$I_{\text{peak}} = \frac{l_{\text{m}} B_{\text{r}}}{\mu_{\text{R}} N} = 114.8 B_{\text{r}}$$

对温度 20℃,从表 1.1 查得 $B_{\text{r}}=1.15\text{T}$,因此 I_{peak} 的最大值为 132A;类似地,对温度 120℃,$B_{\text{r}}=1.03\text{T}$,$I_{\text{peak}}$ 的最大值为 118A。

1.7 小 结

利用磁场的机电装置常常采用铁磁材料来导向和集束磁场。因为铁磁材料的磁导率可能很大(高达周围空间磁导率的几万倍),大部分磁通就被限制在精心设计的路径中,这一路径由磁性材料的几何形状决定。此外,通常所关注的频率足够低,使得磁场可以按准静态来考虑,因此,磁场仅由作用在磁结构上的已知净磁势决定。

因而,对这些磁结构中的磁场的解,可以直接用磁路分析方法来获得。这些方法可以用来将复杂的三维磁场求解简化为本质上所谓的一维问题。正如所有工程求解法一样,磁路分析法需要一些经验和判断,但该方法在许多实际工程应用场合可以得出有用的结果。

有性能各异的铁磁材料可供选用。一般而言,铁磁材料的特性为非线性,而其 B-H 特性常常以磁滞(B-H)回线簇的形式表示。损耗,指磁滞及涡流两者,与磁通量级、工作频率以及材料成分和采用的制造工艺有关。对这些现象的本质有一个基本理解,非常有益于将这些材料用于实际装置。一般情况下,材料制造商会以曲线形式提供材料的重要特性。

某些磁性材料,通常称为硬磁或永磁材料,表现为大的剩磁和矫顽磁力。即使在含有气隙的磁路中,这些材料也产生相当的磁通。只要设计恰当,就可以使其稳定地工作在经受大范围磁势及温度变化的场合。永磁体在许多小装置中得到应用,包括扬声器、交流和直流电动机、麦克风及模拟电气仪表等。

1.8 第1章变量符号表

μ	磁导率[H/m]
μ_0	自由空间磁导率 $= 4\pi \times 10^{-7}$ [H/m]
μ_r	相对磁导率
μ_R	回复磁导率[H/m]
$\phi, \varphi, \phi_{max}$	磁通[Wb]
ω	角频率 [rad/s]
ρ	质量密度 [kg/m^3]
A	横截面积 [m^2]
$\boldsymbol{B}, B$	磁通密度 [T]
B_r	剩余/残留磁感应强度(剩磁) [T]
e	电动势(电势) [V]
e, E	电势 [V]
$\boldsymbol{E}$	电场强度 [V/m]
f	频率 [Hz]
$\mathcal{F}$	磁势 [A]
g	气隙长度 [m]
$\boldsymbol{H}, H, H_{rms}$	磁场强度[A/m]
H_c	矫顽(磁)力 [A/m]
i, I	电流 [A]
$i_{\varphi}, I_{\phi, rms}$	励磁电流 [A]
$\boldsymbol{J}$	电流密度 [A/m^2]
l	线性尺寸[m]
L	电感 [H]
N	匝数
P	功率 [W]
P_{core}	铁心损耗 [W]
P_a	励磁功率每单位质量 [W/kg]
P_c	铁心损耗密度 [W/kg]
$\mathcal{P}$	磁导 [H]
R	电阻 [Ω]
$\mathcal{R}$	磁阻 [H^{-1}]
S	励磁有效值伏安(励磁容量)[VA]
S_a	励磁有效值伏安(励磁容量)每单位质量 [VA/kg]
t	时间 [s]
T	周期 [s]
T	温度 [℃]

V	电压〔V〕
Vol	体积〔m³〕
W	能量〔J〕

下标:

c	铁心
g	气隙
m, mag	磁体
max	最大
rms	有效值
tot	总的

1.9 习 题

1.1 一具有单个气隙的磁路示于图 1.27。铁心尺寸为:横截面积 $A_c = 3.5 \text{cm}^2$,铁心平均长度 $l_c = 25 \text{cm}$,气隙长度 $g = 2.4 \text{mm}$,$N = 95$ 匝。

假设铁心有无穷大磁导率($\mu \to \infty$),忽略气隙边缘磁场效应和漏磁通。(a)计算铁心磁阻 $\mathcal{R}_c$ 及气隙磁阻 $\mathcal{R}_g$。对 $i = 1.4 \text{A}$ 的电流,计算(b)总磁通 ϕ;(c)线圈的磁链 λ;(d)线圈电感 L。

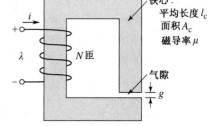

图 1.27 习题 1.1 的磁路

1.2 对有限铁心磁导率 $\mu = 2350 \mu_0$,重做习题 1.1。

1.3 考虑图 1.27 的磁路,有习题 1.1 的尺寸。假设无穷大铁心磁导率,计算:(a)得到 15mH 电感所需要的匝数;(b)产生 1.15T 铁心磁通密度的电感器电流。

1.4 对铁心磁导率 $\mu = 1700 \mu_0$,重做习题 1.3。

1.5 习题 1.1 的磁路有非线性铁心材料,材料磁导率为 B_m 的函数,给出为

$$\mu = \mu_0 \left(1 + \frac{2153}{\sqrt{1 + 0.43(B_m)^{12.1}}} \right)$$

式中,B_m 为材料磁通密度。

a. 利用 MATLAB,绘出这种材料在 $0 \leqslant B_m \leqslant 2.1 \text{T}$ 范围的直流磁化曲线(B_m 随 H_m 变化)。

b. 求出气隙中磁通密度达到 2.1T 所需要的电流。

c. 再用 MATLAB,绘出当电流从 0 到在(b)中所求得的值变化时,线圈磁链随线圈电流变化的函数曲线。

1.6 图 1.28 的磁路由铁心及一个宽 l_p 的运动活塞组成,每个的磁导率均为 μ。铁心具有横截面积 A_c 及平均长度 l_c。两个气隙的交叠面积 A_g 是活塞位置 x 的函数,可以假设按下式变化:

$$A_g = A_c \left(1 - \frac{x}{X_0} \right)$$

可以忽略气隙的任何边缘磁场而采用与磁路分析相一致的近似。

a. 假设 $\mu \to \infty$，推导出气隙中磁通密度 B_g 随绕组电流 i 和活塞位置 x（假设 x 限制在 $0 \leqslant x \leqslant 0.5X_0$ 范围）变化的函数表达式，写出相应的铁心中磁通密度的表达式。

b. 对有限磁导率 μ，重做(a)。

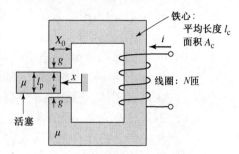

图 1.28　习题 1.6 的磁路

1.7　图 1.28 的磁路有 125 匝和如下尺寸：$l_c = 50\text{cm}$，$l_p = 4\text{cm}$，$g = 0.25\text{cm}$，$A_c = 100\text{cm}^2$，$X_0 = 10\text{cm}$。

在 $x = 0.5X_0$ 时，测得电感为 52mH。利用合理的近似，计算铁心和活塞材料的相对磁导率 μ_r。

1.8　图 1.29 所示为由两个 C 形铁心构成的电感器。各铁心面积为 A_c，平均长度为 l_c。有两个气隙，每个气隙长度为 g，有效面积为 A_g。最后，有两个匝数都为 N 的线圈，各放置在一个 C 形铁心上。假设铁心磁导率无穷大，对如下尺寸：横截面积 $A_c = A_g = 38.7\text{cm}^2$，铁心长度 $l_c = 45\text{cm}$，气隙长度 $g = 0.12\text{cm}$，

a. 计算为得到 12.2mH 的电感所需要的线圈匝数，假设铁心磁导率无穷大且两个线圈串联。由于匝数必定是整数，因此计算结果必须被舍入到最靠近的整数，计算基于舍入后匝数的实际电感值。

b. 通过调节气隙长度，可以将电感精细调整到所期望的电感量。基于(a)中求得的匝数，计算为得到期望的 12.2mH 电感所需要的气隙长度。

c. 基于这一最终的电感器设计，计算产生 1.5T 铁心磁通密度时的电感器电流。

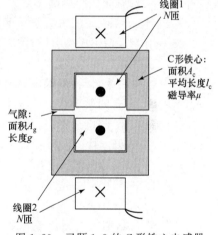

图 1.29　习题 1.8 的 C 形铁心电感器

1.9　假设线圈并联，重做习题 1.8。

1.10　假设铁心有 $1800\mu_0$ 的磁导率，重做习题 1.8。

1.11　图 1.28 和习题 1.6 的磁路有如下尺寸：$A_c = 9.3\text{cm}^2$，$l_c = 27\text{cm}$，$l_p = 2.7\text{cm}$，$g = 0.6\text{mm}$，$X_0 = 2.3\text{cm}$，$N = 480$ 匝。

a. 假设 $\mu = 3150\mu_0$ 的恒值磁导率，计算当活塞完全收回（$x = 0$）时，在气隙中得到 1.25T 的磁通密度所需要的电流。

b. 重做 (a) 中的计算，但铁心及活塞由非线性材料构成，其磁导率用下式给出：

$$\mu = \mu_0 \left(1 + \frac{1065}{\sqrt{1 + 0.038|B_m|^9}} \right)$$

式中，B_m 为材料中的磁通密度。

  c. 对(b)中的非线性材料，用 MATLAB 绘出 $x=0$ 及 $x=0.5X_0$ 时，气隙磁通密度随绕组电流变化的函数曲线。

1.12 图 1.27 所示的电感器有尺寸：横截面积 $A_\mathrm{c}=3.8\mathrm{cm}^2$，平均铁心长度 $l_\mathrm{c}=19\mathrm{cm}$，$N=122$ 匝。

   假设铁心磁导率 $\mu=3240\mu_0$，忽略漏磁通及边缘磁场的影响，计算得到 6.0mH 电感所需要的气隙长度。

1.13 图 1.30 中的磁路，由叠压高度为 h 的环状磁性材料构成。环的内半径为 R_i，外半径为 R_o。假设铁心有无穷大磁导率（$\mu \rightarrow \infty$），忽略漏磁及边缘效应的影响。对 $R_\mathrm{i}=3.2\mathrm{cm}$，$R_\mathrm{o}=4.1\mathrm{cm}$，$h=1.8\mathrm{cm}$，$g=0.15\mathrm{cm}$，计算：

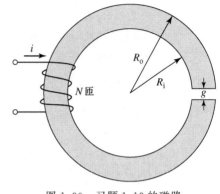

  a. 平均铁心长度 l_c 和铁心横截面积 A_c。

  b. 铁心磁阻 $\mathcal{R}_\mathrm{c}$ 和气隙磁阻 $\mathcal{R}_\mathrm{g}$。

   对 $N=72$ 匝，计算：

  c. 电感 L。

图 1.30 习题 1.13 的磁路

  d. 在 $B_\mathrm{g}=1.25\mathrm{T}$ 的气隙磁通密度下工作所需的电流 i。

  e. 相应的线圈磁链 λ。

1.14 对 $\mu=750\mu_0$ 的铁心磁导率，重做习题 1.13。

1.15 用 MATLAB 绘出，当铁心磁导率从 $\mu_\mathrm{r}=100$ 到 $\mu_\mathrm{r}=10000$ 变化时，习题 1.13 电感器的电感随铁心相对磁导率变化的函数曲线（提示：绘出电感与相对磁导率对数的关系）。为确保电感与假设铁心磁导率为无穷大下所计算的值之差在 5% 以内，需要的最小相对磁导率是什么值？

1.16 图 1.31 的电感器，有均匀圆形横截面积 A_c、平均长度 l_c 和相对磁导率 μ_r 的铁心，以及一个 N 匝绕组。写出电感 L 的表达式。

1.17 图 1.31 的电感器有如下尺寸：$A_\mathrm{c}=1.1\mathrm{cm}^2$，$l_\mathrm{c}=12\mathrm{cm}$，$g=0.9\mathrm{mm}$，$N=520$ 匝。

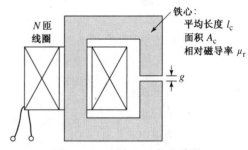

  a. 忽略漏磁通及边缘效应，且假设 $\mu_\mathrm{r}=1000$，计算电感。

  b. 对应 1.2A 的绕组电流，计算铁心磁通密度和电感器的磁链。

图 1.31 习题 1.16 的电感器

1.18 习题 1.17 的电感器工作在 60Hz 电压源下。(a)假设线圈电阻可以忽略，计算与 1.5T 的峰值铁心磁通密度对应的电感器电压有效值；(b)在此运行条件下，计算电流有效值及峰值储能。

1.19 假设习题 1.17 的电感器的铁心材料有习题 1.5 给出的磁导率，编写 MATLAB 程序，计算在 1.2A 电流下的铁心磁通密度和电感器磁链。

1.20 考察图 1.32 的圆柱形磁路。这一结
构称为壶状铁心,一般由两个半边组
成。N 匝的线圈绕在圆柱形绕线筒
上,当两个半边装配时,线圈能很容
易地插到铁心的中心柱上。因为气
隙在铁心的内部,倘若铁心没有进入
过饱和,相对而言几乎没有磁通从铁
心"泄漏",使其在像图 1.31 的电感器
以及变压器等众多应用场合,成为独
具魅力的结构形式。

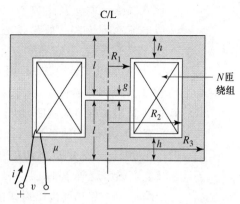

图 1.32 习题 1.20 的壶状铁心电感器

假设铁心磁导率为 $\mu=2300\mu_0$ 且 $N=$
180 匝。给定下列尺寸:$R_1=1.6\text{cm},R_2=4.2\text{cm},l=2.8\text{cm},h=0.78\text{cm},g=0.45\text{mm}$。

a. 虽然在铁心径向段(厚度 h 的段)中的磁通密度实际上随半径减小,但假设磁
通密度始终保持均匀不变。求出 R_3 的值,以使在铁心外壁中的平均磁通密
度等于中心柱中的平均磁通密度。

b. 写出线圈电感的表达式,并估算在给定尺寸下的电感值。

c. 铁心在 60Hz、0.6T 峰值磁通密度下工作。求(i)绕组中相应的感应电势的有
效值;(ii)线圈电流的有效值;(iii)峰值储能。

d. 对 50Hz 频率,重做(c)。

1.21 有 60Hz 基波频率及幅值为 E 的相等正、负半周期的方波电压,施加到 575 匝的
绕组,绕组绕包在横截面积 $A_c=9\text{cm}^2$ 和长度 $l_c=35\text{cm}$ 的闭合铁心上。忽略绕组
电阻及漏磁通的影响。

a. 画出电压、绕组磁链及铁心磁通随时间变化的波形。

b. 如果最大磁通密度不超过 0.95T,求 E 的最大允许值。

c. 如果铁心有 $1000\mu_0$ 的磁导率,计算绕组峰值电流。

1.22 假如习题 1.21 中的铁心可以用下式给出的磁导率来描述:

$$\mu = \mu_0 \left(1 + \frac{1210}{\sqrt{1 + 0.04\,|B|^{8.5}}} \right)$$

式中,B 为铁心磁通密度。

a. 画出铁心材料在磁通密度 $-1.8\text{T} \leqslant B \leqslant 1.8\text{T}$ 范围的 B-H 曲线。

b. 给绕组施加 110V 有效值、60Hz 的正弦电压,用 MATLAB 画出由此引起的
绕组电流随时间变化一个周期的波形。峰值电流是多大?

c. 将(b)中的电压加倍到 220V 有效值,把由此引起的电流随时间变化波形添加
到(b)的图形中。此时峰值电流是多大?

1.23 如果在磁性铁心中插入一个 10mm 的气隙,重做习题 1.22 中的(b)和(c)。

1.24 一电感器设计为采用图 1.31 形状的磁性铁心。铁心具有均匀横截面积 $A_c=$
6.0cm^2 及平均长度 $l_c=28\text{cm}$。

a. 计算气隙长度 g 及匝数 N，以使电感为 23mH，且电感器可以工作在 10A 峰值电流而不饱和。假设铁心中峰值磁通密度超过 1.7T 时出现饱和，在饱和状态以下，铁心有磁导率 $\mu = 2700\mu_0$。

b. 对 10A 的电感器电流，利用式 3.21 计算：(i) 气隙中磁储能；(ii) 铁心中的磁储能。说明总磁储能由式 1.46 确定。

1.25 编写一个 MATLAB 程序，用于设计基于图 1.31 中的磁性铁心的电感器。假设铁心有 10.0cm^2 的横截面积、35cm 的长度以及 1700 的相对磁导率。电感器将工作在 50Hz 正弦电流下，其必须被设计为当电感器峰值电流等于 7.5A 时，铁心峰值磁通密度等于 1.4T。

　　编写 MATLAB 代码形式的简单设计程序，以计算绕组匝数和气隙长度随期望的电感变化的函数值。程序应编写成请求使用者给一个电感值（以 mH 为单位），输出以 mm 为单位的气隙长度以及匝数。编写程序以剔除任何气隙长度在 0.05～6.0mm 范围以外，或匝数少于 10 的不称心设计。

　　用编写的程序求满足给定约束的 (a) 最小及 (b) 最大电感（最接近的 mH）。对每个这样的值，求出对应铁心峰值磁通所需的气隙长度和匝数，以及电压有效值。

1.26 考虑如图 1.29 中所示的由两个 C 形铁心构成的电感器。各 C 形铁心具有均匀横截面积 $A_c = 105\text{cm}^2$ 及平均长度 $l_c = 48\text{cm}$。

a. 假设线圈并联，计算每个线圈的匝数 N 及气隙长度 g，使得电感为 350mH，且电感器电流可以增大到 6.0A 而铁心磁通密度不超过 1.2T，避免铁心饱和。可以忽略铁心的磁阻以及气隙上的磁场边缘效应。

b. 假设线圈串联，重做 (a)。

1.27 假设习题 1.26 的 C 形铁心有 $\mu = 3500\mu_0$ 的磁导率，重做习题 1.26。

1.28 编写一个 MATLAB 程序，用于自动进行习题 1.26 和习题 1.27 的计算。所编写程序的输入应包括铁心面积、铁心平均长度、铁心磁导率和绕组连接方式（并联或者串联），以及期望的电感、铁心最大磁通密度和电流。用编写的程序设计一个具有 40cm^2 铁心横截面积和 35cm 铁心平均长度的 220mH 电感器。电感器在磁通密度不超过 1.1T 情况下，应该能够承载高达 9.0A 的电流。

1.29 假设一能量存储机构由 N 匝线圈绕在一个大的非磁性（$\mu = \mu_0$）环形结构上组成，如图 1.33 所示。从图可见，环形结构有半径为 a 的圆形横截面及按截面中心测得的环形半径 r。这一装置的几何结构使得环形以外各处的磁场可以认为是 0。在 $a \ll r$ 的假设下，环中 H 场可以认为沿环形指向，具有相同大小：

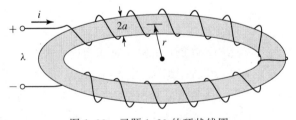

图 1.33 习题 1.29 的环状线圈

$$H = \frac{Ni}{2\pi r}$$

对线圈 $N=12000$ 匝、$r=9\text{m}$ 及 $a=0.55\text{m}$：

a. 计算线圈电感 L。

b. 线圈激励到磁通密度 1.80T，计算达到这一磁通密度时环中存储的总磁场能量。

c. 如果线圈以均匀速率来激励（即 $\mathrm{d}i/\mathrm{d}t=$ 恒值），计算在 40 秒内达到要求的磁通密度所需要的端电压。假设线圈电阻可以忽略。

1.30 图 1.34 示出了一个绕在矩形横截面叠片铁心上的电感器。假设铁心的磁导率为无穷大。忽略漏磁及两个气隙（总气隙长度 $=g$）中的边缘效应。N 匝绕组的导线是绝缘铜线，其电阻率为 $\rho\ \Omega\cdot\text{m}$。假定绕组空间的 f_w 部分为铜所占用，其余空间用于绝缘。

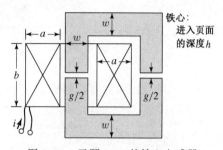

图 1.34　习题 1.30 的铁心电感器

a. 计算在绕组空间铜的横截面积及体积。

b. 根据绕组铜导线中的电流密度 J_cu，写出电感器中磁通密度 B 的表达式。

c. 根据线圈电流 I、匝数 N 及线圈几何参数，写出铜导线电流密度 J_cu 的表达式。

d. 根据电流密度 J_cu，推导线圈中耗散的电功率的表达式。

e. 根据所施加的电流密度 J_cu，推导电感中磁储能的表达式。

f. 根据（d）和（e），推导电感器的 L/R 时间常数表达式。注意，这个表达式与线圈的匝数无关，因而当通过改变匝数使电感及线圈电阻改变时，表达式不变。

1.31 图 1.34 的电感器有如下尺寸：$a=h=w=1.8\text{cm}$，$b=2.2\text{cm}$，$g=0.18\text{cm}$。

绕组系数（即由导体占据的总绕组面积的份额）为 $f_\text{w}=0.55$。铜的电阻率为 $1.73\times10^{-8}\ \Omega\cdot\text{m}$。当线圈工作在 40V 恒值直流电压下时，测得气隙磁通密度 1.3T。求线圈中耗散的功率、线圈电流、匝数、线圈电阻、电感、时间常数及最接近标准线规的导线规格。（提示：导线规格可根据表达式

$$\text{AWG}=36-4.312\ln\left(\frac{A_\text{wire}}{1.267\times10^{-8}}\right)$$

求出。式中，AWG 为导线规格，以美国线规表示；A_wire 为以 m^2 为单位的导线横截面积。）

1.32 图 1.35 的磁路有两个绕组和两个气隙。铁心可以假设为无穷大磁导率。图中标示出了铁心尺寸。

a. 假设线圈 1 带有电流 I_1，线圈 2 中的电流为 0。计算：(i)每个气隙中的磁通密度；(ii)绕组 1 的磁链及(iii)绕组 2 的磁链。

b. 假设绕组 1 中电流为 0，绕组 2 中电流为 I_2，重做(a)。

c. 假设绕组 1 中电流为 I_1，绕组 2 中电流为 I_2，重做(a)。

d. 求出绕组 1 和绕组 2 的自感及两个绕组间的互感。

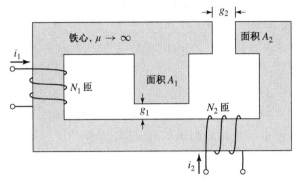

图 1.35　习题 1.32 的磁路

1.33　图 1.36 的对称磁路有三个绕组。绕组 A 和 B 每个有 N 匝,绕在铁心的两个底部柱上。图中标示出了铁心尺寸。

a. 求每个绕组的自感。

b. 求三个绕组两两之间的互感。

c. 求由绕组 A 和 B 中的时变电流 $i_A(t)$ 及 $i_B(t)$ 在绕组 1 中感应的电压。说明这一电压可用于测量两个相同频率正弦电流间的不平衡。

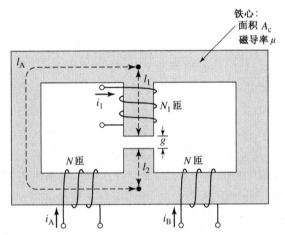

图 1.36　习题 1.33 的对称磁路

1.34　图 1.37 的往复式发电机有一个运动活塞(位置 x),将活塞支撑,以使其能滑进或滑出磁轭,而在相邻轭的每边维持恒定气隙长度 g。轭及活塞两者均可认为有无穷大磁导率。活塞的运动做了限制,以使其位置限制在 $0 \leqslant x \leqslant w$。

　　在这个磁路上有两个绕组。第一个有 N_1 匝且带有恒

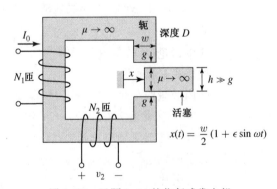

图 1.37　习题 1.34 的往复式发电机

值直流电流 I_0。第二个有 N_2 匝,开路并可以连接到负载。

a. 忽略所有边缘效应,找出绕组 1 和绕组 2 之间互感与活塞位置 x 的函数关系。

b. 活塞由外动力源驱动,其运动由

$$x(t) = \frac{w(1 + \epsilon \sin\omega t)}{2}$$

给出。式中,$\epsilon \leqslant 1$。找出由于这一运动而产生的正弦电压的表达式。

1.35 图 1.38 示出了一个可用于测量电工钢磁特性的装置。被测材料切成或冲成圆形叠片,然后叠压(片间绝缘以避免形成涡流)。在这一叠片结构上绕两个绕组:第一个有 N_1 匝,用于在叠片结构中激励磁场;第二个有 N_2 匝,用于感知由此引起的磁通。

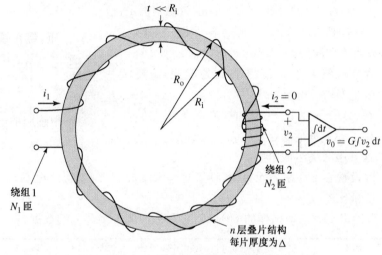

图 1.38　电工钢的磁性能测量装置

从结果的精确度考虑,要求叠片结构中磁通密度均匀。假如叠片宽度 $w = R_o - R_i$ 比叠片半径小得多,且励磁绕组沿着叠片结构均匀绕制,就可以做到这一点。为了分析,假定有 n 层叠片,每片厚度为 Δ。同时,假定绕组 1 用电流 $i_1 = I_0 \sin\omega t$ 激励。

a. 找出叠片结构中磁场强度 H 和绕组 1 中电流 i_1 间的关系。

b. 找出电压 v_2 和叠片结构中磁通密度 B 时间变化率间的关系。

c. 找出电压 $v_0 = G \int v_2 \, \mathrm{d}t$ 和磁通密度间的关系。

本题中,已知叠片结构中的磁场强度 H 和磁通密度 B 按已知常数正比于电流 i_1 和电压 v_0。因而,直接测量磁性钢中的 B 和 H,就可以确定在 1.3 节和 1.4 节中讨论的 B-H 特性。

1.36 根据图 1.10 的直流磁化曲线,可以推导出 M-5 电工钢的相对磁导率 $\mu_r = B_c / (\mu_0 H_c)$ 随磁通量级 B_c 变化的函数关系。假设图 1.2 的铁心用 M-5 电工钢制成,有例 1.1 所给出的尺寸,计算最大磁通密度,使得在此磁通密度下铁心磁阻绝对不会超过磁路总磁阻的 5%。

1.37 为了测试电工钢样品的性能,从 3.0mm 厚的电工钢薄片中冲剪出一组图 1.38 样式的叠片。叠片的半径为 $R_i = 80\text{mm}$ 及 $R_o = 90\text{mm}$。为测试在 50Hz 频率下的磁性能,将这样的叠片压装成 15 片的叠厚(用适当的绝缘进行隔离以消除涡流)。

a. 叠片结构中的磁通用最大幅值 20V 的可变幅值、50Hz 电压源来励磁。忽略绕组上的电压降，为确保叠片结构可以励磁到 1.8T 的峰值磁通密度，计算励磁绕组所必需的匝数 N_1。

b. 如果二次绕组有 $N_2 = 10$ 匝，积分器增益 $G = 1000$，观测到积分器的输出为 7.5V 峰值。计算：(i)叠片结构中相应的峰值磁通和(ii)相应的施加到励磁绕组中的电压幅值。

1.38 图 1.39 中所示磁路的线圈串联，以使 A 和 B 两条路径的磁势趋向于沿相同方向在中心柱 C 上建立磁通。线圈按相等匝数绕制，$N_1 = N_2 = 120$。尺寸为：A 和 B 柱的横截面积 $=8\text{cm}^2$，C 柱的横截面积 $=16\text{cm}^2$，A 路径长度 $=17\text{cm}$，B 路径长度 $=17\text{cm}$，C 路径长度 $=5.5\text{cm}$，气隙 $=0.35\text{cm}$。

材料是 M-5 等级、0.012 英寸钢。忽略边缘效应和漏磁。

a. 为在气隙中产生 1.3T 的磁通密度，需要多少安培的电流？

b. 在(a)的条件下，气隙和铁心磁场中各储存了多少焦耳的能量？基于此储能，计算这一串联绕组的电感。

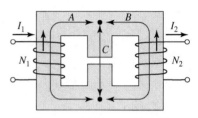

图 1.39　习题 1.38 的磁路

c. 假设铁心磁导率为无穷大，计算这一系统的电感，并将此电感与(b)中求出的值做比较。

1.39 下表给出了磁性钢试样的 60Hz 对称磁滞回线上半部分的数据：

B/T	0	0.2	0.4	0.6	0.7	0.8	0.9	1.0	0.95	0.9	0.8	0.7	0.6	0.4	0.2	0
$H/(\text{A·匝}/\text{m})$	48	52	58	73	85	103	135	193	80	42	2	-18	-29	-40	-45	-48

利用 MATLAB，(a)绘出数据曲线；(b)计算磁滞回线的面积，以焦耳为单位；(c)计算相应于 60Hz 的铁心损耗密度，以 W/kg 为单位。假设钢的密度为 7.65g/cm^3。

1.40 图 1.27 形式的磁路有如下尺寸：横截面积 $A_c = 27\text{cm}^2$，铁心平均长度 $l_c = 70\text{cm}$，气隙长度 $g = 2.4\text{mm}$，$N = 95$ 匝。

磁路用 M-5 电工钢制成，M-5 电工钢有图 1.10、图 1.12 及图 1.14 中描述的特性。假设铁心工作在 1.1T 有效值磁通密度的 60Hz 正弦磁通密度下。忽略绕组电阻及漏电感。求出在这一工作情况下的绕组电压、绕组电流有效值和铁心损耗。M-5 钢的密度为 7.65g/cm^3。

1.41 假设所有铁心尺寸加倍，重做例 1.8。

1.42 用图 1.19 中给出的钐-钴磁化特性，求出最大磁能积点及相应的磁通密度和磁场强度。用钐-钴磁体替换 Alnico 5 磁体，用这些数值重做例 1.10。以怎样的系数来减小所需的磁体体积，仍能达到期望的气隙磁通密度？

1.43 用图 1.19 中给出的钕-铁-硼磁化特性，求出最大磁能积点及相应的磁通密度和磁场强度。用钕-铁-硼磁体替换 Alnico 5 磁体，用这些数值重做例 1.10。以怎样的系数来减小所需的磁体体积，仍能达到期望的气隙磁通密度？

1.44 图 1.40 示出了永磁喇叭的磁路。音圈（未示出）为圆柱线圈形式，装配在气隙中。一钐－钴磁体用于产生气隙直流磁场，该磁场与音圈电流互相作用，引起音圈的运动。设计者已经确定了气隙必须有半径 $R=2.2\text{cm}$，长度 $g=0.1\text{cm}$，高度 $h=1.1\text{cm}$。假设轭和极部分具有无穷大磁导率（$\mu\rightarrow\infty$），求出磁体高度 h_m 和磁体半径 R_m，其将引起 1.3T 的气隙磁通密度并需要最小的磁体体积。

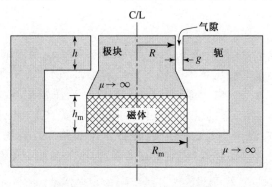

图 1.40 习题 1.44 喇叭的磁路

（提示：参考例 1.10 及图 1.19，以求出钐－钴的最大磁能积点。）

1.45 将钐－钴磁体用钕－铁－硼磁体替换，假设钕－铁－硼磁体有图 1.19 中的磁化特性，重做习题 1.44。

1.46 基于图 1.24 和表 1.1 的钕－铁－硼材料特性，在表 1.1 的每一温度及相应的 H 和 B 值下，计算这一等级钕－铁－硼永磁材料的最大磁能积。（提示：利用材料的回复磁导率为 $1.04\mu_0$ 的特征，写出用 H 表示的最大磁能积解析表达式。）

1.47 期望在图 1.41 磁路的气隙中得到一个时变磁通密度，形式为

$$B_g=B_0+B_1\sin\omega t$$

其中，$B_0=0.6\text{T}$，$B_1=0.20\text{T}$。直流磁场 B_0 由一个有图 1.19 磁化特性的钕－铁－硼磁体产生，而时变磁场由时变电流产生。

如果 $A_g=7\text{cm}^2$、$g=0.35\text{cm}$ 及 $N=175$ 匝，基于图 1.19 的钕－铁－硼特性，求：

a. 磁体的长度 d 及磁体面积 A_m，其将得到期望的直流气隙磁通密度，且使磁体体积最小；

b. 得到期望的时变气隙磁通密度所需要的时变电流的幅值。

1.48 图 1.41 形式的磁路用有图 1.24 和表 1.1 特性的钕－铁－硼材料来设计。

磁路铁心的横截面积为 $A_g=9\text{cm}^2$，气隙长度为 $g=0.32\text{cm}$。磁路设计为可能工作在高达 180℃ 的温度下。

a. 求相应于最小磁体体积的磁体长度 d 和磁体面积 A_m，使此系统工作在 180℃ 温度时，能产生 0.8T 的磁通密度；

b. 针对(a)中求出的磁体尺寸，当工作温度是 60℃ 时，求气隙磁通密度。

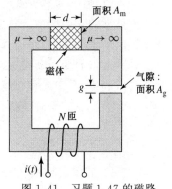

图 1.41 习题 1.47 的磁路

第2章 变 压 器

在开始学习旋转电机之前,有必要讨论一些关于磁耦合电路理论的问题,重点放在变压器作用原理上。虽然静止的变压器不是能量转换装置,但它是许多能量转换系统中不可或缺的一个组成部分。作为交流电力系统中的重要环节,变压器使得我们可以用最经济的发电机端电压生产电能,以最经济的传输电压传输电能,以最合适的电压供给特定设备来使用电能。同时,变压器也广泛用于低功率、小电流的电子线路和控制线路,其功能或使电源和负载阻抗匹配以获取最大功率传递,或使电路间隔离,或隔断两个电路间的直流电流但仍维持交流流通。

变压器是较为简单的装置之一,其中两个或多个电路由共同的磁路耦合。变压器分析所涉及的许多原理,是学习旋转电机的基础。因而,对变压器的学习,将起到连接第1章对磁路分析的介绍,与接下来的更细致学习旋转电机之间的桥梁作用。

2.1 变压器概述

从本质上说,一台变压器由两个或多个绕组组成,互磁通使绕组间相耦合。如果其中一个绕组,称为一次侧,连接到交流电压源,就会产生一个交变磁通,磁通幅值取决于一次侧电压的大小、所施加电压的频率和绕组的匝数。这一磁通的一部分称为互磁通,将匝链第二个绕组,称为二次侧[①],并在其中感应电势,其幅值取决于二次侧绕组的匝数及互磁通的幅值和频率。选择一次侧和二次侧绕组的匝数配合,就可以改变两个绕组之间的电压比或变比。

变压器作用本质上仅需要存在匝链两个绕组的时变互磁通。这一作用同样可以出现在通过空气耦合的两个绕组上,但用铁或其他铁磁材料作为铁心会使绕组间的耦合更加有效,因为大部分磁通将被限制在有明确界限的、高磁导率的、耦合绕组的路径中。这类变压器通常称为铁心变压器,变压器大多属于此类型,后面的讨论几乎都是针对铁心变压器的。

如1.4节所述,为减少铁心中涡流引起的损耗,变压器中的磁路通常由薄的叠片叠压而成。两种类型的常用结构示意于图2.1中。在芯式结构中[见图2.1(a)],绕组绕在矩形磁性铁心的两个铁心柱上;在壳式结构中[见图2.1(b)],绕组绕在三柱铁心的中间柱上。低于数百赫兹运行的变压器,铁心一般采用0.014英寸[②](0.55mm)厚的硅钢片。硅钢具有令人满意的低成本、低铁耗和在高磁通密度下的高磁导率等特点。高频低功率等级的通信线路中的小型变压器的铁心,有时用称为铁素体的铁磁合金粉压制而成。

[①] 习惯上认为变压器的"输入"为一次侧,而"输出"为二次侧。但在很多应用中,电能可能沿任一方向流通,一次侧绕组和二次侧绕组的概念会变得含糊不清。通常用替代术语,把绕组称为"高压"和"低压"来避免这种混乱。

[②] 1英寸=2.54cm——编者注。

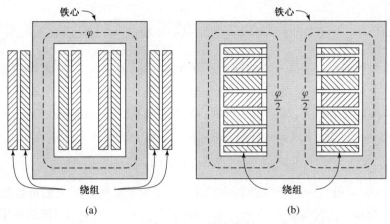

铁心 → φ

绕组

(a)

铁心 →

$\dfrac{\varphi}{2}$ $\dfrac{\varphi}{2}$

绕组

(b)

图 2.1 变压器示意图:(a)芯式结构;(b)壳式结构

在每种结构中,大部分磁通都被限制在铁心中,因此匝链两个绕组。绕组也产生额外的磁通,称为漏磁通,它只匝链一个绕组而不匝链另一个绕组。虽然漏磁通只是总磁通的一小部分,但它对决定变压器性能起着重要作用。在实际变压器中,采用把绕组细分成段,各段尽可能地贴近放置来减小漏磁通。在芯式结构中,每个绕组由两段组成,每段放在铁心两个柱的其中之一上,一次侧绕组和二次侧绕组是同心线圈。在壳式结构中,采用同心式绕组排列的变形,或者绕组由许多薄"饼状"线圈组成,一、二次侧线圈交错叠放。

图 2.2 所示为配电变压器的内部结构,例如用于公网系统为住宅用户提供适配电压的变压器。大型电力变压器如图 2.3 所示。

图 2.2 自保护配电变压器剖示图。典型容量 2~25kVA,7200∶240/120V。因 7200V 线的一侧和一次侧的一侧接地,所以只需一个高压绝缘子和避雷器

图 2.3 230kV Y—115kV Y,100/133/167 MVA 自耦变压器(SPX Transformer Solutions,Inc. 提供)

2.2 空载运行

图 2.4 以示意的形式表示了变压器二次侧电路开路,交变电压 v_1 施加到其一次侧接线端。为使画图简单,即使变压器一、二次侧绕组实际上是交错放置,但在示意图中绕组通常仍好像放在单独的铁心柱上,如图 2.4 所示。如 1.4 节所述,一次侧流过一个小的稳态电流 i_φ,称为励磁电流,在磁路中建立交变磁通[①]。该磁通在一次侧感应电势 e_1[②],等于

$$e_1 = \frac{d\lambda_1}{dt} = N_1 \frac{d\varphi}{dt} \tag{2.1}$$

式中:λ_1 为一次侧绕组的磁链;φ 为铁心中耦合两个绕组的磁通,N_1 为一次侧绕组匝数。

当 φ 的单位取韦伯时电势 e_1 为伏。该电势与一次绕组组电阻 R_1(图 2.4 中用一个串联电阻示意)上的压降一起,必定和所加电压 v_1 平衡。因而

$$v_1 = R_1 i_\varphi + e_1 \tag{2.2}$$

注意到为了当前的讨论,忽略了一次侧漏磁通的影响,漏磁通在式 2.2 中将增加一个附加的感应电势项。在典型变压器中,漏磁通只占铁心磁通的很小比例,就当前讨论的意图来说,将其忽略相当合理。然而,漏磁通在变压器性能中的确起着重要作用,所以在 2.4 节将做稍微详细的讨论。

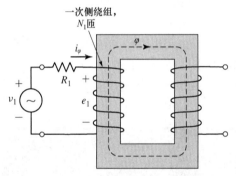

图 2.4 二次开路的变压器

在多数大型变压器中,空载电阻压降确实非常小,感应电势 e_1 非常接近施加的电压 v_1。而且,电压和磁通波形非常接近正弦,正如 1.4 节所述,于是就使分析大为简化。因而,如果瞬时磁通 φ 为

$$\varphi = \phi_{\max} \sin \omega t \tag{2.3}$$

则感应电势为

$$e_1 = N_1 \frac{d\varphi}{dt} = \omega N_1 \phi_{\max} \cos \omega t \tag{2.4}$$

式中,$\phi_{\max}$ 是磁通的最大值,$\omega = 2\pi f$,频率是 f Hz。就图 2.4 所示电流和电压的参考方向而言,感应电势超前于磁通 90°。感应电势 e_1 的有效值为

$$E_1 = \frac{2\pi}{\sqrt{2}} f N_1 \phi_{\max} = \sqrt{2}\pi f N_1 \phi_{\max} \tag{2.5}$$

从式 2.2 可以看出,如果电阻压降可以忽略,反电势就等于施加的电压。在这些条件下,如果一个正弦电压施加到绕组,必然建立正弦变化的铁心磁通,其最大值 $\phi_{\max}$ 满足式 2.5 中的 E_1 等于所施加电压有效值 V_1 的条件,因而

[①] 通常,励磁电流与作用在磁路上的净安匝数(磁势)相对应,不可能区分它是在一次绕组组还是在二次绕组组,抑或是在每个绕组中都有部分流通。

[②] 如第 1 章所述,通常采用术语电势(emf)而非电压来代表由时变磁链引起的电压分量。

$$\phi_{\max} = \frac{V_1}{\sqrt{2}\pi f N_1} \tag{2.6}$$

在这些条件下,铁心磁通仅由所加电压、电压频率和绕组的匝数决定。这一重要关系不仅适用于变压器,而且适用于任何施加正弦变化电压工作的装置,只要电阻和漏电感压降可以忽略。铁心磁通由所加电压确定,而需要的励磁电流则由铁心的磁特性决定,励磁电流必自我调整以产生必需的磁势,该磁势建立式 2.6 所要求的磁通。

这一概念的重要性和作用再怎么强调都不为过,通常在分析由单相或者多相电压源供电的旋转电机时尤其有用。首先近似认为绕组电阻通常可以忽略,尽管有附加绕组(例如在第 6 章将看到的感应电机转子上的短路绕组),电机中的磁通仍将由所施加电压确定,而绕组电流必定调整到产生相应的磁势。

由于铁的非线性磁特性,导致励磁电流波形不同于磁通波形,产生正弦波磁通所对应的励磁电流将不是正弦波,这一效应在像变压器这样的闭合磁路中特别明显。在线性磁特性的气隙磁阻起主要作用的磁路中,例如大多数旋转电机中的磁路即为这种情况,净(合成)磁通与所施加磁势之间的关系相对来说是线性关系,励磁电流更接近正弦波。

在闭合磁路情况下,励磁电流随时间变化的函数波形可以从磁滞回线作图求出,如1.4 节所述及图 1.11 所示。假如用傅里叶级数法分解励磁电流,可以看出它由一个基波分量和一系列奇次谐波分量组成。再进一步,基波分量又可以分解为两个分量,一个和反电势同相,另一个滞后于反电势 90°。同相分量提供铁心中磁滞和涡流损耗所吸收的功率,称为励磁电流的铁心损耗分量。从总励磁电流中扣除铁耗分量,剩余量称为磁化电流,它包含滞后于反电势 90°的基波分量及所有谐波分量。主要的谐波是三次谐波。对典型电力变压器,三次谐波通常约为励磁电流的 40%。

除非讨论与谐波电流的影响直接相关的问题,通常没有必要考虑励磁电流波形的特殊性,因为励磁电流本身很小,在大型变压器中尤其如此。例如,典型电力变压器的励磁电流为满载电流的 1%～2%。因此,谐波的影响通常被提供给电路中其他线性元件的正弦电流所湮没。励磁电流于是可以用一个等效正弦电流来代表,等效电流具有与实际励磁电流相同的有效值和频率,并产生相同的平均功率。

这一表示法是构成相量图的基础,而相量图以矢量形式体现出系统中各个电流及电压的相位关系。每个信号用一个相量表示,相量的长度正比于该信号的幅值,相量的角度等于相对于所选参考信号测量出的该信号的相位角。在图 2.5 中,相量 E_1 和 Φ 分别代表感应电势和磁通用有效值的复数量。相量 I_φ 代表等效正弦励磁电流用有效值的复数量,其滞后于感应电势 E_1 一个相位角 θ_c。图中也显示了与 E_1 同相的相量 I_c,它是励磁电流的铁耗分量;与磁通同相的分量 I_m 代表和磁化电流有相同有效值的等效正弦波电流。

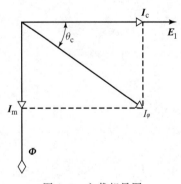

图 2.5　空载相量图

铁耗 P_c 等于 E_1 和 I_φ 同相分量的乘积,写为

$$P_{core} = E_1 I_\varphi \cos\theta_c = E_1 I_c \tag{2.7}$$

用做电力传输和配电变压器叠片的高品质硅钢,其典型励磁伏-安特性和铁耗特性示于图 1.12 和图 1.14 中。

例 2.1 在例 1.8 中,已求得图 1.15 铁心在 $B_{max} = 1.5T$ 和 $60Hz$ 时的铁耗和励磁伏安数为

$$P_{core} = 16W, \quad (VI)_{rms} = 20VA$$

当绕组匝数为 200 匝时,感应电势为 $274/\sqrt{2} = 194V$ 有效值。

求功率因数、铁耗电流 I_c 和磁化电流 I_m。

解:

功率因数 $\cos\theta_c = \dfrac{16}{20} = 0.80$(滞后),因而,$\theta_c = -36.9°$。

注意到,因为系统是感性的,所以可知功率因数为滞后。

励磁电流 $I_\varphi = \dfrac{(VI)_{rms}}{V} = 0.10A$ 有效值。

铁耗分量 $I_c = \dfrac{P_{core}}{V} = 0.082A$ 有效值。

磁化分量 $I_m = I_\phi \sin\theta_c = 0.060A$ 有效值。

2.3 二次侧电流的影响和理想变压器

作为定量分析理论的第一个近似,考虑一次侧绕组 N_1 匝,二次侧绕组 N_2 匝的变压器,如图 2.6 所示。注意到二次侧电流的正方向定义为流出绕组,因而正的二次侧电流产生的磁势与正的一次侧电流产生的磁势方向相反。假设变压器性能理想化,即假设绕组电阻可以忽略;所有磁通限制在铁心,且完全匝链两个绕组(即假设漏磁通可以忽略);铁心中没有损耗;铁心磁导率足够高,以至于只需要一个可以忽略的励磁磁势来建立磁通。实际变压器中,这些性能接近满足,但事实上绝不可能得到。具有这些性能的假想变压器通常称为理想变压器。

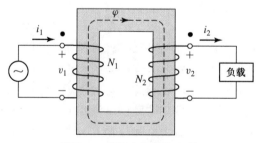

图 2.6 理想变压器和负载

在上述假设下,当时变电压 v_1 加到一次侧接线端时,必然建立一个铁心磁通 φ,以使反电势 e_1 等于所加电压 v_1。因而

$$v_1 = e_1 = N_1 \frac{d\varphi}{dt} \tag{2.8}$$

铁心磁通也匝链二次侧,产生感应电势 e_2,等于二次侧端电压 v_2,用下式给出:

$$v_2 = e_2 = N_2 \frac{\mathrm{d}\varphi}{\mathrm{d}t} \tag{2.9}$$

由式 2.8 和式 2.9 之比可知

$$\frac{v_1}{v_2} = \frac{N_1}{N_2} \tag{2.10}$$

所以,理想变压器按其绕组匝数的正比变换电压。

现在,将负载接到二次侧,吸取电流 i_2,于是负载电流在二次侧产生磁势 $N_2 i_2$。由于一次侧所加电压建立由式 2.8 所确定的铁心磁通,所以铁心磁通不会因为二次侧负载的出现而改变。再者,由于作用在铁心上的净励磁磁势(等于 $N_1 i_1 - N_2 i_2$)必须维持可以忽略,所以一次侧和二次侧电流必定满足如下关系:

$$N_1 i_1 - N_2 i_2 = 0 \tag{2.11}$$

从式 2.11 可见,一次侧必然产生一个补偿磁势来抵消二次侧磁势。因此

$$N_1 i_1 = N_2 i_2 \tag{2.12}$$

由此分析可见,要求铁心磁通因而也是相应的净磁势保持不变意味着一次侧“知道”二次侧中负载电流的出现,由负载引起的二次侧流通磁势的任何改变,必定有一次侧磁势的相应改变相伴随。注意到,对图 2.6 所示的参考方向,i_1 和 i_2 的磁势方向相反,因此互相补偿。

根据式 2.12 有

$$\frac{i_1}{i_2} = \frac{N_2}{N_1} \tag{2.13}$$

因而,理想变压器按其绕组匝数的反比变换电流。

从式 2.10 和式 2.13 也注意到

$$v_1 i_1 = v_2 i_2 \tag{2.14}$$

即输入一次侧的瞬时功率等于从二次侧输出的瞬时功率。这是一个必然结果,因为变压器中的所有耗散和能量储存机制都已被忽略。

考虑施加正弦电压和阻抗性负载情况,可发现理想变压器的其他特性。电路以简化形式示于图 2.7(a) 中,其中变压器带圆点标记的接线端,与图 2.6 中做相同标记的接线端对应。因为所有电压和电流均为正弦,所以电压和电流用其复数量表示。点标记象征相应的极性端[①],即如果从带点标记的接线端开始,沿图 2.6 的一、二次侧绕组而行,将会发现两个绕组相对于磁通按相同方向围绕着铁心。因此,如果比较两个绕组的电压,一、二次侧从标记端到非标记端的电压将有相同的瞬时极性。换句话说,图 2.7(a) 中的 $\boldsymbol{V}_1$ 和 $\boldsymbol{V}_2$ 同相。根据式 2.12 可知,电流 $\boldsymbol{I}_1$ 和 $\boldsymbol{I}_2$ 也同相。再次注意,$\boldsymbol{I}_1$ 的极性定义为进入带点标记端,$\boldsymbol{I}_2$ 的极性定义为离开带点标记端。

图 2.7 的电路使得我们可以探讨理想变压器的阻抗变换特性。按相量形式,式 2.10 和式 2.13 可以表达为

$$\boldsymbol{V}_1 = \frac{N_1}{N_2}\boldsymbol{V}_2 \quad 和 \quad \boldsymbol{V}_2 = \frac{N_1}{N_2}\boldsymbol{V}_1 \tag{2.15}$$

---

① 在国内的教材中,称为“同名端”——译者注。

$$I_1 = \frac{N_2}{N_1} I_2 \quad 和 \quad I_2 = \frac{N_1}{N_2} I_1 \tag{2.16}$$

根据这些式子有

$$\frac{V_1}{I_1} = \left(\frac{N_1}{N_2}\right)^2 \frac{V_2}{I_2} \tag{2.17}$$

注意到负载阻抗 Z_2 与二次侧电压和电流相关联,为

$$Z_2 = \frac{V_2}{I_2} \tag{2.18}$$

式中 Z_2 是负载的复阻抗。因此,根据式 2.17 和式 2.18 可知,从 a-b 接线端看的阻抗 Z_1 等于

$$Z_1 = \frac{V_1}{I_1} = \left(\frac{N_1}{N_2}\right)^2 Z_2 \tag{2.19}$$

据此可见,从 a-b 接线端看,二次侧电路中的阻抗 Z_2 可以用一次侧电路中的等效阻抗 Z_1 替换。Z_1 满足如下关系式:

$$Z_1 = \left(\frac{N_1}{N_2}\right)^2 Z_2 \tag{2.20}$$

若只关心从 a-b 接线端观察到的特性,图 2.7 中的三个电路并无区别。把阻抗从变压器的一侧以此方式变换到另一侧,称为归算阻抗到另一侧。阻抗以匝数比的平方来变换。类似地,电压和电流可以按式 2.15 和式 2.16 归算到任一侧,以求取等效电压和电流在该侧的值。

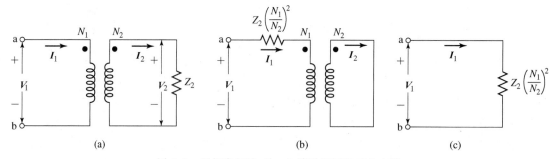

图 2.7 理想变压器,从 a-b 端看相同的三个电路

综上所述,在理想变压器中,电压以匝数的正比变换,电流以匝数的反比变换,阻抗以匝数比的平方变换,而功率和伏安数不变。

例 2.2 图 2.8(a) 的等效电路表示一台理想变压器,阻抗 $R_2 + jX_2 = 1 + j4\,\Omega$ 与二次侧串联。匝数比(变比)$N_1/N_2 = 5 : 1$。(a) 画出串联阻抗归算到一次侧的等效电路;(b) 一次侧电压有效值为 $120V$,且二次侧接线端短接($V_2 = 0$),计算一次侧电流和短路侧中流过的电流。

解:

a. 新等效电路如图 2.8(b) 所示,二次侧阻抗以匝数比的平方归算到一次侧。因而

$$R_2' + jX_2' = \left(\frac{N_1}{N_2}\right)^2 (R_2 + jX_2)$$
$$= 25 + j100 \ \Omega$$

b. 根据式 2.20，二次侧接线端的短路，将出现在图 2.8(b) 中的理想变压器一次侧，因为短路的 0 电压以匝数比 N_1/N_2 反映到一次侧。因此，一次侧电流由下式给出：

$$I_1 = \frac{V_1}{R_2' + jX_2'} = \frac{120}{25 + j100} = 0.28 - j1.13\ \text{A 有效值}$$

相应于 1.16 A 有效值的量值。根据式 2.13，二次侧电流等于一次侧电流的 $N_1/N_2 = 5$ 倍，因而短路边电流有 $5 \times 1.16 = 5.8\text{A}$ 有效值的量值。

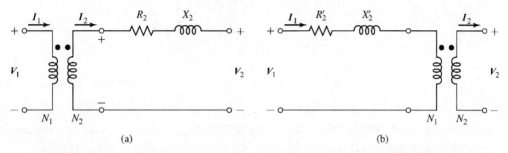

图 2.8 例 2.2 的等效电路：(a) 阻抗与二次侧串联；(b) 阻抗归算到一次侧

练习题 2.1

对串联阻抗 $R_2 + jX_2 = 0.05 + j0.97\,\Omega$ 和匝数比 14：1，重做例 2.2 的 (b) 问。

答案：

一次侧电流为 $0.03 - j0.63\text{A}$ 有效值，相应于 0.63A 有效值的量值。短路边电流为此电流的 14 倍，因而有 8.82A 有效值的量值。

2.4 变压器电抗及等效电路

在大多数变压器性能分析中，都必然或多或少地涉及实际变压器与理想变压器的差别。较完整的模型应考虑绕组电阻、漏磁通和铁心的有限（且确实为非线性）磁导率导致的一定励磁电流等的影响。某些情况下，绕组的电容也有重要影响，特别是在涉及频率高于音频范围或迅速变化的瞬态过程，例如电力系统变压器遭遇的由闪电或开关暂态引起的电压浪涌这样的变压器性能问题中。然而，这些高频问题的分析超出了目前讨论的范围，因此将忽略绕组电容。

有两种分析方法可以用来考虑实际变压器与理想变压器的差别：(1) 基于物理推理的等效电路法；(2) 基于经典磁耦合电路理论的数学法。两种方法平常都在使用，在旋转电机理论中两者并举。在此介绍等效电路法，因为它为将物理概念转化成定量理论的思想方法提供了一个极好的范例。

为开始推导变压器等效电路，首先考虑一次侧绕组。匝链一次侧绕组的总磁通可以分成两个分量：由一次侧电流和二次侧电流的合成磁势产生的、基本上被限定在铁心中的合成互磁通和只匝链一次侧的一次侧漏磁通。图 2.9 中变压器的示意图上标出了这两个分量。为简明起见，图中一次侧和二次侧绕组在相对的铁心柱上示出。在绕组交错叠放的实际变压器中，磁通的具体分布更加复杂，但基本特征与此相同。

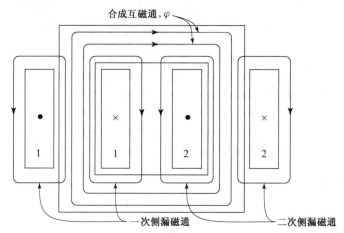

图 2.9 变压器中的互磁通和漏磁通示意图。"×"和"•"标识各个线圈中的电流方向

漏磁通在一次侧绕组中感应电势,加到由互磁通产生的感应电势上。因为漏磁路径主要在空气中,漏磁通和它感应的电势将随一次侧电流 I_1 线性变化,因此可以用一次侧漏电感 L_{l_1}(等于一次侧单位电流时的一次侧漏磁链)来表示。得到相应的一次侧漏电抗 X_{l_1} 为

$$X_{l_1} = 2\pi f L_{l_1} \tag{2.21}$$

另外,一次侧电阻 R_1(图 2.9 中未示出)上会有电压降。

由此可见,一次侧端电压 V_1 由三个分量组成:一次侧电阻上的压降 $I_1 R_1$,由一次侧漏磁通引起的压降 $\mathrm{j} I_1 X_{l_1}$ 及由合成互磁通在一次侧感应的电势 E_1。图 2.10(a) 所示为一次侧绕组包含了这些电压的等效电路。

合成互磁通匝链一次侧和二次侧绕组,且由一次侧和二次侧绕组的合成磁势建立。处理这些磁势时,方便的做法是认为一次侧电流必须满足磁路的两个要求:它不仅必须产生建立互磁通所需的磁势,而且必须抵消二次侧磁势的影响,因为二次侧磁势对铁心起去磁作用。另一种观点认为,一次侧电流不仅必须磁化铁心,而且必须向连接到二次侧的负载提供电流。根据后一种构想,方便的做法是把一次侧电流分解为两个分量,即励磁分量和负载分量。励磁分量 I_φ 定义为产生合成互磁通所必需的一次侧附加电流,它具有 2.2 节描述的非正弦性质[①]。负载分量 I'_2 定义为正好抵消二次侧电流 I_2 的磁势的一次侧电流分量。

由于正是励磁分量产生铁心磁通,净磁势必然等于 $N_1 I_\varphi$,因而可知

$$\begin{aligned} N_1 I_\varphi &= N_1 I_1 - N_2 I_2 \\ &= N_1 (I_\varphi + I'_2) - N_2 I_2 \end{aligned} \tag{2.22}$$

且根据式 2.22 可知

$$I'_2 = \frac{N_2}{N_1} I_2 \tag{2.23}$$

从式 2.23 可见,就像在理想变压器中一样,一次侧电流的负载分量等于归算到一次侧的二次侧电流。

励磁电流可以采用 2.2 节中描述的方式,按等效正弦电流 I_φ 处理,且可以分解为与电

---

① 事实上,励磁电流与作用在变压器铁心的净磁势相对应,一般来说,不能认为它只在一次侧流通。然而,就此处讨论的目的来说,其无显著差别。

势 E_1 同相的铁耗分量 I_c 和滞后于电势 E_1 90°的磁化分量 I_m。在图 2.10(b)的等效电路中，等效正弦励磁电流用跨接在 E_1 上的并联支路计入，并联支路由铁耗电阻 R_c 与磁化电感 L_m 并联组成。磁化电感的电抗称为磁化电抗，用下式给出：

$$X_m = 2\pi f L_m \qquad (2.24)$$

在图 2.10(b)所示的等效电路中，功率 E_1^2/R_c 代表由合成互磁通引起的铁耗。R_c 也称磁化电阻，与 X_m 一起构成等效电路的励磁支路，将 R_c 和 X_m 的并联合成称为励磁阻抗 Z_φ。当假设 R_c 为恒定值时，也就假设了铁耗随 E_1^2 变化。严格来说，磁化电抗 X_m 随铁心饱和程度变化。然而，X_m 通常假设为恒值，这就假设了磁化电流与频率无关且正比于合成互磁通。通常在额定电压和频率下确定 R_c 和 X_m，对于正常运行和额定值之间存在的小差别，假定它们保持不变。

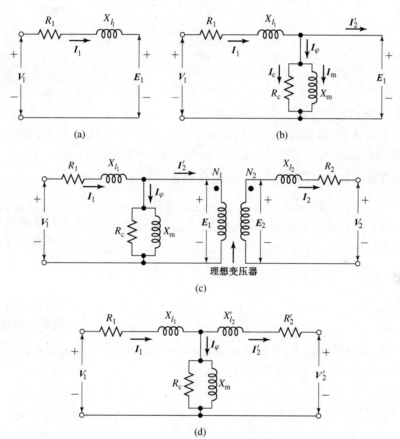

图 2.10 变压器等效电路的推导步骤

接下来，在等效电路中加入二次侧绕组。从已知合成互磁通 $\boldsymbol{\Phi}$ 在二次侧感应电势 E_2 入手，因为该磁通匝链一、二次侧绕组，所以感应电势之比必定等于绕组匝数之比，即

$$\frac{E_1}{E_2} = \frac{N_1}{N_2} \qquad (2.25)$$

这就如同在理想变压器中一样。这一电压和式 2.23 的电流变换，可以用在等效电路中引进一个理想变压器计入，如图 2.10(c)所示。正如一次侧绕组的情况一样，因为存在二次侧绕

组电阻 R_2 且二次侧电流 I_2 产生二次侧漏磁通(见图 2.9),所以电势 E_2 不是二次侧端电压。二次侧端电压 V_2 不同于感应电势 E_2,在于二次侧电阻 R_2 和二次侧漏电抗 X_{l_2}(与二次侧漏电感 L_{l_2} 相应)的电压降,R_2 和 X_{l_2} 为变压器完整等效电路[见图 2.10(c)]中 E_2 右边的部分。

从图 2.10 的等效电路可知,实际变压器可视为等效于一个理想变压器加上外部阻抗。通过把所有量归算到一次侧或二次侧,图 2.10(c)中的理想变压器可以分别移到等效电路的右边或左边,而且几乎总是这样做的。通常画出像图 2.10(d)中的等效电路,其中未显示出理想变压器,且所有电压、电流和阻抗或者归算到一次侧绕组,或者归算到二次侧绕组。具体来说,对图 2.10(d)有

$$X'_{l_2} = \left(\frac{N_1}{N_2}\right)^2 X_{l_2} \tag{2.26}$$

$$R'_2 = \left(\frac{N_1}{N_2}\right)^2 R_2 \tag{2.27}$$

和

$$V'_2 = \frac{N_1}{N_2} V_2 \tag{2.28}$$

图 2.10(d)的电路称为变压器 T 形等效电路。

在图 2.10(d)中,二次侧所有量都归算到了一次侧,归算过的二次侧量用带撇号的字母标识,例如 X'_{l_2} 和 R'_2,以有别于图 2.10(c)中的实际值。在以后的讨论中,几乎总是处理归算过的值,因而将撇号省略,只需牢记已将所有量归算到了变压器的那一侧。

例 2.3 一台 50kVA、2400∶240V、60Hz 配电变压器,高压侧绕组漏阻抗为 $0.72+$ j0.92Ω,低压侧绕组漏阻抗为 $0.0070+$j0.0090Ω。在额定电压和频率下,从低压侧观察时,代表励磁电流的并联支路的阻抗 Z_φ(等于 R_c 和 jX_m 的并联阻抗)是 $6.32+$j43.7Ω。画出等效电路,归算到(a)高压侧和(b)低压侧。标出阻抗数值。

解:
电路分别在图 2.11(a)和图 2.11(b)中给出,高压侧标号 1,低压侧标号 2。电力系统变压器铭牌上给出的电压是基于匝数比(变比)且忽略负载时的小漏阻抗压降。由于是一台 10∶1 的变压器,阻抗按乘以或除以 100 来归算,例如,阻抗归算到高压侧的值大于归算到低压侧的值,前者为后者的 100 倍。

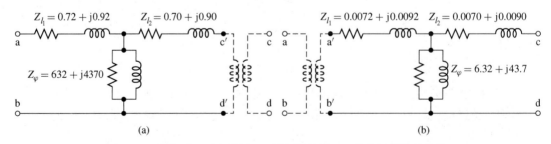

图 2.11 归算到(a)高压侧和(b)低压侧的例 2.3 的变压器等效电路

理想变压器可以明确地画出,如图 2.11 中的虚线所示,或在图中省略但记在心里,以未带撇号的字母作为接线端。如果依此来做,当然必须记住归算所有连接的阻抗和电源,

以与省略理想变压器相一致。

练习题 2.2

如果例 2.3 中变压器的高压侧施加有效值 2400V 的电压,分别计算图 2.11(a) 和图 2.11(b) 中流进励磁[①]阻抗 Z_φ 的电流值。

答案:

当归算到高压侧时,如图 2.11(a) 所示,通过 Z_φ 的电流为 0.543A 有效值;当归算到低压侧时,电流为 5.43A 有效值。

2.5 变压器的工程分析

在涉及将变压器作为电路元件的工程分析中,习惯上采用图 2.10 所示等效电路的几种近似形式中的一种而非完整的电路。对特定案例选择近似电路,主要依赖于物理推理,而该推理以被忽略量的数量级为基础。本节介绍较为通用的近似处理。此外,还将给出确定变压器参数的试验方法。

为了比较,图 2.12 中归纳了恒频电力变压器分析常用的近似等效电路。在这些电路中,所有量都归算到一次侧或二次侧,且没有显示理想变压器。

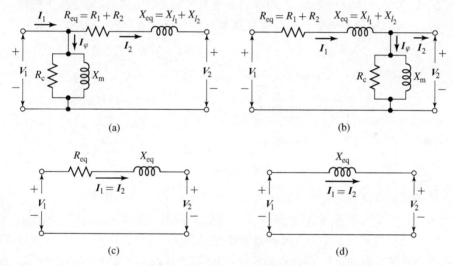

图 2.12 变压器近似等效电路

如图 2.12(a) 和图 2.12(b) 所示,将象征励磁电流的并联支路从 T 形电路中间移出,或移到一次侧接线端,或移到二次侧接线端,常常能使计算大为简化。这些形式的等效电路称为悬臂电路。串联支路是一次侧和二次侧的合成电阻和漏电抗,归算到了同一侧。该阻抗有时称为等效串联阻抗,其组成部分为等效串联电阻 R_{eq} 和等效串联电抗 X_{eq},如图 2.12(a) 和图 2.12(b) 所示。

与图 2.10(d) 的 T 形等效电路相比,悬臂电路有误差,在于它忽略了一次侧或二次侧漏阻抗上由励磁电流引起的电压降。因为在大型电力变压器中,励磁支路的阻抗一般相当大,

---

[①] 原书为磁化——译者注。

相应的励磁电流相当小,所以在很多涉及大型变压器的情况中,前述误差无关紧要。

例 2.4 考虑例 2.3 中 50kVA、2400∶240V 配电变压器的图 2.11(a)所示的 T 形等效电路,其中阻抗归算到高压侧。(a)画出并联支路在高压端的悬臂等效电路,计算并标出 R_{eq} 和 X_{eq};(b)低压端开路,2400V 施加到高压端,计算低压端的电压,并用每种等效电路估算。

解:

a. 悬臂等效电路如图 2.13 所示,R_{eq} 和 X_{eq} 即为图 2.11(a)的高压与低压绕组串联阻抗之和,求得

$$R_{eq} = 0.72 + 0.70 = 1.42 \ \Omega$$
$$X_{eq} = 0.92 + 0.90 = 1.82 \ \Omega$$

b. 对图 2.11(a)的 T 形等效电路,得出标为 $c'\text{-}d'$ 的端点电压为

$$V_{c'\text{-}d'} = 2400 \left(\frac{Z_\varphi}{Z_\varphi + Z_{l_1}} \right) = 2399 + j0.3 \ V$$

这相当于 2399V 的有效值量值。用低压对高压匝数比反映到低压接线端,这就相当于 239.9V 的电压。

因为励磁阻抗直接跨接在图 2.13 所示悬臂等效电路中的高压接线端,串联漏阻抗上将没有压降,估算的二次侧电压为 240V。两种解答相差 0.025%,完全在合理的工程精度范围内,无疑证明了悬臂等效电路在变压器分析中的应用价值。

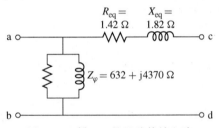

图 2.13 例 2.4 的悬臂等效电路

完全忽略励磁电流将使分析进一步简化,如图 2.12(c)所示,其中变压器用一个等效串联阻抗表示。如果是大型变压器(数百千伏安或更大),则等效电阻 R_{eq} 与等效电抗 X_{eq} 相比很小,常常被忽略,得到图 2.12(d)所示的等效电路。图 2.12(c)和图 2.12(d)的电路,对大多数普通电力系统问题的分析有足够的精度,因而用在所有不特别深入的分析中。最后,在电压和电流几乎完全由变压器的外部电路决定的情况下,或不需要很高的精度时,所有的变压器阻抗都可以忽略,认为变压器是理想的,如 2.3 节所述。

图 2.12 所示的电路具有附带优点,即其总等效电阻 R_{eq} 和等效电抗 X_{eq} 可以通过非常简单的试验得到,试验时一端短路。另一方面,确定单独的漏电抗 X_{l_1} 和 X_{l_2},以及图 2.10(c)所示的 T 形等效电路的整套参数的过程比较困难。例 2.4 说明,由于漏阻抗上电压降的存在,测得的变压器电压比值,将不完全等于变压器理想化时测得的理想电压比值。事实上,如果事先不知道匝数比(例如,基于已知变压器内部结构),就不可能通过一组测量来唯一地确定匝数比、磁化电感和各个漏阻抗。

可以证明,仅对端部测量来说,无论匝数比、磁化电抗或漏电抗,都不是变压器等效电路

的唯一性特性参数。例如,匝数比可以任意选取,每选取一个匝数比,漏电抗和磁化电抗就会有相应的一套值,以匹配测量到的特性。每个最终的等效电路都将具有相同的端部电特性。这是一件值得庆幸的事情,因为根据经验确定的任何一组自身相容的参数都将充分代表变压器。

例 2.5 一台 50kVA、2400∶240V 变压器,其参数已在例 2.3 中给出,用于在馈电线的负载端降低电压,馈电线的阻抗为 0.30+j1.60Ω。馈电线送电(一次)端的电压 V_s 为 2400V。求当负载接到变压器二次侧,并从二次侧吸取额定电流,负载功率因数为 0.80 滞后时,变压器二次侧接线端的电压。忽略由励磁电流在变压器和馈电线中引起的电压降。

解:

变压器所有量归算到高压(一次)侧的电路如图 2.14(a)所示,其中,像在图 2.12(c)中一样,变压器用等效阻抗表示。从图 2.11(a)知,等效阻抗的值为 $Z_{eq}=1.42+j1.82\Omega$,变压器和馈电线串联合成阻抗为 $Z=1.72+j3.42\Omega$。从变压器额定值知,归算到高压侧的负载电流为 $I=50000/2400=20.8$A。

注意到,功率因数定义在变压器负载侧,因而定义了负载电流 I 和电压 V_2 间的相位角 θ 为

$$\theta=-\arccos(0.80)=-36.87°$$

因而

$$I=20.8e^{-j36.87°}\ A$$

从图 2.11 的等效电路可知

$$V_2=V_s-ZI=2400-(1.72+j3.42)\times20.8e^{-j36.87°}$$
$$=2329e^{-j0.87°}\ V$$

虽然复变量方程的代数解法通常是求解问题的最简单和最直接途径,但借助于相量图求解此类问题有时也很有用,这里采用如图 2.14(b)所示归算到高压侧的相量图来说明这一点。从相量图可知

$$Ob=\sqrt{V_s^2-(bc)^2}\quad 和 \quad V_2=Ob-ab$$

注意到

$$bc=IX\cos\theta-IR\sin\theta\qquad ab=IR\cos\theta+IX\sin\theta$$

式中 R 和 X 分别为变压器和馈电线的合成电阻和电抗。因而

$$bc=20.8\times3.42\times0.80-20.8\times1.72\times0.60=35.5\ V$$
$$ab=20.8\times1.72\times0.80+20.8\times3.42\times0.60=71.4\ V$$

将数值代入,得到归算到高压侧的电压 $V_2=2329$V。二次侧接线端的实际电压为 2329/10,即

$$V_2=233\ V$$

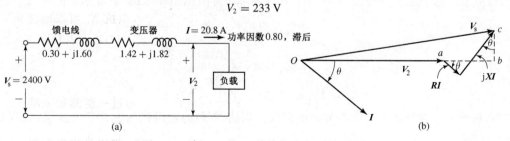

图 2.14 例 2.5 的(a)等效电路和(b)相量图

练习题 2.3

对从变压器吸取额定电流,功率因数 0.8 超前的负载,重做例 2.5。

答案:

$$V_2 = 239\ \text{V}$$

可以用两个非常简单的试验来确定图 2.10 和图 2.12 中等效电路的参数。试验涉及测量变压器在一侧的输入电压、电流和功率。试验时先将二次侧短路,然后将二次侧开路。注意,按照通常的实践,为了确定参数,当将参数从一侧归算到另一侧时,采用变压器的电压比作为变比。

短路试验　短路试验可用于求取等效串联阻抗 $R_{\text{eq}}+\text{j}X_{\text{eq}}$。虽然短路绕组的选择是任意的,但为了此处的讨论,将考虑在变压器二次侧短路而在一次侧施加电压的情况。为方便起见,此试验中通常选取高压侧为一次侧。因为在典型变压器中,等效串联阻抗相对较小,一次侧电压一般加 10%～15% 或更小的额定值,就达到额定电流。

图 2.15(a) 所示为变压器二次侧阻抗归算到一次侧,且二次侧短路的等效电路。在此条件下,从一次侧看进去的短路阻抗 Z_{sc} 为

$$Z_{\text{sc}} = R_1 + \text{j}X_{l_1} + \frac{Z_{\varphi}(R_2 + \text{j}X_{l_2})}{Z_{\varphi} + R_2 + \text{j}X_{l_2}} \tag{2.29}$$

因为励磁支路阻抗 Z_{φ} 比二次侧漏阻抗大得多(事实确实如此。除非由于过高电压加到一次侧,使铁心严重饱和,这当然不是此时的情况),短路阻抗可以近似为

$$Z_{\text{sc}} \approx R_1 + \text{j}X_{l_1} + R_2 + \text{j}X_{l_2} = R_{\text{eq}} + \text{j}X_{\text{eq}} \tag{2.30}$$

注意到此处所做的近似,等同于将 T 形等效电路简化为悬臂等效电路时所做的近似,这一点可从图 2.15(b) 看出。由于二次侧的短路直接短去了励磁支路,从等效电路输入端看,阻抗很明显为 $Z_{\text{sc}} = Z_{\text{eq}} = R_{\text{eq}} + \text{j}X_{\text{eq}}$。

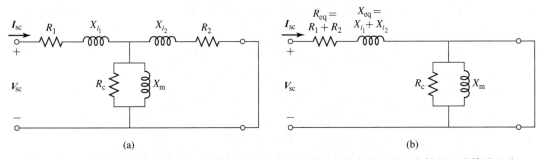

图 2.15　二次侧短路的等效电路:(a)完整等效电路;(b)励磁支路在变压器二次侧的悬臂等效电路

一般,试验中所用的仪器,用于测量所施加电压 V_{sc} 及短路电流 I_{sc} 的有效值量值和功率 P_{sc} 的量值。基于这三个测量值,可按下列各式求出等效电阻和电抗(归算到一次侧):

$$|Z_{\text{eq}}| = |Z_{\text{sc}}| = \frac{V_{\text{sc}}}{I_{\text{sc}}} \tag{2.31}$$

$$R_{\text{eq}} = R_{\text{sc}} = \frac{P_{\text{sc}}}{I_{\text{sc}}^2} \tag{2.32}$$

$$X_{\text{eq}} = X_{\text{sc}} = \sqrt{|Z_{\text{sc}}|^2 - R_{\text{sc}}^2} \tag{2.33}$$

式中,符号 | | 意指取所包含的复数的模值。当然,等效阻抗可以按通常的方式从一侧归算到另一侧。

注意,短路试验并不能提供确定一次侧和二次侧绕组各自漏阻抗的足够信息。在必须采用图 2.10(d) 的 T 形等效电路的场合下,当所有阻抗归算到同一侧时,可以假设 $R_1 = R_2 = 0.5R_{eq}$ 和 $X_{l1} = X_{l2} = 0.5X_{eq}$ 来获得一、二次侧各自电阻和漏电抗的近似值。当然,严格来说,有可能通过在每个绕组进行直流电阻测量来直接测量 R_1 和 R_2(然后将其中一个归算到理想变压器的另一侧)。然而,正如已经讨论过的,对漏电抗 X_{l1} 和 X_{l2} 并没有如此简单的试验。

开路试验　开路试验通过将二次侧开路,在一次侧加额定电压来进行。在此条件下,得到的励磁电流为额定电流的百分之几(大的变压器中较小,而较小的变压器中较大)。一般,试验在额定电压下进行,是为了确保铁心因而也是磁化电抗工作在某一磁通量级下,该磁通接近于正常运行条件下的值。如果变压器用于非额定电压,此试验就应该在相应的电压下进行。为了方便,此试验中通常选取低压侧作为一次侧。如果试验中一次侧选择了与短路试验相反的绕组,当然必须注意把各个测量得到的阻抗归算到变压器的相同侧,以获得一组自身相容的参数值。

图 2.16(a) 所示为变压器二次侧阻抗归算到一次侧,且二次侧开路的等效电路。在此条件下,从一次侧看进去的开路阻抗 Z_{oc} 为

$$Z_{oc} = R_1 + jX_{l_1} + Z_\varphi = R_1 + jX_{l_1} + \frac{R_c\,(jX_m)}{R_c + jX_m} \tag{2.34}$$

因为励磁支路的阻抗相当大,所以由励磁电流在一次侧漏阻抗上引起的压降一般可以忽略,一次侧施加的电压 V_{oc} 非常接近由铁心合成磁通感应的电势 E_{oc}。同样,由励磁电流引起的一次侧损耗 $I_{oc}^2 R_1$ 可以忽略,因而输入功率 P_{oc} 非常接近铁心损耗 E_{oc}^2/R_c。因此,通常忽略一次侧漏阻抗,将开路阻抗近似为励磁[①]阻抗:

$$Z_{oc} \approx Z_\varphi = \frac{R_c(jX_m)}{R_c + jX_m} \tag{2.35}$$

注意到此处所做的近似,等同于将 T 形等效电路简化为图 2.16(b) 的悬臂等效电路时所做的近似。由于没有电流在开路的二次侧流通,从这个等效电路输入端看,阻抗很明显为 Z_φ。

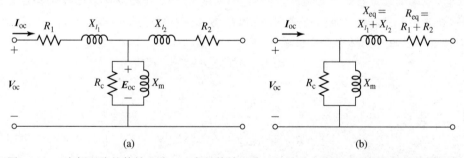

图2.16　二次侧开路的等效电路:(a)完整等效电路;(b)励磁支路在一次侧的悬臂等效电路

一般说来,如同短路试验一样,开路试验使用的仪器将测量所施加电压 V_{oc} 及开路电流 I_{oc} 的有效值量值和功率 P_{oc} 的量值。忽略一次侧漏阻抗,基于这三个测量值,可按下列各式求出磁化电阻和电抗(归算到一次侧):

$$R_c = \frac{V_{oc}^2}{P_{oc}} \tag{2.36}$$

---

① 原书为磁化——译者注。

$$|Z_\varphi| = \frac{V_{oc}}{I_{oc}} \tag{2.37}$$

$$X_m = \frac{1}{\sqrt{(1/|Z_\varphi|)^2 - (1/R_c)^2}} \tag{2.38}$$

当然,所得到的值归算到了本试验中用做一次侧的一侧。

开路试验可用来获取进行效率计算的铁心损耗和检查励磁电流的大小。有时,通过测量二次侧开路的端电压来核查匝数比(变比)。

注意,如果想要,可以通过利用由短路试验得到的 R_1 和 X_{l1} 测量值(归算到变压器的适当侧),以式 2.34 为基础进行推导,求得 X_m 和 R_c 的稍微精确的计算值。然而,从工程精确度考虑,极少需要做这样的额外工作。

例 2.6 仪器接在高压侧而低压侧短路,例 2.3 中 50kVA、2400:240V 变压器的短路试验读数为 48V、20.8A 和 617W。低压侧加电压开路试验,在低压侧得到的仪器读数为 240V、5.41A 和 186W。确定此变压器运行在 0.80 滞后性功率因数、满载下的效率和电压调整率。

解:

从短路试验知,变压器等效阻抗、等效电阻和等效电抗(归算到高压侧,用下标 H 表示)的量值为

$$|Z_{eq,H}| = \frac{48}{20.8} = 2.31\ \Omega \qquad R_{eq,H} = \frac{617}{20.8^2} = 1.42\ \Omega$$

$$X_{eq,H} = \sqrt{2.31^2 - 1.42^2} = 1.82\ \Omega$$

运行在满载、0.80 滞后性功率因数下,相应的电流为

$$I_H = \frac{50000}{2400} = 20.8\ A$$

以及输出功率为

$$P_{output} = P_{load} = 0.8 \times 50000 = 40000\ W$$

注意,短路试验是在额定电流下进行的,因而满载 I^2R 损耗将等于短路试验时的值。同样,开路试验是在额定电压下进行的,因而满载铁耗等于开路试验时的值。因此,在此运行情况下的总损耗等于绕组损耗

$$P_{winding} = I_H^2 R_{eq,H} = 20.8^2 \times 1.42 = 617\ W$$

与开路铁心损耗

$$P_{core} = 186\ W$$

之和。因而,

$$P_{loss} = P_{winding} + P_{core} = 803\ W$$

输入到变压器的功率为

$$P_{input} = P_{output} + P_{loss} = 40803\ W$$

能量转换装置的效率定义为

$$效率 = \frac{P_{output}}{P_{input}} = \frac{P_{input} - P_{loss}}{P_{input}} = 1 - \frac{P_{loss}}{P_{input}}$$

乘以 100% 可以表示为百分数。因而,对此运行情况有

$$效率 = 100\% \left(\frac{P_{output}}{P_{input}}\right) = 100\% \times \frac{40000}{40000 + 803} = 98.0\%$$

变压器的电压调整率定义为从空载到满载二次侧端电压的变化,通常以满载电压的百分率表示。在电力系统应用场合,调整率是变压器很有价值的一个指标,低的调整率意味着变压器二次侧负载的变化不会显著地影响供给负载的电压大小。电压调整率是在假设将负载从变压器二次侧移走,一次侧电压维持不变来进行计算的。

采用图 2.12(c)的等效电路,所有量归算到高压侧。假设一次侧电压调整到使二次侧电压在满载时具有额定值,即 $V_{2H} = 2400V$。对额定且功率因数为 0.80 滞后[相应的功率因数角为 $\theta = -\arccos(0.80) = -36.9°$]的负载,负载电流为

$$I_H = \left(\frac{50 \times 10^3}{2400}\right) e^{-j36.9°} = 20.8\, e^{-j36.9°} = 16.6 - j12.5\, \text{A}$$

可以计算出所需要的一次侧电压 V_{1H} 值为

$$V_{1H} = V_{2H} + I_H(R_{eq,H} + jX_{eq,H})$$
$$= 2400 + (16.6 - j12.5) \times (1.42 + j1.82)$$
$$= 2446\, e^{j0.29°}\, \text{V}$$

V_{1H} 的量值是 2446V。如果保持此电压恒定不变,移走负载,归算到高压侧的二次侧开路电压会上升到 2446V。因而

$$\text{调整率} = \left(\frac{2446 - 2400}{2400}\right) \times 100\% = 1.92\%$$

练习题 2.4
对 50kW(额定负载,单位功率因数)的负载,重做例 2.6 中电压调整率的计算。

答案:
调整率 = 1.24%。

2.6 自耦变压器和多绕组变压器

前面各节中所论述的原理,都是以双绕组变压器为特定参照物来展开的,这些原理同样适用于具有其他绕组结构的变压器。本节讨论有关自耦变压器和多绕组变压器的一些问题。

2.6.1 自耦变压器

图 2.17(a)所示为一次侧和二次侧绕组分别具有 N_1 和 N_2 匝的双绕组变压器。当将这两个绕组按如图 2.17(b)所示连接时,实质上可以获得对电压、电流和阻抗的相同变换效果。但是应该注意到,在图 2.17(b)中,绕组 bc 对一、二次侧是公用电路。这种类型的变压器称为自耦变压器。它类似于一台按照特殊方式连接的常规变压器,不同之处是绕组必须做适当的绝缘处理以承受运行电压。

双绕组变压器和自耦变压器之间的一个重要差别是,双绕组变压器的绕组是电气隔离的,而自耦变压器的绕组是直接连接在一起的。同时,在自耦变压器连接中,绕组 ab 必须有额外的绝缘,因为它的绝缘要承受自耦变压器的全部最大电压。当电压比接近 1∶1 时,与双绕组变压器相比,自耦变压器的漏阻抗较小、损耗较低、励磁电流较小、价格较便宜。

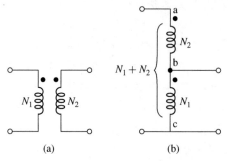

图 2.17 （a)双绕组变压器；(b)连接成自耦变压器

下面的例子说明，在一次侧和二次侧绕组之间的电气隔离不是重要考虑因素的情况下，自耦变压器的优势。

例 2.7 例 2.6 的 2400：240V、50kVA 变压器连接成一台自耦变压器，如图 2.18(a)所示。其中，ab 为 240V 绕组，bc 为 2400V 绕组(假设 240V 绕组的绝缘足以承受 2640V 的对地电压)。

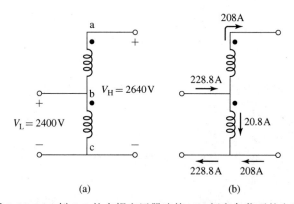

图 2.18 （a)例 2.7 的自耦变压器连接；(b)额定负载下的电流

a. 对该自耦变压器连接，分别计算高压和低压侧的电压额定值 V_H 和 V_X。

b. 计算作为自耦变压器的额定 kVA(额定容量)。

c. 损耗数据在例 2.6 中已给出。计算该自耦变压器在 0.80 滞后功率因数、额定负载运行时的满载效率。

解：

a. 由于 2400V 绕组 bc 连接到了低压电路，所以 $V_L=2400V$。当 $V_{bc}=2400V$ 时，在绕组 ab 中将感应一个与 V_{bc} 同相的电压 $V_{ab}=240V$(忽略漏阻抗压降)。因此，高压侧的电压为

$$V_H=V_{ab}+V_{bc}=2640V$$

b. 从作为常规双绕组变压器的额定值 50kVA 知，240V 绕组的额定电流为 50000/240=208A。由于自耦变压器的高压引线连接到 240V 绕组，故高压侧额定电流 I_H 等于 240V 绕组的额定电流，即 208A。因此，该自耦变压器额定 kVA(额定容量)为

$$\frac{V_H I_H}{1000}=\frac{2640\times208}{1000}=550kVA$$

注意到,在此连接方式中,自耦变压器具有等效匝数比(变比)2640/2400。因而,低压侧(在此连接中为 2400V 一侧)的额定电流必然为

$$I_{\text{L}} = \left(\frac{2640}{2400}\right) \times 208\text{A} = 228.8\text{A}$$

首先,这似乎相当混乱,因为变压器 2400V 绕组的额定电流为 50kVA/2400V = 20.8A。而使人更感迷惑的事情是,这台变压器,作为常规双绕组变压器时额定容量为 50kVA,而作为自耦变压器时却具有 550kVA 的能力。

作为自耦变压器时额定容量较高的原因是,并不是所有 550kVA 都要通过电磁感应来变换。事实上,变压器所要做的是把 208A 电流推举过电位升高 240V 的一段,相应于 50kVA 的能量变换能力。这一点大概用图 2.18(b)最好解释,图中显示了在额定状态下自耦变压器的电流。注意,尽管变压器容量较高,但绕组仅传送它们各自的额定电流。

c. 当连接成具有图 2.18 所示电压和电流的自耦变压器时,损耗与例 2.6 中的相同,也就是 803W。但作为自耦变压器,在满载、0.80 功率因数时的输出为 0.80 × 550000 = 440000W。因此,效率为

$$\left(1 - \frac{803}{440803}\right) \times 100\% = 99.82\%$$

效率如此之高,是因为损耗与仅变换 50kVA 时的值相当。

练习题 2.5

一台 450kVA、460V∶7.97kV 变压器,供给单位功率因数的额定负载时,有 97.8% 的效率。如果连接成 7.97∶8.43kV 的自耦变压器,计算该自耦变压器的额定端电流、额定 kVA(容量),以及供给单位功率因数负载时的效率。

答案:

8.43kV 端的额定电流为 978A,7.97kV 端的额定电流为 1034A,变压器额定容量为 8.25MVA。供给单位功率因数额定负载时的效率为 99.88%。

从例 2.7 可知,当一台双绕组变压器连接成图 2.17 所示的自耦变压器时,自耦变压器的额定电压可以用该双绕组变压器的额定电压来表示如下。

低压侧:

$$V_{\text{L}_{\text{rated}}} = V_{1_{\text{rated}}} \tag{2.39}$$

高压侧:

$$V_{\text{H}_{\text{rated}}} = V_{1_{\text{rated}}} + V_{2_{\text{rated}}} = \left(\frac{N_1 + N_2}{N_1}\right) V_{\text{L}_{\text{rated}}} \tag{2.40}$$

因而,自耦变压器的有效匝数比(变比)为 $(N_1 + N_2)/N_1$。此外,虽然变压器处理的实际功率不会增加到超过普通双绕组连接时的值,但自耦变压器的额定功率等于同一台双绕组变压器的 $(N_1 + N_2)/N_2$ 倍。

2.6.2 多绕组变压器

有三个或更多个绕组的变压器称为多绕组或多路变压器,常用于使可能具有不同电压的三个或更多个电路互相连接。对此用途,多绕组变压器比等效数目的双绕组变压器花费

更少,效率更高。在电子装置的多输出直流供电中,经常可以看到单一次侧多二次侧的变压器。为家庭用户提供电能的配电变压器,通常有两个串联的120V二次侧。照明及低功率用电电路,跨接在每个120V绕组上;电炉灶、家用热水器、干衣机和其他大功率负载,由串联的二次侧用240V供电。

同样,大的配电系统可能是通过多绕组三相变压器组,由具有不同电压的两个或更多个传输系统供电的。此外,用于使不同电压的两个传输系统互相连接的三相变压器组,常常带有一套第三或第三级绕组,以便为变电站中的辅助用电装置提供电压,或供给本地配电系统。静态电容器或同步补偿机可能会连接到第三套绕组,以进行功率因数修正或者电压调整。有时,将△连接的第三套绕组投入三相变压器组,为励磁电流的三次谐波分量提供低阻抗路径,以减少中点电压的三次谐波分量。

多绕组变压器使用中也会引起若干问题,与此相关的是漏阻抗对电压调整率、短路电流及电路间负载分配的影响等。这些问题可以采用等效电路法求解,该方法与处理双电路(双绕组)变压器时用到的方法相似。

多绕组变压器的等效电路与双绕组情况相比更复杂,因为等效电路必须考虑每对绕组之间的漏阻抗。一般,在这些等效电路中,所有量都归算到一个共同的基准,此时或采用适当的匝数比(变比)作为归算系数,或将所有量用标幺值表示。通常忽略励磁电流。

2.7 三相变压器

三个单相变压器可以按图2.19所示的4种方式之一连接,以构成三相变压器组(组式)。在该图的所有4个子图中,左边的绕组为一次侧,右边的为二次侧,且在某个变压器中,每个一次侧绕组与和它平行所画的二次侧绕组相对应。图中也显示了当一次侧与二次侧匝数比为 $N_1/N_2 = a$ 且假设变压器理想时,由一次侧施加对称线-线电压 V 和线电流 I 引起的电压和电流[①]。注意,三相组式变压器中一次侧和二次侧的额定电压及电流取决于所用的连接方式,但不管怎样连接,三相组式变压器的额定kVA(容量)是单台单相变压器的三倍。

Y-△连接一般用于将高压降低为中压或低压,理由之一是因此提供了中点以便高压侧接地,可以发现在许多场合都需要接地。与此相反,△-Y连接一般用于升高电压。△-△连接的优点是,可以将其中任一台变压器移走进行修理或维护,而剩余的两台变压器继续起到三相组的作用,但其额定容量降低为原来变压器组的58%,这时称为开三角或V连接。由于励磁电流非正弦现象[②]带来的一些问题,很少采用Y-Y连接。

除了采用三台单相变压器,三相组也可能由一台三相变压器(芯式)构成,该三相变压器共有6个绕组,绕在共有的多柱铁心上,放在单个箱体中。与三台单相变压器的连接相比,三相(芯式)变压器的优势在于其价格低、重量轻、占地少及效率稍高。某三相(芯式)变压器的内部结构照片如图2.20所示。

---

① 三相和单相量之间的关系在附录A中讨论。

② 因为没有连接承载励磁电流谐波的中线,会产生使变压器电压严重畸变的谐波电压。

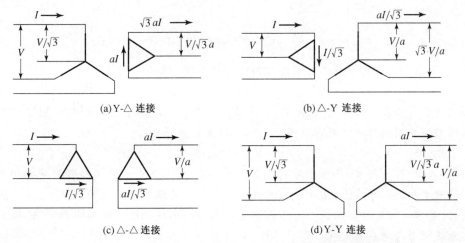

(a)Y-△ 连接   (b)△-Y 连接

(c)△-△ 连接   (d)Y-Y 连接

图 2.19   通用三相变压器连接;变压器绕组用粗线表示

三相变压器组在对称状态下的电路计算,可以只取一台变压器或一相来进行,认为在另外两相中,除了与三相系统相关的相位移,其他情况等同于第一相。通常,以单相(Y形的每相,线－中点)为基础进行计算较方便,因为变压器阻抗可以直接与输电线阻抗串联相加。用变压器组的理想线－线电压比的平方,可以将输电线的阻抗从变压器组的一侧归算到另一侧。处理 Y-△连接组或者△-Y 连接组问题时,所有量可归算到 Y 接法一侧。在处理与传输线串联的△-△ 连接组问题时,将△连接的变压器阻抗用等效 Y 连接阻抗来替换较为方便。可以证明,如果

图 2.20   某 480V-Y/208V-△、112kVA 三相(芯式)变压器的内部视图

$$Z_Y = \frac{1}{3}Z_\triangle \qquad (2.41)$$

则 $Z_\triangle\Omega$/相的对称△连接电路等效于 $Z_Y\Omega$/相的对称 Y 连接电路。

例 2.8   三台 50kVA、2400∶240V 单相变压器,每台都与例 2.6 中的相同,Y-△连接为 150kVA 三相变压器组,用于在馈电线的负载端降低电压,馈电线的阻抗为 0.15＋j1.00Ω/相。馈电线发送端的线－线电压为 4160V。在二次侧,变压器通过馈电线供电给对称三相负载,馈电线阻抗为 0.0005＋j0.0020Ω/相。求当负载以 0.80 滞后功率因数从变压器吸取额定电流时,负载上的线－线电压。

解:

对于给定的连接方式,三相变压器组高压端的额定线－线电压为 $\sqrt{3}\,2400\approx4160$V。因此,变压器组有 4160/240 的额定变压比。计算可以单相为基础进行,将所有量归算到变压器组的高压、Y 连接一侧。馈电线发送端的电压等于电源电压 V_s:

$$V_s = \frac{4160}{\sqrt{3}} \approx 2400\text{V}\quad 线－中点$$

从变压器额定容量知,Y 连接高压侧额定电流为 20.8A/相。用额定变压比的平方,把

低压馈电线阻抗归算到高压侧为

$$Z_{\text{lv,H}} = \left(\frac{4160}{240}\right)^2 \times (0.0005 + \text{j}0.0020) = 0.15 + \text{j}0.60 \ \Omega$$

因而,高压和低压馈电线归算到高压侧的合成串联阻抗为

$$Z_{\text{feeder,H}} = 0.30 + \text{j}1.60 \Omega/\text{相} \quad \text{Y}$$

因为变压器组在高压侧为 Y 连接,其等效单相串联阻抗等于每个单相变压器归算到高压侧的单相串联阻抗。此阻抗原先在例 2.4 中计算出为

$$Z_{\text{eq,H}} = 1.42 + \text{j}1.82 \Omega/\text{相} \quad \text{Y}$$

根据本例所选择的值,具体参考图 2.14(a)可见,该完整系统的单相等效电路与例 2.5 中的电路相同。事实上,基于单相的解答与例 2.5 的解答完全相同。据此,归算到高压侧的、对中点的负载电压为 2329V。将此值归算到变压器组的低压侧,即可计算出负载实际线—中点电压为

$$V_{\text{load}} = 2329 \times \left(\frac{240}{4160}\right) = 134\text{V} \quad \text{线—中点}$$

乘以 $\sqrt{3}$ 可以表示为线—线电压:

$$V_{\text{load}} = 134 \times \sqrt{3} = 233\text{V} \quad \text{线—线}$$

注意,这一线—线电压等于例 2.5 中计算得到的负载线—中点电压,因为此时变压器低压侧为 △连接,因此低压侧线—线电压等于变压器低压端的电压。

练习题 2.6

变压器按 Y-Y 连接,问题的所有其他描述维持不变,重做例 2.8。

答案:

405V 线—线。

例 2.9 例 2.8 的三台变压器按△-△重新连接,通过 2400V(线—线)电抗为 0.80Ω/相的三相馈电线供电,如图 2.21 所示。在发送端,馈电线连接到按 Y-△连接的三相变压器的二次侧,变压器额定值为 500kVA,24kV:2400V(线—线)。发送端变压器归算到 2400V 侧的等效串联阻抗为 0.17+j0.92Ω/相。施加到发送端变压器一次侧接线端的电压为 24.0kV(线—线)。

接收端变压器的 240V 接线端出现三相短路。计算 2400V 馈电线每相导线中、接收端变压器的一次侧及二次侧绕组中以及 240V 接线端的稳态短路电流。

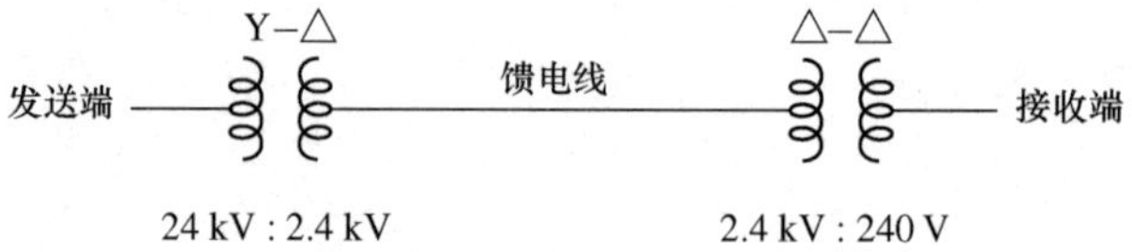

发送端 —— Y-△ —— 馈电线 —— △-△ —— 接收端

24 kV : 2.4 kV   2.4 kV : 240 V

图 2.21 例 2.9 的单线图

解:

计算以等效线—中点为基础进行,所有量归算到 2400V 馈电线。于是,电源电压为

$$\frac{2400}{\sqrt{3}} = 1385\text{V} \quad \text{线—中点}$$

根据式 2.41 可知,从 2400V 一侧来看,△-△变压器的单相等效串联阻抗为

$$Z_{eq} = R_{eq} + jX_{eq} = \frac{1.42 + j1.82}{3} = 0.47 + j0.61\ \Omega/\text{相}$$

于是,短路电路的总串联阻抗为这一阻抗、发送端变压器阻抗和馈电线的电抗之和:

$$Z_{tot} = (0.47 + j0.61) + (0.17 + j0.92) + j0.80 = 0.64 + j2.33\ \Omega/\text{相}$$

其量值为

$$|Z_{tot}| = 2.42\ \Omega/\text{相}$$

2400V 馈电线的相电流值,现在可以很容易地用线—中点的电压除以串联阻抗来计算:

$$2400\text{V 馈电线中的电流} = \frac{1385}{2.42} = 572\text{A}$$

正如图 2.19(c)所示,接收端变压器 2400V 绕组的绕组电流等于此相电流除以 $\sqrt{3}$,即

$$2400\text{V 绕组中的电流} = \frac{572}{\sqrt{3}} = 330\text{A}$$

而 240V 绕组中的电流是此值的 10 倍:

$$240\text{V 绕组中的电流} = 10 \times 330 = 3300\text{A}$$

最后,再参考图 2.19(c),得出在 240V 接线端进入短路电路的相电流为

$$240\text{V 接线端电流} = 3300 \times \sqrt{3} = 5720\text{A}$$

当然,注意到已知△-△变压器组的匝数比等于 10:1,因此,在对称三相条件下,低压侧的相电流为高压侧相电流的 10 倍,也可以简捷地求出相同的结果。

练习题 2.7

在三台变压器按△-Y 而非按△-△连接,使三相变压器的短路低压侧的额定线—线电压为 416V 的情况下,重做例 2.9。

答案:

2400V 馈电线中的电流＝572A。

2400V 绕组中的电流＝330A。

416V 绕组中的电流＝3300A。

416V 接线端的电流＝3300A。

2.8 电压互感器和电流互感器

变压器常常用作测量仪器,以使电压或电流的大小匹配仪表和其他仪器的量程。例如,大多数 60Hz 电力系统的测量仪器,电压以 0～120V 有效值为量程,电流以 0～5A 有效值为量程。由于电力系统的线—线电压范围高达 765kV,电流可能为数十 kA,就需要一些方法将这些信号以精确而又低量级的形式提供给测量仪器。

一种通用的方法是采用专用变压器,称为电压互感器或 PT(Potential Transformer)及电流互感器或 CT(Current Transformer)。如果以匝数比 $N_1:N_2$ 来制造,理想电压互感器二次侧电压大小等于一次侧电压的 N_2/N_1 倍,相位相同;同样,理想电流互感器的二次侧输出电流大小等于输入到一次侧电流的 N_1/N_2 倍,相位也相同。换句话说,电压互感器和电流互感器(也称仪用变压器),要设计为实际上尽可能地接近理想变压器。

图 2.22 的等效电路表示一台二次侧接阻抗 $Z_b = R_b + jX_b$ 的变压器。为了此处讨论的目的，忽略了铁耗电阻 R_c，假如需要，在此描述的分析可以很容易地扩展到包含其影响。依照习惯术语，仅用变压器的负载常常称为该互感器上的负荷（burden），因此采用下标 b。为使讨论简洁，选择将理想变压器的所有二次侧量归算到一次侧。

先考虑电压互感器。理想情况下，电压互感器应精确地测取电压，而测量时对系统以开路出现，即吸取的电流和功率可以忽略。因而，从量化角度看，其负载阻抗要“大”。

首先，假设互感器二次侧开路（即 $|Z_b| = \infty$）。这样，可以写出

$$\frac{V_2}{V_1} = \left(\frac{N_2}{N_1}\right) \frac{jX_m}{R_1 + j(X_1 + X_m)} \tag{2.42}$$

从此式可见，由于磁化电流通过一次侧电阻和漏电抗引起压降，所以二次侧开路的电压互感器有内在误差（在大小和相位两个方面都有）。与磁化电抗相比，如果能使一次侧电阻和漏电抗小到一定程度，就可使这一内在误差相当小。

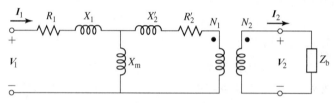

图 2.22 仪用变压器的等效电路

对于有限负荷，情况更糟。考虑负荷阻抗的影响，式 2.42 变为

$$\frac{V_2}{V_1} = \left(\frac{N_2}{N_1}\right) \frac{Z_{eq}Z_b'}{(R_1 + jX_1)(Z_{eq} + Z_b' + R_2' + jX_2')} \tag{2.43}$$

式中，

$$Z_{eq} = \frac{jX_m(R_1 + jX_1)}{R_1 + j(X_m + X_1)} \tag{2.44}$$

和

$$Z_b' = \left(\frac{N_1}{N_2}\right)^2 Z_b \tag{2.45}$$

是归算到互感器一次侧的负荷阻抗。

从这些式子可以看出，精密电压互感器的特点是，具有大的磁化电抗（更准确地说，是大的励磁阻抗，因为有铁心损耗的影响。虽然在此处描述的分析中忽略了铁耗，但也必须使其最小）和相对较小的绕组电阻与漏电抗。最后，正如在例 2.10 中将看到的，必须保证负荷阻抗在某一最小值以上，以避免在所测量的电压大小和相位中引入过大的误差。

例 2.10 一 2400∶120V、60Hz 电压互感器有如下参数值（归算到 2400V 绕组）：

$$X_1 = 143\ \Omega \quad X_2' = 164\ \Omega \quad X_m = 163\ k\Omega$$
$$R_1 = 128\ \Omega \quad R_2' = 141\ \Omega$$

a. 假设输入为 2400V，理想情况下应该在低压绕组产生 120V 电压，如果二次侧绕组开路，计算二次侧绕组电压值和相对相位角的误差；（b）假设负荷阻抗为纯电阻性（$Z_b = R_b$），计算二次侧所能加的最小电阻（最大负荷），以使电压值的误差小于

0.5%;(c)重做(b),求取最小电阻,以使相位角误差小于 1.0°。

解:

a. 这一问题极易用 MATLAB[①] 来求解。$V_1 = 2400\text{V}$,根据式 2.42,用以下 MATLAB 程序得到

$$V_2 = 119.90\angle 0.045°\text{V}$$

相应的量值大小误差小于 0.1% 和相位角误差 0.045°。

以下为 MATLAB 源程序:

```
clc
clear

% PT parameters
R1 = 128;
X1 = 143;
Xm = 163e3;
N1 = 2400;
N2 = 120;
N = N1/N2;

% Primary voltage
V1 = 2400;

% Secondary voltage
V2 = V1*(N2/N1)*(j*Xm/(R1+j*(X1+Xm)));
magV2 = abs(V2);
phaseV2 = 180*angle(V2)/pi;

fprintf('\nMagnitude of V2 = % g [V]',magV2)
fprintf('\n and angle = % g [degrees]\n\n',phaseV2)
```

b. 在此,又可以相对直接地编写 MATLAB 程序来实现式 2.43 的计算,以及计算电压 V_2 大小与 120V 相比的百分数误差,120V 是 PT 理想时测得的值。电阻性负荷 R_b 初始可以取一个大的值,然后减小,直到电压量值的误差达 0.5%。分析结果表明,最小电阻为 162.5Ω,相应的量值误差为 0.5%,相位角为 0.22°(注意,当归算到一次侧时,相当于 65kΩ 的电阻)。

c. (b)中的 MTALAB 程序经修改,可用来寻找使相位角误差小于 1.0° 的最小电阻性负荷。结果表明,最小电阻值为 41.4Ω,相应的相位角为 1.00°,量值的误差为 1.70%。

练习题 2.8

假设负荷阻抗为纯电抗性的($Z_b = jX_b$),用 MATLAB 重做例 2.10 中(b)和(c),求每种情况下的相应最小阻抗 X_b。

答案:

使二次侧电压值与所期望的 120V 的误差在 0.5% 以内的最小负荷电抗为 $X_b =$

---

① MATLAB 是 MathWorks 公司的注册商标。

185.4Ω，此时，相位角为 0.25°。使二次侧电压与一次侧电压相位角的误差在 1.0°的最小负荷电抗为 $X_b = 39.5\Omega$，此时，电压值的误差为 2.0%。

接下来考虑电流互感器。理想电流互感器应精确地测量电流，测量时对系统以短路出现，即产生的电压降和吸收的功率可以忽略。因而，从量化角度看，其负载阻抗要"小"。

从假设互感器二次侧短路（即 $|Z_b| = 0$）开始。这样，可以写出

$$\frac{I_2}{I_1} = \left(\frac{N_1}{N_2}\right) \frac{jX_m}{R_2' + j(X_2' + X_m)} \tag{2.46}$$

基于和在电压互感器分析中所用的相似讨论，式 2.46 说明，由于一次侧部分电流经磁化电抗分流，不能到达二次侧，所以二次侧短路的电流互感器有内在误差（在大小和相位两个方面都有）。与二次侧电阻和漏电抗相比，如果能使磁化电抗大到一定程度，就可使这一误差相当小。

有限负荷呈现为与二次侧阻抗串联，会使误差增加。考虑负荷阻抗的影响，式 2.46 变为

$$\frac{I_2}{I_1} = \left(\frac{N_1}{N_2}\right) \frac{jX_m}{Z_b' + R_2' + j(X_2' + X_m)} \tag{2.47}$$

从这些式子可以看出，精密电流互感器应该具有大的励磁阻抗[1]和相对较小的绕组电阻与漏电抗。此外，如在例 2.11 中看到的，必须保证电流互感器的负荷阻抗在某一最大值以下，以避免在所测电流中引入过大的量值误差和相位误差。

例 2.11 一 $800:5A$、$60Hz$ 电流互感器有如下参数值（归算到 800A 绕组）：

$$X_1 = 44.8\,\mu\Omega \quad X_2' = 54.3\,\mu\Omega \quad X_m = 17.7\,m\Omega$$

$$R_1 = 10.3\,\mu\Omega \qquad R_2' = 9.6\,\mu\Omega$$

假设大电流绕组带有 800A 的电流，如果负载阻抗为纯电阻性，$R_b = 2.5\Omega$，计算低电流绕组中电流的量值大小和相对相位。

解：

通过令 $I_1 = 800A$ 及 $R_b' = (N_1/N_2)^2 R_b = 0.097m\Omega$，就可以根据式 2.47 求出二次侧电流。用以下 MATLAB 程序得出

$$I_2 = 4.98\angle 0.346°A$$

以下为 MATLAB 源程序：

```
clc
clear

% CT parameters
R_2p = 9.6e-6;
X_2p = 54.3e-6;
X_m = 17.7e-3;

N_1 = 5;
N_2 = 800;
```

---

[1] 原书为"磁化阻抗"——译者注。

```
N = N_1/N_2;

% Load impedance
R_b = 2.5;
X_b = 0;
Z_bp = N`{}2*(R_b +j*X_b);

%  Primary current
I1 = 800;

% Secondary current
I2 = I1*N*j*X_m/(Z_bp + R_2p +j*(X_2p +X_m));

magI2 = abs(I2);
phaseI2 = 180*angle(I2)/pi;

fprintf('\nSecondary current magnitude = % g[A]',magI2)
fprintf('\n and phase angle =  \% g[degrees] \n$ \n',phaseI2)
```

练习题 2.9

对例 2.11 的电流互感器,求最大的纯电抗性负荷 $Z_b = jX_b$,使得当互感器一次侧流过的电流为 800A 时,二次侧电流大于 4.95A(即电流量值大小最多只能有 1.0% 的误差)。

答案:

X_b 必须小于 3.19Ω。

2.9 标幺值体系

电力系统一般由相互连接的许多发电机、变压器、传输线和负载(其中电动机占很大一部分)组成,这些组件的特征参数变化范围大,例如电压在几百伏到几十万伏范围变化,功率等级在几千瓦到几百兆瓦范围变化。电力系统分析,也确实包括对电力系统各组件的分析,经常以标幺值形式进行,即将所有有关量以适当选取的基值的十进制小数来表示。于是,所有通常的计算均以这些标幺值而非熟悉的伏、安培、欧姆等来进行。

采用标幺值体系有许多优点。第一个优点是,当用基于其额定值的标幺值表示时,电机和变压器的参数值一般都落入一个相当窄的数值范围,这样既可以进行参数值的快速完整性审查,又容易快速地确定某种程度不恰当的参数预估值。第二个优点是,当将变压器等效电路参数变换为其标幺值时,理想变压器的匝数比变为 1:1,因此可以把理想变压器从等效电路中去掉。因为省去了把阻抗从变压器一侧归算到另一侧的要求,就使分析大大简化。

像电压 V、电流 I、功率 P、无功功率 Q、伏安 VA、电阻 R、电抗 X、阻抗 Z、电导 G、电纳 B 以及导纳 Y 等这些量,可以按下式转化为标幺值形式,或从标幺值形式转化为实际值:

$$以标幺值表示的量 = \frac{实际量}{量的基值} \tag{2.48}$$

式中,"实际量"是指其值以伏、安培、欧姆等为单位的量。从某种程度上说,基值可以任意选取,但基值间必须遵循某些关系,使在标幺值体系中仍保持常规电的定律。所以,对单相系统,功率基值(视在功率、有功功率和无功功率)与基值电压和基值电流之间的关系为

$$VA_{\text{base}}(P_{\text{base}}, Q_{\text{base}}) = V_{\text{base}} I_{\text{base}} \qquad (2.49)$$

而阻抗基值(复阻抗、电阻和电抗)与基值电压和电流之间的关系为

$$Z_{\text{base}}(R_{\text{base}}, X_{\text{base}}) = \frac{V_{\text{base}}}{I_{\text{base}}} \qquad (2.50)$$

最终结果是,只有两个独立基值量可以任意选取,其余量按式 2.49 和式 2.50 的关系来确定。典型用法是,先选择 VA_{base} 和 V_{base} 的值,于是就唯一地确定了式 2.49 和式 2.50 中的 I_{base} 及所有其他量的值。

在所分析的整个系统中,VA_{base} 的值必须相同。正如以图 2.10(c) 的等效电路为参照可以看出的,如果按照理想变压器的匝数比来选取其一次侧和二次侧的基值电压,那么标幺值形式的理想变压器将有单位匝数比(变比),因而可以去掉。通常,取各侧的额定电压或标称电压作为基值。就像已经看到的,当将变压器等效电路参数从变压器一侧归算到另一侧时,虽然参数值按变比的平方变化,但标幺值阻抗却相同,与这些标幺值最初是在变压器的哪一侧计算得出的无关。这一点与标幺值理想变压器为单位变比相一致,且在依据式 2.49 和式 2.50 求取标幺值时自动得到顾及。

如果遵循这些规则,以标幺值来进行系统分析的过程可归纳如下:

1. 在系统中的某点选取 VA 基值和电压基值。
2. 以所选的 VA 基值和电压基值,将所有量转换为标幺值。电压基值,是以在系统中能遇到的任一台变压器的匝数比进行变换的值。
3. 所有量以标幺值表示,对最终电路进行标准的电气分析。
4. 分析完成后,用量的标幺值乘以相应的基值,将所有量转换回真实值(例如伏、安培、瓦特等)。

当只涉及一台电气装置例如变压器时,一般将装置本身的额定容量用做伏安基值。当其参数用以额定值为基值的标幺值表示时,即使额定值的范围很宽,电力及配电变压器的特征量也不会变化很大。例如,励磁电流通常在 0.02~0.06 标幺值之间(额定电流的 2%~6%),对大型变压器或者更小;等效电阻通常在 0.005~0.02 标幺值之间(较小的值适用于大型变压器),等效电抗通常在 0.05~0.10 标幺值之间(较大的值适用于大型高压变压器,如此要求是为了限制短路电流)。同样,同步电机和感应电机参数的标幺值也在相当窄的范围内。之所以如此的原因是,对每种装置,其背后的物理原理是相同的,而粗略地看,每种都可以认为是相同基本装置的简单比例翻版。因而,当以其额定值进行规格化时,就去掉了缩放比例的影响,结果是,该种装置的一组标幺值参数在整个尺寸范围都相当类似。

通常,制造商会提供基于装置本身基值的标幺值参数。然而,当涉及几个装置时,伏安基值通常可以任意选择,于是在整个系统中必须采用这个值。因而,当进行系统分析时,可能需要将所提供的标幺值参数转换到为了分析而选取的基值下的标幺值。以下关系式可用来从一个基值到另一个基值对标幺值(pu)进行转换:

$$(P, Q, VA)_{\text{pu on base 2}} = (P, Q, VA)_{\text{pu on base 1}} \left[\frac{VA_{\text{base 1}}}{VA_{\text{base 2}}} \right] \qquad (2.51)$$

$$(R, X, Z)_{\text{pu on base 2}} = (R, X, Z)_{\text{pu on base 1}} \left[\frac{(V_{\text{base 1}})^2 VA_{\text{base 2}}}{(V_{\text{base 2}})^2 VA_{\text{base 1}}} \right] \tag{2.52}$$

$$V_{\text{pu on base 2}} = V_{\text{pu on base 1}} \left[\frac{V_{\text{base 1}}}{V_{\text{base 2}}} \right] \tag{2.53}$$

$$I_{\text{pu on base 2}} = I_{\text{pu on base 1}} \left[\frac{V_{\text{base 2}} VA_{\text{base 1}}}{V_{\text{base 1}} VA_{\text{base 2}}} \right] \tag{2.54}$$

例 2.12 一台 100MVA、7.97kV∶79.7kV 变压器的等效电路如图 2.23(a)所示。等效电路参数为

$$X_{\text{L}} = 0.040\ \Omega \quad X_{\text{H}} = 3.75\ \Omega \quad X_{\text{m}} = 114\ \Omega$$

$$R_{\text{L}} = 0.76\ \text{m}\Omega \qquad R_{\text{H}} = 0.085\ \Omega$$

注意到磁化电感已归算到等效电路的低压侧。以变压器额定值为基值,将等效电路参数转换为标幺值。

解:

变压器的基值如下。

低压侧:

$$VA_{\text{base}} = 100\ \text{MVA} \qquad V_{\text{base}} = 7.97\ \text{kV}$$

且根据式 2.49 和式 2.50 可知

$$R_{\text{base}} = X_{\text{base}} = \frac{V_{\text{base}}^2}{VA_{\text{base}}} = 0.635\ \Omega$$

高压侧:

$$VA_{\text{base}} = 100\ \text{MVA} \qquad V_{\text{base}} = 79.7\ \text{kV}$$

且根据式 2.49 和式 2.50 可知

$$R_{\text{base}} = X_{\text{base}} = \frac{V_{\text{base}}^2}{VA_{\text{base}}} = 63.5\ \Omega$$

现在,变压器参数的标幺值可以用实际值除以其相应的基值来计算。

$$X_{\text{L}} = \frac{0.040}{0.635} = 0.0630 \quad \text{标幺值}$$

$$X_{\text{H}} = \frac{3.75}{63.5} = 0.0591 \quad \text{标幺值}$$

$$X_{\text{m}} = \frac{114}{0.635} = 180 \quad \text{标幺值}$$

$$R_{\text{L}} = \frac{7.6 \times 10^{-4}}{0.635} = 0.0012 \quad \text{标幺值}$$

$$R_{\text{H}} = \frac{0.085}{63.5} = 0.0013 \quad \text{标幺值}$$

最后,代表理想变压器匝数比的每个电压必须用变压器该侧的电压基值来除。因而,7.97kV∶79.7kV 匝数比用标幺值表示为

$$\text{标幺值匝数比} = \left(\frac{7.97\text{kV}}{7.97\text{kV}} \right) : \left(\frac{79.7\text{kV}}{79.7\text{kV}} \right) = 1 : 1$$

最终的标幺值等效电路如图 2.23(b)所示。因为它具有单位匝数比,所以没有必要保留理想变压器,因而等效电路简化为图 2.23(c)的形式。

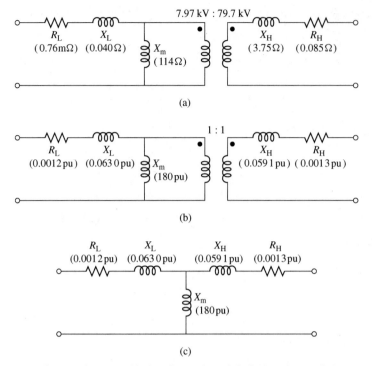

(a)

(b)

(c)

图 2.23 例 2.12 的变压器等效电路:(a)实际单位等效电路;(b)带有 1:1 理想变压器的标幺值等效电路;(c)去除理想变压器的标幺值等效电路

例 2.13 在一台 $50\mathrm{kVA}$、$2400:240\mathrm{V}$ 变压器的低压侧测得的励磁电流为 $5.41\mathrm{A}$。其归算到高压侧的等效阻抗为 $1.42+\mathrm{j}1.82\Omega$。以变压器额定值为基值,用标幺值来表示低压及高压侧的(a)励磁电流和(b)等效阻抗。

解:

电压及电流的基值为

$$V_{\mathrm{base,H}} = 2400\,\mathrm{V} \quad V_{\mathrm{base,L}} = 240\,\mathrm{V} \quad I_{\mathrm{base,H}} = 20.8\,\mathrm{A} \quad I_{\mathrm{base,L}} = 208\,\mathrm{A}$$

式中,下标 H 和 L 分别指高压侧和低压侧。

根据式 2.50 可知

$$Z_{\mathrm{base,H}} = \frac{2400}{20.8} = 115.2\,\Omega \quad Z_{\mathrm{base,H}} = \frac{240}{208} = 1.152\,\Omega$$

a. 根据式 2.48,可以计算出归算到低压侧的励磁电流标幺值为

$$I_{\varphi,\mathrm{L}} = \frac{5.41}{208} = 0.0260 \text{ 标幺值}$$

励磁电流归算到高压侧为 $0.541\mathrm{A}$,其标幺值为

$$I_{\varphi,\mathrm{H}} = \frac{0.541}{20.8} = 0.0260 \text{ 标幺值}$$

注意到,正如所预期的,归算到任一侧的标幺值相同,相应于标幺值变压器中的一台单位匝数比理想变压器。这是选择以变压器匝数比为基值电压比,及选择恒值伏安基值的直接结果。

b. 根据式 2.48 和 Z_{base} 的值有

$$Z_{\mathrm{eq,H}} = \frac{1.42 + \mathrm{j}1.82}{115.2} = 0.0123 + \mathrm{j}0.0158 \text{ 标幺值}$$

等效阻抗归算到低压侧为 $0.0142 + \mathrm{j}0.0182\Omega$,其标幺值为

$$Z_{\mathrm{eq,L}} = \frac{0.0142 + \mathrm{j}0.0182}{1.152} = 0.0123 + \mathrm{j}0.0158 \text{ 标幺值}$$

归算到高压侧和低压侧的标幺值相同,标幺值的基值计及了变压器匝数比。再注意到,这与标幺值变压器等效电路中的理想变压器的单位匝数比一致。

练习题 2.10

一台 15kVA、120∶460V 变压器,有 $0.018 + \mathrm{j}0.042$ 标幺值的等效串联阻抗。计算以欧姆为单位的(a)归算到低压侧和(b)归算到高压侧的等效串联阻抗。

答案:

$Z_{\mathrm{eq,L}} = 0.017 + \mathrm{j}0.040\Omega$ 和 $Z_{\mathrm{eq,H}} = 0.25 + \mathrm{j}0.59\Omega$。

用于三相系统分析时,标幺值体系基值的选择应维持它们之间的对称三相系统关系:

$$(P_{\mathrm{base}}, Q_{\mathrm{base}}, VA_{\mathrm{base}})_{\mathrm{3-phase}} = 3VA_{\mathrm{base, per phase}} \tag{2.55}$$

处理三相系统时,通常先选择三相伏安基值 $VA_{\mathrm{base,3-phase}}$ 和线-线电压基值 $V_{\mathrm{base,3-phase}} = V_{\mathrm{base,1-l}}$,相(线-中点)电压的基值于是按照下式确定:

$$V_{\mathrm{base,1-n}} = \frac{1}{\sqrt{3}} V_{\mathrm{base,1-l}} \tag{2.56}$$

注意,三相系统的基值电流等于相电流,其值与单相(每相)分析的基值电流相同。因而

$$I_{\mathrm{base,3-phase}} = I_{\mathrm{base, per phase}} = \frac{VA_{\mathrm{base,3-phase}}}{\sqrt{3}\,V_{\mathrm{base,3-phase}}} \tag{2.57}$$

最后,三相基值阻抗选取单相基值阻抗。因此,

$$
\begin{aligned}
Z_{\mathrm{base,3-phase}} &= Z_{\mathrm{base, per phase}} \\
&= \frac{V_{\mathrm{base,1-n}}}{I_{\mathrm{base, per phase}}} \\
&= \frac{V_{\mathrm{base,3-phase}}}{\sqrt{3}I_{\mathrm{base,3-phase}}} \\
&= \frac{(V_{\mathrm{base,3-phase}})^2}{VA_{\mathrm{base,3-phase}}}
\end{aligned}
\tag{2.58}
$$

用于基值到基值转换的式 2.51 到式 2.54 同样适用于三相基值的转换。注意,在对称三相系统中,△与 Y 连接方式之间伏、安及欧姆等量的关联系数$\sqrt{3}$和 3,在标幺值中由基值自动考虑。因而,除非要将伏、安和欧姆值转化为标幺值体系,或从标幺值体系反转化,否则,三相问题用标幺值求解就好像是处理单相问题,变压器(变压器一次侧及二次侧的 Y 与△)及阻抗(Y 与△)连接的具体细节消失了。

例 2.14 用标幺值重做例 2.9,具体计算在馈电线中流通的以及接收端变压器组 240V 接线端的短路相电流。以接收端变压器三相、150kVA、额定电压基值的标幺值进行计算。

解:

从将所有阻抗转换为标幺值开始。500kVA、24kV∶2400V 发送端变压器归算到 2400V 侧

的阻抗为 $0.17+j0.92\Omega/$相。根据式 2.58,相应于 2400V、150kVA 基值的基值阻抗为

$$Z_{\text{base}} = \frac{2400^2}{150 \times 10^3} = 38.4\ \Omega$$

从例 2.9 可知,总串联阻抗等于 $Z_{\text{tot}}=0.64+j2.33\Omega/$相,因此其标幺值等于

$$Z_{\text{tot}} = \frac{0.64+j2.33}{38.4} = 0.0167+j0.0607\ \text{标幺值}$$

其量值大小为

$$|Z_{\text{tot}}| = 0.0629\ \text{标幺值}$$

施加到发送端变压器高压侧、以额定电压为基值的标幺值电压为 $V_s=24.0\text{kV}=1.0$,因而短路电流将等于

$$I_{\text{sc}} = \frac{V_s}{|Z_{\text{tot}}|} = \frac{1.0}{0.0629} = 15.9\ \text{标幺值}$$

为计算以安培为单位的相电流,只需用适当的基值电流乘以标幺值短路电流。因此,由于 2400V 馈电线上的基值电流为

$$I_{\text{base, 2400-v}} = \frac{150 \times 10^3}{\sqrt{3} \times 2400} = 36.1\ \text{A}$$

所以馈电线电流将为

$$I_{\text{feeder}} = 15.9 \times 36.1 = 574\ \text{A}$$

在接收端变压器 240V 二次侧的基值电流为

$$I_{\text{base, 240-v}} = \frac{150 \times 10^3}{\sqrt{3} \times 240} = 361\ \text{A}$$

因而短路电流为

$$I_{\text{240-V secondary}} = 15.9 \times 361 = 5.74\ \text{kA}$$

正如所预想的,这些电流在一定的数值精度内等于例 2.9 的计算值。

练习题 2.11

如果 2400V 馈电线用阻抗为 $0.07+j0.68\Omega/$相的馈电线替换,计算例 2.9 的馈电线中的短路电流量值大小。以发送端变压器 500kVA、额定电压基值进行计算,并用标幺值和每相安培来表示解答。

答案:

短路电流$=5.20$ 标幺值$=636\text{A}$。

例 2.15 某三相负载由一台 2.4kV:460V、250kVA 变压器供电,变压器基于其本身基值的等效串联阻抗为 $0.026+j0.12$ 标幺值。观察到的负载线—线电压为 438V,在单位功率因数下吸收 95kW 的功率。计算变压器高压侧的电压。以 460V、100kVA 为基值进行计算。

解:

变压器 460V 侧的基值阻抗为

$$Z_{\text{base, transformer}} = \frac{460^2}{250 \times 10^3} = 0.846\ \Omega$$

而当基于 100kVA 基值时,为

$$Z_{\text{base, 100-kVA}} = \frac{460^2}{100 \times 10^3} = 2.12 \ \Omega$$

因而,根据式 2.52,以 100kVA 为基值的变压器标幺值阻抗为

$$Z_{\text{transformer}} = (0.026 + \text{j}0.12) \times \left(\frac{0.864}{2.12} \right) = 0.0106 + \text{j}0.0489 \ 标幺值$$

标幺值负载电压为

$$V_{\text{load}} = \frac{438}{460} = 0.952 \angle 0^\circ \ 标幺值$$

式中已选取负载电压作为相位角计算的参考。

标幺值负载功率为

$$P_{\text{load}} = \frac{95}{100} = 0.95 \ 标幺值$$

因此,由于负载在单位功率因数下运行,标幺值负载电流与负载电压同相,为

$$I_{\text{load}} = \frac{P_{\text{load}}}{V_{\text{load}}} = \frac{0.95}{0.952} = 0.998 \angle 0^\circ \ 标幺值$$

因而现在可以计算变压器的高压侧电压,为

$$V_{\text{H}} = V_{\text{load}} + I_{\text{load}} Z_{\text{transformer}}$$

$$= 0.952 + 0.998 \times (0.0106 + \text{j}0.0489)$$

$$= 0.963 + \text{j}0.0488 = 0.964 \angle 29.0^\circ \ 标幺值$$

因而,高压侧电压等于 $0.964 \times 2400\text{V} = 2313\text{V}$(线—线)。

练习题 2.12

如果 250kVA[1] 三相变压器用 150kVA 变压器替换,额定仍为 2.4kV：460V,基于其自身基值的等效串联阻抗标幺值为 0.038+j0.135,重做例 2.15。以 460V、100kVA 为基值进行计算。

答案：
高压侧电压＝0.982 标幺值＝2357V(线—线)。

2.10 小　　结

虽然变压器不是机电装置,但它是交流系统中常用且又不可或缺的一部分,用于将电压、电流及阻抗转换为适当的等级,以优化使用。为学习机电系统,以变压器为例来介绍将用到的分析方法颇有意义。变压器为我们提供了探讨磁路特性的可能,包括磁势、磁化电流和磁化、互磁通和漏磁通及与之相关的电抗等概念。

在变压器和旋转电机两者中,磁场均由绕组电流的合成作用产生。在铁心变压器中,大部分磁通被限定在铁心中,且匝链所有绕组。这一合成互磁通在绕组中感应出正比于其匝数的电势,决定了变压器的电压变换特性。在旋转电机中,虽然存在气隙,使电机的旋转部分和静止部分分离,但情况类似。类似于变压器铁心磁通匝链变压器铁心上的各个绕组,旋转电机中的互磁通穿过气隙,匝链转子和定子上的绕组。正如变压器中一样,互磁通在这些绕组中感应电势,电势正比于绕组匝数和磁通随时间的变化率。

---

① 原书为"kV",疑有误——译者注。

变压器和旋转电机的显著差别是,在旋转电机中,转子上绕组和定子上绕组之间有相对运动,这一相对运动会使各绕组磁链随时间的变化率产生一个附加的分量。就像在第3章将要讨论的,由此引起的电势分量称为速度电势,它是机电能量转换过程的特征量。然而,在静止的变压器中,磁链随时间的变化只是由绕组电流随时间变化引起的,不涉及机械运动,因此没有机电能量转换发生。

变压器中的铁心合成磁通在一次侧感应反电势,反电势和一次侧电阻及漏电抗压降一起,必然与所施加的电压平衡。由于电阻和漏电抗压降通常很小,因而反电势必然近似等于所加电压,且铁心磁通必然会相应地做自身调整。在交流电动机的电枢绕组中也应当出现完全相似的现象,合成的气隙磁通波必然自身调整,以产生近似等于所加电压的反电势。在变压器和旋转电机两者中,由所有电流产生的净磁势都必然相应地自身调整,以产生满足这一电压平衡所需的合成磁通。

变压器中,二次侧电流由二次侧感应的电势、二次侧漏阻抗及电负载决定。正如将看到的,在感应电动机中,二次侧(转子)电流由二次侧感应的电势、二次侧漏阻抗及轴上的机械负载决定。从本质上说,变压器的一次侧绕组与感应电动机及同步电动机的电枢(定子)绕组中发生相同的物理现象。在变压器、感应电动机和同步电动机这三者中有相同的情景:一次侧电流或电枢电流必然自身调整,以使所有电流的合成磁势产生施加电压所要求的磁通,因而,负载电流的改变将导致一次侧电流的相应变化。

除了有用的互磁通,在变压器和旋转电机两者中都存在漏磁通,漏磁通匝链各自绕组而不匝链其他绕组。虽然旋转电机中漏磁通的具体分布比变压器中要复杂得多,但其影响本质上相同。在这两者中,漏磁通都在绕组中产生漏电抗压降,且一般会使得互磁通减小到低于完全由所施加电压产生的量级。在这两者中,漏磁通路径的磁阻都由通过空气的路径的磁阻主导,因而漏磁通几乎正比于产生它们的电流。因此,常常假设漏电抗为恒值,与主磁路的饱和程度无关。

可以举出变压器和旋转电机基本类似的更多例子。除摩擦及风阻外,变压器和旋转电机中的损耗本质上相同;决定损耗及等效电路参数的试验相似:开路或空载试验,得到励磁条件及铁心损耗(在旋转电机中连同摩擦和风阻损耗)的信息,而短路试验配合以直流电阻的测量,给出漏电抗及绕组电阻的信息。另一个例子是磁饱和效应的建模:在变压器和旋转电机两者中,通常假设漏电抗不受饱和的影响,主磁路的饱和由合成互磁通或气隙磁通决定。

2.11 第 2 章变量符号表

λ	磁链[Wb]	
ω	角频率[rad/s]	
φ, ϕ_{max}	磁通[Wb]	
$\boldsymbol{\Phi}$	磁通,复数量[Wb]	
θ	相位角[rad]	
B_{max}	磁通密度峰值(最大值)[T]	
e	电势(emf),感应电势[V]	
E	电势[V]	

E	EMF,电势(电压),复数量[V]
f	频率[Hz]
i,I	电流[A]
i_φ	励磁电流[A]
I	电流,复数量[A]
I_c	励磁电流的铁耗分量,复数量[A]
I_m	磁化电流,复数量[A]
I_φ	励磁电流,复数量[A]
L	电感[H]
N	匝数
Q	无功功率[VAR]
R	电阻[Ω]
R_{base}	基值电阻[Ω]
t	时间[s]
v,V	电压[V]
V_{base}	基值电压[V]
V	电压,复数量[V]
VA	伏安[VA]
X	电抗[Ω]
Z	阻抗[Ω]
$Z_\triangle$	△(三角形)连接等效相阻抗[Ω/相]
Z_φ	励磁阻抗[Ω]
Z_Y	Y(星形)连接等效相阻抗[Ω/相]

下标:

ϕ	励磁
b	负荷
base	基值
c	铁心
eq	等效
feeder	馈电线
H	高压侧
l	漏磁
L	低压侧
line-line	线－线
l-n	线－中点
line-neutral	线－中点
load	负载
m	磁化

max	最大
oc	开路
pu	标幺值
rated	额定
rms	有效值
s	发送
sc	短路
secondary	二次
transformer	变压器
tot	总的

2.12 习　　题

2.1　一台变压器由绕在截面积为 $56cm^2$ 闭合铁心上的一次侧 1150 匝线圈、二次侧 80 匝线圈且开路制成。当所加的磁通密度有效值达 1.45T 时,认为铁心材料饱和。不达到此饱和等级,一次侧 60Hz 电压有效值最大可能为多少? 相应的二次侧电压为多少? 如果所加的频率降低到 50Hz,怎样来修正这些值?

2.2　截面积为 $20cm^2$ 的磁路,将工作在 60Hz,有效值 115V 供电下。计算使得铁心磁通密度峰值为 1.6T 的匝数。

2.3　一台变压器用于将一个 75Ω 电阻的阻抗变换为 300Ω 的阻抗。假设变压器是理想变压器,计算所需的匝数比。

2.4　一个 150Ω 的电阻,连接到一台匝数比(一次对二次)为 1:4 的变压器的二次侧。有效值 12V,1kHz 的电压源连接到一次侧。(a)假设变压器为理想变压器,计算一次电流、150Ω 电阻上的电压和功率。(b)假设此变压器有 $340\mu H$ 归算到一次侧的漏电感,重做上述计算。

2.5　一个由 5Ω 电阻和 2.5mH 电抗器串联而成的负载,连接到一台 20:120V 变压器的低压绕组。一有效值为 110V、50Hz 电源连接到高压绕组。假设变压器为理想变压器,计算负载电流有效值及从电源吸取电流的有效值。

2.6　一电源,可以用有效值 12V 的电压源与 1.5kΩ 内部电阻的串联来表示,通过一台理想变压器连接到 75Ω 负载电阻。计算将最大功率供给负载的匝数比的值及相应的负载功率。用 MATLAB 绘出供给负载的功率随变比变化的函数曲线,功率以毫瓦表示,变比覆盖范围从 1.0 到 10.0。

2.7　电源电阻用 1.5kΩ 电抗替换,重做习题 2.6。

2.8　一台单相 60Hz 变压器,有基于其绕组匝数比的铭牌电压额定值 7.97kV:120V。制造商计算出一次侧(7.97kV)漏电感为 193mH,一次侧磁化电感为 167H。对所加 7970V、60Hz 一次侧电压,计算引起的二次侧开路电压。

2.9　制造商计算出习题 2.8 中的变压器有 $44\mu H$ 的二次侧漏电感。

　　a. 计算归算到二次侧的磁化电感。

b. 一个 120V、60Hz 电压施加到二次侧。计算:(i)由此引起的一次侧开路电压;
   (ii)一次侧被短路可能导致的二次侧电流。

2.10 一台 230V:6.6kV、50Hz、45kVA 变压器,有 46.2Ω 的磁化电抗(从 230V 接线端测得)。230V 绕组有 27.8mΩ 的漏电抗,6.6kV 绕组有 25.3Ω 的漏电抗。

a. 二次侧开路,230V 施加到一次侧(230V)绕组,计算一次侧电流及二次侧电压。

b. 二次侧短路,计算在一次侧绕组中引起额定电流的一次侧电压。计算二次侧绕组中相应的电流。

2.11 将习题 2.10 中的变压器用于 60Hz 系统。

a. 计算归算到低压绕组的磁化电抗和各个绕组的漏电抗。

b. 240V 施加到低压(一次侧)绕组,二次侧绕组开路,计算一次侧绕组电流及二次侧电压。

2.12 一台 460V:2400V 变压器,有归算到高压侧的 39.3Ω 的串联漏电抗。观测到连接在低压侧的负载在单位功率因数下吸收 42kW 功率,测得电压为 447V。计算在高压侧测得的相应电压和功率因数。

2.13 习题 2.12 中的 460V:2400V 变压器运行于 50Hz 电源。观测到连接在低压侧的单位功率因数负载吸收 34.5kW 的功率,且单位功率因数负载上的电压为 362V。计算施加到此变压器高压绕组上的电压。

2.14 一台 40kVA、60Hz、7.97kV:240V 单相配电变压器的电阻及漏电抗为

$$R_1 = 41.6\Omega \qquad R_2 = 37.2m\Omega$$
$$X_{l1} = 42.1\Omega \qquad X_{l2} = 39.8m\Omega$$

其中,下标 1 表示 7.97kV 绕组,下标 2 表示 240V 绕组。每个量都归算到变压器的自身一侧。

a. 画出等效电路,归算到(i)高压侧;(ii)低压侧。用数值标出阻抗。

b. 考虑变压器传递其额定 kVA 到低压侧上的负载,负载上电压为 240V 的情况。(i)对 0.87 滞后性功率因数负载,求高压侧端电压;(ii)对 0.87 超前性功率因数负载,求高压侧端电压。

c. 考虑额定 kVA 负载连接到低压端的情况。假设负载电压维持 240V 恒定,用 MATLAB 绘出当负载功率因数从 0.6 超前,经单位功率因数到 0.6 滞后变化时,高压侧端电压随功率因数角变化的函数曲线。

2.15 对一台 75kVA、50Hz、3.81kV:230V 的单相配电变压器,重做习题 2.14。变压器电阻及漏电抗为

$$R_1 = 4.85\Omega \qquad R_2 = 16.2m\Omega$$
$$X_{l1} = 4.13\Omega \qquad X_{l2} = 16.9m\Omega$$

其中,下标 1 表示 3.81kV 绕组,下标 2 表示 230V 绕组。每个量都归算到变压器的自身一侧。(b)和(c)中的负载应假设运行在 230V 电压下。

2.16 一单相负载,通过阻抗为 90+j320Ω 的 35kV 馈电线和一台 35kV:2400V 变压器供电,变压器归算到其低压侧的等效串联阻抗为 0.21+j1.33Ω。在 0.78 超前性功率因数和 2385V 下,负载为 135kW。

a. 计算在变压器高压端的电压。

b. 计算在馈电线发送端的电压。

c. 计算输入馈电线发送端的有功功率和无功功率。

2.17 编写一个 MATLAB 程序,(a)在假设负载功率维持 135kW 恒定、负载电压维持 2385V 恒定下,对 0.78 超前性功率因数、单位功率因数和 0.78 滞后性功率因数,重做习题 2.16 的计算;(b)利用所编写的 MATLAB 程序,绘出当功率因数从 0.7 超前,经单位功率因数到 0.7 滞后变化时,维持 2385V 的负载电压所需要的发送端电压(随功率因数角)变化的函数曲线。

2.18 变压器运行在满载及单位功率因数,重做例 2.6。

2.19 一台有 11kV 一次侧绕组的 450kVA、50Hz 单相变压器,在空载、额定电压和频率下吸取 0.33A 电流和 2700W 功率。另一台变压器,其铁心所有结构尺寸是第一台变压器相应尺寸的 $\sqrt{2}$ 倍。两台变压器中的铁心材料和叠片厚度相同。(a)如果两台变压器的一次侧绕组有相同的匝数,各施加怎样的一次侧电压将会在两台变压器铁心中引起相同的磁通密度?(b)一次侧用(a)中求出的电压励磁,计算一次侧电流和功率。

2.20 一台 25MVA、60Hz 单相变压器的铭牌显示,该变压器有 8.0kV∶78kV 的额定电压值。从高压侧做短路试验(低压侧绕组短路),给出读数为 4.53kV、321A 和 77.5kW。在低压侧做开路试验,相应的仪表读数为 8.0kV、39.6A 和 86.2kW。

a. 计算此变压器归算到高压端的等效串联阻抗。

b. 计算此变压器归算到低压端的等效串联阻抗。

c. 做适当的近似,画出此变压器的 T 形等效电路。

2.21 对一台有 3.8kV∶6.4kV 额定电压的 175kVA、50Hz 单相变压器,做题 2.20 的计算。从低压侧做开路试验且相应的仪表读数为 3.8kV、0.58A 和 603W。同样,从高压侧短路试验(低压绕组短路)给出读数为 372V、27.3A 和 543W。

2.22 7.96kV 的电压施加到一台 7.96kV∶39.8kV、60Hz、10MVA 单相变压器的低压绕组,高压绕组开路,引起的电流为 17.3A,功率为 48.0kW。然后将低压绕组短路,将 1.92kV 的电压施加到高压绕组,引起 252A 的电流和 60.3kW 的功率。

a. 计算此变压器归算到高压绕组的、图 2.12(a)和(b)悬臂等效电路的参数。

b. 计算此变压器归算到低压绕组的悬臂等效电路参数。

c. 此变压器在其低压端带有额定负载且为额定电压,计算变压器中消耗的功率。

2.23 以下为一台 2.5MVA、50Hz、19.1kV∶3.81kV 单相变压器,在 50Hz 下试验得到的数据:

	电压/V	电流/A	功率/kW
高压(HV)端开路、低压(LV)绕组试验	3810	9.86	8.14
低压(LV)端短路、高压(HV)绕组试验	920	141	10.3

a. 计算此变压器归算到高压绕组的、图 2.12(a)和(b)悬臂等效电路的参数。

b. 计算此变压器归算到低压绕组的悬臂等效电路参数。

c. 此变压器在其低压端带有额定负载且为额定电压,计算变压器中消耗的功率。

2.24 编写一个 MATLAB 程序,基于以下试验数据,计算变压器归算到高压绕组的、

图 1.12(a)和(b)悬臂等效电路的参数。

- 从低压绕组做开路试验(高压绕组开路)的电压、电流和功率;
- 从高压绕组做短路试验(低压绕组短路)的电压、电流和功率。

用习题 2.22 对变压器所做的测量数据验证编写的程序。

2.25 习题 2.22 变压器的高压绕组,用匝数是其两倍、截面积是其一半的另一个绕组替换。

    a. 计算改动后此变压器的额定电压和容量。

    b. 高压绕组开路,给低压绕组施加额定电压,计算供给低压绕组的电流和功率。

    c. 低压绕组短路,计算引起 60.3kW 短路功率消耗时在高压绕组所施加的电压。

    d. 计算此变压器悬臂等效电路的参数,归算到(i)低压侧和(ii)高压侧。

2.26 (a)如果变压器在其低压端额定电压下供给额定负载(单位功率因数),确定习题 2.20 变压器的效率及电压调整率。(b)假设负载为 0.9 超前性功率因数,重做(a)。

2.27 假设习题 2.23 的变压器运行在额定电压,且其低压端负载吸收额定电流。编写一个 MATLAB 程序,绘出当负载功率因数从 0.75 滞后经单位值再到 0.75 超前变化时,此变压器的(a)效率和(b)电压调整率随功率因数角变化的函数曲线。

2.28 以下为一台 25kVA、60Hz、2400∶240V 配电变压器在 60Hz 下试验得到的数据:

	电压/V	电流/A	功率/W
高压(HV)端开路、低压(LV)绕组试验	240	1.37	139
低压(LV)端短路、高压(HV)绕组试验	67.8	10.1	174

    a. 计算当此变压器运行在二次端额定端电压、0.85 功率因数(滞后性)负载、吸取满载电流时的效率。

    b. 观察到此变压器运行在一次侧和二次侧均为额定电压,且在二次侧接线端供给吸取额定电流的负载,计算负载的功率因数。(提示:利用 MATLAB 寻找答案。)

2.29 一台 150kVA、240V∶7970V、60Hz 单相配电变压器,有如下归算到高压侧的参数:

$$R_1 = 2.81\Omega \qquad X_1 = 21.8\Omega$$
$$R_2 = 2.24\Omega \qquad X_2 = 20.3\Omega$$
$$R_c = 127k\Omega \qquad X_m = 58.3k\Omega$$

假设此变压器在其低压端提供其额定 kVA。编写一个 MATLAB 程序,以确定对任何给定负载功率因数(超前或滞后),变压器的效率及电压调整率。可以采用合理的工程近似来简化分析。用该 MATLAB 程序,确定 0.92 超前性负载功率因数下的效率及电压调整率。

2.30 一台 45kVA、120V∶280V 单相变压器,欲连接成 280V∶400V 的自耦变压器。确定这种连接下高压和低压绕组的电压额定值以及此自耦变压器连接的额定 kVA 值。

2.31 一台 120∶480V、10kVA 单相变压器,欲用做自耦变压器,以从 600V 电源供给

480V 电路。当作为双绕组变压器,在额定负载、单位功率因数试验时,其效率为 0.982。

    a. 画出作为自耦变压器的连接图。

    b. 确定作为自耦变压器时其额定 kVA。

    c. 当负载连接到低压绕组,以额定 kVA 和 0.93 滞后性功率因数以及 480V 运行时,求其作为自耦变压器的效率。

2.32 考虑习题 2.20 中的 8kV∶78kV、25MVA 变压器,连接成 78kV∶86kV 自耦变压器。

    a. 确定在这种连接下高压和低压绕组的电压额定值和该自耦变压器连接的额定 MVA 值。

    b. 计算当其供给单位功率因数额定负载时,这种连接变压器的效率。

2.33 编写一个 MATLAB 程序,其输入为单相变压器的额定值(电压和 kVA)和额定负载、单位功率因数时的效率,其输出为连接成自耦变压器时变压器的额定值及额定负载、单位功率因数的效率。将所编程序用在习题 2.32 的自耦变压器上。

2.34 用三台单相变压器构成的三相组式变压器,高压端由三相三线 13.8kV(线—线)系统供电。低压端将连接到 2300kV(线—线)电压下吸收可达 4500kVA 的三相三线变电站负载。确定在下列连接方式下,每台变压器所需要的电压、电流及 kVA 额定值(高、低压绕组):

	高压绕组	低压绕组
a.	Y	△
b.	△	Y
c.	Y	Y
d.	△	△

2.35 三台 75MVA 单相变压器,额定值为 39.8kV∶133kV,欲连接为三相组式变压器。各台变压器有归算至其 133kV 绕组的 $0.97+j11.3\Omega$ 串联阻抗。

    a. 如果变压器为 Y-Y 连接,计算:(i)三相接法下的电压及功率额定值;(ii)归算到其低压端的等效阻抗;(iii)归算到其高压端的等效阻抗。

    b. 如果变压器低压侧 Y 连接而高压侧 △ 连接,重做(a)。

2.36 对三台 225kVA、277V∶7.97kV 变压器,各台有归算到其低压绕组的 $3.1+j21.5m\Omega$ 串联阻抗,重做习题 2.35。

2.37 对在单位功率因数下,从变压器吸取额定电流的负载,重做例 2.8。

2.38 一台三相 Y-Y 连接变压器,额定值为 25MVA、13.8kV∶69kV,有归算到其低压绕组的 $62+j388m\Omega$ 单相等效串联阻抗。

    a. 将三相短路电路接到低压绕组,计算引起短路的电路有额定电流输入时,高压绕组所施加的电压。

    b. 将短路电路移去,且将三相负载接到低压绕组。在高压绕组施加额定电压,观测到变压器在 0.75 滞后性功率因数下的输入功率为 18MW。计算负载上的线—线端电压。

2.39 一台三相 Y-△连接变压器,额定值为 225kV：24kV、400MVA,有归算到其高压端的 6.08Ω 单相等效串联电抗。变压器在低压侧以 24kV(线—线)电压供给 0.89 超前性功率因数的 375MVA 负载。变压器通过连接到其高压端、阻抗为 0.17＋j2.2Ω 的馈电线供电。对此情况,计算:(a)变压器高压端的线—线电压；(b)馈电线发送端的线—线电压。

2.40 假设在习题 2.39 的系统中,负载的总视在功率保持 375MVA 恒定。编写一个 MATLAB 程序,计算随负载功率因数的变化,为使负载线—线电压维持在 24kV,必须施加到馈电线发送端的线—线电压。绘出功率因数在从 0.3 滞后到单位值再到 0.3 超前范围变化时,发送端电压随功率因数角变化的函数曲线。

2.41 三台 150kVA、2400V：120V、60Hz 相同变压器构成的△-Y 连接组式变压器,其高压端通过阻抗为 6.4＋j154mΩ/相的馈电线供电。馈电线发送端的线—线电压保持为恒值 2400V。其中单台变压器低压端短路的单相短路试验结果为

$$V_H＝131V \quad I_H＝62.5A \quad P＝1335W$$

a. 计算这一三相变压器组归算到其高压侧的串联阻抗。

b. 确定当变压器组在其低压端以额定电压向对称三相单位功率因数负载传递额定电流时,供给馈电线的线—线电压。

2.42 一台 13.8kV：120V、60Hz 电压互感器,从高压(一次)绕组看有如下参数:

$$X_1＝6.88k\Omega \quad X_2^{'}＝7.59k\Omega \quad X_m＝6.13M\Omega$$
$$R_1＝5.51k\Omega \quad R_2^{'}＝6.41k\Omega$$

a. 假设二次侧开路且一次侧连接到 13.8kV 电源,计算二次侧端电压的大小及相位角(相对于高压电源)。

b. 如果 750Ω 电阻性负载连接到二次侧接线端,计算二次侧电压的大小和相位角。

c. 如果负荷变为 750Ω 电抗,重做(b)。

2.43 对习题 2.42 的电压互感器,求取可以加到二次接线端的最大无功负荷(最小电抗),以使电压值的误差不超过 0.75％。

2.44 考虑习题 2.42 的电压互感器,连接到 13.8kV 电源。

a. 用 MATLAB,绘出电压值的百分数误差随负荷阻抗值变化的函数曲线:(i)对 $100\Omega \leqslant R_b \leqslant 2000\Omega$ 的电阻性负荷；(ii)对 $100\Omega \leqslant X_b \leqslant 2000\Omega$ 的电抗性负荷。在相同的坐标轴上绘出这些曲线。

b. 再绘出以度表示的相位误差随负荷阻抗值变化的函数曲线:(i)对 $100\Omega \leqslant R_b \leqslant 2000\Omega$ 的电阻性负荷；(ii)对 $100\Omega \leqslant X_b \leqslant 2000\Omega$ 的电抗性负荷。同样,在相同的坐标轴上绘出这些曲线。

2.45 一台 150A：5A、60Hz 电流互感器,从 150A(一次)绕组看有如下参数:

$$X_1＝1.70m\Omega \quad X_2^{'}＝1.84m\Omega \quad X_m＝1728m\Omega$$
$$R_1＝306\mu\Omega \quad R_2^{'}＝291\mu\Omega$$

a. 假设一次侧中的电流为 150A 且二次侧短路,求二次侧电流的大小及相位角。

b. 如果这台 CT 经 0.1mΩ 负荷短路,重做(a)的计算。

2.46　考虑习题 2.45 中的电流互感器。

　　a. 用 MATLAB,绘出电流值的百分数误差随负荷阻抗值变化的函数曲线:(i)对 $50\mu\Omega\leqslant R_b\leqslant200\mu\Omega$ 的电阻性负荷;(ii)对 $50\mu\Omega\leqslant X_b\leqslant200\mu\Omega$ 的电抗性负荷。在相同的坐标轴上绘出这些曲线。

　　b. 再绘出以度表示的相位误差随负荷阻抗值变化的函数曲线:(i)对 $50\mu\Omega\leqslant R_b\leqslant200\mu\Omega$ 的电阻性负荷;(ii)对 $50\mu\Omega\leqslant X_b\leqslant200\mu\Omega$ 的电抗性负荷。同样,在相同的坐标轴上绘出这些曲线。

2.47　一台 15kV:175kV、225MVA、60Hz 单相变压器,一次侧及二次侧均有 0.0029+j0.023 标幺值的阻抗。磁化阻抗为 j172 标幺值。所有量均为基于变压器额定值的标幺值。计算以欧姆为单位的一次侧和二次侧的电阻和电抗以及磁化电抗(归算到低压侧)。

2.48　对习题 2.20 的变压器,计算其悬臂等效电路的标幺值参数。

2.49　对习题 2.23 的变压器,计算其悬臂等效电路的标幺值参数。

2.50　一台 7.97kV:266V、25kVA 单相变压器的铭牌上显示,该变压器有 7.5%(0.075 标幺值)的串联电抗。

　　a. 计算以欧姆为单位的该串联电抗,归算到:(i)低压端;(ii)高压端。

　　b. 如果三台这样的变压器采用三相 Y-Y 接法,计算:(i)三相电压及功率额定值;(ii)变压器组的标幺值阻抗;(iii)归算到高压端以欧姆为单位的串联电抗;(iv)归算到低压端以欧姆为单位的串联电抗。

　　c. 如果这三台变压器在高压侧 Y 连接而在低压侧△连接,重做(b)。

2.51　a. 考虑习题 2.50(b)的 Y-Y 变压器连接。如果 500V 的线-线电压施加到高压端而三相低压端短路,计算以标幺值表示和以安培为单位的(i)高压侧和(ii)低压侧相电流的值。

　　b. 对习题 2.50(c)的 Y-△变压器连接,重做上述计算。

2.52　一台三相发电机端升压变压器,额定值为 26kV:345kV、850MVA,有以此为基值的 0.0025+j0.057 标幺值串联阻抗。变压器连接到一台 26kV、800MVA 发电机,发电机可以用一个电压源与一个 j1.28 标幺值的电抗串联来表示,此电抗标幺值以发电机额定值为基值。

　　a. 将发电机标幺值电抗转换到以升压变压器额定值为基值。

　　b. 此系统在变压器出线端以 345kV、0.90 超前性功率因数,向系统提供 750MW 功率。采用变压器高压侧电压作为参考相量,画出此运行情况下的相量图。

　　c. 对(b)的运行情况,以 kV 为单位计算发电机端电压和发电机在其电抗之后的内电压,求以 MW 为单位的发电机输出功率和功率因数。

第3章 机电能量转换原理

本章要研究的是,在某些装置中,以电场或者磁场为媒介进行的机电能量转换过程。尽管各种各样的能量转换装置的工作原理基本相同,但采用何种类型的结构却要视其用途而定。用于测量和控制的装置通常称为变换器,这类装置通常在输入-输出为线性关系的状态下工作,并且处理较小的信号,典型例子有麦克风、拾音器、传感器和扬声器等;第二类能量转换装置包括某些出力装置,例如螺线管、继电器和电磁铁等;第三类主要包括连续能量转换装置,如电动机和发电机等。

本章主要研究机电能量转换的原理,并对可以用来实现这一转换的相关装置进行分析。重点分析那些以磁场作为媒介的能量转换系统,因为本书后续各章研究的装置大多属于此类,而且许多基于电场的系统的分析方法与此基本相同,本章将不予详述。

通过本章的分析要达到三个目的:(1)进一步理解机电能量转换过程是如何进行的;(2)为某些具体产品的设计和优化提供技术参考;(3)建立机电能量转换装置的模型,用来分析其性能,并使之能被视为工程系统的一个元件。变换器和出力装置在本章介绍;能进行连续机电能量转换的旋转电机在后续章节介绍。

本章介绍的概念和方法是十分有用的,可以应用于涉及机电能量转换系统的许多工程领域。3.1 节和 3.2 节将对机电系统中的力进行定量讨论,并将复习作为本章推导基础的能量法;基于能量法,本章剩余部分将推导基于磁场的机电系统(简称磁场系统)中的力和转矩的表达式。

3.1 磁场系统中的力和转矩

洛伦兹电磁力定律

$$F = q(E + v \times B) \tag{3.1}$$

给出了处于电磁场中的电荷(带电粒子)q 所受到的电磁力 F。在 SI 单位制中,F 的单位是牛顿,q 的单位是库仑,电场强度 E 的单位是伏特每米,磁感应强度 B 的单位是特斯拉;v 为电荷相对于磁场的速度,单位为米每秒。

可见,在纯电场系统($B = 0$)中,力可以简单地由粒子的带电量和电场强度来确定:

$$F = qE \tag{3.2}$$

力的作用方向和电场强度的方向一致,与电荷的运动无关。

在纯磁场($E = 0$)系统中,情况要复杂一些。这时,力可以表示为

$$F = q(v \times B) \tag{3.3}$$

力由电荷的带电量、磁感应强度 B 及电荷的速度决定。事实上,力的方向总是同时与电荷运动方向和磁感应强度方向正交,这在数学上可以表示成矢量叉积 $v \times B$ 的形式,如式 3.3 所

示。这一叉积的幅值等于 v 和 B 的幅值的乘积再乘以其夹角的正弦值;方向用右手定则来判定:让右手拇指指向电荷运动的方向 v,食指指向磁感应强度 B 的方向,则力的方向为手掌所对的方向,它与 B 和 v 均垂直,如图 3.1 所示。

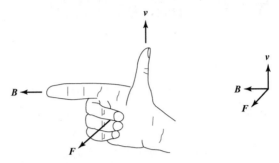

图 3.1　用右手定则确定纯磁场洛伦兹磁力公式 $F = q(v \times B)$ 中各量的方向

对于具有大量运动电荷的情形,通常引入电荷密度 ρ(单位为库仑每立方米)的概念,这时,式 3.1 可方便地改写为

$$F_v = \rho(E + v \times B) \tag{3.4}$$

式中,下标 v 表示 F_v 是一个力密度(单位体积的力)。在 SI 单位制中,力密度的单位为牛顿每立方米。

乘积 ρv 称为电流密度,即

$$J = \rho v \tag{3.5}$$

其单位为安培每平方米。在磁场系统中,与式 3.3 相对应的力密度可以表示为

$$F_v = J \times B \tag{3.6}$$

对于电流流过导体的情况,式 3.6 可以用来确定作用于导体本身的力密度。应当注意,这个看似简单的表达式中隐含了许多物理机理,因为运动电荷所受的力要转变成导电介质的受力,其中的物理机理是很复杂的。

例 3.1　如图 3.2 所示,在一个非磁性的圆柱体转子(安装在轴上并与轴同心)上嵌有一个单匝线圈,并处于磁感应强度幅值为 B_0 的匀强磁场中。线圈边处的半径为 R,通过线圈的电流为 I,电流方向如图所示。当 $I = 10\text{A}$,$B_0 = 0.02\text{T}$,$R = 0.05\text{m}$ 时,求出 θ 方向上转矩对角位移 α 的函数关系式。假定转子长度 $l = 0.3\text{m}$。

解:
导体中的总电流 I 等于电流密度 J 在导体横截面上的积分,

$$I = \int_{\text{wire}} J \cdot \mathrm{d}A$$

类似地,通过将式 3.6 所示的力密度在导体横截面上积分,就可求得在匀强磁场 B 中导体单位长度所受的合力

$$F = \left(\int_{\text{wire}} J \cdot \mathrm{d}A \right) \times B = I \times B$$

这样,对于线圈边 1,电流 I 流入纸面,θ 方向上的受力为

$$F_{1\theta} = -I B_0 l \sin \alpha$$

对于线圈边 2(其电流方向与线圈边 1 相反,而角位移也与线圈边 1 相差 $180°$),受力为

$$F_{2\theta} = -IB_0 l \sin\alpha$$

式中，l 为转子长度。作用于转子上的转矩 T 等于各线圈边的受力与力臂的乘积之和：

$$T = -2IB_0 Rl \sin\alpha = -2 \times 10 \times 0.02 \times 0.05 \times 0.3 \times \sin\alpha = -0.006 \sin\alpha \quad \text{N·m}$$

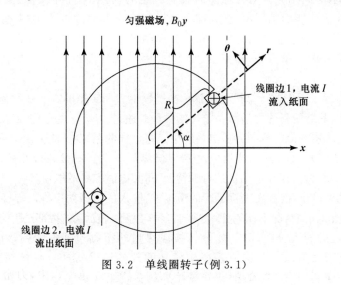

图 3.2　单线圈转子（例 3.1）

练习题 3.1

将图 3.2 所示的匀强磁场由原来的竖直向上改为水平向右，重做例 3.1。

答案：

$T = -0.006 \cos\alpha \quad$ N·m。

对于力仅作用于载流导体，并且导体几何形状较为简单（如图 3.1 所示的导体）的情形，式 3.6 通常是计算系统作用力的最简单和最容易的方法。然而，遗憾的是，仅有极少数的实例属于此类。事实上，如第 1 章所述，大多数机电能量转换装置中包含磁性材料，在这些系统中，力往往直接作用于磁性材料，很明显不能直接用式 3.6 来计算。用来计算这些系统中的力和转矩的方法将在下节讨论。

3.2　能量平衡和能量法

在包含磁性材料的系统中，局部受力的详细计算是十分复杂的，需要详细了解整个结构体的磁场分布情况。所幸的是，多数机电能量转换装置采用刚性、不变形结构，这些装置的性能主要由作用于旋转部件上的合力或者总转矩决定，很少要求详细计算其内部的应力分布。例如，对于一台设计合理的电动机来说，其性能由作用于转子上的净加速转矩决定，而试图挤压转子或者使转子发生形变的应力对电动机的性能影响不大，通常不予计算。

因此，为了揭示旋转电机的运行机理，采用简化的物理模型是十分有用的。与转子部件相联系有一个转子磁场（在许多电机中，该磁场由转子绕组中的电流激励），同样定子部件对应于一个定子磁场。可以将这些磁场想象成出现在相应部件上的一组 N 极和 S 极。就像罗盘磁针总是力图与地磁场的方向保持一致一样，定、转子磁极也总是趋向于对齐，转矩大小与磁极离开对齐位置的偏移量有关。在电动机中，定子磁场的旋转超前于转子磁场，定子牵引转子运动并做功。发电机的情况正好相反,即转子磁场超前于定子磁场,转子对定子做功。

我们从能量守恒定律开始谈起,能量守恒定律指出:能量既不能产生也不能消亡,只能发生形式的转换。例如,高尔夫球离开球座时具有一定的动能,由于空气摩擦或者滚动摩擦,这些动能最终会转化为热能而消耗掉,直到球在球道上停止下来。同样,榔头在将钉子钉入木板的同时,其动能会以热量的形式消耗掉。对于具有明确边界的孤立系统,这一定律给我们提供了一个跟踪能量流动的简单方法,即穿过边界进出系统的净能量的流速等于系统中各种储能的时间变化率之和。

本章讨论并贯穿于全书的计算机电能量转换过程中力和转矩的方法被称为能量法。该方法基于能量守恒定律,其结论是热力学第一定律的一种表述,具有普遍的适用性。在本章中,我们将能量法用于以磁场为主要储能机制的机电系统中。在这样的系统中,能量传递可以表示为

(电源输入的电能)＝(输出机械能)＋(磁场储能的增量)＋(转换为热的能量)　　　(3.7)

式 3.7 如此书写时,使得在电动机运行的情况下,其电能和机械能项具有正值,即输入的电功率被转换成机械功率输出;而在发电机运行的情况下,输入的机械功率将被转换成电功率输出,这两种能量项均取负值;任何情况下,产生热量项的符号均为正,表示系统内部产生的热能流出系统。

在此处我们考虑的系统中,引起能量转换成热量的机制包括电端因线圈流过电流而产生的欧姆热耗(电阻发热),以及构成系统机械端的部件运动所产生的机械摩擦发热。在这些系统中,通常可以利用数学方法把这些损耗机制从储能机制中分离出去。在这种情况下,系统电端和机械端之间的相互作用,即机电能量转换可以认为是通过磁场储能这一媒介进行的,相应的装置可以表示成一个具有电端和机械端的无损储能系统,如图 3.3(a)所示。在可以被如此模拟的系统中,损耗机制就可以用与这些端口相连接的外部元件来表示:电阻元件接在电端,机械阻尼器连在机械端,这样在进行机电能量转换过程的计算时,就可以不必考虑损耗。图 3.3(b)示出了这种系统的一个例子,即一个简单的出力装置,其电端由单个线圈构成,机械端由一个可动磁性活塞来充当。

图 3.3(a)可以很容易地推广到具有任意数目的电端和机械端的情况。注意,图 3.3(a)所示是这样一个系统,其中具有磁场储能,且以磁场作为电端和机械端之间的耦合媒介。这里的讨论可以同样有效地应用到电场储能系统中去。

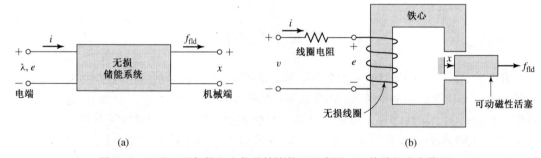

图 3.3　(a)基于磁场的机电能量转换装置示意图;(b)简单的出力装置

能够将实际系统视为无损耗储能系统是能量法的精髓。重要的是应该意识到,这是一种数学处理,是整个建模过程的一个环节。显然,不可能真正地把电阻从线圈中分离出来,也不能将摩擦从轴承中分离出去。我们只是利用了这样一个事实,即经过这样处理而建立的模型能有效地表达实际的物理系统。

对于一个无损储能系统,式 3.7 可以写成

$$P_{\text{elec}} = P_{\text{mech}} + \frac{\mathrm{d}W_{\text{fld}}}{\mathrm{d}t} \tag{3.8}$$

式中：P_{elec} 为输入的电功率；P_{mech} 为输出的机械功率；$\dfrac{\mathrm{d}W_{\text{fld}}}{\mathrm{d}t}$ 为磁场储能的时间变化率。

在图 3.3(a) 中，电端有两个端口变量，即电压 e 和电流 i，机械端也有两个端口变量，即力 f_{fld} 和位移 x。输入的电功率可以表示成电压 e 和电流 i 的乘积：

$$P_{\text{elec}} = ei \tag{3.9}$$

输出的机械功率可以表示成力 f_{fld} 和速度（位移 x 的时间变化率）的乘积，即

$$P_{\text{mech}} = f_{\text{fld}} \frac{\mathrm{d}x}{\mathrm{d}t} \tag{3.10}$$

重新组织式 3.8，并把式 3.9 和式 3.10 代入可得

$$\frac{\mathrm{d}W_{\text{fld}}}{\mathrm{d}t} = ei - f_{\text{fld}} \frac{\mathrm{d}x}{\mathrm{d}t} \tag{3.11}$$

对于磁场储能系统，电端通常是如图 3.3(b) 所示的线圈。注意到，由式 1.26 可知，无损线圈的端电压就是线圈磁链的时间变化率：

$$e = \frac{\mathrm{d}\lambda}{\mathrm{d}t} \tag{3.12}$$

代入式 3.11，两边同乘以 $\mathrm{d}t$，可得

$$\mathrm{d}W_{\text{fld}} = i\,\mathrm{d}\lambda - f_{\text{fld}}\,\mathrm{d}x \tag{3.13}$$

参看 3.4 节，式 3.13 使得我们可以将力简单地表示成磁链 λ 和机械端的位移 x 的函数。需要再次提醒的是，这一结论的获得基于我们所做的假设，即能够把损耗从实际问题中分离出去，从而可以获得如图 3.3(a) 所示的无损储能系统。

式 3.11 和式 3.13 确立了能量法的基础。该方法之所以十分有效，在于它能被用来计算复杂机电能量转换系统中的力和转矩。读者应该意识到，这种有效性是以牺牲对力产生机理的详细描绘为代价的。力本身是由众所周知的物理现象产生的，例如载流体上（用式 3.6 描述）的洛伦兹力，以及磁场与磁性材料中磁偶极子之间的相互作用等。

3.3　单边励磁磁场系统中的能量

在第 1 章和第 2 章中，我们主要考虑了具有固定几何形状的磁路，如那些用在变压器、电抗器中的磁路。这类装置的能量存储于漏磁场中，也在一定程度上存储于铁心自身中，然而存储的能量并未直接进入转换过程。本章中我们将分析的能量转换系统，其磁路的静止部件与运动部件之间存在气隙，而绝大部分能量存储于气隙磁场中。气隙磁场是能量转换的媒介，气隙磁场中的能量如同电系统和机械系统之间的中转仓库中的库存能量。

考虑如图 3.4 所示的电磁继电器。励磁线圈的电阻用一个外接电阻 R 来表示；机械端变量包括力 f_{fld} 和位移 x，力 f_{fld} 是由磁场产生的，其方向为由继电器作用于外部机械系统。机械损耗可以表示成一个与机械端相连的外部元件。类似地，运动的衔铁被视为无质量，表征机械储能的质量可以用一个与机械端相连的外接质量来代替。总之铁心和衔铁构成了一个无损储能系统，如图 3.3(a) 所示。

这个继电器结构基本上与第 1 章所分析的磁路结构相同。由第 1 章，我们知道图 3.4 所示的磁路可以用一个电感 L 来表示，电感值是磁结构体的几何形状及系统各部分的磁导率的函数。机电能量转换装置的磁路中包含气隙，气隙把运动部件隔离出来。正如 1.1 节所讨论的，在大多数情况下气隙的磁阻远大于磁性材料的磁阻，因此能量主要存储于气隙中，并且磁路的性质主要由气隙的尺寸决定。

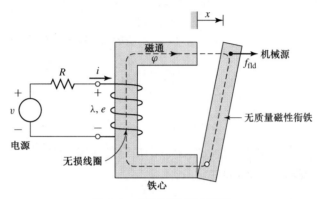

图 3.4　电磁继电器示意图

为了简化最终的关系式，在分析实际装置时，磁路的非线性和铁心损耗通常被忽略不计。如果需要，这种由近似分析得到的最终结果可用半经验的方式加以修正，以减小因忽略某些因素而造成的误差。所以，我们所做的分析基于这样一个假设，即对整个磁路来说，磁通和磁势是成正比的。基于该假设，可以认为磁链 λ 和电流 i 呈线性关系，由电感相联系，电感仅由磁路的几何形状决定，因而也由衔铁的位移 x 决定。

$$\lambda = L(x)i \tag{3.14}$$

该式已经明确指出了 x 对 L 的决定关系。

由于磁场储能系统是无损的，所以是一个保守系统，并且变量 W_{fld} 可由变量 λ 和 x 唯一确定。由于 λ 和 x 的值唯一地决定了系统的状态，故称为状态变量。由于磁场力 f_{fld} 被定义为继电器作用于外部机械系统的力，P_{mech} 被定义为继电器的输出功率，结合 3.2 节的推导以及重写于此处的式 3.13，可明显看出 W_{fld} 由 λ 和 x 决定：

$$\mathrm{d}W_{\text{fld}}(\lambda, x) = i\,\mathrm{d}\lambda - f_{\text{fld}}\,\mathrm{d}x \tag{3.15}$$

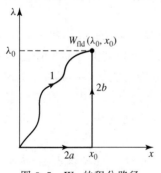

图 3.5　W_{fld} 的积分路径

由上述讨论可知，储能 W_{fld} 由变量 λ 和 x 的值唯一地决定，无论 λ 和 x 以怎样的方式达到其最终值，W_{fld} 的值都相同。考虑图 3.5，图中给出了两条分开的路径，沿着这两条路径分别对式 3.15 积分，都可求得 W_{fld} 在点 (λ_0, x_0) 的值。路径 1 代表一般情况，除非明确知道 i 和 f_{fld} 与 λ 和 x 的函数关系，否则很难沿其积分。然而，由于式 3.15 的积分与路径无关，沿路径 2 的积分能得到同样的结果，且容易得多。由式 3.15 可得

$$W_{\text{fld}}(\lambda_0, x_0) = \int_{\text{path } 2a} \mathrm{d}W_{\text{fld}} + \int_{\text{path } 2b} \mathrm{d}W_{\text{fld}} \tag{3.16}$$

注意,在路径 2a 段,dλ＝0,且 f_{fld}＝0(由于 λ＝0,所以在这一磁场区段没有磁场力)。因此在路径 2a 段,由式 3.15,dW_{fld}＝0。在路径 2b 段,dx＝0,由式 3.15,式 3.16 可以简化成 idλ 在路径 2b 上的积分(这里 x＝x_0):

$$W_{\text{fld}}(\lambda_0, x_0) = \int_0^{\lambda_0} i(\lambda, x_0) \, \text{d}\lambda \tag{3.17}$$

对于线性系统,λ 与电流 i 成正比,如式 3.14 所示。由式 3.17 可得

$$W_{\text{fld}}(\lambda_0, x_0) = \int_0^{\lambda_0} i(\lambda, x_0) \, \text{d}\lambda = \int_0^{\lambda_0} \frac{\lambda}{L(x_0)} \, \text{d}\lambda = \frac{1}{2} \frac{\lambda_0^2}{L(x_0)} \tag{3.18}$$

注意,点(λ_0,x_0)是任取的,所以式 3.18 给出的 W_{fld} 表达式适用于所有点(λ, x)。为了强调这一点,将式 3.18 改写为

$$W_{\text{fld}}(\lambda, x) = \frac{1}{2} \frac{\lambda^2}{L(x)} \tag{3.19}$$

通过一定的分析可知,磁场储能也可以表示成磁场能量密度在磁场所处空间区域 V 上的积分。这时,

$$W_{\text{fld}} = \int_V \left(\int_0^B \boldsymbol{H} \cdot \text{d}\boldsymbol{B}' \right) \text{d}V \tag{3.20}$$

对于具有恒定磁导率的软磁材料($\boldsymbol{B}＝\mu\boldsymbol{H}$),该式简化为

$$W_{\text{fld}} = \int_V \left(\frac{B^2}{2\mu} \right) \text{d}V \tag{3.21}$$

例 3.2 图 3.6(a)所示的继电器由无限可导磁性材料制成,它有一个可动活塞,活塞也由无限可导磁性材料制成。活塞的高度远大于气隙的长度($h \gg g$)。试写出磁场储能 W_{fld} 对活塞位置($0 < x < d$)的函数,其中 N＝1000 匝,g＝2.0mm,d＝0.15m,l＝0.1m,i＝10A。

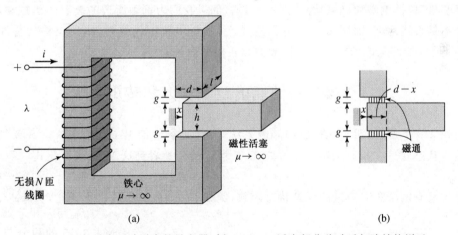

图 3.6 (a)具有可动活塞的继电器(例 3.2);(b)活塞部分移动后气隙结构详示

解:

当 λ 已知时,可以用式 3.19 来解 W_{fld}。这种情况下,i 被保持为常数,因此,写出 W_{fld} 对 i 和 x 的函数将十分有用。只要将式 3.14 代入式 3.19,就可以很容易地得到该函数:

$$W_{\text{fld}} = \frac{1}{2} L(x) i^2$$

电感由下式给出：

$$L(x) = \frac{\mu_0 N^2 A_{\mathrm{gap}}}{2g}$$

式中，A_{gap} 是气隙的截面积。由图 3.6(b)，A_{gap} 可写成

$$A_{\mathrm{gap}} = l(d-x) = ld\left(1 - \frac{x}{d}\right)$$

因此，

$$L(x) = \frac{\mu_0 N^2 ld(1 - x/d)}{2g}$$

且

$$
\begin{aligned}
W_{\mathrm{fld}} &= \frac{1}{2}\frac{N^2 \mu_0 ld(1 - x/d)}{2g}\, i^2 \\
&= \frac{1}{2} \times \frac{(1000^2) \times (4\pi \times 10^{-7}) \times 0.1 \times 0.15}{2(0.002)} \times 10^2 \left(1 - \frac{x}{d}\right) \\
&= 236\left(1 - \frac{x}{d}\right)\ \mathrm{J}
\end{aligned}
$$

练习题 3.2

将图 3.6 所示的继电器稍做修改，使得活塞周围的气隙不再均匀。上部气隙长度增加到 $g_{\mathrm{top}} = 3.5\mathrm{mm}$，下部气隙长度增加到 $g_{\mathrm{bot}} = 2.5\mathrm{mm}$，线圈匝数增加到 $N = 1500$。当电流 $i = 5\mathrm{A}$ 时，求储能对活塞位置（$0 < x < d$）的函数表达式。

答案：

$$W_{\mathrm{fld}} = 88.5\left(1 - \frac{x}{d}\right)\ \mathrm{J}。$$

在本节中，针对一种可以用无损磁场储能元件表示的磁场系统，我们得到了其磁场储能与端口变量（包括电端和机械端）之间的关系。如果我们为例题所选的装置的机械端做旋转运动而不是直线运动，则所得的结论仍然成立，但要用转矩代替力，用角位移代替线位移。3.4 节将研究如何从磁场储能出发推导力和转矩的表达式。

3.4　由储能确定磁场力和转矩

正如 3.3 节所述，对于无损磁场储能系统来说，磁场储能 W_{fld} 是一个状态函数，它唯一地由独立状态变量 λ 和 x 确定。通过式 3.15 可以清楚地看到这一点，重写此式：

$$\mathrm{d}W_{\mathrm{fld}}(\lambda, x) = i\,\mathrm{d}\lambda - f_{\mathrm{fld}}\,\mathrm{d}x \tag{3.22}$$

对于具有两个独立变量的任意状态函数，例如 $F(x_1, x_2)$，F 对状态变量 x_1 和 x_2 的全微分可表示为

$$\mathrm{d}F(x_1, x_2) = \left.\frac{\partial F}{\partial x_1}\right|_{x_2}\mathrm{d}x_1 + \left.\frac{\partial F}{\partial x_2}\right|_{x_1}\mathrm{d}x_2 \tag{3.23}$$

必须特别注意式 3.23 中，在对某个状态变量求偏导数时都假定另一个状态变量为常数。

式 3.23 对任意状态函数 F 都有效，当然对 W_{fld} 也有效，故

$$\mathrm{d}W_{\mathrm{fld}}(\lambda, x) = \left.\frac{\partial W_{\mathrm{fld}}}{\partial \lambda}\right|_x\mathrm{d}\lambda + \left.\frac{\mathrm{d}W_{\mathrm{fld}}}{\mathrm{d}x}\right|_\lambda\mathrm{d}x \tag{3.24}$$

因为λ和x是独立变量,式3.22和式3.24对于任意的dλ和dx都相等,其对应项也如此,故

$$i = \left. \frac{\partial W_{\text{fld}}(\lambda, x)}{\partial \lambda} \right|_x \tag{3.25}$$

此时,求偏导时保持x为常数。同样有

$$f_{\text{fld}} = -\left. \frac{\partial W_{\text{fld}}(\lambda, x)}{\partial x} \right|_\lambda \tag{3.26}$$

这里,求偏导时保持λ为常数。

这正是我们所寻求的结果。一旦我们知道W_{fld}对λ和x的函数关系,式3.25就可用来求取$i(\lambda, x)$。更重要的是,式3.26可以用来求取机械力$f_{\text{fld}}(\lambda, x)$。必须特别强调,式3.26中求偏导数时,应保持磁链λ为常数。如果W_{fld}是λ和x的已知函数,这样求解将十分容易。应该注意,这只是纯数学上的要求,对实际运行中的装置而言,λ是否恒定与此无关。

从式3.26得出的力f_{fld}是直接用电状态变量λ表示的。如果我们想把力表示成电流i的函数,可以把λ对电流i的函数式代入由式3.26得出的f_{fld}的表达式中求得。注意代入求解必须在求完偏导之后进行。

对于$\lambda = L(x)i$的线性磁场系统,储能可以表示成式3.19,直接代入式3.26,可得到力的表达式:

$$f_{\text{fld}} = -\left. \frac{\partial}{\partial x} \left(\frac{1}{2} \frac{\lambda^2}{L(x)} \right) \right|_\lambda = \frac{\lambda^2}{2L(x)^2} \frac{\text{d}L(x)}{\text{d}x} \tag{3.27}$$

据此,通过简单地代入$\lambda = L(x)i$就可以把力直接表示成电流i的函数:

$$f_{\text{fld}} = \frac{i^2}{2} \frac{\text{d}L(x)}{\text{d}x} \tag{3.28}$$

例3.3 表3.1给出了一个螺线管的电感对位移x的函数关系的实测数据,其中$x = 0$对应于螺线管完全实心。

表3.1 例3.3的数据

x/cm	0	0.2	0.4	0.6	0.8	1.0	1.2	1.4	1.6	1.8	2.0
L/mH	2.8	2.26	1.78	1.52	1.34	1.26	1.20	1.16	1.13	1.11	1.10

绘制电流为0.75A时,$0.2 \leqslant x \leqslant 1.8$ cm范围内螺线管的出力对位移的函数曲线。

解:

利用MATLAB可以很容易解决此问题。首先,利用MATLAB的多项式拟合函数polyfit得到电感对x的4阶拟合多项式。其结果为如下形式:

$$L(x) = a(1) x^4 + a(2) x^3 + a(3) x^2 + a(4) x + a(5)$$

图3.7(a)绘出了原始数据点及其多项式拟合结果。

一旦得到拟合函数,就可以直接利用式3.28计算力:

$$f_{\text{fld}} = \frac{i^2}{2} \frac{\text{d}L(x)}{\text{d}x} = \frac{i^2}{2}(4a(1) x^3 + 3a(2) x^2 + 2a(3) x + a(4))$$

图3.7(b)绘出了这一力函数的曲线。注意力为负值,意味着其作用方向为试图将螺线管的活塞拉向$x = 0$处。

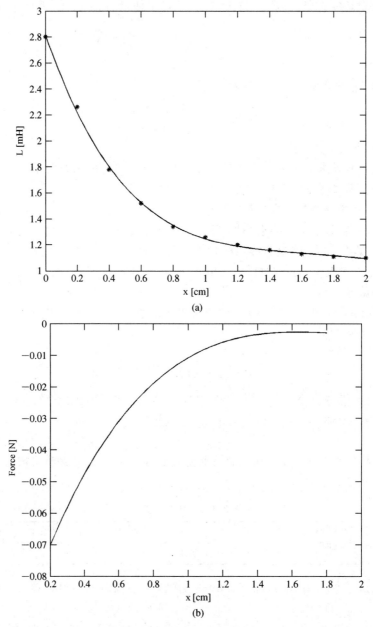

(a)

(b)

图 3.7　例 3.3 的图示：(a)电感曲线的多项式拟合；(b)电流 $i=0.75\mathrm{A}$ 时力对位移 x 的函数曲线

以下是 MATLAB 源程序：

```
clc
clear

% Here is the data: x in cm, L in mH
xdata = [0 0.2 0.4 0.6 0.8 1.0 1.2 1.4 1.6 1.8 2.0];
Ldata = [2.8 2.26 1.78 1.52 1.34 1.26 1.20 1.16 1.13 1.11 1.10];

% Convert to SI units
```

```
x=xdata*1.e-2;
L=Ldata*1.e-3;

len=length(x);
xmax=x(len);

% Use polyfit to perform a 4'rd order fit of L to x. Store
% the polynomial coefficients in vector a. The fit will be
% of the form:
%
% Lfit=a(1)*x^4+a(2)*x^3+a(3)*x^2+a(4)*x+a(5);
%

a=polyfit(x,L,4);

% Let's check the fit

n=1:101;
xfit=xmax*(n-1)/100;
    Lfit =a(1)*xfit.^4+a(2)*xfit.^3+a(3)*xfit.^2...
    +a(4)*xfit+ a(5);

% Plot the data and then the fit to compare (convert xfit to cm and
% Lfit to mH)

plot(xdata,Ldata,'*')
hold
plot(xfit*100,Lfit*1000)
hold
xlabel('x [cm]')
ylabel('L [mH]')

fprintf('\n Paused. Hit any key to plot the force. \n')
pause;
% Now plot the force. The force will be given by
%
% i^2    dL      i^2
% --- *  ---- =  ---- ( 4*a(1)*x^3 +3*a(2)*x^2+2*a(3)*x+a(4))
% 2      dx      2

% Set current to 0.75 A
I=0.75;

n=1:101;
xfit=0.002+.016*(n-1)/100;
```

```
F=4*a(1)*xfit.^3 +3*a(2)*xfit.^2+2*a(3)*xfit+a(4);
F=(I^2/2)*F;

plot(xfit*100,F)
xlabel('x[cm]')
ylabel('Force[N]')
```

练习题 3.3

一个外部控制器连接到例 3.3 的螺线管,并将其线圈磁链保持为常数 $\lambda = 1.5\text{mWb}$。绘出在 $0.2 \leqslant x \leqslant 1.8\text{cm}$ 区段上螺线管的力函数曲线。

答案:

求出的力函数曲线绘于图 3.8 中。

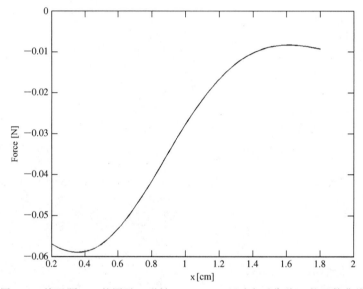

图 3.8 练习题 3.3 的图示。磁链 $\lambda = 1.5\text{mWb}$ 时力对位移 x 的函数曲线

对于具有旋转机械端的系统来说,其机械端变量变成了角位移 θ 和转矩 T_{fld}。在这种情况下,式 3.22 变为

$$dW_{\text{fld}}(\lambda, \theta) = i\, d\lambda - T_{\text{fld}}\, d\theta \qquad (3.29)$$

由上式可以清楚地看出,W_{fld} 由状态变量 λ 和 θ 决定。

采取与推导式 3.26 类似的方法,保持 λ 为常数,转矩可以由储能对 θ 求偏导后取负值得到,即

$$T_{\text{fld}} = -\left.\frac{\partial W_{\text{fld}}(\lambda, \theta)}{\partial \theta}\right|_{\lambda} \qquad (3.30)$$

对于线性磁场系统,$\lambda = L(\theta)i$,与式 3.19 类似,储能可以表示为

$$W_{\text{fld}}(\lambda, \theta) = \frac{1}{2}\frac{\lambda^2}{L(\theta)} \qquad (3.31)$$

故转矩表达式为

$$T_{\text{fld}} = -\left.\frac{\partial}{\partial \theta}\left(\frac{1}{2}\frac{\lambda^2}{L(\theta)}\right)\right|_{\lambda} = \frac{1}{2}\frac{\lambda^2}{L(\theta)^2}\frac{dL(\theta)}{d\theta} \qquad (3.32)$$

也可以用电流 i 间接表示为

$$T_{\text{fld}} = \frac{i^2}{2} \frac{\mathrm{d}L(\theta)}{\mathrm{d}\theta} \tag{3.33}$$

例 3.4 图 3.9 的磁路由一个具有单个线圈的定子和椭圆形的转子构成。由于气隙不均匀,线圈的电感随转子位置角而变,转子位置角用定子线圈的轴线和转子长轴之间的夹角表示,且有

$$L(\theta) = L_0 + L_2 \cos(2\theta)$$

式中,$L_0 = 10.6\text{mH}$,$L_2 = 2.7\text{mH}$。注意电感随角位置 θ 按二次谐波变化,这与实际情况相符合,即转子转过 $180°$ 后,电感就会变回原值。

当线圈电流为 2A 时,写出转矩对 θ 的函数式。

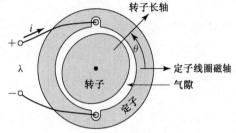

图 3.9 例 3.4 的磁路

解:
由式 3.33 得出

$$T_{\text{fld}}(\theta) = \frac{i^2}{2} \frac{\mathrm{d}L(\theta)}{\mathrm{d}\theta} = \frac{i^2}{2}(-2L_2 \sin(2\theta))$$

代入数值后有

$$T_{\text{fld}}(\theta) = -(1.08 \times 10^{-2}) \sin(2\theta) \quad \text{N·m}$$

注意,在该例中,转矩的作用方向为试图将转子轴线拉向与定子线圈轴线对齐的位置,显然,转矩力图使得线圈电感最大化。

练习题 3.4
已知在与图 3.9 类似的磁路上有一线圈,其电感随转子位置角的变化关系为

$$L(\theta) = L_0 + L_2 \cos(2\theta) + L_4 \sin(4\theta)$$

式中,$L_0 = 25.4\text{mH}$,$L_2 = 8.3\text{mH}$,$L_4 = 1.8\text{mH}$。
(a)当线圈电流为 3.5A 时,求出转矩对位置角 θ 的函数。
(b)求出最大负转矩对应的位置角 $\theta_{\max}$。
答案:
(a)$T_{\text{fld}}(\theta) = -0.1017 \sin(2\theta) + 0.044 \cos(4\theta) \quad \text{N·m}$。
(b)最大负转矩发生在 $\theta = 45°$ 和 $\theta = 225°$ 时。此结论可以从理论分析得到,但利用 MATLAB 绘出转矩曲线将大有益处。

3.5 由磁共能确定电磁力和转矩

对式 3.22 做一下数学变换,就可以用来定义一个被称为磁共能的新的状态函数。由此我们可以把力直接表示成电流的函数。选用储能或磁共能作为状态函数纯粹是考虑分析是否方便,结果是一样的,至于选哪个状态函数来分析更方便,取决于所期望的结果和所分析系统的特征。

磁共能 W_{fld}' 被定义为 i 和 x 的如下函数:

$$W_{\text{fld}}'(i, x) = i\lambda - W_{\text{fld}}(\lambda, x) \tag{3.34}$$

想要的结果可以通过对 $i\lambda$ 微分

$$d(i\lambda) = i\,d\lambda + \lambda\,di \tag{3.35}$$

及由式 3.22 求出微分 $dW_{fld}(\lambda, x)$ 而得到。由式 3.34 有

$$dW'_{fld}(i, x) = d(i\lambda) - dW_{fld}(\lambda, x) \tag{3.36}$$

将式 3.22 和式 3.35 代入式 3.36 可得

$$dW'_{fld}(i, x) = \lambda\,di + f_{fld}\,dx \tag{3.37}$$

由式 3.37 可知,磁共能 $W'_{fld}(i, x)$ 可以视为两个自变量 i 和 x 的状态函数。因此,其微分可以表示为

$$dW'_{fld}(i, x) = \left.\frac{\partial W'_{fld}}{\partial i}\right|_x di + \left.\frac{\partial W'_{fld}}{\partial x}\right|_i dx \tag{3.38}$$

式 3.37 和式 3.38 对于所有 di 和 dx 均相等,故

$$\lambda = \left.\frac{\partial W'_{fld}(i, x)}{\partial i}\right|_x \tag{3.39}$$

$$f_{fld} = \left.\frac{\partial W'_{fld}(i, x)}{\partial x}\right|_i \tag{3.40}$$

式 3.40 直接用 i 和 x 表示出了机械力。注意,式 3.40 中求偏导时应保持 i 为常数,所以 W'_{fld} 必须是 i 和 x 的已知函数。对于任意给定系统,式 3.26 和式 3.40 得到的结果是相同的;选用哪个来计算力要看使用者的偏爱和方便。

与推导式 3.17 类似,磁共能可以通过对 $\lambda\,di$ 积分求得:

$$W'_{fld}(i, x) = \int_0^i \lambda(i', x)\,di' \tag{3.41}$$

对于线性磁场系统,$\lambda = L(x)i$,因而磁共能可由下式给出:

$$W'_{fld}(i, x) = \frac{1}{2}L(x)i^2 \tag{3.42}$$

力则从式 3.40 中得到:

$$f_{fld} = \frac{i^2}{2}\frac{dL(x)}{dx} \tag{3.43}$$

果然,此式与式 3.28 给出的表达式相同。

应当注意,对于线性系统,将 λ 的表达式 $L(x)i$ 代入式 3.19 可以看出,在数值上,$W'_{fld} = W_{fld}$。这一结果实际上已经在例 3.2 中用来求解过 W_{fld}。然而,必须注意到,采用式 3.26 从储能求力时,储能必须能够用 λ 显式地表示成式 3.19 的形式。类似地,采用式 3.40 从磁共能求力时,磁共能必须能够用 i 显式地表示成式 3.42 的形式。

对于机械旋转运动的系统来说,磁共能可以用电流和角位移 θ 来表示:

$$W'_{fld}(i, \theta) = \int_0^i \lambda(i', \theta)\,di' \tag{3.44}$$

转矩由下式给出:

$$T_{fld} = \left.\frac{\partial W'_{fld}(i, \theta)}{\partial \theta}\right|_i \tag{3.45}$$

如果是线性磁场系统,则

$$W'_{fld}(i, \theta) = \frac{1}{2}L(\theta)i^2 \tag{3.46}$$

和

$$T_{\text{fld}} = \frac{i^2}{2} \frac{\mathrm{d}L(\theta)}{\mathrm{d}\theta} \tag{3.47}$$

这等同于式 3.33。

如果用场论符号表示,对软磁材料($\boldsymbol{H}=0$ 时 $\boldsymbol{B}=0$),可以写成

$$W'_{\text{fld}} = \int_V \left(\int_0^{H_0} \boldsymbol{B} \cdot \mathrm{d}\boldsymbol{H} \right) \mathrm{d}V \tag{3.48}$$

所以,对于磁导率为常数的软磁材料($\boldsymbol{B}=\mu\boldsymbol{H}$),可以简化为

$$W'_{\text{fld}} = \int_V \frac{\mu H^2}{2} \mathrm{d}V \tag{3.49}$$

对于第 1 章讨论的永磁(硬磁)材料,当 $H=H_c$ 时,$B=0$,其储能和磁共能在 $B=0$ 时等于零,当然在 $H=H_c$ 也如此。因此,虽然式 3.20 仍然可以用来计算储能,而式 3.48 必须修改为如下形式:

$$W'_{\text{fld}} = \int_V \left(\int_{H_c}^{H_0} \boldsymbol{B} \cdot \mathrm{d}\boldsymbol{H} \right) \mathrm{d}V \tag{3.50}$$

注意,可以认为式 3.50 是通用的,因为软磁材料可以视为 $H_c=0$ 的简单硬磁材料。此时,式 3.50 便简化为式 3.48。

在某些情况下,磁路分析法很难实现或者得到的解难以达到期望的精度,通常,这种情况的出现缘于磁路的几何形状复杂而且(或者)磁性材料处于深度饱和状态。对此类情况,通常采用数值算法通过式 3.20 来计算系统储能,或者用式 3.48 或式 3.50 来计算磁共能。

一种被称为有限元法[①]的技术已经得到了广泛应用。例如,从许多提供商那里能买到此类软件,可以用来计算位移 x 为不同值时直线运动系统的磁共能值(注意位移 x 变化时确保电流为常量)。再用有限元法求出磁共能对 x 的导数,就可以由式 3.40 求出力。

例 3.5 对于例 3.2 所述的继电器,假设线圈由一个控制器控制,其电流为 x 的如下函数:

$$i(x) = I_0 \left(\frac{x}{d} \right) \text{A}$$

求活塞上的力对位移 x 的函数。

解:
由例 3.2 有

$$L(x) = \frac{\mu_0 N^2 l d (1 - x/d)}{2g}$$

这是一个线性磁场系统,可以从式 3.43 求出力的表达式:

$$f_{\text{fld}} = \frac{i^2}{2} \frac{\mathrm{d}L(x)}{\mathrm{d}x} = -\frac{i^2}{2} \left(\frac{\mu_0 N^2 l}{2g} \right)$$

将电流函数 $i(x)$ 代入上式,力对 x 的函数表达式可用下式确定:

$$f_{\text{fld}} = -\frac{I_0^2 \mu_0 N^2 l}{4g} \left(\frac{x}{d} \right)^2$$

考虑到式 3.42,该系统的磁共能等于

---

① 参考 P. P. Sylvester,R. L. Ferrari,*Finite Elements for Electrical Engineers*,Cambridge University Press New York,1983。

$$W'_{fld}(i, x) = \frac{i^2}{2}L(x) = \frac{i^2}{2}\frac{N^2\mu_0 ld(1-x/d)}{2g}$$

将该式对 x 求导,可以得到所希望的用电流 i 表示的力的表达式。

在该例中,有人可能会把电流 $i(x)$ 的表达式直接引入磁共能的表达式,在这种情况下,磁共能由下式给出:

$$W'_{fld}(i, x) = \frac{I_0^2 N^2\mu_0 ld(1-x/d)}{4g}\left(\frac{x}{d}\right)^2$$

注意,尽管在一定的运行条件下,用此式表示的磁共能对 x 的函数是完全正确的,但是如果我们试图用求该式中的 W'_{fld} 对 x 的偏导数的方法来计算力,结果却得不到力的正确表达式。原因很简单:正如式 3.40 所要求的,在求偏导时必须保持电流为常数。在用表达式 $i(x)$ 得到的磁共能表达式中,由于电流不再是常数,求偏导的条件没能得到满足。这说明,如果误用了这里给出的各种力和转矩表达式,就会出现问题。

练习题 3.5

考虑一个活塞装置,其电感按下式变化:

$$L(x) = L_0(1-(x/d)^2)$$

假设线圈由一个控制器控制,所产生的线圈电流对位移的函数为

$$i(x) = I_0\left(\frac{x}{d}\right)^2 \text{A}$$

求作用在活塞上的力对 x 的函数。

答案:

$$f_{fld} = -\left(\frac{L_0 I_0^2}{d}\right)\left(\frac{x}{d}\right)^5 。$$

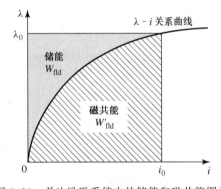

图 3.10 单边励磁系统中的储能和磁共能图示

对于线性磁场系统,储能和磁共能在数值上相等,$\frac{1}{2}\lambda^2/L = \frac{1}{2}Li^2$;同样储能密度和磁共能密度也相等,$\frac{1}{2}B^2/\mu = \frac{1}{2}\mu H^2$。对于非线性系统,其 λ 与 i 或者 B 与 H 不再是线性关系,储能和磁共能这两个能量函数在数值上不再相等。图 3.10 给出了一个单边的励磁系统中储能和磁共能的图解。λ-i 曲线和纵轴之间的面积就等于 $id\lambda$ 的积分,即磁场储能。而 λ-i 曲线和横轴之间的面积等于 λdi 的积分,也就是磁共能。对于这类单边励磁系统来说,由定义可知,储能和磁共能之和为(参见式 3.34)

$$W_{fld} + W'_{fld} = \lambda i \tag{3.51}$$

显然,对于如图 3.4 所示的装置来说,在给定状态变量 x 和 i 或者 λ 的值时,其磁场所产生的力与选用储能还是磁共能来计算无关。下面用图解法来说明两种方法得到的结果相同。

假设图 3.4 所示的继电器衔铁的位移为 x 时,对应的运行点为图 3.11(a) 中的 a 点。式 3.26 的偏导数可以认为是 $-\Delta W_{fld}/\Delta x$ 保持 λ 为常数且 $\Delta x \to 0$ 时的极限值。如果给出位移增量 Δx,则储能的变化 $-\Delta W_{fld}$ 就是图 3.11(a) 中阴影区域的面积。因此,当 $\Delta x \to 0$,$f_{fld} =$

（阴影面积）/Δx 的极限。另一方面，式 3.40 的偏导数可以认为是 $\Delta W'_{\text{fld}}/\Delta x$ 在保持 i 为常数且 $\Delta x \to 0$ 时的极限值。图 3.11(b) 示出了该装置的这一微量变化，当 $\Delta x \to 0$ 时，$f_{\text{fld}} =$ （阴影面积）/Δx 的极限。两个阴影区域的差别仅在于一个以 Δi 和 $\Delta \lambda$ 为边的小三角形 abc，因此，若维持 λ 或者 i 为常数，阴影部分的面积对 Δx 的极限值应该相等。由此可见，磁场所产生的力与选用储能还是磁共能作为状态函数进行计算没有关系。

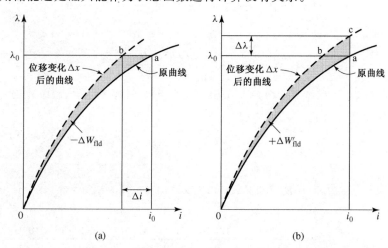

(a)   (b)

图 3.11 Δx 对单边励磁装置的储能和磁共能的影响：(a) 保持 λ 不变时储能的变化；(b) 保持 i 不变时磁共能的变化

式 3.26 和式 3.40 用储能 $W_{\text{fld}}(\lambda, x)$ 和磁共能 $W'_{\text{fld}}(i, x)$ 函数的偏导数表示出了机械力的电磁本质。有两个方面必须特别注意，即式中所采用的变量和正负号。从物理上说，力决定于位移 x 和磁场。磁场（储能或者磁共能）可以用磁链 λ 或者电流 i 或者其他相关变量来表示。这里要再次强调的就是选用磁场储能还是磁共能作为状态函数要看方便而定。

式 3.26 和式 3.40 中的正负号表示了力的方向，即在磁链为常数时趋于减少储能或者在电流为常数时趋于增加磁共能。对于单边励磁装置，力的作用总是试图通过牵引某些部件，以减小与线圈匝链的磁路的磁阻，从而增加其电感值。

例 3.6 图 3.12 所示的磁路由高磁导率电工钢制成，转子可以绕轴自由旋转。尺寸如图所示。

a. 用磁路结构尺寸和两个气隙的磁场强度表示出作用在转子上的转矩的函数。假设钢的磁阻可以忽略不计（认为 $\mu \to \infty$），并且忽略边缘效应。

b. 定、转子重叠区域的气隙最大磁通密度限制为 1.65T，以避免钢体的过饱和。当 $r_1 = 2.5\text{cm}$、$h = 1.8\text{cm}$、$g = 3\text{mm}$ 时，计算最大转矩值。

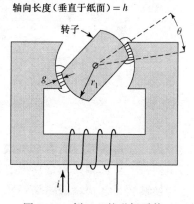

图 3.12 例 3.6 的磁场系统

解：

a. 有两个气隙串联，每个气隙长度为 g，因为题目中已经假设钢的磁导率为无穷大，所以气隙磁场强度 H_{ag} 等于

$$H_{\text{ag}} = \frac{Ni}{2g}$$

B_{steel} 为一有限值,因为 $\mu \to \infty$,所以 $H_{\text{steel}} = B_{\text{steel}}/\mu$ 以及钢中的磁共能密度(见式 3.49)为 $0(\mu H_{\text{steel}}^2/2 = B_{\text{steel}}^2/2\mu = 0)$。所以系统磁共能就等于气隙中的磁共能,气隙磁共能密度为 $\mu_0 H_{\text{ag}}^2/2$,两段重叠部分的气隙体积为 $2gh(r_1 + 0.5g)\theta$。所以,磁共能等于气隙磁共能密度和气隙体积的乘积:

$$W'_{\text{ag}} = \left(\frac{\mu_0 H_{\text{ag}}^2}{2}\right)\left(2gh(r_1 + 0.5g)\theta\right) = \frac{\mu_0(Ni)^2 h(r_1 + 0.5g)\theta}{4g}$$

因此,由式 3.40 得

$$T_{\text{fld}} = \left.\frac{\partial W'_{\text{ag}}(i, \theta)}{\partial \theta}\right|_i = \frac{\mu_0(Ni)^2 h(r_1 + 0.5g)}{4g}$$

转矩为正,因此其作用方向为趋向于增大重叠角 θ,试图将定、转子极面对齐。

b. 对于 $B_{\text{ag}} = 1.65\text{T}$,

$$H_{\text{ag}} = \frac{B_{\text{ag}}}{\mu_0} = \frac{1.65}{4\pi \times 10^{-7}} = 1.31 \times 10^6 \text{ A/m}$$

故

$$Ni = 2gH_{\text{ag}} = 2 \times (3 \times 10^{-3}) \times (1.31 \times 10^6) = 7860 \text{ A·匝}$$

T_{fld} 由下式求得:

$$T_{\text{fld}} = \frac{4\pi \times 10^{-7} \times (7860)^2 \times (1.8 \times 10^{-2}) \times (2.5 \times 10^{-2} + 0.5 \times (3 \times 10^{-3}))}{4 \times (3 \times 10^{-3})}$$

$$= 3.09 \text{ N·m}$$

练习题 3.6

(a)写出图 3.12 所示磁路的电感对角位移 θ 的函数关系式。

(b)利用此关系式,推导作用在转子上的转矩对绕组电流 i 和转子角位移 θ 的函数关系式。

答案:

(a) $L(\theta) = \dfrac{\mu_0 N^2 h(r_1 + 0.5g)\theta}{2g}$。

(b) $T_{\text{fld}} = \dfrac{i^2}{2}\dfrac{\text{d}L(\theta)}{\text{d}\theta} = \dfrac{i^2}{2}\left(\dfrac{\mu_0 N^2 h(r_1 + 0.5g)}{2g}\right)$。

3.6 多边励磁磁场系统

许多机电装置具有多个电端。在测量系统中,经常希望得到与两个电端信号成比例的转矩信号。例如用来测定功率的仪表,其功率即为电压与电流的乘积。类似地,许多机电能量转换装置是多边励磁磁场系统。

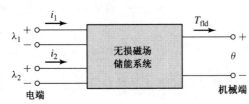

图 3.13 多边励磁磁场储能系统

下面关于这类系统的分析直接源于前面各节介绍的方法;本节介绍具有两个电端的系统的分析方法。图 3.13 示出了具有两个电端和一个机械端的简单系统,在这里,该图代表一个旋转运动系统,其机械端变量为转矩 T_{fld} 和角位移 θ。由于有三个端,必须用三个独立变量来表征该系统。这些变量可以是机械角度 θ 与磁链 λ_1 和 λ_2，或者与电流 i_1 和 i_2，或者与一个电流和一个磁链的混合组[①]。

当选用一组磁链作为电端状态变量时，与式 3.29 对应的储能函数的微分 $\mathrm{d}W_{\mathrm{fld}}(\lambda_1, \lambda_2, \theta)$ 为

$$\mathrm{d}W_{\mathrm{fld}}(\lambda_1, \lambda_2, \theta) = i_1\, \mathrm{d}\lambda_1 + i_2\, \mathrm{d}\lambda_2 - T_{\mathrm{fld}}\, \mathrm{d}\theta \tag{3.52}$$

直接类推前面各节对于单边励磁系统的讨论，有

$$i_1 = \left. \frac{\partial W_{\mathrm{fld}}(\lambda_1, \lambda_2, \theta)}{\partial \lambda_1} \right|_{\lambda_2, \theta} \tag{3.53}$$

$$i_2 = \left. \frac{\partial W_{\mathrm{fld}}(\lambda_1, \lambda_2, \theta)}{\partial \lambda_2} \right|_{\lambda_1, \theta} \tag{3.54}$$

和

$$T_{\mathrm{fld}} = -\left. \frac{\partial W_{\mathrm{fld}}(\lambda_1, \lambda_2, \theta)}{\partial \theta} \right|_{\lambda_1, \lambda_2} \tag{3.55}$$

注意在每个等式中，对每个独立变量求偏导数时，必须保持其他两个独立变量为常数。

储能 W_{fld} 可以对式 3.52 积分求得。与单边励磁的情况类似，尽管给定运行点的储能多少与积分路径无关，但按下述步骤完成积分可以带来极大的便利：先保持 λ_1 和 λ_2 为 0，对 θ 积分，在这种情况下，T_{fld} 为 0，因此积分也为 0；再对 λ_2 积分（保持 λ_1 为 0），最后对 λ_1 积分。故

$$W_{\mathrm{fld}}(\lambda_{1_0}, \lambda_{2_0}, \theta_0) = \int_0^{\lambda_{2_0}} i_2(\lambda_1 = 0, \lambda_2, \theta = \theta_0)\, \mathrm{d}\lambda_2$$
$$+ \int_0^{\lambda_{1_0}} i_1(\lambda_1, \lambda_2 = \lambda_{2_0}, \theta = \theta_0)\, \mathrm{d}\lambda_1 \tag{3.56}$$

积分路径如图 3.14 所示，显然与图 3.5 类似。当然，我们可以调换对 λ_2 和 λ_1 的积分次序。然而，特别要引起注意的是，对于式 3.56，在某一路径上积分时，只有一个状态变量随时间变化。例如，对 λ_2 积分时保持 λ_1 为其初始值 0。这一点在式 3.56 中已经明确示出，也可以从图 3.14 中看出。在选定的积分路径上看不到（疏忽）这一约束条件，是分析此类系统时最常见的错误之一。

在线性磁系统中，类似于 1.2 节的讨论，λ 和 i 之间可以用电感联系起来：

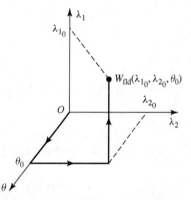

图 3.14　求 $W_{\mathrm{fld}}(\lambda_{1_0}, \lambda_{2_0}, \theta_0)$ 的积分路径

$$\lambda_1 = L_{11}i_1 + L_{12}i_2 \tag{3.57}$$
$$\lambda_2 = L_{21}i_1 + L_{22}i_2 \tag{3.58}$$

式中，

$$L_{12} = L_{21} \tag{3.59}$$

这里电感通常是位置角 θ 的函数。

反过来，从这些方程式可以导出电流 i 对位置角 θ 的函数：

$$i_1 = \frac{L_{22}\lambda_1 - L_{12}\lambda_2}{D} \tag{3.60}$$

---

① 参看由 H. H. Woodson 和 J. R. Melcher 所著的 *Electromechanical Dynamics*，Wiley，New York，1968，第 I 部分，第 3 章。

$$i_2 = \frac{-L_{21}\lambda_1 + L_{11}\lambda_2}{D} \tag{3.61}$$

式中，

$$D = L_{11}L_{22} - L_{12}L_{21} \tag{3.62}$$

该线性系统的储能可由式 3.56 得到：

$$
\begin{aligned}
W_{\text{fld}}(\lambda_{1_0}, \lambda_{2_0}, \theta_0) &= \int_0^{\lambda_{2_0}} \frac{L_{11}(\theta_0)\lambda_2}{D(\theta_0)}\,\mathrm{d}\lambda_2 \\
&\quad + \int_0^{\lambda_{1_0}} \frac{(L_{22}(\theta_0)\lambda_1 - L_{12}(\theta_0)\lambda_{2_0})}{D(\theta_0)}\,\mathrm{d}\lambda_1 \\
&= \frac{1}{2D(\theta_0)}L_{11}(\theta_0)\lambda_{2_0}^2 + \frac{1}{2D(\theta_0)}L_{22}(\theta_0)\lambda_{1_0}^2 \\
&\quad - \frac{L_{12}(\theta_0)}{D(\theta_0)}\lambda_{1_0}\lambda_{2_0}
\end{aligned}
\tag{3.63}
$$

这里位置角 θ 对电感和中间变量 $D(\theta)$ 的决定关系已经明确示出。

在 3.5 节，对于单绕组系统，定义了磁共能函数，并用其确定了直接用电流表示的系统的力和转矩的表达式。对具有两个绕组的系统，磁共能函数具有类似的定义：

$$W'_{\text{fld}}(i_1, i_2, \theta) = \lambda_1 i_1 + \lambda_2 i_2 - W_{\text{fld}} \tag{3.64}$$

这是两个端电流和机械位移的状态函数。做类似于式 3.52 的代换，其微分如下：

$$\mathrm{d}W'_{\text{fld}}(i_1, i_2, \theta) = \lambda_1\,\mathrm{d}i_1 + \lambda_2\,\mathrm{d}i_2 + T_{\text{fld}}\,\mathrm{d}\theta \tag{3.65}$$

由式 3.65，我们看到

$$\lambda_1 = \left.\frac{\partial W'_{\text{fld}}(i_1, i_2, \theta)}{\partial i_1}\right|_{i_2, \theta} \tag{3.66}$$

$$\lambda_2 = \left.\frac{\partial W'_{\text{fld}}(i_1, i_2, \theta)}{\partial i_2}\right|_{i_1, \theta} \tag{3.67}$$

非常明显，转矩现在可以直接用电流表示为

$$T_{\text{fld}} = \left.\frac{\partial W'_{\text{fld}}(i_1, i_2, \theta)}{\partial \theta}\right|_{i_1, i_2} \tag{3.68}$$

类似于式 3.56，磁共能可以表示为

$$
\begin{aligned}
W'_{\text{fld}}(i_{1_0}, i_{2_0}, \theta_0) &= \int_0^{i_{2_0}} \lambda_2(i_1 = 0, i_2, \theta = \theta_0)\,\mathrm{d}i_2 \\
&\quad + \int_0^{i_{1_0}} \lambda_1(i_1, i_2 = i_{2_0}, \theta = \theta_0)\,\mathrm{d}i_1
\end{aligned}
\tag{3.69}
$$

对式 3.57～式 3.59 的线性系统：

$$W'_{\text{fld}}(i_1, i_2, \theta) = \frac{1}{2}L_{11}(\theta)i_1^2 + \frac{1}{2}L_{22}(\theta)i_2^2 + L_{12}(\theta)i_1 i_2 \tag{3.70}$$

对这样一个线性系统，转矩可以用式 3.55 从式 3.63 表示的储能来求得；也可以利用式 3.68 从式 3.70 表示的磁共能求出。考虑到下面的因素，人们常选用磁共能函数进行计算。因为式 3.63 表示的储能对位移的函数很复杂，其微分式也相当复杂；相反，磁共能对位移的函数相对简单，并且从其微分可以直接得到转矩对线圈电流 i_1 和 i_2 的函数表达式：

$$T_{\text{fld}} = \left.\frac{\partial W'_{\text{fld}}(i_1, i_2, \theta)}{\partial \theta}\right|_{i_1, i_2}$$

$$= \frac{i_1^2}{2}\left(\frac{\mathrm{d}L_{11}(\theta)}{\mathrm{d}\theta}\right) + \frac{i_2^2}{2}\left(\frac{\mathrm{d}L_{22}(\theta)}{\mathrm{d}\theta}\right) + i_1 i_2\left(\frac{\mathrm{d}L_{12}(\theta)}{\mathrm{d}\theta}\right) \tag{3.71}$$

具有多于两个电端的系统可以用类似的方法进行处理。正如上面的两电端系统,选用磁共能对端电流的函数可以大大简化转矩或力的计算。

例 3.7 在图 3.15 所示的系统中,电感为 $L_{11} = (3 + \cos 2\theta) \times 10^{-3}$、$L_{12} = 0.3\cos\theta$、$L_{22} = 30 + 10\cos 2\theta$(单位为 H)。当电流为 $i_1 = 0.8$A、$i_2 = 0.01$A 时,求出转矩函数 $T_{\text{fld}}(\theta)$ 并画出其曲线。

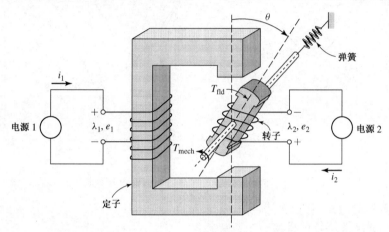

图 3.15 例 3.7 的多边励磁磁场系统

解:

转矩可以由式 3.71 来确定:

$$T_{\text{fld}} = \frac{i_1^2}{2}\left(\frac{\mathrm{d}L_{11}(\theta)}{\mathrm{d}\theta}\right) + \frac{i_2^2}{2}\left(\frac{\mathrm{d}L_{22}(\theta)}{\mathrm{d}\theta}\right) + i_1 i_2\left(\frac{\mathrm{d}L_{12}(\theta)}{\mathrm{d}\theta}\right)$$

$$= \frac{i_1^2}{2}(-2 \times 10^{-3})\sin 2\theta + \frac{i_2^2}{2}(-20\sin 2\theta) - i_1 i_2(0.3)\sin\theta$$

当 $i_1 = 0.8$A,$i_2 = 0.01$A 时,转矩为

$$T_{\text{fld}} = -1.64 \times 10^{-3}\sin 2\theta - 2.4 \times 10^{-3}\sin\theta$$

注意转矩表达式由两项组成。一项由定、转子电流之间的相互作用引起,正比于 $i_1 i_2 \sin\theta$,其作用方向为试图将定、转子磁极对齐以得到最大的互感。也就是说,可以认为这一项是由两个磁场(这里指定子和转子磁场)试图对齐的趋势产生的。

转矩表达式中还有正比于 $\sin 2\theta$ 和每个单个线圈电流平方的项。这些项由每个线圈自身的电流单独作用产生,对应于我们已经熟悉的单边励磁系统转矩式中的项。这里每个转矩分量的作用方向都指向增大各自的电感,并以此获得最大磁共能。2θ 项转矩分量的振荡是由于对应的电感本身按 2θ 变化(与先前在例 3.4 中看到的情况完全一样),而电感变化是由气隙磁阻变化引起的。注意转子从任意给定位置转 $180°$ 后,气隙磁阻会变回原值(因而 2 倍于角度变化)。这一转矩分量称为**磁阻转矩**。图 3.16 用 MAT-LAB 绘出了两种转矩分量(互感转矩和磁阻转矩)及其总转矩。

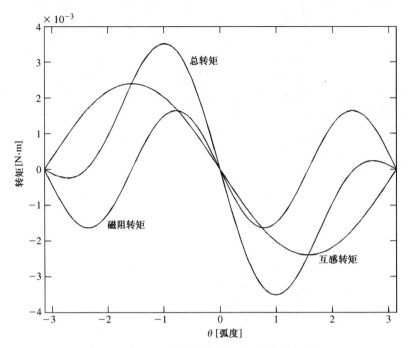

图 3.16　例 3.7 的多边励磁系统的转矩分量曲线

练习题 3.7

一对称双绕组系统的电感按如下函数变化：

$$L_{11} = L_{22} = 0.8 + 0.27 \cos 4\theta$$
$$L_{12} = 0.65 \cos 2\theta$$

当电流 $i_1 = -i_2 = 0.37\text{A}$ 时，求转矩表达式。

答案：

$T_{\text{fld}} = -0.148 \sin(4\theta) + 0.178 \sin(2\theta)$。

通过类推法，以上对于旋转位移系统的推导可以应用到直线位移系统。通过推导，可以得到储能和磁共能的表达式为

$$\begin{aligned} W_{\text{fld}}(\lambda_{1_0}, \lambda_{2_0}, x_0) = &\int_0^{\lambda_{2_0}} i_2(\lambda_1 = 0, \lambda_2, x = x_0)\, \mathrm{d}\lambda_2 \\ &+ \int_0^{\lambda_{1_0}} i_1(\lambda_1, \lambda_2 = \lambda_{2_0}, x = x_0)\, \mathrm{d}\lambda_1 \end{aligned} \tag{3.72}$$

$$\begin{aligned} W'_{\text{fld}}(i_{1_0}, i_{2_0}, x_0) = &\int_0^{i_{2_0}} \lambda_2(i_1 = 0, i_2, x = x_0)\, \mathrm{d}i_2 \\ &+ \int_0^{i_{1_0}} \lambda_1(i_1, i_2 = i_{2_0}, x = x_0)\, \mathrm{d}i_1 \end{aligned} \tag{3.73}$$

类似地，力可以表示为

$$f_{\text{fld}} = -\left.\frac{\partial W_{\text{fld}}(\lambda_1, \lambda_2, x)}{\partial x}\right|_{\lambda_1, \lambda_2} \tag{3.74}$$

或者

$$f_{\text{fld}} = \left. \frac{\partial W'_{\text{fld}}(i_1, i_2, x)}{\partial x} \right|_{i_1, i_2} \tag{3.75}$$

对于线性磁场系统,式 3.70 表示的磁共能变为

$$W'_{\text{fld}}(i_1, i_2, x) = \frac{1}{2} L_{11}(x) i_1^2 + \frac{1}{2} L_{22}(x) i_2^2 + L_{12}(x) i_1 i_2 \tag{3.76}$$

同样,力可以由下式给出:

$$f_{\text{fld}} = \frac{i_1^2}{2} \left(\frac{\mathrm{d} L_{11}(x)}{\mathrm{d} x} \right) + \frac{i_2^2}{2} \left(\frac{\mathrm{d} L_{22}(x)}{\mathrm{d} x} \right) + i_1 i_2 \left(\frac{\mathrm{d} L_{12}(x)}{\mathrm{d} x} \right) \tag{3.77}$$

3.7 含永磁体系统中的力和转矩

3.4 节到 3.6 节的有关力和转矩表达式的推导,针对的是那些对系统中的专门线圈进行电励磁而产生磁场的系统。然而,在 3.5 节也指出,要特别注意所考虑的系统中含有永磁体(或者称为硬磁材料)的情况。特别地,在式 3.50 中讨论有关磁共能表达式的推导过程时曾指出,在含有永磁材料的系统中,磁通密度为 0 发生在 $H = H_c$ 时,而不是 $H = 0$ 时。

鉴于此类原因,3.4 节到 3.6 节中关于力和转矩表达式的推导应做必要修正,才能适用于包含永磁体的系统。例如,式 3.17 的推导就是基于这样一个事实:在式 3.16 中,当在路径 2a 上积分时,由于系统中没有电励磁,力可以假设为 0。类似的处理方法在式 3.41 和式 3.69 中推导磁共能表达式时得到了运用。

在含永磁体的系统中,必须很仔细地重做这些推导过程。在某些情况下,这类系统中根本没有绕组,磁场由出现在系统中的永磁体单独激励,不可能纯粹采用基于绕组磁通和电流的推导方式。在另一些情况下,磁场可能由永磁体和绕组共同激励。

对前面各节的推导方法做一下修正,就可以用在包含永磁体的系统中。这里给出的推导只适用于这样的系统,即系统所包含的永磁体可以视为磁路的构成元件,且具有均匀的内磁场。尽管如此,还是可以推广到较为复杂的情形。在更一般的情况下,可以采用储能(式 3.20)和磁共能(式 3.50)的场论表示式。

此方法的基本思想就是,假设该系统中包含一个附加虚拟线圈,它和永磁体作用于磁路的同一区段。正常运行时,虚拟线圈的电流为 0,其功能只作为一个辅助数学方法,用来完成所需的分析。为了得到"零力"起点以进行类似于式 3.16 到式 3.17 那样的分析,该虚拟线圈的电流可以调节以平衡掉永磁体产生的磁场。

为了计算系统的储能和磁共能,该虚拟线圈可以按照自身设定的电流和磁链与其他实际线圈一样处理。其结果是,可以得到由包括虚拟线圈在内的所有线圈磁链或者电流表示的磁场储能和磁共能函数。由于在正常运行情况下,虚拟线圈中的电流被设定为 0,这对于用系统磁共能来推导力的表达式是十分有用的,因为在该式中,绕组电流是显式表示的。

图 3.17(a)给出了一个具有永磁体和可动活塞的磁路。为了得到活塞上的受力对活塞位移的函数,我们假设有一个 N_f 匝、电流为 i_f 的虚拟线圈绕在磁路上,并产生穿越永磁体的磁通,如图 3.17(b)所示。

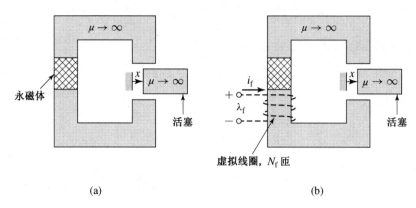

(a)   (b)

图 3.17 (a)具有永磁体和可动活塞的磁路;(b)附加了虚拟线圈

对于这个单线圈系统,我们可以由式 3.37 写出其磁共能微分的表达式:

$$\mathrm{d}W'_{\mathrm{fld}}(i_{\mathrm{f}}, x) = \lambda_{\mathrm{f}} \, \mathrm{d}i_{\mathrm{f}} + f_{\mathrm{fld}} \, \mathrm{d}x \tag{3.78}$$

式中,下标 f 表示虚拟线圈。对应于式 3.40,该系统的力可以写成

$$f_{\mathrm{fld}} = \left. \frac{\partial W'_{\mathrm{fld}}(i_{\mathrm{f}} = 0, x)}{\partial x} \right|_{i_{\mathrm{f}}} \tag{3.79}$$

这里,求偏导数时应保持 i_{f} 恒定,即 $i_{\mathrm{f}} = 0$,这已在式 3.79 中明确指出。正如我们看到的,在式 3.79 求导时,保持 i_{f} 为常数是能量法所要求的。在这种情况下,为了正确地计算由永磁体单独产生的力而不包含虚拟线圈中电流所产生的力,i_{f} 必须设为 0。

为了计算系统的磁共能 $W'_{\mathrm{fld}}(i_{\mathrm{f}} = 0, x)$,必须对式 3.78 积分。由于 W'_{fld} 是 i_{f} 和 x 的状态函数,我们可以按自己的意愿自由选择积分路径。图 3.18 给出了一条积分路径,沿该路径的积分十分简单。对于该路径,可以写出系统的磁共能的表达式为

$$W'_{\mathrm{fld}}(i_{\mathrm{f}} = 0, x) = \int_{\mathrm{path}\ 1a} \mathrm{d}W'_{\mathrm{fld}} + \int_{\mathrm{path}\ 1b} \mathrm{d}W'_{\mathrm{fld}}$$

$$= \int_0^x f_{\mathrm{fld}}(i_{\mathrm{f}} = I_{\mathrm{f0}}, x') \, \mathrm{d}x' + \int_{I_{\mathrm{f0}}}^0 \lambda_{\mathrm{f}}(i_{\mathrm{f}}, x) \, \mathrm{d}i_{\mathrm{f}} \tag{3.80}$$

该式和式 3.16 中类似的能量函数直接对应。

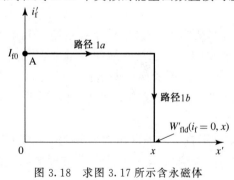

图 3.18 求图 3.17 所示含永磁体系统的 $W_{\mathrm{fld}}(i_{\mathrm{f}} = 0, x)$ 的积分路径

注意,所进行的积分首先是将电流 i_{f} 保持在固定值 $i_{\mathrm{f}} = I_{\mathrm{f0}}$,并对 x 积分。I_{f0} 是一个特定的电流值,它在虚拟线圈中流通时,正好能把系统的磁通抵消为 0。换句话说,I_{f0} 是虚拟线圈中的电流,它产生的磁场完全抵消了由永磁体产生的磁场。因此,在图 3.18 的 A 点,力 f_{fld} 为 0,并且在路径 $1a$ 上对 x 积分时仍保持 0。因而,式 3.80 中路径 $1a$ 上的积分为 0,这样,式 3.80 可简化为

$$W'_{fld}(i_f = 0, x) = \int_{I_{f0}}^{0} \lambda_f(i_f, x) \, di_f \tag{3.81}$$

要强调的是,式 3.81 是普遍适用的,并不要求磁路中的永磁体或者磁性材料是线性的。式 3.81 算出后,在给定活塞位移 x 时,力可以方便地从式 3.79 得到。

例 3.8 图 3.19 所示的磁路由一块钐—钴永磁体来励磁,并且有一个可动活塞。另外还画出了一个用来帮助分析的匝数为 N_f、电流为 i_f 的虚拟线圈。磁路尺寸为

$$W_m = 2.0 \, cm \quad W_g = 3.0 \, cm \quad W_0 = 2.0 \, cm$$

$$d = 2.0 \, cm \quad g = 0.2 \, cm \quad D = 3.0 \, cm$$

a. 求系统磁共能对活塞位移 x 的函数;

b. 求活塞上的力对 x 的函数;

c. 计算当 $x=0$ 和 $x=0.5\,cm$ 时力的大小。
计算时忽略边缘磁通效应。

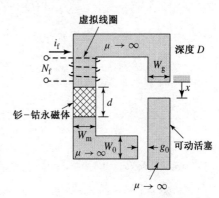

图 3.19 例 3.8 的磁路

解:

a. 由于绝大多数有效的运行都处于线性范围内,钐—钴的磁化曲线可以表示为如式 1.60 的直线形式:

$$B_m = \mu_R(H_m - H'_c) = \mu_R H_m + B_r$$

式中,下标 m 特指磁场区域为钐—钴永磁体,且有

$$\mu_R = 1.05\mu_0$$

$$H'_c = -712 \, kA/m$$

$$B_r = 0.94 \, T$$

注意,在图 1.19 中,钐—钴的直流磁化曲线不完全是线性的,而是在低磁通密度时稍微向下弯曲的。因此,在以上给出的线性化的 B-H 特性上,标出的矫顽力 H'_c 比钐—钴实际的矫顽力要大一些。

由式 1.5 可得

$$N_f i_f = H_m d + H_g x + H_0 g_0$$

式中,下标 g 指示长度为 x 的可变气隙,下标 0 指示长度为 g_0 的固定气隙。同样,由磁通连续性条件即式 1.3,可以写出

$$B_m W_m D = B_g W_g D = B_0 W_0 D$$

注意到在气隙中,$B_g = \mu_0 H_g$ 和 $B_0 = \mu_0 H_0$,可以从上面的方程式中解出 B_m:

$$B_m = \frac{\mu_R(N_f i_f - H'_c d)}{d + W_m\left(\dfrac{\mu_R}{\mu_0}\right)\left(\dfrac{x}{W_g} + \dfrac{g_0}{W_0}\right)}$$

最后,我们可以解出虚拟线圈的磁链 λ_f 为

$$\lambda_f = N_f W_m D B_m = \frac{N_f W_m D \mu_R(N_f i_f - H'_c d)}{d + W_m\left(\dfrac{\mu_R}{\mu_0}\right)\left(\dfrac{x}{W_g} + \dfrac{g_0}{W_0}\right)}$$

故当 $i_f = I_{f0}$ 时,可以求得磁链 λ_f 为 0,这里

$$I_{f0} = \frac{H'_c d}{N_f} = \frac{-B_r d}{\mu_R N_f}$$

并且,从式 3.81 可以求得磁共能为

$$W'_{\text{fld}}(x) = \int_{H'_c d/N_f}^{0} \left[\frac{N_f W_m D \mu_R (N_f i_f - H'_c d)}{d + W_m \left(\dfrac{\mu_R}{\mu_0} \right) \left(\dfrac{x}{W_g} + \dfrac{g_0}{W_0} \right)} \right] \mathrm{d}i_f$$

$$= \frac{W_m D (B_r d)^2}{2\mu_R \left[d + W_m \left(\dfrac{\mu_R}{\mu_0} \right) \left(\dfrac{x}{W_g} + \dfrac{g_0}{W_0} \right) \right]}$$

注意,因为实际上系统中并不存在虚拟线圈,所以答案与 N_f 和 i_f 无关,这和我们预想的一致。

b. 求得磁共能后,可以由式 3.79 得到力

$$f_{\text{fld}} = -\frac{W_m^2 D (B_r d)^2}{2\mu_0 W_g \left[d + W_m \left(\dfrac{\mu_R}{\mu_0} \right) \left(\dfrac{x}{W_g} + \dfrac{g_0}{W_0} \right) \right]^2}$$

注意,力为负值,表示其作用方向为力图使 x 减小,即力图向气隙减小的方向拉动活塞。

c. 最后,将具体尺寸代入力的表达式,得到

$$f_{\text{fld}} = \begin{cases} -115\,\text{N} & x = 0\,\text{cm} \\ -85.8\,\text{N} & x = 0.5\,\text{cm} \end{cases}$$

练习题 3.8

a. 推导图 3.20 所示磁路中磁共能对活塞位移 x 的函数关系式。

b. 推导出作用在活塞 x 方向的力的表达式,并计算 $x = W_g/2$ 时的力值。忽略边缘磁通的影响。磁路尺寸为

$$W_m = 2.0\,\text{cm} \quad W_g = 2.5\,\text{cm} \quad D = 3.0\,\text{cm}$$
$$d = 1.0\,\text{cm} \quad g = 0.2\,\text{cm}$$

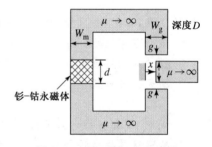

图 3.20 练习题 3.8 的磁路

答案:

a. $W'_{\text{fld}} = \dfrac{W_m D (B_r d)^2}{2\mu_R \left[d + \left(\dfrac{\mu_R}{\mu_0} \right) \left(\dfrac{2g W_m}{(W_g - x)} \right) \right]}$。

b. $f_{\text{fld}} = -\dfrac{\mu_0 g D (W_m B_r d)^2}{(2\mu_R g W_m + \mu_0 d (W_g - x))^2}$。

当 $x = W_g/2$ 时,$f_{\text{fld}} = -38.6\,\text{N}$。

考虑图 3.21(a) 所示的磁路草图。它包括一段截面积为 A、长度为 d 的线性硬磁材料 $[B_m = \mu_R(H_m - H'_c)]$,与一个磁动势为 $\mathcal{F}_e$ 的外接磁路串联。

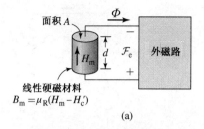 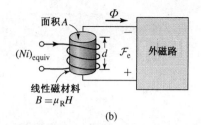

图 3.21　(a)包含线性永磁体的磁路；(b)用虚拟线圈和线性磁材料代替实际永磁体后的磁路

由式 1.21，由于没有另外的磁势安匝作用在这个磁路上，所以

$$H_m d + \mathcal{F}_e = 0 \tag{3.82}$$

由永磁体产生的通过外磁路的磁通为

$$\Phi = A B_m = \mu_R A (H_m - H_c') \tag{3.83}$$

由式 3.82 解出 H_m 并代入式 3.83 得

$$\Phi = \mu_R A \left(-H_c' - \frac{\mathcal{F}_e}{d} \right) \tag{3.84}$$

现在考虑图 3.21(b)所示的磁路。已经将图 3.21(a)中的线性硬磁材料等效替换成具有相同磁导率的线性软磁材料($B = \mu_R H$)，且面积 A 和长度 d 尺寸未变。另外，加上了一个具有$(Ni)_{equiv}$安匝的虚拟线圈。

对于该磁路，磁通可以表示为

$$\Phi = \mu_R A \left(\frac{(Ni)_{equiv}}{d} - \frac{\mathcal{F}_e}{d} \right) \tag{3.85}$$

比较式 3.84 和式 3.85，我们发现，当图 3.21(b)中的线圈安匝数$(Ni)_{equiv}$等于$-H_c'd$ 时，将在外磁路产生同样的磁通量。

这一结论对于分析包含线性永磁体的磁路结构时很有用，其中永磁体的 $B\text{-}H$ 特性可以表示成式 1.60 的形式。对这类磁路，将永磁体用具有相同磁导率 μ_R 和几何尺寸，且加上安匝数为

$$(Ni)_{equiv} = -H_c'd \tag{3.86}$$

的虚拟线圈的线性软磁材料代替，会在外磁路中得到同样的磁通量。结论是：就对外磁路产生的磁场而言，单独的线性永磁体与线性软磁材料和虚拟线圈的组合体之间没有区别，所以它们产生的力也是一样的。因此，此类系统的分析可以通过例 3.9 介绍的替代法加以简化。这一处理方法特别适用于分析那些既包含永磁体又包含一个或者多个线圈的磁路。

例 3.9　图 3.22(a)所示的传动机构由具有无限大磁导率的磁轭和活塞组成，并用一段钕—铁—硼永磁体和一个匝数 $N_1 = 1500$ 的励磁线圈共同激磁。其磁路尺寸为

$$W = 4.0 \text{ cm} \quad W_1 = 4.5 \text{ cm} \quad D = 3.5 \text{ cm}$$
$$d = 8 \text{ mm} \quad g_0 = 1 \text{ mm}$$

求：(a)当励磁线圈中的电流为 0，$x = 3\text{mm}$ 时，作用在活塞 x 方向的力；(b)要求将活塞上的力抵消为 0，求励磁线圈中应通过的电流。

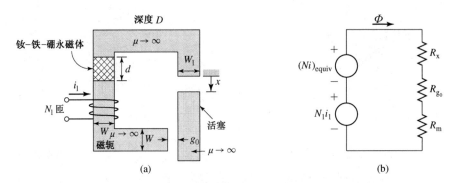

图 3.22　(a)例 3.9 的传动机构；(b)传动机构的等效磁路，永
磁体用线性材料和具有安匝磁势的等效线圈替代

解：

a. 正如 1.6 节所讨论的，钕—铁—硼的直流磁化曲线可以用一个线性关系式来表示：

$$B = \mu_R(H - H_c') = B_r + \mu_R H$$

式中 $\mu_R = 1.06\mu_0$、$H_c' = -940\text{kA/m}$ 和 $B_r = 1.25\text{T}$。正如本节所讨论的，我们可以用一个磁导率为 μ_R 的线性永磁材料加上具有如下安匝数的等效线圈来替代永磁体：

$$(Ni)_{\text{equiv}} = -H_c'd = -(-9.4 \times 10^5) \times (8 \times 10^{-3}) = 7520 \text{安·匝}$$

基于这一替代，该系统的等效磁路变成如图 3.22(b)所示，由两个磁势源和 3 个磁阻，即可变气隙磁阻 $\mathcal{R}_x$、固定气隙磁阻 $\mathcal{R}_0$ 和永磁体磁阻 $\mathcal{R}_m$ 串联而成。

$$\mathcal{R}_x = \frac{x}{\mu_0 W_1 D}$$

$$\mathcal{R}_0 = \frac{g_0}{\mu_0 W D}$$

$$\mathcal{R}_m = \frac{d}{\mu_R W D}$$

当 $i_1 = 0$ 时，传动机构可以等效为一个单线圈系统，其磁共能为

$$W_{\text{fld}}' = \frac{1}{2}Li_1^2 = \frac{1}{2}\left(\frac{(Ni)_{\text{equiv}}^2}{\mathcal{R}_x + \mathcal{R}_0 + \mathcal{R}_m}\right)$$

故作用在活塞上的力为

$$f_{\text{fld}} = \left.\frac{\partial W_{\text{fld}}'}{\partial x}\right|_{i_{\text{equiv}}} = -\frac{(Ni)_{\text{equiv}}^2}{(\mathcal{R}_x + \mathcal{R}_0 + \mathcal{R}_m)^2}\left(\frac{\text{d}\mathcal{R}_x}{\text{d}x}\right)$$

$$= -\frac{(Ni)_{\text{equiv}}^2}{\mu_0 W_1 D(\mathcal{R}_x + \mathcal{R}_0 + \mathcal{R}_m)^2}$$

代入给定值可得 $f_{\text{fld}} = -703\text{N}$，式中负号表示力作用在使位移 x 减小的方向（减小气隙的方向）。

b. 传动机构的磁通正比于作用在磁路上的总有效安匝 $(Ni)_{\text{equiv}} + N_1 i_1$。因此，当总安匝为 0 或者当电流具有如下值时，力为 0：

$$i_1 = \frac{(Ni)_{\text{equiv}}}{N_1} = \frac{7520}{1500} = 5.01 \text{ A}$$

注意从这里给出的信息中还无法确定电流的正负号（电流在励磁绕组中的流向），因为我们不知道永磁体的磁化方向。由于力由磁通密度的平方决定，不管磁路左边磁

轭上的永磁体产生的磁通方向是向上还是向下,从(a)中计算得到力的值是相同的。为了把力减小到 0,通过励磁线圈的 5.01A 电流的方向应该这样确定,那就是由该电流产生的磁通应把原磁通抵消为 0。如果施加的电流方向反了,磁通密度将会被加强,相应的力也会增大。

练习题 3.9

将练习题 3.8 中的钐—钴永磁体用一段线性材料和等效线圈替代。写出:(a)线性材料段的磁阻表达式 $\mathcal{R}_m$、气隙磁阻表达式 $\mathcal{R}_g$ 以及等效线圈的安匝数 $(Ni)_{equiv}$;(b)等效线圈的电感和磁共能的表达式。

$$W_m = 2.0\,\text{cm} \quad W_g = 2.5\,\text{cm} \quad D = 3.0\,\text{cm}$$
$$d = 1.0\,\text{cm} \quad g_0 = 0.2\,\text{cm}$$

答案:

a.

$$\mathcal{R}_m = \frac{d}{\mu_R W_m D}。$$

$$\mathcal{R}_g = \frac{2g}{\mu_0(W_g - x)D}。$$

$$(Ni)_{equiv} = -H_c'd = \frac{(B_r d)}{\mu_R}。$$

b.

$$L = \frac{N_{equiv}^2}{(\mathcal{R}_m + \mathcal{R}_g)}。$$

$$W_{fld}' = \frac{Li_{equiv}^2}{2} = \frac{(B_r d)^2}{2\mu_R^2(\mathcal{R}_m + \mathcal{R}_g)} = \frac{W_m D(B_r d)^2}{2\mu_R\left[d + \left(\dfrac{\mu_R}{\mu_0}\right)\left(\dfrac{2g W_m}{(W_g - x)}\right)\right]}。$$

显然本章所叙述的方法可以推广,使之适用于包含永磁体和多个载流线圈的情形。许多实用的装置,先不管其绕组和(或)永磁体的数目,其几何结构本身就相当复杂,使得磁路分析法难以奏效,即便得到解析式,其精度也难以令人满意。在这种情况下,可以采用数值方法,比如我们前面提到过的有限元法。如果包含永磁体,就可以用数值方法计算式 3.48 或式 3.50 中的磁共能,计算时保持线圈中电流为常数而把位移作为变量。

3.8　动态方程

对于机电能量转换装置,我们已经推导出了力和转矩对电端变量和机械位移的函数关系式。这些关系式的推导应当基于保守能量转换系统,为此,假设损耗可以用与系统相连的外部电元件和机械元件来表征。一般要求这种能量转换装置以电系统和机械系统相互耦合的方式运行。我们最终感兴趣的是围绕机电能量转换系统建立的整个机电系统,而不只是其中的机电能量转换子系统。

图 3.23 所示的是一个简单机电系统的模型,其中画出了构成系统的基本元件。这些元件的详细参数因具体系统而异。图示系统包括三部分:外端电系统、机电能量转换系统和外端机械系统。其中外端电系统由电压源 v_0 和电阻 R 串联而成,也可以由电流源和电导 G 的并联来代替。

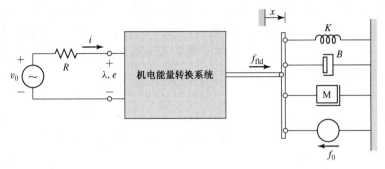

图 3.23　单边励磁机电系统模型

注意,在该模型中,包括机电能量转换系统自身电损耗在内的所有电损耗都用一个电阻 R 来表征。例如,如果电压源的等效电阻为 R_s,机电能量转换系统的绕组电阻为 R_w,电阻 R 就为这两个电阻之和,即 $R = R_s + R_w$。

该模型的电压方程式为

$$v_0 = iR + e = iR + \frac{\mathrm{d}\lambda}{\mathrm{d}t} \tag{3.87}$$

如果磁链 λ 可以表示为 $\lambda = L(x)i$,则端电压方程变成

$$v_0 = iR + L(x)\frac{\mathrm{d}i}{\mathrm{d}t} + i\frac{\mathrm{d}L(x)}{\mathrm{d}x}\frac{\mathrm{d}x}{\mathrm{d}t} \tag{3.88}$$

右端第二项 $L(x)(\mathrm{d}i/\mathrm{d}t)$ 为自感电压项;第三项 $i(\mathrm{d}L(x)/\mathrm{d}x)(\mathrm{d}x/\mathrm{d}t)$ 包含乘数 $\mathrm{d}x/\mathrm{d}t$,这正是机械端的速度,所以第三项通常简称为速度电压。速度电压项在所有的机电能量转换系统中普遍存在,并且扮演着把能量通过电系统传入或传出机械系统的重要角色。

对于多边励磁系统,可为每个电端写出对应于式3.87的电势方程式。如果要把 λ 用电感表示的表达式(如用在式3.88中)加以扩展,则既要包进自感项,又要包进互感项。

图3.23所示的机械系统包括一个弹簧(弹性常数为 K)、一个阻尼器(阻尼系数为 B)、一个质量 M 和一个外施机械力 f_0。和电系统类似,这里阻尼器代表外部机械系统和该机电能量转换系统内的全部机械损耗。

x 方向的力和位移 x 的关系如下所示。

弹簧:

$$f_K = -K(x - x_0) \tag{3.89}$$

阻尼器:

$$f_D = -B\frac{\mathrm{d}x}{\mathrm{d}t} \tag{3.90}$$

质量:

$$f_M = -M\frac{\mathrm{d}^2 x}{\mathrm{d}t^2} \tag{3.91}$$

式中,x_0 是弹簧在自然松弛状态下的 x 值。力的平衡要求

$$f_{\text{fld}} + f_K + f_D + f_M - f_0 = f_{\text{fld}} - K(x - x_0) - B\frac{\mathrm{d}x}{\mathrm{d}t} - M\frac{\mathrm{d}^2 x}{\mathrm{d}t^2} - f_0 = 0 \tag{3.92}$$

结合式3.88和式3.92,对于任意输入 $v_0(t)$ 和 $f_0(t)$,图3.23所示的整个系统的微分方程式为

$$v_0(t) = iR + L(x)\frac{\mathrm{d}i}{\mathrm{d}t} + i\frac{\mathrm{d}L(x)}{\mathrm{d}x} \tag{3.93}$$

$$f_0(t) = -M\frac{\mathrm{d}^2x}{\mathrm{d}t^2} - B\frac{\mathrm{d}x}{\mathrm{d}t} - K(x - x_0) + f_{\mathrm{fld}}(x, i) \tag{3.94}$$

函数 $L(x)$ 和 $f_{\mathrm{fld}}(x, i)$ 取决于机电能量转换系统的特性,其计算方法类似于前面的讨论。

例 3.10 图 3.24 示出的是一个圆柱体螺线管电磁铁的截面图。质量为 M 的圆柱活塞可以在竖直方向沿厚度为 g、等效直径为 d 的黄铜导环运动。黄铜的磁导率和空气的相同,即 $\mu_0 = 4\pi \times 10^{-7}\,\mathrm{H/m}$(SI 单位制)。活塞被一个弹性常数为 K 的弹簧悬吊着,弹簧的自然松弛长度为 l_0。外接的机械系统给活塞施加一个机械负载力 f_t,如图 3.24 所示。设摩擦力和速度成正比,且摩擦系数为 B,线圈的匝数为 N,电阻值为 R,端电压为 v_t,电流为 i。铁心的磁阻和漏磁效应忽略不计。

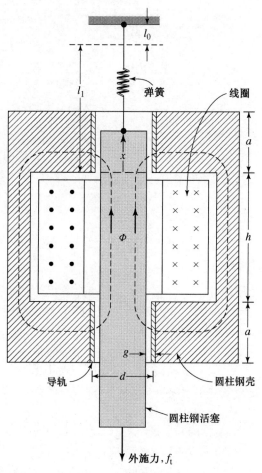

图 3.24　例 3.10 的螺线管电磁铁的截面图

推导该机电系统的动态方程式,即用微分方程式表示出因变量 i 和 x 与 v_t 和 f_t 以及给定常数和尺寸之间的关系。

解:

我们先推导出电感对 x 的函数。这样,耦合项,即磁场力 f_{fld} 和感应电势 e 就可以用 x 和 i 来表示,而且可以把这些关系代入机电系统方程式。

磁路的磁阻是两个导环磁阻的串联,磁通 Φ 沿径向直接通过两个导环,如图 3.24 中的虚线所示。因为 $g \ll d$,导环上的磁通密度在径向近似为常数。在磁通密度为常数的区域,磁阻为

$$\frac{\text{沿磁场方向的磁路长度}}{\mu(\text{垂直于磁场方向的磁路截面积})}$$

上方气隙的磁阻为

$$\mathcal{R}_1 = \frac{g}{\mu_0 \pi x d}$$

其中,我们假设磁场全部集中在活塞的顶部和上方导环的下端之间。类似地,下方气隙的磁阻为

$$\mathcal{R}_2 = \frac{g}{\mu_0 \pi a d}$$

总磁阻为

$$\mathcal{R} = \mathcal{R}_1 + \mathcal{R}_2 = \frac{g}{\mu_0 \pi d}\left(\frac{1}{x} + \frac{1}{a}\right) = \frac{g}{\mu_0 \pi a d}\left(\frac{a+x}{x}\right)$$

因而,电感为

$$L(x) = \frac{N^2}{\mathcal{R}} = \frac{\mu_0 \pi a d N^2}{g}\left(\frac{x}{a+x}\right) = L'\left(\frac{x}{a+x}\right)$$

式中,

$$L' = \frac{\mu_0 \pi a d N^2}{g}$$

作用在活塞上的向上磁场力对 x 正向的函数为

$$f_{fld} = \left.\frac{\partial W'_{fld}(i,x)}{\partial x}\right|_i = \frac{i^2}{2}\frac{dL}{dx} = \frac{i^2}{2}\frac{aL'}{(a+x)^2}$$

线圈的感应电势为

$$e = \frac{d}{dt}(Li) = L\frac{di}{dt} + i\frac{dL}{dx}\frac{dx}{dt}$$

或者

$$e = L'\left(\frac{x}{a+x}\right)\frac{di}{dt} + L'\left(\frac{ai}{(a+x)^2}\right)\frac{dx}{dt}$$

将磁场力函数代入机械系统的微分方程(式 3.94)可得

$$f_t = -M\frac{d^2x}{dt^2} - B\frac{dx}{dt} - K(x-l_0) + \frac{1}{2}L'\frac{ai^2}{(a+x)^2}$$

电系统的电压方程式为(由式 3.93)

$$v_t = iR + L'\left(\frac{x}{a+x}\right)\frac{di}{dt} + iL'\left(\frac{a}{(a+x)^2}\right)\frac{dx}{dt}$$

最后的这两个方程式即为所求。只有当活塞的上端位于上方导环之内时才有效,也就是被限制在 $0.1a < x < 0.9a$ 区域内,这也是螺线管电磁铁的正常工作范围。

3.9 分 析 方 法

本章中我们描述了一些相对简单的装置,这些装置有一个或者两个电端及一个通常被限制做增量运动的机械端,后续各章将分析能进行连续能量转换的复杂装置。在以上内容中我们讨论了简单装置的分析方法,但其原理同样适用于复杂装置。

像本章所述的这些装置常用以产生粗动,如继电器和螺线管等,其运动方式只有"开"和"关"两种状态。本章描述的分析方法可以用来确定力对位移的函数关系和对电源的反作用。如果要了解运动的细节,如装置激励后,位移随时间变化的函数关系等,通常必须求解如式 3.93 和式 3.94 的非线性微分方程组。

与粗动装置不同,其他诸如扬声器、拾音器和传感器之类的装置希望以相对小的位移量工作,且产生的机械运动与对应的电激励信号之间呈线性关系,反之亦然。电变量和机械变量之间的线性关系可以由装置设计者设计,或者通过把信号的幅度限制在线性区内得到。无论哪种情况,其微分方程式均是线性的,如果需要,可以用标准方法求解出其瞬态响应、频率响应等。

3.9.1 粗动问题

如例 3.10 中所推导的,单边励磁装置的微分方程式具有如下形式:

$$\frac{1}{2}L'\left(\frac{ai^2}{(a+x)^2}\right) = M\frac{\mathrm{d}^2x}{\mathrm{d}t^2} + B\frac{\mathrm{d}x}{\mathrm{d}t} + K(x-l_0) + f_t \tag{3.95}$$

$$v_t = iR + L'\left(\frac{x}{a+x}\right)\frac{\mathrm{d}i}{\mathrm{d}t} + L'\left(\frac{ai}{(a+x)^2}\right)\frac{\mathrm{d}x}{\mathrm{d}t} \tag{3.96}$$

应用这些微分方程式的一个典型例子就是,当 $t=0$ 时施加一个指定电压 $v_1=V_0$,求出其偏移 $x(t)$。这些微分方程没有通用的解析解,它们是非线性的且包含变量 x 和 i 及其导数的乘积和指数等项。通常利用计算机辅助数值积分技术可以很容易求解这些微分方程式。

许多商业化的软件包可以用来快速分析这类系统,MATLAB/Simulink 软件包[①]就是其中之一。利用 Simulink,诸如式 3.95 和式 3.96 之类的方程可以方便地求解,但要把这些方程改写成积分方程,然后通过数值积分求解。具体来说,Simulink 可以求解一阶非线性积分方程组。

通过定义一个中间变量 x_1 就可以将式 3.95 和式 3.96 改写成 Simulink 所要求的形式:

$$x_1 = \frac{\mathrm{d}x}{\mathrm{d}t} \tag{3.97}$$

该式与式 3.95 和式 3.96 联立,就可以得到一组 3 个一阶非线性微分方程:

$$\frac{\mathrm{d}x}{\mathrm{d}t} = x_1 \tag{3.98}$$

$$\frac{\mathrm{d}x_1}{\mathrm{d}t} = \frac{1}{M}\left[\frac{1}{2}L'\left(\frac{ai^2}{(a+x)^2}\right) - Bx_1 - K(x-l_0) - f_t\right] \tag{3.99}$$

$$\frac{\mathrm{d}i}{\mathrm{d}t} = \left(\frac{a+x}{x}\right)\left[v_t - iR - L'\left(\frac{ai}{(a+x)^2}\right)x_1\right] \tag{3.100}$$

---

① MATLAB 和 Simulink 是 MathWorks,Inc.,3 Apple Hill Drive,Natick,MA 01760,http://www.mathworks.com 的注册商标。MATLAB 和 Similink 都有学生版可供选用。

这些方程的积分形式为

$$x = \int_0^t \{x_1\} \mathrm{d}t \qquad (3.101)$$

$$x_1 = \int_0^t \left\{ \frac{1}{M} \left[\frac{1}{2} L' \left(\frac{ai^2}{(a+x)^2} \right) - Bx_1 - K(x - l_0) - f_t \right] \right\} \mathrm{d}t \qquad (3.102)$$

$$i = \int_0^t \left\{ \left(\frac{a+x}{x} \right) \left[v_t - iR - L' \left(\frac{ai}{(a+x)^2} \right) x_1 \right] \right\} \mathrm{d}t \qquad (3.103)$$

例 3.11 例 3.10 中的活塞系统具有如下参数：

$$M = 0.4 \, \mathrm{kg} \quad K = 60 \, \mathrm{N/m}$$
$$B = 1 \, \mathrm{kg/s} \quad l_\mathrm{o} = 5 \, \mathrm{cm}$$
$$a = 2.5 \, \mathrm{cm} \quad L' = 46.8 \, \mathrm{mH}$$
$$R = 5 \, \Omega$$

该系统的初始状态是静止的，即 $v_t = 0$，且 $f_t = 0$。当时间 $t = 0.5 \mathrm{s}$ 时，将电压 v_1 加到 10V，利用 Simulink 计算并绘制活塞位移 x 和电流 i 的波形。

解：

图 3.25 示出了该例的 Simulink 模型，从中可以看出，有三个积分器，分别对应于从式 3.101 到式 3.103 的 3 个积分方程。模型包括两个实现式 3.102 和式 3.103 的子系统，图 3.26 给出了实现这些子系统的细节。

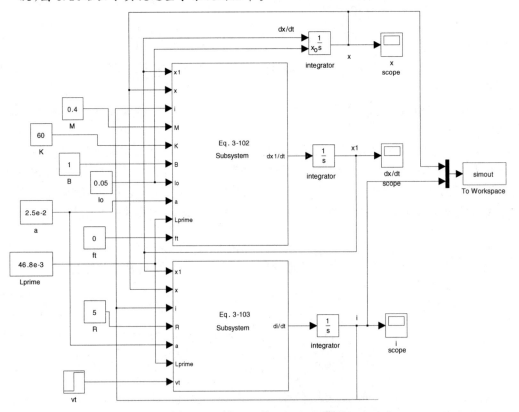

图 3.25 例 3.11 的 Simulink 模型

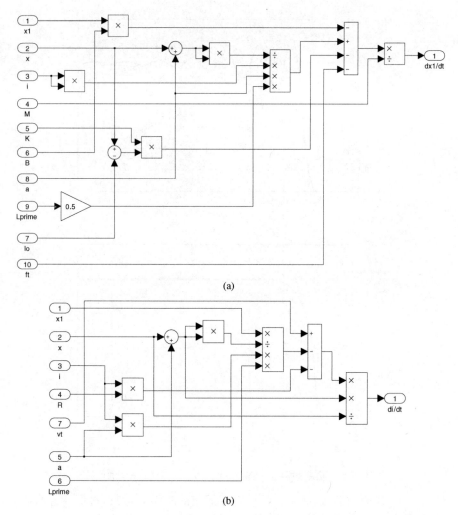

图 3.26 Simulink 子系统：(a)实现式 3.102 的子系统；(b)实现式 3.103 的子系统

图 3.27 给出了该例的仿真结果。注意电流衰减到稳定值用了约 0.5s，稳定值为 $V_t/R=2$ A，具有基本的一阶响应的特征。另一方面，x 的瞬态响应具有二阶响应的特征，其衰减用了约 4.5s。毫不奇怪，增大衰减常数 B 并重新运行该仿真模型，结果将看到衰减加快了。

在许多情况下，粗动问题可以简化。某些情况下，可采用解析法求解，这样就可以免去建立并求解仿真模型的必要。许多时候，这样的简化对于洞察系统行为以及确定这些行为的物理本质非常重要。例如，在例 3.10 所示的系统中，当线圈具有相对较大的电阻值时，在式 3.96 的右端，与 di/dt 表示的自感电势项和 dx/dt 表示的速度电势项相比较，iR 项起主导作用。这时可以假定电流 i 等于 v_t/R，并可直接代入式 3.95。类似地，当电流直接从电力电子线路获取时，也可将电源电流波形直接代入式 3.95。

3.9.2　线性化

许多时候，尽管机电装置的行为本质上是非线性的，但仍要求这些装置对输入信号做出

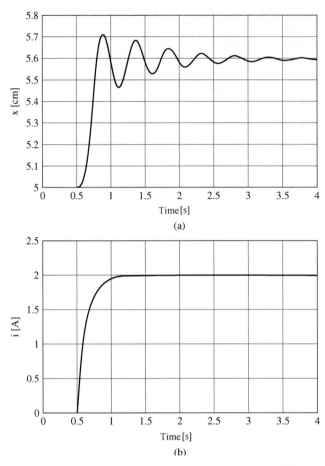

图 3.27　绘制的例 3.11 的曲线：(a)x 的曲线；(b)i 的曲线

线性响应。在另一些情况下，这些装置被设定在固定的工作点运行，可以通过检查这些工作点受到小干扰后的行为来研判其稳定性。例如，当被非线性微分方程(如式 3.95 和式 3.96)定性的装置用做传感器时，通常会对任意输入信号产生非线性响应。若要得到线性响应，这些装置的位移和电信号必须被限制在它们的平衡值附近的小范围内。例如，在某个给定系统中，平衡点可能是由直流绕组(或等效永磁体)产生的抗衡弹簧的基准磁势决定的。在另一个系统中，平衡点可能是由一对能产生磁势的线圈决定的，这些线圈产生的力在平衡点相互抵消。另外，平衡点必须是稳定的，传感器受到微小扰动后应该能回到平衡位置。

考虑例 3.10 的系统，将电压和外施力分别设为等于其平衡值 V_{t_0} 和 F_{t_0}，用来描述系统平衡位置之位移 X_0 和电流 I_0 的方程可以由式 3.95 和式 3.96 确定。为此，可令式中的时间导数为 0，得

$$\frac{1}{2}L'\left(\frac{aI_0^2}{(a+X_0)^2}\right) = K(X_0 - l_0) + F_{t_0} \tag{3.104}$$

$$V_{t_0} = I_0 R \tag{3.105}$$

通过把每个变量替换为其平衡值和增量之和，可以描述增量运行，所以有 $i = I_0 + i'$、$f_t = F_{t_0} + f'$、$v_t = V_{t_0} + v'$ 和 $x = X_0 + x'$，通过把增量之积当做 2 阶增量舍弃的方法可使得非

线性方程线性化。这时,式 3.95 和式 3.96 变为

$$\frac{L'a(I_0 + i')^2}{2(a + X_0 + x')^2} = M\frac{\mathrm{d}^2 x'}{\mathrm{d}t^2} + B\frac{\mathrm{d}x'}{\mathrm{d}t} + K(X_0 + x' - l_0) + F_{t_0} + f' \qquad (3.106)$$

和

$$V_{t_0} + v' = (I_0 + i')R + \left(\frac{L'(X_0 + x')}{a + X_0 + x'}\right)\frac{\mathrm{d}i'}{\mathrm{d}t} + \left(\frac{L'a(I_0 + i')}{(a + X_0 + x')^2}\right)\frac{\mathrm{d}x'}{\mathrm{d}t} \qquad (3.107)$$

平衡项互相抵消,仅保留了一阶增量项。这样就得到了用增量变量表示的一阶线性微分方程组,即

$$\frac{L'aI_0}{(a + X_0)^2}i' = M\frac{\mathrm{d}^2 x'}{\mathrm{d}t^2} + B\frac{\mathrm{d}x'}{\mathrm{d}t} + \left[K + \frac{L'aI_0^2}{(a + X_0)^3}\right]x' + f' \qquad (3.108)$$

$$v' = i'R + \left(\frac{L'X_0}{a + X_0}\right)\frac{\mathrm{d}i'}{\mathrm{d}t} + \left(\frac{L'aI_0}{(a + X_0)^2}\right)\frac{\mathrm{d}x'}{\mathrm{d}t} \qquad (3.109)$$

这组线性微分方程式可以采用标准方法包括数值积分求得其时间响应。另外,因为在设计控制系统以及/或者分析系统稳定性时经常用到该方法,并可以假设其运行于正弦稳态下,则式 3.108 和式 3.109 可以转化为一组复杂的线性代数方程,可在频域内求解。

3.10 小　结

在机电系统中,能量存储在磁场和电场中。当场中的能量受到构成场边界的机械部件的结构影响时,就会产生机械力,机械力趋向于驱动机械部件,从而将能量从场传输到机械系统。

首先在 3.3 节中讨论了单边励磁磁场系统。通过把电损耗和机械损耗因素从机电能量转换系统中分离出去(并且将其视为损耗元件分别合并到外接的电系统和机械系统中去),就可以把能量转换装置模型化为一个保守系统,其储能就变成一个状态函数,系统状态就由状态变量 λ 和 x 确定。3.4 节推导出了用来确定力和转矩的表达式,即在保持磁链 λ 为常数时,求出储能对位移的偏导数,然后取负值。

3.5 节中引入了以 i 和 x(或者 θ)为状态变量的状态函数即磁共能函数,证明了力和转矩可以这样求得:保持电流 i 为常数,求出磁共能对位移的偏导数。

在 3.6 节中,这些概念被推广到了包含多个线圈的系统,3.7 节又进一步将其推广到了磁势源中包含永磁体的磁场储能系统。

能量转换装置工作在电系统和机械系统之间。正如 3.8 节讨论的,其运行情况可以用一组微分方程来描述,方程中包含电系统与机械系统之间的耦合项。这些方程式通常为非线性的,如果需要,可以用数值方法求解。正如 3.9 节所讨论的,在某些情况下,可以采用近似方法简化方程式。例如,在许多情况下,线性化分析法对我们深入理解装置的设计和性能很有帮助。

本章讨论了普遍适用于机电能量转换过程的基本理论,特别是适合磁场系统的基本理论。本质上讲,旋转电机和直线运动机构的运行方式一样。本书的其余部分几乎全部研究旋转电机。旋转电机通常具有多个线圈,也可能具有永磁体。本章所讨论的方法和原理可以用来分析旋转电机的性能。

3.11 第 3 章变量符号表

α,θ	角位移[rad]
λ	磁链[Wb]
ρ	电荷密度[库仑/m³]
μ	磁导率[H/m]
μ_0	真空磁导率 $4\pi \times 10^{-7}$[H/m]
μ_R	回复磁导率[H/m]
Φ	磁通量[Wb]
a,h,l,d,D,W	直线尺寸[m]
A	面积[m²]
$B,\boldsymbol{B}$	磁通密度[T]
B	衰减系数[N/(m/s)]
B_r	剩磁感应强度[T]
e,v	电压或电势[V]
$\boldsymbol{E}$	电场强度[V/m]
$f,f_{fld},F,\boldsymbol{F}$	力[N]
$\boldsymbol{F}_v$	力密度[N/m³]
$\mathcal{F}$	磁动势[A]
g	气隙长度[m]
$\boldsymbol{H}$	磁场强度[A/m]
H_c	矫顽力[A/m]
$i,I,\boldsymbol{I}$	电流[A]
$\boldsymbol{J}$	电流密度[A/m²]
K	弹性常数[N/m]
L	电感[H]
M	质量[kg]
N	匝数
Ni_{equiv}	等效安匝[A]
P_{elec}	电输入功率[W]
P_{mech}	机械输出功率[W]
q	电荷[库仑]
r	半径[m]
R	电阻[Ω]
$\mathcal{R}$	磁阻[H⁻¹]
t	时间[s]
T,T_{fld}	转矩[N·m]
v	速度[m/s]
W_{fld}	磁场储能[J]

| W'_{fld} | 磁共能[J] |
| x, X | 位移[m] |

下标：

e	外部(external)
equiv	等效(equivalent)
f	场(field)
gap, ag	气隙(air gap)
m	磁(magnet)
wire	导线
path	路径
feeder	馈线
load	负载

3.12　习　题

3.1　除了用两个线圈代替一个线圈,图 3.28 所示的转子与图 3.2(例 3.1)中的转子基本相同。该转子非磁性且位于幅值为 B_0 的均匀磁场中。线圈边处的半径为 R,围绕转子圆周外表面的气隙均匀。线圈 1 通过电流 I_1,线圈 2 通过电流 I_2。设转子长度为 0.32m, $R = 0.13$m, $B_0 = 0.87$T,在下列各种情况下,分别求出 θ 方向的转矩对转子位置角 α 的函数关系式：(a) $I_1 = 0$A, $I_2 = 5$A；(b) $I_1 = 5$A, $I_2 = 0$A；(c) $I_1 = 8$A, $I_2 = 8$A。

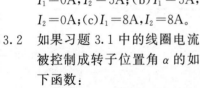

图 3.28　习题 3.1 的两线圈转子

3.2　如果习题 3.1 中的线圈电流被控制成转子位置角 α 的如下函数：

$$I_1 = 8\sin\alpha\,\text{A} \text{ 和 } I_2 = 8\cos\alpha\,\text{A}$$

写出转子转矩对转子位置角 α 的函数关系式。

3.3　对于例 1.2 中的磁路,针对给定运行条件：(a)利用式 3.21 求取磁场储能；(b)求(i) N 匝线圈的电感,(ii)线圈磁链,(iii)利用式 3.19 求磁场储能。

3.4　已知某电抗器的电感具有如下表达式：

$$L = \frac{2L_0}{1 + \frac{x}{x_0}}$$

式中 $L_0 = 70$mH, $x_0 = 1.20$mm, x 是运动部件的位移,测得其绕组电阻为 135mΩ。

a. 若位移 x 保持为常数 1.30mm,电流从 0 增加到 7.0A,求电抗器中最终的磁场储能。

b. 若电流保持为常数 7.0A,位移增加到 2.5mm,求对应的磁场储能的变化量。

3.5 习题 3.4 的电抗器用一个如下形式的正弦电流源来驱动：

$$i(t) = I_0 \sin \omega t$$

式中，$I_0 = 7.0\text{A}$，$\omega = 120\pi(60\text{Hz})$，当保持位移为固定值 $x = x_0$ 时，计算：(a)电抗器中磁场储能对时间的平均值(W_{fld})；
(b)线圈电阻上消耗的功率对时间的平均值。

3.6 图 3.29 所示的传动装置有可旋转的轮叶。假设铁心和轮叶的磁导率都为无穷大($\mu \rightarrow \infty$)。气隙的总长为 $2g$，通过设计轮叶的形状，使得气隙的有效面积具有如下表达式：

$$A_{\text{g}} = A_0 \left(1 - \left(\frac{4\theta}{\pi} \right)^2 \right)$$

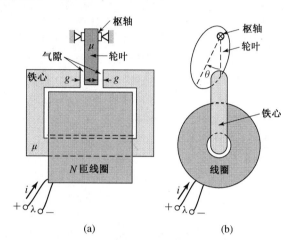

图 3.29 习题 3.6 中具有旋转轮叶的传动机构：(a)侧视图；(b)端视图

(有效范围为 $|\theta| \leqslant \pi/6$)。

a. 求出对应的电感 $L(\theta)$；

b. 已知 $g = 0.9\text{mm}$，$A_0 = 5.0\text{mm}^2$，$N = 450$，$i = 5\text{A}$，在 $|\theta| \leqslant \pi/6$ 区间，用 MATLAB 软件绘制该传动机构的磁场储能对角度 θ 的函数曲线。

3.7 习题 3.6 中的电感器接到一个控制器，使得线圈磁链保持为恒定。当 $\theta = 0$ 时观察到线圈中的电流为 5A。在 $|\theta| \leqslant \pi/6$ 区间，利用 MATLAB 软件绘制该传动机构的磁场储能对角度 θ 的函数曲线。

3.8 如图 3.30 所示，一个 RC 电路接到电池上。开关 S 原来处于闭合状态，并在 $t = 0$ 时断开。

a. 求 $t \geqslant 0$ 时电容器上的电压 $v_{\text{C}}(t)$。

b. 电容器储能的初始值和最终值($t = \infty$)是多少？（提示：$W_{\text{fld}} = \frac{1}{2} q^2/C$，其中 $q = Cv_{\text{c}}$。）电容器的储能对时间的函数式是怎样的？

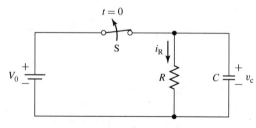

图 3.30 习题 3.8 的 RC 电路

c. 电阻器上的功率损耗对时间的函数式是怎样的？电阻器上消耗的总能量是多少？

3.9 如图 3.31 所示，一个 RL 电路接到电池上。开关 S 原来处于闭合状态，并在 $t = 0$ 时断开。

a. 求 $t \geqslant 0$ 时电感器上的电流 $i_{\text{L}}(t)$。（提示：当开关闭合时，二极管反向偏置，可认为其处于开路状态；紧接着，开关断开，二极管正向偏

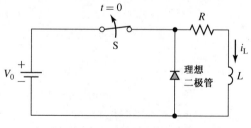

图 3.31 习题 3.9 的 RL 电路

置,可认为其处于短路状态。)

b. 电感器储能的初始值和最终值($t = \infty$)是多少？电感器的储能对时间的函数式是怎样的？

c. 电阻器上的功率损耗对时间的函数式是怎样的？电阻器上消耗的总能量是多少？

3.10 一台 500MVA 同步发电机的时间常数 L/R 为 4.8s。正常运行时,励磁绕组的耗能为 1.3MW。

a. 计算该情况下的磁场储能。

b. 如果励磁绕组的端电压突然减少到(a)中励磁电流值的 70%,求出磁场储能对时间的函数式。

3.11 在正常运行范围,某种电铃的传动机构的电感值具有如下形式:

$$L(x) = \frac{L_0}{(x/X_0)^2}$$

运行区间为 $0.5X_0 \leqslant x \leqslant 2X_0$。

a. 求磁场储能 $W_{\text{fld}}(\lambda, x)$。

b. 求出传动机构的力对 λ 和 x 的函数式。

c. 假设传动机构的电流保持为恒定值 $i = I_0$,求出力对的 x 函数关系式,该力是增大 x 还是减小 x？

3.12 测得三相凸极电动机的某相绕组电感值具有如下形式:

$$L(\theta_{\text{m}}) = L_0 + L_2 \cos 2\theta_{\text{m}}$$

式中,θ_{m} 是转子位置角。

a. 该电动机的转子上有多少极？

b. 假定其他相的绕组电流为 0,该相由给定恒定电流 I_0 励磁,求作用在转子上的转矩的函数式 $T_{\text{fld}}(\theta)$。

3.13 某磁场系统包括一个线圈和一个转子,线圈电感随转子位置角 θ_{m} 变化的函数关系式如下:

$$L(\theta_{\text{m}}) = L_0 + L_6 \sin 6\theta_{\text{m}}$$

线圈由一个电源供电,该电源利用反馈控制可使得所提供的电流维持在恒定值 I_0。

a. 求出作用在转子上的电磁转矩 T_{fld} 对转子位置角 θ_{m} 的函数式。

b. 如果转子被驱动并运行在固定的角速度而使得 $\theta_{\text{m}} = \omega_{\text{m}}t$,求电源必须给线圈提供的瞬时功率 $p(t)$ 的表达式。

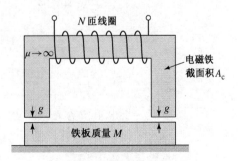

图 3.32 用电磁铁提升铁板(习题 3.14)

3.14 如图 3.32 所示,一个线圈匝数为 N 的电磁铁被用来提升质量为 M 的铁板。由于铁板表面粗糙,使得当铁板和电磁铁接触时,每边有效气隙应有的最小值 $g_{\text{min}} = 0.31\text{mm}$。电磁铁的截面积 $A_{\text{c}} =$

$32cm^2$，线圈匝数为 475，线圈电阻值为 2.3Ω。计算要克服重力，提起质量为 12kg 的板材时，必须施加给线圈的最小电压值。计算时忽略铁心磁路的磁阻。

3.15 图 3.33 所示的圆柱铁壳螺线管传动装置被用做断路器、操作阀或者用在其他应用场合，要求能对某个部件施加较大推力而使其产生相对较小的位移。当线圈电流为 0 时，活塞下落到一个停止位置，气隙 g 达到其最大值 g_{max}。当线圈施加足够大的直流电流时，活塞又上升到另一个停止位置，在此位置时 g 等于 g_{min}。活塞被支撑着能够在垂直方向自由运动。

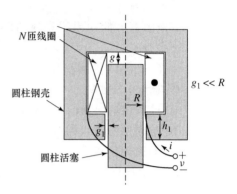

图 3.33　习题 3.15 的圆柱活塞传动机构

在该题中，忽略漏磁和气隙的边缘效应，并假设铁心中磁位降也可以忽略。

a. 推导磁通密度 B_g 对气隙长度 g 和线圈电流 i 的函数关系式。

b. 分别推导磁链 λ 和电感 L 对气隙长度 g 和线圈电流 i 的函数关系式。

c. 推导传动机构的磁共能 W'_{fld} 对气隙长度 g 和线圈电流 i 的函数关系式。

d. 推导作用于活塞的力对气隙长度 g 和线圈电流 i 的函数关系式。如果电流 i 保持为常数，该力的作用是增大气隙 g 还是减小气隙 g？

3.16 考虑习题 3.15 和图 3.33 中的活塞传动机构，设其参数如下：

$$R = 6\ cm \qquad\qquad h_1 = 3\ cm$$
$$g_{min} = 0.15\ cm \qquad\quad g_{max} = 2.2\ cm$$
$$g_1 = 0.6\ mm \qquad\qquad N = 2500\ 匝$$
$$线圈电阻 = 2.9\ \Omega$$

a. 传动机构的气隙 g 被设为其最小值 g_{min}，采用电流源并调节线圈电流使得活动气隙中的磁通密度等于 0.8T，计算线圈的电流 I_0。

b. 保持线圈电流为常数 I_0，给活塞施加一个外力，力图拉开活塞使其朝向最大气隙位置 g_{max}。利用 MATLAB 软件，绘制当气隙 g 在 g_{min} 和 g_{max} 之间变化时，推动活塞所需的外力随气隙 g 变化的函数曲线。

c. 当活动气隙从 g_{min} 到 g_{max} 变化时[同(b)]，计算：

　　i. 磁场储能的变化量 ΔW_{fld}；

　　ii. 外系统向传动机构提供的总能量 E_{ext}；

　　iii. 提供给电流源的总能量 E_{gen}。提示：利用能量守恒定律。因为线圈电流为常数，线圈电阻上消耗的功率也为常数，在计算时可以不予考虑。

3.17 图 3.34 是一个圆柱体对称振动系统，可以在被测试的系统中产生低频振荡。其中有一个电阻值为 R_c 的 N 匝线圈。半径为 R 的活塞与铁心隔开，活塞周边是很小的固定气隙，其长度 $g \ll R$，活塞底部有一可变气隙 δ。铁心和活塞的磁导率均可视为无穷大。

活塞被等效弹性常数为 K 的弹簧组支撑，弹簧组产生作用于活塞的力为

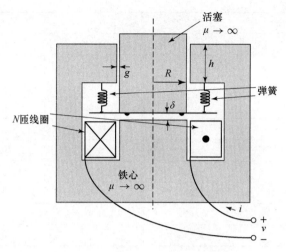

图 3.34　习题 3.17 的低频振动系统

$$f_K = K(\delta_0 - \delta)$$

活塞上有机械站,限制 δ 的最小值为 1mm。在解本题时,可以忽略磁场的边缘效应。

$R = 4\ cm$　　　　$h = 3\ cm$

$g = 0.5\ mm$　　　$K = 4.5\ N/mm$

$N = 1000$ 匝　　　$\delta_0 = 5\ mm$

$R_c = 35\ m\Omega$

a. 写出线圈电感对 δ 的函数关系式。

b. 求出活塞受到的磁场力对活塞位置 δ 的函数关系式,以及(i)线圈的磁链 λ 和
(ii)线圈电流 i。在各种情况下,指出力的作用方向是增大 δ 还是减小 δ。

c. 利用 MATLAB 软件,绘制当
电流为 150mA 时,作用在活
塞上的合力在区间 1mm$\leqslant\delta\leqslant$
δ_0 上的曲线,求出相应的活塞
平衡位置。

3.18　图 3.35 中的电抗器由两个 C 形
铁心构成,每个 C 形铁心的横截
面积为 A_c,等效长度为 l_c。有两
个长度均为 g 的气隙,以及两个
匝数均为 N 的串联连接的线圈。

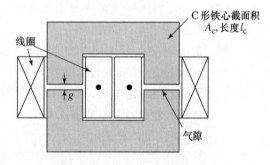

图 3.35　例 3.18 的 C 形电感器

假设铁心的磁导率为无穷大,并且不计气隙的边缘效应。

$A_c = 9.7\ cm^2$　　$l_c = 15\ cm$

$g = 5\ mm$　　　　$N = 450$ 匝

a. 计算电感。

b. 两边的气隙均保持厚 5mm,计算气隙中的磁通密度。当线圈中的电流为 15A
时,计算作用在每个气隙层上的力(N)和压强(N/cm^2)。

3.19　下表给出的是某电工钢片的直流磁化特性的测试数据:

$H/(\mathrm{A/m})$	B/T	$H/(\mathrm{A/m})$	B/T
0	0	1100	1.689
68	0.733	1500	1.703
135	1.205	2500	1.724
203	1.424	4000	1.731
271	1.517	5000	1.738
338	1.560	9000	1.761
406	1.588	12000	1.770
474	1.617	20000	1.80
542	1.631	25000	1.816
609	1.646		

电工钢片的 $B\text{-}H$ 数据(习题 3.19)

a. 利用 MATLAB 软件绘制该电工钢片的 $B\text{-}H$ 曲线。考虑习题 3.18 中的电抗器及图 3.35,设其中的 C 形铁心由该电工钢片制成。

b. 对于全气隙范围以及高达 1.8T 的铁心磁通密度,绘制磁通密度对所需线圈电流的函数曲线。(提示:用 MATLAB 的 spline 子函数计算给定 B 值所对应的 H 值。该值可以用来求解在给定 B 值时的磁位降。)假定 C 形铁心的磁导率为无穷大,在同样的电流范围,绘制能产生的铁心磁通密度曲线。当磁通密度和线圈电流分别为多大值时,才可以近似认为铁心磁导率为无穷大?

c. 当线圈电流为 10A 时,计算作用于每个气隙层的压力和压强。

d. 当线圈电流为 20A 时,计算作用于每个气隙层的压力和压强。(提示:用 MATLAB 计算线圈电流为 20A、气隙长度为 5mm 和 5.01mm 时的磁共能 W'_{fld}。)

3.20 某电抗器有一个 480 匝的线圈,套在截面积为 15cm² 的铁心上,气隙长度为 0.14mm。线圈直接接在有效值为 120V、频率为 60Hz 的交流电压源上。忽略线圈电阻和漏电抗。假设铁心磁阻忽略不计,计算作用在铁心上的试图闭合气隙的力对时间的平均值。如果气隙长度加倍,力如何变化?

3.21 图 3.36 表示的是在矩形铁心槽中嵌放矩形导体,并通过电流时产生槽漏磁通的现象。假设铁心磁阻可以忽略不计,槽漏磁通直接穿越槽中导线顶端和槽顶端之间的区域。

a. 推导导体顶端和槽顶端之间区域的磁通密度 B_s 的表达式。

b. 推导上述槽内导体顶端以上区域的单位槽长度上的磁共能函数式,

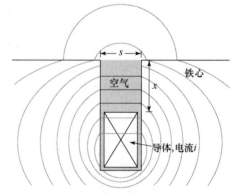

图 3.36　槽中的导体(习题 3.21)

以电流 i、尺寸 x 和 s 作为变量参数。

c. 利用式 3.40 从（b）中的磁共能推导出沿 x 方向单位长度上、作用于导体上的力 f_x 的表达式。注意，尽管会有一个与导体内部磁通量相关的附加磁共能，但该磁共能保持为常数（该常数与导体在槽内的位置无关），其对 x 的导数为零，在计算力时不起作用。力在导体上的作用方向如何？

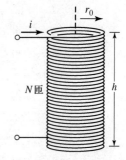

图 3.37 螺线管（习题 3.22）

d. 当导体电流为 900A 时，计算在宽为 5.0cm 的槽中，导体单位长度上的受力。

3.22 半径为 r_0，高度为 h 的长而薄的螺线管如图 3.37 所示。在螺线管内部，磁场强度沿轴向基本均匀，且等于 $H=Ni/h$。管外的磁场可以忽略不计。当线圈电流为 $i=I_0$ 不变时，推导螺线管管壁上承受的径向压强的函数式（压强单位取牛顿/平方米）。

3.23 采用电场储能的机电系统的分析方法可以直接类推本章讨论的磁场系统。考虑这样一个系统，其损耗机制可以用数学方法从电场储能中分离出去。这样，该系统就可以用图 3.38 来表示。对于单电端系统，可用式 3.8，其中，

图 3.38 无损电场储能系统

$$\mathrm{d}W_{\mathrm{elec}} = vi\,\mathrm{d}t = v\,\mathrm{d}q$$

这里，v 是电端电压，q 是与电场储能相关的净电荷。因此，类推式 3.15，得

$$\mathrm{d}W_{\mathrm{fld}} = v\,\mathrm{d}q - f_{\mathrm{fld}}\,\mathrm{d}x$$

a. 用与推导磁场储能（见式 3.17）类似的方法推出电场储能 $W_{\mathrm{fld}}(q,x)$ 的表达式。

b. 用与推导式 3.26 类似的方法，推出电场力 f_{fld} 的表达式，并标出在求导过程中哪个变量保持为常数。

c. 用与推导式 3.34 到式 3.41 的类似方法，推导出电共能 $W'_{\mathrm{fld}}(v,x)$ 和对应电场力的表达式。

3.24 某电容器（见图 3.39）由两块面积为 A，空间距离为 x 的平行导电板构成。端电压为 v，极板上的电荷为 q。电容值 C 定义为电荷对电压的比值，即

$$C = \frac{q}{v} = \frac{\epsilon_0 A}{x}$$

式中，ϵ_0 是空气的电导率（在 SI 单位中，$\epsilon_0 = 8.85 \times 10^{-12}\,\mathrm{F/m}$）。

a. 利用习题 3.23 的结果，推导电场储能 $W_{\mathrm{fld}}(q,x)$ 和电共能 $W'_{\mathrm{fld}}(v,x)$ 的表达式。

b. 电容器的引线端接到一个稳定直流电源 V_0。推导为保持极板间距离恒定为 $x=\delta$ 所需的电场力的表达式。

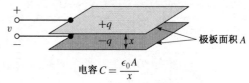

图 3.39 电容器极板（习题 3.24）

3.25 图 3.40 是一个静电仪表的示意图。由固定电极和可动电极组成了一个容性系统。可动电极安装在一个能绕轴转动的轮杆上,轮杆转动时两电极之间的气隙保持不变。该系统的电容由下式给出:

$$C(\theta) = \frac{\epsilon_0 Rd(\alpha - |\theta|)}{g} \quad (|\theta| \leqslant \alpha)$$

可动轮杆上装有一个扭力弹簧,产生的扭矩为

$$T_{\text{spring}} = -K(\theta - \theta_0)$$

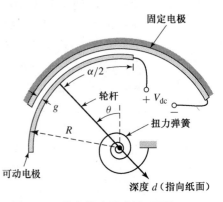

图 3.40 静电仪表示意图(习题 3.25)

a. 当 $0 \leqslant \theta \leqslant \alpha$ 时,应用习题 3.23 的结果,推导电磁转矩 T_{fld} 和外施电压 V_{dc} 之间的关系式。

b. 求出可动轮杆角位移对外施电压 V_{dc} 的函数关系式。

c. 某系统数据如下所示:

$$R = 13 \text{ cm}, \qquad d = 3.8 \text{ cm}, \qquad g = 0.2 \text{ mm}$$
$$\alpha = \pi/3 \text{ rad}, \qquad \theta_0 = 0 \text{ rad}, \qquad K = 4.15 \text{ N} \cdot \text{m/rad}$$

当外施电压在 $0 \leqslant V_{\text{dc}} \leqslant 1800 \text{V}$ 范围时,绘出轮杆角位移(单位为度)和外施电压之间的函数曲线。

3.26 图 3.41 所示的双线圈磁路有一个线圈绕在固定的磁轭上,另一个线圈绕在可动部件上。可动部件被约束使得两边气隙保持相等。

a. 用铁心尺寸和线圈匝数分别表示线圈 1 和线圈 2 的自感表达式。

b. 求出两个线圈之间的互感表达式。

c. 计算磁共能 $W'_{\text{fld}}(i_1, i_2)$。

d. 求出作用在可动部件上的力对线圈电流的函数关系式。

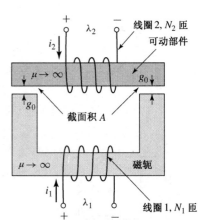

图 3.41 习题 3.26 的双线圈磁路

3.27 两个线圈,一个嵌在定子上,另一个嵌在转子上,其自感和互感值为

$$L_{11} = 5.3 \text{ mH} \quad L_{22} = 2.7 \text{ mH} \quad L_{12} = 3.1 \cos\theta \text{ mH}$$

θ 为两个线圈轴线之间的夹角,且被约束在 $0 \leqslant \theta \leqslant 90°$ 的范围内。两个线圈串联且通过的电流为

$$i = \sqrt{2}I \sin\omega t$$

a. 推导作用在转子上的瞬时转矩 T 对位置角 θ 的函数关系式。

b. 求时间平均转矩 T_{avg} 对 θ 的函数关系式。

c. 当 $I = 10\text{A}$、$\theta = 90°$ 时,计算时间平均转矩值 T_{avg}。

d. 当电流 $I=5A$、$7.07A$ 和 $10A$ 时,分别绘出 T_{avg} 对 θ 的函数曲线。

e. 现在转子上装一个螺旋约束弹簧,试图把转子拉向 $\theta=90°$。弹簧的约束转矩正比于偏角 $\theta=90°$,且当 $\theta=0°$ 时,约束转矩为 $-0.1\ N\cdot m$。在本题(d)所绘的曲线上,当线圈电流为 $I=5A$、$7.07A$ 和 $10A$ 时,如何求转子-弹簧组合体的位置角?用你绘制的曲线,估算对应这几种电流的转子位置角。

f. 编写 MATLAB 程序,在电流有效值 $0\leqslant I\leqslant 10A$ 范围内,绘制转子位置角对电流有效值的函数曲线。

(注意,该题揭示了交流电动式仪表的工作原理。)

3.28 两个线圈,一个嵌在定子上,另一个嵌在转子上,其自感和互感数据如下所示:
$$L_{11}=7.3\ H \quad L_{22}=4.7\ H \quad L_{12}=5.6\cos\theta\ H$$
其中 θ 为两个线圈轴线之间的夹角。线圈的电阻可以忽略不计。线圈 2 短路,线圈 1 中的电流对时间的函数为 $i_1=\sqrt{2}I_0\sin\omega t\ A$。当电流 $I_0=10A$ 时,在 $0\leqslant\theta\leqslant 180°$ 区间上绘制时间平均转矩对 θ 的函数关系曲线。

3.29 如图 3.42(a)和图 3.42(b)所示,扬声器由圆对称且磁导率为无穷大的磁心制成。气隙长度 g 远小于中心铁心的半径 r_0。音圈被约束仅在 x 方向运动并撞击扬声器纸盆(图中未示出)。线圈 1 中通以直流电流 $i_1=I_1$,在气隙中产生恒定的径向磁场。给音圈施加音频信号 $i_2(t)$。假设音圈厚度忽略不计,且其 N_2 匝感应线圈均匀分布于其高度 h 范围内。同时假定其位移 x 在气隙范围内($0\leqslant x\leqslant l-h$)。

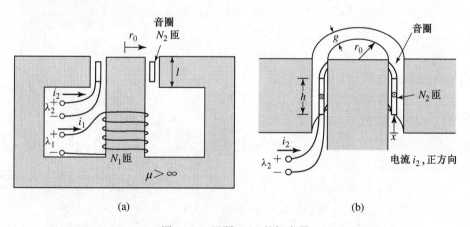

(a)   (b)

图 3.42 习题 3.29 的扬声器

a. 用洛伦兹电磁力定律(见式 3.1)推导作用在音圈上的力对位移 x 和电流 i_2 的函数式。

b. 推导每个线圈的自感表达式。

c. 推导线圈之间的互感表达式。(提示:假设电流通过音圈,计算线圈 1 的磁链。注意该磁链随位移 x 变化。)

d. 推导系统磁共能 W'_{fld} 及音圈所受的力对音圈位移 x 和电流 i_2 的函数式。

3.30 用钕－铁－硼永磁体代替钐－钴永磁体，重复例 3.8 的工作。

3.31 图 3.43 所示的磁结构装置可以
用来克服重力吸起磁性块件。设
磁性块件的磁导率为无穷大（$\mu \rightarrow$
∞）、质量为 M。该系统包括一块
永磁体和一个线圈。在正常情况
下，力由永磁体单独提供。线圈
的功能是抵消永磁体产生的磁场
以释放磁性块件。系统的设计使
得块件两边的气隙长度保持不变
且为 $g_0/2$。

假设永磁体的特性可以用如下线
性方程式表示：

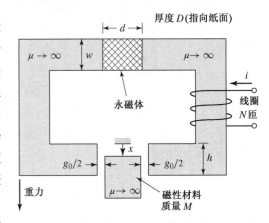

图 3.43 习题 3.31 的磁场支撑系统

$$B_m = \mu_R(H_m - H_c)$$

并且线圈的绕向为当线圈通入正电流时可以抵消由磁铁产生的气隙磁通。忽略
边缘磁效应。

a. 设线圈电流为 0。

　(i) 求出当永磁体单独作用时，作用于块件的力的表达式 $f_{fld}(x)(0 \leqslant x \leqslant h)$。

　(ii) 求该系统克服重力后所能吸起的最大质量 M_{max}。

b. 对于 $M = M_{max}/2$，求能够释放块件的线圈最小电流值 I_{min}。

3.32 将习题 3.29 所示的扬声器线圈 1（见
图 3.42）用一块永磁体替代（见图 3.44）。
永磁体特性为线性 $B_m = \mu_R(H_m - H_c)$。

a. 假设音圈电流为 0（$i_2 = 0$），推导气隙
中的磁通密度表达式。

b. 推导由永磁体引起的音圈磁链对位
移 x 的函数式。

c. 假设音圈电流足够小，因音圈电感引
起的磁共能分量 W'_{fld} 可以忽略不计。
计算系统的磁共能 $W'_{fld}(i_2, x)$。

d. 在(c)中磁共能表达式的基础上，推
导音圈上所受的力的表达式。

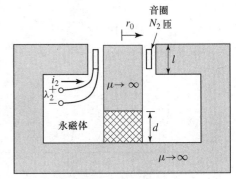

图 3.44 将图 3.42 中的线圈 1 用永磁体
代替后的扬声器铁心（习题 3.32）

3.33 图 3.45 所示为一个圆对称磁系统，其可动活塞（被控制在垂直方向运动）由弹性
常数为 K 的弹簧吊撑。该系统由一垫圈状的钐－钴永磁体励磁，永磁体外径为
R_3，内径为 R_2，厚度为 t_m。系统尺寸为

$$R_1 = 2.1 \text{ cm}, \quad R_2 = 4 \text{ cm}, \quad R_3 = 4.5 \text{ cm}$$
$$h = 1 \text{ cm}, \quad g = 1 \text{ mm}, \quad t_m = 3 \text{ mm}$$

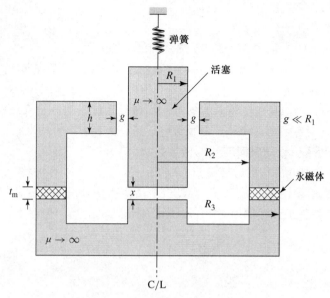

图 3.45 习题 3.33 的永磁体系统

测得活塞的平衡位置在 $X_0 = 0.5\text{mm}$ 处。

a. 求固定气隙中的磁通密度 B_g 和可变气隙中的磁通密度 B_x。

b. 计算 x 方向活塞受到的牵引力。

c. 绘制在 $0 \leqslant x \leqslant X_0$ 区间上，活塞所受磁场力的变化曲线。

d. 将活塞被压到 $x = 0$ 处然后释放，要保证活塞能回到平衡位置，则弹簧的弹性
常数 K（单位为 N/cm）的最小值应为多少？

3.34 一螺线管的活塞连接到弹簧。螺线管电感的表达式为 $L = L_0(1 - x/X_0)$，线圈电
阻为 R_c。弹簧力 $f_{\text{spring}} = K_0(0.5X_0 - x)$，其中 x 为气隙长度。当幅值为 V_0 的直
流电压施加到螺线管时，活塞的初始平衡位置为 $x = 0.5X_0$。

a. 要保持活塞位于 $X_0/2$ 处，求力对时间的函数式。

b. 如果活塞接着被释放，并允许回到平衡位置，求该平衡位置 x_0。可以假设 K_0
足够大，使得 x_0 落在 $0 \leqslant x_0 \leqslant X_0$ 范围内。

3.35 考虑例 3.1 中的单线圈转子。设转子线圈通过 $I = 8\text{A}$ 的固定电流，转子的转动
惯量为 $J = 0.0175\text{kg}\cdot\text{m}^2$。

a. 求出转子的平衡位置，该平衡点稳定吗？

b. 写出系统的动态方程组。

c. 求出在该平衡位置转子做增量运动的固有频率（单位为 Hz）。

3.36 考虑类似于例 3.10（见图 3.24）的螺线管，希望其圆柱体活塞的长度减小到 $a + h$。
活塞最初设定在位置 $x = X_0 = a/2$ 处，线圈随后被接到电源，该电源能使磁链保
持恒定，$\lambda = \lambda_0$。推导作用在活塞上的力对 x 的函数。可以假定活塞在铁心范围
内运动，即 $a/4 \leqslant x \leqslant 3a/4$。

3.37 考虑习题 3.34 的螺线管系统。设其参数值为
$$L_0 = 6.2\,\text{mH} \quad X_0 = 2.4\,\text{cm} \quad R_c = 1.6\,\Omega \quad K_0 = 4.1\,\text{N/cm}$$

假设线圈被接于 4.0V 的直流电压源。

a. 求平衡点位移 x_0。

b. 设活塞的质量为 M,写出系统运动的动态方程组。

c. 设 $M=0.2\mathrm{kg}$,电流保持恒定在其稳态值,计算活塞在平衡位置 x_0 处产生的振荡频率。

d. 用 MATLAB 仿真该系统的响应。假设系统最初静止且外施电压为 0,在 $t=1.0\mathrm{s}$ 时突然施加 4.0V 的直流电压源。绘制:

(i)活塞位置随时间变化的函数曲线。

(ii)线圈电流中的时变分量。

3.38 考虑习题 3.17 的振动系统,假设最初活塞静止且线圈电流为零,当 0.1V 的直流电压突然施加到线圈时,用 Simulink 求出活塞的运动位移 $\delta(t)$。

第4章 旋转电机概述

本章旨在引入并讨论隐藏在电机性能背后的一些基本原理。我们将会看到,这些原理往往通用于交、直流电机。我们还将研究多种技术和近似处理方法,利用这些技术和方法能够把实际电机简化为简单但足以揭示其基本原理的数学模型。

4.1 基 本 概 念

可以用式 1.26 即 $e = d\lambda/dt$ 来确定时变磁场产生的感应电势。当机械运动引起磁链 λ 变化时,机电能量的转换就会伴随发生。在旋转电机中,绕组或者线圈组中感应电势的产生是通过下述方法之一实现的:使绕组在磁场中做机械旋转;或者使磁场做机械旋转掠过绕组;或者把磁路设计成使其磁阻随转子转动而变化。不论哪种方法,与特定线圈匝链的磁通都会周期性变化,并且产生时变电势。

习惯上把连在一起的一组这样的线圈称为电枢绕组。通常,电枢绕组这个术语用来指旋转电机中流过交流电流的一个或者一组绕组。在同步电机和感应电机这样的交流电机中,电枢绕组一般位于被称为定子的不动部件上,这时电枢组也称定子绕组。图 4.1 示出了一台尚处于制造中的大型三相同步发电机的定子绕组。

在直流电机中,电枢绕组通常位于被称为转子的转动部件上。图 4.2 示出了一台直流电机的转子。我们将看到,直流电机的电枢绕组

图 4.1　制造中的 100MVA 空冷三相同步发电机定子(图片由通用电气公司提供)

是由许多线圈连在一起构成的闭合绕组。在转子旋转时,通过旋转机械接触将电流送进旋转的电枢绕组中。

同步电机和直流电机通常还有另一个(或一组)绕组,该绕组中通过直流电流,用来产生电机运行所需的主磁通,这类绕组通常称为励磁绕组。直流电机的励磁绕组位于定子上;而同步电机的励磁绕组一般位于转子上,这种情况下,除了一些采用旋转励磁系统供给励磁电流的电机,典型的做法是通过旋转接触向励磁绕组提供电流。如前所述,永磁体也可以产生直流磁通,所以在某些电机中用永磁体代替励磁绕组。图 4.3 所示为正在将励磁绕组安放到转子,该电机为一台 200MW 的大型 2 极同步发电机。

图 4.2　直流电机的转子(图片由　　　　图 4.3　一台 200MW 2 极同步发电机安放转子
Baldor Electric/ABB 提供)　　　　　　励磁绕组(图片由通用电气公司提供)

在大多数旋转电机中,定子和转子铁心由电工钢制成,绕组嵌放在这种铁心结构的槽中。正如第 1 章所述,采用这些高磁导率材料是为了最大限度地使绕组之间相互耦合,以增加与进行机电转换作用相关的磁场能量密度。根据具体电机的设计要求,也允许设计者调整磁场的形状和分布。这些电机电枢中的时变磁通趋向于在电工钢中感应出电流,这一电流被称为涡流。涡流是这类电机产生损耗的一个主要原因,而且会相当程度地降低电机性能。为了使涡流的影响最小,电枢铁心一般用许多相互绝缘的很薄的电工钢片叠装而成。

在某些电机如变磁阻电机和步进电动机中,转子上没有绕组。这些电机的运行依赖于其气隙磁阻的不均匀性以及施加到定子绕组的时变电流,其气隙磁阻与转子位置的变化相关联。在这类电机中,定子和转子铁心均处于时变磁通中,因此二者都必须采用叠片结构以减小涡流损耗。

旋转电机形式多样,名目繁多,有直流电机、同步电机、永磁电机、感应电机、变磁阻电机、磁滞电机和无刷电机等。尽管这些电机外观结构大不相同,但决定其运行的物理机理却基本相同,用同一物理概念去理解它们通常是颇为有益的。比如,分析直流电机就可发现,与定子和转子相关联的是两个在空间上固定的分布磁场,正是这两个分布磁场之间试图对齐的趋势,使得直流电机获得了产生转矩的能力。感应电机尽管与直流电机有诸多基本差异,但其工作原理却是完全相同的。我们可以确认一下与异步电机定子和转子相关联的两个磁场分布,尽管它们不是静止的,而是以同步速度旋转的,但与直流电机情况类似,两个磁场之间相差一个固定的角度,转矩的产生原因同样可以归结为两个分布磁场之间试图对齐的趋势。

理论模型是分析和设计电机的基础,对于这类模型的推导将贯穿本书。但重要的是也应意识到深入理解这些装置性能背后的物理本质同样有用。本章和后续各章的目标之一就是引导读者加深这种理解。

4.2　交流和直流电机概述

4.2.1　交流电机

传统的交流电机不外乎两大类中的一种:同步电机和感应电机。在同步电机中,转子绕组电流是通过旋转滑动接触从静止单元直接获得的。在感应电机中,转子电流是由定子电流随时间的变化和转子相对于定子运动的综合作用在转子绕组感应出来的。

同步电机　　通过分析一台如图 4.4 所示意的、被大大简化了的凸极交流同步发电机电枢绕组中的感应电势,可以得到对同步电机性能的基本认识。此电机的励磁绕组可产生一对磁极(类似于条形磁铁),因而此电机被称为 2 极电机。

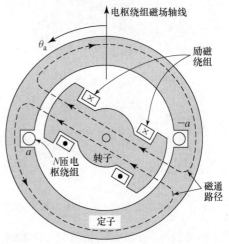

除了个别例外,同步电机的电枢绕组一般在定子上,励磁绕组在转子上,图 4.4 所示的简化电机就是如此。励磁绕组由直流电流激励。直流励磁电流一般是通过静止的碳电刷与旋转的滑环(或称为集电环)之间的滑动接触而传导到励磁绕组的。当然,在某些情况下,励磁绕组可以由被称为无刷励磁系统的旋转励磁系统供电。如此安排励磁绕组和电枢绕组的位置,是由实际工程因素决定的,因为将单一的、小功率的励磁绕组放在转子上,而将大功率的一般为多相的电枢绕组置于定子上,具有明显的优点。

图 4.4　简化的 2 极单相同步发电机示意图

如图 4.4 的横截面图所示,该电机的电枢绕组仅是一个 N 匝的单个线圈,其两个圈边 a 和 $-a$ 位于定子内表面径向相对位置的两个窄槽中。构成这些圈边的导体平行于电机轴并通过端部连线(图中未示出)串联在一起。与电机轴相联结的机械动力源(原动机)驱动转子以恒定速度旋转。电枢绕组被假设为开路,则电机中的磁通由励磁绕组单独激励,磁通路径如图 4.4 中的虚线所示。

对该电机进行高度理想化分析时,可以假设其气隙磁通按正弦分布。理想的径向气隙磁通密度 B 的分布如图 4.5(a)所示,它是沿转子圆周的空间角度 θ_a(以电枢绕组的磁场轴线为参考来度量)的函数。事实上,通过合理设计极面的形状,实际凸极电机的气隙磁通密度可以做到接近正弦分布。

转子旋转时,电枢绕组的磁链就随时间变化。在磁通按正弦分布且转子以恒定转速旋转的假设下,所产生的线圈电势将随时间正弦变化,如图 4.5(b)所示。对图 4.4 所示的 2 极电机,每转一周,线圈电势就经历一个完整的周期。以每秒周期数(Hz)表示的线圈电势的频率与以每秒转数表示的转子转速在数值上相同,即感应电势的电频率同步于电机的机械速度,这就是"同步"电机这一名称的由来。因此,要产生 60 Hz 的电势,2 极同步电机就必须以每分钟 3600 转的速度旋转。

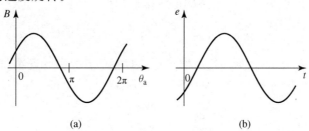

图 4.5　(a)气隙径向磁通密度的空间理想正弦分布;
(b)图 4.4 单相发电机的相应感应电势波形

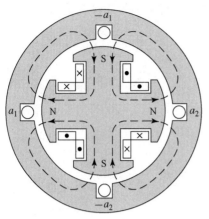

图 4.6 简化的 4 极单相同步发电机示意图

许多同步电机的极数多于 2 极。作为具体例子,图 4.6 给出了一台 4 极单相发电机的示意图。各个磁极励磁线圈的连接应使得磁极的极性交替。如图 4.7 所示,一个圆周的磁通分布包含 2 个完整的波长或者周期。电枢绕组现在由 2 个线圈($a_1 - a_1$)和($a_2 - a_2$)组成,这两个线圈可以串联或者并联。每个线圈的跨距等于 1 个磁通波长。转子转过 1 周,感应电势现在会经历 2 个完整的周期,其以赫兹(Hz)表示的频率,因而将是以转数每秒(r/s)表示的转速的 2 倍。

当电机极数多于 2 极时,简便的做法是集中精力于其中的 1 对极上,同时要意识到,与其他极对有关的电、磁和机械状况只是对所考虑极对的重复。鉴于此,把空间角度用电角度或者电弧度来表示,要比采用其实际单位方便许多。多极电机的一对极或者一个磁通分布周期对应于 360 电角度或者 2π 电弧度。由于在完整旋转 1 圈中有(极数/2)个完整波长或者周期,所以就有

$$\theta_{ae} = \left(\frac{\text{poles}}{2}\right) \theta_a \tag{4.1}$$

式中,θ_{ae} 为以电角度为单位的角度,而 θ_a 为空间角度,poles 为极数。这一关系式对多极电机的所有角度的度量都适用,即其以电角度为单位的值等于其实际空间角度值的(极数/2)倍。

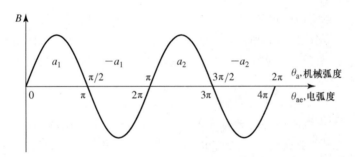

图 4.7 理想 4 极同步发电机气隙磁通密度的空间分布

每扫过一对磁极,多极电机的线圈电势就经历一个完整的周期,或者说每转经历(极数/2)个周期。因此,同步电机中所产生电势的电频率 f_e 为

$$f_e = \left(\frac{\text{poles}}{2}\right) \frac{n}{60} \quad \text{Hz} \tag{4.2}$$

式中,n 是以转每分(r/min)为单位的机械转速,因而 $n/60$ 是以转每秒(r/s)为单位的转速。感应电势以弧度每秒(rad/s)为单位的电频率(电角频率)为

$$\omega_e = \left(\frac{\text{poles}}{2}\right) \omega_m \tag{4.3}$$

式中,ω_m 是以弧度每秒(rad/s)为单位的机械速度(角速度)。

图 4.4 和图 4.6 所示的转子具有凸出的或者说伸出的磁极(凸极)和集中绕组。图 4.8

示意的是隐极或者圆柱转子,其上的励磁绕组为两极分布绕组,线圈边分布于转子外圆的多个槽中,并合理布置使之产生接近正弦分布的径向气隙磁通。

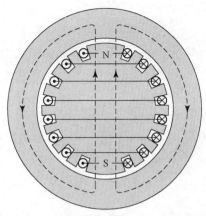

式 4.2 表示的电频率与转子速度之间的关系,可以用来从根本上理解为什么有些同步发电机具有凸极转子结构,而另外一些电机则采用隐极转子。世界上大多数电力系统的运行频率为 50Hz 或 60Hz。凸极结构是水力发电机的特征,因为水轮机运行于相对较低的速度下,为了产生期望的频率,就需要相对较多的磁极,凸极结构机械上比较适合这种情况。然而,蒸汽轮机或者燃气轮机最适合以

图 4.8 2 极隐极转子原型电机励磁绕组

相对高的转速运行,所以汽轮机驱动的交流发电机或者说汽轮发电机通常是 2 极或者 4 极隐极式转子结构的电机。这些圆柱形转子是用单段或者几段锻钢制造而成的,如图 4.9 所示。

图 4.9 100MW 汽轮发电机转子,可以看到,用于供给直流励磁电流的无刷励磁系统安装在转子近端(图片由通用电气公司提供)

世界上大多数的电力系统是三相系统,所以除了个别例外,同步发电机一般为三相电机。为了产生一组在时间上相移 120 电角度的三相电势,就必须至少用到 3 个在空间上相差 120 电角度的线圈。图 4.10(a)给出了每相仅有一个线圈的三相 2 极电机的简化示意图,三相分别用字母 a、b 和 c 来表示。在 4 极原型电机中,必须用到至少两组这样的线圈,如图 4.10(b)所示;在多极原型电机中,线圈组的最小数目为极数的一半。

把图 4.10(b)所示的每相中的两个线圈串联且使其电势相加(形成一相绕组),就可以把三个单相绕组按照 Y 形或者△形接法连接起来。图 4.10(c)示出了怎样将绕组相互连接以形成 Y 形接法。然而应当注意,由于属于同一相的每个线圈中的电势相等,当然也可以并联组成一相绕组,例如,线圈(a,$-a$)和线圈(a',$-a'$)并联,以此类推。

当同步发电机向负载供电时,电枢电流会在气隙中产生一个以同步转速旋转的磁通波,如 4.5 节所述。该磁通与由励磁电流产生的磁通相互作用,由于这两个磁场有相互对齐的趋势,从而产生了电磁转矩。在发电机中,该转矩与转子转向相反,原动机必须给转子提供机械转矩,才能维持电机旋转。同步发电机正是通过电磁转矩的这一作用机理将机械能转换成电能的。

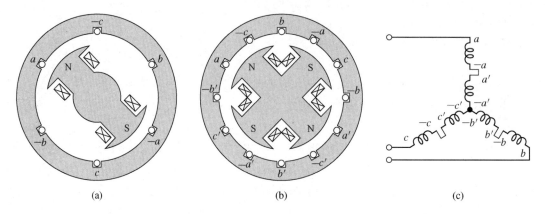

图 4.10　三相发电机示意图：(a) 2 极；(b) 4 极；(c) 绕组的 Y 接法

与同步发电机相对应的是同步电动机。在同步电动机中，定子上的电枢绕组通交流电流，而转子上的励磁绕组通直流励磁电流。电枢电流产生的磁场以同步速度［角速度等于电枢电流的电角频率的（2/极数）倍］旋转，当转子与电枢电流产生的磁场同步旋转时，就会产生稳定的电磁转矩。因此，同步电动机的稳态转速由极数和电枢电流的频率决定，在恒定频率的交流电源供电下运行时，同步电动机具有恒定的稳态转速。

在电动机中，电磁转矩与电机旋转方向相同，并且与驱动机械负载时所遇到的阻力转矩相平衡。同步电动机电枢电流所产生的磁通领先于励磁绕组的磁场旋转，因此，可以说是牵着励磁绕组（当然也牵着转子）旋转并做功。这与同步发电机中的情形正好相反，在同步发电机中，励磁磁通牵着电枢磁场旋转并做功。不论是在发电机中还是在电动机中，除了产生电磁转矩，旋转的励磁磁场在电枢绕组中还会感生速度电势（emf）。如第 3 章所述，力（或者转矩）以及速度电势这两者的产生，都是机电能量转换的重要因素。

感应电机　第二类交流电机是感应电机。感应电机中的定子绕组与同步电机的基本一样。然而，其转子绕组却是电气上短路的，并且通常不与外部连接。转子电流是通过变压器作用从定子绕组感应而来的。图 4.11 示出了一台鼠笼型感应电动机的剖视图。其转子绕组实际上是被浇铸到转子槽中的实心铝条，这些铝条由两个铸铝端环在转子铁心的两端分别短接在一起。这种转子结构使得感应电机的价格相对便宜且非常可靠，这正是感应电机广为普及和广泛使用的原因。

在同步电机中，位于转子上的励磁绕组以直流电流来励磁，转子与电枢电流产生的磁通波同步旋转。与此形成对比的是，感应电机的转子不再由外部电源激励，而是在随着转子滑过同步旋转着的电枢磁通波时，在短路的转子绕组中感应出转子电流。正因如此，感应电机是异步电机，且仅当转子转速不同于同步转速时才产生转矩。

有趣的是，尽管转子异步旋转，而转子感应电流产生的磁通波却与定子磁通波同步旋转。实际上，这正好与感应电机能产生净转矩的要求相一致。感应电动机的运行转速略低于同步机械转速，这时感应电动机中的电枢磁通波领先于转子磁通波，并产生一个牵拉转子的电磁转矩，这一点与同步电动机的情况类似。图 4.12 中给出了异步电动机的典型转速—转矩特性（机械特性）曲线。

由于转子电流依靠感应产生,所以感应电机可视为一般化的变压器,其中电功率在定、转子之间传递,同时伴有频率的改变和机械功率的流动。尽管感应电机主要被用做电动机,但近年来人们发现感应发电机特别适合于某些风力发电应用场合。

图 4.11 一台 460V、7.5 马力鼠笼型感应电动机的剖视图

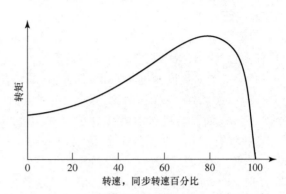

图 4.12 感应电动机的典型转速—转矩特性曲线

4.2.2 直流电机

正如已经讨论的,直流电机的电枢绕组位于转子上,通过电刷向其传导电流。励磁绕组位于定子上,并由直流电流励磁。图 4.13 中给出了一台直流电动机的剖视图。

考虑如图 4.14 所示的最基本的两极直流发电机。其电枢绕组由单个 N 匝线圈构成,并用位于转子圆周上径向相对位置的两个圈边 a 和 −a 表示,线圈的导体和转轴平行。转子一般由联接到转轴的机械动力源驱动并以恒定速度旋转。气隙磁场的分布通常为近似平顶波,而不是交流电机中的正弦波,如图 4.15(a)所示。线圈旋转时[见图 4.15(a),只是简单示意]产生的线圈电势随时间变化,波形与气隙空间磁通密度的分布波形相同。

图 4.13 一台 25 马力、1750r/min、500V 直流电动机的剖视图(图片由 Baldor Electric/ABB 提供)

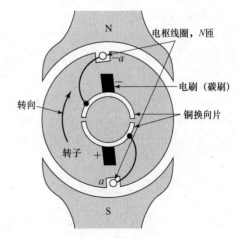

图 4.14 带换向器的基本直流电机,转子、电枢线圈和换向器旋转而电刷保持静止

直流发电机的作用是产生直流电压和电流,因此,电枢绕组中感应的交流电压和电流必须进行整流。在直流电机中,整流任务是由被称为换向器的部件机械地完成的。换向器是一个由许多铜片(换向片)构成的圆柱体,电枢线圈连接在铜片上。这些铜片相互之间用云母或其他高性能绝缘材料绝缘,并安装在转子轴上,但与转轴绝缘。静止的电刷紧密压触在换向器表面,使电枢绕组与外部的电枢接线端子相连接。在图 4.13 中可以很容易地看到换向器和电刷,并且在图 4.14 中示出了一个简单的仅有两个铜片的换向器。正是由于需要换向,直流电机的电枢绕组才被安装在转子上。

对于基本的直流发电机来说,其换向器具有图 4.14 所示的形式。为了理解它的整流作用,应该注意到,在任何时刻,换向器都把处于 S 极极面下的线圈边连接到正电刷,而把处于 N 极极面下的线圈边连接到负电刷。因此,转子每转半圈,电刷就会切换一次它相对于线圈的连接极性。其结果是,尽管线圈电势是交变电势,其波形在形式上类似于图 4.15(a)所示的气隙磁通分布,而换向器实现了全波整流,将线圈电势转换成如图 4.15(b)所示的电刷间的电势,使得外电路由此可以获得单方向的电势。当然,说实在的,图 4.14 所示的直流电机已经简化到了不切实际的程度,但它却是后续考察实际换向器作用的基础。

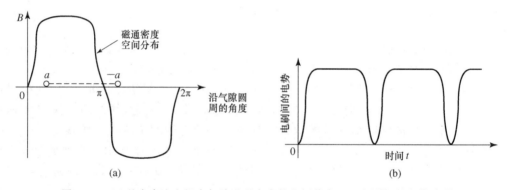

图 4.15　(a)基本直流电机中气隙磁通密度的空间分布;(b)电刷间的电势波形

直流电机励磁绕组中流过直流电流时,将产生一个与定子相对静止的磁通分布。同样,当直流电流通过电刷流通时,换向器的作用使得电枢产生一个也在空间固定的磁通分布,其轴线由电机设计要求和电刷位置决定,一般与励磁磁通的轴线正交。

因此,和前面讨论的交流电机一样,正是这两个磁通分布之间的相互作用产生了直流电机的转矩。若电机作为发电机运行,则电磁转矩作用方向与转向相反;若电机作为电动机运行,则电磁转矩作用方向和电机转向一致。请读者注意,前文已经做过的对感应电势和电磁转矩在同步电机能量转换过程中所承担的角色的相关分析,同样适用于直流电机。

4.3　分布绕组的磁势

大多数电机的电枢采用分布绕组,即将绕组分布到沿气隙圆周的多个槽内,如图 4.1 和图 4.2 所示。各个线圈应按一定方式连接在一起,以使其产生的磁场和励磁绕组产生的磁场极数相等。

为了研究分布绕组产生的磁场,可以先考察一个简单绕组产生的磁场,该简单绕组仅含一个跨距为 180 电角度的 N 匝线圈,如图 4.16(a)所示。跨距为 180 电角度的线圈被称为整距线圈。图中用"点"和"叉"分别指示电流方向是指向读者还是离开读者。为简明起见,图中画出的是与电枢同心的圆柱转子。线圈电流所产生磁场的极性如图 4.16(a)中的磁力线所示。由于电枢铁心和磁极铁心的磁导率远大于空气的磁导率,假设磁路的全部磁阻就是气隙中的磁阻,如此处理对于我们目前要做的分析来说,其精度已经足够。根据磁路结构的对称性,显然某极面下位置角为 θ_a 处的气隙磁场强度 H_{ag} 和相对极面下位置角为 $\theta_a + \pi$ 处的气隙磁场强度的幅值相等,而磁场方向相反。

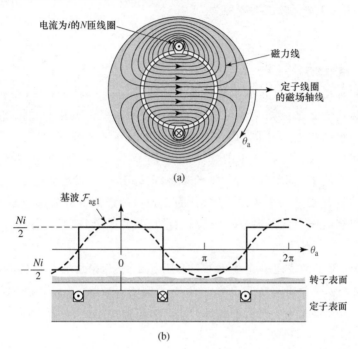

图 4.16 (a)均匀气隙电机中整距集中绕组产生的磁通示意图;(b)该绕组中电流产生的气隙磁势

图 4.16(a)中用磁力线表示的任何一条闭合路径上的磁势均为 Ni。由于我们已经假设磁路的磁阻主要是气隙磁阻,所以磁路铁心段的磁压降可以忽略不计,认为所有的磁压降全部产生在气隙段。由对称性可知,转子两边相对位置处的气隙磁场强度 H_{ag} 的幅值相等,而方向相反。这样气隙上的磁势分配应该一样。由于每条磁力线两次穿越气隙,气隙段的磁压降应等于磁路总磁势的一半,即 $Ni/2$。

图 4.16(b)给出了气隙和绕组的展开图,即将其展平放置。图中气隙磁势的分布用幅值为 $Ni/2$ 的方波表示。假设槽开得很窄,则从线圈的一侧到另一侧,磁势要突变 Ni。这一磁势分布还将在 4.4 节中讨论,在那里还将研究该磁势产生的磁场。

4.3.1 交流电机

采用傅里叶分析可知,像如图 4.16 所示的整距线圈那样的单个线圈产生的气隙磁势,是由空间基波分量和一系列高次谐波分量组成的。在设计交流电机时,会尽量合理地布置线圈，使得其形成的绕组能将高次谐波分量最小化，进而得到空间正弦基波分量占主要成分的气隙磁势。因此，这里合理假设研究的绕组满足上述要求，只把注意力集中于基波分量。

图 4.16(b) 所示的由两极、整距集中线圈产生的矩形气隙磁势波，可以分解为傅里叶级数形式，其由基波分量和一系列奇次谐波分量组成。基波分量 $\mathcal{F}_{ag1}$ 为

$$\mathcal{F}_{ag1} = \frac{4}{\pi}\left(\frac{Ni}{2}\right)\cos\theta_a \tag{4.4}$$

式中，θ_a 是以定子线圈的磁轴线为参考零点来度量的。$\mathcal{F}_{ag1}$ 的空间分布如图 4.16(b) 中的虚线正弦波所示，这一空间正弦波的幅值为

$$(F_{ag1})_{peak} = \frac{4}{\pi}\left(\frac{Ni}{2}\right) \tag{4.5}$$

其波峰和线圈的磁轴线对齐。

现在考虑分布绕组，它由分布在数个槽中的线圈构成。举例来说，图 4.17(a) 示出的是一个被适当简化的 2 极三相交流电机的电枢绕组的 a 相，b 相和 c 相将占据图中的空槽。三个相的绕组结构完全相同，但在放置时其磁轴线在空间上相互错开 120 电角度。我们将注意力集中在仅由 a 相产生的气隙磁势上，而将三相合成的效果推后到 4.5 节中讨论。绕组按照双层来放置，每个 N_c 匝的整距线圈，其一个圈边被放置在某个槽的上层，而另一个圈边被放置在另一个槽的下层，其间相距一个极距。在实际电机中，采用这种双层结构可使得当绕组嵌入定子时，每个线圈的端部都互相叠压，从而简化了线圈的形状设计问题。

图 4.17(b) 给出了该绕组一个极的平铺展开图。由于线圈互相串联，因此流过相同的电流。磁势波是一系列台阶高度为 $2N_ci_a$（等于每槽的安匝数）的阶梯波，其中 i_a 为绕组电流。图中还用正弦波形绘出了其空间基波分量。可以看出，这一分布绕组产生的磁势波，比图 4.16 的集中线圈产生的磁势波更接近正弦波。

修改一下式 4.4，就可以用来表示每相有 N_{ph} 匝串联的多极分布绕组的磁势，即

$$\begin{aligned}\mathcal{F}_{ag1} &= \frac{4}{\pi}\left(\frac{k_w N_{ph}}{poles}\right)i_a\cos\left(\frac{poles}{2}\theta_a\right)\\&= \frac{4}{\pi}\left(\frac{k_w N_{ph}}{poles}\right)i_a\cos(\theta_{ae})\end{aligned} \tag{4.6}$$

式中：$4/\pi$ 是对图 4.4 中所示的、由整距集中线圈产生的方波磁势波做傅里叶级数分析时得到的系数；另外，用绕组系数 k_w 考虑了绕组分布的效应。乘以绕组系数是必需的，因为一相线圈组中的单个线圈产生的磁势轴线不重合，不能直接相加。当这些线圈串联成相绕组时，其相量和就小于代数和（详见附录 B）。对大多数三相绕组来说，k_w 的典型值在 0.85 到 0.95 的范围内。

乘积 $k_w N_{ph}$ 是对应于基波磁势的每相有效串联匝数。式 4.6 表示的磁势波的幅值为

$$(F_{ag1})_{peak} = \frac{4}{\pi}\left(\frac{k_w N_{ph}}{poles}\right)i_a \tag{4.7}$$

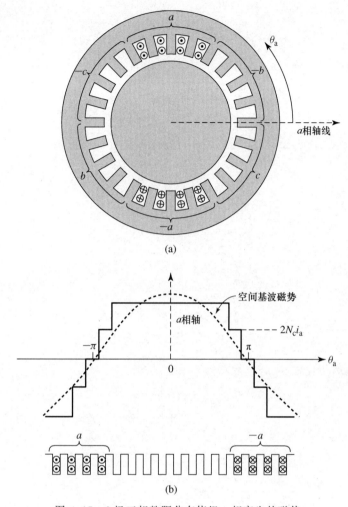

图 4.17　2 极三相整距分布绕组一相产生的磁势

例 4.1　图 4.17(a)所示的 2 极电枢绕组的 a 相,可视为由 8 个 N_c 匝的整距线圈串联而成,每个槽中有两个圈边。电枢共 24 个槽,因此相邻槽之间的夹角为 $360°/24=15°$。定义 a 相的磁轴线为角度 θ_a 的度量起始点(参考零点),则图中包含 a 组圈边的 4 个槽的位置角分别为 $\theta_a=67.5°,82.5°,97.5°$ 和 $112.5°$;与之相对的圈边所在的 4 个槽位置角分别为 $-112.5°,-97.5°,-82.5°$ 和 $-67.5°$。设该线圈中流过的电流为 i_a。

a. 写出圈边分别处于 $\theta_a=112.5°$ 和 $-67.5°$ 的槽中的两个线圈产生的空间基波磁势的表达式。

b. 写出圈边分别处于 $\theta_a=67.5°$ 和 $-112.5°$ 的槽中的两个线圈产生的空间基波磁势的表达式。

c. 写出整个电枢绕组空间基波磁势的表达式。

d. 确定该分布绕组的绕组系数 k_w。

解:

a. 注意到,这一对线圈的磁轴线位于 $\theta_a=(112.5°-67.5°)/2=22.5°$ 处,每个槽中的总

安匝为 $2N_c i_a$，故用类比式 4.4 的方法，可以求得这对线圈的磁势为

$$(\mathcal{F}_{\text{ag1}})_{22.5^\circ} = \frac{4}{\pi}\left(\frac{2N_c i_a}{2}\right)\cos\left(\theta_a - 22.5^\circ\right)$$

b. 除了其磁势以 $\theta_a = -22.5^\circ$ 为中心线，这一对线圈产生的空间基波磁势和（a）中一对线圈产生的磁势相同。因此

$$(\mathcal{F}_{\text{ag1}})_{-22.5^\circ} = \frac{4}{\pi}\left(\frac{2N_c i_a}{2}\right)\cos\left(\theta_a + 22.5^\circ\right)$$

c. 通过类比（a）和（b），可以将总的空间基波磁势写为

$$(\mathcal{F}_{\text{ag1}})_{\text{total}} = (\mathcal{F}_{\text{ag1}})_{-22.5^\circ} + (\mathcal{F}_{\text{ag1}})_{-7.5^\circ} + (\mathcal{F}_{\text{ag1}})_{7.5^\circ} + (\mathcal{F}_{\text{ag1}})_{22.5^\circ}$$

$$= \frac{4}{\pi}\left(\frac{2N_c}{2}\right)i_a\left[\cos\left(\theta_a + 22.5^\circ\right) + \cos\left(\theta_a + 7.5^\circ\right)\right.$$

$$\left. + \cos\left(\theta_a - 7.5^\circ\right) + \cos\left(\theta_a - 22.5^\circ\right)\right]$$

$$= \frac{4}{\pi}\left(\frac{7.66 N_c}{2}\right)i_a\cos\theta_a$$

$$= 4.88 N_c i_a \cos\theta_a$$

d. 应当意识到，对该绕组来说，$N_{\text{ph}} = 8N_c$，（c）中的总磁势表达式可以改写为

$$(\mathcal{F}_{\text{ag1}})_{\text{total}} = \frac{4}{\pi}\left(\frac{0.958 N_{\text{ph}}}{2}\right)i_a\cos\theta_a$$

与式 4.6 相比较可知，该绕组的绕组系数为 $k_{\text{w}} = 0.958$。

练习题 4.1

如果将图 4.17 中属于 a 相绕组的 4 个线圈中靠外的两对槽中的线圈匝数减少为 6 匝，而靠内的两对槽中的线圈匝数仍保持为 8 匝，计算其绕组系数。

答案：

$k_{\text{w}} = 0.962$。

式 4.6 描述了由 a 相分布绕组中电流产生磁势的空间基波分量。如果 a 相电流随时间正弦变化，即 $i_a = I_{\max}\cos\omega t$，则产生的磁势波在空间位置固定，但同时随 θ_a 和时间做正弦变化。在 4.5 节中，我们将研究整个三相绕组中流过电流时的效果，并且会发现利用三相电流可以产生旋转磁势波。

类似地，转子绕组通常也分布放置在数个槽中以减少空间谐波的影响。图 4.18(a)示出了典型的隐极式 2 极发电机的转子。尽管绕组相对于转子磁场轴线对称，但可以改变每个槽中的匝数以控制不同的谐波。从图 4.18(b)可以看出，离极面（转子磁场轴线）最近的槽中的匝数较少。另外，设计者也可以改变槽与槽的间距。与电枢分布绕组一样，多极转子绕组的基波气隙磁势波，可以用总串联匝数 N_r、绕组电流 I_r 和绕组系数 k_r，按照式 4.6 的形式表示为

$$\mathcal{F}_{\text{ag1}} = \frac{4}{\pi}\left(\frac{k_r N_r}{\text{poles}}\right)I_r\cos\left(\frac{\text{poles}}{2}\theta_r\right) \tag{4.8}$$

式中，θ_r 是以转子磁轴线为参考零点来度量的位置角，如图 4.18(b)所示。磁势幅值为

$$(F_{\text{ag1}})_{\text{peak}} = \frac{4}{\pi}\left(\frac{k_r N_r}{\text{poles}}\right)I_r \tag{4.9}$$

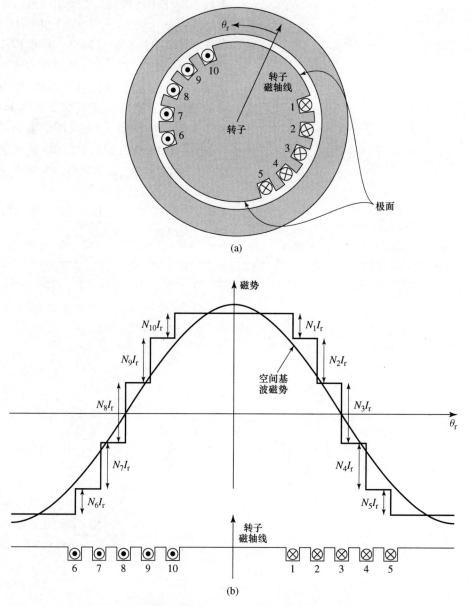

图 4.18　隐极发电机转子上分布绕组产生的气隙磁势

4.3.2　直流电机

由于换向器制约着电枢绕组的布置,直流电机的电枢磁势近似为锯齿波,相当接近交流电机中的正弦波。例如,图 4.19 示出了一台 2 极直流电机电枢的横截面图(事实上,除很小的电机,绝大多数直流电机采用更多的线圈和槽)。图中电流方向用"点"和"叉"表示。电枢绕组的连接是使其产生的磁场的轴线在竖直方向,也就是和励磁绕组的磁轴线正交。当电枢旋转时,连接到外电路的线圈由换向器切换,这样可以保证电枢磁场总在竖直方向。所以,电枢绕组产生的磁场总是和励磁绕组的磁场正交,因而得以产生持续单向的电磁转矩。

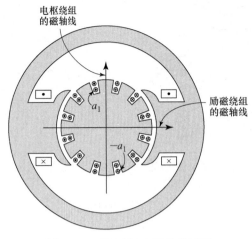

电枢绕组
的磁轴线

励磁绕组
的磁轴线

a_1

$-a_1$

图 4.19 两极直流电机的截面图

换向器的作用还将在 7.2 节中详细讨论。

图 4.20 (a) 给出了该绕组的展开图,图 4.20 (b) 中是其磁势波形。在电枢槽很窄的假设下,磁势波由一系列阶梯构成。假设该绕组为双层绕组且是整矩线圈,则每个阶梯的高度等于槽内的安匝数 $2N_c i_c$,其中 N_c 为每个线圈的匝数,i_c 为线圈电流。磁势波的波峰在电枢绕组的磁轴线处,即在主磁极之间的中性线上。这个绕组与分布在电枢上的 $12N_c i_c$ 安匝的线圈等效。假设每个磁极对称,则每个电枢磁极的磁势波的峰值为 $6N_c i_c$ 安匝。

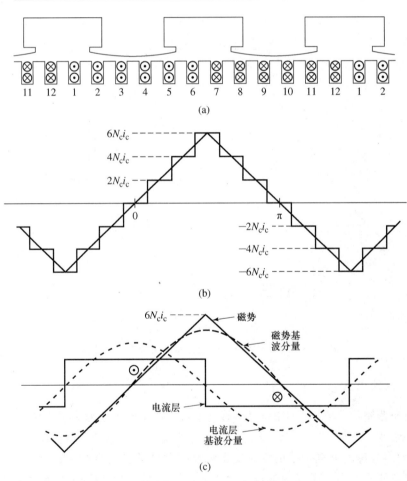

图 4.20 (a) 图 4.19 所示直流电机展开图;(b) 磁势波;(c) 等效锯齿形磁势波、其基波分量及等效矩形波电流层

该磁势波可以用图 4.20(b)中的锯齿波来近似表示,并在图 4.20(c)中重新绘出。对每极下电枢槽数很多的更具实用性的绕组来说,其磁势将十分接近三角波分布,这种磁势波可视为由在电枢表面按矩形波分布的电流密度产生,如图 4.20(c)所示。

初步研究时,简便的做法是把分布绕组的磁势波分解为傅里叶级数分量。图 4.20(c)中的锯齿形磁势波的基波分量即为图中所示的正弦波,其峰值为锯齿波高度的 $8/\pi^2 = 0.81$ 倍。如图 4.20(c)所示,这一磁势基波可以认为是由矩形电流密度波的空间基波分量产生的。

注意到,气隙磁势分布仅由绕组布置和每个磁极的磁结构对称性决定。然而,气隙磁通密度不仅由磁势,而且由磁场的边界条件等因素共同决定,后者主要包括气隙长度、开槽的影响和极面形状等因素。设计人员可以利用更深入细致的分析来计入这些因素的影响,但此处我们没有必要去关注这些细节问题。

直流电机通常具有多于 2 个磁极的磁结构。例如,图 4.21(a)就是一个 4 极直流电机的示意图,其励磁绕组产生按 N-S-N-S 交替的极性,电枢导体分布在 4 个槽区,导体中的电流方向也将交替地指向或离开读者,如图中的网状阴影区域所示。图 4.21(b)给出的是该电机的展开图,并在图中给出了对应的锯齿形电枢磁势波。考虑到绕组和磁极均假设是对称的,所以任一极对(即相邻的一对极)下的情况与其他极对下的相同。通过考察任意一对相邻极(即 360 电角度),就可以确定气隙中的磁场情况。

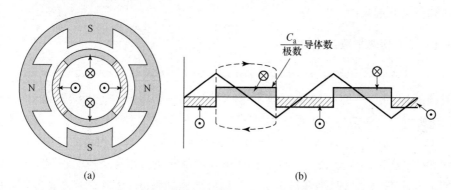

图 4.21　(a)一台 4 极直流电机的截面图;(b)电流层和磁势波展开图

根据电枢槽中的总导体数,可以写出锯齿形电枢磁势波的幅值为

$$(F_{ag})_{peak} = \left(\frac{C_a}{2m \times poles} \right) i_a \quad \text{A} \cdot \text{匝/极} \tag{4.10}$$

式中:C_a 为电枢绕组总导体数;m 为电枢绕组的并联支路数;i_a 为电枢电流,单位为 A。

上面的表达式考虑了这样一种实际情况,即电枢可以绕成几条并联的电流支路。正因如此,经常用导体数(槽内每个导体均属于某个电流支路)来表示电枢绕组更方便。因此 i_a/m 是每个导体中的电流。该式可以直接从对图 4.21(b)中虚线所示的闭合路径求线积分得到。该路径两次跨过气隙,包围(C_a/极数)个导体,每个导体电流为 i_a/m 且方向相同。更简洁的形式为

$$(F_{ag})_{peak} = \left(\frac{N_a}{poles} \right) i_a \tag{4.11}$$

式中，$N_a = C_a/(2m)$ 为电枢串联匝数。对图 4.21(b)中的锯齿形磁势波用傅里叶级数分解，可得到相应的空间基波幅值为

$$(F_{\text{ag1}})_{\text{peak}} = \frac{8}{\pi^2}\left(\frac{N_a}{\text{poles}}\right)i_a \tag{4.12}$$

4.4 旋转电机中的磁场

我们对交流和直流电机的许多基本探讨，都基于其磁势沿气隙空间按正弦分布的假设。我们将会看到，这一假设在解决交流电机的许多问题时会得到令人满意的结果，原因在于交流电机通常采用分布绕组，从而大大削弱了空间谐波的影响。由于换向器对绕组的布置有一定的制约，直流电机的磁势分布本质上更接近锯齿波。然而，基于正弦波模型的分析揭示了直流电机性能的一些基本特征。如果需要，我们可以很容易地对这些结论进行修正，以减小某些明显的偏差。

通常，从考察 2 极电机最易入手，其中电角度和机械角度相等，电角速度和机械角速度也相等。只要回想起电角度和电角速度等于对应的机械角度和机械角速度乘以系数（极数/2）（例如，参见式 4.1），相关结论就可以直接推广到多极电机。

电机的性能决定于电机内部各种绕组中的电流产生的磁场。本节将讨论这些磁场和电流之间是如何关联起来的。

4.4.1 具有均匀气隙的电机

图 4.22(a)示出了一整距、N 匝的单个线圈，它位于高磁导率（$\mu \to \infty$）的铁磁结构中，且有一个与线圈同轴心的圆柱转子。画出这一结构的气隙磁势 $\mathcal{F}_{\text{ag}}$ 随位置角 θ_a 的变化如图 4.22(b)所示。这一结构在半径 r_r 处有长度为 g 的均匀气隙（r_r 远大于 g），假定其气隙中的磁场 H 主要沿径向分布，且穿越气隙的磁场强度不变，也具有相当的精确性。

图 4.22(b)所示的气隙磁势分布等于穿越气隙的磁场强度 H_{ag} 的线积分。对这种径向磁场强度恒定为 H_{ag} 的情况，线积分就等于气隙径向磁场强度 H_{ag} 乘以气隙长度 g，因而 H_{ag} 可以直接用气隙磁势除以气隙长度求得：

$$H_{\text{ag}} = \frac{\mathcal{F}_{\text{ag}}}{g} \tag{4.13}$$

因此，在图 4.22(c)中，径向磁场强度 H_{ag} 和磁势可视为具有相同的波形，并简单地通过系数 $1/g$ 相联系。

H_{ag} 的空间基波分量可以直接从磁势的基波分量 $\mathcal{F}_{\text{ag1}}$ 求得，由式 4.4 可得

$$H_{\text{ag1}} = \frac{\mathcal{F}_{\text{ag1}}}{g} = \frac{4}{\pi}\left(\frac{Ni}{2g}\right)\cos\theta_a \tag{4.14}$$

这是一个空间正弦波，其幅值为

$$(H_{\text{ag1}})_{\text{peak}} = \frac{4}{\pi}\left(\frac{Ni}{2g}\right) \tag{4.15}$$

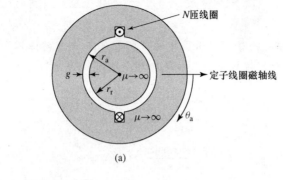

(a)

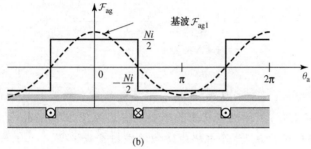

(b)

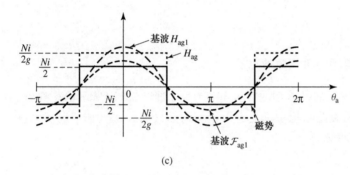

(c)

图 4.22　整距集中绕组的气隙磁势及 H_{ag} 径向分量

对于像图 4.17 所示的具有绕组系数为 k_w 的分布绕组,一旦知道了气隙磁势,就很容易求得气隙中的磁场强度。因此,推广到每极串联匝数为 N_{ph} 的多极电机的情形,H_{ag} 的基波分量可以用气隙磁势的基波分量(见式 4.6)除以气隙长度 g 得到:

$$H_{ag1} = \frac{4}{\pi} \left(\frac{k_w N_{ph}}{g \cdot \text{poles}} \right) i_a \cos\left(\theta_{ae}\right) \tag{4.16}$$

注意到,由具有绕组系数 k_w 和每极串联匝数(N_{ph}/极数)的分布绕组产生的空间基波气隙磁势 $\mathcal{F}_{ag1}$ 和磁场强度 H_{ag1},等于由具有每极串联匝数[$(k_w N_{ph})$/极数]的整距、集中绕组产生的空间基波磁势和磁场强度。在分析具有分布绕组的电机时,这一结论很有用,因为在考虑空间基波量时,只需要简单地把整距绕组的每极匝数 N 用分布绕组的每极有效匝数[$(k_w N_{ph})$/极数]替换,就可以从每极 N 匝单个整距线圈的答案中推出分布绕组的答案。

例 4.2　一台均匀气隙的 4 极交流同步发电机,其转子分布绕组的串联匝数为 264 匝,绕组系数为 0.935,气隙长度为 0.7mm。假设铁心的磁压降忽略不计,要在电机的气隙中产生幅值为 1.6T 的空间基波磁通密度,求转子绕组所需的电流。

解:

空间基波气隙磁场强度可以用气隙磁势的空间基波分量除以气隙长度 g 求得,再乘以真空磁导率 μ_0 就可得到空间基波气隙磁通密度。因此,根据式 4.9 可得

$$(B_{ag1})_{peak} = \frac{\mu_0 (\mathcal{F}_{ag1})_{peak}}{g} = \frac{4\mu_0}{\pi g}\left(\frac{k_r N_r}{poles}\right) I_r$$

求解 I_r 可得

$$
\begin{aligned}
I_r &= \left(\frac{\pi g \times poles}{4 \mu_0 k_r N_r}\right)(B_{ag1})_{peak} \\
&= \left(\frac{\pi \times 0.0007 \times 4}{4 \times 4\pi \times 10^{-7} \times 0.935 \times 264}\right) 1.6 \\
&= 11.4\,\text{A}
\end{aligned}
$$

练习题 4.2

一台 2 极同步电机,气隙长度为 2.2cm,励磁绕组总串联匝数为 830 匝。当励磁绕组通过 47A 电流激励时,测得空间基波气隙磁通密度幅值为 1.35T。

根据测得的磁通密度值,计算出励磁绕组的绕组系数 k_r。

答案:

$k_r = 0.952$。

4.4.2 具有不均匀气隙的电机

图 4.23(a) 所示的是典型的直流电机结构,图 4.23(b) 所示的是典型的凸极同步电机结构,这两种电机的磁路结构中都具有极不均匀的气隙。在这种情况下,气隙磁场的分布较均匀气隙电机复杂得多。

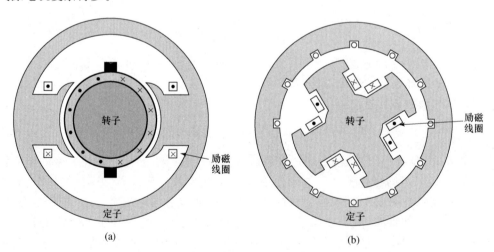

图 4.23 典型凸极电机的结构:(a)直流电机;(b)凸极同步电机

详细分析这类电机中磁场的分布需要对整个磁场进行求解,例如,图 4.24 示出了用有限元法得到的一台凸极直流发电机的磁场分布情况。然而,经验表明,通过一些简化的假

设,可以得出一些解析方法,借此也可获得具有合理精度的结果。这些方法将在以后的章节中介绍,其中将讨论直流电机和交流电机的凸极效应。

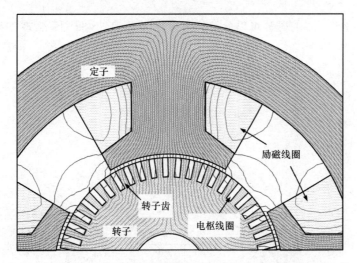

图 4.24 凸极直流电机中励磁磁场分布的有限元解(电枢绕组无电流)

4.5 交流电机中的旋转磁势波

为了理解多相交流电机的理论和运行,有必要研究多相绕组产生的磁势波的性质。我们将集中精力对一台 2 极电机(或者说等同于多极绕组中的 1 对极,$-\pi \leqslant \theta_{ae} \leqslant \pi$)进行分析。分析将从单相绕组开始,这将有助于我们洞察多相绕组的特征。

4.5.1 单相绕组的磁势波

图 4.25(a)示出了单相绕组空间基波磁势的分布。由式 4.6 可得

$$\mathcal{F}_{ag1} = \frac{4}{\pi} \left(\frac{k_w N_{ph}}{poles} \right) i_a \cos (\theta_{ae}) \tag{4.17}$$

式中 θ_{ae} 由式 4.1 给出。当该绕组用随时间以电角频率 ω_e 按正弦变化的交流电流

$$i_a = I_a \cos \omega_e t \tag{4.18}$$

来激磁时,则磁势的分布由下式给出:

$$\mathcal{F}_{ag1} = F_{max} \cos (\theta_{ae}) \cos \omega_e t \tag{4.19}$$

式 4.19 之所以写成如此形式,是为了强调这样一个事实,那就是得到了一个具有最大值的磁势分布。该最大值为

$$F_{max} = \frac{4}{\pi} \left(\frac{k_w N_{ph}}{poles} \right) I_a \tag{4.20}$$

该磁势分布的空间位置固定,而幅值随时间以角频率 ω_e 按正弦变化,如图 4.25(a)所示。注意到,为了简化符号,利用了关系式 4.1,把式 4.19 的磁势分布用电角度 θ_{ae} 来表示。

利用通用的三角恒等式[①],可以将式 4.19 改写为

$$\mathcal{F}_{\mathrm{ag1}} = F_{\max}\left[\frac{1}{2}\cos(\theta_{\mathrm{ae}} - \omega_{\mathrm{e}}t) + \frac{1}{2}\cos(\theta_{\mathrm{ae}} + \omega_{\mathrm{e}}t)\right] \tag{4.21}$$

上式表明,单相绕组产生的磁势可以分解为两个旋转磁势波,两个旋转波的幅值都等于$\mathcal{F}_{\mathrm{ag1}}$最大值的一半。其中一个波$\mathcal{F}_{\mathrm{ag1}}^{+}$沿$+\theta_{\mathrm{ae}}$方向旋转,另一个波$\mathcal{F}_{\mathrm{ag1}}^{-}$沿$-\theta_{\mathrm{ae}}$方向旋转。

$$\mathcal{F}_{\mathrm{ag1}}^{+} = \frac{1}{2}F_{\max}\cos(\theta_{\mathrm{ae}} - \omega_{\mathrm{e}}t) \tag{4.22}$$

$$\mathcal{F}_{\mathrm{ag1}}^{-} = \frac{1}{2}F_{\max}\cos(\theta_{\mathrm{ae}} + \omega_{\mathrm{e}}t) \tag{4.23}$$

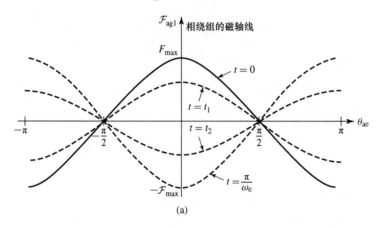

(a)

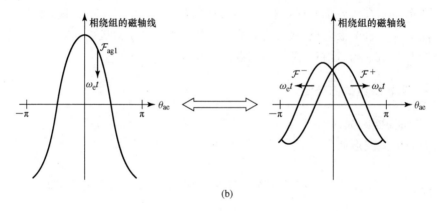

(b)

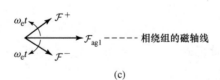

(c)

图 4.25　单相绕组空间基波气隙磁势:(a)不同时刻单相绕组的磁势分布;
(b)总磁势$\mathcal{F}_{\mathrm{ag1}}$分解为两个旋转波$\mathcal{F}^{+}$及$\mathcal{F}^{-}$;(c)$\mathcal{F}_{\mathrm{ag1}}$的相量分解

---

① $\cos\alpha\cos\beta = \dfrac{1}{2}\cos(\alpha-\beta) + \dfrac{1}{2}\cos(\alpha+\beta)$。

两个旋转磁势波以同样的电角速度 ω_e 沿着各自的方向旋转,相应的机械角速度 ω_m 为

$$\omega_m = \left(\frac{2}{poles}\right)\omega_e = \left(\frac{\pi}{30}\right)n \tag{4.24}$$

式中,n 是以 r/min 为单位的旋转速度(转速)。图 4.25(b)所示为这种分解的图解法,图 4.25(c)所示为其相量表示。

事实上,用交流电流激励时,单相交流绕组产生的气隙磁势可以分解成两个旋转磁势。探明这一事实对理解交流电机来说是重要的、概念性的一步。在单相交流电机中,正向旋转磁通波产生有用的正转矩,而反向旋转磁通波产生负转矩、脉振转矩以及功率损耗。尽管单相电机被设计成能将反向旋转磁通波的影响最小化,但还是无法完全消除。另一方面,就像 4.5.2 节所述,在多相交流电机中,各相绕组结构相同且在空间相位上对称分布,各绕组中的电流大小相等而在时间相位上也对称,结果是各相绕组产生的反向旋转波的相量和为零,而正向旋转磁通波相叠加,最终得到单一的正向旋转磁通波。

4.5.2　多相绕组的磁势波

本节研究三相绕组的磁势分布,三相绕组多用于三相感应电机和同步电机的定子。这里所做的分析可以方便地推广到任意多相的绕组。再次把注意力集中在 2 极电机或者说多极绕组电机中的一对极上。

在三相电机中,各相绕组之间沿气隙圆周空间相互错开 120 电角度,如图 4.26 中的线圈 $(a,-a)$、$(b,-b)$ 和 $(c,-c)$ 所示。这里所示的整距集中线圈,可以认为代表了分布绕组,其产生以各相磁轴线为对称线的正弦磁势波。三相空间基波正弦磁势波相应地也在空间相互错开 120 电角度。各相都用大小随时间正弦变化的交流电流来激励。在三相对称情况下,电流的瞬时值表达式为

$$i_a = I_{max}\cos\omega_e t \tag{4.25}$$
$$i_b = I_{max}\cos(\omega_e t - 120°) \tag{4.26}$$
$$i_c = I_{max}\cos(\omega_e t + 120°) \tag{4.27}$$

式中,I_{max} 是电流最大值;时间的起始原点规定为 a 相电流达到其正最大值的时刻;假设相序为 abc。瞬时电流波形如图 4.27 所示。线圈边上的"点"和"叉"(见图 4.26)指示正相电流的参考方向。

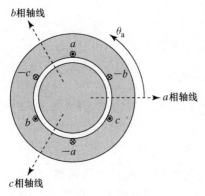

图 4.26　简化的 2 极三相定子绕组

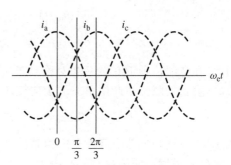

图 4.27　三相对称条件下的瞬时电流波形

a 相的磁势已经表示为

$$\mathcal{F}_{\mathrm{a1}} = \mathcal{F}_{\mathrm{a1}}^{+} + \mathcal{F}_{\mathrm{a1}}^{-} \tag{4.28}$$

式中,

$$\mathcal{F}_{\mathrm{a1}}^{+} = \frac{1}{2} F_{\max} \cos\left(\theta_{\mathrm{ae}} - \omega_{\mathrm{e}} t\right) \tag{4.29}$$

$$\mathcal{F}_{\mathrm{a1}}^{-} = \frac{1}{2} F_{\max} \cos\left(\theta_{\mathrm{ae}} + \omega_{\mathrm{e}} t\right) \tag{4.30}$$

以及

$$F_{\max} = \frac{4}{\pi} \left(\frac{k_{\mathrm{w}} N_{\mathrm{ph}}}{\mathrm{poles}}\right) I_{\max} \tag{4.31}$$

注意到,为了避免符号过于复杂,去掉了下标 ag,这里的下标"a1"意指 a 相气隙磁势的空间基波分量。

类似地,对 b 相和 c 相,其轴线分别在 $\theta_{\mathrm{ae}} = 120°$ 和 $\theta_{\mathrm{ae}} = -120°$ 处,其气隙磁势可以表示为

$$\mathcal{F}_{\mathrm{b1}} = \mathcal{F}_{\mathrm{b1}}^{+} + \mathcal{F}_{\mathrm{b1}}^{-} \tag{4.32}$$

$$\mathcal{F}_{\mathrm{b1}}^{+} = \frac{1}{2} F_{\max} \cos\left(\theta_{\mathrm{ae}} - \omega_{\mathrm{e}} t\right) \tag{4.33}$$

$$\mathcal{F}_{\mathrm{b1}}^{-} = \frac{1}{2} F_{\max} \cos\left(\theta_{\mathrm{ae}} + \omega_{\mathrm{e}} t + 120°\right) \tag{4.34}$$

以及

$$\mathcal{F}_{\mathrm{c1}} = \mathcal{F}_{\mathrm{c1}}^{+} + \mathcal{F}_{\mathrm{c1}}^{-} \tag{4.35}$$

$$\mathcal{F}_{\mathrm{c1}}^{+} = \frac{1}{2} F_{\max} \cos\left(\theta_{\mathrm{ae}} - \omega_{\mathrm{e}} t\right) \tag{4.36}$$

$$\mathcal{F}_{\mathrm{c1}}^{-} = \frac{1}{2} F_{\max} \cos\left(\theta_{\mathrm{ae}} + \omega_{\mathrm{e}} t - 120°\right) \tag{4.37}$$

总磁势为三相磁势的合成:

$$\mathcal{F}(\theta_{\mathrm{ae}}, t) = \mathcal{F}_{\mathrm{a1}} + \mathcal{F}_{\mathrm{b1}} + \mathcal{F}_{\mathrm{c1}} \tag{4.38}$$

这一合成根据正向和反向旋转波来做会非常容易。反向旋转波合成为 0,即

$$
\begin{aligned}
\mathcal{F}^{-}(\theta_{\mathrm{ae}}, t) &= \mathcal{F}_{\mathrm{a1}}^{-} + \mathcal{F}_{\mathrm{b1}}^{-} + \mathcal{F}_{\mathrm{c1}}^{-} \\
&= \frac{1}{2} F_{\max} \left[\cos\left(\theta_{\mathrm{ae}} + \omega_{\mathrm{e}} t\right) + \cos\left(\theta_{\mathrm{ae}} + \omega_{\mathrm{e}} t - 120°\right)\right. \\
&\quad \left. + \cos\left(\theta_{\mathrm{ae}} + \omega_{\mathrm{e}} t + 120°\right)\right] \\
&= 0
\end{aligned}
\tag{4.39}
$$

而正向旋转波相叠加,为

$$
\begin{aligned}
\mathcal{F}^{+}(\theta_{\mathrm{ae}}, t) &= \mathcal{F}_{\mathrm{a1}}^{+} + \mathcal{F}_{\mathrm{b1}}^{+} + \mathcal{F}_{\mathrm{c1}}^{+} \\
&= \frac{3}{2} F_{\max} \cos\left(\theta_{\mathrm{ae}} - \omega_{\mathrm{e}} t\right)
\end{aligned}
\tag{4.40}
$$

因此,在空间错开 120° 的三相对称分布交流绕组中通入时间上相差 120° 的三相对称交流电流时,会在气隙空间产生单一的正向旋转波:

$$\mathcal{F}(\theta_{\mathrm{ae}}, t) = \frac{3}{2} F_{\max} \cos\left(\theta_{\mathrm{ae}} - \omega_{\mathrm{e}} t\right) \tag{4.41}$$

式 4.41 表达的气隙磁势波是空间基波,它是空间电角度 θ_{ae} 的正弦函数[当然也是空间角度 $\theta_{\mathrm{a}} = (2\theta_{\mathrm{ae}}/极数)$ 的函数],其幅值为恒定值 $(3/2)F_{\max}$,即单独一相产生的气隙磁势波幅值的 1.5 倍,在位置角 $\theta_{\mathrm{a}} = (2\omega_{\mathrm{e}} t/极数)$ 处有正的峰值。因此,在三相对称情况下,三相绕组

将产生以同步角速度 ω_s 旋转的气隙磁势波，ω_s 为

$$\omega_s = \left(\frac{2}{\text{poles}}\right)\omega_e \tag{4.42}$$

式中：ω_e 为外施激励电源的角频率（rad/s）；ω_s 为气隙磁势波的空间同步角速度（rad/s）。

对应的以 r/min 为单位的同步转速 n_s，可以用所施激励电源的频率

$$f_e = \frac{\omega_e}{2\pi} \quad \text{Hz} \tag{4.43}$$

表示为

$$n_s = \left(\frac{120}{\text{poles}}\right)f_e \quad \text{r/min} \tag{4.44}$$

一般来说，q 相绕组（$q \geqslant 3$）通入频率为 f_e 的对称 q 相电流时，如果各相绕组的轴线在空间错开 $2\pi/q$ 电弧度，则会产生幅值恒定的旋转磁场。这一旋转磁势波的幅值为其任何一相磁势幅值的 $q/2$ 倍，同步角速度将保持在 $\omega_s = （2\omega_e/\text{极数}）$ 弧度每秒（rad/s）。对 2 相电机，相绕组轴线在空间互相错开 $\pi/2$ 电弧度放置，其旋转磁势波的幅值等于其一相绕组磁势的幅值。

通过本节的学习，我们知道了多相对称电流通过多相对称绕组时将会产生旋转磁势波。旋转磁势波和对应的旋转磁通波的产生是多相旋转电机运行的关键。正是该磁通波和相应的转子磁通波的相互作用产生了电磁转矩。当转子产生的磁通波和定子磁通波同步旋转时，就会产生恒定的电磁转矩。

4.5.3 多相绕组磁势的图示法分析

对于式 4.25 到式 4.27 表示的三相对称电流，相应的旋转磁势的产生机理可以用图示法来说明。考虑在 $t=0$（见图 4.27）时刻的情况，此时 a 相电流达到最大值 $I_{\max}$。于是，a 相磁势达到最大值 $F_{\max}$，在图 4.28(a) 所示的 2 极电机中，用画在沿 a 相绕组轴线的矢量 $\boldsymbol{F}_a$ 表示。在此瞬间，电流 i_b 和 i_c 都等于 $I_{\max}/2$，且为负值，在图 4.28(a) 中用"点"和"叉"表示电流的实际瞬时方向。对应的 b 相和 c 相的磁势分别用矢量 $\boldsymbol{F}_b$ 和 $\boldsymbol{F}_c$ 表示，二者的幅值均为 $F_{\max}/2$，分别画在沿 b 相和 c 相线圈轴线的反方向。三相磁势叠加得到的合成磁势，是一个沿 a 相轴线且幅值为 $F = \frac{3}{2}F_{\max}$ 的矢量。这一矢量代表了一个空间正弦磁势波，其正向峰值位于 a 相绕组轴线处，幅值为 a 相单独产生的磁势幅值的 $\frac{3}{2}$ 倍。

在稍后 $\omega_e t = \pi/3$ 的时刻（见图 4.27），a 相和 b 相中的电流为正的最大值的一半，c 相电流为负的最大值。各相磁势分量及其合成的磁势矢量现在如图 4.28(b) 所示。合成磁势有和 $t=0$ 时一样的幅值，但它现在已经沿逆时针方向在空间上转过了 60 电角度。同样，在 $\omega_e t = 2\pi/3$（此时，b 相电流为正的最大值，而 a 相和 c 相电流均为负的最大值的一半）的时刻，仍然得到相同幅值的合成磁势，但它在空间沿逆时针方向又转过了 60 电角度，现在和 b 相轴线对齐[见图 4.28(c)]。随着时间的推移，合成磁势保持其正弦波形状及幅值不变，但却沿着气隙圆周在空间上不停地旋转。因此，合成磁势可视为一个幅值不变、角速度均匀的旋转磁势波。

合成磁势经过一个周期后就会回到图 4.28(a) 的位置。所以，在 2 极电机中，每经过一

个电周期,合成磁势波就转过一周。在多极电机中,磁势波每个电周期走过一对极,因而在(极数/2)个电周期中转过一周。

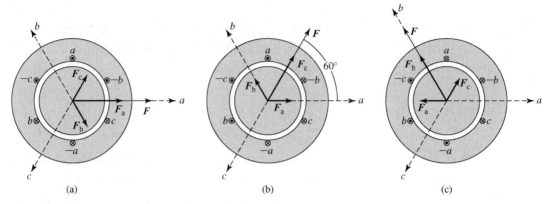

图 4.28 三相对称电流产生旋转磁场

例 4.3 考虑一个用 60Hz 对称电流励磁的三相定子。求出定子极数分别为 2、4、6 时,以 rad/s 为单位的同步角速度和以 r/min 为单位的同步转速。

解:

对频率 $f_e = 60Hz$,电角频率等于

$$\omega_e = 2\pi f_e = 120\pi \text{ rad/s}$$

用式 4.42 和式 4.44 求得的结果如下表所示。

极　数	$n_s/(r/min)$	$\omega_s/(rad/s)$
2	3600	120π
4	1800	60π
6	1200	40π

练习题 4.3

当三相定子用对称的 50Hz 电流励磁时,重做例 4.3。

答案:

极　数	$n_s/(r/min)$	$\omega_s/(rad/s)$
2	3000	100π
4	1500	50π
6	1000	$100\pi/3$

4.6 感 应 电 势

4.2 节中讨论了感应电势的一般特征,下面确定感应电势的定量表达式。

4.6.1 交流电机

图 4.29 是基本的交流电机的截面图。定、转子绕组均用集中、多匝、整距线圈来表示。我们知道,通过将分布绕组的串联匝数乘以绕组系数,就可以利用集中绕组电机的性能来确

定具有分布绕组电机的性能。如果假设气隙长度足够小，可以认为转子上的励磁绕组只产生磁通密度峰值为 B_{peak} 的径向空间基波正弦气隙磁通。

如例 4.2 推导的，如果气隙均匀，则可以根据下式求出 B_{peak}：

$$B_{\text{peak}} = \frac{4\mu_0}{\pi g}\left(\frac{k_f N_f}{\text{poles}}\right) I_f \quad (4.45)$$

式中：g 为气隙长度；N_f 为励磁绕组总串联匝数；k_f 为励磁绕组的绕组系数；I_f 为励磁电流。

当转子磁极和定子某相磁轴线对齐时，定子该相绕组（每相串联匝数为 N_{ph}，绕组系数为 k_w）匝链的磁链为 $k_w N_{\text{ph}} \Phi_p$，其中 Φ_p 为每极气隙磁通。若假设正弦波气隙磁通密度有形式

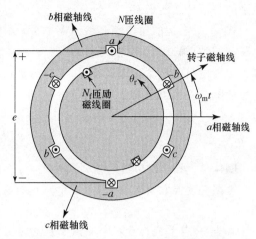

图 4.29　简化的三相交流电机截面图

$$B = B_{\text{peak}} \cos\left(\frac{\text{poles}}{2}\theta_r\right) \quad (4.46)$$

则 Φ_p 可以用磁通密度在一个极域的面积分求得：

$$\Phi_p = l \int_{-\pi/\text{poles}}^{+\pi/\text{poles}} B_{\text{peak}} \cos\left(\frac{\text{poles}}{2}\theta_r\right) r \, d\theta_r$$

$$= \left(\frac{2}{\text{poles}}\right) 2\, l\, r\, B_{\text{peak}} \quad (4.47)$$

式中：θ_r 为以转子磁轴线为参考零点度量的转子位置角；r 为气隙处的半径；l 为定/转子铁心轴向长度。

注意到，尽管图 4.29 所示是 2 极电机，但这里给出的分析适用于多极电机的普遍情况。

随着转子的转动，定子每相绕组的磁链会随着定子该相绕组轴线与转子励磁绕组轴线之间夹角的变化而呈余弦变化。如果转子以恒定角速度 ω_m 旋转，则 $\theta_r = \omega_m t$，那么定子 a 相绕组的磁链为

$$\lambda_a = k_w N_{\text{ph}} \Phi_p \cos\left(\left(\frac{\text{poles}}{2}\right)\omega_m t\right)$$

$$= k_w N_{\text{ph}} \Phi_p \cos\omega_e t \quad (4.48)$$

式中：时间 t 的 0 点选在励磁绕组轴线与 a 相绕组轴线重叠的时刻；ω_e 为由式 4.3 给出的以 rad/s 为单位的电角频率。

利用法拉第定律，可以根据式 4.48 求得 a 相绕组的感应电势：

$$e_a = \frac{d\lambda_a}{dt} = k_w N_{\text{ph}} \frac{d\Phi_p}{dt} \cos(\omega_e t) - \omega_e k_w N_{\text{ph}} \Phi_p \sin(\omega_e t) \quad (4.49)$$

这一感应电势的极性是：若定子线圈被短路，则感应电势产生的电流应具有这样的流动方向，即能阻止定子线圈中磁链的任何变化。尽管式 4.49 是在假设励磁绕组单独激励气隙磁通的基础上推导出来的，但此式在一般情况下同样适用，此时 Φ_p 为定、转子电流两者共同

激励的每极合成磁通量。

式 4.49 右边的第 1 项是变压器电势,仅当气隙磁通波的幅值(B_{peak})随时间变化时才会出现这一项;第 2 项为速度电势,由气隙磁通波与定子线圈之间的相对运动产生。通常,大多数旋转电机在正常稳态运行时,气隙磁通波的幅值为恒定值,此时第 1 项为 0,感应电势仅为速度电势。术语电动势(缩写为 emf)通常用来表示速度电势。因而,当气隙每极磁通恒定时,

$$e_a = -\omega_e k_w N_{ph} \Phi_p \sin(\omega_e t) \tag{4.50}$$

例 4.4 所谓的切割电势公式表述为:长度为 l(在线框内)的导线与磁通密度为 B 的恒定磁场发生相对运动时,导线中产生的感应电势 v 为

$$v = l v_\perp B$$

式中 $v_\perp$ 是导线速度在与磁通密度相垂直的方向上的分量。

考虑图 4.29 中的 2 极原型三相电机。假设转子产生的气隙磁通密度具有如下形式:

$$B_{ag}(\theta_r) = B_{peak} \sin \theta_r$$

且转子以恒定角速度 ω_m(注意,由于这是一台 2 极电机,所以 $\omega_e = \omega_m$)旋转。证明:如果假设电枢绕组的圈边在气隙中而不在槽中,则在电枢某相 N 匝的整距集中线圈中的感应电势可以用切割电势公式来计算,其结果与用式 4.50 计算的结果相同。令气隙处平均半径为 r,且气隙长度为 $g (g \ll r)$。

解:

首先注意到,切割电势公式的要求是,导体运动且磁场在时间上恒定。因此,为了将该公式的计算用于定子磁场,必须把参考系转换到转子上。

在转子参考系中,磁场不动,当把定子绕组的线圈边移动到气隙中间半径为 r 处时,线圈边看上去以速度 $\omega_m r$ 运动,且运动方向和气隙径向磁通密度方向垂直。如果假设转子磁轴线和该相线圈的磁轴线在 $t = 0$ 时重合,则得出线圈边角位置与时间的函数关系为 $\theta_r = -\omega_m t$。每匝线圈的一个边中的感应电势可以用下式计算:

$$e_1 = l v_\perp B_{ag}(\theta_r) = l \omega_m r B_{peak} \sin(-\omega_m t)$$

每个线圈有 N 匝,每匝有 2 个圈边,因此得出整个线圈的感应电势为

$$e = 2 N e_1 = -2 N l \omega_e r B_{peak} \sin \omega_e t$$

式中,已经用 ω_e 代替了 ω_m。

由式 4.50,得出整距、2 极定子线圈中的感应电势为

$$e = -\omega_e N \Phi_p \sin \omega_e t$$

由式 4.47,将 $\Phi_p = 2 B_{peak} l r$ 代入上式得

$$e = -\omega_e N (2 B_{peak} l r) \sin \omega_e t$$

这和用切割电势公式得到的电势结果是一致的。

在交流电机的正常稳态运行中,我们通常更感兴趣的是电压和电流的有效值而不是瞬时值。根据式 4.50,感应电势的最大值为

$$E_{max} = \omega_e k_w N_{ph} \Phi_p = 2\pi f_e k_w N_{ph} \Phi_p \tag{4.51}$$

式中,f_e 为感应电势以 Hz 为单位的电频率。感应电势的有效值为

$$E_{\text{rms}} = \frac{2\pi f_e k_w N_{\text{ph}} \Phi_p}{\sqrt{2}} = \sqrt{2}\,\pi f_e k_w N_{\text{ph}} \Phi_p \tag{4.52}$$

注意,这些公式与变压器中相应的感应电势公式在形式上是相同的。在旋转电机中,由线圈与幅值恒定的空间磁通密度波之间的相对运动来产生感应电势;在变压器中则由时变磁通匝链静止线圈来产生感应电势,但二者的机理是一样的。旋转引入了时变因素,即将磁通密度的空间分布转换成了磁链随时间的变化,并产生了感应电势。

单个绕组中感应的电势为单相电势。为了得到一组对称的三相电势,必须采用空间上错开 120 电角度的三相绕组,如图 4.10 中的原型电机所示。图 4.10 所示的电机采用了 Y 接法,显然,每个绕组的电势等于线—中点电势。因此,式 4.52 给出的是该电机中产生的线—中点电势的有效值,其中 N_{ph} 为每极总串联匝数。对于△接法的电机,用式 4.52 计算得到的绕组电势就是该电机的线—线电势。

例 4.5 一台 2 极、三相、Y 接法、60 Hz 的隐极转子同步发电机有一个分布励磁绕组,其串联匝数为 N_f,绕组系数为 k_f。电枢绕组每相匝数为 N_{ph},绕组系数为 k_w。气隙长度为 g,气隙圆周的等效半径为 r。电枢线圈有效边的长度为 l。尺寸及绕组数据为

$$N_f = 68(\text{串联匝数}) \qquad\qquad k_f = 0.945$$
$$N_{\text{ph}} = 18(\text{每相串联匝数}) \qquad k_w = 0.933$$
$$r = 0.53\text{m} \qquad\qquad\qquad g = 4.5\text{cm}$$
$$l = 3.8\text{m}$$

转子由一转速为 3600r/min 的汽轮机驱动。当直流励磁电流 $I_f = 720$A 时,计算:(a)励磁绕组产生的基波磁势幅值 $(F_{\text{ag1}})_{\text{peak}}$;(b)气隙基波磁通密度的幅值 $(B_{\text{ag1}})_{\text{peak}}$;(c)每极基波磁通 Φ_p;(d)电枢绕组产生的开路电压的有效值。

解:

a. 由式 4.9 可得

$$(F_{\text{ag1}})_{\text{peak}} = \frac{4}{\pi}\left(\frac{k_f N_f}{\text{poles}}\right) I_f = \frac{4}{\pi} \times \left(\frac{0.945 \times 68}{2}\right) \times 720$$

$$= \frac{4}{\pi} \times 32.1 \times 720 = 2.94 \times 10^4\,\text{A} \cdot \text{匝/极}$$

b. 利用式 4.13,得

$$(B_{\text{ag1}})_{\text{peak}} = \frac{\mu_0 (F_{\text{ag1}})_{\text{peak}}}{g} = \frac{4\pi \times 10^{-7} \times 2.94 \times 10^4}{4.5 \times 10^{-2}} = 0.821\text{T}$$

由于槽(用来嵌放电枢绕组)的影响,大部分气隙磁通集中到了定子齿部。磁极中心处齿中的磁通密度大于由(b)中计算得到的数值,大约要乘以系数 2。在详细设计分析时,必须计算这一磁通密度以判断齿部是否过饱和。

c. 由式 4.47 有

$$\Phi_p = 2(B_{\text{ag1}})_{\text{peak}} l r = 2 \times 0.821 \times 3.8 \times 0.53 = 3.31\text{ Wb}$$

d. 由式 4.52,当 $f_{\text{me}} = 60$Hz 时,

$$E_{\text{rms,line-neutral}} = \sqrt{2}\,\pi f_{\text{me}} k_w N_{\text{ph}} \Phi_p = \sqrt{2}\,\pi \times 60 \times 0.933 \times 18 \times 3.31$$

$$= 14.8\,\text{kV rms}$$

因而,线—线电压为

$$E_{\text{rms,line-line}} = \sqrt{3} \times 14.8\,\text{kV} = 25.7\,\text{kV rms}$$

练习题 4.4

重新绕制例 4.5 中电机的转子励磁绕组,新的励磁绕组总串联匝数为 76 匝,绕组系数为 0.925。(a) 计算产生幅值为 0.83T 的气隙磁通密度所对应的励磁电流;(b) 如果改绕后的电机运行在这一励磁电流且转速为 3600r/min,计算其开路线—线电压的有效值。

答案:

a. $I_{\text{f}} = 664\,\text{A}$。

b. $E_{\text{rms,line-line}} = 26.0\,\text{kV rms}$。

4.6.2 直流电机

在直流电机中,尽管最终目的是产生直流电势,但当电枢绕组的线圈在定子励磁绕组产生的静止直流分布磁通中旋转时,在线圈中产生的是交流电势。因此,必须对电枢线圈中的交流电势进行整流。如 4.2.2 节所述,直流电机的换向器实现了机械整流。

考虑图 4.14 所示的只有单个 N 匝电枢线圈的 2 极原型直流电机。简单的两片式换向器对线圈电势进行全波整流。尽管直流电机气隙磁通的空间分布一般与正弦形状相去甚远,但我们仍然用假设是正弦分布来近似估算感应电势的幅值。我们知道,这样的正弦磁通分布会在电枢线圈中感应出正弦交流电势。换向器的整流作用会在电刷两端产生直流电势,如图 4.30 所示。直流或者平均电势可以从对式 4.50(这里取 $k_{\text{w}} = 1.0$)求平均值得到:

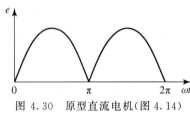

图 4.30 原型直流电机(图 4.14)电刷间的近似正弦电势

$$E_{\text{a}} = \frac{1}{\pi} \int_0^\pi \omega_{\text{e}} N \Phi_{\text{p}} \sin(\omega_{\text{e}}t)\, \text{d}(\omega_{\text{e}}t) = \frac{2}{\pi} \omega_{\text{e}} N \Phi_{\text{p}} \qquad (4.53)$$

对直流电机来说,用机械角速度 ω_{m}(rad/s)或者转速 n(r/min)来表示感应电势 E_{a} 通常更为方便。对多极电机,将式 4.24 代入式 4.53 可得感应电势为

$$E_{\text{a}} = \left(\frac{\text{poles}}{\pi}\right) N \Phi_{\text{p}} \omega_{\text{m}} = \text{poles}\, N \Phi_{\text{p}} \left(\frac{n}{30}\right) \qquad (4.54)$$

从实际角度来看,这里所举的单线圈电枢绕组当然没有应用价值,但它是稍后详细考察换向器作用的基础。事实上,如果用 N 表示电枢两端总的串联匝数,式 4.54 的结论对较为实用的分布电枢绕组同样成立。通常,电势用整个电枢绕组的总有效导体数 C_{a} 和并联支路数 m 来表示。由于两根圈边导体构成一匝,总导体数的 $1/m$ 串联成一条支路,所以串联匝数为 $N_{\text{a}} = C_{\text{a}}/(2m)$。代入式 4.54 得

$$E_{\text{a}} = \left(\frac{\text{poles}}{2\pi}\right) \left(\frac{C_{\text{a}}}{m}\right) \Phi_{\text{p}} \omega_{\text{m}} = \left(\frac{\text{poles}}{60}\right) \left(\frac{C_{\text{a}}}{m}\right) \Phi_{\text{p}} n \qquad (4.55)$$

4.7 隐极电机的转矩

对于作为机电系统构成单元的任何电磁装置来说,其运行特征都可以用其电端方程以及其位移、电磁力或转矩来描述。本节的目的就是要推导出理想化原型旋转电机的端部关系和转矩方程,其结论很容易被推广到稍后更为复杂的电机。我们从两种观点出发推导这些方程,将会发现其本质是相同的。

第一种观点基本上等同于 3.6 节。这种观点把电机视为一个电路元件,其电感值取决于转子位置角。磁链 λ 和磁共能将用电流和电感来表示。将磁共能对转子位置角求偏导数,就可以得到转矩表达式;而端电压则为电阻压降 Ri 和电势 $\mathrm{d}\lambda/\mathrm{d}t$(法拉第定律)之和。其结果是得到一组描述电机动态性能的非线性微分方程。

第二种观点是把电机视为能在气隙中激励磁通的两套绕组,一套绕组在定子上,另一套绕组在转子上。通过对磁场做一些合理的假设(类似于推导电感解析表达式时所采用的假设),就可以推导出用磁场量表示的磁链和气隙磁共能的简单表达式。于是,就可以根据这些表达式求得转矩和感应电势。基于这一观点,转矩可以直观地理解成由两个磁场相互对齐的趋势引起,这和永久磁铁相互吸引趋于对齐的道理一样;感应电势可以理解成由磁场和绕组之间的相对运动引起。这些表达式揭示了旋转电机正 常稳态运行时的基本物理特征。

4.7.1 耦合电路的观点

考虑图 4.31 所示的均匀气隙的原型电机,其定、转子上各有一个绕组,θ_m 为两绕组磁轴线之间所夹的机械角度。两绕组均是嵌放于若干槽中的分布绕组,其磁势波可以近似为空间正弦分布。在图 4.31(a)中,标有 s、$-s$ 以及 r、$-r$ 的线圈边处于组成分布绕组的导体区域的中间位置。在图 4.31(b)中用另一种方式表示了这两套绕组,同时标明了电势和电流的参考方向。这里,假设沿箭头方向的电流产生的气隙磁场也沿箭头指向,即一个箭头同时指示电流和磁场的参考方向。

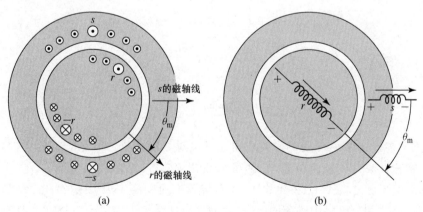

图 4.31 具有均匀气隙的 2 极原型电机:(a)绕组分布;(b)示意图

在这里,定子和转子为同轴心的圆柱体,开槽的影响忽略不计,因而,这一原型电机模型也就没有凸极效应,有关凸极效应将在以后的章节中探讨。我们还假设定、转子铁心的磁阻可以忽略。最后要说明的是,尽管图 4.31 示出的是 2 极电机,但是下面给出的推导针对的是一般情况下的多极电机,为此,要将 θ_m 用下式给出的转子位置的电角度值来代替:

$$\theta_{me} = \left(\frac{poles}{2}\right)\theta_m \tag{4.56}$$

在以上假设的基础上,定子和转子的自感 L_{ss} 和 L_{rr} 可以视为常数,而定、转子之间的互感与定、转子线圈磁轴线之间所夹的电角度 θ_{me} 有关。当 $\theta_{me}=0$ 或者 2π 时,互感达到其正最大值;当 $\theta_{me}=\pm\pi/2$ 时,互感等于 0;当 $\theta_{me}=\pm\pi$ 时,互感达到其负最大值。加上磁势波为正弦且气隙均匀的假设条件,则气隙磁通波在空间的分布也为正弦,互感将具有如下形式:

$$\mathcal{L}_{sr}(\theta_{me}) = L_{sr}\cos(\theta_{me}) \tag{4.57}$$

式中:用手写体字母 $\mathcal{L}$ 表示与电角度 θ_{me} 成函数关系的电感;用斜体大写字母 L 表示常量。因此 L_{sr} 是互感的幅值,即当定、转子磁轴线重合($\theta_{me}=0$)时互感的值。用电感表示,定子和转子磁链 λ_s 和 λ_r 分别为

$$\lambda_s = L_{ss}i_s + \mathcal{L}_{sr}(\theta_{me})i_r = L_{ss}i_s + L_{sr}\cos(\theta_{me})i_r \tag{4.58}$$

$$\lambda_r = \mathcal{L}_{sr}(\theta_{me})i_s + L_{rr}i_r = L_{sr}\cos(\theta_{me})i_s + L_{rr}i_r \tag{4.59}$$

式中,电感可参照附录 B 中论述的方法来计算。写成矩阵形式为

$$\begin{bmatrix} \lambda_s \\ \lambda_r \end{bmatrix} = \begin{bmatrix} L_{ss} & \mathcal{L}_{sr}(\theta_{me}) \\ \mathcal{L}_{sr}(\theta_{me}) & L_{rr} \end{bmatrix} \begin{bmatrix} i_s \\ i_r \end{bmatrix} \tag{4.60}$$

端电压 v_s 和 v_r 为

$$v_s = R_s i_s + \frac{d\lambda_s}{dt} \tag{4.61}$$

$$v_r = R_r i_r + \frac{d\lambda_r}{dt} \tag{4.62}$$

式中,R_s 和 R_r 分别为定子绕组和转子绕组的电阻值。

当转子旋转时,θ_{me} 随时间变化。对式 4.58 和式 4.59 求导,并把结果代入式 4.61 和式 4.62,可得

$$v_s = R_s i_s + L_{ss}\frac{di_s}{dt} + L_{sr}\cos(\theta_{me})\frac{di_r}{dt} - L_{sr}i_r\sin(\theta_{me})\frac{d\theta_{me}}{dt} \tag{4.63}$$

$$v_r = R_r i_r + L_{rr}\frac{di_r}{dt} + L_{sr}\cos(\theta_{me})\frac{di_r}{dt} - L_{sr}i_s\sin(\theta_{me})\frac{d\theta_{me}}{dt} \tag{4.64}$$

式中,

$$\frac{d\theta_{me}}{dt} = \left(\frac{poles}{2}\right)\omega_m = \omega_e \tag{4.65}$$

是以电弧度每秒(rad/s)为单位的瞬时电角速度。对 2 极电机(如图 4.31 的电机),θ_{me} 和 ω_e 分别等于转子的瞬时机械角位置 θ_m 和机械角速度 ω_m。对多极电机而言,它们的关系由式 4.56 和式 4.3 给出。式 4.63 和式 4.64 右端第二项和第三项为 $L(di/dt)$ 性质的感应电势,类似于在静止耦合电路中感应的电势,比如变压器绕组中感应的电势。第四项由机械旋转引起,且正比于瞬时转速,是速度电势项,与电系统和机械系统之间的功率转换相联系。

从磁共能可以求得电磁转矩。根据式 3.70 可得

$$W'_{\text{fld}} = \frac{1}{2}L_{\text{ss}}i_{\text{s}}^2 + \frac{1}{2}L_{\text{rr}}i_{\text{r}}^2 + L_{\text{sr}}i_{\text{s}}i_{\text{r}}\cos\theta_{\text{me}}$$

$$= \frac{1}{2}L_{\text{ss}}i_{\text{s}}^2 + \frac{1}{2}L_{\text{rr}}i_{\text{r}}^2 + L_{\text{sr}}i_{\text{s}}i_{\text{r}}\cos\left(\left(\frac{\text{poles}}{2}\right)\theta_{\text{m}}\right) \quad (4.66)$$

注意到,式 4.66 的磁共能特意用空间角位置 θ_{m} 表示,这是因为转矩表达式 3.68 中要求从磁共能对空间位置角 θ_{m} 求导得到转矩,而不是对电位置角 θ_{me} 求导。因此,根据式 3.68 有

$$T = \frac{\partial W'_{\text{fld}}(i_{\text{s}}, i_{\text{r}}, \theta_{\text{m}})}{\partial\theta_{\text{m}}}\bigg|_{i_{\text{s}}, i_{\text{r}}} = -\left(\frac{\text{poles}}{2}\right)L_{\text{sr}}i_{\text{s}}i_{\text{r}}\sin\left(\frac{\text{poles}}{2}\theta_{\text{m}}\right)$$

$$= -\left(\frac{\text{poles}}{2}\right)L_{\text{sr}}i_{\text{s}}i_{\text{r}}\sin\theta_{\text{me}} \quad (4.67)$$

式中 T 为对转子起加速作用的电磁转矩(即正值转矩,起到使 θ_{m} 增大的作用)。式 4.67 中的负号意味着电磁转矩的作用方向为力图使定、转子磁场相互对齐。

式 4.63、式 4.64 和式 4.67 是三个联系电量 v_{s}、i_{s}、v_{r}、i_{r} 与机械量 T 和 θ_{m} 的一组方程式。这些方程式,连同一些约束条件,决定了设备的性能,也决定了外部电系统和机械系统之间的能量转换装置的特性。主要的约束条件包括:由连接到接线端的线路(电源、负载和外接阻抗等)对电变量强加的约束;对转子强加的约束(施加的转矩、惯性、摩擦和弹性扭矩等)等。这些方程式是非线性微分方程,除了某些特例,求解都比较困难。这里我们不特意关注方程求解,只是将其用来逐步建立旋转电机的理论。

例 4.6 考虑图 4.31 所示的 2 极、2 线圈原型电机,其转轴与一个机械装置耦合,该装置可以在很宽的速度范围内吸收或者产生机械转矩。该电机可以有多种接线和运行方式。例如,考虑这样一种情况,此时转子绕组由直流电流 I_{r} 励磁,定子绕组连接到一个可以吸收或者提供电功率的交流电源。设定子电流为

$$i_{\text{s}} = I_{\text{s}}\cos\omega_{\text{e}}t$$

式中,$t=0$ 选择在定子电流为最大值的时刻。

a. 当通过控制连接到转轴上的机械装置使转速变化时,推导该电机产生的电磁转矩的表达式。

b. 如果定子频率为 60Hz,求能够产生非零平均转矩时的转速。

c. 如果用上述假设的电流源励磁,在同步转速($\omega_{\text{m}}=\omega_{\text{e}}$)时,定子绕组和转子绕组中的感应电势是多少?

解:

a. 对于 2 极电机,由式 4.67 可得

$$T = -L_{\text{sr}}i_{\text{s}}i_{\text{r}}\sin\theta_{\text{m}}$$

根据本题给出的条件,有 $\theta_{\text{m}} = \omega_{\text{m}}t + \delta$,所以

$$T = -L_{\text{sr}}I_{\text{s}}I_{\text{r}}\cos\omega_{\text{e}}t\,\sin(\omega_{\text{m}}t + \delta)$$

这里,ω_{m} 是由机械装置传递到转子的顺时针角速度,δ 是转子在 $t=0$ 时的角位置。利用三角恒等式[①],有

---

① $\sin\alpha\cos\beta = \frac{1}{2}[\sin(\alpha+\beta) + \sin(\alpha-\beta)]$。

$$T = -\frac{1}{2} L_{sr} I_s I_r \{ \sin\left[(\omega_m + \omega_e)t + \delta \right] + \sin\left[(\omega_m - \omega_e)t + \delta \right] \}$$

此转矩包含两个随时间正弦变化的项,其一频率为 $\omega_m + \omega_e$,其二频率为 $\omega_m - \omega_e$。正如 4.5 节所述,交流电流流过 2 极、单相电机(如图 4.31 所示)的定子绕组时会产生两个磁通波,一个以角速度 ω_e 沿正的 θ_m 方向旋转,另一个则以同样的角速度 ω_e 沿负的 θ_m 方向旋转。正是转子和这两个磁通波相互作用,产生了转矩表达式中的这两项。

b. 除非 $\omega_m = \pm\omega_e$,否则在足够长时间段内的平均转矩为 0。但是,如果 $\omega_m = \omega_e$,转子就与正向磁通波同步旋转,转矩变为

$$T = -\frac{1}{2} L_{sr} I_s I_r [\sin(2\omega_e t + \delta) + \sin\delta]$$

第一个正弦项为倍频分量,其平均值为 0。第二项为平均转矩:

$$T_{avg} = -\frac{1}{2} L_{sr} I_s I_r \sin\delta$$

当 $\omega_m = -\omega_e$ 时也产生非零的平均转矩,只不过意味着旋转方向为逆时针,转子此时与反向定子磁通波同步旋转。

这是一个理想化的单相同步电机。若定子频率为 60 Hz,由式 4.44 可知,当角速度为 $\omega_m = \pm\omega_e = \pm2\pi 60 \text{rad/s}$,对应于转速为 $\pm 3600 \text{r/min}$ 时,将产生非零的平均转矩。

c. 从式 4.63 的第二项和第四项(其中 $\theta_e = \theta_m = \omega_m t + \delta$)可知,当 $\omega_m = \omega_e$ 时,定子的感应电势为

$$e_s = -\omega_e L_{ss} I_s \sin\omega_e t - \omega_e L_{sr} I_r \sin(\omega_e t + \delta)$$

从式 4.64 的第三项和第四项可知,转子的感应电势为

$$e_r = -\omega_e L_{sr} I_s [\sin\omega_e t \, \cos(\omega_e t + \delta) + \cos\omega_e t \, \sin(\omega_e t + \delta)]$$
$$= -\omega_e L_{sr} I_s \sin(2\omega_e t + \delta)$$

定子磁通的反向旋转分量将在转子中感应一个倍频电势;而定子磁通的正向分量与转子同步旋转,对转子来说相当于直流磁场,所以不会在转子绕组中感应出电势。

现在考虑具有多个定子绕组和转子绕组的均匀气隙电机。适用于图 4.31 所示原型电机的一般理论同样适用于多绕组电机。每个绕组除了有本身的自感,还有与其他绕组间的互感。在假设气隙均匀且忽略磁饱和时,处于气隙同一边的单个绕组的自感以及两个绕组间的互感均为常量。然而,分别属于定子和转子的两个绕组之间的互感随其磁轴线夹角的变化而呈余弦变化。由于转子绕组的磁场具有与定子绕组的磁场对齐的趋势,从而产生了转矩。它可以表示成类似式 4.67 的几项的和式。

例 4.7 考虑一台具有均匀气隙的 4 极、三相同步电机。假设电枢绕组的自感和互感为常数:

$$L_{aa} = L_{bb} = L_{cc}$$
$$L_{ab} = L_{bc} = L_{ca}$$

同样,假设励磁绕组的自感为常数 L_f,而励磁绕组与三个电枢相绕组之间的互感随着励磁绕组和 a 相绕组磁轴线之间夹角 θ_m 的变化而变化,即

$$\mathcal{L}_{af} = L_{af} \cos 2\theta_m$$
$$\mathcal{L}_{bf} = L_{af} \cos(2\theta_m - 120°)$$
$$\mathcal{L}_{cf} = L_{af} \cos(2\theta_m + 120°)$$

试证明：当励磁绕组用恒定电流 I_f 励磁，电枢加

$$i_a = I_a \cos(\omega_e t + \delta)$$
$$i_b = I_a \cos(\omega_e t - 120° + \delta)$$
$$i_c = I_a \cos(\omega_e t + 120° + \delta)$$

形式的三相对称电流，且转子以由式 4.42 给出的同步速度 ω_s 旋转时，电磁转矩为恒定值。

解：

正如 3.6 节所述，可以根据磁共能计算出转矩。具体到这台电机，它是一个 4 绕组系统，其磁共能由 4 项组成，其中涉及 1/2 倍的自感乘以相应绕组电流平方的项，以及由两个绕组间互感乘以对应的两个绕组电流构成的乘积项。注意到，仅仅在涉及励磁绕组和三个电枢相绕组互感的项中包含随 θ_m 变化的成分。可以将磁共能写成如下形式：

$$W'_{fld}(i_a, i_b, i_c, i_f, \theta_m) = (常数项) + \mathcal{L}_{af}i_ai_f + \mathcal{L}_{bf}i_bi_f + \mathcal{L}_{cf}i_ci_f$$

$$= (常数项) + L_{af}I_aI_f [\cos 2\theta_m \cos(\omega_e t + \delta)$$
$$+ \cos(2\theta_m - 120°)\cos(\omega_e t - 120° + \delta)$$
$$+ \cos(2\theta_m + 120°)\cos(\omega_e t + 120° + \delta)]$$

$$= (常数项) + \frac{3}{2} L_{af}I_aI_f \cos(2\theta_m - \omega_e t - \delta)$$

转矩可以通过磁共能 W'_{fld} 对 θ_m 求偏导而得到：

$$T = \left.\frac{\partial W'_{fld}}{\partial \theta_m}\right|_{i_a, i_b, i_c, i_f}$$

$$= -3L_{af}I_aI_f \sin(2\theta_m - \omega_e t - \delta)$$

从这个表达式可以看出，当转子以同步速度 ω_s 旋转时，转矩将恒定不变。位置角为

$$\theta_m = \omega_s t = \left(\frac{2}{poles}\right)\omega_e t = \left(\frac{\omega_e}{2}\right)t$$

这时转矩为

$$T = 3L_{af}I_aI_f \sin\delta$$

注意到，不同于例 4.6 的单相电机的情况，当运行在同步速度且在三相对称条件时，这台三相电机的转矩恒定。正如我们所知道的，这缘于这样一个事实，即三相电机的定子磁势波合成后产生一个单向旋转磁通波，这与单相电机定子电流产生一正一反两个方向的旋转磁通波不同。后者的反向磁通波与转子不同步，因此产生倍频时变转矩分量(参见例 4.6)。

练习题 4.5

对于例 4.7 的 4 极电机，如果定子电流具有如下形式：

$$i_a = I_a \cos(\omega_e t + \delta)$$
$$i_b = I_a \cos(\omega_e t + 120° + \delta)$$
$$i_c = I_a \cos(\omega_e t - 120° + \delta)$$

求能得到恒定转矩时的同步速度。

答案：

$\omega_s = -(\omega_e/2)$。

在例 4.7 中我们发现，在对称条件下，当 4 极同步电机的角速度为(定子)激励电源角频率的一半时，将会产生恒定转矩。这一结论可以加以推广，即在对称运行条件下，多相、多极同步电机在转子某一速度下会产生恒定转矩。在此速度下，转子与定子绕组电流产

生的旋转磁通波同步旋转,因而这一旋转速度称为电机的同步速度。由式 4.42 和式 4.44可知,同步速度用 rad/s 作单位时等于 $\omega_s = (2/极数)\omega_e$,或者用 r/min 作单位时等于 $n_s = (120/极数)f_e$。

4.7.2　磁场观点

在 4.7.1 节的讨论中,我们用绕组电感描述了从电端和机械端观察的旋转电机的特性。这一观点没有深入洞察电机内部发生的物理现象。在本节中,我们将根据磁场相互作用原理,探讨另外一种公式。

我们已经知道,转子和定子绕组中的电流各自产生磁势分布,进而在电机中产生磁场。一台具有均匀气隙的 2 极电机的转子和定子磁势波如图 4.32(a)所示。相应的转子和定子磁场具有使其磁轴线对齐的趋势,并由此产生转矩。这是一个很有用的物理景象,这一情形类似于中心同轴的两个条形磁铁,两个磁铁将产生一个与其夹角有关的转矩,这一转矩力图使磁铁对齐。在图 4.32(a)的电机中,转矩与定、转子磁势波幅值的乘积成正比,又是定子磁势波轴线到转子磁势波轴线之间夹角 δ_{sr} 的函数。事实上,我们将会证明,对于具有均匀气隙的电机,转矩和 $\sin \delta_{sr}$ 成正比。

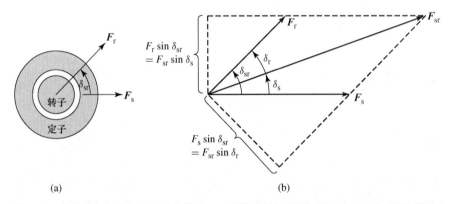

图 4.32　简化的 2 极电机:(a)基本模型;(b)磁势波的相量图。转矩产生于定、转子磁场对齐的趋势。注意到,这些图是按 δ_{sr} 为正所画的,即转子磁势 F_r 领先定子磁势 F_s

在典型电机中,由定子绕组和转子绕组产生的磁通中的绝大部分都会穿越气隙,并同时和两个绕组匝链,这一磁通被称为互磁通(主磁通),其完全类似于变压器的互磁通或者励磁磁通。然而,定子和转子绕组产生的磁通中还有一部分不穿越气隙,这类似于变压器中的漏磁通,这一部分磁通被称为转子漏磁通和定子漏磁通,这些漏磁通中的成分包括槽漏磁通、齿尖漏磁通、端部漏磁通以及气隙磁场的空间谐波等。

只有互磁通直接关系到转矩的产生。但是,由于漏磁通会在其各自匝链的绕组中产生感应电势,其的确会由此影响电机的性能。它们对电气性能的影响用漏电感来考虑,这类似于第 2 章的变压器模型中包含的漏电感的用途。

当把转矩用绕组电流或者电流产生的磁势来表示时,最终的表达式中不会有包含漏电感的项。以下我们就用合成互磁通来分析。我们将推导出用定、转子磁势及其磁轴线夹角 δ_{sr} 表示的存储于气隙中的磁共能的表达式。这样,转矩就可以由磁共能对角度 δ_{sr} 求偏导得到。

为了简化分析,我们假设气隙的径向长度 g(定、转子之间的径向间隙)相比于定子或者转子半径来说很小。对于采用高磁导率电工钢制造并具有均匀气隙的电机,可以证明,气隙中主要为径向磁通,并且在转子表面、定子内表面和气隙内任何径向位置处,这一径向磁通密度的差别很小。这样,气隙磁场就可以用径向磁场强度 H_{ag} 或者磁通密度 B_{ag} 来表示,其强度随气隙圆周上角位置的变化而变化。H_{ag} 跨过气隙的线积分就是 $H_{ag}g$,且等于由定、转子绕组产生的合成气隙磁势 $\mathcal{F}_{sr}$,因此

$$H_{ag}g = \mathcal{F}_{sr} \tag{4.68}$$

式中手写体字母 $\mathcal{F}$ 指示该磁势波为沿气隙圆周角位置的函数。

定、转子磁势是随 δ_{sr} 变化的空间正弦波,自变量 δ_{sr} 是定、转子绕组磁轴线之间的相位角差。定、转子磁势可以分别用画在其磁轴线上的空间相量 $\mathbf{F}_s$ 和 $\mathbf{F}_r$ 来表示,如图 4.32(b)所示。合成磁势是定、转子磁势的矢量和,用 $\mathbf{F}_{sr}$ 表示,产生穿越气隙的磁通。由三角形的关系式可以求出平行四边形的斜边,即可以从下式求得合成磁势的峰值:

$$F_{sr}^2 = F_s^2 + F_r^2 + 2F_s F_r \cos\delta_{sr} \tag{4.69}$$

其中所有 F 都是相应磁势波的峰值。合成径向磁场强度 H_{ag} 也是空间正弦波,从式 4.68 可知其峰值(H_{ag})$_{peak}$ 为

$$(H_{ag})_{peak} = \frac{F_{sr}}{g} \tag{4.70}$$

现在考虑气隙磁场中存储的磁共能。根据式 3.49 可知,磁场中磁场强度为 H 的某点的磁共能密度为 $(\mu_0/2)H^2$(SI 单位制)。因而,气隙体积内磁共能密度的平均值为 $\mu_0/2$ 乘以 H_{ag}^2 的平均值。正弦波平方的平均值是其幅值的一半,所以

$$平均磁共能密度 = \frac{\mu_0}{2}\left(\frac{(H_{ag})_{peak}^2}{2}\right) = \frac{\mu_0}{4}\left(\frac{F_{sr}}{g}\right)^2 \tag{4.71}$$

基于气隙长度很小这一假设,可求得气隙的体积为 πDlg,其中 l 为气隙的轴向长度,D 为气隙的平均直径。总磁共能可以用平均磁共能密度乘以气隙体积得到,为

$$W_{fld}' = \frac{\mu_0}{4}\left(\frac{F_{sr}}{g}\right)^2 \pi Dlg = \frac{\mu_0 \pi Dl}{4g}F_{sr}^2 \tag{4.72}$$

由式 4.69 可知,气隙中存储的磁共能现在可以用定、转子磁势波的幅值及其空间夹角来表示。因此,

$$W_{fld}' = \frac{\mu_0 \pi Dl}{4g}\left(F_s^2 + F_r^2 + 2F_s F_r \cos\delta_{sr}\right) \tag{4.73}$$

认识到保持磁势恒定等效于保持电流恒定,现在将磁共能对位置角求偏导,就可以得到电磁转矩 T 的表达式,从而把转矩用相互作用的磁场来描述。对 2 极电机,

$$T = \left.\frac{\partial W_{fld}'}{\partial \delta_{sr}}\right|_{F_s, F_r} = -\left(\frac{\mu_0 \pi Dl}{2g}\right)F_s F_r \sin\delta_{sr} \tag{4.74}$$

适用于多极电机的转矩通用表达式为

$$T = -\left(\frac{poles}{2}\right)\left(\frac{\mu_0 \pi Dl}{2g}\right)F_s F_r \sin\delta_{sr} \tag{4.75}$$

在该式中,δ_{sr} 是定、转子磁势波之间的空间电相角差;转矩 T 作用在使转子加速的方向上。因此,若 δ_{sr} 为负值,则转矩为正值(作用在使转子加速的方向上),电机作为电动机运行。同样,正值 δ_{sr} 对应于负值转矩,趋向于使转子减速,这种情形下电机作为发电机运行。

这一重要公式说明，转矩正比于定、转子磁势的幅值 F_s 和 F_r 以及二者之间的空间电相角差 δ_{sr} 的正弦值，定、转子上的转矩大小相等而方向相反，负号表示磁场趋于相互对齐。

现在可以比较一下式 4.75 和式 4.67 的结果。意识到 F_s 正比于 i_s，F_r 正比于 i_r，就可以看出，它们具有相似的形式。事实上，它们一定相等，这可以通过把 F_s、F_r（参见 4.3.1 节）和 L_{sr}（参见附录 B）代之以相应的表达式来验证。还要注意，这些表达式是在忽略铁心磁阻的假设下得到的，但是，这两种方法却对具有有限大磁导率的铁心同样有效。

参考图 4.32(b) 可以看出，$F_r \sin\delta_{sr}$ 是 F_r 波在空间电角度坐标下与 F_s 波正交的分量；同样，$F_s \sin\delta_{sr}$ 是 F_s 波在空间电角度坐标下与 F_r 波正交的分量。因而，转矩正比于某个磁场以及另一磁场与它正交的分量之积，这类似于矢量叉积。还要注意，在图 4.32(b) 中，

$$F_s \sin \delta_{sr} = F_{sr} \sin \delta_r \tag{4.76}$$

和

$$F_r \sin \delta_{sr} = F_{sr} \sin \delta_s \tag{4.77}$$

这里，从图 4.32 可见，δ_r 是从合成磁势波轴线到转子磁势波轴线的角度。同样，δ_s 是从定子磁势波轴线到合成磁势波轴线的角度。

将式 4.76 或者式 4.77 代入式 4.75，就可以把使转子加速的转矩用合成磁势波 F_{sr} 来表示，因此，

$$T = -\left(\frac{\text{poles}}{2}\right)\left(\frac{\mu_0 \pi D l}{2g}\right) F_s F_{sr} \sin \delta_s \tag{4.78}$$

$$T = -\left(\frac{\text{poles}}{2}\right)\left(\frac{\mu_0 \pi D l}{2g}\right) F_r F_{sr} \sin \delta_r \tag{4.79}$$

比较式 4.75、式 4.78 和式 4.79 可以看出，假如采用磁场轴线之间的相应夹角，则转矩可以用每个绕组电流单独产生的分量磁场来表示，如式 4.75 所示；也可以用合成磁场与任意一个分量磁场来表示，如式 4.78 和式 4.79 所示。能够理解任何一种形式，都会给电机分析带来方便。

在式 4.75、式 4.78 和式 4.79 中，我们把磁场用其磁势波的幅值来表示。如果忽略磁饱和，磁场当然也可以用其磁通密度波的幅值或者每极磁通量来表示。如此一来，正弦分布的磁势波在均匀气隙电机中产生的磁通密度幅值 B_{ag} 为 $\mu_0 F_{ag,peak}/g$，其中 $F_{ag,peak}$ 为磁势波的幅值。例如，合成磁势 F_{sr} 产生幅值为 $B_{sr} = \mu_0 F_{sr}/g$ 的合成磁通密度波。所以，$F_{sr} = gB_{sr}/\mu_0$，代入式 4.79 可得

$$T = -\left(\frac{\text{poles}}{2}\right)\left(\frac{\pi D l}{2}\right) B_{sr} F_r \sin \delta_r \tag{4.80}$$

设计电磁设备时遇到的一个固有限制是磁性材料的饱和磁通密度值。由于电枢齿部的饱和，气隙合成磁通密度波的幅值 B_{sr} 被限制为 $1.5 \sim 2.0$T。绕组的最大允许电流值以及对应的磁势波还受到绕组温升和其他设计要求的制约。由于式 4.80 中清楚地体现出了合成磁通密度和磁势，所以这一公式用在设计上就很方便，可以用来估算从一台给定尺寸电机获得的最大转矩。

例 4.8 一台 1800r/min、4 极、60Hz 的同步电动机，其气隙长度为 1.2mm，气隙的平均直径为 27cm，电机轴向长度为 32cm。转子绕组的匝数为 786，绕组系数为 0.976。假设从发

热因素考虑将转子电流限制在最大 18A,估算可以期望从该电机得到的最大转矩和输出功率。

解:

首先,我们可以根据式 4.9 确定转子最大磁势为

$$(F_r)_{max} = \frac{4}{\pi} \left(\frac{k_r N_r}{poles} \right) (I_r)_{max} = \frac{4}{\pi} \times \left(\frac{0.976 \times 786}{4} \right) \times 18 = 4395 \, A$$

假设气隙合成磁通密度的幅值被限制为 1.5T,我们可以设 δ_r 等于 $-\pi/2$(意识到 δ_r 取负值表示转子磁势落后于合成磁势;对应正的、电动运行转矩),根据式 4.80 估算出最大转矩为

$$T_{max} = \left(\frac{poles}{2} \right) \left(\frac{\pi D l}{2} \right) B_{sr}(F_r)_{max}$$

$$= \left(\frac{4}{2} \right) \times \left(\frac{\pi \times 0.27 \times 0.32}{2} \right) \times 1.5 \times 4395 = 1789 \, N \cdot m$$

对于同步转速 1800r/min,因为 $\omega_m = n_s(\pi/30) = 1800 \times (\pi/30) = 60\pi \, rad/s$,所以计算出对应的功率为 $P_{max} = \omega_m T_{max} = 337 kW$。

练习题 4.6

一台 2 极、60Hz 同步电动机,气隙长度为 1.3mm,平均气隙处直径为 22cm,轴向长度为 41cm。转子绕组有 900 匝和 0.965 的绕组系数,转子最大电流为 22 A。对这台电机重做例 4.8 的计算。

答案:

$T_{max} = 2585 \, N \cdot m$ 和 $P_{max} = 975 kW$。

如果意识到每极合成磁通可以表示成下式,就可以得到转矩的另一种表达形式:

$$\Phi_p = (\text{磁通密度 } B \text{ 在每极下的平均值})(\text{极面积}) \tag{4.81}$$

而且,正弦函数在半个波长上的平均值为其幅值的 $2/\pi$ 倍,因此,

$$\Phi_p = \frac{2}{\pi} B_{peak} \left(\frac{\pi D l}{poles} \right) = \left(\frac{2Dl}{poles} \right) B_{peak} \tag{4.82}$$

式中,B_{peak} 为对应的磁通密度波的幅值。例如,采用合成磁通密度的幅值 B_{sr},并将式 4.82 代入式 4.80,可得

$$T = -\frac{\pi}{2} \left(\frac{poles}{2} \right)^2 \Phi_{sr} F_r \sin \delta_r \tag{4.83}$$

式中,Φ_{sr} 为定、转子磁势综合产生的每极合成磁通。

总之,目前我们已经得到了用磁场表示的均匀气隙电机转矩的几种表达式。这些式子均说明:转矩正比于相互作用的磁场的幅值,以及它们磁轴线之间所夹空间电角度的正弦值。负号象征着电磁转矩作用在使磁场之间位移角减小的方向上。在我们初步讨论各种类型的电机时,式 4.83 将是首选的表示形式。

关于这些转矩方程式以及推导过程再做一点说明。在推导这些转矩方程式的过程中,并没有要求磁势波或者磁通密度波在空间静止。如 4.5 节讨论的那样,它们可以保持静止,也可以是行波。正如我们已经看到的,如果定、转子磁场幅值恒定且绕气隙圆周以相同的速度行进,则根据转矩方程式,定、转子磁场将力图相互对齐,这样就产生了稳定转矩。

4.8　直线电机

一般来说,本书讨论的每种类型的电机,除了后续各章将要展开讨论的常见的旋转形式,还可以制造成直线运动形式。实际上,为使分析明晰起见,本书讨论的多种电机都画成了其展开(笛卡儿坐标系)形式,如图 4.16(b)所示。

在某些运输系统中可以看到直线电动机,一般是交流"定子"在运动的机车上,而导电的静止"转子"构成导轨。在这种系统中,导轨上的感应电流除了提供推力,还可以用来提供浮力,这样就提供了一种高速运输机理,从而避免了在常规轨道运输中由车轮与轨道间相互作用带来的诸多问题。直线电动机也用在机床工业和机器人技术中,在这些方面,通常需要直线运动(需要定位和机械手操作)。另外,用来驱动往复式压缩机和振荡器的往复式直线电机也正在制造之中。

对直线电机的分析与旋转电机极为相似。通常,用直线尺寸和直线位移代替角度尺寸和角位移,并用力取代转矩。通过这些替代,就可以用类似于这里所呈现的推导旋转电机参量表达式的方法推导出直线电机参量的表达式,且结果具有类似的形式。

考虑图 4.33 所示的直线电机绕组。该绕组每槽 N 匝、带有电流为 i,完全类似于图 4.22 中用展开形式表示的旋转电机绕组。事实上,唯一的差别是用直线位置变量 z 替代了角度位置变量 θ_a。

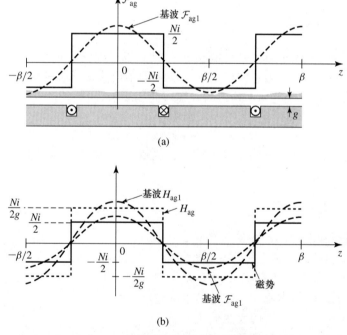

图 4.33　整距直线绕组产生的磁势和磁场强度

只要意识到该绕组的一个波长为 β,且其磁势波的基波分量按 $\cos(2\pi z/\beta)$ 变化,就可以直接根据式 4.14 求得图 4.33 所示绕组磁势波的基波分量。因而,将式 4.14 中的角位移 θ_a

用 $2\pi z/\beta$ 替换,就可以直接得出磁势波的基波分量为

$$H_{ag1} = \frac{4}{\pi} \left(\frac{Ni}{2g} \right) \cos \left(\frac{2\pi z}{\beta} \right) \tag{4.84}$$

如果实际电机的绕组是分布绕组(类似于图 4.17 所示的旋转电机绕组),其总匝数为 N_{ph},在 z 方向以(极数/2)个周期(即在 $\beta \times$ 极数/2 的长度上)分布,根据式 4.16 可以类推出 H_{ag} 的基波分量:

$$H_{ag1} = \frac{4}{\pi} \left(\frac{k_w N_{ph} i}{g \cdot poles} \right) \cos \left(\frac{2\pi z}{\beta} \right) \tag{4.85}$$

式中,k_w 为绕组系数。

类似于 4.5.2 节的讨论,三相直线电机绕组可以由图 4.28 所示的三套绕组构成,各相绕组在空间上错开的距离为 $\beta/3$,并用角频率为 ω_e 的三相对称电流激励相应的各相:

$$i_a = I_{peak} \cos \omega_e t \tag{4.86}$$

$$i_b = I_{peak} \cos (\omega_e t - 120°) \tag{4.87}$$

$$i_c = I_{peak} \cos (\omega_e t + 120°) \tag{4.88}$$

仿照从式 4.28 到式 4.40 的推导过程,我们就会发现确实存在一个正向行波磁势,而且只需要将 θ_a 用 $2\pi z/\beta$ 替换,就可以直接根据式 4.40 写出其表达式为

$$\mathcal{F}^+(z, t) = \frac{3}{2} F_{max} \cos \left(\frac{2\pi z}{\beta} - \omega_e t \right) \tag{4.89}$$

式中,F_{max} 由下式给出:

$$F_{max} = \frac{4}{\pi} \left(\frac{k_w N_{ph}}{poles} \right) I_{peak} \tag{4.90}$$

由式 4.89 可以看出,得到的是一个行波磁势,其在 z 方向的直线行进速度为

$$v = \frac{\omega_e \beta}{2\pi} = f_e \beta \tag{4.91}$$

式中,f_e 是单位为 Hz 的激励频率。

根据式 4.89,并利用式 4.13,可以求得气隙基波磁通密度为

$$B_{ag1} = \left(\frac{\mu_0}{g} \right) \mathcal{F}^+(z, t) = \frac{3}{2} B_{max} \cos \left(\frac{2\pi z}{\beta} - \omega_e t \right) \tag{4.92}$$

式中,

$$B_{max} = \frac{4}{\pi} \frac{\mu_0}{g} \left(\frac{k_w N_{ph}}{poles} \right) I_{peak} \tag{4.93}$$

例 4.9 一台三相直线交流电动机绕组的波长为 $\beta = 0.5$m,气隙长度为 1.0cm。总匝数为 48 匝,绕组系数为 $k_w = 0.92$,整个绕组分布区域总长为 $3\beta = 1.5$m(极数=6)。假设该绕组由幅值为 700A,频率为 25Hz 的对称三相对称电流激励。计算:(a)产生的合成磁势波的基波分量的幅值;(b)对应的气隙磁通密度幅值;(c)该行波磁势的线速度。

解:

a. 由式 4.89 和式 4.90,合成磁势波的基波分量的幅值为

$$F_{\text{peak}} = \frac{3}{2} \times \frac{4}{\pi} \left(\frac{k_{\text{w}} N_{\text{ph}}}{\text{poles}} \right) I_{\text{peak}}$$

$$= \frac{3}{2} \times \frac{4}{\pi} \times \left(\frac{0.92 \times 48}{6} \right) \times 700$$

$$= 9840 \text{ A/m}$$

b. 相应的气隙磁通密度波的幅值为

$$B_{\text{peak}} = \left(\frac{\mu_0}{g} \right) F_{\text{peak}}$$

$$= \left(\frac{4\pi \times 10^{-7}}{0.01} \right) \times 9840$$

$$= 1.24 \text{ T}$$

c. 最后,该行波的线速度可以根据式 4.91 确定:

$$v = f_{\text{e}} \beta = 25 \times 0.5 = 12.5 \text{ m/s}$$

练习题 4.7

某三相直线同步电动机绕组的波长为 0.93m。观察到其以 83km/h 的速度行进。计算在此运行状态下所需的激励电源频率。

答案:

$f = 24.8 \text{ Hz}$。

本书不对直线电机做专门研究。然而,读者必须认识到其基本性能和分析方法与对应的旋转电机相类似。与旋转电机的一个重要的差别就是直线电机有端部效应,端部效应对应于在电机前端和后端从气隙"泄漏"出去的磁场。端部效应问题超出了本书的范围,相关文献[①]中对此进行了详细分析。

4.9 磁 饱 和

电机的特性严重依赖于所用的磁性材料,这些材料是构制磁路所必需的,电机设计者使用它以获得特定的电机性能。在第 1 章我们已经知道,磁性材料并不理想,随着所承载的磁通的增加,它们就会开始饱和,导致磁导率开始下降,其在电机内产生磁通密度的总体效果也会随之下降。

在所有电机中,电磁转矩和感应电势均取决于绕组的磁链。绕组的磁势一定,其产生的磁通就取决于磁路的铁心段和气隙段的磁阻。因而,饱和在相当程度上会影响到电机的性能。

另一方面,磁饱和关系到对一些基本假设的影响,正是基于这些基本假设,才得到了对电机的一些解析分析方法。如果没有实验和理论的对比分析,这些微妙的影响将难以评估。具体来说,气隙磁势的关系式一般是建立在忽略铁心磁阻这一假设基础之上的,当将这些关系式运用到铁心具有不同饱和程度的实际电机时,可以预见,其解析分析结果会出现显著偏差。为了改进这些解析关系式,一种做法是,将实际电机用一等效电机来替代,后者的铁心磁阻被忽

---

① 参阅 S. Yamamura, *Theory of Linear Induction Motors*, 2d ed. Halsted Press, 1978, 以及 S. Nasar 和 I. Boldea *Linear Electric Motors*: *Theory Design and Practical Applications*, Prentice-Hall, 1987。

略,但气隙长度却被增大一定量,用此量来吸纳实际电机铁心中的磁位降。

类似地,气隙不均匀(如槽、通风道会使气隙不均匀)造成的影响,也可以用增大有效气隙的方法来考虑。最终,这些近似方法必须通过试验加以检验和确认。在这些简单方法不能适用的情况下,就要用详细的分析方法如有限元或者其他数值方法来处理。不言而喻,采用此类方法意味着模型复杂程度随之加大。

旋转电机的饱和特征通常用开路特性的形式来体现,也称磁化曲线或者饱和曲线。对同步电机来说,使电机运行在恒定转速(同步转速),测取电枢开路电压对励磁电流的函数关系,就可得到其开路饱和曲线。同步电机典型的开路特性曲线具有图 4.34 所示的形式。曲线的形态决定于所研究电机的几何结构尺寸以及电机中所用电工钢的特性。与饱和曲线低段相切的直线称为气隙线,它对应于电机内部磁通密度较低的情况。在这种低磁通密度的情况下,电机铁心中的磁阻通常忽略不计,激励

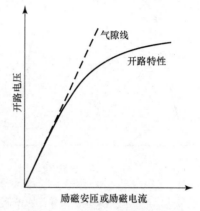

图 4.34 典型开路特性和气隙线

电机的磁势仅为克服气隙磁阻之需要。如果没有饱和效应,则气隙线将和开路特性曲线重合。所以,随着励磁电流的增大,开路特性曲线偏离气隙线的程度可以指示出电机的饱和程度。在典型电机中,对应于额定电压,总磁势与气隙上单独消耗的磁势之比为 1.1～1.25。

在设计阶段,开路特性可以用数值方法如有限元法计算得到。图 4.35 是用有限元法计算的一个典型例子,它求得的是凸极电机一个极域内的磁通分布情况。根据有限元法求得的结果,在图 4.36 给出了气隙磁通分布及其基波和三次谐波分量。

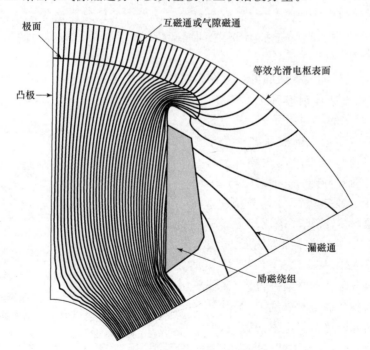

图 4.35 一个凸极范围磁通分布的有限元解

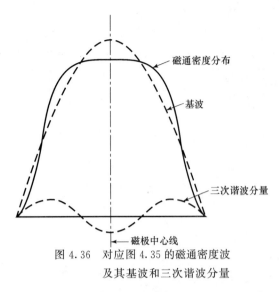

图 4.36 对应图 4.35 的磁通密度波
及其基波和三次谐波分量

除饱和的影响外,图 4.36 还清楚地显示了气隙不均匀的影响。正如所料,极面下磁通密度比极面外大得多,因为极面下气隙较小。这种详细分析对于设计者获得特定的电机性能十分有用。

我们已经知道,对于已有的同步电机,通过将电机以发电方式空载运行,测取对应于一系列励磁电流值的端电压值,就可以得到该电机的磁化曲线。对于感应电动机,使其在同步速或者接近同步速下运行(此时,转子绕组的感应电流非常小),测取定子电流随定子端电压变化的函数关系,通过绘制定子电压与电流的函数曲线,就可得到磁化曲线。

需要强调的是,电机满载时的饱和是磁路上总磁势作用的结果。由于负载情况下的磁通分布一般与空载时有些差别,所以电机饱和特性在细节上可能不同于图 4.34 所示的开路特性曲线。

4.10 漏　磁　通

从 2.4 节可知,在双绕组变压器中,各个绕组产生的磁通可以分为两部分。一部分由与两个绕组都匝链的磁通构成,另一部分则由仅与产生它的绕组匝链的磁通构成。第一部分磁通称为互磁通(主磁通),在两个绕组之间起耦合作用。第二部分称为漏磁通,只增加它所匝链的各绕组的自感。

注意到,互磁通和漏磁通的概念只在多绕组系统中才有意义。对于三绕组或者更多绕组的系统,必须更加仔细地标记。例如,考虑图 4.37 所示的三绕组系统,图中示出了绕组 1 的电流产生的磁通的各个分量。这里可以清晰地看出,φ_{123} 是与全部三个绕组匝链的互磁通;φ_{1l} 是漏磁通,因为它仅与绕组 1 匝链;然而,φ_{12} 对绕组 2 来说是互磁通,而对绕组 3 来说却是漏磁通;同样,φ_{13} 对绕组 3 来说是互磁通,对绕组 2 来说是漏磁通。

电机中通常含有多绕组系统,需要仔细标记以计入各个绕组对磁通的"贡献"。尽管这种详细分析超出了本书的范围,但

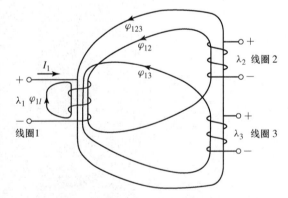

图 4.37　三绕组系统中线圈 1 电流
产生的互磁通和漏磁通

定性分析这些效应,并描述其对电机电感有怎样的影响,还是十分有用的。

气隙空间谐波磁通　通过本章的讨论可知,尽管单个线圈产生的气隙磁通波中包含相当大的空间谐波成分,但是通过分布这些线圈就可以使得空间基波分量得以凸显,而谐波效应大大降低。所以,在求取式 B.24 和式 B.25 的自感和互感表达式时,我们忽略了谐波的影响,只考虑了空间基波磁通。

尽管气隙磁通中的空间谐波分量通常很小,但却是存在的。在直流电机中,它们是能产生转矩的有用磁通,因此可以计入定、转子绕组之间的互磁通。然而,在交流电机中,它们会产生时间谐波电势或者异步旋转磁通波。在大多数常规分析中,一般很难精确考虑这些谐波的影响。不过,大家公认,将这些谐波归入产生它的各绕组的漏磁通,就与常规分析的基本假设相一致。

槽漏磁通　图 4.38 示出了槽中单个线圈边产生的磁通分布情况。注意到,除了穿越气隙、贡献于气隙磁通的部分,还有部分磁通直接跨过了槽。若槽中的线圈属于同一相,则后一部分磁通仅与产生它的线圈匝链,也是形成该线圈的漏电感的因素。另一种情形是,分属于两相的线圈占用同一个槽,则槽磁通的一部分为两相之间的互磁通。然而,由于这一磁通没有穿越气隙,相对于任何位于转子上的绕组,它仍然属于漏磁通。

端部漏磁通　图 4.39 示出了一交流电机定子绕组的端部。线圈端部所产生磁场的分布很复杂。通常,这种磁通不能成为定、转子之间有益的互磁通,所以也是形成漏电感的一个因素。

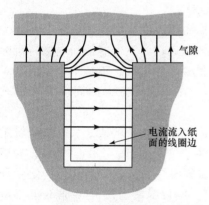

图 4.38　槽内一个线圈边产生的磁通

图 4.39　16.5kV、275MVA、3600r/min 汽轮发电机定子端部视图(图片 Siemens 由提供)

从以上讨论可知,式 B.24 的自感表达式一般必须做修正,加上一项 L_l,用来代表绕组漏电感。这个漏电感与第 1 章讨论的变压器绕组的漏电感直接对应。尽管漏电感通常很难解析计算,必须用近似方法或者经验公式来确定,但是就对电机性能的影响而言,漏电感起着重要作用。

4.11　小　结

本章简要阐述了三种基本类型的旋转电机:同步电机、感应电机和直流电机。对所有这三种类型的电机来说,它们的基本原理本质上是相同的。感应电势由绕组与磁场之间的相对运动产生;转矩由定、转子绕组磁场之间的相互作用产生。各种类型电机的性能由其绕组的连接和励磁方式决定,但其基本原理本质上是相似的。

研究旋转电机的基本分析工具就是其感应电势和转矩的表达式。二者一起表征了电系统和机械系统之间的耦合作用。为了得到较为合理而不冗长的定量分析方法,我们舍弃了一些次要细节,并做了一些简化假设。在研究交流电机时,假设电势、电流随时间正弦变化,气隙磁通密度和磁势为空间分布的正弦波。在分析交流分布绕组产生的磁势时,我们发现其中的空间基波分量最重要。另外,在直流电机中,电枢绕组的磁势更接近锯齿波。在本章的初步研究中,假设交流和直流电机的磁势波均为正弦分布。在第 7 章中,我们将针对直流电机较为彻底地考察这一假设。应用法拉第定律,得出了式 4.52 所示的由交流电机的绕组产生的感应电势有效值的表达式,以及式 4.55 所示的直流电机电刷两端平均感应电势的表达式。

在研究三相交流绕组的磁势时,我们发现,对称三相电流将会产生以同步转速旋转的幅值恒定的气隙磁场,如图 4.28 和式 4.41 所示。这一结论的重要性怎么说也不为过,因为,这意味着有可能运行这样的电机(多相电机),不管是作为发电机还是作为电动机,使之处于转矩恒定的状态(当然,电功率也恒定,参见附录 A),从而消除了单相电机中固有的倍频和时变转矩。例如,想象一台数兆瓦的单相 60Hz 发电机遭受到数兆瓦 120Hz 的瞬态转矩和功率扰动时的情景! 多相绕组能产生旋转磁场,这一发现直接促成了简单、坚固、可靠且可以自启动的多相感应电动机的发明,这种电机将在第 6 章详细介绍(单相感应电动机无自启动能力,需要增加一个辅助启动绕组,详见第 9 章的介绍)。

对单相电机或者多相电机的不对称运行来说,电枢磁势波的反向旋转分量会在转子结构体中感应电流并产生损耗。因而,多相电机在对称条件运行时不但能消除电磁转矩中的 2 次谐波分量(倍频分量),而且能充分减少转子损耗和发热的来源。正是由于发明了对称运行的多相电机,才使得设计和制造额定容量达 1000MW 这样巨大的同步发电机成为可能。

在假设气隙磁场为正弦分布的情况下,我们推导出了电磁转矩的表达式。产生转矩的简单物理图解就是用两个磁铁,一个在定子上,另一个在转子上,如图 4.32(a)所示。转矩的作用方向为试图使得两磁铁对齐的方向。为了不被细节纠结而得到相当合理的定量分析式,我们假设气隙均匀,并忽略了磁路铁心部分的磁阻。需要提醒的是,这些假设并不适用于所有情况,对某些情况可能需要更详细的模型。

在 4.7 节,我们从两种观点出发推导出了电磁转矩的表达式,两种观点均建立在第 3 章介绍的基本原理之上。第一种观点是把电机视为一组由磁场耦合在一起的电路,其电感由转子位置角决定,参阅 4.7.1 节。第二种观点是从气隙磁场出发分析研究电机,参阅 4.7.2 节。研究表明,转矩可以表示成定子磁场、转子磁场以及两个磁场磁轴线之间夹角的正弦值的乘积,参阅式 4.75,或者由式 4.75 推出的其他表达形式。两种观点相辅相成,具备应用这两种观点的能力,对于理解电机如何工作大有帮助。

本章研究了旋转电机理论中的基本原理,但显然很不完善,还有许多问题没能解决。如何利用这些基本原理确定同步电机、感应电机和直流电机的性能? 在实际电机中选用铁磁材料、铜材料及绝缘材料时会遇到什么具体问题? 哪些经济和工程方面的因素会影响到旋转电机的应用? 限制电机正常运行的实际因素有哪些? 附录 D 将讨论部分这类问题。另外,第 4 章和附录 D 结合在一起,构成了以下章节将要详细讨论的旋转电机的导论。

4.12 第4章变量符号表

β	直线波长[m]
δ	相角 [rad]
λ	磁链 [Wb]
Φ_p	每极气隙磁通 [Wb]
θ_a	定子空间角 [rad]
θ_{ae}	电角度表示的定子空间角 [rad]
θ_m	转子角位置 [rad]
θ_{me}	电角度表示的转子位置角 [rad]
θ_r	转子空间角 [rad]
$L, \mathcal{L}$	电感 [H]
μ	磁导率[H/m]
μ_0	真空磁导率 $4\pi \times 10^{-7}$[H/m]
ω_e	电频率 [rad/s]
ω_m	机械角速度[rad/s]
ω_s	同步机械角速度[rad/s]
B	磁通密度 [T]
C_a	直流电机电枢绕组总匝数
e, E, v	电势或电压[V]
f_e	电频率[Hz]
$F, \mathcal{F}$	磁势 [A]
g	气隙长度[m]
$H, \boldsymbol{H}$	磁场强度[A/m]
i, I	电流[A]
k_f, k_r, k_w	绕组系数
l, r, D	线性尺寸[m]
m	直流电机电枢绕组的并联支路数
n	转速[r/min]
n_s	同步转速[r/min]
N	匝数
N_c	每线圈匝数
N_f	励磁绕组串联匝数
N_{ph}	每相匝数
pole	极
poles	极数
q	相数
t	时间[s]
T	转矩[N·m]

turns	匝数
v	速度[m/s]
W'	磁共能[J]
z	直线位置[m]

下标：

a	电枢
a,b,c	相标志
ag	气隙
c	线圈
f	磁场,励磁
line-line	线—线
line-neutral	线—中点
max	最大
peak	峰值
r	转子
rms	有效值
s	定子

4.13 习 题

4.1 一台 6 极同步发电机以机械转速 1200r/min 旋转。

    a. 用 rad/s 表示该机械转速。

    b. 感应电势的频率是多少 Hz? 折合多少 rad/s?

    c. 要产生 50Hz 的感应电势,机械转速应为多少 r/min?

4.2 三相同步发电机的一相空载电势为 $v_a(t) = \sqrt{2}V_a\cos(\omega t)$。(i)写出其余两相电势的表达式;(ii)写出线—线电压 $v_{ab}(t)$ 的表达式。

4.3 一风力涡轮机通过一速比为 1:10 的增速齿轮连接到一台 8 极永磁发电机。该发电机的输出将被整流,使之在转速为 900r/min 时能产生一有效值为 480V 的线—线电压。受到风速的限制,风力涡轮机的转速范围为 0.5~1.75r/s。对于以下风力涡轮机的转速,计算发电机的输出频率和电压:(i)0.5r/s;(ii)1.75r/s。

4.4 三相电动机用来驱动泵。当连接到 50Hz 的电源时,观察到(使用频闪仪)泵空载时电动机的转速为 998r/min,而当泵负载后,电动机的转速下降到 945r/min。

    a. 这是一台同步电动机还是感应电动机?

    b. 该电动机有多少极?

4.5 三相变频驱动系统用来驱动一台 4 极同步电动机。如果驱动频率为 200Hz,计算电动机的转速为多少 r/min?

4.6 本题的目的在于揭示特定电机(如直流电机)的电枢绕组如何才能用均匀电流层

来等效表示。如果绕组分布于电枢圆周上大量的槽中,则等效的效果就很好。为此,考虑一个每 360 电角度(即一对磁极的范围内)均匀分布 8 个槽的电枢。气隙长度均匀,开槽的影响很小,铁心磁阻忽略不计。

把电枢的 360 电角度区域连同槽按图 4.20(a)的形式用展开图来表示,并从左到右给槽编上序号 1～8。该绕组由 8 个单匝线圈构成,每个线圈中均通过直流电流 I_0。位于编号为 1～4 区间的任何槽内的线圈边中的电流方向均为流入纸内,而相应的 5～8 槽的线圈边中的电流则流出纸面。

a. 考虑把 8 个槽内的所有线圈的一个圈边全部置于 1 号槽,另一边全部置于 5 号槽,其余槽留空。绘出这些槽产生的矩形磁势波。

b. 再考虑其中 4 个线圈的一个圈边集中于 1 号槽,另一圈边集中于 5 号槽;其余 4 个线圈的一个圈边集中于 3 号槽,另一圈边集中于 7 号槽。绘出每个线圈组产生的分量矩形磁势波,并叠加求出合成磁势波。

c. 进一步考虑把两个线圈集中放置于 1 槽和 5 槽,两个放置于 2 槽和 6 槽,两个放置于 3 槽和 7 槽,两个放置于 4 槽和 8 槽。叠加分量矩形磁势波以求出合成磁势波。注意磁势波关于绕组磁轴对称,在每个槽处上一个台阶,台阶的高度正比于槽中的安倍导体数。这样可使得这一任务程序化和简单化。

d. 现在假设电枢每 360 电角度有 16 个槽,每个槽中一个圈边,绘出合成磁势波。

4.7 一台三相 Y 接法的交流电机最初运行于三相对称负载状态,突然其中一相出现断路故障。由于绕组没有中线,这就使得其余两相的电流变成相等且反向。在这种情况下,计算产生的正向和逆向旋转磁势波的相对幅值。

4.8 三相对称绕组通过对称三相电流时产生旋转磁势和旋转磁通波,如果调换其中两相的接线,对磁势和磁通波有什么影响?

4.9 在对称 2 相电机中,2 套绕组在空间上错开 90 电角度分布,通过 2 套绕组的电流在时间相位上也错开 90 电角度。对这样的电机,试推导出类似于式 4.41(为三相电机推导的表达式)的旋转磁势波的表达式,给出推导过程。

4.10 该题目讨论交流电机定子采用短距线圈的优点。图 4.40(a)示出了 2 极电机中的单个整距线圈;图 4.40(b)示出了一个分数距线圈,其线圈两边的跨距为 β 弧度,而不是整矩线圈的 π 弧度(180°)。

对于按如下形式分布的径向气隙磁通密度:

$$B_r = \sum_{n \text{ odd}} B_n \cos n\theta$$

其中 $n=1$ 对应于空间基波,$n=3$ 对应于 3 次空间谐波,以此类推。每个线圈的磁链就是 B_r 在该线圈所覆盖的面积上的积分。因而,对于 n 次谐波,最大分数距线圈的最大磁链与整距线圈的磁链比值为

$$\frac{\int_{-\beta/2}^{\beta/2} B_n \cos n\theta \, \mathrm{d}\theta}{\int_{-\pi/2}^{\pi/2} B_n \cos n\theta \, \mathrm{d}\theta} = \frac{\int_{-\beta/2}^{\beta/2} \cos n\theta \, \mathrm{d}\theta}{\int_{-\pi/2}^{\pi/2} \cos n\theta \, \mathrm{d}\theta} = |\sin(n\beta)|$$

这是一个普遍式,例如,将某交流电机的线圈跨距缩短 30 电角度,使其成为分数距线圈($\beta = 5\pi/6 = 150°$),对于 $n = 1, 3, 5$,计算由于短距而减少的磁链的份额。

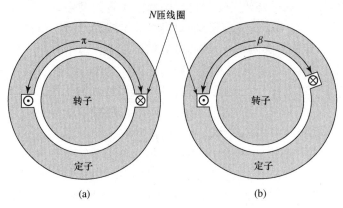

图 4.40 习题 4.10：(a)整距线圈；(b)分数距线圈

4.11 一台 8 极、60Hz 同步电机，其转子绕组总串联匝数为 608 匝，绕组系数为 $k_r = 0.921$。转子长度为 1.78m，转子半径为 56cm，气隙长度为 2.85cm。

a. 问额定运行转速为多少 r/min？

b. 要使转子基波磁通密度的幅值达到 1.43T，计算转子绕组需要通过的电流。

c. 计算对应的每极基波磁通。

4.12 假设习题 4.11 中的同步电机的每相绕组的每对极有一个 5 匝整距线圈，这些线圈串联构成一相绕组。如果电机在额定转速和习题 4.11 的状态下运行，计算每相感应电势的有效值。

4.13 习题 4.11 中的同步电机有一个三相绕组，每相串联匝数为 45，绕组系数为 $k_w = 0.935$，且运行于习题 4.11 的磁通和额定转速，计算每相感应电势的有效值。

4.14 一台 4 极三相同步发电机，其励磁绕组的总串联匝数为 148，绕组系数为 $k_r = 0.939$，转子长度为 72cm，转子半径为 19cm，气隙长度为 0.8cm。定子绕组为△接法，每相串联匝数为 12，绕组系数 $k_w = 0.943$。

a. 线—线开路电压的额定有效值为 575V，计算对应的每极磁通量以及气隙磁通密度的基波分量的幅值。

b. 计算获得额定开路电压所需的励磁电流。

c. 定子绕组被重绕，以便该电动机移作他用，此时它被接在 50Hz、690V 的端电压下运行。假设其定子绕组仍是△接法。(i)保证重绕后的电动机接额定端电压时，其励磁电流不超过(b)中的值，计算每极最少串联匝数。(ii)计算所需的励磁电流。

4.15 考虑一台具有均匀气隙的 2 极电机，假设转子上有单个 400 匝整距励磁绕组，定子内径为 15cm，轴向长度为 27cm，气隙长度为 1.0cm。

a. 励磁绕组用 4.6 A 的电流激励，绘制气隙磁通密度对位置角的函数曲线(假设励磁线圈的两边位于 ±90°)；计算气隙磁通波的基波幅值。

假设每相定子绕组由 30 匝的整距线圈构成。

b. 如果转子的转速为 60r/s，绘制定子线圈的感应电势对时间的函数曲线。你可以将时间 0 点选在定子绕组具有最大磁链的瞬间。计算这一感应电势基波分量的有效值。

4.16 三相 2 极绕组用对称三相 60Hz 的电流(电流表达式如式 4.25~式 4.27 所示)激励,尽管绕组被设计成分布形式以削弱谐波,仍然有一些 3 次和 5 次空间谐波,使得其 a 相磁势可以写成

$$\mathcal{F}_a = i_a(A_1 \cos\theta_a + A_3 \cos3\theta_a + A_5 \cos5\theta_a)$$

可以类似地写出 b 相表达式(用 $\theta_a - 120°$ 代换 θ_a)和 c 相表达式(用 $\theta_a + 120°$ 代换 θ_a)。计算三相合成磁动势。各分量磁势的角速度为多少?转向如何?

4.17 一台直流发电机的铭牌显示,当该电机运行在 1800r/min 时,将产生 24V 的端电压。保持每极磁通量不变,要求该发电机在 1400r/min 时产生 48V 的端电压,问电枢绕组的匝数必须如何变化?(算出与原匝数的比值。)

4.18 一台 4 极直流发电机电枢绕组总串联匝数为 270。当运行于 1200r/min 时,其开路感应电势为 240V。计算每极气隙磁通量 Φ_p。

4.19 某 4 极、三相、415V、50Hz 感应电动机的设计尺寸为:定子铁心长 21cm,定子内径 17cm。定子绕组为分布绕组,绕组系数 $k_w = 0.936$。

设计人员必须合理选择电枢绕组的匝数以产生足够的磁通密度,使得磁性材料得到充分利用,但又不能太大,以免引起过饱和。为此,该电机要将气隙空间磁通密度的峰值设计为 1.45T。在下列两种接法的情况下,计算所需的每相串联匝数:(a)Y 接法;(b)△接法。

4.20 对于习题 4.19 中的感应电动机,若电枢绕组按 Y 接法,当气隙长度为 0.35mm 时,用附录 B 中的电感公式计算电枢绕组每相自感。

4.21 一台 2 极、60Hz、实验室规模的三相同步发电机,转子半径为 5.71cm,转子长度为 18.0cm,气隙长度为 0.25mm。转子励磁绕组匝数为 264 匝,绕组系数 $k_r = 0.95$。电枢绕组采用 Y 连接,每相串联匝数为 45 匝,绕组系数 $k_w = 0.93$。

a. 要产生频率为 60Hz,有效值为 120V 的开路电枢电势(线-中点),每极磁通量和气隙空间基波磁通密度的幅值各为多少?

b. 要达到(a)的运行要求,问直流励磁电流应为多少?

c. 计算励磁绕组与电枢相绕组之间互感的最大值。

4.22 一台 4 极、60Hz 三相同步发电机,转子半径为 55cm,转子长度为 3.23m,气隙长度为 6.2cm。转子励磁绕组匝数为 148,绕组系数 $k_r = 0.962$。电枢绕组采用△接法,每相串联匝数为 24 匝,绕组系数 $k_w = 0.935$。

a. 该发电机的设计使得在磁通密度幅值为 1.30T 时,能产生 60Hz 的额定开路电压。计算额定线-线端电压的有效值。

b. 计算达到(a)的运行要求时的直流励磁电流值。

4.23 习题 4.22 中的发电机被重绕,使之能在 50Hz、端电压为 22kV 的电源上运行,其定子绕组采用 Y 接法。

a. 要使得重绕后的电机达到其额定开路电压时的励磁电流尽可能接近原电机的励磁电流,计算其每相串联匝数。

b. 计算新发电机达到其额定开路电压时的直流励磁电流值。

4.24 已知某三相 Y 接法的同步电动机的数据如下。编制 MATLAB 程序,计算励磁绕组匝数和电枢绕组的每相串联匝数。

転子半径,R(m)　　　　　転子長度,l(m)

气隙长度,g(m)　　　　　极数

电频率,f_e(Hz)　　　　　气隙磁通密度基波幅值,B_{peak}(T)

励磁绕组的绕组系数,k_f　　电枢绕组的绕组系数,k_w

额定开路线－线端电压的有效值,V_{rated}(V)

额定开路电压时的励磁电流,I_f(A)

用具有下列参数的发电机验证你的程序:

$R=8.4$cm	$l=32$cm	$g=0.65$mm
极数$=4$	$f_e=50$Hz	$B_{peak}=0.94$T
$k_f=0.955$	$k_w=0.935$	$V_{rated}=415$V
$I_f=8.0$A		

4.25 一台 4 极 60Hz 同步发电机,转子长度为 4.8m,直径为 1.13m,气隙长度为 5.9cm,励磁绕组的串联匝数为 244,绕组系数为 $k_r=0.925$。气隙磁通密度的基波幅值被限制为 1.15T,转子绕组的电流被限制为 2800A。计算该电机所能提供的最大转矩值(N·m)和输出功率值(MW)。

4.26 散热条件将习题 4.21 中的实验室规模的同步发电机的励磁电流限制为最大 2.6A,如果气隙磁通密度的基波幅值被限制为最大 1.35T,计算该发电机能产生的最大转矩(N·m)和功率(kW)。

4.27 一台发电机的数据如下,编写 MATLAB 程序,计算该发电机的转矩和功率。

转子半径,R(m)　　　　　转子长度,l(m)

气隙长度,g(m)　　　　　极数

电频率,f_e(Hz)　　　　　气隙磁通密度的基波幅值,B_{peak}(T)

励磁绕组系数,k_f　　　　励磁绕组匝数,N_f

最大励磁电流,$I_{f,max}$(A)。

用你的程序计算习题 4.21 和习题 4.26 中的试验发电机。

4.28 某电机具有一个转子绕组 f 和的两个定子绕组 a 和 b,a 与 b 结构一样而轴线正交,图 4.41 示出了该电机的截面图。每个定子绕组的自感为 L_{aa},转子绕组的自感为 L_{ff}。气隙均匀,每个定子绕组与转子绕组之间的互感决定于转子的角位置,设其具有如下形式:

$$M_{af}=M\cos\theta_0 \qquad M_{bf}=M\sin\theta_0$$

这里 M 为互感的最大值,每个定子绕组的电阻为 R_a。

a. 推导用位置角 θ_0、电感参数以及瞬时电

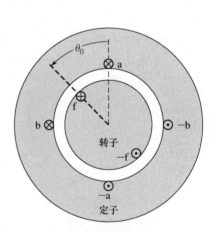

图 4.41　基本的隐极转子 2 相同步电机(习题 4.28)

流 i_a、i_b 及 i_f 表示的转矩 T 的通用表达式。该表达式适用于停止状态吗？还是只适合转子旋转的情况？

b. 假设转子静止，按图 4.41 中的"点"和"叉"所指示的方向给绕组通入恒定的直流电流 $i_a = I_0$、$i_b = I_0$ 以及 $i_f = 2I_0$。如果转子允许转动，转子是连续转动还是趋于停止？如果是趋于停止，则 θ_0 为多少时转子停止？

c. 现在，转子用直流电流 I_f 激励而定子绕组被通入对称两相交流电流

$$i_a = \sqrt{2} I_a \cos \omega t \quad i_b = \sqrt{2} I_a \sin \omega t$$

转子以同步速度旋转，瞬时角位移为 $\theta_0 = \omega t - \delta$，其中 δ 为 $t = 0$ 时的转子位置角。该电机为原型两相同步电机。推导在这些条件下转矩的表达式。

d. 在 (c) 的条件下，推导定子 a 相和 b 相的瞬时端电压表达式。

4.29 考虑习题 4.28 的两相同步电机，推导作用在转子上的转矩的表达式，设转子以恒定速度旋转，$\theta_0 = \omega t + \delta$，且相绕组通过如下的不对称电流：

$$i_a = \sqrt{2} I_a \cos \omega t \quad i_b = \sqrt{2}(I_a + I') \sin \omega t$$

求转矩的瞬时值表达式以及时间平均转矩表达式。

4.30 图 4.42 示出的是一凸极同步电机截面图。其定子叠片铁心中嵌放着两个结构一样的绕组 a 和 b。凸极转子由钢制成，并绕有励磁绕组 f，励磁绕组连接到滑环。

　　由于气隙不均匀，自感和互感均是转子位置角 θ_0 的函数，其随 θ_0 变化的关系近似为

$$L_{aa} = L_0 + L_2 \cos 2\theta_0$$
$$L_{bb} = L_0 - L_2 \cos 2\theta_0$$
$$M_{ab} = L_2 \sin 2\theta_0$$

式中 L_0 和 L_2 为正的常数。定、转子绕组之间的互感为 θ_0 的函数：

$$M_{af} = M \cos \theta_0 \quad M_{bf} = M \sin \theta_0$$

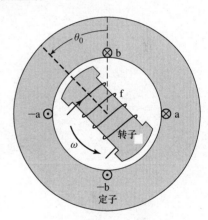

图 4.42　两相凸极同步电机
截面图（习题 4.30）

式中 M 也为正的常数。励磁绕组的自感 L_{ff} 为常数，与 θ_0 无关。

　　考虑如下运行条件：励磁绕组用直流电流 I_f 励磁，定子绕组连接到角频率为 ω 的对称两相电压源。转子以同步速度旋转，其角位置由式 $\theta_0 = \omega t$ 给出。

在上述运行条件时，定子电流具有如下形式：

$$i_a = \sqrt{2} I_a \cos(\omega t + \delta) \quad i_b = \sqrt{2} I_a \sin(\omega t + \delta)$$

a. 推导作用于转子的电磁转矩的表达式。

b. 该电机能作为电动机和（或）发电机运行吗？试解释之。

c. 当励磁电流 I_f 减小到 0 时，该电机还能提供连续转矩吗？用转矩表达式支持你的回答，并解释为什么能，或者为什么不能。

4.31 一台三相直线交流电动机，电枢绕组波长为 35cm。频率为 120Hz 的三相对称电流施加于其电枢上。

a. 计算电枢磁势波的直线速度。

b. 当采用同步电机转子时,计算转子的直线速度。

c. 当作为感应电动机运行在转差率 0.055 时,计算转子的直线速度。

4.32 习题 4.31 的直线电动机电枢有效长度为 7 倍的波长,每相总串联匝数为 322 匝,绕组系数 $k_w = 0.93$。当气隙长度为 1.03cm 时,要使得气隙磁通密度的空间基波幅值达到 1.4T,应该施加于电枢的三相对称交流电流的有效值为多少?

4.33 一台两相直线永磁同步电动机,其气隙长度为 1.2mm,波长为 17cm,极宽为 4.5cm。转子长度为 6 倍波长。转子上的永磁体产生的磁通密度在极宽范围均匀,但沿转子运动方向在空间按正弦分布。磁通密度的幅值为 0.87T。

a. 计算每极净磁通量。

b. 各相电枢绕组每极有 12 匝,所有极的线圈串联。假设电枢绕组超过转子两端许多波长,计算电枢绕组磁链的峰值。

c. 如果转子以速度 6.3m/s 运动,计算电枢绕组中感应电势的有效值。

第5章 同步电机

正如我们在4.2.1节中看到的,在稳态运行情况下,同步电机中转子连同由直流励磁电流或者永磁体产生的磁场一起,与电枢电流产生的旋转磁场以相同的转速旋转,或者说二者同步,所以能产生稳定转矩。因此,同步电机的稳态转速正比于电枢电流的频率。4.2.1节介绍了转矩由电机内部磁场的相互作用产生,描述了同步电机是如何工作的这一基本现象。

本章将阐述可用来研究多相同步电机稳态性能的分析方法。首先考虑隐极转子电机;凸极效应将在5.6节和5.7节阐述。

5.1 多相同步电机概述

在4.2.1节曾指出,同步电机是这样一种电机,其电枢绕组流过交流电流,而转子直流磁场由励磁绕组加直流励磁电流产生或者由永磁体产生。电枢绕组几乎无一例外地嵌放在定子上,而且通常为三相绕组,如第4章所述。隐极式转子结构如图4.10和图4.11所示,这种转子常用于2极或4极汽轮发电机;而凸极式结构转子特别适合于多极、低速水轮发电机和大多数同步电动机,如图4.9所示。

同步电机励磁绕组所需的直流励磁功率约为同步电机额定功率的百分之一到百分之几,这一功率由励磁系统提供。对永磁同步电机而言,不需要产生转子直流磁通的电功率,因而有提高电机效率的潜力。但是否采用永磁体要进行权衡,因为用永磁体励磁时,转子上的直流磁通的幅值无法根据电机运行条件的改变而调节。

在早期的同步电机中,励磁电流一般由被称为励磁机的直流发电机通过滑环提供。励磁机通常与同步发电机同轴安装。在现代发电系统中,励磁电流由交流励磁机和固态整流器(简单的二极管整流桥或者相控整流器)提供。在有些系统中,整流过程在静止部件上进行,整流后的励磁电流通过滑环送入转子;在另一些被称为无刷励磁系统的系统中,交流励磁机的电枢在转子上,整流系统也在转子上,整流后的电流直接供给励磁绕组而无须滑环。附录D描述了一种这样的系统。

如第4章所述,对作为电压源而单机运行的同步发电机来说,其频率由机械驱动机构(或称原动机)的转速决定,这一点可以从式4.2看出。由式4.44~式4.47、式4.50及式4.52可知,感应电势的幅值正比于转子转速和励磁电流;我们将要了解到,发电机的端电流和功率因数由发电机励磁电流以及发电机和负载的阻抗决定。

同步发电机可以方便地并联运行,而且实际上,工业化国家的供电系统一般由数台甚至数百台发电机并联运行。数千英里的传输线把这些发电机并联在一起,给分布于数千平方英里的广大区域的负载提供电能。不管是否有设计的必要性,这类巨大系统的容量已经增长得很大，以至于在受到干扰时仍能保持发电机间的同步性。由此带来的诸如技术和管理方面的问题必须解决，以协调如此复杂的系统的运作。

当一台同步发电机被连接到一个包含许多其他同步发电机的巨大互联电网时，其电枢端部电压和频率将基本上被电网固定，所以，对应于端电压的磁通波将以由系统电频率 f_e 决定的同步转速（见式 4.44）旋转。正如第 4 章所述，为了得到稳定、单向的电磁转矩，定、转子磁场必须以相同的速度旋转，所以转子必定精确地以系统形成的同步转速旋转。由于任——台发电机只是整个发电系统的一个小分子，它无法有效地影响系统的电压和频率。正因为如此，在研究单台发电机或者几台发电机组时，把系统的其余部分视为一个恒频、恒压电源通常很有用，这样的电源一般被称为无穷大干线。

通过分析连接到无穷大干线的单台发电机，我们可以了解同步电机的许多运行性能。同步电机的稳态性能可以用转矩方程式直观地表示。由式 4.83，并用同步电机理论中习惯采用的符号做适当替换后可得

$$T = \frac{\pi}{2} \left(\frac{\text{poles}}{2} \right)^2 \Phi_R F_f \sin \delta_{RF} \tag{5.1}$$

式中：Φ_R 为每极合成气隙磁通；F_f 为直流励磁绕组的磁势；δ_{RF} 为 Φ_R 和 F_f 磁场轴线之间的电相角差。

式 4.83 前面的负号已被省掉，但应知道，电磁转矩的作用方向为使得正在相互作用的磁场趋于对齐的方向。正常稳态运行时，电磁转矩和施加于轴上的机械转矩相平衡。在发电机中，原动机的转矩作用在转子转动的方向上，推动转子磁势波超前于合成气隙磁通波，而电磁转矩则抵制转子旋转。同步电动机的情形正好相反，电磁转矩作用于转子旋转的方向，以克服轴上机械负载的阻力转矩。

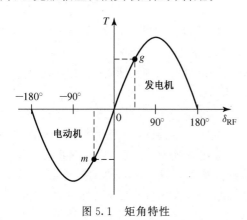

图 5.1　矩角特性

从式 5.1 可以看出，电磁转矩的变化会导致矩角 δ_{RF} 的相应变化，其关系以矩角特性曲线的形式示于图 5.1 中，其中励磁电流（或转子磁势）和合成气隙磁通假定是恒定的。正值转矩代表发电机运行，且对应于正值矩角 δ_{RF}，其转子磁势波超前于合成气隙磁通波。

当原动机转矩增大时，矩角 δ_{RF} 也必须增大，直到电磁转矩与轴上的机械转矩相平衡。这一再调整过程实际上是一个动态过程，需要转子机械速度的改变，通常伴随着转子围绕其新的稳态矩角位置的有阻尼机械振荡，这一振荡称为瞬态摆振。对正在经历这一瞬态的实际电机来说，可能会因为诸如饱和效应、电机漏阻抗的影响、电机励磁系统的响应等各种因素的作用，导致合成磁通密度和励磁绕组磁势波的幅值发生某些变化。为了凸显同步电机运行的基本原理，在下面的讨论中将忽略此类效应。

负载改变后转子向新的角位置调整的过程，可以在实验室中通过实验来观察。实验时借助频闪灯观察电机转子，而频闪灯用外施电枢电压触发（因此频闪灯有这样一个闪烁频

率,在该频率下,当转子以其正常同步转速旋转时,转子看上去似乎是静止的)。另外,可以用电子传感器来检测转轴相对于同步坐标系的位置,而同步坐标系由定子电压频率确定,输出信号可以在示波器上显示或者被数据采集系统记录。

从图 5.1 可以看出,增加原动机的转矩将引起矩角的相应增大。当矩角 δ_{RF} 增加到 90°时,电磁转矩达到最大值,该值称为失步转矩。到达失步转矩点后,原动机转矩的任何再增加将无法由对应的同步电磁转矩的增加来平衡,结果是同步性难以维继,转子将会升速,这种现象称为失去同步或者失步。在这种情况下,发电机通常会通过断路器的自动动作而脱离外电网,原动机则被迅速关停以防出现危险高速。注意,由式 5.1 可知,失步转矩值可以通过增大励磁电流或者增大气隙合成磁通来提高。然而,这种提高不是没有限制的,因为励磁电流受限于励磁绕组的散热能力,气隙合成磁通则受制于电机铁心的饱和。由图 5.1 也可以看出,同步电动机中也会出现类似的情况,那就是若将轴上的负载转矩增大到超过失步转矩时,将会引起转子失步并慢下来。

因为同步电动机只有在同步速度时才会产生恒定转矩,所以,简单地给电枢施加额定频率的电压并不能使同步电动机起动。在某些情况下,转子上需要安装笼型绕组,电动机可以作为感应电动机起动,当接近同步速时再使其同步;另一种情况是,同步电动机经常也用变频/变压电子装置驱动,这样就可以采取适当的控制方式,以保证同步电动机在到达其运行转速的过程中都能同步运行。

5.2 同步电机的电感和等效电路

在 5.1 节,我们用气隙磁通和磁势波的相互作用描述了同步电机的矩角特性。本节将推导能表示同步电机稳态端部伏安特性的等效电路。

图 5.2 是三相隐极同步电机的截面示意图。图中示出的是 2 极电机;另外也可以视为某个多极电机的两个极。定子上的电枢绕组与 4.5 节讨论旋转磁场时列举的绕组类型相同。线圈 aa′、bb′ 和 cc′ 代表能在气隙中产生正弦磁势和磁密波的分布绕组。电流的参考方向在图中用“点”和“叉”表示。转子上的励磁线圈 ff′ 同样代表一个分布绕组,它产生以转子磁轴线为中心的正弦磁势和磁密波,且随转子一起旋转。

当把电枢绕组 a、b、c 和励磁绕组 f 的磁链用电感和电流来表示时:

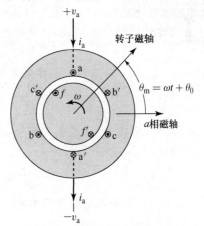

图 5.2 2 极三相隐极转子
同步发电机示意图

$$\lambda_a = \mathcal{L}_{aa}i_a + \mathcal{L}_{ab}i_b + \mathcal{L}_{ac}i_c + \mathcal{L}_{af}i_f \qquad (5.2)$$

$$\lambda_b = \mathcal{L}_{ba}i_a + \mathcal{L}_{bb}i_b + \mathcal{L}_{bc}i_c + \mathcal{L}_{bf}i_f \qquad (5.3)$$

$$\lambda_c = \mathcal{L}_{ca}i_a + \mathcal{L}_{cb}i_b + \mathcal{L}_{cc}i_c + \mathcal{L}_{cf}i_f \qquad (5.4)$$

$$\lambda_f = \mathcal{L}_{fa}i_a + \mathcal{L}_{fb}i_b + \mathcal{L}_{fc}i_c + \mathcal{L}_{ff}i_f \qquad (5.5)$$

感应电势可由法拉第定律求得。其中,具有两个相同的下标的项代表自感;具有两个不同下标的项代表两个绕组之间的互感。在通常情况下,三相电机的自感和互感会随转子位置角的变化而变化,所以用手写体 $\mathcal{L}$ 来指示,正如在附录 C.2 中举例所述的,在那里我们还对凸极效应进行了分析。

在展开讨论之前,先介绍各种电感的性质是很有用的。基于隐极转子、正弦磁势的假设,所有这些电感都可以用常系数来表示。

5.2.1　转子自感

对于隐极定子,当忽略定子槽开口引起的谐波效应时,励磁绕组的自感与转子位置角 θ_m 无关,所以

$$\mathcal{L}_{ff} = L_{ff} = L_{ff0} + L_{fl} \tag{5.6}$$

这里,斜体 L 用来表示与 θ_m 无关的电感。分量 L_{ff0} 对应于 $\mathcal{L}_{ff}$ 中由气隙磁通的空间基波分量引起的电感,这一分量可以用气隙尺寸和绕组数据计算得到,如附录 B 所述。附加分量 L_{fl} 用来考虑励磁绕组漏磁通的影响。

在瞬态或者不平衡状态时,励磁绕组的磁链(见式 5.5)随时间变化,会在转子电路中感应出电势,对电机性能有重大影响。然而,对于转子以同步转速旋转且电枢电流为三相对称的情况,电枢电流产生的是与转子同步旋转的恒定幅值的磁通,因而,该磁通在励磁绕组中产生的磁链不随时间变化,当然也不在励磁绕组中产生感应电势。由此可知,当恒定直流电压 V_f 施加于励磁绕组的接线端时,直流励磁电流 I_f 可以由欧姆定律求得,即 $I_f = V_f / R_f$。

5.2.2　定、转子之间的互感

定、转子之间的互感随 θ_{me} 呈周期性变化,θ_{me} 是励磁绕组和电枢 a 相绕组磁轴线之间夹角的电角度值,如图 5.2 所示及式 4.56 所定义。假设空间磁势和气隙磁通分布为正弦,则励磁绕组 f 和 a 相绕组之间的互感随 $\cos\theta_{me}$ 变化,故

$$\mathcal{L}_{af} = \mathcal{L}_{fa} = L_{af}\cos\theta_{me} \tag{5.7}$$

分别用 $\theta_{me}-120°$ 和 $\theta_{me}+120°$ 代替 θ_{me},可得到 b、c 相的类似表达式,我们只将注意力集中于 a 相。参阅附录 B 中的讨论可以求得电感 L_{af}。

当转子以同步速度 ω_s(式 4.42)旋转时,转子位置角将按下式变化:

$$\theta_m = \omega_s t + \delta_0 \tag{5.8}$$

式中,δ_0 为 $t=0$ 时的转子位置角。由式 4.56 可得

$$\theta_{me} = \left(\frac{\text{poles}}{2}\right)\theta_m = \omega_e t + \delta_{e0} \tag{5.9}$$

式中:$\omega_e = (\text{极数}/2)\omega_s$ 是电角频率;δ_{e0} 是 $t=0$ 时的转子位置电角度。

因此,代入式 5.7 可得

$$\mathcal{L}_{af} = \mathcal{L}_{fa} = L_{af}\cos(\omega_e t + \delta_{e0}) \tag{5.10}$$

5.2.3　定子电感和同步电感

对隐极转子而言,若忽略转子的开槽效应,其气隙几何形状不随 θ_m 的变化而变化,于是定子自感恒定不变,因此有

$$\mathcal{L}_{aa} = \mathcal{L}_{bb} = \mathcal{L}_{cc} = L_{aa} = L_{aa0} + L_{al} \tag{5.11}$$

式中:L_{aa0} 是由空间基波气隙磁通(见附录 B)引起的自感分量;L_{al} 是由电枢绕组漏磁通引起的附加分量(见 4.10 节)。

假设电枢绕组的相间互感由空间基波气隙磁通[①]单独引起,则相间互感不难求得。由附录 B 中的式 B.26 可知,相角差为 α 电角度的两个相同线圈之间的气隙互感(由空间基波气隙磁通引起的互感,以下类推)等于其自感中的气隙分量(气隙磁通引起的自感分量)乘以 $\cos\alpha$。由于电枢相绕组之间相差 120 电角度,而 $\cos(\pm120°) = -\dfrac{1}{2}$,所以电枢相绕组之间的互感相等且可以表示为

$$\mathcal{L}_{ab} = \mathcal{L}_{ba} = \mathcal{L}_{ac} = \mathcal{L}_{ca} = \mathcal{L}_{bc} = \mathcal{L}_{cb} = -\frac{1}{2}L_{aa0} \tag{5.12}$$

将式 5.11 和式 5.12 表示的自感和互感代入 a 相绕组的磁链表达式(见式 5.2)可得

$$\lambda_a = (L_{aa0} + L_{al})i_a - \frac{1}{2}L_{aa0}(i_b + i_c) + \mathcal{L}_{af}i_f \tag{5.13}$$

在电枢电流为三相对称的情况下(参见图 4.27 和式 4.25~式 4.27),

$$i_a + i_b + i_c = 0 \tag{5.14}$$

$$i_b + i_c = -i_a \tag{5.15}$$

将式 5.15 代入式 5.13 可得

$$
\begin{aligned}
\lambda_a &= (L_{aa0} + L_{al})i_a + \frac{1}{2}L_{aa0}i_a + \mathcal{L}_{af}i_f \\
&= \left(\frac{3}{2}L_{aa0} + L_{al}\right)i_a + \mathcal{L}_{af}i_f
\end{aligned}
\tag{5.16}
$$

这里定义一个很有用的概念——同步电感 L_s:

$$L_s = \frac{3}{2}L_{aa0} + L_{al} \tag{5.17}$$

这样一来,

$$\lambda_a = L_s i_a + \mathcal{L}_{af}i_f \tag{5.18}$$

注意,同步电感 L_s 是在电机稳态三相对称运行情况下,从 a 相观测到的等效电感。它由三部分组成。第一部分 L_{aa0} 对应于 a 相磁链中的穿越气隙部分的空间基波分量,由 a 相电流单独引起;第二部分 L_{al} 称为电枢绕组漏电感,对应于 a 相磁链中的漏磁链;第三部分 $\dfrac{1}{2}L_{aa0}$ 对应于由 b 相和 c 相电流引起的空间基波气隙磁通在 a 相产生的磁链。在三相对称运行时,b 相和 c 相电流通过式 5.15 与 a 相电流相联系。因此,同步电感只是一个视在电感,原因在于它用 a 相电流来计及与 a 相匝链的所有磁链,尽管磁链中的一部分是由 b 相和 c 相电流产生的。因此,需要谨记的是,尽管 L_s 在式 5.18 中似乎充当了 a 相自感的角色,但实际不单是 a 相的自感,并且这一定义基于对称三相电枢电流的假设。

参考 4.5.2 节中关于旋转磁场的讨论,我们可以更进一步理解同步电感的含义。由 4.5.2 节可知,在三相对称条件下,电枢电流在气隙中产生的旋转磁势波的幅值是 a 相单独产生的磁势幅值的 $\dfrac{3}{2}$ 倍,其附加的部分是由 b、c 相电流产生的。这直接对应于式 5.17 所示同步电感中的 $\dfrac{3}{2}L_{aa0}$ 项。同步电感中的这一项计及了三相对称运行时电枢电流在 a 相产生的全部磁链中穿越气隙部分的空间基波分量。

[①] 因为实际电机的电枢绕组通常在相绕组之间有重叠(相邻绕组的一部分共享同样的槽),所以会产生一个由槽漏磁通引起的附加相-相互感分量,这一分量相对较小,大多数分析中会忽略掉。

5.2.4 等效电路

a 相端电压是电枢电阻压降 $R_a i_a$ 和感应电势之和。由励磁磁通感应的电势 e_{af}（通常称为感应电势或者内电势）可以通过设电枢电流 i_a 为 0，对式 5.18 求时间导数得到。对于直流励磁电流 I_f，利用式 5.10 可得

$$e_{af} = \frac{\mathrm{d}}{\mathrm{d}t}(\mathcal{L}_{af} i_f) = -\omega_e L_{af} I_f \sin(\omega_e t + \delta_{e0}) \tag{5.19}$$

利用式 5.18，端电压可以表示为

$$
\begin{aligned}
v_a &= R_a i_a + \frac{\mathrm{d}\lambda_a}{\mathrm{d}t} \\
&= R_a i_a + L_s \frac{\mathrm{d}i_a}{\mathrm{d}t} + e_{af}
\end{aligned} \tag{5.20}
$$

式 5.19 中感应电势 e_{af} 的角频率为 ω_e，等于发电机端电压的电角频率；其有效值由下式给出：

$$E_{af} = \frac{\omega_e L_{af} I_f}{\sqrt{2}} \tag{5.21}$$

在这种同步运行状态下，电机的所有电枢变量（包括电流和磁链）将以角频率 ω_e 随时间按正弦变化。这样，我们就可以把以上方程式（见式 5.20）用相量形式来表示：

$$\boldsymbol{V}_a = R_a \boldsymbol{I}_a + \mathrm{j} X_s \boldsymbol{I}_a + \boldsymbol{E}_{af} \tag{5.22}$$

式中，$X_s = \omega_e L_s$ 定义为同步电抗。

也可以得出复数形式的感应电势 $\boldsymbol{E}_{af}$。注意到

$$e_{af} = \mathrm{Re}[\sqrt{2}\, \boldsymbol{E}_{af}\, \mathrm{e}^{\mathrm{j}\omega_e t}] \tag{5.23}$$

式中，符号 Re[] 表示复数的实部。再根据式 5.19，感应电势 $\boldsymbol{E}_{af}$ 的相量形式为

$$\boldsymbol{E}_{af} = \mathrm{j}\left(\frac{\omega_e L_{af} I_f}{\sqrt{2}}\right) \mathrm{e}^{\mathrm{j}\delta_{e0}} \tag{5.24}$$

图 5.3 给出了同步电机相量形式的等效电路。注意，在式 5.22 和图 5.3(a) 中，电流 $\boldsymbol{I}_a$ 的参考方向规定为流入电机端口时为正，这种电流方向的规定称为电动机惯例。

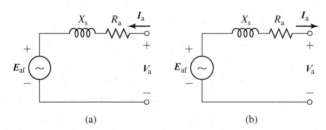

图 5.3　同步电机等效电路：(a)电动机参考方向；(b)发电机参考方向

相反，发电机惯例规定电流 $\boldsymbol{I}_a$ 方向流出电机端口时为正，如图 5.3(b) 所示。在 $\boldsymbol{I}_a$ 选择了这种参考方向时，式 5.22 变为

$$\boldsymbol{V}_a = -R_a \boldsymbol{I}_a - \mathrm{j} X_s \boldsymbol{I}_a + \boldsymbol{E}_{af} \tag{5.25}$$

注意，这两种表示方法是等价的，当研究同步电机的特定运行情况时，实际电流是一致

的。电流 I_a 的正负可简单地根据所选用的参考方向确定。无论要研究的同步电机是作为发电机还是作为电动机运行,两种惯例均可以选用。然而,在电动机运行时,电功率趋向于流入电机,选用电流流入电机的方向为参考方向来分析电动机运行比较直观。发电机的情形正好相反,电功率趋向于流出电机。这里给出的分析同步电机的多数方法都是首先用来分析接在电力系统中的同步发电机性能的,所以发电机惯例更为通用,并因此而普遍用于相关章节中。

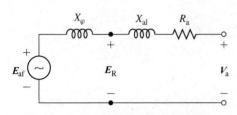

图 5.4　同步电机等效电路,示出了有效励磁电抗、漏电抗和气隙电势

图 5.4 给出了等效电路的另一种形式,其中同步电抗用其组成分量表示。由式 5.17 可得

$$X_s = \omega_e L_s = \omega_e L_{al} + \omega_e \left(\frac{3}{2} L_{aa0}\right) \quad (5.26)$$

$$= X_{al} + X_\varphi$$

式中,$X_{al} = \omega_e L_{al}$ 为电枢漏电抗;$X_\varphi = \omega_e \left(\frac{3}{2} L_{aa0}\right)$

为与三相电枢电流产生的空间基波旋转气隙磁通相对应的电抗。电抗 X_φ 是三相对称运行时电枢绕组的有效励磁电抗。电势相量 E_R 是气隙合成磁通产生的内在电势,通常称为气隙电势,也有人称其为漏抗之后的电势。

必须注意,图 5.3 和图 5.4 所示的等效电路是三相电机在三相对称运行时一相的、线—中点的等效电路。因此,如果从等效电路或者直接从电压方程式(见式 5.22 和式 5.25)中求得 a 相电压和电流后,则 b、c 相的电压和电流可以简单地通过对 a 相对应量分别做 $-120°$ 和 $120°$ 相移得到。同样,电机三相总功率可以通过给 a 相功率乘以 3 求得。但用标幺值解算时情况则不同(见 2.9 节),此时三相标幺值功率就等于 a 相标幺值功率,不需要乘倍数 3。

例 5.1　经观测,一台 60 Hz 三相同步电动机的端电压为 460 V(线—线)、端电流为 120 A,功率因数为 0.95(滞后)。在该运行情况下,励磁电流为 47 A。电机同步电抗为 1.68 Ω(基于 460 V、100 kVA、三相系统时,标幺值为 0.794)。设电枢绕组的电阻可以忽略不计。

计算:(a)感应电势 E_{af}(伏);(b)励磁绕组和电枢绕组的互感 L_{af} 的幅值;(c)电动机的输入电功率的千瓦数和马力数。

解:

a. 电流方向采用电动机惯例,忽略电枢绕组电阻,感应电势可以从等效电路[见图 5.3(a)]或者式 5.23 求得:

$$E_{af} = V_a - jX_s I_a$$

以端电压的相位作为相位参考零点。因为这是线—中点的电势方程,所以端电压 V_a 必须改写为线—中点电压:

$$V_a = \frac{460}{\sqrt{3}} = 265.6 \, \text{V}, 线—中点$$

滞后的功率因数 0.95 对应的功率因数角 $\phi = -\arccos(0.95) = -18.2°$,所以,a 相电流为

$$I_a = 120 \, e^{-j18.2°} \, \text{A}$$

故

$$E_{af} = 265.6 - j1.68 \times (120\,e^{-j18.2°})$$

$$= 278.8\,e^{-j43.4°}\ V,\ 线-中点$$

因此,感应电势 E_{af} 的有效值等于 278.8V(线－中点)。

b. 励磁绕组和电枢绕组之间的互感可以由式 5.21 求得,其中 $\omega_e = 120\pi$,

$$L_{af} = \frac{\sqrt{2}\,E_{af}}{\omega_e I_f} = \frac{\sqrt{2} \times 279}{120\pi \times 47} = 22.3\,mH$$

c. 电动机的三相输入功率 P_{in} 等于 3 倍的 a 相电功率输入,即

$$P_{in} = 3V_a I_a \times (功率因数) = 3 \times 265.6 \times 120 \times 0.95$$

$$= 90.8\,kW = 122\,hp$$

例 5.2 假设例 5.1 中的电动机的输入功率和端电压保持为常数。要使得电动机输入端的功率因数达到 1,计算:(a)感应电势的相位角 δ;(b)励磁电流。

解:

a. 当电动机输入端的功率因数为 1 时,a 相电流将与 a 相线－中点电压 V_a 同相,故

$$I_a = \frac{P_{in}}{3V_a} = \frac{90.6\,kW}{3 \times 265.6\,V} = 114\,A$$

由式 5.22 可得

$$E_{af} = V_a - jX_s I_a$$

$$= 265.6 - j1.68 \times 114 = 328\,e^{-j35.8°}\ V,\ 线-中点$$

因此,$E_{af} = 328V$(线－中点),相位角 $\delta = -35.8°$。

b. L_{af} 已经在例 5.1 中求出,可以从式 5.21 求得所需的励磁电流:

$$I_f = \frac{\sqrt{2}\,E_{af}}{\omega_e L_{af}} = \frac{\sqrt{2} \times 328}{377 \times 0.0223} = 55.2\,A$$

练习题 5.1

将例 5.1 和例 5.2 中的同步电机用做发电机。在频率为 60Hz、端电压为 460V(线－线)时,计算要提供的输出功率为 85kW,功率因数为超前 0.95 时所需的励磁电流值。

答案:

46.3A。

练习题 5.2

考虑将例 5.1 中的同步电动机在端电压为 460V(线－线)下运行,编写 MATLAB 程序,绘制保持功率因数为 1 时所需的励磁电流曲线,设电动机的功率在 50～100kW 区间变化。

大致了解典型的同步电机的阻抗各分量的数量级是有好处的。对于定额为几百 kVA 的电机,额定电流时电枢电阻上的压降通常小于 0.01 倍的额定电压;也就是说,若以电机的额定数据为基值,则电枢电阻的标幺值(标幺值已经在 2.9 节中介绍过)通常小于 0.01。电枢漏抗的标幺值为 0.1～0.2,同步电抗的标幺值的典型值为 1.0～2.0。一般来说,随着电机尺寸的减小,电枢电阻的标幺值会增大,而同步电抗的标幺值会减小。对小型电机,比如教学实验室用的电机,其电枢电阻标幺值在 0.05 左右,同步电抗标幺值在 0.5 左右。对除小

型电机外的其他电机来说,电枢电阻在大多数分析中可以忽略不计,除非在深入分析时,如分析损耗和发热效应时。

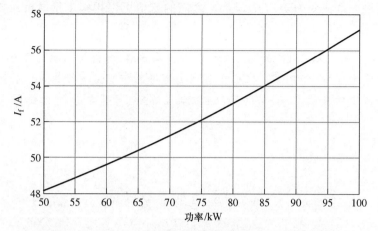

图 5.5 练习题 5.2 的励磁电流对电动机功率的函数曲线

5.3 开路特性和短路特性

同步电机的基本特性可以通过两个试验来测定,一个试验在电枢端开路时进行,另一个在电枢端短路时进行,这里我们将讨论这些试验。除了几处对某些假设有效程度的特别说明,我们的讨论同时适用于隐极和凸极电机。

5.3.1 开路饱和特性和空载旋转损耗

同步电机的开路特性(也称为开路饱和曲线)是指当电机运行在同步转速时,电枢开路端电压 $V_{a,oc}$(用 V 或者标幺值表示)和励磁电流 I_f 之间的函数关系,如图 5.6 中的曲线 occ 所示。开路特性表示当仅有励磁绕组激磁时,气隙磁通的空间基波分量和作用在磁路上的磁势之间的关系。从图 5.6 中可以清楚看出磁饱和效应:当励磁电流增大时,由于磁性材料的饱和使得电机磁路的磁阻增大,从而削弱了励磁电流的激磁效果,所以曲线会向下弯曲。

注意,当电机的电枢绕组开路时,端电压就等于感应电势 E_{af},因此开路特性也表示了励磁电流 I_f 与感应电势 E_{af} 之间的关系,并因此提供了对励磁绕组与电枢绕组之间互感 L_{af} 的直观度量。端电压和感应电势这两个量将在以后的讨论中替换使用。

从图 5.6 可以看出,当励磁电流从 0 开始增大时,开路特性的开始段是线性的。曲线的这一直线段连同其在较大励磁电流时的延长线被称为气隙线,它对应于电机不饱和情况下的开路特性。不饱和运行时,气隙磁阻占据电机磁路磁阻的绝大多数

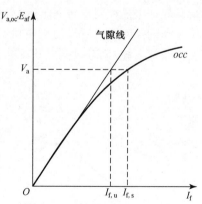

图 5.6 同步电机的开路特性

份额。在图 5.6 中，考虑达到开路电枢电压 V_a 所需的励磁电流，如果没有饱和，电机的开路电压特性对应于气隙线，产生该电压的励磁电流为 $I_{f,u}$；然而，由于饱和效应的存在，产生同样电压需要的励磁电流变为 $I_{f,s}$。$I_{f,s}$ 与 $I_{f,u}$ 之间的差值可以用来度量电机在该电压时的饱和程度。

例 5.3 对一台三相 60Hz 的同步发电机做开路试验，测得当励磁电流为 318A 时，其开路电压为额定电压 13.8kV。根据在电机上测得的一套完整数据，通过延长气隙线，求得在气隙线上对应于 13.8kV 的励磁电流为 263A。计算电感 L_{af} 的饱和值和不饱和值。

解：

由式 5.21 可得 L_{af} 为

$$L_{af} = \frac{\sqrt{2}\, E_{af}}{\omega_e I_f}$$

这里，$E_{af} = 13.8\text{kV}/\sqrt{3} = 7.97\text{kV}$。因而电感 L_{af} 的饱和值由下式给出：

$$(L_{af})_{sat} = \frac{\sqrt{2} \times (7.97 \times 10^3)}{120\,\pi \times 318} = 94\,\text{mH}$$

不饱和值为

$$(L_{af})_{unsat} = \frac{\sqrt{2} \times (7.97 \times 10^3)}{120\,\pi \times 263} = 114\,\text{mH}$$

在该例中，我们看到由于饱和使得励磁绕组和电枢绕组之间的互感减小了约 18%。

练习题 5.3

设例 5.3 中的同步发电机运行在某转速下，产生的感应电势的频率为 50Hz。(a)当励磁电流为 318A 时，求开路线—线电压；(b)在 50Hz 时的气隙线上，求对应于同一电压的励磁电流值。

答案：

a. 11.5kV。

b. 263A。

对于已经造好的电机，开路特性通常用试验方法测定。试验时，将电枢端开路，控制原动机以保证电机在同步转速下运行，测取端电压对励磁电流的函数。如果在开路试验中测出了驱动同步发电机所需的机械功率，则可以得到空载旋转损耗。这些损耗中包括与旋转相关的摩擦损耗、风阻损耗以及对应于电机空载磁通的铁心损耗。在同步转速下，摩擦损耗和风阻损耗是常数，而开路铁心损耗是磁通的函数，磁通又和开路电压成正比。

在不加励磁的情况下，驱动电机同步旋转所需的机械功率就是摩擦损耗和风阻损耗。当加上励磁后，机械功率则等于摩擦损耗、风阻损耗以及开路铁心损耗之和。可见，两种情形下的机械功率之差即为开路铁心损耗。图 5.7 给出了开路铁心损耗和开路电压的典型函数关系曲线。经常假设在给定端电压下负载运行时的铁耗就等于在该电压下的开路铁心损耗。

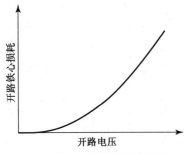

图 5.7 典型的开路铁心损耗曲线

5.3.2 短路特性和负载损耗

同步电机的短路特性是指短路端电流 $I_{\mathrm{a,sc}}$（可以用安培值或标幺值表示）对励磁电流的函数关系。将同步电机的电枢端经过适当的电流传感器连接成三相短路，让电机运行于同步速度[①]，逐渐增大励磁电流，就可以得到电枢电流对励磁电流的函数曲线。图 5.8 中示出了开路特性曲线 occ 和短路特性曲线 scc。

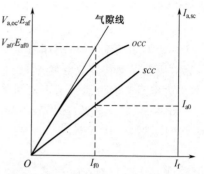

图 5.8　同步电机的开路和短路特性

当电枢短路时，$V_{\mathrm{a}}=0$，并且由式 5.25（电流方向采用发电机惯例）有

$$E_{\mathrm{af}} = I_{\mathrm{a}}(R_{\mathrm{a}} + \mathrm{j}X_{\mathrm{s}}) \tag{5.27}$$

图 5.9 示出的是对应的相量图。由于电阻远小于同步电抗，所以电枢电流滞后于励磁电势近 90°。因此，电枢磁势波几乎作用在磁极轴线上，而方向却和励磁励势相反，如图中分别代表电枢及励磁磁势波的相量 A 和 F 所示。

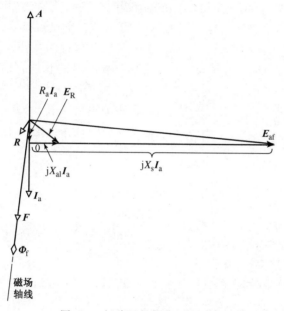

图 5.9　短路运行状态的相量图

合成磁势产生合成气隙磁通波，进而产生气隙电势 E_{R}（见图 5.4）。该电势等于电枢电阻 R_{a} 以及漏抗 X_{al} 上的压降，即

$$E_{\mathrm{R}} = I_{\mathrm{a}}(R_{\mathrm{a}} + \mathrm{j}X_{\mathrm{al}}) \tag{5.28}$$

在许多同步电机中，电枢电阻可以忽略不计，漏抗的标幺值为 0.10～0.20，典型值取 0.15。也就是说，在电枢电流为额定值时，漏抗压降标幺值约为 0.15（或者说是电机额定电

---

① 实际上，该试验不一定必须在同步转速下进行，只要试验转速对应的电频率足够大，使得在该频率时同步电抗远大于电枢电阻，短路的电枢电流将基本上不受转速的影响。

压的 15%）。由式 5.28 可知，短路特性上对应于额定电枢电流的气隙电势标幺值约为 0.15，即此时的合成气隙磁通仅为额定电压下气隙磁通的 0.15 倍。所以，电机运行在不饱和状态。短路电枢电流在从 0 直到额定电枢电流以上的范围内，都与励磁电流成正比。绘制出电枢电流与励磁电流的关系曲线，其必定为一条直线，如图 5.8 所示。

不饱和同步电抗 $X_{s,u}$（对应于电机的不饱和运行）可根据开路特性和短路特性求得。对于任意合理的励磁电流，例如图 5.8 中的 I_{f0}，对应于短路特性的电枢电流为 I_{a0}，同样的励磁电流对应的不饱和感应电势为 E_{af0}（从气隙线上求得）。注意必须用从气隙线上读出的电势值，因为电机被假设运行于不饱和状态。

如果 E_{af0} 和 I_{a0} 用实际值表示，即 E_{af0} 为线－中点感应电势的有效值，则由式 5.27，忽略电枢电阻 R_a 后，用欧姆表示的不饱和同步电抗的每相值 $X_{s,u}$ 可由下式计算：

$$X_{s,u} = \frac{E_{af0}}{I_{a0}} \tag{5.29}$$

由于气隙线和短路特性均为直线，用式 5.29 求得的同步电抗值与选定的励磁电流值 I_{f0} 无关，注意，求以欧姆为单位的每相同步电抗值时应该用相电压或者线－中点的电压值。通常，开路饱和曲线是用线－线电压表示的，在这种情况下，必须将其电压值除以 $\sqrt{3}$ 以转换成线－中点电压。另一方面，如果 $V_{a,oc}$ 和 $I_{a,sc}$ 采用标幺值表示，用式 5.29 计算而得的同步电抗亦为标幺值。

若在额定端电压或者额定端电压附近运行，通常假设电机可以等效为一台不饱和电机，

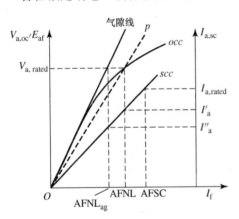

图 5.10　在开路和短路特性显示饱和
运行状态的等效励磁直线

其线性磁化特性为从原点出发并经过开路特性上额定电压点的直线，如图 5.10 中的虚线 Op 所示。根据此近似处理，该电机可以用图 5.3 所示的等效电路来表示，其中感应电势 E_{af} 与励磁电流 I_f 成正比，当励磁电流达到被称为 AFNL（Ameperes Field No Load，即在开路特性上产生额定电压 $V_{a,rated}$ 的励磁电流值，如图 5.10 所示）的值时，感应电势刚好等于额定电压 $V_{a,rated}$（标幺值为 1）。

相应的 X_s 就被假设等于额定电压处的饱和同步电抗，其值为

$$X_s = \frac{V_{a,rated}}{I'_a} \tag{5.30}$$

式中，I'_a 就是从短路特性上读取的、当 $I_f=$AFNL 时的电枢电流。与不饱和同步电抗类似，如果 $V_{a,rated}$ 和 I'_a 用标幺值表示，同步电抗亦为标幺值；如果 $V_{a,rated}$ 和 I'_a 分别用线－中点有效伏特值和每相有效安培值表示，则同步电抗为每相欧姆值。

注意到同步电机，比如一台端电压可调的同步发电机接到电力系统，就运行在相对稳定的端电压下，所以处理饱和效应的这种方法是合理的。所以为方便近似分析，忽略电枢电阻和漏电抗上的压降，这意味着电机中的合成气隙磁通，当然连同电机的饱和程度，能保持相对恒定，且与负载无关。恒定饱和程度对应于磁阻恒定的磁路，这又意味着，励磁电流 I_f 与由励磁而产生的磁通或者端电压 V_a 具有线性关系，如图 5.10 所示。

额定端电压这一数据确定在非额定端电压下运行时同步电机等效电路的参量，即作为

励磁电流函数的 E_{af} 和 X_s，虽然不常这样做。例如，如果电机运行在非常低的端电压下，感应电势可以从气隙线和相应的不饱和同步电抗求得。不饱和电抗为

$$X_{s,u} = \frac{V_{a,rated}}{I_a''} \tag{5.31}$$

比较图 5.8 与图 5.10 可知，式 5.30 与式 5.31 是等价的。

注意，把短路电流用标幺值表示时，短路特性 scc 可以表示为

$$I_{a,sc} = \frac{I_f}{AFSC}, 标幺值 \tag{5.32}$$

式中，AFSC(Amperes Field Short Circuit)是产生额定短路电流(标幺值为1)时的励磁电流值。因此，当 $I_f =$ AFNL 时，$E_{af} = V_{a,rated} = 1.0$(标幺值)，且

$$I_a' = \frac{AFNL}{AFSC}, 标幺值 \tag{5.33}$$

因此，标幺值形式的同步电抗可以用式 5.30 求得为

$$X_s = \frac{V_{a,rated}}{I_a'} = \frac{AFSC}{AFNL}, 标幺值 \tag{5.34}$$

利用类似的数据，标幺值表示的不饱和同步电抗可以用下式计算：

$$X_{s,u} = \frac{V_{a,rated}}{I_a'} = \frac{AFSC}{AFNL_{ag}}, 标幺值 \tag{5.35}$$

式中，$AFNL_{ag}$ 是在气隙线上与额定开路电压相对应的励磁电流。

短路比(SCR)定义为 AFNL 与 AFSC 的比值，因此等于标幺值表示的饱和同步电抗 X_s 的倒数：

$$SCR = \frac{AFNL}{AFSC} \tag{5.36}$$

注意，正如我们已经讨论的，当电机运行在开路额定电压下时，可以假设其感应电势与励磁电流呈线性关系，直线的斜率可以这样确定：当励磁电流 I_f 等于 AFNL 时，感应电势等于电机的额定电压值(标幺值为1.0)，如图 5.10 中的虚线 Op 所示。因此，对于任意给定的感应电势，励磁电流可以从 E_{af} 的标幺值求得：

$$I_f = E_{af} \cdot AFNL \quad [A] \tag{5.37}$$

例 5.4 下列数据来自一台 45kVA、三相、Y 接法、220V(线-线电压)、6 极、60Hz 同步电机的开路特性和短路特性。

由开路特性：

励磁电流＝2.84A，线—线电压＝220V

由气隙线：

励磁电流＝2.20A，线—线电压＝202V

由短路特性：

励磁电流/A	2.20	2.84
电枢电流/A	118	152

计算同步电抗的不饱和值、额定点处的饱和值，并分别用实际每相欧姆值和标幺值(取电机额定值为基值)表示同步电抗。

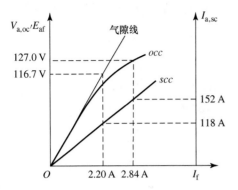

图 5.11　例 5.4 的电动机特性曲线

解：

解：

为了直观地求解，将给定电压和电流标示在图 5.11 中的开路和短路特性上。当励磁电流为 2.20A 时，气隙线上的线—中点电压为

$$V_{a,ag} = \frac{202}{\sqrt{3}} = 116.7\,V$$

对应同一励磁电流，从短路特性可得，短路电枢电流为 118A，因此，从式 5.29 可得

$$X_{s,u} = \frac{116.7}{118} = 0.987\,\Omega/相$$

类似地，额定开路端电压 220V 对应的线—中点电压为 $220/\sqrt{3}=127.0$V，产生它的励磁电流为 2.84A，对应的短路电流为 152A，因此由式 5.30 可得

$$X_s = \frac{127}{152} = 0.836\,\Omega/相$$

注意到额定电枢电流为

$$I_{a,rated} = \frac{45000}{\sqrt{3} \times 220} = 118\,A$$

我们看到，根据给定数据可得 AFSC＝2.20A，AFNL＝2.84A，因此，由式 5.34 有

$$X_s = \frac{AFSC}{AFNL} = \frac{2.20}{2.84} = 0.775\,标幺值$$

延长给定数据气隙线至额定电压处，可以求得

$$AFNL_{ag} = 220 \times \left(\frac{2.20}{220}\right) = 2.20\,A$$

因此，由式 5.35 有

$$X_{s,u} = \frac{AFSC}{AFNL_{ag}} = \frac{2.20}{2.40} = 0.917\,标幺值$$

当然应注意到，标幺值同步电抗也可以用其欧姆值除以基值阻抗求得，基值阻抗为

$$Z_{base} = \frac{220^2}{45 \times 10^3} = 1.076\,\Omega$$

同样，每相电抗的欧姆值可以用其标幺值乘以基值 Z_{base} 得到。

练习题 5.4

一台 85kVA 的同步电机，当开路电压为额定值 460V 时，励磁电流为 8.7A；当短路电流为额定电流时，励磁电流为 11.2A。计算其饱和同步电抗的实际欧姆值和标幺值。

答案：

$X_s = 3.21\,\Omega/相$，标幺值。

因为短路运行时，电机内的磁通很小，铁心损耗通常可以忽略不计，所以在进行短路试验时，驱动电机所需的机械功率等于摩擦损耗、风阻损耗（通过 0 励磁空载试验确定）以及电枢电流产生的损耗之和。可见，电枢电流引起的损耗能够通过输入的机械功率减去摩擦损耗和风阻损耗得到。由短路电枢电流引起的损耗通常统称为短路负载损耗。图 5.12 示出了短路负载损耗和电枢电流之间的典型函数曲线。通常,它和电枢电流之间的关系近似为抛物线。

短路负载损耗包括电枢绕组的 I^2R 损耗、电枢漏磁通引起的局部铁心损耗以及合成磁通引起的很小的铁心损耗。对于 q 相电机,短路电阻的直流损耗 $P_{arm,dc}$ 可以用

$$P_{arm,dc} = qI_{a,sc}^2 R_{dc} \tag{5.38}$$

进行计算。其中 R_{dc} 为已经测取的绕组直流电阻,需要时,还要用短路试验时的绕组温度对电阻进行修正,对铜导体来说,

$$\frac{R_{dc}(T)}{R_{dc}(t)} = \frac{234.5 + T}{234.5 + t} \tag{5.39}$$

式中,R_T 和 R_t 分别是在摄氏温度为 T 和 t 时的电阻值。如果从短路负载损耗中减去直流电阻损耗,其差即为由于趋肤效应和涡流在电枢导体中引起的损耗加上电枢漏磁通引起的局部铁心损耗。短路负载损耗和直流电阻损耗之差是由电枢中的交变电流引起的附加损耗。这些损耗就是附录 D 描述的负载杂散损耗,通常认为正常负载和短路运行时,这一损耗相等,它是电枢电流的函数,如图 5.12 中的曲线所示。

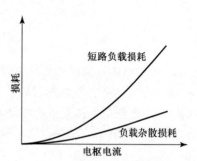

图 5.12 典型的短路负载损耗
及负载杂散损耗曲线

同其他交流装置一样,电枢绕组的有效电阻 $R_{a,eff}$ 可以用该电枢电流时的功率损耗除以电流的平方得到。当假设负载杂散损耗仅是电枢电流的函数时,可以从短路负载损耗求得电枢绕组的有效电阻:

$$R_{a,eff} = \frac{短路负载损耗}{(短路电枢电流)^2} \tag{5.40}$$

如果短路负载损耗和电枢电流都用标幺值表示,则等效电阻也为标幺值。如果短路负载损耗用实际的瓦特每相值表示,电枢电流用安培每相值表示,则等效电阻为欧姆每相值。通常,在额定电流时求得的 $R_{a,eff}$ 具有足够的精度,并假设其为常数。

例 5.5 对于例 5.4 中的 45kVA、3 相、Y 接法的同步电机,在额定电枢电流 118A、25℃时,短路负载损耗(3 相总损耗)为 1.80kW。该温度时电枢直流电阻值为 0.0335Ω/相。计算电枢绕组在 25℃ 时的每相有效电阻值的标幺值和实际欧姆值。

解:

在额定电流 $I_a = 1.00$(标幺值)时,短路负载损耗为 1.80/45＝0.040(标幺值),所以每相有效电阻为

$$R_{a,eff} = \frac{0.040}{(1.00)^2} = 0.040 \text{ 标幺值}$$

每相短路负载损耗为 1800/3＝600W,所以每相有效电阻的欧姆值为

$$R_{a,eff} = \frac{600}{(118)^2} = 0.043 \ \Omega/相$$

交流电阻与直流电阻的比值为

$$\frac{R_{a,eff}}{R_{a,dc}} = \frac{0.043}{0.0335} = 1.28$$

由于该电机属于小型电机,其电阻标幺值相对较大。对额定功率数百千瓦的电机来说,

其电枢有效电阻标幺值通常小于 0.01。

练习题 5.5

考虑一台 3 相、13.8kV、25MVA 的同步发电机,施加额定电枢电流时,其三相短路损耗为 52.8kW。计算:(a)额定电枢电流;(b)电枢有效电阻的实际值和标幺值。

答案

a. 1046A。

b. $R_{a,eff} = 0.0161\Omega/$相$= 0.0021$ 标幺值。

5.4 稳态功角特性

同步电机能提供的最大功率取决于它所能承受的最大转矩,前提是不能与它所连接的外系统失去同步[①]。本节的目的在于推导出同步电机稳态功率极限的表达式,且只研究一种简单情况,那就是外接电系统可以表示成阻抗和电压源的串联。

由于外接电系统和发电机本身都可以表示成阻抗和电压源的串联,研究电机的功率极限就变成了一个在特定条件下求取流过串联阻抗的功率极限这样一个一般问题。这一阻抗包括同步电机的同步阻抗和外接电系统的等效阻抗(可能包括传输线、变压器组及其他同步电机的阻抗)。

考虑图 5.13(a)所示的简单电路,两个交流电势 E_1 和 E_2 经过一个阻抗 $Z = R + jX$ 相连,通过的电流为 I。图 5.13(b)是其相量图。注意,在相量图中,电压 E_2 被选做参考相量,正角度的参考方向定为逆时针方向。因而,在图 5.13(b)中,E_1 的相角 δ 为正,而电流的相角 ϕ 可以视为负值。

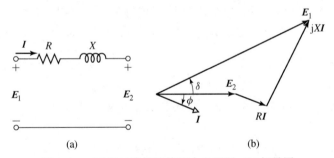

图 5.13 (a)通过阻抗连接两个电压源;(b)相量图

电流相量为

$$I = \frac{E_1 - E_2}{Z} = \frac{E_1 e^{j\delta} - E_2}{R + jX} \tag{5.41}$$

通过阻抗传输到电压源 E_2 的功率 P_2 为

$$P_2 = \text{Re}[E_2 I^*] \tag{5.42}$$

式中,符号 Re[]表示复数的实部,上标" * "表示共轭复数。

---

① 在此处的讨论中,术语"最大功率"是在不失步的前提下理论上能产生的最大功率。实际上,受运行条件和散热条件的限制,该值明显大于电机的额定功率。

如果所分析的是巨大的电力系统(这也是最常见的情况),电阻 R 被忽略不计,则在串联阻抗中没有功率损耗,由电源 E_1 提供的功率 P_1 等于 P_2。在这一假设下,式 5.42 简化为如下的简单形式:

$$P_1 = P_2 = \frac{E_1 E_2}{X} \sin\delta \qquad (5.43)$$

式 5.43 为功角关系式,式 5.1 是用磁通和磁势波相互作用表示的转矩表达式,比较此二式发现,它们具有相同的形式,这并非巧合。记住,当转速恒定不变时(正如我们正在讨论的情况),转矩和功率成比例。我们真正要说的是,将式 5.1 具体用到理想隐极转子同步电机,并将有关量转换成电路量,就会变成式 5.43。快速梳理一下每个关系式的背景,就会证明它们来源于同样的基本原理。

总的来说,式 5.43 对于研究同步电机甚至交流电力系统来说都十分重要。式 5.43 通常被称为功角特性,其中角 δ 被称为功角。注意,如果 δ 为正值,则 E_1 超前于 E_2 且功率从电源 E_1 流向 E_2。同样,当 δ 为负值时,E_1 滞后于 E_2 且功率从电源 E_2 流向 E_1。由式 5.43 可知,在电源 1 和 2 之间能够传递的最大功率为

$$P_{1,\max} = P_{2,\max} = \pm\frac{E_1 E_2}{X} \qquad (5.44)$$

最大功率产生在 $\delta = \pm 90°$ 时。

需要强调的是,式 5.41～式 5.43 的推导是基于单相、线－中点交流电路的。当研究的是三相系统时,如果 E_1 和 E_2 用标幺值表示或者用线－线电压表示,则式 5.43 可直接给出三相功率;如果 E_1 和 E_2 是线－中点电压,则要求得三相总功率,还需要给式 5.43 乘以 3,使之变成

$$P_1 = P_2 = \frac{3E_1 E_2}{X} \sin\delta \qquad (5.45)$$

式 5.43 和式 5.45 适合于任何两个用电感性阻抗 jX 隔开的电源 E_1 和 E_2。所以,当感应电势为 E_{af}、同步电抗为 X_s 的同步电机连接到某个系统(该系统被等效为电源电压 V_{eq} 与感性阻抗 jX_{eq} 串联的戴维南电路,如图 5.14 所示)时,如果 E_{af} 和 V_{eq} 用线－线电压或标幺值(这时 P、X_s 和 X_{eq} 也必须是标幺值)表示,则功角特性为

$$P = \frac{E_{af} V_{eq}}{X_s + X_{eq}} \sin\delta \qquad (5.46)$$

如果 E_{af} 和 V_{eq} 用线－中点电压表示,则功角特性为

$$P = \frac{3E_{af} V_{eq}}{X_s + X_{eq}} \sin\delta \qquad (5.47)$$

这里,P 是从同步电机向系统传递的功率,δ 是 E_{af} 相对于 V_{eq} 的相位角。

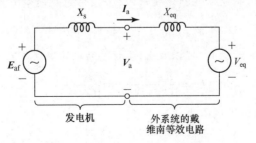

图 5.14　同步电机连接到外系统的等效电路

基于类似的推导,我们可以把功角特性用 X_s、E_{af} 和端电压 V_a 以及它们之间的相对角度来表示,或者用 X_{eq}、V_a 和 V_{eq} 及其相对角度来表示。尽管这些不同的表达式同等有效,但用处却不尽相同。例如,如果电机在恒定励磁电流下运行,则当 P 变化时,E_{af} 和 V_{eq} 都将保持恒定而端电压 V_a 却不能。因此,虽然式 5.46 和式 5.47 给出了 P 与 δ 之间易于求解的关系式,但如果没有 V_a 与 P 的附加关系式,仍无法求解出基于 V_a、V_{eq} 和 X_{eq} 的功角特性。

注意,式 5.43、式 5.45、式 5.46 以及式 5.47 的推导是基于选择发电机惯例来定电流的参考方向的。如果采用电动机惯例,式 5.41 中的电流将改变正负号,在这些方程中必须加上一个负号来表示选用电动机惯例这一事实,这时,P 代表进入电机的功率,正的输入功率将对应负的功角 δ 值。

从式 5.46 和式 5.47 可以看出,同步电机运行时的功角特性的峰值与系统电压 V_{eq} 的大小以及发电机内部的感应电势 E_{af} 的大小成正比,因此当系统电压恒定时,同步发电机所能提供给系统或者系统能提供给同步电动机的最大功率,可以通过增大同步电机的励磁电流进而增大感应电势来提高。当然,这种提高不能无限度,不论是励磁电流还是电机磁通都不能越过这样一个点,一旦越过则损耗将越来越大,电机将无法充分地冷却。

总的来说,考虑到稳定性的要求,同步电机能够稳定运行的功角应该相当程度地小于 $90°$。因此,在正常运行条件下,同步电机功角特性上的峰值功率相当程度地大于其在发电运行时原动机能提供的机械功率或者电动运行时的负载功率。

例 5.6 一台 3 相、75MVA、13.8kV 同步发电机,其饱和同步电抗的标幺值为 $X_s = 1.35$,不饱和同步电抗的标幺值为 $X_{s,u} = 1.56$。该电机连接到一个等效电抗标幺值为 $X_{eq} = 0.23$、等效电压标幺值为 $V_{eq} = 1.0$ 的外系统,二者(指发电机和外系统)均以发电机额定值为基值。当励磁电流为 297A 时,开路电压达到其额定电压。

a. 若发电机端电压的标幺值保持为 1.0,求它能提供给外系统的最大功率 P_{max}(分别用 MW 和标幺值表示)。

b. 在(a)中的条件下,当发电机的输出功率从 0 增加到 P_{max} 时,利用 MATLAB 绘制发电机端电压标幺值的变化曲线。

解:

a. 由式 5.46 可得

$$P_{max} = \frac{E_{af}V_{eq}}{X_s + X_{eq}}$$

注意,尽管这是一台三相发电机,却无须乘系数 3,因为我们采用的是标幺值。

由于电机运行时,端电压在额定值附近,必须用饱和同步电抗来表示 P_{max},因此

$$P_{max} = \frac{1}{1.35 + 0.23} = 0.633 \text{ 标幺值} = 47.5 \text{ MW}$$

b. 从等效电路图(见图 5.14)可以看出,同步发电机的端电流可以表示成功角的函数,即

$$I_a = \frac{E_{af} - V_{eq}}{j(X_s + X_{eq})} = \frac{E_{af} e^{j\delta} - V_{eq}}{j(X_s + X_{eq})}$$

发电机的端电压由下式给出:

$$V_a = V_{eq} + jX_{eq}I_a$$

发电机功率可以表示成

$$P = \mathrm{Re}[V_a I_a^*]$$

这样,当在区间 0~90°内改变功角大小时,就可以绘制出端电压对发电机功率的函数曲线。图 5.15 就是所要求的由 MATLAB 绘制的曲线。可以看出,发电机被加载到其最大功率约 0.633(标幺值)时,端电压的标幺值从 1.0 变化到约 0.87。

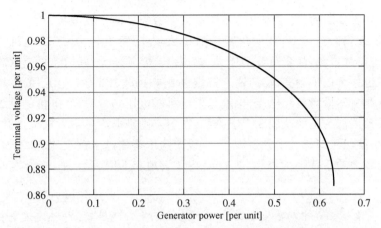

图 5.15　用 MATLAB 绘制的标幺值形式的端电压对发电机功率的变化曲线[例 5.6b]

以下是 MATLAB 源程序:

```
clc
clear

% Solution for part (b)

% System parameters
Veq = 1.0;
Eaf = 1.0;
Xeq = .23;
Xs = 1.35;
n = 1:101;
delta = (pi/2)*(n-1)/100;
Iahat = (Eaf *exp(j* delta) -Veq)/(j* (Xs+Xeq));
Vahat = (Veq+j*Xeq*Iahat);
Vamag = abs(Vahat);
P = real(Vahat.*conj(Iahat));

% Now plot the results
plot(P,Vamag)
xlabel('Generator power [per unit]')
ylabel('Terminal voltage [per unit]')
```

练习题 5.6

考虑例 5.6 中的 75MVA、13.8kV 电机。测得其端电压为 13.7kV,输出功率为 53MW,功率因数为滞后 0.87。求:(a)相电流为多少 kA? (b)感应电势的标幺值;(c)对应的励磁电流为多少 A?

答案:

a. $I_a = 2.57 \text{kA}$。

b. $E_{af} = 1.81$ 标幺值。

c. $I_f = 538\text{A}$。

正如例 5.6 所揭示的,连接到电力系统的大多数大型同步发电机,在感应电势等于额定电压时,不能加载到额定功率,其功角特性的峰值 P_{max}(标幺值)小于发电机额定功率。因此,为使发电机正常带载,随着负载的增大,励磁电流必须增大,以增大感应电势。

尽管这一工作可以手动完成,但通常都是由自动电压调节器(AVR)的作用而自动完成的。自动电压调节器检测系统电压(也就是发电机端电压)并控制发电机的励磁电流以将此电压维持在其预设值。正如从例 5.6 看到的,在恒定励磁电流时增大电机负载,将导致端电压下降。因此,就像在例 5.7 中将要展示的,设置为维持端电压恒定的 AVR,将通过增大励磁电流并因而增大功角特性的峰值,来自动响应发电机负载的增加,使得发电机可以达到满载。

例 5.7 假设例 5.6 中的发电机配备了一台自动电压调节器,并设定发电机端电压保持为其额定值。

a. 如果发电机被加载到其额定负载,计算对应的功角、感应电势的标幺值以及励磁电流值。

b. 利用 MATLAB,绘制出从空载一直到满载,以安培为单位的励磁电流随发电机功率标幺值变化的函数曲线。

解:

a. 当端电压保持为恒定值 $V_a = 1.0$(标幺值)时,功率可以表示成

$$P = \frac{V_a V_{eq}}{X_{eq}} \sin\delta_t = \frac{1}{0.23} \sin\delta_t = 4.35 \sin\delta_t$$

式中,δ_t 是端电压相对于 V_{eq} 的角度,当 $P = 1.0$(标幺值)时,$\delta_t = 13.3°$,因此电流 I 等于

$$I_a = \frac{V_a e^{j\delta_t} - V_{eq}}{j X_{eq}} = 1.007 e^{j6.65°}$$

并且

$$E_{af} = V_{eq} + j(X_{eq} + X_s)I_a = 1.78 e^{j62.7°}$$

或者 $E_{af} = 1.78$(标幺值),对应的励磁电流(从式 5.37 求得)为

$$I_f = 1.78 \times 297 = 529 \text{ A}$$

相应的功角为 $62.7°$。

b. 图 5.16 给出的是用 MATLAB 绘制的曲线。可以看出,I_f 从 $P = 0$ 时的 297A(1.0 标幺值)变化到 $P = 1.0$ 时的 529A(1.78 标幺值)。

以下是本题的 MATLAB 源程序:

```
clc
clear

% System parameters
Veq = 1.0;
```

```
Xeq = .23;
Xs = 1.35;
AFNL = 297;

% Set terminal voltage to unity
Vterm = 1.0;

n = 1:101;
P = (n－1)/100;
deltat = asin(P*Xeq/(Vterm*Veq));
Ia = (Vterm * exp(j*deltat) － Veq)/(j*Xeq);
Eaf = abs(Vterm+j*(Xs+Xeq)*Ia);
If = AFNL*Eaf;
% Now plot the results
plot(P,If)
xlabel('Power [per unit]')
ylabel('Field current [A]')
```

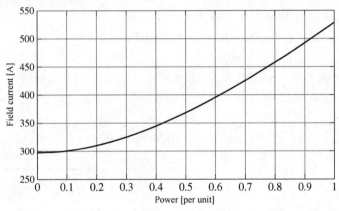

图 5.16 用 MATLAB 绘制的例 5.7 中励磁电流与功率[标幺值]关系曲线

例 5.8 一台 2000 马力、2300V、3 相、Y 接法、30 极、60Hz 的同步电动机,同步电抗为 1.95Ω/相,AFNL＝370A。该电动机通过电抗为 0.32Ω/相的馈电线,接到 60Hz、2300V 的恒定电压源。对于该例的计算,所有损耗可以忽略不计。

该电动机有一个自动电压调节器,通过适当调节使得电机端电压保持在 2300V。如果该电动机运行在其额定功率,计算其端电流、电动机从接线端获得的无功功率以及对应的电动机励磁电流。

解:

尽管该电机无疑是凸极电机,我们仍将用简单的隐极转子电机理论来求解。相应地,这种求解忽略了磁阻转矩,因而就像在 5.7 节中将要讨论的,在某种程度上低估了该电机产生的最大功率的能力。

如图 5.17(a) 中的等效电路所示,为求解需要,我们将采用电动机惯例来规定电流的正方向。从式 5.45 以及图 5.17(b) 的相量图可知,$V_a＝V_s＝2300/\sqrt{3}V＝1328V$(线－中

点），当功率 $P = 2000\text{hp} = 1492\text{kW}$ 时，

$$\delta_t = -\arcsin\left(\frac{PX_f}{3V_aV_s}\right)$$

$$= -\arcsin\left(\frac{1492 \times 10^3 \times 0.32}{3 \times 1328^2}\right)$$

$$= -5.18°$$

式中出现负号是因为实际上功率是从电源流向电动机的，所以 V_a 滞后于 V_{so}

$$V_a = V_a\text{e}^{\text{j}\delta_t} = 1328\,\text{e}^{-\text{j}5.18°}$$

因此，

$$I_a = \frac{V_s - V_a}{\text{j}X_f} = \frac{1328 - 1328\text{e}^{-\text{j}5.18°}}{\text{j}0.32} = 375\,\text{e}^{-\text{j}2.59°}\,[\text{A}]$$

提供给电动机的无功功率 Q 等于

$$Q = \text{Im}[3\,V_aI_a^*] = -67.5\,\text{kVAR}$$

式中的符号 $\text{Im}[\ ]$ 表示复数的虚部，上标 "*" 表示共轭复数。输入电动机的感性功率为负，这一结果意味着在该运行状态下电动机实际上提供感性功率给系统。

从图 5.17(a) 中的一相线—中点的等效电路可得

$$E_{af} = V_s - \text{j}(X_s + X_f)I_a = 1328 + \text{j}(1.95 + 0.32) \times 375\,\text{e}^{-\text{j}2.59°}$$

$$= 1544\,\text{e}^{-\text{j}33.40°}\,\text{V}$$

注意这里必须采用线—中点电压，线—中点 $E_{af} = 1544\text{V}$ 时对应的线—线电压为 2674V。可见这里的 E_{af} 等于 1.16 倍的电机额定电压（标幺值为 1.16），因此可以用式 5.37 计算出励磁电流为

$$I_f = 1.16 \times \text{AFNL} = 430\,\text{A}$$

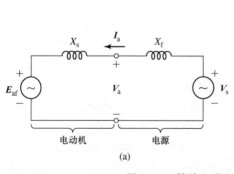

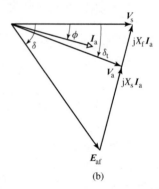

(a)

(b)

图 5.17　等效电路和相量图（例 5.8）

练习题 5.7

当电源电压为 2315V 时，重复例 5.8 的计算。

答案：

$I_a = 375\text{A}$。

$Q = 23.5\text{kVA}$。

$I_f = 417\text{A}$。

5.5　稳态运行特性

同步电机基本的稳态运行特性是用其端电压、励磁电流、电枢电流、功率因数以及效率之间的内在关系来描述的。本节将论述运行特性的选择对同步电机实际应用的重要性。

同步发电机通常用在给定电压和功率因数（通常为滞后的 80%、85% 或者 90%）下能连续负载运行而不出现过热的最大视在功率（kVA 或 MVA）来定额。因为发电机运行时端电压通常可以调节，所以同步发电机正常运行时其端电压与额定电压的偏离程度被控制在 ±5% 以内。如果有功负载和电压被固定，最大允许无功负载将受到电枢绕组或励磁绕组发热的限制。同步发电机的允许运行区间常常以能力曲线的形式来表示，它给出的是在额定端电压下，对应不同的有功功率负载，发电机所能承担的最大无功功率负载。

图 5.18 给出了一台大型氢冷汽轮发电机的典型能力曲线簇。注意图中看到的三条曲线对应于不同的冷却氢气压力。如从图 5.18 可以看出的那样，增大氢气压力可以增强冷却效果，从而使电机有更大的负载范围。

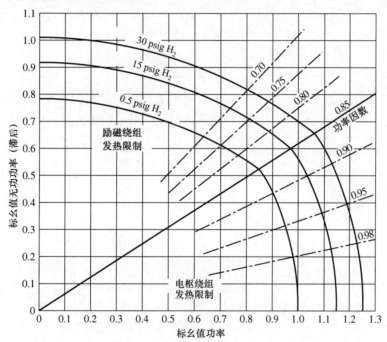

图 5.18　一台功率因数为 0.85、短路比为 0.8 的氢冷汽轮发电机的能力曲线簇，基值容量（MVA）为 0.5psig[①] 时的额定容量（MVA）

在功率因数从 1 到额定功率因数（图 5.18 中的 0.85 滞后性功率因数）的区间内，电枢绕组的发热是主要限制因素。例如，对于一定的有功负载，如果无功功率增加到超过能力曲线的电枢发热限制区段上的点，将会导致电枢电流超出可以被有效冷却的范围，以至于使电枢绕组温度达到可能破坏电枢绕组绝缘并缩短寿命的程度。同样，对于低功率因数，励磁绕

---

① psig（磅/英寸²）是压力的英制单位，1 磅/英寸²（psig）＝0.068 标准大气压（atm）＝6.895 千帕（kPa）。——译者注

组的发热是主要限制因素。

能力曲线可以给电力系统规划者和操作者提供有价值的参考指南。当系统规划者在考虑改进或者扩充电力系统时,他们能容易地观察到正在运行或者即将投入的发电机能否安全地供给所需的负载。同样,电力系统操作人员能很快看到,在日常系统作业中,当系统负载改变时,各台发电机是否能安全响应这一变化。

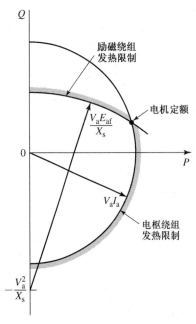

图 5.19　同步发电机能力曲线的推导

下面介绍如图 5.18 所示的能力曲线的推导。在端电压和电枢电流(散热条件能允许的最大值)恒定时,对应一个由端电压和电流乘积决定的恒定视在输出功率。由于视在功率 S 的标幺值为

$$S = V_a I_a = \sqrt{P^2 + Q^2} \tag{5.48}$$

式中:P 表示有功功率的标幺值;Q 表示无功功率的标幺值。我们看到,在无功功率-有功功率图上,一定的视在功率对应于圆心位于坐标原点的一个圆。还应注意,从式 5.48 可以看出,对于恒定的端电压,恒定的视在功率对应于恒定的电枢绕组电流,也就是对应于一定的电枢绕组的发热量。如图 5.19 所示,图中给出了对应于电枢绕组最大允许发热极限的一个圆。

类似地,考虑端电压恒定而励磁电流(可以类推到感应电势 E_{af})被散热条件限制在其最大限允许值时的运行情况。采用标幺值时有

$$P - jQ = V_a I_a \tag{5.49}$$

由式 5.25($R_a = 0$)可得

$$E_{af} = V_a + jX_s I_a \tag{5.50}$$

求解式 5.49 和式 5.50,可以得到

$$P^2 + \left(Q + \frac{V_a^2}{X_s} \right)^2 = \left(\frac{V_a E_{af}}{X_s} \right)^2 \tag{5.51}$$

在图 5.19 中,这一方程式对应于圆心位于 $Q = -(V_a^2/X_s)$ 的圆,可用来确定励磁绕组发热对电机运行的限制,如图 5.18 所示。通常由电枢绕组和励磁绕组的发热限制曲线的交点来确定电机的定额(视在功率和功率因数),如图 5.19 所示。

从如图 5.18 所示的能力曲线簇可以看出,运行在欠励状态并吸收无功功率($Q < 0$)时,同步发电机的运行还要受到其他附加限制。这些限制(图 5.19 未示出)与发电机运行在欠励状态下定子铁心端部区域的发热有关,也与所接系统对特定发电机强加的稳定运行条件有关。

例 5.9　考虑一台同步发电机,其额定值为 13.8kV、150MVA、功率因数 0.9,同步电抗为 1.18 标幺值,AFNL=680A。注意发电机的额定功率因数由电枢与励磁发热限制曲线的交点确定,计算发电机可以接受的不超过励磁发热限制的最大励磁电流。

解:

如图 5.19 所示,基于发电机的额定功率因数由电枢与励磁发热限制曲线的交点确定这一假设,我们可以看出,在这一运行点,$V_a = 1.0$ 标幺值,且

$$I_a = 1.0e^{j\phi} \text{ 标幺值}$$

式中，$\phi = -\arccos(0.9) = -25.84°$。注意 ϕ 为负值是因为无功功率 $Q = \text{Im}[V_a I_a]^*$ 为正值。由式 5.50 可得

$$E_{af} = V_a + jX_s I_a = 1.0 + j1.18 \times 1.0 e^{-j25.84°} = 1.850 e^{j35.04°}$$

从这里可以看出励磁发热限制使得感应电势的最大值为 1.85（标幺值），因此限制励磁电流的最大值为 $1.85 \times \text{AFNL} = 1258\text{A}$。

当有功负载和端电压给定时，同步电机运行时的功率因数可以通过调节励磁来控制，当然对电枢电流也是如此。在恒定有功负载和端电压下，电枢电流随励磁电流变化的函数关系曲线称为 V 形曲线，因为其特性曲线的形状像字母 V。对应于同步发电机不同有功负载的一簇 V 形曲线具有如图 5.20 所示的样式。

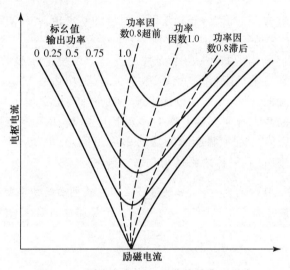

图 5.20　同步发电机 V 形曲线的典型形式

图中的虚线是恒功率因数运行点的连线，它们被称为配合线，所揭示的是，当负载变化时，励磁电流必须怎样随之变化，才能保持恒定功率因数。位于单位功率因数配合线右侧的点对应于过励及滞后功率因数，而左侧的点对应于欠励及超前功率因数。同步电动机的V 形曲线及配合线与同步发电机的相应曲线非常类似。事实上，如果没有电枢电阻的微小影响，电动机与发电机的配合线将会一样，只是超前功率因数与滞后功率因数的曲线要发生交换。

借助于相量图，可以很好地理解 V 形曲线的性质。考虑图 5.21 中的相量图，它表示的是式 5.50，对应于同步发电机运行在恒定端电压 V_a、恒定有功功率 P 及三种不同的励磁电流值时的状态。为了简化讨论，假设所有量都用标幺值表示，因此有功功率为

$$P = \text{Re}[V_a I_a^*] = V_a I_a \cos\phi \quad (5.52)$$

式中，ϕ 是 I_a 相对于 V_a 的相位角。因为 V_a 和 P 为常

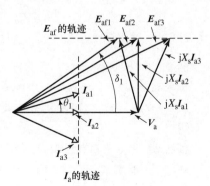

图 5.21　以恒定有功功率及恒定端电压运行时的相量图

数,从式 5.22 可以看出

$$I_a \cos\phi = 常数 \tag{5.53}$$

所以,I_a 在 V_a 上的投影是不变的。结果是所有电流相量 I_a 的尖端都落在一条标注有"I_a 的轨迹"的竖直虚线上,如图 5.21 所示。类似地,因为 E_{af} 是通过给 V_a 加上相量 jX_sI_a(与 I_a 垂直)得到的,可以证明,所有相量 E_{af} 的尖端必定落在一条标有"E_{af} 的轨迹"的水平虚线上,如图 5.21所示。

考虑电流等于 I_{a1}(见图 5.21)的情况,这时发电机运行在超前功率因数(为正值),它输出的无功功率为

$$Q = \text{Im}[V_a I_a^*] = -V_a I_a \sin\phi \tag{5.54}$$

此值为负,亦即发电机从外系统吸收无功功率。注意在这种运行状态下,对应的感应电势 E_{af} 值是三个运行点中最小的,相应的最小励磁电流值可以从式 5.37 获知。当同步发电机吸收无功功率时,被称为处于欠励状态。

现在考虑功率因数为 1 的情况,在相量图上对应的端电流为 I_{a2}。我们发现对应的感应电势 E_{af2} 的值大于上一个运行状态时的值,所以我们看到,如果发电机运行于欠励状态,增大励磁电流将会引起电枢电流的减小、功率因数的提高以及发电机吸收的无功功率的减少。最小的电枢电流出现在发电机运行于功率因数为 1 时(无功功率为 0)。

正如相量图所显示的,进一步增加励磁电流(对应的 E_{af} 也会增大)将导致电枢电流从其最小值开始增大,例如,考虑对应于端电流 I_{a3} 及感应电势 E_{af3} 的运行点,此时,发电机运行在滞后功率因数(ϕ_3 为负值),因而端部的无功功率为正值,发电机向外系统输送无功功率。当发电机输出无功功率时,我们称之为过励状态。

例 5.10 对于例 5.9 中的发电机,如果运行在额定端电压及功率因数为 1 的状态,且有功功率负载的标幺值分别为 0.5、0.75 和 1.10 时,计算相应的励磁电流分别是多少安培。

解:

在功率因数为 1 时,端电流标幺值为

$$I_a = \frac{P}{V_a} = \frac{0.5}{1.0} = 0.5$$

从图 5.21 中的相量图可以看出,相量 jX_sI_a 与 V_a 垂直,所以

$$E_{af} = \sqrt{V_a^2 + (X_sI_a)^2} = \sqrt{(1.0)^2 + (1.18 \times 0.5)^2} = 1.161$$

从式 5.37 可得

$$I_f = E_{af} \cdot \text{AFNL} = 1.161 \times 680 = 789 \text{ A}$$

类似地,对于 $P = 0.75$ 标幺值,$I_f = 908\text{A}$;对于 $P = 1.0$ 标幺值,$I_f = 1052\text{A}$。

例 5.11 考虑例 5.9 中的发电机,运行在额定端电压和有功功率为 0.7 标幺值的状态。功率因数从 0.8(超前)到 0.8(滞后)变化时,利用 MATLAB 绘制标幺值端电流随励磁电流(以安培为单位)变化的函数曲线。

解:

根据给出的功率因数范围,功率因数角的变化区间为 $\phi_0 \geqslant \phi \geqslant -\phi_0$,其中 $\phi_0 = \arccos(0.8) = 36.87°$。根据式 5.52 可知,对于给定的 ϕ 值,端电流标幺值可以由下式求得:

$$I_a = \frac{P}{V_a \cos\phi}$$

因此

$$\boldsymbol{I}_{\mathrm{a}} = \left(\frac{P}{V_{\mathrm{a}}\cos\phi}\right)\mathrm{e}^{\mathrm{j}\phi}$$

感应电势标幺值可以用式 5.50 求得,励磁电流可以从式 5.37 求得。图 5.22 为绘制的结果曲线。

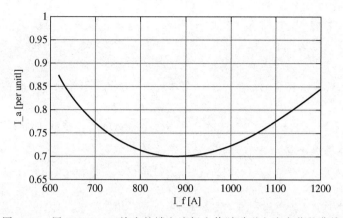

图 5.22   用 MATLAB 绘出的端电流标幺值随励磁电流变化的曲线

以下是 MATLAB 源程序:

```
clc
clear

% Generator parameters
Va = 1.0;
Xs = 1.18;
AFNL = 680;
P = 0.7;
theta = acos(0.8)* (1:一.01:一1);
Ia = P./(Va* cos(theta));
Iahat = Ia.*exp(j*theta);
Eafhat = Va+j*Xs*Iahat;
Eaf = abs(Eafhat);
If = Eaf*AFNL;

plot(If,Ia,'LineWidth',2)
xlabel('I_f [A]','FontSize',20)
ylabel('I_a[per unitl]','FontSize',20)
set(gca,'FontSize',20)
set(gca,'xlim',[600 1200])
grid on
```

如前所述,同步发电机可以提供有功和无功功率。有一种特殊类型的同步发电机,设计成仅提供无功功率,被称之为同步补偿机。同步补偿机的运行无须原动机[①],其功能是供给

① 可以用足以克服旋转损耗的相对较小的电动机将其提升到运行速度,以将它们并入电力系统。

或吸收电力系统的无功功率,以此来控制它所连接处的系统电压。简单地理解,可以将它们想象成由励磁电流控制的可调交流电压源。注意到,这种运行对应于沿能力曲线图 5.18 和图 5.19 的零有功功率轴线运行。

例 5.12 考虑一台连接于电力系统干线上的同步补偿机,电力系统可用戴维南等效电路表示,即电压源 V_{eq} 与电抗 X_{eq} 串联,如图 5.14 所示。同步补偿机运行定额为 75MVA、13.8kV,同步电抗为 0.95(标幺值),AFNL=830A。如果电力系统的等效电压为 13.75kV,等效电抗 $X_{eq}=0.02$(基于发电机的标幺值),现在需要提升发电机的端电压,使得当地系统电压达到 13.8kV,计算所需的励磁电流以及在该运行情况下补偿机提供的无功功率。

解:

在该运行状态下,$V_{eq}=13.75/13.80=0.9964$(标幺值),发电机的端电压为 $V_a=1.0$(标幺值)。因为没有有功功率传递,这两个电压同相位,所以发电机的端电流为

$$I_a = \frac{(V_a - V_{eq})}{j X_{eq}} = \frac{(1.0 - 0.9964)}{j\, 0.02} = -j\, 0.181 \text{ 标幺值}$$

感应电势(标幺值)可以用式 5.50 求得

$$E_{af} = V_a + j X_s I_a = 1.172 \text{ 标幺值}$$

因此,从式 5.37 可知,励磁电流为 $I_f = 830 \times 1.172 = 973A$。

最后,发电机的无功功率输出为

$$Q = \text{Im}[V_a I_a^*] = 0.181 \text{标幺值} = 13.6 \text{ MVAR}$$

练习题 5.8

如果等效电力系统电压为 13.88kV,重做例 5.12。

答案:

$I_f = 601A$。

$Q = -0.290$ 标幺值 $= -21.7$MVA。

与所有电机一样,同步电机在任一特定运行点的效率由其损耗决定,损耗包括绕组中的 I^2R 损耗、铁心损耗、附加损耗和机械损耗等。因为这些损耗随运行情况而变,并在一定程度上难以精确测定,所以国际上制定了计算同步电机效率的多种标准规程[①]。这些计算方法的一般原理在附录 D 中做了描述。

例 5.13 图 5.23 给出的是与一台三相同步电机损耗相关的数据,电机为例 5.4 和例 5.5 中的 45kVA、220V、6 极、60Hz 电机。当该电机作为同步电动机运行于端电压为 220V,输入其电枢的功率为 45kVA 及功率因数为 0.8 滞后时,假设电枢绕组和励磁绕组的温度为 75℃,计算其效率。

解:

I^2R 损耗必须用绕组在 75℃时的直流电阻进行计算。利用式 5.39 校正绕组电阻值可得

a. 励磁绕组电阻 R_f 在 75℃时的值=35.5Ω。

b. 电枢绕组的每相直流电阻 R_a 在 75℃时的值=0.0399Ω/相。

[①] 例如,参见 IEEE 标准 115-2009,"IEEE Guide: Test Procedures for Synchronous Machines",Institute of Electrical and Electronic Engineers,Inc.,www.ieee.org 和 NEMA 标准 No. MG 1-2009,"Motors and Generators",National Electrical Manufacturers Association,www.nema.org。

注意,因为在图 5.23 中已经独立考虑了负载杂散损耗,这种情况下,我们是用直流电阻而不是有效电阻(见式 5.40)来计算电枢损耗的。

对于该特定运行状态,电动机运行在其额定电压和额定 kVA 处,所以具有额定电枢电流[1.0(标幺值)=118A]。因此,标幺值表示的电枢电流相量为

$$\boldsymbol{I}_a = 1.0e^{j\phi}$$

式中,$\phi = \arccos(0.8) = 36.9°$。

标幺值表示的感应电势可以从下式求得:

$$\boldsymbol{E}_{af} = V_a - (R_a + jX_s)\boldsymbol{I}_a$$

式中,$V_a = 1.0$(标幺值)、$X_s = 0.775$ 已经在例 5.4 中求出,R_a 的标幺值用阻抗基值 $Z_{base} = (220V)^2/45kVA = 1.076\Omega$ 来计算,为

$$R_a = \frac{0.0399}{1.076} = 0.0371(标幺值)$$

因而

$$\boldsymbol{E}_{af} = 1.572e^{-j24.1°}(标幺值)$$

从例 5.4 可知,AFNL = 2.84A,所以 I_f 可以从式 5.37 求得,为 $I_f = E_{af} \times AFNL = 4.47A$。励磁绕组的 I^2R 损耗为

$$I_f^2 R_f = 4.47^2 \times 35.5 = 708\,W$$

电枢绕组 I^2R 损耗的标幺值为

$$I_a^2 R_a = 3 \times 1.0^2 \times 0.0371 = 0.0371标幺值$$

因此 $I_a^2 R_a = 0.0371 \times (45 \times 10^3) = 1670W$。

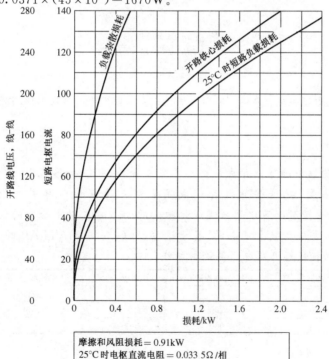

图 5.23 一台三相 45kVA、Y 接法、220V、60Hz、6 极同步电机的损耗(例 5.13)

从图 5.23 可知,当 I_a＝118A 时,负载杂散损耗为 0.36kW。负载杂散损耗用来计及电枢漏磁通引起的损耗。负载时的铁心损耗主要随电机铁心中的主磁通变化。正如第 2 章所讨论的,用端电压减去漏阻抗压降,可以计算出变压器磁化支路上的电压(对应于变压器的铁心磁通)。通过直接类比的方式,同步电机铁心中的主磁通(气隙磁通),也可以根据漏阻抗之后的电势(通常称为气隙电势)来计算。电枢电阻一般很小,通常会被忽略而直接计算漏电抗之后的电势。于是,就可以根据开路铁心损耗曲线,估算出漏抗之后电势所对应的铁心损耗。此时,我们不知道电机的漏电抗,因此一种处理方法就是假定气隙电势等于端电压,从铁心损耗曲线上确定负载铁耗时,取电压值与端电压相等[①]。本例中,电动机端电压为 220V(线一线),因此从图 5.23 可知,开路铁心损耗为 1.20kW。

为了估算因忽略漏抗压降带来的影响,我们假定该电机的漏电抗为 X_{al}＝0.15 标幺值。在该假设下,气隙电势的标幺值为

$$V_a - \mathrm{j} X_{al} I_a = 1.10 \mathrm{e}^{-\mathrm{j}6.28°}$$

与之对应的线一线电压为 242V,从图 5.23 可知,对应的铁心损耗为 1.42kW,比直接用端电压确定的值高出 220W。我们将用 1.42kW 来完成本题的计算。

算上摩擦和风阻损耗 0.91kW,所有损耗都已求得:

$$总损耗 = 0.708 + 1.67 + 0.36 + 1.42 + 0.91 = 5.07 \, \mathrm{kW}$$

电动机的总输入功率等于输入到电枢的功率加上励磁绕组消耗的功率:

$$输入功率 = 0.8 \times 45 + 0.708 = 36.7 \, \mathrm{kW}$$

输出功率等于总输入功率减去总的损耗:

$$输出功率 = 36.7 - 5.07 = 31.6 \, \mathrm{kW}$$

因而

$$效率 = \frac{输出功率}{输入功率} = \frac{31.6}{36.7} = 0.862 = 86.2\%$$

练习题 5.9

当例 5.13 中的电动机运行在输入功率为 45kW、功率因数为 1 的状态时,重复例 5.13 的工作。

答案:

效率＝89.9％。

例 5.14 实验结果通常表示成表格形式或者曲线形式(如图 5.23 中的损耗数据)。非常有益的做法是,把这些数据表示成函数形式使其能直接并入设计或分析程序。MATLAB 包含了数个可以用来完成此功能的子函数。以下给出的数据点是从开路铁心损耗—开路电压曲线上读取的,基于这些数据,利用 MATLAB 的 spline 子函数,绘制其开路铁心损耗对开路电压的函数曲线。

开路电压/V	开路铁心损耗/W	开路电压/V	开路铁心损耗/W
0	0	110	1200
50	200	140	2000
80	600		

解:

[①] 虽然严格来说并不准确,但确定负载运行情况下铁心损耗时忽略漏阻抗压降已经成为通常的做法。

绘制的开路铁心损耗对开路电压的特性曲线在图 5.24 中给出。

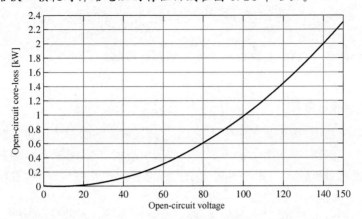

图 5.24　用 MATLAB 绘制的开路铁耗—开路电压曲线（例 5.14）

以下是 MATLAB 源程序：

```
clc
clear

% Open-circuit voltage [V]
Voc(1) = 0;
Voc(2) = 50;
Voc(3) = 80;
Voc(4) = 110;
Voc(5) = 140;

% Core loss [W]
Pcore(1) = 0;
Pcore(2) = 200;
Pcore(3) = 600;
Pcore(4) = 1200;
Pcore(5) = 2000;

% Select a range of open-circuit voltages for plotting
VOC= 0:150;

% Use a the'spline' function to calculate the
% corresponding core loss
PCORE = spline(Voc,Pcore,VOC);

% Plot the results

plot(VOC,PCORE/1000)
xlabel('Open-circuit voltage')
ylabel('Open-circuit core-loss [kW]')
```

5.6 凸极效应以及直轴和交轴理论简介

基于物理推理,本节将对凸极电机的基本特性进行阐述。附录 C 中给出了类似于 5.2 节那样的基于电感公式的数学分析方法,并阐述了 dq0 坐标变换。

5.6.1 磁通和磁势波

在均匀气隙电机中,磁势波所产生的磁通,与该磁势波的磁轴线和磁极的磁轴线在空间的对齐程度无关。然而,在如图 4.4 及图 4.6 所示的凸极电机中,磁力线的首选走向决定于凸出的磁极。沿磁极磁轴线的磁导明显大于沿两磁极间中性线的磁导,磁极磁轴线通常称为转子直轴,而两极间的中性线通常称为转子交轴。

励磁绕组产生的磁通 Φ_f 与磁极平齐,即沿转子直轴。因此,在绘相量图时,励磁绕组的磁势以及它所产生的磁通通常画在转子直轴方向上。感应电势正比于励磁磁通的时间导数,所以其相量 E_{af} 超前于磁通 Φ_f $90°$。依照交轴超前于直轴 $90°$ 的习惯[1],感应电势相量 E_{af} 位于交轴上。在同步电机相量图分析中,要掌握的一个关键点就是通过对相量 E_{af} 的定位,达到对交轴和直轴的确定,这样就能为采用 dq 轴公式系统分析凸极电机建立基础。在 dq 系统中,所有电压、电流量均可被分解为直轴分量和交轴分量。

在非凸极的隐极转子电机中,正弦分布的磁势波将产生正弦的空间基波气隙磁通分布。在凸极电机中却非如此,在凸极电机中,同样正弦分布的磁势波还将产生附加于基波的气隙磁通空间谐波分量。幸运的是,经验表明,在很多情况下,这些空间谐波磁通分量可以被忽略,分析凸极电机时只要简单地考虑气隙磁通的空间基波分量即可。同时必须注意,磁通空间基波分量的值,要根据相应磁势的幅值以及磁势相对于转子直轴的位置两方面来确定。在接下来的讨论中,用直轴分量指其磁效应作用在励磁磁极轴线上的分量,直轴磁势产生直轴磁通;用交轴分量表示其磁效应作用在交轴的分量。

现在把注意力集中在气隙磁通和磁势的空间基波分量上,凸极效应可以通过把电枢电流 I_a 分解成两个分量来考虑。如图 5.25 中的相量图所示,所分解成的两个电流分量一个在

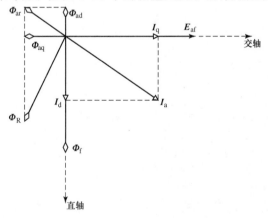

图 5.25 凸极同步发电机的相量图

---

[1] 有些作者将直轴定义为超前交轴 $90°$,但不常见。

直轴方向,另一个在交轴方向,因此

$$I_a = I_d + I_q \tag{5.55}$$

采用发电机惯例时,电枢电流的参考方向规定为流出电枢端,正电枢电流产生去磁磁通。因此,在图 5.25 中,电枢电流的直轴分量 I_d 为正时,将产生沿着直轴负方向的负的空间基波电枢磁通分量 $\boldsymbol{\Phi}_{ad}$。

电枢电流的交轴分量 I_q 与感应电势同相,产生空间基波电枢反应磁通的交轴分量 $\boldsymbol{\Phi}_{aq}$。由电枢电流产生的总的空间基波电枢反应磁通 $\boldsymbol{\Phi}_{ar}$ 就是其直轴分量 $\boldsymbol{\Phi}_{ad}$ 与交轴分量 $\boldsymbol{\Phi}_{aq}$ 的相量和(如图所示)。合成磁通 $\boldsymbol{\Phi}_R$ 就是与电枢绕组匝链的总磁通,它是 $\boldsymbol{\Phi}_{ar}$ 与励磁磁通 $\boldsymbol{\Phi}_f$ 的相量和。

5.6.2 凸极电机的相量图

直轴和交轴电枢磁通波的感应效果可以分别用直轴和交轴磁化电抗[①] $X_{\varphi d}$ 和 $X_{\varphi q}$ 予以考虑,这类似于在分析隐极转子电机时的电枢反应电抗 X_{φ}。这些电抗分别代表由电枢电流产生的沿直轴和交轴的空间基波气隙磁通 $\boldsymbol{\Phi}_{ad}$ 和 $\boldsymbol{\Phi}_{aq}$ 的感应效果。因为磁极之间的气隙较长,相应的磁阻也较大,所以,同样的电枢电流产生的电枢磁势,当它与交轴重合时所产生的空间基波电枢磁通小于它与直轴重合时所产生的空间基波电枢磁通。因此,交轴电枢反应电抗小于直轴电枢反应电抗。

每个电流分量 I_d 和 I_q 分别对应于一个相关的同步电抗压降分量 jI_dX_d 和 jI_qX_q。电抗 X_d 和 X_q 分别称为直轴和交轴同步电抗,并分别等于直轴或交轴电枢反应电抗与电枢绕组漏电抗之和。直轴和交轴同步电抗由下式给出:

$$X_d = X_{\varphi d} + X_{al} \tag{5.56}$$
$$X_q = X_{\varphi q} + X_{al} \tag{5.57}$$

式中,X_{al} 是电枢漏电抗,并假定直轴电流与交轴电流对应的漏电抗相等。可以将式 5.56 和式 5.57 与非凸极情况下的式 5.26 进行比较。正如我们已经讨论的,因为交轴处的气隙长、磁阻大,所以交轴同步电抗 X_q 小于直轴同步电抗 X_d。还应注意,由于位于转子交轴上的励磁绕组的槽的影响,即便在隐极转子的汽轮发电机中也存在着小的凸极效应。

如图 5.26 给出的发电机相量图所示,感应电势 E_{af} 等于端电压 V_a、电枢电阻压降 R_aI_a 以及同步电抗压降的两个分量 $jI_dX_d+jI_qX_q$ 之相量和:

$$E_{af} = V_a + R_aI_a + jX_dI_d + jX_qI_q \tag{5.58}$$

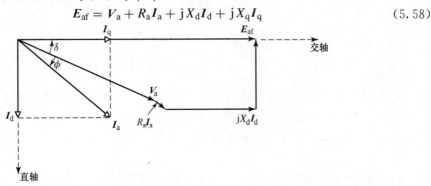

图 5.26　同步发电机的相量图,显示了电压与电流之间的关系

---

① 通常称为电枢反应电抗。——译者注

从该相量图还可以看出,当给定功率因数角ϕ和功角δ时,就可以求出电流分量的值:

$$I_d = I_a \sin(\delta - \phi) \tag{5.59}$$

$$I_q = I_a \cos(\delta - \phi) \tag{5.60}$$

注意,图5.26所显示的合适的角度似乎应该是$\delta + \phi$,然而,这种理解是错误的。因为图5.26给出的相量图是针对滞后功率因数情况的,所以角度ϕ具有负值。

与隐极转子电机中的同步电抗X_s一样,X_d和X_q不是常数,而是随着磁通密度的增大,会出现相当程度的饱和。通常需要求出这一参数的不饱和值以及饱和值。饱和值适用于同步电机的典型运行状态,即端电压在额定值附近时的状态。在本章及该教材的其他部分,我们将不关注这些细节,如无特别说明,读者可以认为给出的X_d和X_q值均是饱和值[①]。

在绘制类似于图5.26那样的相量图时,电枢电流必须被分解成直轴和交轴分量,进行这一分解时,假设电枢电流相对于感应电势的相位角为$\delta - \phi$为已知。然而,在典型情况下,尽管电机端部的功率因数角ϕ是已知的,但端电压与感应电势之间的夹角δ却是未知的。所以,这时就有必要对交轴进行定位并计算出δ。

图5.26中相量图的一部分被重新绘制于图5.27。注意在图5.27中,加在相量$I_a R_a$尖端的不再是相量$jI_d X_d$和$jI_q X_q$,而是相量$jI_d X_q$和$jI_q X_q$。尽管相量$jI_d X_q$稍微短于图5.26中的相量$jI_d X_d$,但二者都平行于交轴,因此两种情况下,再加上相量$jI_q X_q$后,所得的结果相量的尖端都会落在交轴上。

图5.27的相量图中的一个关键之处在于,从式5.55可知,$j(I_d + I_q)X_q = jI_a X_q$因此,通过给相量$V_a + I_a R_a$加上相量$jI_a X_q$,就可以确定交轴的位置。一旦知道了交轴的位置(当然δ也就已知),I_d和I_q就可以确定,进而就可以从式5.58求得感应电势E_{af}。

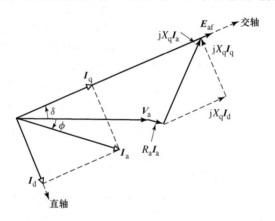

图5.27　揭示定位交轴的技巧的相量图

例5.15 某凸极同步发电机的同步电抗X_d和X_q的标幺值分别为1.00和0.60,电枢电阻可以忽略不计,当发电机运行在额定容量(kVA)、功率因数为0.80滞后、端电压为额定值时,计算其感应电势的标幺值。

解:

图5.28给出了相量图,按照处理该类问题的惯例,以端电压V_a为参考相量,即$V_a =$

---

① 参看 IEE Std. 115-2009,"IEEE Guide: Test Procedures for Synchronous Machines,"Institute of Electrical and Electronic Engineers, Inc. ,*www. ieee. org*。

$V_a e^{j0°} = V_a$，此时，因为电机运行在额定端电压，所以 $V_a = 1.0$ 标幺值。另外，由于电机运行在额定容量，所以电枢电流 $I_a = 1.0$ 标幺值。

当功率因数为 0.8 滞后时，电枢电流的相位角 ϕ 为

$$\phi = -\arccos(0.8) = -36.9°$$

所以

$$I_a = I_a e^{j\phi} = 1.0 e^{-j36.9°}$$

交轴可定位在如下相量上：

$$E = V_a + jX_q I_a = 1.0 + j0.60 \times 1.0 e^{-j36.9°} = 1.44 e^{j19.4°}$$

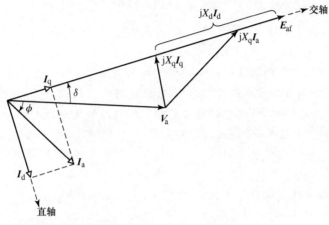

图 5.28　同步发电机的相量图(例 5.15)

所以，$\delta = 19.4$，E_{af} 与 I_a 之间的相位差为 $\delta - \phi = 19.4° - (-36.9°) = 56.3°$。

这样，根据式 5.59 和式 5.60，电枢电流就可以分解为直轴和交轴分量：

$$I_d = I_a \sin(\delta - \phi) = 1.00 \sin 56.3° = 0.832$$

及

$$I_q = I_a \cos(\delta - \phi) = 1.00 \cos 56.3° = 0.555$$

写成相量形式为

$$I_d = 0.832 e^{j(19.4° - 90°)} = 0.832 e^{-j70.6°}$$

及

$$I_q = 0.555 e^{j19.4°}$$

现在，可以从式 5.58 中求得 E_{af} 为

$$E_{af} = V_a + jX_d I_d + jX_q I_q$$

$$= 1.0 + j1.0 \times 0.832 e^{-j70.6°} + j0.6 \times 0.555 e^{j19.4°}$$

$$= 1.78 e^{j19.4°}$$

可见，$E_{af} = 1.78$ 标幺值。注意，不出所料，$\angle E_{af} = 19.4° = \delta$，所以 E_{af} 位于交轴上。

练习题 5.10

分别针对功率因数为：(a)0.95 超前；(b)0.95 滞后，重做例 5.15 的计算。

答案：

a. $E_{af} = 1.11 e^{j35.1°}$ 标幺值。

b. $E_{af} = 1.59 e^{j25.6°}$ 标幺值。

例 5.16 在 5.2 节的简化分析中,同步电机被假设成可用单一电抗即式 5.26 给出的同步电抗 X_s 来描述。很自然会提出这样一个问题:假设用隐极转子电机理论来处理一台凸极电机,并且认为单一同步电抗值等于其直轴同步电抗 X_d 的值。如果凸极电机以如此简化的方式处理,会引起多严重的近似性?为了探讨这一问题,我们在此假设下重做例 5.15。

解:

在这种情况下,根据假设

$$X_q = X_d = X_s = 1.0 \text{ 标幺值}$$

可以直接求得感应电势为

$$E_{af} = V_a + jX_sI_a = 1.0 + j1.0 \times 1.0\, e^{-j36.9°}$$
$$= 1.79\, e^{j26.6°} \text{ 标幺值}$$

把这一结果与例 5.15 的结果(其中求得 $E_{af} = 1.78 e^{j19.4°}$)相比较可以看出,通过估算而得的感应电势值相当接近正确值。作为推论,在忽略凸极效应后,用简化的方式求取该运行状态所需的励磁电流,也应该能得到相对准确的结果。

然而,功角 δ 的计算结果(若忽略凸极效应后,功角值从 19.4° 变为 26.6°)却显示出较大的偏差。通常,在研究包含多个同步电机的系统的瞬态运行时,像发电机稳态功角这样的计算误差是不能忽视的。因此,尽管在对系统进行粗略计算时,凸极效应可以被忽略,但在对系统进行大规模计算机辅助研究时却很少被忽略。

5.7 凸极电机的功角特性

为了本节的目标,我们将考虑作为发电机运行的同步电机,并且将忽略电枢电阻 R_a,因为它通常很小。忽略 R_a 后,式 5.58 可以用直轴与交轴的电压和电流分量重新写出:

$$E_{af} = (V_d + V_q) + jX_dI_d + jX_qI_q \tag{5.61}$$

注意,相量 E_{af} 和 jX_dI_d 位于交轴,相量 jX_qI_q 位于直轴的负方向。可以把式 5.61 用其直轴与交轴的分量方程重新写出。

在直轴上:

$$0 = V_d - X_qI_q \tag{5.62}$$

在交轴上:

$$E_{af} = V_q + X_dI_d \tag{5.63}$$

图 5.29 的相量图已经描述了这些关系式。注意,式 5.61 到式 5.63 中的电流参考方向是基于发电机惯例确定的。若基于电动机惯例进行分析,每个包含电流的项应改变正负号,即以 $-I_d$ 代替 I_d,以 $-I_q$ 代替 I_q。

发电机的输出功率(每相值或者标幺值)可以用下式计算:

$$P = \text{Re}[V_aI_a^*] \tag{5.64}$$

从图 5.29 的相量图可知,V_a 和 I_a 可以用交、直轴分量及功角 δ 表示为

$$V_a = V_d + V_q = -jV_d\, e^{j\delta} + V_q\, e^{j\delta} \tag{5.65}$$

$$I_a = I_d + I_q = -jI_d\, e^{j\delta} + I_q\, e^{j\delta} \tag{5.66}$$

代入式 5.64 可得

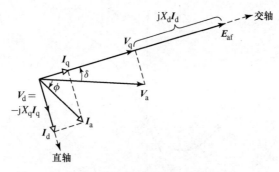

图 5.29　揭示直轴和交轴分量的相量图(式 5.61)

$$P = \mathrm{Re}[(-jV_d\,\mathrm{e}^{j\delta} + V_q\,\mathrm{e}^{j\delta})(jI_d\,\mathrm{e}^{-j\delta} + I_q\,\mathrm{e}^{-j\delta})]$$

$$= V_dI_d + V_qI_q \tag{5.67}$$

从图 5.29 的相量图可知

$$V_d = V_a \sin\delta \tag{5.68}$$

$$V_q = V_a \cos\delta \tag{5.69}$$

并且,从式 5.62 和式 5.63 可得

$$I_d = \frac{E_{af} - V_q}{X_d} \tag{5.70}$$

$$I_q = \frac{V_d}{X_q} \tag{5.71}$$

将式 5.58～式 5.71 代入式 5.67,利用适当的三角恒等式,可以得到我们想要的结果:

$$P = \frac{E_{af}V_a}{X_d}\sin\delta + \frac{V_a^2(X_d - X_q)}{2X_dX_q}\sin 2\delta \tag{5.72}$$

式 5.72 与适合于隐极电机的式 5.46 可以直接类比。当 E_{af} 和 V_{eq} 为线-中点值且电抗用欧姆值每相表示时,该式给出的是每相功率,再乘以 3 才是三相总功率(类似于式 5.47)。另外,如果各个量都采用标幺值,则该式给出的是功率的标幺值;如果 E_{af} 和 V_{eq} 为线-线值,则该式可直接给出三相功率。

图 5.30 示出了这种功角特性的一般形式。其第一项与隐极转子电机得到的表达式(式 5.46)一样。第二项计及了凸极效应,凸极效应还表明,气隙磁通波产生的转矩,总是力图使自身磁轴线与磁极对齐,即达到磁阻最小的位置。这一项是对应于磁阻转矩的功率,与 3.5 节中讨论的磁阻转矩具有相同的一般性质。注意,磁阻转矩和励磁无关;还应注意,如果像均匀气隙电机那样,当 $X_d = X_q$ 时,不存在可优选的磁化方向,磁阻转矩就为 0,式 5.72 就简化成了隐极转子电机的功角特性表达式(式 5.46)。

注意,当功角 δ 具有负值时,功角特性式仍然成立,只是功率 P 要改变正负号。也就是说,如果不计电阻的影响,则电动机和发电机的运行区域内的功角特性是类似的。作为发电机运行时,E_{af} 超前于 V_a 且 δ 及 P 为正值;作为电动机运行时,E_{af} 滞后于 V_a 且 δ 及 P 为负值。在功角特性曲线斜率为正值的区段,运行是稳定的。因为有磁阻转矩,凸极电机比隐极转子电机特性较"硬";也就是说,对于同样的电压和同样的 X_d,凸极电机产生给定转矩时的 δ 值较小,且可以产生的最大转矩稍大一些。

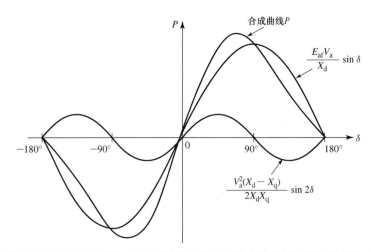

图5.30 凸极同步电机的功角特性,显示了励磁引起的基波成分和磁阻转矩引起的2次谐波成分

为了推导出电流参考方向基于电动机惯例的功角特性,式 5.62 和式 5.63 中的 I_d 和 I_q 应改变正负号,式 5.72 将变成

$$P = -\left(\frac{E_{af}V_a}{X_d}\sin\delta + \frac{V_a^2(X_d - X_q)}{2X_dX_q}\sin 2\delta\right) \tag{5.73}$$

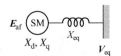

图 5.31 凸极同步电机(SM)通过串联阻抗连接到无穷大干线的单线图

在这种情况下,P 等于从端部输入到电动机的功率,正如所料,负值 δ 对应于电动机运行状态,并且得到正值功率 P。

同步发电机经常连接到某个外系统,外系统可以表示成一个电压 V_{eq} 与一个等效电抗 X_{eq} 串联构成的无穷大干线,如图 5.31 所示。推导式 5.72 的过程可以直接用于该系统结构,只要将 X_d 用 $X_d + X_{eq}$、X_q 用 $X_q + X_{eq}$、V_a 用 V_{eq} 代替即可。

例5.17 设例5.8中的 2000 马力、2300V 的同步电动机的同步电抗为 $X_s = 1.95\Omega$/相。实际上,它是一台直轴同步电抗 $X_d = 1.95\Omega$/相、交轴同步电抗 $X_q = 1.40\Omega$/相的凸极电机。电动机接到一个无穷大干线[见图 5.32(a)],干线电压为电动机额定电压,频率为额定频率;电动机的励磁电流保持在额定负载、功率因数为 1 时的励磁电流值。假设轴上的负载可以逐渐增大,即瞬态振荡可以不考虑,并加到稳态极限功率。忽略所有损耗,计算最大机械功率输出为多少 kW,并计算对应于最大功率运行时的功角 δ。

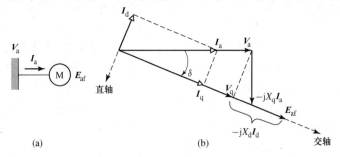

图 5.32 (a)单线图;(b)相量图(例 5.17)

解：

为了简化计算，在解该题时我们将采用标幺值。基于 2300V 额定电压和 2000hp＝1492kW 额定功率，电动机的阻抗基值为 $2300^2/(1492\times10^3)＝3.54\Omega$，所以标幺值表示的电抗为 $X_d＝1.95/3.55＝0.550$，$X_q＝1.40/3.54＝0.395$。

由于我们考虑的是电动机运行状态，所以选用电动机惯例定电流的参考方向，如图 5.32(a) 所示。本节及之前节中基于发电机电流参考方向的分析推导可以方便地移植到基于电动机电流参考方向的情况，只需简单地改变包含电流 I_a 及其交、直轴分量的项的正负号。

这一结果如图 5.32(b) 的相量图所示，在功率因数为 1 的情况下，可以通过给端电压 V_a 加上相量 $-jX_qI_a$ 来定位交轴。工作在额定端电压和额定容量(kVA)时，用标幺值表示的 $V_a＝1.0$、$I_a＝1.0$，由图 5.32(b) 的相量图可知

$$\delta = -\arctan\left(\frac{I_aX_q}{V_a}\right) = -\arctan(0.394) = -21.6°$$

现在可以求出 I_d 和 V_q：
$$I_d = I_a\sin\delta = -0.367$$
$$V_q = V_a\cos\delta = 0.930$$

并且，从式 5.63(改成电动机电流参考方向)可得
$$E_{af} = V_q - I_dX_d = 0.930 - (-0.367)\times0.550 = 1.132$$

从式 5.73，电动机的功角特性为
$$P = -\left(\frac{E_{af}V_a}{X_d}\sin\delta + V_a^2\frac{X_d-X_q}{2X_dX_q}\sin(2\delta)\right)$$
$$= -2.058\sin\delta - 0.357\sin(2\delta)$$

当 $dP/d\delta＝0$ 时，电动机能产生最大输出功率，
$$\frac{dP}{d\delta} = -2.058\cos\delta - 0.714\cos2\delta$$

令此式为 0 并用三角恒等式
$$\cos2\alpha = 2\cos^2\alpha - 1$$

可以求出产生最大功率时的功角 δ 为
$$\delta = -73.2°$$

因此，最大输出功率为
$$P_{max} = 2.17\,\text{标幺值} = 3240\text{kW} = 4340\,\text{hp}$$

练习题 5.11

一台 325MVA、26kV、60Hz 三相凸极同步发电机运行状态为：输出功率为 250MW、功率因数为 0.89 滞后、端电压为 26kV。已知发电机的同步电抗标幺值为 $X_d＝1.95$ 和 $X_q＝1.18$。该发电机达到额定空载电压时的励磁电流 AFNL＝342A。

计算：(a)发电机端电压和感应电势之间的相角差 δ；(b)感应电势 E_{af} 的标幺值；(c)所需励磁电流的安培数。

答案：

a. 31.8°。

b. $E_{af}＝2.29$ 标幺值。

c. $I_f＝783$A。

例 5.18 对于例 5.17 的同步电机，已知 $V_a = 1.0$（标幺值），$E_{af} = 1.5$（标幺值），编写 MATLAB 程序，在功角变化区间 $-90° \leqslant \delta \leqslant 90°$ 上绘制其功角特性（采用标幺值）曲线。假设采用发电机惯例定参考方向，使得正功率对应于电机端输出的电功率。忽略凸极效应，即假设电抗 $X_q = X_d = 1.95\Omega/$ 相，再绘制该电机的功角特性曲线。

解：

所绘制的该电机的功角特性曲线如图 5.33 所示。以下是该题的 MATLAB 源程序：

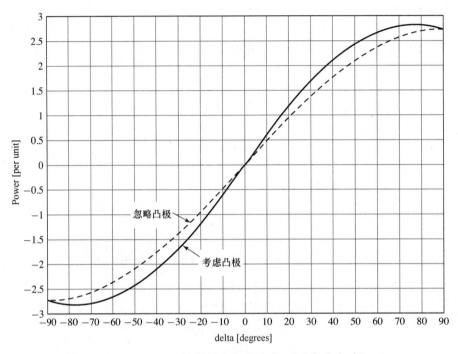

图 5.33 用 MATLAB 绘制的功率（标幺值）对功角曲线（例 5.18）

```
clc
clear

% System parameters
Vbase = 2300;
Pbase = 2000*746;
Zbase = Vbase^2/Pbase;

% Calculate per-unit reactances
Xd = 1.95/Zbase;
Xq = 1.40/Zbase;
%  Set Va and Eaf
Va = 1.0;
Eaf = 1.5;

%  Range of delta in degrees
delta = −90:90;
```

```
% Power with saliency
Psalient = (Eaf*Va/Xd)*sind(delta)+(Va^2/2)*(1/Xq—1/Xd)*sind(2*delta);

% Power neglecting saliency

Pnonsalient = (Eaf*Va/Xd)*sind(delta);

% Plot the results
hold off
plot(delta,Psalient,'b','LineWidth',2)
hold on
plot(delta,Pnonsalient,'--r','LineWidth',2)
hold off
xlabel('\delta [degrees]')
ylabel('Power [per unit]')
```

5.8 永磁交流电机

永磁交流电机是指采用永磁体转子的多相同步电机。除了用永磁体代替励磁绕组作为转子的励磁源,永磁交流电机和本章迄今讨论的同步电机基本一样。

图 5.34 是三相永磁交流电机的示意图。把此图与图 5.2 做一下比较,要特别注意永磁交流电机和普通绕线转子同步电机的相同之处。事实上,只要假定励磁电流为恒定值,并基于永磁转子的等效磁导率计算出电机的各种电感,就可以用本章讲述的方法很容易地分析永磁交流电机。

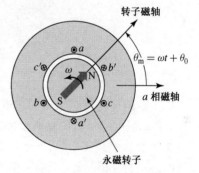

图 5.34 三相永磁交流电机示意图,箭头指示转子磁化方向

小型永磁电动机可应用于许多领域,尤其是在电子行业及汽车行业。在电子行业的应用如磁盘驱动器、散热风扇等;在汽车行业,它们用在油泵、雨刷以及电动的窗、门和座位等。较大的永磁电机被越来越多地用在混合动力汽车甚至用做由风力机驱动的大型发电机。尽管定子产生的空间和时间谐波磁通会在永磁电机的转子结构中产生损耗,这些转子仍然被相对地认为无损耗,因为永磁体会无损耗地产生转子磁通。由此可见,随着能源利用效率被越来越看重,永磁电机的装机容量将会持续增长,应用领域也将不断扩大。

然而,永磁体的优势取得是有代价的。除了永磁材料本身要产生的实际成本,在设计和应用阶段,还会遇到必须考虑的技术挑战。

- 如 1.6 节所述,永磁体的性能与温度有关,如钕一铁一硼这样的稀土永磁体的剩磁密会随着温度的升高而下降。因为电机运行时会发热,就必须考虑相应的感应电势和转矩的减小。
- 不同于绕线转子同步电机,永磁电机的转子励磁是固定的,这就给控制和保护带来了挑战。例如:

通常,永磁电动机的设计使得其感应电势达到额定端电压时的转速(习惯称为电动机的基速)明显低于最高运行转速。在此条件下,电动机的驱动电源必须能够提供所需的电流以将其端电压限制到额定值。

此外,当驱动电机运行在高速区域时会出现麻烦,尽管饱和对电动机的端电压有所限制,但仍能达到足够高电压以致绝缘损坏。同样,发生故障时也会引起麻烦,不论是电动机外部线路,还是内部绕组,都没有办法对转子励磁进行去磁,除非有一个断路器或熔断器能将故障隔离,否则故障电流将持续下去直到电动机停机。

因为属于同步电机,永磁交流电动机在变频电机驱动器的驱动下运行。图 5.35 是典型的表贴式永磁交流电动机的剖视图。该图还示出了装在转轴上的速度和位置传感器。该传感器用来控制电动机,有关内容将在 10.2.2 节介绍。可以采用多种方法来感知转子位置,如霍尔传感器、发光二极管和光敏晶体管组成的脉冲分配器及电感监测器等方案。

图.35 表贴式永磁交流电动机剖视图,也显示了轴上安装的用于控制电动机的速度和位置传感器

最主要的径向气隙永磁同步电动机和发电机可以分为两大类:表贴式和内嵌式永磁电动机。图 5.36(a)示出的是典型的表贴式永磁交流电机的转子截面图。这类电机的特点是转子非凸极且横截面均匀,产生径向磁通的永磁体镶嵌在转子表面。可以看出,图 5.36(a)示出的是一台 4 极转子,径向充磁且极性交替的永磁体安装在转子表面上。图 5.36(b)示出了该转子在一般定子中产生的空载磁通分布的二维有限元解。

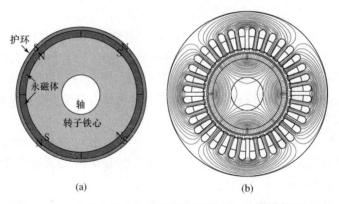

(a)　　　　　　　　　(b)

图 5.36 (a)典型永磁交流电机的转子截面图;(b)空载磁通分布

在表贴式永磁电机中,经常要采用一非磁性护环箍住转子上的永磁体以对抗因旋转引起的离心力。护环增大了转子与定子之间气隙磁路的长度,并且在某种程度上削减了电动机产生转矩的能力。因此,护环设计时应折中考虑:较厚的护环能增强转子的机械强度,而较薄的护环能提高磁路的效率。

例5.19   一台4极、3相表贴式永磁电动机的同步电感为0.50mH,电枢电阻为11mΩ,线—线感应电势为0.110V/r/min(3.31V/Hz)。其正常运行的设计转速为1800r/min,但在减少输出功率下具有超速到2400r/min的能力。该电动机可以运行在208V的最大线—线端电压和185A的最大端电流。在求解本例时,将忽略电枢电阻。

该电动机由一电流源驱动,该电源能提供变频、幅值可调的对称三相电流,且电流的相位角可根据同步脉冲信号的时刻来改变,此脉冲信号从装在电动机转轴上的位置传感器获得。这种电流相位调节可以用来将定子电流产生的磁通波定向到相对于转子直轴的任意位置。为了保证电动机中的磁通密度维持在容许极限之内,该驱动电源有一个V/Hz限制器,其功能是保证电动机端电压不超过电动机的额定V/Hz(在本例中,额定V/Hz为208V/60Hz=3.47V线—线电压每Hz)。

a. 当该驱动器提供的端电流为185A时,计算电动机在1800r/min转速时能产生的最大功率和转矩值;计算该运行状态时的直轴和交轴电流分量;验证在该运行状态下,电动机端电压将不会超过208V(线—线电压)。

b. 如果该电动机运行在2400r/min,假定驱动器将电动机端电压限制在其最大值208V(线—线),且端电流被限制在185A,计算电动机能提供的最大功率和转矩以及该运行状态下电枢电流的直轴及交轴分量。

解:

a. 在转速为1800r/min时,可由式4.2求得电频率为60Hz。用符号E_{am}表示永磁体产生的感应电势,则相应的该感应电势为

$$E_{am} = 3.31 \text{ V/Hz} \times 60 \text{ Hz}$$

$$= 198.6 \text{ V, 线-线} = 114.7 \text{ V, 线-中点}$$

且同步电抗为

$$X_s = \omega_e L_s = 2\pi \times 60 \times 5.0 \times 10^{-4} = 0.188 \text{ }\Omega$$

图5.37(a)为该电动机的一相等效电路,从中可见,因为E_{am}幅值固定,对于幅值固定的电枢电流来说,当I_a与E_{am}同相(也即I_a位于交轴上)时,电动机功率将达到最大。注意,这里用的是一相等效电路,所以E_{am}等于其线—中点值114.7V。因而,输出功率等于

$$P = 3E_{am}I_a = 3 \times 114.7 \times 185 = 63.6 \text{ kW}$$

转矩为

$$T = \frac{P}{\omega_m} = 338 \text{ N·m}$$

式中,

$$\omega_m = \left(\frac{\pi}{30}\right) \times \text{rpm} = 60\pi$$

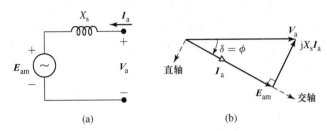

图 5.37 例 5.19a 部分:(a)线—中点等效电路;(b)相量图

图 5.37(b)是对应的相量图,由于相量 $\boldsymbol{E}_{\mathrm{am}}$ 决定了交轴的位置,所以在该运行状态下,交轴电流为

$$I_{\mathrm{q}} = I_{\mathrm{a}} = 185\ \mathrm{A}$$

直轴电流 $I_{\mathrm{d}} = 0$。这一结果揭示出:在端电流幅值给定的条件下,当该驱动电流与转子交轴位置重合时,非凸极永磁电动机产生的转矩达到最大值。

从相量图可见,这该状态时,电动机的端电压为

$$V_{\mathrm{a}} = \sqrt{E_{\mathrm{am}}^2 + (X_{\mathrm{s}} I_{\mathrm{a}})^2} = 119.8\ \mathrm{V},\ \text{线} - \text{中点} = 207.6\ \mathrm{V},\ \text{线} - \text{线}$$

b. 由式 4.2 可知,对应于 2400r/min 的电频率为 80.0Hz,因此感应电势为 $E_{\mathrm{am}} = 153\mathrm{V}$,线—中点(265V,线—线),同步电抗为 $X_{\mathrm{s}} = 0.251\Omega$。208V(线—线)的端电压对应的线—中点电压为 $V_{\mathrm{a}} = 120\mathrm{V}$。图 5.38(a)是一相线—中点等效电路,图 5.38(b)为对应的相量图。

因为图 5.38(b)的相量三角形的每一个边都已知,所以可用余弦定理解出角度 δ:

$$\delta = -\arccos\left(\frac{V_{\mathrm{a}}^2 + E_{\mathrm{am}}^2 - (X_{\mathrm{s}} I_{\mathrm{a}})^2}{2 V_{\mathrm{a}} E_{\mathrm{am}}}\right) = -14.0^\circ$$

要注意的是,这里的负号指出电动运行时,δ 为负值,所以

$$V_{\mathrm{d}} = V_{\mathrm{a}} \sin\delta = -29.0\ \mathrm{V}$$
$$V_{\mathrm{q}} = V_{\mathrm{a}} \cos\delta = 117\ \mathrm{V}$$

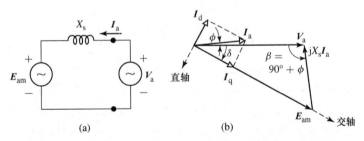

图 5.38 例 5.19b 部分:(a)线—中点等效电路;(b)相量图

可以按下式解出 $\boldsymbol{I}_{\mathrm{a}}$:

$$\boldsymbol{I}_{\mathrm{a}} = \frac{\boldsymbol{V}_{\mathrm{a}} - \boldsymbol{E}_{\mathrm{am}}}{\mathrm{j} X_{\mathrm{s}}} = \frac{V_{\mathrm{a}} - E_{\mathrm{am}} \mathrm{e}^{\mathrm{j}\delta}}{\mathrm{j} X_{\mathrm{s}}} = 185\, \mathrm{e}^{\mathrm{j}37.5^\circ}$$

可见,$\phi = 37.5^\circ$,所以

$$I_{\mathrm{d}} = I_{\mathrm{a}} \sin(\phi - \delta) = -145\ \mathrm{V}$$
$$I_{\mathrm{q}} = I_{\mathrm{a}} \cos(\phi - \delta) = 115\ \mathrm{V}$$

利用式 5.67,在考虑到现在的计算采用的是线—中点电压的实际单位,所以要再乘以 3,就可得到电动机的输出功率为

$$P = 3(V_d I_d + V_q I_q) = 52.9 \text{ kW}$$

对应的转矩为

$$T = \frac{P}{\omega_m} = 211 \text{ N·m}$$

式中,$\omega_m = \text{rpm} \times (\pi/30) = 80\pi$。

乍一想,也许有人会简单地认为,电动机的最大输出功率由其额定电流和电压确定,即 $P = 3V_a I_a = 3 \times 120.1 \times 185 = 66.7\text{kW}$。在这种情况下,造成分析困难的是,永磁体单独产生了高于所需端电压的感应电势。结果,电枢电流必须因此而提供两项功能:一是它必须与永磁体磁通相互作用产生转矩;二是它必须提供一个气隙磁通分量来削减气隙中的净磁通,使其达到端电压208V(线—线)所对应的量值。具体来说,q轴电流(115A)产生转矩,而 d 轴电流(−145A)按需要削减气隙净磁通以维持端电压在208V。我们在10.2.2节还将讨论到,当永磁电动机运行在矢量控制或者说磁场定向控制下时,这种利用 d 轴电流控制端电压的方法被称为弱磁。

练习题 5.12
假设电动机运行在2200r/min,重做例5.9。
答案:
$P = 62.9\text{kW}$ $T = 273\text{N·m}$
$I_d = -109\text{A}$ $I_q = 150\text{A}$

图 5.39 示出的是典型的内置式永磁交流电机的截面图。在这类电机中,永磁体放置在处于转子内部的槽中。图 5.39 所示转子中,成对永磁体极性交替,形成 4 极转子。图 5.40(a)示出的是该转子在一般定子中产生的空载磁通分布的 2 维有限元解。由于这些槽的存在,加上永磁体的有效磁导率接近于真空磁导率,使得内置式永磁转子表现出凸极的特征。因此,这类电机类似于转子绕线的凸极同步电机,同时产生磁阻转矩和永磁转矩。

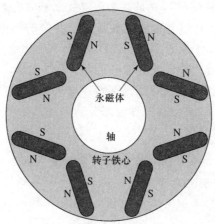

图 5.39 典型的内置式永磁交流电机转子截面图

然而,转子绕线的凸极同步电机和与其相似的内置式永磁电机之间存在着一个显著的区别。在转子绕线的凸极同步电机中,直轴电感大于交轴电感。而在内置式永磁电机中,一方面,从图 5.40(a)可见,电机中的直轴磁通由永磁体单独产生并经过永磁体。另一方面,

图 5.40(b)显示交轴磁通绕过了永磁体,仍然从转子铁心中通过。最终结果是转子给予直轴磁通的磁阻大于给予交轴的磁阻,因而,交轴电感大于直轴电感。

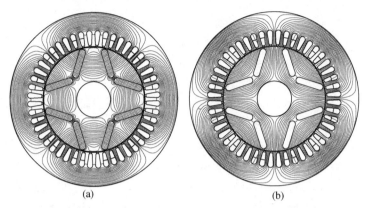

图 5.40　图 5.39 所示内置式永磁电机磁通分布:(a)空载磁通分布;(b)交轴磁通分布

仔细观察图 5.40(a),可以看出环绕磁铁的端部聚集了一定的磁通。这里聚集的磁通对转子的性能至关重要。从图 5.39 所示的转子截面图可见,磁性材料包绕着每个永磁体。如果这些"磁桥"上的永磁材料为线性且具有合适的磁导率,它们将会分流掉围绕永磁体的大部分磁通,如果有的话,也只有非常少的磁通会穿越气隙与定子产生相互作用。

事实上,铁心是非线性的,这些磁桥处的磁性材料的饱和对内置式永磁电机性能起着至关重要的决定作用。因为它们很薄,在其饱和之前只能通过少量磁通,这样大部分磁通不得不穿越气隙。然而,还应注意,磁桥还有着第二个功能,那就是结构支撑。它们紧固永磁体并防止转子因旋转而解体。与表贴式永磁电机中的护环所起的作用类似,磁桥的设计应在结构强度与磁性能之间做折中考虑。采用薄的磁桥能提高转子永磁体产生的磁通的利用率,而厚的磁桥能保证电动机在其最大运行转速时能保持结构上的牢靠。

图 5.39 示出的 V 形永磁体结构只是众多内置式永磁电机永磁体结构的一种。例如,永磁体可以平行或垂直于径线,可以是多个磁铁放置于并排的槽中等[①]。对每种结构,都需要有饱和磁桥或者隔磁磁桥(转子铁心中的非磁性槽)来引导磁通穿越气隙。尽管各种结构变化多样,但典型的转子凸极效应将导致交轴电感大于直轴电感。

在内置式永磁电机负载时,饱和对磁通在转子中的流通路径起着一定的作用,因此,尽管也经常采用 5.6 节和 5.7 节的交直轴理论来分析内置式永磁电机,但其直轴和交轴电感却随着负载不同有着显著的变化。

例 5.20　在该例中,我们来考虑一台 4 极、3 相内置式永磁电动机,它与例 5.19 中的电动机类似且用同样的驱动电源驱动。在此设该电动机的直轴同步电感为 0.50mH,交轴同步电感为 2.30mH,并假定二者均恒定,与电动机的负载无关。与例 5.19 中的表贴式永磁同步电动机一样,该电动机的线—线感应电势为 3.31V/Hz,它可以运行在最大端电压 208V(线—线)以及最大端电流 185A。

求出该电动机在其端电压和端电流被其最大值所限制,运行在转速 1800r/min 时所能

---

① 对永磁交流电机的进一步讨论及其各种拓扑结构,参见 J. R. Hendershot & T. J. E. Miller,"Design of Brushless Permanent-Magnet Machines",Motor Design BooksLLC, http://www.motordesignbooks.com。

够达到的最大输出功率和转矩。

解:

因为这是一台凸极电机,具有永磁转矩和磁阻转矩,其功角特性根据式 5.72 用线一中点电压表示:

$$P = -3\left(\frac{E_{am}V_a}{X_d}\sin\delta + \frac{V_a^2(X_d - X_q)}{2X_d X_q}\sin 2\delta\right)$$

当端电压固定在 $V_a = 120.1\mathrm{V}$(线一中点,即 208V 线一线),且在 1800r/min(60Hz)时的感应电势为 $E_{am} = 114.7\mathrm{V}$(线一中点,即 198.6V 线一线),据此可以直接从功角特性的峰值功率初步求得最大功率。然而,在这种情况下,端电流不能超过 185A,所以最大功率将显著小于功角特性峰值所对应的功率。

所要求的结果用 MATLAB 可以很容易地解出。在此,考虑图 5.41 的相量图,假设 I_a 被固定为 185A,对于给定的角度 γ,可得

$$I_d = I_a \sin\gamma$$
$$I_q = I_a \cos\gamma$$

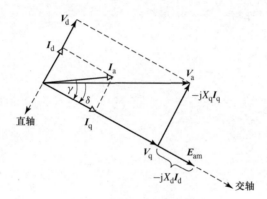

图 5.41 例 5.20 的相量图

这样,就又能从式 5.62 和式 5.63(选电动机惯例定电流方向时正负号要做适当调整)求出端电压的 d 轴和 q 轴分量:

$$V_d = -X_q I_q$$
$$V_q = E_{am} + X_d I_d$$

因此,可以求出

$$V_a = \sqrt{V_d^2 + V_q^2}$$

通过寻找对应于端电压 208V(线一线电压)所对应的角度 r,就可以得到所要求的结果:

$$P = 64.9\mathrm{kW} \qquad T = 344\mathrm{N \cdot m}$$
$$I_d = -157\mathrm{A} \qquad I_q = 98\mathrm{A}$$

上面的结果是由如下 MATLAB 程序计算得到的:

```
clc
clear

% Machine parameters
VpHz = 3.31; %  V [line-line]
```

```
Ld = 0.5e-3; %  [H]
Lq = 2.3e-3; %  [H]
Vrated = 208;
Irated = 185;

rpm = 1800;
fe = rpm/30;
omegae = 2*pi*fe;
omegam = omegae/2;
%  Line-neutral Eam
Eam = fe*VpHz/sqrt(3);

%  Synchronous reactances
Xd = omegae*Ld;
Xq = omegae*Lq;
%%%%%%%%%%%%%%%%%%%%
%  Set Ia = Irated and search over gamma
%%%%%%%%%%%%%%%%%%%%

Ia = Irated;

N = 10000;
gamma = linspace(-pi/2,0,N);
%  d-and q-axis currents
Iq = Ia*cos(gamma);
Id = Ia*sin(gamma);

%  d-and q-axis voltages from Eqs.
%  5-60 and 5-61 (with a change to
%  motor notation).

Vq = Eam+Xd.*Id;
Vd = -Xq.*Iq;

%  Power
P = 3*(Vd.*Id+Vq.*Iq);

%  Magnitude of Va
Va = sqrt(Vd.*Vd+Vq.*Vq);

%  Find maximum power subject to not
%  exceeding Vrated

PMAX = 0;
for n= 1:N
if (sqrt(3)*Va(n) < = Vrated) && (P(n) > PMAX)
```

```
PMAX = P(n);
m = n;
end
end
TMAX = PMAX/omegam;

ID = Id(m);
IQ = Iq(m);

fprintf('P = % 2.1f [kW]\n',PMAX/1000)
fprintf('T = % 2.1f [N－m]\n',TMAX)
fprintf('Id = % 3.1f [A], Iq=% 3.1f [A]\n',ID,IQ)
```

永磁交流电动机常常被称为无刷电动机或者无刷直流电动机。之所以有如此称谓,主要基于以下两个原因:其一,当与变频、变压驱动系统结合在一起时,其速度-转矩特性类似于直流电动机;其二,人们可以把这种电机视为"内外倒置"的直流电动机,其励磁绕组在转子上,而电枢通过转轴位置传感器及连接到电枢绕组的开关器件进行电子换向。

5.9 小 结

在稳态情况下,多相同步电机的运行可以用两个磁场之间的相互作用来描述,这在4.7.2节中做了阐述。定子上的多相电流产生一个旋转磁通波,转子上的直流电流(或者永磁体)也会产生一个相对于转子恒定的磁通波。只有当转子和定子磁通波同步旋转时,才会产生恒定的转矩。在这种情况下,转子和定子磁通波之间具有恒定的角位移差,结果产生与该角位移差的正弦值成正比的转矩。

我们已经知道,可以用一组简单的试验来确定同步电机的有效参数,例如同步电抗。两个这样的试验:一个是开路试验,测取电机端电压对励磁电流函数关系;一个是短路试验,将电枢电路短接并测取电枢短路电流对励磁电流的函数关系。这些试验方法是测量技术的一种,不仅对于同步电机,而且对于所有能用戴维南定理近似成线性等效电路的电气系统都适用。从戴维南定理来看,开路试验给出了戴维南等效电压,短路试验给出了戴维南等效阻抗的相关数据。就具体电机来说,开路试验测出了所需励磁、铁耗以及摩擦损耗和风阻损耗(对旋转电机而言)等相关数据;短路试验测出了负载电流对磁场反作用、漏阻抗以及与负载电流相关的损耗 I^2R 和杂散损耗等相关数据。真正的复杂性来自磁路非线性的影响,这一影响可以按如下方式近似考虑,即将电机等效成一个不饱和电机,该等效不饱和电机的磁化曲线为图 5.10 中的直线 Op,而同步电抗可以凭经验调整到式 5.30 的饱和值。

在许多场合,同步电机与外系统连接在一起运行,外系统可以表示成一个恒频、恒压源,通常称之为无穷大干线。此种情况下,同步电机的转速由干线频率决定,输出功率正比于干线电压、电机内电势(当然也就正比于励磁电流)及其二者相角差(功角)的正弦之积,反比于干线电压和内电势之间的净电抗值。

电机端口的有功功率由轴上的输入功率(如果用做发电机)或者轴上的负载(如果用做电动机)所决定;而无功功率通过改变励磁电流可得到调节。当励磁电流较小时,电机从干线吸收无功功率,功角较大。增大励磁电流将会减少电机吸收的无功功率以及电机的功角。达到一定的励磁电流时,电机的功率因数会变成1,继续增加励磁电流,则会导致电机向干线输送无功功率。

一旦被拉入同步转速,接到恒频电源上的同步电动机就可以有效地运行。然而,我们知道,只有在同步转速时,同步电动机才会产生恒定转矩,所以同步电动机没有起动转矩。为了使同步电动机能够自起动,可以在转子极面上安装被称为减振器(或者阻尼绕组)的笼型绕组。在不加励磁的情况下,阻尼绕组产生的感应电动作用可以把转子加速到接近同步速,当励磁绕组接通直流电源励磁时,如果负载和电机惯性不是太大,电动机就会被拉入同步。

同步电动机越来越频繁地用在多相变频驱动系统中。在这种场合,它容易起动且操作灵活。这种系统中的小型永磁同步电机通常称为无刷电动机或者无刷直流电动机,一个原因是其速度-转矩特性类似于直流电动机;另一个原因是,事实上人们可以把这种电机视为"内外倒置"的直流电动机,对定子绕组(电枢)的换向任务由电子驱动线路完成。

5.10 第5章变量符号表

δ	电相位角,功角[rad]
δ_{Rf}	Φ_R 与 F_f 磁轴线之间的电相位角差[rad]
λ	磁链[Wb]
ϕ	相位角[rad]
Φ	磁通[Wb]
Φ_R	每极合成气隙磁通[Wb]
θ_m	转子位置角[rad]
θ_{me}	转子电位置角[rad]
ω_e	电角频率[rad/s]
ω_m	机械角速度[rad/s]
ω_s	同步角速度[rad/s]
$\boldsymbol{A}$	定子磁势相量[A]
AFNL	空载时建立额定电压的励磁电流[A]
AFSC	短路时建立额定电流的励磁电流[A]
e, υ	电压[V]
E, V	电压[V,标幺值]
$\boldsymbol{E}$	电压,复数[V,标幺值]
e_{af}, E_{af}, E_{am}	感应电势[V]
$\boldsymbol{E}_{af}, \boldsymbol{E}_{am}$	感应电势,复数[V]
$\boldsymbol{E}_R$	气隙电势,复数[V,标幺值]
$\boldsymbol{F}$	励磁磁势相量[A]
F_f	励磁磁势[A]
poles	极数
i, I	电流[A,标幺值]

I	电流,复数[A]
$L,\mathcal{L}$	电感[H]
L_{al}	电枢漏电感[H]
L_{fl}	励磁绕组漏电感[H]
P	功率[W,标幺值]
q	相数
Q	无功功率[VAR,标幺值]
R	电阻[Ω]
SCR	短路比
t	时间[s],温度[C]
T	转矩[N·m],温度[C]
X	电抗[Ω]
X_{φ}	空间基波气隙磁通电抗[Ω]
X_{al}	电枢漏电抗[Ω]
X_s	同步电抗[Ω,标幺值]
$X_{s,u}$	不饱和同步电抗[Ω,标幺值]
Z	阻抗[Ω]

下标：

a	电枢
a,b,c	相名称
ag	气隙
arm	电枢
base	基值
d	直轴
dc	直流
eff	有效
eq	等效
f	励磁,馈电
in	输入
l	漏磁
m	磁
max	最大
oc	开路
q	交轴
s	同步,电源
sat	饱和
sc	短路
t	端
u	不饱和

5.11 习 题

5.1 在额定电压和额定频率下,某同步电动机的满载矩角为 33 电角度。忽略电枢电阻和漏抗的影响。如果励磁电流保持恒定,电机运行时发生了下列变化,计算相应的满载矩角。

  a. 频率降低 8%,负载转矩和外施电压保持恒定。

  b. 频率降低 8%,负载功率和外施电压保持恒定。

  c. 频率和外施电压均降低 8%,负载转矩保持恒定。

  d. 频率和外施电压均降低 8%,负载功率保持恒定。

5.2 某 2 相同步电机的电枢两相绕组在空间错开 90 电角度。

  a. 这 2 相绕组之间的互感是多大?

  b. 重新推导式 5.17,并说明同步电感可以简单地等于相绕组的电感,即 $L_s = L_{aa0} + L_{al}$,其中 L_{aa0} 是由空间基波气隙磁通引起的电枢每相电感分量,L_{al} 是电枢漏电感。

5.3 设计计算显示某 3 相隐极转子同步发电机具有如下参数:

$$a \text{ 相自感 } L_{aa} = 5.32 \text{mH}$$

$$电枢漏电感 L_{al} = 0.38 \text{mH}$$

计算发电机相电感的气隙分量 L_{aa0}、相间互感 L_{ab} 以及电机的同步电感 L_s。

5.4 测量数据显示某 50MVA、50Hz 同步发电机的同步电感为 34.4mH,相间互感为 -10.1mH,计算相电感气隙分量的基波分量 L_{aa0} 以及漏电感 L_{al}。

5.5 已知某 Y 接法、3 相、60Hz 同步发电机当励磁电流为 515A 时,开路端电压有效值为 13.8kV(线-线)。

  a. 计算定子和转子之间的互感 L_{af}。

  b. 如果励磁电流为 345A,并降低发电机的速度使得感应电势频率降为 50Hz,计算其开路端电压(线-线)的有效值。

5.6 习题 5.5 的同步发电机定子绕组被重新接成△。

  a. 该发电机运行在 60Hz、励磁电流为 515A 时,计算线-线及线-中点开路电压。

  b. 计算定子和转子之间的互感 L_{af}。

5.7 一台 575V、50kW、60Hz、3 相同步电动机的同步电抗 $X_s = 4.65\Omega$,电枢绕组和励磁绕组之间的互感为 $L_{af} = 105$mH。该电动机运行在额定转速和额定端电压,输出功率为 40kW。忽略电动机中的损耗,当电动机运行在如下情况时,计算线-中点感应电势 E_{af} 的幅值和相位以及励磁电流 I_f。(a)功率因数为 0.9 滞后;(b)功率因数为 1;(c)功率因数为 0.9 超前。

5.8 假设习题 5.7 的电动机作为发电机运行,且输出 40kW 的电功率,重复习题 5.7 的计算。

5.9 习题 5.7 的电动机通过一感性阻抗为 $X_f = 0.95\Omega$ 的馈电器接到 575V 三相电源,电动机运行在额定转速和额定电压,输出功率为 40kW。忽略电动机损耗,对以下运行情况(在 575V 电源下测量),计算感应电势 E_{af}(线－中点)的幅值和相位、励磁电流 I_f 以及端电压 V_a(线－线)。(a)功率因数为 0.9 滞后;(b)功率因数为 1;(c)功率因数为 0.9 超前。

5.10 假设习题 5.9 的电动机作为发电机运行,且输出 40kW 的电功率,重复习题 5.9 的计算。

5.11 一台 50Hz、2 极、825kVA、2300V 的三相同步电机的同步电抗为 7.47Ω,达到额定开路电压时的励磁电流为 147A。

    a. 计算电枢绕组与励磁绕组之间的互感。

    b. 该电机作为电动机在其额定端电压时驱动 700kW 的负载,如果电动机运行时功率因数为 1,计算内电势 E_{af} 以及对应的励磁电流值。

    c. 对于恒定的负载功率 700kW,编写 MATLAB 程序,绘出端电流随励磁电流变化的函数曲线。绘图时,假设励磁电流在最小值(对应于电机负载为 825kVA 且有超前功率因数)和最大值(对应于电机负载为 825kVA,且有滞后功率因数)之间变化。励磁电流为多少时,电枢电流最小?为什么?

5.12 制造商提供的数据单显示,某 26kV、910MVA、60Hz、三相同步发电机的同步电抗为 $X_s=1.95$,漏电抗为 $X_{al}=0.17$,二者均是以发电机为基值标准的标幺值,其达到额定开路端电压的励磁电流为 1775A。计算:(a)同步电感(mH);(b)电枢漏电感(mH);(c)电枢每相电感 L_{aa}(mH);(d)电枢绕组对励磁绕组的互感 L_{af}。

5.13 某 350MVA、11kV、50Hz、3 相发电机的饱和同步电抗为 1.18(标幺值),不饱和同步电抗为 1.33(标幺值),其达到额定开路电压时的励磁电流为 427A。计算:(a)每相饱和及不饱和同步电抗的欧姆值;(b)达到额定短路电流时所需的励磁电流(AFSC)。

5.14 以下数据来自某 850MVA、3 相、Y 连接、26kV、2 极,60Hz 汽轮发电机在同步转速时的开路和短路试验:

励磁电流/A	1690	3260
电枢电流,短路实验/kA	9.82	18.9
线电压,开路特性/kV	26.0	(31.8)
线电压,气隙线/kV	(29.6)	(56.9)

括号中的值是根据试验数据用插值法求得的。求:(a)短路比;(b)不饱和同步电抗(分别用欧姆值每相和标幺值表示);(c)饱和同步电抗(分别用欧姆值每相和标幺值表示)。

5.15 将厂家提供的某 4.5MW、4160V、3 相、4 极、1800r/min 同步电动机在额定转速下的开路和短路试验汇总成下表:

励磁电流/A	203	218
电枢电流,短路实验/A	625	672
线电压,开路特性/V	3949	4160
线电压,气隙线/V	4279	4601

求：

a. 短路比。

b. 不饱和同步电抗(分别用欧姆值每相和标幺值表示)。

c. 饱和同步电抗(分别用欧姆值每相和标幺值表示)。

d. 以电动机为基值,估算出电枢漏电感为 0.14(标幺值),计算每相自感的气隙分量(H)。

5.16 编写 MATLAB 程序来自动计算习题 5.14 和习题 5.15。至少需要如下数据：

• AFNL：达到额定开路端电压时的励磁电流。

• 气隙线上对应的端电压。

• AFSC：短路特性曲线上达到额定短路电流时所需的励磁电流。

你的程序必须计算：(a)短路比；(b)不饱和同步电抗(分别用欧姆值每相和标幺值表示)；(c)饱和同步电抗(分别用欧姆值每相和标幺值表示)。

5.17 以下数据来自对一台 175MVA、13.8kV、3 相、60Hz、64 极水轮发电机的试验。

开路特性：

I_f/A	150	300	400	500	600	700	800	900	1000
电压/kV	2.7	5.5	7.1	8.7	10.1	11.3	12.5	13.7	14.5

短路试验：$I_f=925A$，$I_a=7320A$。

a. 求出 AFNL、AFNL_{ag} 和 AFSC。提示：用 MATLAB 的子函数函 spline 求 AFNL。

b. 求：(i)短路比；(ii)不饱和同步电抗(分别用欧姆值每相和标幺值表示)；(iii)饱和同步电抗(分别用欧姆值每相和标幺值表示)。

5.18 用 MATLAB 绘出电动机在额定端电压下运行,功率因数为 1,负载从 0 变化到满载过程中所需励磁电流的变化曲线。用你的程序计算习题 5.15 中的电动机。

5.19 习题 5.15 的电动机的相电阻为 42mΩ,励磁绕组电阻为 0.218Ω,均为 25℃的值。该电动机的损耗数据如下：4160V 时空载铁耗=47kW,摩擦和风阻损耗=23kW。

a. 当电动机运行在额定输出功率、功率因数为 1 及额定端电压时,计算输入功率和效率。

b. 当电动机的负载功率为 3.5MW 及功率因数为 0.8 滞后时,重复(a)的计算。

5.20 某 125MVA、11kV、3 相、50Hz 同步发电机的同步电抗为 1.33(标幺值),达到额定开路电压时的励磁电流为 325A,电动机所接系统的戴维南等效电压为 11kV(线-线)、戴维南等效阻抗为 0.17(标幺值),标幺值均以电动机为基值标准。发电机加载的有功功率为 110MW。

a. (i)计算当系统运行在功率因数为 1 及外系统的等效电压时的感应电势 E_{af} 的标幺值及 kV 值(线-线)；(ii)对应的励磁电流；(iii)计算对应的发电机端电压的标幺值及 kV 值(线-线)；(iv)发电机端部的功率因数。

b. (i)计算当发电机运行在其额定端电压时的感应电势 E_{af} 的标幺值及 kV 值

（线—线）；(ii)对应的励磁电流；(iii)计算对应的发电机端电流的标幺值及 kA 值；(iv)发电机端部的功率因数。

5.21 一台 1000kVA、4160V、3 相、60Hz 的同步电动机的同步电抗为 19.4Ω，在励磁电流为 142A 时达到其开路额定电压，接在一个无穷大电力系统上运行，保持电动机的端电压为其额定电压。

    a. 电动机起初所加负载为 500kW，通过调节励磁电流使其运行在功率因数为 1 的状态，计算所对应的励磁电流。

    b. 若负载突增到 800kW，计算稳定后的电动机端口的功率因数。

    c. 计算要将功率因数再调节到 1 所需的励磁电流。

5.22 考虑习题 5.15 的同步电动机。

    a. 当电动机运行在额定电压，输入功率为 3.6MW，功率因数为 0.87 超前时所需要的励磁电流。负载情况下饱和的影响可以用与式 5.30 相关段落所介绍的方法来考虑。

    b. 对习题 5.15 增加一组数据，即空载特性上的某些点如下所示：

励磁电流/A	200	225	250	275	300	325	350
线—线电压/V	3906	4247	4556	4846	5098	5325	5539

如果断路器切断驱动电源，使(a)中电动机的供电中断，将电动机处于开路状态，估算断电以后的电动机端电压的值（电动机未来得及减速、保护线路未来得及降低励磁电流值的瞬间）。

5.23 考虑习题 5.12 的同步发电机。

    a. 求发电机运行在额定端电压，能成功地提供的输出功率为 0.2、0.4 及 0.6（标幺值）时的最小励磁电流；

    b. 编写 MATLAB 程序，对(a)中的每一个输出功率（标幺值），绘制电枢电流（标幺值）对励磁电流的函数曲线，励磁电流变化范围为从该最小值到最大 5000A。

5.24 考虑一台运行在额定端电压的同步发电机，同步电抗为 2.0（标幺值），端电流不允许超过其额定值，最大励磁电流被限制为达到额定开路端电压时励磁电流的 1.75 倍。

    a. 发电机运行在额定电枢电流时，所能提供的最大有功功率（标幺值）是多少？对应的无功功率（标幺值）和功率因数是多少？

    b. 发电机所能提供的最大无功功率（标幺值）为多少？

5.25 一台 45MVA、13.8kV 同步电机用做同步调相机，有关调相机的内容参见附录 D 的介绍（见 D.4.1 节）。发电机的短路比为 1.68，空载达到额定电压时的励磁电流为 490A。假设发电机直接连到 13.8kV 的电源。

    a. 饱和同步电抗为多少（分别用欧姆值每相和标幺值表示）？
       调节发电机的励磁电流到 260A。

    b. 画出相量图，标明端电压、内电势和电枢电流。

    c. 计算电枢电流的幅值（分别用标幺值和实际值表示）和相对于端电压的相

位角。

  d. 在以上条件时,同步调相机对 11.5kV 的系统来说是感性的还是容性的?

  e. 将励磁电流改为 740A,重复(b)~(d)。

5.26 习题 5.25 的同步调相机通过一个电抗为 0.09(标幺值,以调相机为基值标准)的馈电线接到 13.8kV 系统。用 MATLAB 绘出当同步调相机励磁电流从 260A 到 740A 变化时,同步调相机端电压(线—线 kV)随之变化的曲线。

5.27 某同步电机同步电抗标幺值为 1.13,作为发电机运行,负载有功功率为 0.75(标幺值),通过 0.06(标幺值)的电抗连接到外系统。发现增大励磁电流时,电枢电流会下降。

  a. 增大励磁电流前,发电机是给外系统提供还是从外系统吸收无功功率?

  b. 励磁电流增大时,发电机的端电压是升高还是降低?

  c. 如果同步电机作为电动机运行,重复(a)和(b)。

5.28 许多厂商设想的超导同步电机被设计成具有超导励磁线圈,能承受极大的电流密度,产生极大的磁通密度。由于运行时的磁通密度超过铁心的饱和磁通密度,该类电机通常设计成无铁心磁路。结果该电机显示出没有饱和效应,但同步电抗很小。

  考虑一台 2 极、60Hz、13.8kV、50MVA 超导发电机,其达到额定开路电枢电压时所需的励磁电流为 1520A;达到三相短路额定电枢电流时所需的励磁电流为 413A。

  a. 计算同步电抗的标幺值。

  考虑该发电机连接到 13.8kV,阻抗忽略不计的馈电线上,输出功率为 43MW,功率因数为 0.9 滞后的运行情况。计算:

  b. 励磁电流为多少安(A)?无功功率输出为多少 MVA?并求出此状态时的转子位置角。

  c. 如果励磁电流减小到 1520A,原动机提供给发电机转轴的功率保持恒定,计算此时的转子位置角和无功功率输出。

5.29 一台 4 极、60Hz、26kV、550MVA 同步发电机的同步电抗为 1.67(标幺值),接到无穷大干线上运行,该无穷大干线可以等效为电压 26kV 与感性阻抗 $j0.43\Omega$ 的串联。发电机配备有电压调节器,通过调节励磁电流,可使得电压保持在 26.3kV,而与发电机的负载无关。

  a. 发电机的输出功率被调节到 375MW。

   i. 以无穷大干线电压为参考相量,画出该状态时的相量图;标明干线电压、发电机端电压、励磁电势以及系统阻抗和同步电抗上的压降。

   ii. 求出发电机端电压相对于干线电压的相位角 δ_t。

   iii. 求出端电流的幅值(kA)。

   iv. 求出发电机的功率因数。

   v. 求出励磁电势 E_{af} 的幅值(标幺值)及相对于干线电压的相位角 δ。

  b. 对于发电机 500MW 的功率,重做(a)、(ii)~(v)。

5.30 习题 5.29 的发电机空载达到其额定电枢电压的励磁电流为 1170A,散热条件限制最大励磁电流为 2350A,该发电机接在例 5.29 的系统中运行,电压调节器设置将端电压保持在 1.01(标幺值,即 26.3kV)。

  a. 增大原动机输送到发电机的机械功率,直到端电流或者励磁电流某个先达到其最大值。用 MATLAB:

   i. 求出发电机最大输出功率(MW)。

   ii. 绘制发电机励磁电流(A)对输出功率(MW)的函数曲线。

   iii. 绘制发电机输出的无功功率(MVAR)对输出功率(MW)的函数曲线。

  b. 如果电压调节器被设定将端电压调节到 0.99(标幺值,即 25.7kV),重复(a)的工作。

5.31 某 450MVA、26kV 同步发电机通过一台 500MVA、26kV:345kV 的变压器连接到 345kV 的电力系统,变压器从低压侧看去可以等效为一个 95mΩ 的电抗。发电机的饱和同步电抗为 1.73(标幺值),额定开路电压对应的励磁电流为 2140A。在正常运行过程,自动电压调节器会被设定将发电机的端电压保持在 26kV。在本题中,将要研究这样一种可能的后果,那就是假设操作人员忘记把开关打向自动电压调节器,而是让励磁电流保持在 2140A。

  a. (i)如果电力系统可以简单地表示成 345kV 无穷大干线(忽略等效阻抗的影响),问该发电机能否运行在满载状态? 如果可以,对应于满载时的功角 δ 为多大? 如果不能,能达到的最大负载功率是多少 MW?

   (ii)求出额定端电压下达到额定负载(MW)时所需的励磁电流,并计算该运行状态时输出的无功功率。

  b. 现在将电力系统等效表示为一个 345kV 无穷大干线与一个 12.4Ω 感性阻抗的串联,重复(a)的工作。

  c. 对于(b)中的系统,假设发电机被加到满载,且自动电压调节器将发电机端电压保持在额定值。借助 MATLAB,绘制励磁电流对发电机负载(MW)的函数曲线。

5.32 当发电机运行在额定容量(kVA)的一半,功率因数为 0.8 滞后,且端电压为额定电压时,重复习题 5.15。

5.33 设有一台 450MVA、26kV 的发电机,直轴饱和电抗为 1.73(标幺值),交轴饱和电抗为 1.34(标幺值),其余数据同习题 5.31,重复习题 5.31 的计算。

5.34 考虑一台连接到外系统运行的凸极同步发电机,外系统可以用 1.0(标幺值)的电压源与 0.12(标幺值)的电抗的串联来表示。发电机的电抗 $X_d = 1.38$、$X_q = 0.92$(标幺值)。假设通过自动电压调节器将发电机运行时的端电压保持为 1.0(标幺值)。借助 MATLAB,绘制感应电势 E_{af} 对发电机输出功率 P(标幺值)的函数曲线,绘图区间为 $0 \leqslant P \leqslant 1.0$。

5.35 某凸极同步电动机的同步电抗为 X_d、X_q,电枢电阻为 R_a,绘制其稳态的直轴和交轴相量图。利用相量图证明,感应电势 E_{af}(位于交轴)与端电压 V_t 之间的矩角 δ 的表达式为

$$\tan\delta = \frac{I_a X_q \cos\phi + I_a R_a \sin\phi}{V_t + I_a X_q \sin\phi - I_a R_a \cos\phi}$$

这里 ϕ 是电枢电流 I_a 相对于端电压 V_t 的相位角,当 I_a 滞后于 V_t 时,ϕ 为负值。

5.36 对于同步发电机,重复习题 5.35 的证明,此种情况下,δ 的方程变为

$$\tan\delta = \frac{I_a X_q \cos\phi + I_a R_a \sin\phi}{V_t - I_a X_q \sin\phi + I_a R_a \cos\phi}$$

5.37 如果某凸极同步发电机的 $X_d = 1.15$(标幺值),$X_q = 0.75$(标幺值),运行在额定电压且不加励磁时($E_{af} = 0$),要维持不失同步的运行状态,则发电机能输出的功率占额定功率的百分数为多少? 计算在该运行情况下的电枢电流和无功功率(标幺值)。

5.38 习题 5.37 的电动机运行在额定端电压、额定功率及功率因数为 1 的情况下。
    a. 计算励磁电流的标幺值(励磁电流标幺值对应于实际励磁电流值为 AFNL)。
    b. 假设电动机非凸极,即假设 $X_q = X_d = 1.15$(标幺值),重复(a)的计算。

5.39 考虑一台凸极电动机,$X_d = 0.93$(标幺值),$X_q = 0.77$(标幺值)。
    a. 该电动机运行在额定端电压,轴上输出额定功率,功率因数为 1。计算其励磁电流的标幺值(励磁电流标幺值 1.0 对应于实际励磁电流值为 AFNL)。
    b. 电动机的负载突然减为 0.5(标幺值)。假设(a)中求得的励磁电流没有改变,计算:(i)电流的标幺值;(ii)电动机无功功率的标幺值。提示:用 MATLAB 求解要比用直接解析计算简单得多。

5.40 某凸极同步发电机的饱和电抗 $X_d = 1.72$(标幺值),$X_q = 1.47$(标幺值),通过一外接阻抗 $X_\infty = 0.09$(基于发电机的标幺值)连接到无穷大干线。发电机运行在额定及额定容量(MVA),在发电机出线端测得功率因数为 0.95 滞后。
    a. 画出相量图,标出无穷大干线电压、电枢电流、发电机端电压、励磁电势以及转子位置角(以干线电压为参考相量)。
    b. 计算端电压、干线电压、感应电势的标幺值及其相位角(以干线电压为参考相量)。

5.41 某凸极同步发电机的饱和同步电抗为 $X_d = 0.87$(标幺值)和 $X_q = 0.71$(标幺值),通过一外接电抗 $X_\infty = 0.075$(标幺值)连接到具有电机额定电压的无穷大干线。
    a. (i)假设发电机仅产生无功功率,要求发电机端电流不超过额定值,求出对应的最大和最小励磁电流的标幺值(达到额定开路电压所需的励磁电流标幺值为 1.0)。
    (ii)用 MATLAB 绘出当励磁电流的标幺值在由(i)确定的范围内变化时,电枢电流对励磁电流的函数曲线。
    b. 现在假设发电机输出 0.40 倍额定有功功率(标幺值),在同一坐标上,加绘电枢电流(标幺值)对励磁电流(标幺值)的函数曲线,励磁电流的变化范围应使电枢电流不超过 1.0(标幺值)。
    c. 设发电机输出功率为 0.6 和 0.8(标幺值),重复(b)。最终将得到该发电机的 V 形曲线簇。

5.42 某 150MVA、13.8kV 的同步调相机通过一台 150MVA、13.8kV:138kV 的变压器连接到 138kV 的电力系统。同步调相机产生额定开路电压的励磁电流为 2480A,直轴同步电感为 1.31(标幺值),交轴同步电感为 0.98(标幺值)。变压器可视为一个等效串联电抗 0.065(标幺值)。在本题中,可以认为外系统是一个 138kV 的恒压源。

a. 观测到同步调相机的端电压为 13.95kV,计算端电流(kA)、无功功率输出 (MVAR)及励磁电流(A)。

b. 观测到同步调相机吸收 85MVAR 的无功功率,计算其端电压(kV)、端电流 (kA)以及励磁电流(A)。

5.43 某 3 相、4 极永磁交流电机的额定电压为 208V(线一线),当转速为 2000r/min 时, 输出功率为 10kW。该电动机在变速驱动系统驱动下运行,转速可达2500r/min。 该电动机同步电抗为 5.6mH,在 2000r/min 时产生的开路电压为 185V(线一线)。 在该题中,可以认为电动机工作时的磁通密度正比于电动机的端电压除以工作 频率,忽略所有损耗。驱动控制算法可以保证:

1. 电动机的工作磁通密度不超过其在额定电压以 2000r/min 运行时的磁通 密度。

2. 电动机的端电压不超过 208V。

3. 电动机的端电流不超过其额定值。

    a. 计算电动机转速为 2000r/min 时的电频率。

    b. 当电动机运行在 2000r/min 及额定端电压和额定输出功率时,计算电动机 的额定端电流。

    c. 绘制电动机的最高电压对转速的函数曲线,转速范围取 0 到 2500r/min。

    d. 计算电动机运行在 1500r/min 时的最大输出功率。

    e. 计算电动机运行在 2500r/min 时的最大输出功率。

    提示:用 MATLAB 寻找额定电压对应的负载,(d)、(e)将非常容易求解。

5.44 某 7.5kW、3 相永磁同步发电机被驱动在 1800r/min 运行时,产生 60Hz 开路电 压 208V(线一线)。当运行在额定转速,并给 3 相 Y 连接电阻性负载供电时,测 得其端电压为 189V(线一线),输出功率为 6.8kW。

a. 计算该运行状态下发电机的相电流。

b. 假设发电机的电枢电阻忽略不计,计算发电机 60Hz 时的同步电抗。

c. 当减小负载电阻,使得在转速保持在 1800r/min 时,输出功率增大到 7.5kW (仍是纯电阻性),计算此时发电机的端电压。

5.45 小型的单相永磁交流发电机通常用做自行车的照明电源。做这种应用时,通常 要把发电机电枢绕组的漏电抗设计得足够大。这种发电机的一个简单模型就是 交流电压源 $e_a(t) = \omega K_a \cos\omega t$ 串联一个电枢漏电抗 L_a 和一个电枢电阻 R_a。这 里 ω 为感应电势的电角频率,由发电机摩擦自行车轮的速度决定。

假设发电机所驱动的灯泡可以用一个电阻 R_b 来表示,不论自行车快慢,为了保 证灯泡有恒定的亮度,写出所要达到的最小频率 ω_{min} 的表达式。

5.46 一台内置式永磁电动机的额定值为 25kW、460V、3600r/min。在 3600r/min 时 产生的开路电压为 425V(线一线)。因为永磁体在电动机内部,其面向的方向即 为转子直轴,所以电动机表现出凸极效应,并且可以用直轴同步电抗 2.20Ω 和交 轴同步电抗 3.98Ω 来建模,直轴电抗小于交轴电抗。

该电动机运行在负载为 18kW、端电压为 460V(线一线)的状态。计算电动机的 端电流和功率因数。提示:用 MATLAB 求解比解析求解容易得多。

第6章 多相感应电机

本章的目的是学习多相感应电机的运行状况和性能。我们的分析将从建立单相等效电路开始,通过比较感应电机和变压器的相似性提出等效电路的一般形式。这些等效电路可用于分析感应电机的机电特性及其供电电源下所展现的负载性能,而电源可以是像电力系统这样的固定频率电源,也可以是变频、变压的电动机驱动系统。

6.1 多相感应电机概述

如4.2.1节所述,在感应电机中,交流电流直接供给定子,然后通过感应或变压器作用由定子传递给转子。定子绕组与同步电机中的绕组相同,具有4.5节讨论的形式,当由对称的多相电源激励时,它将在气隙中产生以同步速旋转的磁场,同步速由定子极数和定子外加电源频率 f_e 决定(见式4.44)。

多相感应电机的转子可以是两种形式之一,绕线式转子由类似于定子并与定子有相同极数的多相绕组组成,转子绕组接线端被连接到轴上相互绝缘的滑环,与这些滑环接触的碳刷使转子接线端能够从电动机引出到外部。绕线式转子感应电机的应用相对较少,只限于一些特殊的应用场合。

另一方面,如图6.1的剖面所示,多相感应电机具有笼型转子,它的绕组由嵌在转子铁心槽中的导条组成,在导条的每一端由导电的端环短接。笼型结构的简单、耐用是这种感应电机的突出优点,并使它成为到目前为止在分马力以上的功率范围内应用最普遍的电动机形式。图6.2(a)是一台小型笼型电动机的转子,而图6.2(b)是转子叠片用化学方法蚀刻掉后的笼本身。

图6.1 三相笼型电动机剖面图,转子剖面显示了笼型叠片

 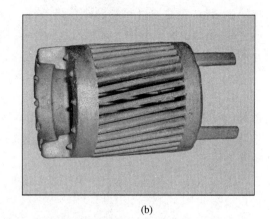

(a)   (b)

图 6.2　(a)小型笼型电动机转子;(b)转子叠片用化学方法蚀刻后的鼠笼结构

　　我们假设转子以稳定转速 n r/min 沿着与定子旋转磁场相同的方向旋转,令定子磁场的同步速为 n_s r/min,如式 4.44 所示,通常将同步速与转子转速的差定义为转子的转差,因此,转子的转差是 $n_s - n$,用 r/min 度量。转差通常定义为如下所示的同步速的分数形式:

$$s = \frac{n_s - n}{n_s} \tag{6.1}$$

　　转差的这个定义被用于本章推导的表述感应电机性能特征的公式中。最后,转差还经常以百分数的形式表示,简单地讲等于 100% 乘以式 6.1 中的分数转差[①],如一台运行于转差率 $s=0.025$ 的电动机被称为在 2.5% 的转差率下运行。

　　以 r/min 为单位的转子转速可以用转差率和同步速表示为

$$n = (1 - s) n_s \tag{6.2}$$

　　类似地,机械角速度 ω_m 可以用同步角速度 ω_s 和转差率表示为

$$\omega_m = (1 - s) \omega_s \tag{6.3}$$

　　定子磁通与转子导体之间的相对运动在转子中感应频率为 f_r 的电势,f_r 被称为转差频率:

$$f_r = s f_e \tag{6.4}$$

因此,感应电机的电行为类似于变压器,但附加了由于定子和转子绕组之间的相对运动产生的频率转换,事实上,绕线式转子感应电机可以作为一个频率转换器。

　　感应电机的转子被短路,在笼型电动机中靠它的结构短路,在绕线式电动机中靠外部短路。气隙旋转磁通在转子绕组中感应转差频率的电势,转子电流由感应电势的大小和转差频率的转子阻抗决定。在起动时,转子是静止的($n=0$),转差率是 1($s=1$),转子频率等于定子频率 f_e,因此由转子电流产生的磁场以与定子磁场相同的转速旋转,产生起动转矩,并趋向于使转子沿着定子感应磁场的旋转方向旋转。如果这个转矩足够大,能克服轴上负载产生的阻力转矩,那么电动机将起动并达到它的运行速度。然而运行速度永远不可能等于同步速,因为如果相等,转子导体就相对于定子磁场静止,在转子导体中不会产生感应电流,因此就不会产生转矩。

　　当转子的旋转方向与定子磁场的旋转方向相同时,转子电流的频率是 $s f_e$,它们将产生

旋转磁通波,磁通波以相对转子的转速 sn_s r/min 沿正方向旋转,但是转子本身的机械转速 n r/min 叠加在这个旋转上,因此,相对于定子,由转子电流产生的磁通波的转速是这两个转速的和,等于

$$sn_s + n = sn_s + n_s(1-s) = n_s \tag{6.5}$$

从式 6.5 可看到,转子电流产生以同步速旋转的气隙磁通波,因此与定子电流产生的磁通波同步。因为定子磁场与转子磁场同步旋转,它们相对静止,产生稳定的转矩,从而维持转子的旋转。这个转矩,除同步速外,在任何转子机械转速 n 下存在,因此被称为异步转矩。

图 6.3 所示为一个典型的多相笼型感应电机的转矩－转速曲线,影响曲线形状的因素可以根据式 4.83 的转矩方程得出。注意,当定子外加电压和频率为常数时,这个方程中的合成气隙磁通 Φ_{sr} 近似为常数,同时,考虑到转子磁势 F_r 与转子电流 I_r 成正比,则式 4.83 可以表示成下面的形式:

$$T = -K I_r \sin\delta_r \tag{6.6}$$

式中,K 是常数;δ_r 是转子磁势波超前合成气隙磁势波的角度。式 6.6 中包含负号是因为转子感应电流的方向是使气隙磁通去磁,而在第 4 章中定义的转子电流的方向是使气隙磁通增磁。

在正常运行状态下,转差率很小,在大多数笼型电动机中,满载时的转差率是 $2\%\sim10\%$,因此转子频率 $f_r = sf_e$ 非常低:在 60 Hz 电动机中相应的数值是 $1\sim6$ Hz。对于这样低的频率,转子阻抗主要是电阻性的,与转差率无关。另一方面,转子感应电势与转差率成正比,超前气隙合成磁通 90°。由于转子绕组处于短路状态,所以转子电流一定等于气隙磁通产生的感应电势的负值除以转子阻抗,因此转子电流也几乎与转差率成正比,同时与转子电势成正比,相位相差 180°,结果,转子磁势波滞后合成气隙磁通近似 90° 电角度,所以 $\sin\delta_r \approx -1$。

因此,在小转差率的范围内运行时,由于转子电流的近似正比关系,可以认为转矩与转差率近似成正比,随着转差率的增加,转子阻抗由于转子漏电感的贡献增大而增大,此时,转子电流和转矩的增加不再与转差率成正比,同时转子电流也进一步滞后于感应电势,$\sin\delta_r$ 的值减小,从而使产生的转矩减小。更详细的分析表明转矩随转差率的增加会达到一个最大值,然后趋于下降,如图 6.3 所示。最大转矩,或者叫临界转矩,通常是电动机额定转矩的两倍或更大,限制电动机的短时过载能力。

可以看到,最大转矩对应的转差率与转子电阻成正比,对于笼型电动机,最大转矩对应的转差率相对较小,如图 6.3 所示,因此,笼型电动机实际上是一个恒转速电动机,从空载到满载转速的下降只有很小的百分比。对于绕线式电动机,通过加入外接电阻能够增大转子电阻,从而增加转矩峰值处的转差率,减小特定转矩值对应的电动机转速。由于绕线式转子感应电动机比笼型转子电机的体积大、价格高以及需要更多的维护,这种转速控制方法很少采用,使得用恒定频率电源驱动的感应电机趋向于限定在转速基本恒定的应用场合。近年来,固态的变压、变频驱动系统的应用,使笼型感应电机的转速控制变得容易些,因此,目前它们被广泛应用于各种调速场合。

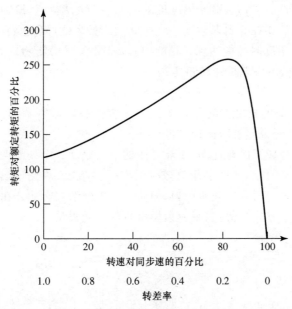

图 6.3 感应电动机恒压恒频运行的典型转矩—转速曲线

6.2 多相感应电机中的电流和磁通

对于绕线式转子,磁通一磁势的位置可以借助于图 6.4 来分析,该图显示的是一个在两极磁场中简单的两极、三相转子绕组的情况,从图中可以看出,对绕线式转子的限制是,它必须具有与定子相同的极数(虽然相数不必相同)。转子磁通密度波以角速度 ω_s 向右移动,相对于转子绕组的转差角速度是 $s\omega_s$,转子绕组本身也以角速度 $(1-s)\omega_s$ 向右旋转,图 6.4 显示的是 a 相绕组处于瞬时电压最大值位置时的情况。

转子漏电抗等于 $s\omega_s$ 乘以转子漏电感,如果它与转子电阻相比非常小(典型的情况是在对应于正常运行的小转差率时),则 a 相电流将达到最大值,正如 4.5 节所示,转子磁势波将在 a 相绕组的中心处,从图 6.4(a)也可以看到这一点。在这种情况下,位移角 δ_r,或称为转矩角,达到 $-90°$ 的最优值。

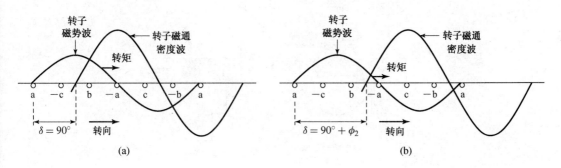

图 6.4 感应电机转子绕组在两种相对位置下的磁通密度和磁势波形:(a)零转子漏抗;(b)非零转子漏抗

然而,如果转子漏抗相当大,则 a 相电流就滞后感应电势一个相位角,为转子漏阻抗的功率因数角 ϕ_2,a 相电流要在相对滞后的一个时间达到最大值,因此,转子磁势波要在磁通沿着气隙进一步转过 ϕ_2 角度时才能达到 a 相的中心,如图 6.4(b) 所示。此时角 δ_r 等于 $-(90° + \phi_2)$,因此,总的来讲,感应电机的转矩角是

$$\delta_r = -(90° + \phi_2) \tag{6.7}$$

它与 $-90°$ 的最优值偏离的角度是转子转差频率的漏阻抗功率因数角。在图 6.4 中转子的电磁转矩指向右方,或者说是旋转磁通波的方向。

图 6.5 给出了笼型转子的对比图,以展开图的形式表示一个处于两极磁场中的 16 个导条的转子。为了使图形简化,选择了相对较少的转子导条数,并且导条数是极数的整数倍,但这种选择在实际电机中通常应该避免,从而防止有害的谐波影响。在图 6.5(a) 中,正弦磁通密度波在每个导条中感应电势,其瞬时值用垂直的实线表示。

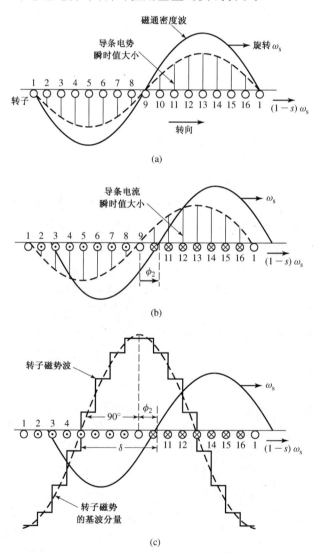

图 6.5 在两极磁场中笼型转子的作用

在稍后时刻,假设的导条电流瞬时值用图 6.5(b)中的垂直实线表示,时间上的滞后对应于转子的功率因数角ϕ_2。在这个时间段里,磁通密度波已经按它的旋转方向相对转子转过了空间角ϕ_2,此时处于图 6.5(b)的位置,相应的转子磁势波如图 6.5(c)中的阶梯波,其基波分量用虚线的正弦波形表示,磁通密度波用实线正弦波形表示。对这些图形的研究证实了一个基本原理,即在笼型转子中转子的极数是由感应磁通波决定的。

6.3 感应电机的等效电路

从上述关于磁通和磁势波的讨论很容易得出多相感应电机的稳态等效电路,在推导中只考虑电机具有多相对称绕组且由多相对称电压激励的情况。与讨论其他一些多相装置相同,在讨论三相电机时,认为绕组是 Y 连接,以便使相电流总是等于线电流值,电压总是线－中点的值,这样可以使讨论更方便。在这种情况下,我们能够推出一相的等效电路,同时我们知道,能过适当的相移(在三相电机的情况下相移为±120°),就可以很容易地得到其他相的电压和电流。

首先,考虑定子的情况。同步旋转的气隙磁通波在定子绕组中产生对称的多相反电势,定子端电压与反电势相差定子的漏阻抗 $Z_1 = R_1 + \mathrm{j}X_1$ 压降,因此

$$V_1 = E_2 + I_1(R_1 + \mathrm{j}X_1) \tag{6.8}$$

式中,V_1 为定子线－中点端电压;E_2 为合成气隙磁通感应的反电势(线－中点);I_1 为定子电流;R_1 为定子有效电阻;X_1 为定子漏抗。

电压和电流的极性如图 6.6 中的等效电路所示。

合成气隙磁通是由定、转子电流产生的磁势共同激励的,正如变压器中的情形,定子电流可以被分解为两个分量:负载分量和励磁(磁化)分量。负载分量 I_2 产生的磁势对应于转子电流的磁势,励磁分量 I_φ 是用于产生合成气隙磁通的附加定子电流,它是感应电势 E_2 的函数,励磁电流可以被分解为与 E_2 同相的铁心损耗分量 I_c 和滞后 E_2 90°的磁化分量 I_m。在等效电路中,励磁电流可以用一个并联支路来计及,并联支路跨接在 E_2 的两端,由铁心损耗电阻 R_c 和励磁电抗 X_m 并联形成,如图 6.6 所示。R_c 和 X_m 通常在额定定子频率以及 E_2 接近所期望的运行值下计算,因此,在 E_2 偏离电动机正常运行的小范围内可以假设它们保持不变。

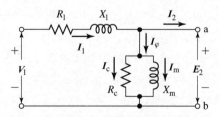

图 6.6 多相感应电动机的定子等效电路

图 6.6 中表示定子电磁关系的等效电路与表示变压器一次侧的等效电路完全相同,为了完成我们的模型,转子的作用必须被包括进去。从图 6.6 中定子等效电路观察,转子可以用等效阻抗 Z_2 来表示:

$$Z_2 = \frac{E_2}{I_2} \tag{6.9}$$

它对应于等效静止的二次侧漏阻抗,为了得到等效电路,我们必须用归算到定子边的转子的量来表示定、转子的电压和电流,从而计算 Z_2。

在 2.3 节中可以看到,从一次侧观察,变压器的二次侧绕组可以用一个与一次侧绕组具有相同匝数的等效二次侧绕组来代替。若变压器的匝比和二次侧参数已知,则用一次侧对二次侧匝比的平方乘以二次侧阻抗,就可以将二次侧阻抗归算到一次侧,最终的等效电路完全是从一次侧物理量的观点出发的。

类似地,在多相感应电机中,若将转子用一个等效的具有多相绕组的转子去替代,并且使其相数和匝数与定子绕组相同,但产生的磁势和气隙磁通与实际转子相同,则从定子端观测到的性能就不会改变。这个概念我们在这里将要采用,它对于转子"相绕组"特征不明显的笼型转子的建模是非常有用的。

感应电机的转子绕组被短路,因此感应电势对应的阻抗就是转子的短路阻抗,这样,等效转子中转差频率的漏阻抗 Z_{2s} 与实际转子中转差频率的漏阻抗 Z_{rotor} 之间一定存在下面的关系:

$$Z_{2s} = \frac{E_{2s}}{I_{2s}} = N_{eff}^2 \left(\frac{E_{rotor}}{I_{rotor}} \right) = N_{eff}^2 Z_{rotor} \qquad (6.10)$$

式中,N_{eff} 是定子绕组和实际转子绕组的有效匝比。这里下标 2s 是指归算后的转子的量,因此 E_{2s} 是合成气隙磁通在等效转子中的感应电势,I_{2s} 是对应的感应电流。

当我们关心实际的转子电流和电压时,必须知道匝比 N_{eff},以便从等效转子的量反变换到实际转子的量。但若只是为了研究从定子端观测到的感应电机的性能,则没有必要做这种变换,采用等效转子的量表示就够了。基于等效转子的量得到的等效电路既可以用于表示绕线式转子,也可以用于表示笼型转子。

我们已经讨论了定、转子之间匝比的作用,下面要考虑的是定、转子之间的相对运动,目的是用电压、电流具有定子频率的等效静止转子来代替电压、电流具有转差频率的实际转子。首先考虑归算后转子的转差频率漏阻抗:

$$Z_{2s} = \frac{E_{2s}}{I_{2s}} = R_2 + jsX_2 \qquad (6.11)$$

式中,R_2 为归算后转子的电阻;sX_2 为归算后转子转差频率的漏电抗。

注意到这里的 X_2 已经被定义为归算后转子在定子频率 f_e 下的漏电抗,由于实际转子的频率 $f_r = sf_e$,因此只需简单地乘以转差率 s,就可以将它转换成转差频率的电抗。归算后转子一相的转差频率等效电路如图 6.7 所示,这是在转差频率转子坐标系中看到的转子等效电路。

接下来我们要讨论的是定子电流 I_1 和等效负载电流 I_2 共同作用产生的合成气隙磁势的波形,类似地,它可以用定子电流和等效转子电流 I_{2s} 来表示。由于 I_{2s} 被定义为每相匝数与定子相等的等效转子中的电流,因此这两个电流的大小相等。因为合成气隙磁势波由定子电流和实际转子或等效转子电流的相量和决定,所以 I_2 和 I_{2s} 在相位(在各自的电频率下)上也必须相等,因此,我们可以表示为

$$I_{2s} = I_2 \qquad (6.12)$$

最后,我们来考虑合成磁通波在归算后的转子中感应的转差频率电势 E_{2s} 以及在定子中感应的反电势 E_2。若没有转速的影响,这两个电势的大小相等,因为归算后的转子绕组与定子绕组的每相匝数相等,但是由于磁通波与转子的相对速度是 s 乘以它与定子的相对速

度,因此这两个感应电势幅值之间的关系为

$$E_{2s} = sE_2 \qquad (6.13)$$

我们可以进一步看到,由于这两个电势中的每一个与合成磁通波的相位差均为 $90°$,因此这两个以各自电频率交变的电势在相位上也必须相等,所以

$$E_{2s} = sE_2 \qquad (6.14)$$

用式 6.14 除以式 6.12,再利用式 6.11,可以得到

$$\frac{E_{2s}}{I_{2s}} = \frac{sE_2}{I_2} = Z_{2s} = R_2 + jsX_2 \qquad (6.15)$$

除以转差率 s,则

$$Z_2 = \frac{E_2}{I_2} = \frac{R_2}{s} + jX_2 \qquad (6.16)$$

我们已经达到了目的,Z_2 是等效静止转子的阻抗,它跨接在图 6.6 的定子等效电路的负载端。最终的结果是图 6.8 所示的单相等效电路,轴上的负载和转子电阻的共同作用以等效电阻 R_2/s 的形式出现,它是转差率的函数,因此也就是机械负载的函数。归算后转子阻抗上的电流等于定子电流的负载分量 I_2,阻抗两端的电势等于定子电势 E_2。值得注意的是,当转子电流和电压被归算到定子,它们的频率也被转换成定子的频率。当我们以定子的观点去观察,则所有转子的电现象都变为定子频率的电现象,因为从定子绕组看到的磁势和磁通波是以同步速旋转的。

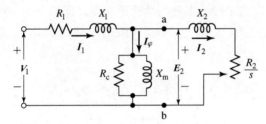

图 6.8　多相感应电机的单相等效电路

6.4　等效电路分析

图 6.8 所示的单相等效电路可以用于计算多相感应电机的各种稳态性能和特性,包括电流、转速和损耗随负载转矩的变化以及起动转矩、最大转矩等。然而需要注意的是,在实际电机中,等效电路的参数可能是运行工况的函数,例如温度会影响电阻值的大小,笼型感应电机的转子参数会随着转差率的变化而变化,关于这方面的内容将在 6.7.2 节中讨论。

等效电路表明,由定子传递的穿过气隙的总功率是

$$P_{gap} = q\,I_2^2 \left(\frac{R_2}{s}\right) \qquad (6.17)$$

式中,q 是定子的相数。

总的转子损耗 P_{rotor} 可以用等效转子的 I^2R 损耗计算如下:

$$P_{rotor} = q\,I_{2s}^2\,R_2 \qquad (6.18)$$

由于 $I_{2s}=I_2$，我们可以将式 6.18 写为

$$P_{\text{rotor}} = q\, I_2^2\, R_2 \tag{6.19}$$

电动机产生的总机械功率 P_{mech}，可以通过从式 6.17 的气隙功率中减去式 6.19 的转子功率损耗得到：

$$P_{\text{mech}} = P_{\text{gap}} - P_{\text{rotor}} = q\, I_2^2 \left(\frac{R_2}{s}\right) - q\, I_2^2\, R_2 \tag{6.20}$$

或者等效地

$$P_{\text{mech}} = q\, I_2^2\, R_2 \left(\frac{1-s}{s}\right) \tag{6.21}$$

比较式 6.17 与式 6.21 可得

$$P_{\text{mech}} = (1-s)P_{\text{gap}} \tag{6.22}$$

及

$$P_{\text{rotor}} = s\, P_{\text{gap}} \tag{6.23}$$

因此我们可以看到，在穿过气隙传递给转子的总功率中，$1-s$ 的部分变成了机械功率，s 的部分作为转子导体中的 I^2R 损耗被消耗了。类似地，转子中消耗的功率可以采用总机械功率表示为

$$P_{\text{rotor}} = \left(\frac{s}{1-s}\right) P_{\text{mech}} \tag{6.24}$$

从式 6.23 和式 6.24 可以明显看出，运行在高转差率的感应电机是一台低效率的装置。图 6.9 所示的等效电路强调了转子损耗与总机械功率之间的关系，对于每相定子来讲，转子边的功率损耗对应于电阻 R_2 上消耗的功率，而定子的每相总机械功率等于传递给电阻 $R_2(1-s)/s$ 的功率。

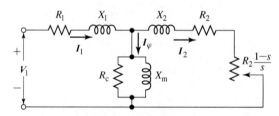

图 6.9　多相感应电机等效电路的另一种形式

例 6.1　一台 3 相，2 极，60Hz 的感应电机以转速 3502r/min 运行，输入功率为 15.7kW，端电流为 22.6A，定子绕组的电阻是 0.20Ω/相。计算转子中的功率损耗 I^2R。

解：

定子绕组中的功率损耗为

$$P_{\text{stator}} = 3I_1^2 R_1 = 3 \times (22.6)^2 \times 0.2 = 306\,\text{W}$$

因此气隙功率为

$$P_{\text{gap}} = P_{\text{input}} - P_{\text{stator}} = 15.7 - 0.3 = 15.4\,\text{kW}$$

电机的同步速可以从式 4.44 计算得到：

$$n_s = \left(\frac{120}{\text{poles}}\right) f_e = \left(\frac{120}{2}\right) \times 60 = 3600\,\text{r/min}$$

因此,从式 6.1 可得,转差率为 $s=(3600-3502)/3600=0.0272$,所以根据式 6.23 有
$$P_{rotor}=sP_{gap}=0.0272\times 15.4\,kW=419\,W$$

练习题 6.1

计算一台 3 相、460V、60Hz、4 极电动机的转子功率损耗,电机的电枢电阻是 0.056Ω,以转速 1738r/min 运行,输入功率为 47.4kW,端电流为 76.2A。

答案:

1.6kW。

对应于功率 P_{mech} 的电磁转矩 T_{mech} 可以通过已知的机械功率等于转矩乘以角速度获得,因此有
$$P_{mech}=\omega_m T_{mech}=(1-s)\,\omega_s\,T_{mech} \tag{6.25}$$
当 P_{mech} 的单位为瓦特,ω_s 的单位采用弧度/秒时,则 T_{mech} 的单位为牛顿·米。

利用式 6.21 和式 6.22 可得
$$T_{mech}=\frac{P_{mech}}{\omega_m}=\frac{P_{gap}}{\omega_s}=\frac{qI_2^2(R_2/s)}{\omega_s} \tag{6.26}$$
式中,同步机械角速度 ω_s 的计算公式为
$$\omega_s=\left(\frac{2}{poles}\right)\omega_e \tag{6.27}$$
式中,ω_e 是如下所示的以 rad/s 为单位表示的电频率 f_e:
$$\omega_e=2\pi f_e \tag{6.28}$$
式 6.26 采用电频率 ω_e 可以写为
$$T_{mech}=\left(\frac{poles}{2\,\omega_e}\right)qI_2^2(R_2/s) \tag{6.29}$$

电磁转矩 T_{mech} 和功率 P_{mech} 不是轴上所能获得的输出值,因为还要考虑摩擦、风阻以及负载杂散损耗。很明显,正确的做法是从 T_{mech} 或 P_{mech} 中减去摩擦、风阻力以及其他旋转损耗,通常假设杂散损耗可以按同样的方式减去,剩下的就是从轴上获得的有用输出功率,因此
$$P_{shaft}=P_{mech}-P_{rot} \tag{6.30}$$
及
$$T_{shaft}=\frac{P_{shaft}}{\omega_m}=T_{mech}-T_{rot} \tag{6.31}$$
式中,P_{rot} 和 T_{rot} 是与摩擦、风阻力以及其他旋转损耗相关的功率和转矩。

变压器等效电路的分析经常被简化,采用的方法是将励磁支路完全忽略,或者采用一种近似,将励磁支路直接移到一次侧的两端。这样的近似在感应电机正常运行的情况下不能采用,因为气隙的存在导致励磁阻抗相对较小,而相应地励磁电流相对较大(满载电流的 30% 到 50%),同时漏电抗也较大。如果忽略铁心损耗电阻 R_c,并且在从 T_{mech} 或 P_{mech} 中减去旋转损耗和杂散损耗影响的同时,将与 R_c 相关的铁心损耗影响也减去,则可以使感应电机的等效电路得到一定程度的简化,此时的等效电路变为图 6.10(a)或图 6.10(b)所示的形式。通常,这样产生的误差是相当小的,可以忽略。这样的简化在电动机试验中也有其优点,因为此时空载铁心损耗不必再从摩擦和风阻力损耗中分离,在下面的讨论中将采用这种电路。

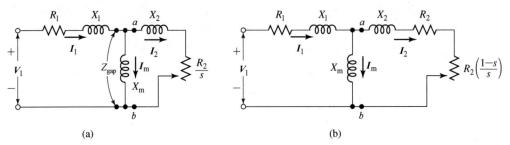

(a)   (b)

图 6.10   对应于图 6.8(a)和图 6.9(b)的忽略铁心损耗电阻 R_c 的等效电路

例 6.2   一台 3 相、Y 接法、460V(线—线)、20kW、60Hz、6 极的感应电机具有下列归算到定子侧的以 $\Omega/$相表示的参数值:

$$R_1 = 0.271 \qquad R_2 = 0.188 \qquad X_1 = 1.12 \qquad X_2 = 1.91 \qquad X_m = 23.10$$

假设摩擦、风阻力以及铁心损耗的总和为 320W,并且保持恒定,不随负载变化。

当电动机运行在额定电压和频率下,且转差率为 1.6% 时,计算转速、输出转矩和功率、定子电流、功率因数以及效率。

解:

令阻抗 Z_{gap}[见图 6.10(a)]代表励磁电抗和转子反映到定子侧的每相阻抗的并联阻抗,则从图 6.10(a)可得

$$Z_{gap} = R_{gap} + jX_{gap} = \left(\frac{R_2}{s} + jX_2\right) // jX_m$$

代入数值,对于 $s = 0.016$,得

$$R_{gap} + jX_{gap} = 8.48 + j6.74 \; \Omega$$

定子输入阻抗计算为

$$Z_{in} = R_1 + jX_1 + Z_{gap} = 10.84 + j6.75 = 10.9\angle 38.5° \; \Omega$$

线—中点端电压等于

$$V_1 = \frac{460}{\sqrt{3}} = 266 \; V$$

因此可以计算出定子电流为

$$I_1 = \frac{V_1}{Z_{in}} = \frac{266}{10.9\angle 38.5°} = 24.5\angle -38.5° \; A$$

可见,定子电流等于 18.8A,功率因数等于 $\cos(-38.5°) = 0.783$ 滞后。

从式 4.44 可以计算出同步速为

$$n_s = \left(\frac{120}{poles}\right)f_e = \left(\frac{120}{6}\right)\times 60 = 1200 \; r/min$$

或从式 6.27 得

$$\omega_s = \frac{4\pi f_e}{poles} = \frac{4\pi \times 60}{6} = 40\pi \; rad/s$$

转子转速为

$$n = (1-s)n_s = (1-0.016)\times 1200 = 1181 \; r/min$$

或

$$\omega_m = (1-s)\omega_s = (1-0.016)\times 40\pi = 123.7 \; rad/s$$

从式 6.17 有

$$P_{\text{gap}} = q I_2^2 \left(\frac{R_2}{s} \right)$$

然而需要注意的是,由于 Z_{gap} 中包含的唯一的电阻是 R_2/s,因此在 Z_{gap} 上消耗的功率等于在 R_2/s 上消耗的功率,这样我们可以得到

$$P_{\text{gap}} = q I_1^2 R_{\text{gap}} = 3 \times (24.5)^2 \times (8.21) = 14.80 \, \text{kW}$$

现在根据式 6.21 可以计算 P_{mech},并进一步根据式 6.30 计算轴上的输出功率,因此

$$P_{\text{shaft}} = P_{\text{mech}} - P_{\text{rot}} = (1 - s) P_{\text{gap}} - P_{\text{rot}}$$

$$= (1 - 0.016) \times 14800 - 320 = 14.24 \, \text{kW}$$

同时由式 6.31 计算的轴上输出转矩为

$$T_{\text{shaft}} = \frac{P_{\text{shaft}}}{\omega_{\text{m}}} = \frac{14240}{123.7} = 115.2 \, \text{N} \cdot \text{m}$$

效率按轴上的输出功率与定子输入功率的比值来计算,输入功率的计算如下所示:

$$P_{\text{in}} = q \text{Re}[V_1 I_1^*] = 3 \, \text{Re}[266 \times (24.5 \angle 38.5^\circ)] = 15.29 \, \text{kW}$$

因此效率 η 等于

$$\eta = \frac{P_{\text{shaft}}}{P_{\text{in}}} = \frac{14.24 \, \text{kW}}{15.29 \, \text{kW}} = 0.932 = 93.2\%$$

在假设的其他转差率值下重复上述这些计算,就可以得到电动机的完整性能和特性。

练习题 6.2

当例 6.2 中的电动机运行在额定电压和额定频率下,且转差率为 1.2% 时,计算转速、输出功率和效率。

答案:

转速 = 1186r/min。

P_{shaft} = 11.05kW。

效率 = 93.4%。

6.5 应用戴维南定理计算转矩和功率

当我们重点考虑转矩、功率关系时,将戴维南定理应用于感应电机的等效电路可以得到相当程度的简化。在通常的形式中,戴维南定理是指,由线性电路元件和复数电压源组成的任何形式的网络,例如从 a 和 b 两个端点看进去[见图 6.11(a)]的网络,可以用一个复数电压源 V_{eq} 与一个阻抗 Z_{eq}[见图 6.11(b)]的串联来替代。戴维南等效电压 V_{eq},是当原始网络的 a、b 两个端点之间开路时,呈现在这两个端点之间的电压;戴维南等效阻抗 Z_{eq},是将网络内所有电压源都置为零时,从同样的端点看进去的阻抗。为了将这一理论应用到感应电机的等效电路中,点 a 和点 b 被看成图 6.10(a)和图 6.10(b)中标明的点,这样我们可以假设等效电路具有图 6.12 给出的形式,其中戴维南定理已经被用来将点 a 和点 b 左边的网络变换成等效电压源 $V_{1,\text{eq}}$ 与等效阻抗 $Z_{1,\text{eq}} = R_{1,\text{eq}} + jX_{1,\text{eq}}$ 的串联。

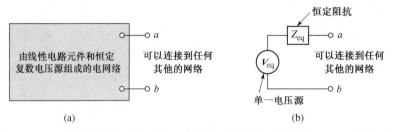

图 6.11 （a）一般化的线性网络；（b）应用戴维南定理得出的在端点 a,b 处的等效网络

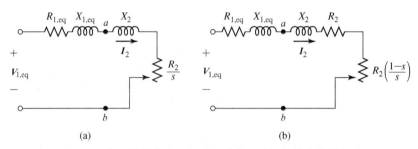

图 6.12 应用戴维南定理得到的感应电动机的简化等效电路

根据戴维南定理，等效源的电压 $V_{1,eq}$ 是图 6.10 中移去转子电路后出现在端点 a、b 之间的电压，其结果是一个简单的电压分压器，因此

$$V_{1,eq} = V_1 \left(\frac{jX_m}{R_1 + j(X_1 + X_m)} \right) \tag{6.32}$$

对于大多数感应电机，在式 6.32 中忽略定子电阻产生的误差很小。戴维南等效定子阻抗 $Z_{1,eq}$ 是在图 6.10 中从端点 a、b 之间向电源方向看进去的阻抗，此时要令电源电压等于零（或者用短路去等效替代），因此

$$Z_{1,eq} = R_{1,eq} + jX_{1,eq} = (R_1 + jX_1) /\!/ jX_m \tag{6.33}$$

或者

$$Z_{1,eq} = \frac{jX_m(R_1 + jX_1)}{R_1 + j(X_1 + X_m)} \tag{6.34}$$

值得注意的是，在推导式 6.32 到式 6.34 的过程中已经忽略了铁心损耗电阻 R_c，虽然这是非常普遍采用的近似，但它的影响很容易被包含在我们这里得到的推导结果中，只要用励磁阻抗 Z_m 去代替励磁电抗 jX_m，而励磁阻抗等于铁心损耗电阻 R_c 与励磁电抗 jX_m 的并联组合。

从戴维南等效电路（见图 6.12）可得

$$I_2 = \frac{V_{1,eq}}{Z_{1,eq} + jX_2 + R_2/s} \tag{6.35}$$

因此从转矩表达式（见式 6.29）可得

$$T_{mech} = \left(\frac{poles}{2\,\omega_e} \right) q|I_2|^2 (R_2/s)$$

$$= \left(\frac{poles}{2\,\omega_e} \right) \left[\frac{qV_{1,eq}^2 (R_2/s)}{(R_{1,eq} + (R_2/s))^2 + (X_{1,eq} + X_2)^2} \right] \tag{6.36}$$

式 6.36 将电磁转矩表示为转差率的函数,感应电机在恒定电压、恒定频率电源供电下的转矩—转速曲线或转矩—转差率曲线的一般形式如图 6.13 和图 6.14 所示。

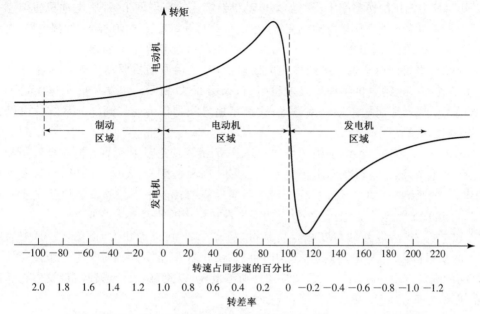

图 6.13　表示制动、电动机和发电机区域的感应电机转矩—转差率曲线

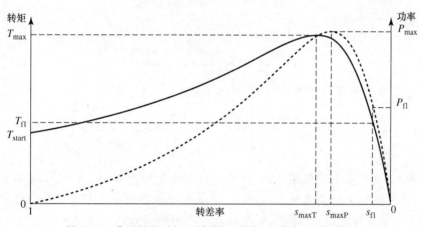

图 6.14　典型的电动机区域转矩(实线)和功率(虚线)曲线

在通常的电动机运行中,转子的转向与定子电流产生的磁场的旋转方向相同,转子的转速在零与同步速之间,相应的转差率在 1.0～0 之间(图 6.13 中标明的电动机区域),电动机起动状态位于 $s=1.0$。

为了获得在 $s>1$ 的区域运行(对应负的电动机转速),必须由一个机械功率源来反抗电动机的电磁转矩 T_{mech}[①],即逆着磁场的旋转方向来反向驱动电动机,这个区域的主要实际用途是利用所谓的堵塞方法使电动机快速停下来。在三相电动机中,通过交换定子的两个引出线,可

[①]　原文为"electromechanical torque T_{mech}",但在中文教材中 T_{mech} 一般被称为"电磁转矩",为与国内教材一致,本章均译为"电磁转矩"——译者注。

以在瞬间改变定子的相序，从而改变磁场的旋转方向，使得从反相前的小转差率，变为反相后接近于 2.0 的转差率，因此相对于同步旋转的定子磁通波来讲，电动机的转速变为负值，此时正向转矩将使电动机的转差率下降。如果电动机继续连接在电网上，那么电动机将加速并最终趋近于 0 转差率。然而如果电动机在转速为零($s=1$)开始反转之前的瞬间脱离电网，电动机就会停下来。通常，在图 6.13 中将 $s=1.0$ 到 $s=2.0$ 的区域标为"制动区域"。

如果感应电机的定子端连接到多相电压电源，转子用原动机驱动使其转速超过同步速（产生负的转差率），则电机将作为发电机运行，如图 6.13 所示。电源使同步速固定不变并供给激励气隙磁场所需的感性功率输入，这种用途之一是作为连接到电力系统并由风力机驱动的感应发电机。

图 6.14 所示为运行在电动机区域($0 \leqslant s \leqslant 1.0$)的感应电动机所具有的典型转矩和功率特性曲线。图中，满载运行状态用转差率 s_{fl}、转矩 T_{fl} 和功率 P_{fl} 表示。可以看到，最大转矩（和功率）一般是满载值的几倍，并且出现在明显较高的转差率下。最大电磁转矩或称崩溃转矩 T_{max}，出现在转差率 s_{maxT} 处；而最大功率出现在稍小的转差率 s_{maxP} 处。

T_{max} 的表达式从电路的角度很容易获得，从式 6.26 可以看出，当图 6.12(a)中的电阻 R_2/s 上的功率最大时，机电转矩最大，同时可以看到，当 R_2/s 的阻值等于它与恒定等效电压 $V_{1,eq}$ 之间的阻抗 $R_{1,eq}+j(X_{1,eq}+X_2)$ 的模时，功率最大，因此，最大机电转矩将发生在满足下列条件的转差率值(s_{maxT})处：

$$\frac{R_2}{s_{maxT}} = \sqrt{R_{1,eq}^2 + (X_{1,eq} + X_2)^2} \tag{6.37}$$

所以最大转矩时的转差率 s_{maxT} 为

$$s_{maxT} = \frac{R_2}{\sqrt{R_{1,eq}^2 + (X_{1,eq} + X_2)^2}} \tag{6.38}$$

从式 6.36 可得对应的转矩是

$$T_{max} = \left(\frac{poles}{2\,\omega_e}\right)\left[\frac{0.5qV_{1,eq}^2}{R_{1,eq} + \sqrt{R_{1,eq}^2 + (X_{1,eq} + X_2)^2}}\right] \tag{6.39}$$

例 6.3　对于例 6.2 中的电动机，计算：(a) 当转差率 $s=0.02$ 时，定子电流中的负载分量 I_2、机电转矩 T_{mech} 以及机电功率 P_{mech}[①]；(b) 最大机电转矩和对应的转速；(c) 起动机电转矩 T_{start} 和对应的定子负载电流 $I_{2,start}$。　忽略旋转损耗。

解：

a. 首先把电路简化成戴维南等效电路的形式，由式 6.32 有

$$V_{1,eq} = |V_{1,eq}| = 253.3\text{V}$$

同时根据式 6.34，

$$R_{1,eq} + jX_{1,eq} = 0.246 + j1.071\ \Omega$$

当 $s=0.02$ 时，$R_2/s=9.40$，那么从图 6.12(a)得

$$I_2 = \frac{V_{1,eq}}{\sqrt{(R_{1,eq} + R_2/s)^2 + (X_{1,eq} + X_2)^2}} = 25.1\text{ A}$$

---

① 原文为"electromechanical power P_{mech}"，在中文教材中 P_{mech} 一般被称为"机械功率"或"内功率"——译者注。

从式 6.29 得

$$T_{\text{mech}} = \left(\frac{\text{poles}}{2\,\omega_e}\right) q I_2^2 (R_2/s) = 141.2\,\text{N} \cdot \text{m}$$

同时从式 6.21 得

$$P_{\text{mech}} = q I_2^2 (R_2/s)(1-s) = 17.4\,\text{kW}$$

b. 在最大转矩点,从式 6.38 得

$$s_{\text{maxT}} = \frac{R_2}{\sqrt{R_{1,\text{eq}}^2 + (X_{1,\text{eq}} + X_2)^2}} = 0.063 = 6.3\%$$

因此在 T_{max} 处的转速等于 $(1 - s_{\text{maxT}})n_s = (1 - 0.063) \times 1200 = 1125\,\text{r/min}$。

从式 6.39 得

$$T_{\text{max}} = \left(\frac{\text{poles}}{2\,\omega_e}\right) \left[\frac{0.5q\,V_{1,\text{eq}}^2}{R_{1,\text{eq}} + \sqrt{R_{1,\text{eq}}^2 + (X_{1,\text{eq}} + X_2)^2}} \right] = 237\,\text{N} \cdot \text{m}$$

c. 起动时,$s=1$,所以

$$I_{2,\text{start}} = \frac{V_{1,\text{eq}}}{\sqrt{(R_{1,\text{eq}} + R_2)^2 + (X_{1,\text{eq}} + X_2)^2}} = 84.1\,\text{A}$$

从式 6.29 得

$$T_{\text{start}} = \left(\frac{\text{poles}}{2\,\omega_e}\right) q I_2^2 R_2 = 31.7\,\text{N} \cdot \text{m}$$

值得注意的是,这里计算出的起动转矩与电动机 160N·m 数量级的额定转矩相比小得多。我们将会看到,通过增加转子电阻可以增大起动转矩,这种方式在笼型感应电机中通过采用双笼或深槽转子可以实现,这方面内容将在 6.7.2 节中讨论。

练习题 6.3

将例 6.2 中的感应电机转子用一个具有两倍转子电阻而其他量都与原转子相同的转子去代替,重复例 6.3 的计算。

答案:

a. $I_2 = 13.1\,\text{A}$,$T_{\text{mech}} = 77.5\,\text{N} \cdot \text{m}$,$P_{\text{mech}} = 9.5\,\text{kW}$。

b. 当转速 $=1049\,\text{r/min}$ 时,$T_{\text{max}} = 237\,\text{N} \cdot \text{m}$。

c. 起动时,$T_{\text{start}} = 62.1\,\text{N} \cdot \text{m}$,$I_{2,\text{start}} = 83.2\,\text{A}$。

练习题 6.4

对于例 6.2 中的感应电机,计算:(a) 在零转速(即 $s_{\text{maxT}} = 1.0$)时,产生最大机电转矩所需的转子电阻;(b) 相应的最大转矩 T_{max};(c) 应用 MATLAB[①] 画出在 $0 \leqslant s \leqslant 1.0$ 范围内计算出的转矩—转速曲线,可以忽略摩擦、风阻和铁心损耗。

答案:

a. $R_2 = 2.99\,\Omega$。

b. $T_{\text{max}} = 237\,\text{N} \cdot \text{m}$。

c. 转矩—转速曲线在图 6.15 中给出。

---

① MATLAB 是 Math Works,inc. 的注册商标

在恒频率运行状态下,具有笼型转子的典型传统感应电动机本质上是一台恒速电动机,从空载到满载转速的下降只有10%或更少。在绕线式转子感应电机的情况下,通过在转子回路中接入外加电阻可以获得转速的变化,转子电阻的增加对转矩—转速特性的影响如图 6.16 中的虚线所示,对于这样的电动机,随着转子电阻的变化转速会发生明显的变化。同样,图 6.16 所示的零转速时转矩的变化说明了绕线式转子感应电机的起动转矩是如何随转子电阻的变化而变化的。

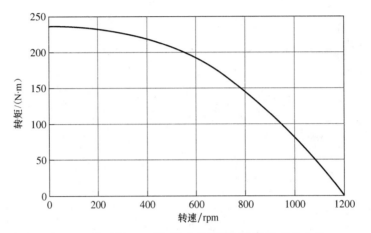

图 6.15　练习题 6.4 所画的机电转矩随转速的变化曲线

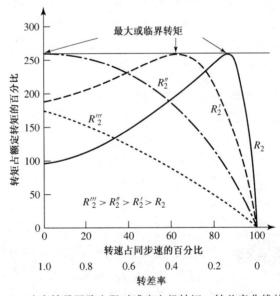

图 6.16　改变转子回路电阻对感应电机转矩—转差率曲线的影响

从式 6.38 和式 6.39 可以注意到,最大转矩对应的转差率与转子电阻 R_2 成正比,而最大转矩的值与 R_2 无关。当在绕线式转子电动机的转子回路中接入外加电阻来增加 R_2 时,最大电磁转矩不受影响,但是它直接控制了产生最大转矩的转速,这个结果通过观察式 6.36 可以看出,式中的电磁转矩表达式是比值 R_2/s 的函数,因此,只要比值 R_2/s 保持不变,转矩就不会变化。

例 6.4 一台 3 相、460V、60Hz、40kW、4 极的绕线式转子感应电动机具有下列每相参数：

$$R_1 = 0.163 \qquad X_1 = 0.793 \qquad X_3 = 1.101 \qquad X_m = 18.9$$

应用 MATLAB，在转子电阻 $R_2 = 0.1\Omega, 0.2\Omega, 0.5\Omega, 1.0\Omega$ 和 1.5Ω 时，画出机电转矩 T_{mech} 作为以 r/min 为单位的转子转速的函数时的变化曲线。

解：

期望得到的曲线如图 6.17 所示，以下是 MATLAB 源程序。

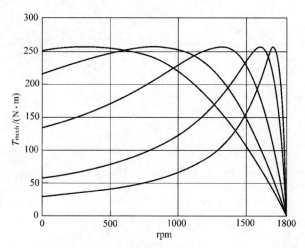

图 6.17 例 6.4 中的绕线式转子感应电动机在不同转子电阻 R_2 下机电转矩随转速的变化曲线

```
clc
clear

%  Here are the motor parameters

V1 = 460/sqrt(3);
Nph = 3;
poles = 4;
fe = 60;

R1 = 0.163;
X1 = 0.793;
X2 = 1.101;
Xm = 18.87;

% Calculate the synchronous speed

omegas = 4*pi*fe/poles;
ns = 120*fe/poles;

% Calculate stator Thevenin equivalent
Z1eq = j*Xm*(R1+j*X1)/(R1+j*(X1+Xm));
R1eq = real(Z1eq);
X1eq = imag(Z1eq);
```

```
V1eq = abs(V1*j*Xm/(R1+j*(X1+Xm)));

% Here is the loop over rotor resistance

for m = 1:5

  if m == 1
    R2 = 0.1;
  elseif m== 2
    R2 = 0.2;
  elseif m== 3
    R2 = 0.5;
  elseif m== 4
    R2 = 1.0;
  else
    R2 = 1.5;
  end

  % Calculate the torque

    s = 0:.001:1; % slip
    rpm = ns*(1-s);
    I2 = abs(V1eq./(Z1eq+j*X2+R2./s)); % I2
    Tmech = Nph*I2.^2*R2./(s*omegas); % Electromechanical torque

  % Now plot

    plot(rpm,Tmech,'LineWidth',2)
    if m == 1
      hold on
    end

end % End of resistance loop

hold off
xlabel('rpm','FontSize',20)
ylabel('T_{mech}[N\cdotm] ','FontSize',20)
xlim([0 1800])
set(gca,'FontSize',20);
set(gca,'xtick',[0 500 1000 1500 1800])
set(gca,'ytick',[0 50 100 150 200 250 300])
grid on
```

练习题 6.5

采用 MATLAB 重新考虑例 6.4，对于 R_2 的五个值，画出输入端电流随转速的变化曲线。

答案：

电流随转速的变化曲线在图 6.18 中给出。

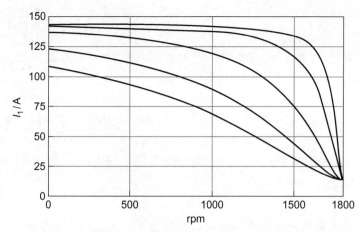

图 6.18 练习题 6.5 所画出的电流随转速的变化曲线

在应用感应电动机等效电路时,应该记住它所基于的理想化条件,当我们的研究在一个宽广的转速范围内进行,例如研究电动机的起动,这一点特别重要。由起动时很大的冲击电流引起的磁路饱和对电动机的电抗有显著的影响。再者,转子电流以转差频率交变,它的变化范围从零转速时的定子频率到满载时的很小的值,笼型转子电动机转子导条中的电流分布会随频率发生很大的变化,从而引起转子电阻产生很大的变化。事实上,正如 6.7.2 节和 6.7.3 节讨论的那样,电动机的设计者们可以通过改变笼型电动机转子导条的形状来获得各种转矩-转速特性。由上述原因引起的误差,通过采用尽可能接近运行状态的等效电路参数,可以保持在最小值

6.6 利用空载试验和堵转试验确定参数

计算多相感应电动机的负载性能需要利用等效电路的参数,这些参数可以通过空载试验、转子堵转试验以及定子绕组直流电阻的测量结果来获得。当需要计算效率的精确值时,必须考虑负载杂散损耗,它也可以通过试验来测量,此时转子不需要加载,但在这里我们不讨论负载杂散损耗试验[①]。

6.6.1 空载试验

正如对变压器所做的开路试验一样,感应电动机的空载试验可以给出有关励磁电流和空载损耗的信息。空载试验通常在额定频率并且定子端施加多相对称电压下进行,在电动机已经运行了足够长的时间使轴承完全润滑后,读取额定电压下的数值。假设空载试验在电动机的额定电频率 f_{re} 下进行,从空载试验获得下列测量数据:

$V_{1,\mathrm{nl}}$ = 线-中点电压[V]

$I_{1,\mathrm{nl}}$ = 线电流[A]

P_{nl} = 多相输入总电功率[W]

---

① 有关试验方法的内容参看:IEEE Std. 112-2004,"Test Procedures for Polyphase Induction Motors and Generators," Institute of Electrical and Electronics EngineersInc. ,345 East 47th Street,New York,New York,10017。

在多相电机中,通常测量得到的是线—线电压,因此,这时必须计算出线—中点的电压(在三相电机的情况下,除以$\sqrt{3}$)。

空载时只需要很小的转子电流就可以产生足够的转矩,克服与旋转相关的摩擦和风阻力损耗,因此空载转子的I^2R损耗很小,可以忽略不计。与变压器中连续的铁心磁路不同,感应电动机的磁路包含气隙,它使所需的励磁电流明显增加。因此,与变压器中的情况相反,在变压器中,空载运行时一次侧的I^2R损耗忽略不计,而感应电动机中由于较大的励磁电流,空载运行时定子的I^2R损耗需要考虑。

忽略转子的I^2R损耗和铁心损耗,正常运行条件下的旋转损耗P_{rot}可以通过从空载输入功率中减去定子的I^2R损耗来计算:

$$P_{\text{rot}} = P_{\text{nl}} - qI_{1,\text{nl}}^2 R_1 \tag{6.40}$$

负载时在额定电压和频率下的总的旋转损耗通常认为是恒定不变的,并等于它在空载时的值。注意到定子电阻R_1随定子绕组的温度变化,因此当应用式6.40时,必须采用对应于空载试验温度的电阻值。

可以看到,这里给出的推导忽略了铁心损耗以及相关的铁心损耗电阻,令所有的空载损耗为摩擦和风阻力损耗。实际上,通过不同的试验可以将摩擦和风阻力损耗从铁心损耗中分离出来,例如,如果电动机不接电源,用外加的驱动电动机带动转子以空载转速运行,那么旋转损耗等于所需的驱动电动机输出功率。

另一种方法是,若电动机空载时以额定转速运行,那么,如果突然将电动机与电源断开,则电动机转速的衰减可以通过旋转损耗计算为

$$J\frac{\mathrm{d}\omega_{\text{m}}}{\mathrm{d}t} = -T_{\text{rot}} = -\frac{P_{\text{rot}}}{\omega_{\text{m}}} \tag{6.41}$$

因此,若已知转子的转动惯量J,在任何转速ω_{m}下的旋转损耗都能从最终的转速衰减计算为

$$P_{\text{rot}}(\omega_{\text{m}}) = -\omega_{\text{m}}J\frac{\mathrm{d}\omega_{\text{m}}}{\mathrm{d}t} \tag{6.42}$$

所以,当电动机刚断开电源仍在额定转速下运行时,用式6.42就能够计算出额定转速时的旋转损耗。

如果用这种方式确定空载旋转损耗,则铁心损耗的计算为

$$P_{\text{core}} = P_{\text{nl}} - P_{\text{rot}} - qI_{1,\text{nl}}^2 R_1 \tag{6.43}$$

这里,P_{core}是对应于空载试验电压(一般为额定电压)的总的空载铁心损耗。

在空载条件下,定子电流相对较小,可以做的第一个近似就是忽略对应的定子电阻和漏抗两端的电压降,在这个近似下,铁心损耗电阻两端的电压将等于空载时线—中点的电压,铁心损耗电阻的计算公式为

$$R_{\text{c}} = \frac{qV_{1,\text{nl}}^2}{P_{\text{core}}} \tag{6.44}$$

倘若电机运行在接近额定转速和额定电压的情况下,与分离出铁心损耗相关的改进工作,并具体地在等效电路中以铁心损耗电阻的形式考虑铁心损耗,都不会使分析计算的结果产生太大的差别,因此,通常忽略铁心损耗电阻,而简单地将铁心损耗包括在旋转损耗中。出于简化分析的目的,这种方法在以下的章节中将被采用。而如果有必要,读者应该可以直

接找到它,并修改余下的推导使之正确地包含铁心损耗电阻。

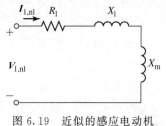

图 6.19　近似的感应电动机
等效电路:空载状态

由于空载时的转差率 s_{nl} 很小,归算后的转子电阻 R_2/s_{nl} 很大,那么转子与励磁支路的并联组合变为 jX_m 与转子漏抗 X_2 串联一个很大电阻的并联,因此这个并联组合的电抗几乎等于激磁电抗 jX_m,对应的等效电路如图 6.19 所示。结果,空载时在定子端测得的视在电抗 X_{nl} 几乎等于 X_1+X_m,它是定子的自感电抗 X_{11},即

$$X_{nl} \approx X_{11} = X_1 + X_m \tag{6.45}$$

而定子的自感电抗可以从空载测量结果计算出来。

空载时的感性功率 Q_{nl} 可以计算如下:

$$Q_{nl} = \sqrt{S_{nl}^2 - P_{nl}^2} \tag{6.46}$$

其中,

$$S_{nl} = q V_{1,nl} I_{1,nl} \tag{6.47}$$

是空载时总的视在输入功率。

那么空载电抗 X_{nl} 可以用 Q_{nl} 和 $I_{1,nl}$ 计算为

$$X_{nl} = \frac{Q_{nl}}{q I_{1,nl}^2} \tag{6.48}$$

注意到,空载功率因数很小(即 $Q_{nl} \gg P_{nl}$,因此 $R_1 \ll X_{11}$),所以空载电抗通常近似表示为

$$X_{nl} \approx \frac{V_{1,nl}}{I_{1,nl}} \tag{6.49}$$

6.6.2　转子堵转试验

与变压器的短路试验相似,感应电动机的转子堵转试验可以提供有关漏阻抗的信息。试验中,转子被堵住以便它不能旋转(因此转差率等于1),定子绕组端施加对称多相电压,我们将假设从转子堵转试验可以获得下列测量数据:

$V_{1,bl}$ =线-中点电压[V]

$I_{1,bl}$ =线电流[A]

P_{bl} =总的多相输入电功率[W]

f_{bl} =转子堵转试验的频率[Hz]

在某些情况下,转子堵转转矩也被测量。

转子堵转状态(见图 6.20)的等效电路与变压器短路时的等效电路相同,然而感应电机比变压器复

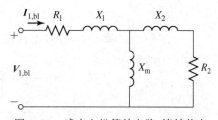

图 6.20　感应电机等效电路:堵转状态

杂,因为它的漏阻抗会受到与定子槽和转子导条相关的漏磁通路径磁饱和的影响,以及转子感应电流频率的影响(频率的高低会影响转子导条中的电流分布,这点将在 6.7.2 节中讨论),同时转子堵转阻抗还会受到转子位置以及相应的转子槽与定子齿的相对位置的影响,尽管对于笼型转子这种影响通常很小。

由于漏电抗通常主要受饱和影响,因此做堵转试验重要的是使电机电流与随后要计算

的电机性能所处的运行条件下的电流大小相似。同理,对于感应电机,已经知道其转子电流分布以及转子阻抗受转子电流频率的影响,因此堵转试验应该尽可能在与我们要考虑的电机实际运行条件相同的频率下进行。

例如,如果想知道转差率接近 1 的特性,如起动特性,那么堵转试验应该在额定频率以及电流接近起动值的条件下进行。然而,如果人们对额定运行特性感兴趣,那么转子堵转试验应该在低电压下进行,从而产生近似的额定电流,同时频率也要降低,因为在对应于小转差率的较低转子频率下,转子的有效电阻和漏电感的值可能会与额定频率下的值略有不同,特别是对于双笼和深槽转子。关于这两种转子,将在 6.7.2 节中讨论。

实际上在对应于小转差率运行的低频条件下做试验是很困难的,例如,60Hz 的电机运行在 3% 的转差率时其转子电流的频率是 1.8Hz。IEEE 标准 112 建议,转子堵转试验的最高频率为额定频率的 25%,同时期望在此频率下的转子阻抗不能与小转差率下的转子阻抗相差太大,额定频率下的电抗可以通过将此实验测量的电抗乘以额定频率与实验频率的比值获得。对于许多额定功率小于 25 马力[①] 的电动机来讲,转子阻抗与频率的相关性通常被忽略,而且对于那些将额定频率下堵转试验确定的转子参数应用于起动和额定负载运行工况的电动机来讲,这种相关性也是被忽略的。

基于转子堵转的测量数据,转子堵转电抗可以通过转子堵转时的感性无功功率计算,感性无功功率为

$$Q_{bl} = \sqrt{S_{bl}^2 - P_{bl}^2} \tag{6.50}$$

其中,

$$S_{bl} = q V_{1,bl} I_{1,bl} \tag{6.51}$$

是总的转子堵转视在功率,则换算到额定频率下的转子堵转电抗可以计算为

$$X_{bl} = \left(\frac{f_{re}}{f_{bl}}\right)\left(\frac{Q_{bl}}{q I_{1,bl}^2}\right) \tag{6.52}$$

式中 f_{bl} 是堵转试验的频率。

转子堵转电阻可以根据转子堵转时的输入功率计算,即

$$R_{bl} = \frac{P_{bl}}{q I_{1,bl}^2} \tag{6.53}$$

一旦这些参数确定了,等效电路的参数就能够确定。在转子堵转条件下,从图 6.20 可以得到定子的输入阻抗为

$$Z_{bl} = R_1 + jX_1 + (R_2 + jX_2)并联jX_m$$

$$= R_1 + \frac{R_2 X_m^2}{R_2^2 + (X_m + X_2)^2}$$

$$+ j\left(X_1 + \frac{X_m(R_2^2 + X_2(X_m + X_2))}{R_2^2 + (X_m + X_2)^2}\right) \tag{6.54}$$

这里我们已经假设电抗是在它们额定频率下的值。

因此相应的转子堵转电阻为

---

① 1 马力 ≈ 0.735kW——编者注。

$$R_{bl} = R_1 + \frac{R_2 X_m^2}{R_2^2 + (X_m + X_2)^2} \tag{6.55}$$

同时相应的转子堵转电抗为

$$X_{bl} = X_1 + \frac{X_m \left(R_2^2 + X_2(X_m + X_2)\right)}{R_2^2 + (X_m + X_2)^2} \tag{6.56}$$

此时我们的目的是通过求解式 6.55 和式 6.56 来得到 R_2 和 X_2。但正如看到的,这些公式相当复杂,没有一种简单的方法可以求解,通常情况下通过做适当的近似来求解,即认为 $R_2 \ll X_m$,此时式 6.55 和式 6.56 可以简化为

$$R_{bl} = R_1 + R_2 \left(\frac{X_m}{X_2 + X_m}\right)^2 \tag{6.57}$$

和

$$X_{bl} = X_1 + X_2 \left(\frac{X_m}{X_2 + X_m}\right) \tag{6.58}$$

从式 6.57 和式 6.58 求解得到的转子电阻 R_2 和漏抗 X_2 为

$$R_2 = (R_{bl} - R_1) \left(\frac{X_2 + X_m}{X_m}\right)^2 \tag{6.59}$$

和

$$X_2 = (X_{bl} - X_1) \left(\frac{X_m}{X_m + X_1 - X_{bl}}\right) \tag{6.60}$$

为了像空载试验一样获得最大的精度,如果可能,式 6.59 中采用的定子电阻 R_1 的值应该换算到对应于转子堵转试验温度下的值。

将从式 6.45 中得到的 X_m 代入式 6.60 可得

$$X_2 = (X_{bl} - X_1) \left(\frac{X_{nl} - X_1}{X_{nl} - X_{bl}}\right) \tag{6.61}$$

式 6.61 是根据测量 X_{nl} 和 X_{bl} 以及未知的定子漏电抗 X_1 来表示转子漏电抗 X_2,要想通过附加的测量来唯一确定 X_1 和 X_2 是不可能的。幸运的是,电动机的性能受总漏抗在定、转子间的分配方式的影响很小,根据给定的电动机类别,IEEE 标准 112 推荐的分配经验值如表 6.1 所示,有关电动机的各种类别将在 6.7.3 节中讨论。如果电动机的类别未知,通常假设 X_1 和 X_2 相等。

表 6.1 感应电动机漏电抗分配的经验值

电动机类别	描 述	(X_1+X_2)的分配	
		X_1	X_2
A	正常起动转矩,正常起动电流	0.5	0.5
B	正常起动转矩,低起动电流	0.4	0.6
C	高起动转矩,低起动电流	0.3	0.7
D	高起动转矩,高转差率	0.5	0.5
绕线式转子	性能随转子电阻变化	0.5	0.5

来源:IEEE 标准 112。

一旦确定了 X_1 和 X_2 之间的分配关系,代入式 6.61 中,则 X_2(以及 X_1)就可以通过求解得到的二次方程由 X_{nl} 和 X_{bl} 计算出来。

励磁电抗 X_m 可以从式 6.45 来计算:

$$X_m = X_{nl} - X_1 \tag{6.62}$$

最后,利用已知的定子电阻和现在已经知道的 X_m 和 X_2 的值,就可以从式 6.59 来确定转子的电阻 R_2。

例 6.5 下列试验数据适用于一台 135kW(100hp)、3 相、460V、60Hz、4 极的感应电动机,它具有双笼型转子结构,设计类别为 B(正常起动转矩、低起动电流的类型)。

试验 1 60Hz 下的空载试验:

$$外加电压 \ V = 459V(线-线)$$
$$平均相电流 \ I_{1,nl} = 34.1A$$
$$功率 \ P_{nl} = 1.25kW$$

试验 2 15Hz 下的转子堵转试验:

$$外加电压 \ V = 42.3V(线-线)$$
$$平均相电流 \ I_{1,bl} = 169A$$
$$功率 \ P_{bl} = 4.44kW$$

试验 3 定子每相直流电阻的平均值(在试验 2 后立即测量):

$$R_1 = 30.3m\Omega$$

试验 4 60Hz 下的转子堵转试验:

$$外加电压 \ V = 455V(线-线)$$
$$平均相电流 \ I_{1,bl} = 725A$$
$$功率 \ P_{bl} = 147kW$$

$$测量的起动转矩 \ T_{start} = 603N \cdot m$$

a. 计算空载旋转损耗和适用于正常运行条件下的等效电路参数,假设温度与试验 3 相同。忽略任何铁心损耗的影响,假设铁心损耗能够被包括在旋转损耗中。

b. 从试验 4 的输入测量数据计算起动电磁转矩,假设温度与试验 3 相同。

c. 为了检验在式 6.57 和式 6.58 中引入近似计算的有效性,将(a)中计算出的参数值代入式 6.55 和式 6.56,并与根据试验结果计算出的 R_{bl} 和 X_{bl} 值相比较。

解:

a. 从式 6.40,旋转损耗可以计算为

$$P_{rot} = P_{nl} - q I_{1,nl}^2 R_1 = 1.14 \, kW$$

线一中点的空载电压等于 $V_{1,nl} = 459/\sqrt{3} = 265V$,因此从式 6.46 和式 6.47 可得

$$Q_{nl} = \sqrt{(q V_{1,nl} I_{1,nl})^2 - P_{nl}^2} = 27.1 \ kVA$$

进一步由式 6.48 得

$$X_{nl} = \frac{Q_{nl}}{q I_{1,nl}^2} = 7.76 \, \Omega$$

可以假设在 15Hz 低频和额定电流下的转子堵转试验近似再现了转子的正常运行情

况,所以,从试验 2 和式 6.50 及式 6.51 以及考虑到 $V_{1,\text{bl}}=42.3/\sqrt{3}=24.4\text{V}$ 可得

$$Q_{\text{bl}} = \sqrt{(qV_{1,\text{bl}}I_{1,\text{bl}})^2 - P_{\text{bl}}^2} = 11.6 \text{ kVA}$$

因此从式 6.52 得

$$X_{\text{bl}} = \left(\frac{f_{\text{re}}}{f_{\text{bl}}}\right)\left(\frac{Q_{\text{bl}}}{qI_{1,\text{bl}}^2}\right) = \left(\frac{60}{15}\right) \times \left(\frac{11.6 \times 10^3}{3 \times 169^2}\right) = 0.540 \,\Omega$$

由于我们知道这是一台 B 类型的电动机,参考表 6.1 可以假设 $X_1=0.4(X_1+X_2)$ 或者 $X_1=kX_2$,其中 $k=(2/3)$,代入式 6.61 可以得到关于 X_2 的二次方程:

$$k^2X_2^2 + (X_{\text{bl}}(1-k) - X_{\text{nl}}(1+k))X_2 + X_{\text{nl}}X_{\text{bl}} = 0$$

求 X_2 得到两个根:0.332Ω 和 28.4Ω,很明显,X_2 必须小于 X_{nl},因此容易判定正确的解为

$$X_2 = 0.332 \,\Omega$$

所以

$$X_1 = 0.221 \,\Omega$$

从式 6.62 得

$$X_{\text{m}} = X_{\text{nl}} - X_1 = 7.54 \,\Omega$$

R_{bl} 可以从式 6.53 计算为

$$R_{\text{bl}} = \frac{P_{\text{bl}}}{qI_{1,\text{bl}}^2} = 51.8 \,\text{m}\Omega$$

因此从式 6.59 得

$$R_2 = (R_{\text{bl}} - R_1)\left(\frac{X_2 + X_{\text{m}}}{X_{\text{m}}}\right)^2 = 23.5 \,\text{m}\Omega$$

至此对于小转差率值下的等效电路参数已经全部计算出来。

b. 尽管能够从(a)中推出的等效电路参数来计算起动电磁转矩,但我们知道这是双笼转子电动机,因此这些参数(特别是转子的参数)在起动条件下的值与(a)中计算的在低转差率时的值有很大区别,所以,我们将根据额定频率以及试验 4 得到的转子堵转试验数据来计算机电起动转矩。

从输入功率和定子的 I^2R 损耗可得气隙功率 P_{gap} 为

$$P_{\text{gap}} = P_{\text{bl}} - qI_{1,\text{bl}}^2R_1 = 115 \,\text{kW}$$

由于这是 4 极电机,从式 6.27 计算的同步速为 $\omega_s=60\pi\text{rad/s}$,因此从式 6.26 得

$$T_{\text{start}} = \frac{P_{\text{gap}}}{\omega_s} = 611 \,\text{N} \cdot \text{m}$$

试验值 $T_{\text{start}}=603\text{N}\cdot\text{m}$ 比计算值小几个百分点,这是因为计算时没有考虑定子铁心损耗或负载杂散损耗所需要的功率。

c. 将(a)中计算出的参数值代入式 6.55 和式 6.56 得到 $R_{\text{bl}}=51.8\text{m}\Omega$ 和 $X_{\text{bl}}=0.540\Omega$,这两个值与(a)中用于推导参数的对应值相同,因此验证了近似计算的有效性。注意到由于近似是基于 $R_2 \ll X_{\text{m}}$ 的假设提出的,而这里正好满足这一假设,因此同时验证了假设的有效性。

练习题 6.6

假设转子和定子的漏电抗相等(即 $X_1=X_2$),重复例 6.5 中(a)的等效电路参数计算。

答案：

$$R_1 = 30.3 \text{m}\Omega \quad R_2 = 23.1 \text{m}\Omega \quad X_1 = 0.275 \Omega \quad X_m = 7.49 \Omega \quad X_2 = 0.275 \Omega$$

如果假设 $X_m \gg X_2$，转子堵转电抗的计算可以简化，在这个假设下，式 6.58 简化为

$$X_{bl} = X_1 + X_2 \tag{6.63}$$

那么 X_1 和 X_2 可以从式 6.63 以及 X_1 和 X_2 之间分配关系的估计（例如根据表 6.1）计算出来。

值得注意的是，或许人们也想以同样的方式得到式 6.59 的近似表达式，即 R_2 计算的表达式，但是，由于比值 $(X_2 + X_m)/X_m$ 是平方关系，近似后将产生非常大的误差，因此这种近似不能被认为是正确的。

例 6.6 （a）计算例 6.5 中电动机的参数，用式 6.63 求解漏电抗；（b）假设电动机在 460V，60Hz 电源供电下以转速 1765r/min 运行，利用 MATLAB 计算两组参数下的输出功率。

解：

a. 从例 6.5 可知

$$X_{nl} = 7.76 \Omega \quad X_{bl} = 0.540 \Omega \quad R_1 = 30.3 \text{ m}\Omega \quad R_{bl} = 51.8 \text{ m}\Omega$$

因此由式 6.45 得

$$X_1 + X_m = X_{nl} = 7.76 \Omega$$

以及由式 6.63 得

$$X_1 + X_2 = X_{bl} = 0.540 \Omega$$

从表 6.1，$X_1 = 0.4(X_1 + X_2) = 0.216\Omega$，所以 $X_2 = 0.324\Omega$ 以及 $X_m = 7.54\Omega$。

最后从式 6.59 得

$$R_2 = (R_{bl} - R_1)\left(\frac{X_2 + X_m}{X_m}\right)^2 = 23.4 \text{ m}\Omega$$

与例 6.5 的计算结果比较如下所示：

参 数	例 6.5	例 6.6
R_1	30.3mΩ	30.3mΩ
R_2	23.5mΩ	23.4mΩ
X_1	0.221Ω	0.216Ω
X_2	0.332Ω	324Ω
X_m	7.54Ω	7.54Ω

b. 采用例 6.5 的参数，$P_{shaft} = 128.2 \text{kW}$，而采用本例（a）中的参数，$P_{shaft} = 129.7 \text{kW}$，因此，采用式 6.63 的近似表达式与采用更精确的表达式 6.58 相比，产生了近似 1.2% 的误差，这是典型的结果，所以在许多情况下，这种近似是可以接受的。

以下为 MATLAB 源程序：

```
clc
clear

% Here are the two sets of parameters
```

```
% Set 1 corresponds to the solution from Example 6-5
% Set 2 corresponds to the solution from Example 6-6
R1(1) =0.0303;        R1(2) = 0.0303;
R2(1) =0.0235;        R2(2) = 0.0234;
X1(1) =0.221;         X1(2) =0.216;
X2(1) =0.332;         X2(2) =0.324;
Xm(1) =7.54;          Xm(2) =7.54;

nph =3;
poles =4;
Prot =1140;

% Here is the operating condition

V1 =460/sqrt(3);
fe =60;
rpm =1746;

% Calculate the synchronous speed
ns =120*fe/poles;
omegas =4*pi*fe/poles;

slip = (ns-rpm)/ns;
omegam =omegas*(1-slip);

% Loop over the two motors
for m =1:2
  Zgap =j*Xm(m)*(j*X2(m)+R2(m)/slip)/(R2(m)/slip+j*(Xm(m)+X2(m)));
  Zin =R1(m)+j*X1(m)+Zgap;
  I1 =V1/Zin;
  I2 =I1* (j*Xm(m))/(R2(m)/slip+j*(Xm(m)+X2(m)));
  Tmech =nph*abs(I2)^2*R2(m)/(slip*omegas);% Electromechanical torque
  Pmech =omegam*Tmech; % Electromechanical power
  Pshaft =Pmech-Prot;

  if (m ==1)
    fprintf('\nExample 6-5 solution:')
  else
    fprintf('\nExample 6-6 solution:')
  end

  fprintf('\n Pmech =% 3.1f [kW], Pshaft =% 3.1f[kW]\n', ...
    Pmech/1000,Pshaft/1000)
  fprintf(' I1 =% 3.1f [A]\n',abs(I1));
end        % end of "for m =1:2" loop
```

6.7 转子电阻的影响:绕线式和双笼型转子

对具有恒定转子电阻的感应电动机的基本限制是,转子的设计必须是折中的,在正常运行条件下的高效率需要小的转子电阻;但是,小的转子电阻会导致低起动功率因数下的小起动转矩和大起动电流。

6.7.1 绕线式转子电动机

应用绕线式转子是避免这种折中设计要求的一种有效方法,在绕线式转子电动机中,其转子绕组被构造成与定子绕组类似的多相绕组。转子绕阻的端点连接到滑环,与滑环相连的静止电刷用于将绕组与外接电阻器串联,外接电阻器则用于调节电机的起动转矩和起动电流。起动时随着电动机转速的上升不断调节电阻器的阻值,直到最终电阻器被短接,从而使电动机在运行时获得最大效率。

改变转子电阻将对转矩-转速特性产生影响,如图 6.16 所示。如果需要大的起动转矩,采用适当的转子电阻值,可以使静止时产生最大转矩,而随着转子转速的上升,通过减小外加电阻,可以使整个加速过程都获得最大转矩。由于转子 I^2R 损耗中的大部分都消耗在外加电阻器上,因此,如果转子绕组包含电阻器电阻,在起动过程中转子的温升将小于我们想象的值。对于正常运行,转子绕组可以在电刷处直接短路,转子绕组本身通常被设计成低电阻以便运行效率高、满载转差率小。除了在对起动要求严格的场合应用,绕线式转子感应电动机还能用于调速驱动系统。它们的主要缺点是比笼型电机的造价高、结构复杂。

改变转子电阻对感应电动机起动和运行特性的主要影响,可以通过下面的例子定量地显示出来。

例 6.7 一台 3 相、460V、60Hz、4 极,500hp 的绕线式转子感应电动机,通过滑环短路,具有下列性能:

满载转差率=1.5%

满载转矩下的转子 I^2R=5.69kW

最大转矩对应的转差率=6%

最大转矩时的转子电流=$2.82I_{2,fl}$,其中 $I_{2,fl}$ 是满载转子电流

在 20% 转差率时的转矩=$1.20T_{fl}$,其中,T_{fl} 是满载转矩

在 20% 转差率时的转子电流=$3.95I_{2,fl}$

如果通过将无感电阻与每个转子滑环串联,使转子回路电阻增加到 $5R_{rotor}$,计算:(a) 电动机产生同样满载转矩时的转差率;(b) 满载转矩时总的转子回路 I^2R 损耗;(c) 满载转矩时的输出功率;(d) 最大转矩时的转差率;(e) 最大转矩时的转子电流;(f) 起动转矩;(g) 起动时的转子电流。用基于满载转矩值的标幺值表示转矩和转子电流。

解:

求解涉及认可这样一个事实,就是转子电阻变化产生的影响是根据归算后的电阻 R_2/s 的变化从定子边来观察的。从等效电路可以看出,对于给定的外加电压和频率,与定子性能相关的所有量由 R_2/s 的值确定,其他阻抗元件保持恒定。例如,如果 R_2 增大一

倍,s 在同时也增大一倍,则从定子端观察不会显示任何变化,只要比率 R_2/s 保持恒定,定子电流和功率因数、传递给气隙的功率以及转矩都不会变化。

通过从转子的观点来讨论当 R_2 和 s 同时增大一倍产生的影响,可以给出其物理意义。站在转子上的观察者会看到合成气隙磁通波以两倍的原始转差速度向后移动,产生两倍的原始转子电压,电压的交变频率也是原始转差频率的两倍,因此转子电抗增大一倍。由于开始假定转子电阻也增大一倍,所以转子阻抗增大一倍,而转子的功率因数不变。因为转子电压和阻抗都增大一倍,所以转子电流的有效值保持不变,只是频率改变,气隙中仍然存在具有同样转矩角的同步旋转磁通和磁势波。站在转子上的观察者与定子上的观察者具有相同观点的是转矩不变。

然而,转子上的观察者会知道有两个变化在定子上没有显示出来:(1) 转子的 I^2R 损耗将加倍;(2) 转子旋转得更慢,因此同样的转矩将产生较小的机械功率。换句话说,从定子端吸收的功率将有更多的部分变为转子中的 I^2R 热量,更少的部分由机械功率获得。

上述的思考过程能够很容易地应用到本例的求解中。

a. 如果转子电阻增加 5 倍,对于同样的 R_2/s 值,即同样的转矩,转差率也必须增加 5 倍。而满载时的原始转差率是 0.015,因此满载转矩时的新转差率是 $5 \times 0.015 = 0.075$。

b. 转子电流的有效值在串联附加电阻之前与满载值相同,因此转子 I^2R 损耗是满载值 5.69kW 的 5 倍,或

$$\text{转子 } I^2R = 5 \times 5.69 = 28.4\text{kW}$$

c. 转差率的增加使标幺值转速从 $1-s=0.985$ 下降到 $1-s=0.925$,由于比率 R_2/s 不变,转矩不变,因此输出功率按比例下降,或

$$P_{\text{mech}} = \left(\frac{0.925}{0.985}\right) \times 500 = 470 \text{ hp}$$

由于气隙功率不变,轴机械功率的减小肯定伴随着转子上 I^2R 损耗的增加。

d. 由于转子电阻增加到 5 倍,最大转矩对应的转差率也增加到 5 倍,而最大转矩时的原始转差率是 0.060,因此转子电阻增加后在最大转矩处的新转差率是

$$s_{\text{maxT}} = 5 \times 0.060 = 0.30$$

e. 对应最大转矩的转子电流有效值与转子电阻无关,只是电流的频率随转子电阻的变化而变化,因此

$$I_{2,\text{maxT}} = 2.82 \, I_{2,\text{fl}}$$

f. 当转子电阻增加到 5 倍,起动转矩将与转差率为 0.20 时的原始运行转矩相同,因此等于没有串联电阻时的运行转矩,也就是

$$T_{\text{start}} = 1.20 \, T_{\text{fl}}$$

g. 增加转子电阻起动时的转子电流将与运行在转差率为 0.20,滑环直接短路时的转子电流相同,即

$$I_{2,\text{start}} = 3.95 \, I_{2,\text{fl}}$$

练习题 6.7

考虑例 6.7 中的电动机,外加电阻加到转子回路中以便在转速等于 1719r/min 下产生满载转矩,计算:(a)用固有转子电阻 R_{rotor} 表示的外加电阻;(b)满载时的转子功率损

耗;(c) 对应的机电功率。

答案:

a. 外加电阻 $= 2R_{rotor}$。

b. 转子 $I^2R = 17.1\text{kW}$。

c. $P_{mech} = 485\text{hp}$。

随着变速驱动的出现,即在定子端施加变频电压和电流从而控制电动机的转差率随其转速变化,使人们能够通过控制外加电源频率,也就是电动机的转差率,在任意期望的电动机转速包括起动状态下获得最大转矩。因此绕线式转子电动机的使用目前已经不太普遍了,因为与其相似的性能已经可以通过使用鼠笼式电动机结合变频器获得。

6.7.2　深槽和双笼型转子

使转子电阻随着转速自动变化的一种简单的、具有创造性的方法是利用这样一个事实,即静止时转子频率等于定子频率,随着转子的加速,转子频率减小到一个非常小的值,对应于正常运行条件下的转速。如果转子导条采用合适的形状和布置,笼型转子能够被设计成在 60Hz 时的有效电阻是其直流电阻的几倍。各种设计方案都利用槽漏磁通对转子导条中的电流分布的电感效应,这种现象类似于交流导体系统中的集肤效应。

首先考虑笼型转子具有深、窄导条的情况,如图 6.21 中的横截面所示。由导条中电流产生的槽漏磁场在槽中的一般特性在图中以示意图的形式显示,若转子铁心的磁导率无穷大,则所有的漏磁力线都通过槽底部的路径闭合,如图所示。现在设想导条由具有微分深度的无穷多层组成,底部的那一层和顶部的那一层在图 6.21 中用阴影线表示,底层的漏电感比顶层的漏电感大,这是因为底层匝链有更多的磁通。由于所有的层在电路上是并联的,在交流情况下,具有低电抗的上层电流将比高电抗的下层电流大,因此将会迫使电流趋于槽的顶部,上层中电流的相位将超前于下层中的电流。

电流的不均匀分布导致导条有效电阻的增加和导条有效漏电感的略微减小,由于电流分布的畸变取决于电感效应,因此有效电阻是频率的函数,同时,它也是导条深度和导条材料的磁导率以及电阻率的函数。图 6.22 表示一个深度为 2.5cm 的铜导条其有效交流电阻与直流电阻的比值随频率变化的曲线,深槽笼型转子可以很方便地设计成在定子频率(对应于转子的静止状态)的有效电阻比它的直流电阻大几倍,随着电动机的加速,转子频率减小,因此转子有效电阻减小,在小转差率时接近它的直流电阻。

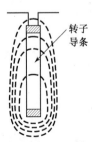

图 6.21　以示意图形式显示槽漏磁通的深槽转子导条

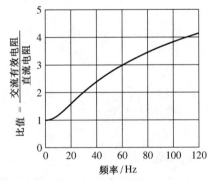

图 6.22　2.5cm 深的转子铜条中的集肤效应

能获得类似结果的另一种可选择方式是图 6.23 所示的双笼布置,在这种情况下,笼型绕组由两层通过端环短接的导条组成,上层导条比下层导条的横截面积小,因此有较大的电阻。槽漏磁场的一般性质如图 6.23 所示,从图中可以看出,下层导条的电感比上层导条大,这是由于穿过两层之间槽的磁通所致,通过以适当比例压缩两导条之间槽的宽度,可以使电感的差别变得相当大。静止时,当转子的频率等于定子频率,下层导条中的电流相当小,因为它们的电抗大,因此静止时转子的有效电阻近似等于电阻较大的上层电阻。然而,对应于小转差率的低频转子,电抗的影响可以忽略,因此转子电阻接近于两层并联的电阻。

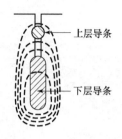

——上层导条

——下层导条

图 6.23 以示意图形式显示槽漏磁通的双笼转子导条

注意到,由于双笼和深槽转子的有效电阻和漏电感随频率改变,而参数 R_2 和 X_2 表示了从定子端观察转子电阻和漏电感的归算效应,所以它们随转子转速变化,而不是常数,严格地讲,需要采用具有多条并联支路的更复杂的等效电路来表示这些情况。

在稳态条件下,6.3 节推导出的简化等效电路仍然可以用于表示这些情况下的感应电机,但是 R_2 和 X_2 必须随转差率改变,如果 R_2 和 X_2 的值随转差率的变化适当地调整,所有基本关系仍然适用于这种情况下的电动机。例如,在计算起动性能时,R_2 和 X_2 应该采用它们在定子频率时的有效值,而在计算小转差率的运行性能时,R_2 应该采用它在低频时的有效值,而 X_2 应该采用定子频率的电抗有效值,它对应于转子漏电感的低频有效值。在转差率的正常运行范围内,转子的电阻和漏电感通常被认为是常数,与它们的直流值完全相同。

6.7.3　电动机应用方面的问题

利用双笼和深槽转子,笼型电动机能够被设计成既具有好的起动特性,同时又有好的运行特性,好的起动特性取决于大的转子电阻,而好的运行特性取决于小的转子电阻。不管怎样设计必须做某些折中,这样的电动机缺乏具有外加转子电阻的绕线式转子电机的灵活性和适应性,因此当对起动性能要求严格时,通常首选绕线式转子电动机。但是正如 6.7.2 节讨论的那样,当笼型电动机与电力电子结合起来,它将拥有绕线式转子电动机的所有适应性和灵活性,因此即使在那些对起动性能要求严格的应用场合,绕线式转子电动机的应用也日益减少。

为了满足工业上一般的需要,制造商的库存中备有 200 马力以下标准额定值范围内的各种标准频率、电压和转速的电动机,因此整马力的三相笼型电动机可以直接获得(较大型的电动机通常被作为特种而非通用的电动机),几种标准的设计可以满足各种起动和运行的需要。图 6.24 所示为 4 种最常用设计中有代表性的转矩—转速特性,尽管个别电动机可能与这些平均曲线略有差别,这也是可以理解的,但这些曲线对于 1800r/min(同步速)的电动机在 7.5 马力到 200 马力额定值范围内确实是相当典型的。

这些设计的特性特征简要介绍如下。

设计类别 A:常规起动转矩,常规起动电流,低转差率

这种设计通常是低电阻、单笼转子。它以起动性能为代价,着重于好的运行性能,满载转差率低,满载效率高,最大转矩通常超过满载转矩的 200%,并且发生在小转差率(小于 20%)处。满载电压下起动转矩在满载转矩的 200% 至 100% 之间变化,在小型电动机中大约为 200%,在大型电动机中大约为 100%。起动电流大(当在额定电压下起动时为满载电流的 500% 到 800%)是这种设计的主要缺点。

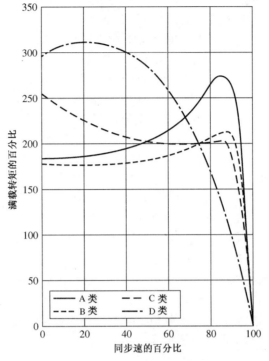

图 6.24　1800r/min 通用感应电动机典型的转矩-转速曲线

在小于 7.5 马力的电机中,起动电流通常在供给电动机的配电系统所能承担的冲击电流的限制范围内,因此可以采用在满载电压下直接起动,否则就要采用降压起动,降压起动会导致起动转矩的降低,这是因为起动转矩与加在电动机端点的电压的平方成正比。起动所需的低电压通常从自耦变压器获得,称为起动补偿器,它可以手动操作或通过继电器自动操作,在电动机加速完成后,给电动机施加满载电压。图 6.25 是一种类型的补偿器电路图,如果要求平滑起动,可以采用在定子中串联电阻或电抗。

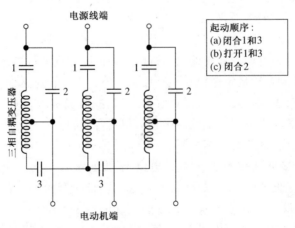

图 6.25　单步起动自耦变压器的连接

A 类电动机在小于 7.5 马力和大于 200 马力的电机中是基本的标准设计,它也被用于额定值介于其间的电机,但对于这些电机,存在的设计问题使它们很难达到 B 类设计对起动电流的限制,它的应用场合与下面描述的 B 类设计基本相同。

设计类别 B:常规起动转矩,低起动电流,低转差率

这种设计的起动转矩与 A 类设计近似相等,但只有 75% 的起动电流,因此可以使全压起动方法用于比 A 类更大的电机,通过设计相对较大的漏电抗来减小起动电流,同时,利用双笼或深槽转子保持转矩不变。这种设计具有很好的满载转差率和效率,与 A 类设计基本相同,但采用大电抗使功率因数略微下降,同时必然减小最大转矩(通常只能获得略超过满载转矩 200% 的最大转矩)。

这种设计对于 7.5 马力到 200 马力范围内的电机最普遍,它用于对起动转矩要求不严格的恒速驱动,例如驱动风扇、吹风机、泵以及工作母机等。

设计类别 C:高起动转矩,低起动电流

这种设计采用的双笼转子比 B 类设计具有更大的转子电阻,其结果是在低起动电流时具有较高的起动转矩,但与 A 类和 B 类设计相比,运行效率较低,转差率较高。典型的应用是驱动压缩机和传动装置等。

设计类别 D:高起动转矩,高转差率

这种设计通常采用单笼、大电阻的转子(一般为铜条),它在低起动电流下产生很高的起动转矩,在 50% 到 100% 转差率处产生很高的最大转矩,但满载时以高转差率运行(7%～11%),因此运行效率低。它的主要用途是驱动承担快速加速任务的间歇性负载以及驱动大的冲击性负载,例如冲压印刷机和剪床。当驱动大的冲击性负载时,电动机一般带有飞轮,它帮助提供冲击,并且减小从供电系统吸收功率的脉动,同时要求电动机的转速随着转矩的增加略微下降,以便飞轮能够缓慢下降,将它的部分动能传递给冲击。

6.8 小　结

在多相感应电动机中,当转子掠过同步旋转的定子磁通波时,在转子绕组中感应转差频率的电流,这样的转子电流又产生与定子磁通波同步的磁通波,这两个磁通波相互作用产生转矩。当电动机上的负载增加时,转子转速下降,从而使转差率增大、转子感应电流增加以及转矩增大。

观察多相感应电动机中磁通－磁势的相互作用可以看出,从电的角度讲,电机是一种形式的变压器,感应电机中同步旋转的气隙磁通波与变压器铁心中的互磁通相似,旋转磁场在定子绕组中感应定子频率的电势,在转子绕组中感应转差频率的电势(对除同步速之外的所有转子转速),因此感应电机在改变电压的同时改变频率。当从定子端观察时,转子的所有电和磁的现象转换成了定子频率,转子磁势作用在定子绕组上的方式与变压器中二次侧电流的磁势作用于一次侧相同,沿着这条推理的思路深入下去,就可以得到与变压器等效电路非常相像的多相感应电动机的单相等效电路。

在对起动条件没有非常严格要求而转速基本恒定的应用场合,通常首选笼型电动机,因为它耐用、结构简单以及价格相对较低。这种电机唯一的缺点是功率因数较低(对于 4 极,

60Hz 的电动机在满载时功率因数为 0.85～0.90，对于轻载和较低转速的电动机其功率因数相当低)，功率因数低是由于所有的励磁都必须靠交流电源提供的滞后性无功功率来供给。

很明显，对感应电动机的应用会产生影响的一个事实是，最大转矩对应的转差率可以通过改变转子电阻来控制，采用大的转子电阻可以获得最优的起动性能，但是运行性能很差，而小的转子电阻又会导致不满意的起动性能，因此，笼型电动机的设计一般采取折中方法。

在笼型电动机中采用深槽或双笼型转子，由于它们的有效电阻会随转差率增加，因此可以显著地改进起动性能，同时又能基本保证运行性能。绕线式转子电动机用于对起动要求非常严格的场合，或要求通过转子电阻控制转速的场合。电动机固态变频驱动器使感应电动机在变速应用中有了相当大的适用性，这些问题将在第 10 章中讨论。

6.9　第 6 章变量符号表

δ_r, ϕ	相位角[rad]
ω_m	机械角速度[rad/s]
ω_s	同步角速度[rad/s]
$\boldsymbol{\Phi}_{sr}$	气隙合成磁通[Wb]
$\boldsymbol{E}$	电势，复数量[V]
$\boldsymbol{V}$	电压，复数量[V]
f_e	电频率[Hz]
ω_e	电角频率[rad/s]
f_r	转子电频率[Hz]
F_r	转子磁势[A]
$\boldsymbol{I}$	电流，复数量[A]
$\boldsymbol{I}_\varphi$	励磁电流，复数量[A]
$\boldsymbol{I}_c$	励磁电流的铁耗分量，复数量[A]
$\boldsymbol{I}_m$	励磁电流的磁化分量，复数量[A]
K	常数
n	转速[r/min]
n_s	同步转速[r/min]
N	匝数
poles	极数
q	相数
R	电阻[Ω]
s	滑差(转差率)
T	转矩[N·m]
X	电抗[Ω]
Z	阻抗[Ω]

下标:

bl	堵转
c	铁心
eff	有效
fl	满载
gap	气隙
in	输入
m	磁化
max	最大
maxT	最大转矩
mech	机械
nl	空载
re	电气量额定值
rot	旋转
s	转差频率(滑差频率)
start	起动
shaft	转轴
eq	等效
rotor	转子

6.10 习　题

6.1 一台 400V、35kW、50Hz、4 极的感应电动机的铭牌数据表明,它在额定负载时的转速是 1458r/min,假设电动机运行在额定负载:

a. 转子的转差率是多少?

b. 转子电流的频率是多少?

c. 定子产生的相对定子的气隙磁通波的角速度是多少? 相对转子呢? 角速度以 rad/s 为单位。

d. 转子产生的相对定子的气隙磁通波的角速度是多少? 相对转子呢? 角速度以 rad/s 为单位。

6.2 一台 60Hz、2 极、208V 的绕线式转子感应电动机,其三相定子绕组的每相串联匝数为 42 匝,转子绕组的每相串联匝数为 38 匝。当电动机运行在额定电压下,观察到其运行转速为 3517r/min。计算表明在这种运行状态下,气隙磁通在定子绕组中产生的线电压为 193V,试计算在转子绕组中产生的对应电压。

6.3 杂散漏磁场将在沿感应电动机轴向安装的检拾线圈中感应出转子频率的电压,测量这些感应电压的频率可以用于确定转子的转速。

a. 如果感应电压的频率是 0.73Hz,一台 50Hz、6 极的感应电动机以 r/min 表示的转子转速是多少?

b. 计算对应于运行在 1763r/min 转速下的 4 极、60Hz 感应电动机的感应电压的频率,对应的转差率是多少?

6.4 一台三相感应电动机由 60Hz 的三相电源供电,空载时以近似 1198r/min 的转速运行,满载时以 1198r/min 的转速运行。

a. 这台电动机有多少极?

b. 满载时以百分比表示的转差率是多少?

c. 对应的转子电流的频率是多少?

d. 以 r/min 表示的转子磁场相对转子的转速是多少?相对定子呢?

6.5 直线感应电动机已经被建议用于包括高速地面运输的各种应用场合。基于感应电动机原理的直线电动机由轨道和骑放在轨道上的小车组成。轨道是一个展开的笼型绕组;小车长 6.7m,宽 1.75m,有展开的三相、12 对极的电枢绕组。40Hz 的电源由经过槽伸到地面下导电轨的送电臂馈电给小车。

a. 以 km/h 为单位的同步速是多少?

b. 车厢将达到这个速度吗?解释你的回答。

c. 如果车厢以 89km/h 的速度移动,转差率是多少?在这个条件下轨道中电流的频率是多少?

d. 如果用控制系统控制车厢电流的大小和频率来保持恒定的转差率,当车厢以 75km/h 的速度移动时,电枢绕组电流的频率是多少?在此条件下轨道中电流的频率是多少?

6.6 208V,60Hz 的感应电动机其定子绕组的每个线圈为 10 匝,现将电动机重绕用于 400V,50Hz 运行。试计算重绕电动机的每线圈匝数,以使其运行在与原始电动机相同的磁通密度下。

6.7 描述下列原因对感应电动机转矩-转速特性的影响:(a) 外加电压减小一半;(b) 外加电压和频率都减小一半。以额定电压和额定频率下的转矩-转速曲线为基准,画出上述两种情况下的转矩-转速曲线。忽略定子电阻和漏电抗的影响。

6.8 图 6.26 所示的系统用于将对称的 60Hz 电压转换到其他频率。同步电动机有 6 极,

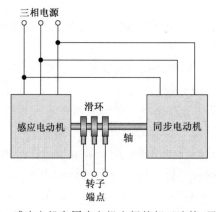

图 6.26 感应电机和同步电机之间的相互连接(习题 6.8)

以顺时针方向驱动连接轴。感应电机有 4 极,定子绕组连接到电源,并且产生逆时针旋转的磁场(与同步电机旋转的方向相反),感应电机具有绕线式转子,它的端部通过滑环引出。

a. 当系统由 50Hz 的电源供电时,同步电动机在什么转速下运行?

b. 感应电动机在滑环处产生的电压频率是多少?

c. 如果感应电动机定子的两个引出线互换,使产生的旋转磁场的转向相反,那么感应电动机在滑环处产生的电压频率将是多少?

6.9 一台三相、8 极、60Hz、4160V、1000kW 的笼型感应电动机,归算到定子边以欧姆表示的每相等效电路参数如下所示:

$$R_1 = 0.187 \qquad R_2 = 0.176 \qquad X_1 = 1.66 \qquad X_2 = 2.06 \qquad X_m = 38.85$$

计算在所提出的下列设计修改下这些参数的变化,每次只考虑一项修改:

a. 用一个横截面积增大 6% 而其他条件相同的绕组来代替原来的定子绕组。

b. 减小定子铁心叠片的内径,使气隙减小 15%。

c. 用铜导条(电导率为 3.5×10^7 S)代替转子铝导条(电导率为 5.8×10^7 S)。

d. 将原来以 Y 方式连接在 4160V 下运行的定子绕组重新连接,以 △ 方式连接在 2.4kV 下运行。

6.10 三相感应电动机的每相等效电路参数以欧姆为单位表示其数值为

$$R_1 = 0.17 \qquad R_2 = 0.24 \qquad X_1 = 1.05 \qquad X_2 = 0.87$$
$$X_m = 82.1 \qquad\qquad R_c = 435$$

当电动机运行在 3.5% 的转差率下,并且其端点线电压为 460V 时,

a. 计算电动机相电流与输入的有功和无功功率。

b. 计算机械输出功率与转子中消耗的功率。假设转子摩擦和风阻损耗为 270W。

c. 计算电动机铁心损耗与效率。

6.11 编写 MATLAB 代码,计算感应电动机在给定等效电路参数和摩擦与风阻力损耗下的输入电流、功率因数、输出功率和效率。程序的输入为电动机端电压和运行转差率。针对习题 6.10 运行程序。

6.12 一台三相、Y 连接、460V(线—线)、37kW、60Hz、4 极的感应电动机,归算到定子边以欧姆表示的每相等效电路参数如下:

$$R_1 = 0.070 \qquad R_2 = 0.152 \qquad X_1 = 0.743 \qquad X_2 = 0.764 \qquad X_m = 40.1$$

假设总的摩擦和风阻损耗为 390W 并保持不变,铁心损耗等于 325W。若电动机直接连接到 460V 电源上,计算当转差率分别为 1%、2% 和 3% 时的转速、轴上输出的转矩和功率、输入功率、功率因数和效率。你可以选择用直接跨接在电动机端点的电阻表示铁心损耗,或者用与励磁电抗 X_m 并联的电阻 R_c 来表示。

6.13 已知一台 460V、三相、4 极的感应电动机具有下列以欧姆为单位的每相等效电路参数,绕组为 Y 连接:

$$R_1 = 19.7 \times 10^{-3} \qquad X_1 = 0.129 \qquad X_2 = 0.187 \qquad X_m = 13.9$$

观察到电动机运行在端点线电压 450V 下,其输入功率为 95kW,转速为 1780.7r/min。假设电动机铁心损耗为 1200W,摩擦与风阻损耗为 700W,试计算

每相等效电路中的转子电阻 R_2。提示:采用 MATLAB 编程搜索是最容易的求解方法。

6.14 一台三相、4 极、75kW、460V 的感应电动机具有下列以欧姆为单位的每相等效电路参数:

$$R_1 = 24.5 \times 10^{-3} \qquad R_2 = 55.2 \times 10^{-3} \qquad X_1 = 0.267$$
$$X_2 = 0.277 \qquad X_m = 19.8$$

假设电动机的摩擦与风阻力损耗为 1250W,460V 电压下的铁心损耗为 780W 且在整个运行过程中保持不变。

   a. 计算当电动机运行在 460V 且具有额定输出功率时的转差率、转速、输入电流、功率因数和效率。提示:最容易的求解方法是采用 MATLAB 编程搜索所期望的运行点。

   b. 当电动机在 460V 电压下满载运行(a 部分),以及运行在 75%、50% 和 25% 的额定负载下与空载运行时,绘制包括电动机转差率、转速、输入电流、功率因数和效率的表格。

6.15 习题 6.14 中的电动机采用变频变压三相驱动器供电运行,驱动器输出线电压与频率成正比,且在 60Hz 时为 460V。假设电动机参数(电阻和电感)不随外加电压的大小和频率变化,同时假设在这种运行状态下,摩擦和风阻损耗随电动机转速的三次方变化(在 1800r/min 下为 1250W),铁心损耗随外加电压频率的平方变化。

   a. 计算当电动机运行在 460V 且具有额定输出功率时的转差率、转速、输入电流、功率因数和效率。提示:最容易的求解方法是采用 MATLAB 编程搜索所期望的运行点。

当电动机驱动器的频率低于 60Hz 时,电动机最大输出功率对应于使电动机输入电流等于(a)中电流的功率。

   b. 计算这个系统在频率为 50Hz 时所能供给的最大负载功率,并计算对应的端电压、转差率、转速、功率因数和效率。

6.16 考虑习题 6.12 中运行在额定端电压下的感应电动机。

   a. 计算对应于轴上额定输出功率为 37kW 的电动机转速,用 r/min 表示(提示:这个问题通过编写 MATLAB 程序并改变电动机转差率进行搜索很容易解决)。

   b. 类似地,计算当电动机轴上没有外加负载时的运行速度,用 r/min 表示(假设在该转速下电动机的负载只有摩擦和风阻损耗)。

   c. 当电动机输出功率从 5kW 变化到满载时,画出电动机效率随输出功率的变化曲线。

6.17 编写 MATLAB 程序,分析三相感应电动机运行在额定频率和电压下的性能。输入变量应为电动机的额定电压、功率和效率、极数、等效电路参数和旋转损耗。在给定转速下,程序应该能计算电动机的输出功率、输入功率、功率因数以及电动机的效率。用你的程序试算一台运行在 1466r/min 转速下的 450kW、3.3kV、三相、50Hz、4 极的感应电动机,它在额定转速下的旋转损耗是 2.8kW,铁心损耗是 3.7kW,以每相欧姆为单位的等效电路参数为

$$R_1 = 0.178 \qquad R_2 = 0.28 \qquad X_1 = 2.28 \qquad X_2 = 2.69 \qquad X_m = 215$$

6.18 一台三相、6 极、120kW、460V 的铸铝笼型感应电动机具有下列以欧姆为单位的每相等效电路参数：

$$R_1 = 15.3 \times 10^{-3} \qquad R_2 = 34.5 \times 10^{-3} \qquad X_1 = 0.183$$
$$X_2 = 0.219 \qquad X_m = 13.4$$

假设电动机摩擦和风阻损耗为 1370W，并且在正常运行过程中保持不变。460V 下的铁心损耗为 1100W。

   a. 当电动机运行在 460V 且提供额定功率时，绘制包括电动机转差率、转速、输入电流、功率因数和效率的表格。提示：最容易的求解方法是采用 MATLAB 编程搜索所期望的运行点。

   b. 制造商想用另外一个尺寸相同的转子替代这台电动机的转子，使其转子鼠笼由铸铝改为铜条焊接。假设铜的电导率为铝的 1.5 倍，对于这种新转子的电动机，重新计算(a)部分。扩展(a)中的表格使其包括铜条焊接转子电动机的性能，并比较两种转子的计算结果。

   c. 当电动机运行在额定电压下且分别具有 75%、50% 和 25% 的额定负载时，比较铸铝转子和铜条焊接转子电动机的性能。

6.19 一台 10kW、460V、三相、Y 接法、60Hz、6 极的笼型感应电动机在额定电压和频率下运行，当转差率为 3.2% 时产生额定转矩，在本题中可以忽略旋转损耗和铁心损耗，已知以欧姆表示的电动机每相参数如下：

$$R_1 = 1.26 \qquad X_1 = X_2 = 1.56 \qquad X_m = 60.6$$

计算：(i)电动机的额定转矩；(ii)在额定电压和频率下的最大转矩和对应的转速；(iii)在额定电压和频率下的起动转矩和起动电流。

6.20 一台三相感应电动机运行在额定电压和频率下，起动转矩和最大转矩分别为额定负载转矩的 115% 和 230%，假设不同转差率下的转子参数恒定，并忽略定子电阻和旋转损耗的影响，且假设转子电阻恒定，计算：

   a. 最大转矩时的转差率。

   b. 额定负载时的转差率。

   c. 起动时的转子电流(用额定负载时转子电流的百分比表示)。

6.21 一台三相笼型感应电动机在额定电压和频率下运行，在 7.6% 转差率下输出满载功率，在 62% 转差率下产生的最大转矩为满载转矩的 255%。忽略铁心损耗和旋转损耗，假设转子电阻和电感保持恒定，与转差率无关。计算在额定电压和频率下的起动转矩，以满载转矩值为基值的标幺值表示。

6.22 一台三相、6 极、125kW、575V、60Hz 的铸铝笼型感应电动机具有下列以欧姆为单位的每相等效电路参数：

$$R_1 = 19.5 \times 10^{-3} \qquad R_2 = 30.6 \times 10^{-3} \qquad X_1 = 0.249$$
$$X_2 = 0.294 \qquad X_m = 23.5$$

这台电动机作为发电机运行，被连接到 575V 且具有 0.19Ω 串联等效电阻的系统上。当这台发电机的输出电功率为 110kW 时，试计算以 r/min 为单位的转速和端电压。

6.23 一台 1.5MW、2400V、4 极、60Hz 的感应电机，归算到定子侧以欧姆为单位的每相等效电路参数如下：

$$R_1 = 0.0384 \qquad R_2 = 0.0845 \qquad X_1 = 0.182$$
$$X_2 = 0.0780 \qquad X_m = 32.7$$

当作为电动机运行且转差率为 2.35% 时，在轴上获得效率为 95.2% 的额定输出功率。电机作为发电机运行，由风力机驱动，它将被连接到 60Hz、2400V 的无穷大母线配电系统。

a. 从给定数据计算额定负载时总的旋转和铁心损耗。

b. 用风力机驱动感应电机以 −2.35% 转差率运行，计算：(i)以 MW 为单位的电功率输出；(ii)用百分比表示的效率（轴上每单位输入功率下的电功率输出）；(iii)在电机端测量的功率因数。

c. 发电机连接的实际配电系统具有 $0.041 + j0.15\Omega/$相 的有效阻抗，对于 −2.35% 的转差率，计算：(i)在无穷大母线处；(ii)电机端测量得到的电功率。

6.24 对于习题 6.23 中的感应发电机，编写 MATLAB 程序，将效率作为输出电功率的函数，画出当转速从 1800r/min 变化到 1840r/min 时的效率曲线。假设发电机在配电系统中运行，系统具有习题 6.23(c)中的馈线阻抗。

6.25 对于一台运行在额定电压和频率下的 75kW、460V、三相、60Hz 的笼型电动机，最大转矩时的转子 I^2R 损耗是额定负载转矩时的 8.5 倍，额定负载转矩下的转差率为 0.026，定子电阻和旋转损耗可以忽略不计。假设转子电阻和电感恒定，以满载转矩的标幺值表示转矩，求：

a. 最大转矩时的转差率。

b. 最大转矩。

c. 起动转矩。

6.26 一台笼型感应电动机运行在 3.5% 的满载转差率下，起动时的转子电流是满载转子电流的 4.8 倍，转子电阻和电感与转子频率无关，旋转损耗、负载杂散损耗和定子电阻均忽略不计，用满载转矩的标幺值表示转矩，计算：

a. 起动转矩。

b. 最大转矩和最大转矩下的转差率。

6.27 一台 460V、三相、4 极、60Hz 的笼型感应电动机，当运行在额定电压和频率下，在 16% 转差率时产生 1160N·m 的最大电磁转矩。若这台电动机运行在 380V、50Hz 的供电电源下，定子电阻的影响忽略不计，试计算其最大电磁转矩。在这种运行状态下产生最大电磁转矩的转速是多少？转速单位为 r/min。

6.28 一台△连接、125kW、460V、三相、4 极、50Hz 的笼型感应电动机，以欧姆表示的每相等效电路参数如下：

$$R_1 = 0.033 \qquad R_2 = 0.045 \qquad X_1 = 0.28 \qquad X_2 = 0.31 \qquad X_m = 7.7$$

a. 当这台电动机直接连接到 460V 电源时，计算起动电流和转矩。

b. 为了限制起动电流，建议起动时定子绕组以 Y 连接，然后在正常运行时换接到△连接。(i)对于 Y 连接以欧姆表示的每相等效电路参数是多少？(ii)当电动机按 Y 连接,并在 460V 电源下运行时,计算起动电流和转矩。

6.29 一台△连接、25kW、380V、三相、6 极、50Hz 的笼型感应电动机具有下列以每相欧姆为单位的等效电路参数:

$$R_1 = 0.12 \quad R_2 = 0.15 \quad X_1 = 0.79 \quad X_2 = 0.76 \quad X_m = 26.2$$

这台电动机连接到风扇负载,其负载大小正比于转速的三次方,如下所示:

$$P_{fan} = 23 \left(\frac{r/min}{1000} \right)^3 \text{kW}$$

电动机与风扇的整体转动惯量等于 $1.8\text{kg} \cdot \text{m}^2$,施加 230V 的端电压起动。

a. 计算风扇的稳态运行转速。

b. 计算电动机起动瞬间输入电流的有效值。

c. 采用 MATLAB 画出(i)电动机转速和(ii)电动机电流有效值随时间的变化曲线。提示:编写一个简单的矩形积分程序很容易求解,或者采用 MATLAB/Simulink 来求解。

6.30 已知一台△连接、50kW、380V、三相、2 极、50Hz 的笼型感应电动机具有下列以每相欧姆为单位的等效电路参数:

$$R_1 = 0.063 \quad R_2 = 0.095 \quad X_1 = 0.39 \quad X_2 = 0.32$$

$$X_m = 14.8 \quad R_c = 113$$

在额定转速下电动机的摩擦与风阻损耗等于 150W。

a. 针对在额定电压和额定频率下所做的空载实验,试计算空载输入电流和输入功率。

b. 针对在 12.5Hz 的频率和额定电流下所做的堵转试验,试计算堵转线电压和输入功率。

c. 采用 6.6 节中的近似方法,根据(a)和(b)中得到的空载和堵转"试验"结果计算电动机的等效电路参数。假设 R_1 等于给定值,并且 $X_1 = X_2$。比较参数的计算值和给定值。

6.31 习题 6.30 中的感应电动机以 Y 方式重新连接并运行在 660V 的端电压下,重复习题 6.30 中的计算。

6.32 下列数据适用于 250kW、2300V、三相、6 极、60Hz 的笼型感应电动机:

• 相与相端点间的定子电阻=0.52Ω

• 在额定频率和电压下的空载试验:
  线电流=2.1A   三相功率=2405W
  在额定转速下的摩擦与风阻损耗确定为 750W。

• 在 15Hz 下的转子堵转试验:
  线电压=182V   线电流=62.8A
  三相功率=10.8kW

a. 计算空载铁心损耗。

b. 采用合理的工程近似方法,计算以欧姆为单位的等效电路参数,假设 $X_1 = X_2$ 并且铁心损耗电阻 R_c 直接连接在电动机端点处。

c. 当电动机以 3.1% 的转差率运行在额定电压和频率下,试计算:

- 定子电流。

- 输入功率。

- 功率因数。

- 定子、铁心和转子功率损耗。

- 输出功率。

- 效率。

d. 假设铁心损耗电阻 R_c 与激磁阻抗 X_m 并联,重新计算(c)部分,并与(c)部分的计算结果相比较。

6.33 两台 150kW、460V、三相、4 极、60Hz 的笼型感应电动机,其定子和转子半径相同,但转子导条尺寸不同。在任何一对定子端测得的直流电阻是 33.9mΩ,在 60Hz 下的转子堵转试验结果如下所示:

电动机	电压(伏)(线—线)	电流(安培)	三相功率(千瓦)
1	70.5	188.3	3.12
2	60.7	188.3	6.81

计算(a)在同样电流下和(b)在同样电压下,电动机 2 产生的起动转矩与电动机 1 的起动转矩的比值。可以做合理的假设。

6.34 编写 MATLAB 程序,从开路试验和转子堵转试验计算三相感应电动机的 Y 接法等效电路参数。

输入:

- 额定频率

- 额定转速下的旋转损耗

- 额定转速下的空载试验:电压、电流和功率

- 转子堵转试验:频率、电压、电流和功率

- 测量的相—相定子电阻

- 假设比值 X_1/X_2

输出:

- 等效电路参数 R_1、R_2、R_c、X_1、X_2 和 X_m

如果旋转损耗的值无法得到,可以置其为零。

a. 基于 6.6 节中给出的关于近似计算的 MATLAB 代码,计算一台 2300V、三相、50Hz、150kW 的感应电动机,已知电动机的试验结果如下:

相与相端点间的定子电阻=0.428Ω

在额定频率和电压下的空载试验:

线电流=12.8A   三相功率=2.31kW

在 12.5Hz 下的转子堵转试验:

线电压=142V   线电流=43.1A

三相功率=4.87kW

你可以假设 $X_1 = 0.45(X_1 + X_2)$。

b. 将(a)中计算得到的参数值修改为,当采用图 6.8 中精确的等效电路用于仿真空载和堵转试验时,其仿真结果与试验结果完全匹配。这很容易实现,通过加

入 MATLAB 代码在(a)中得到的参数值附近搜索,直到得到与试验结果匹配的精确等效电路。将这些"精确"参数值与(a)中得到的参数值相比较。

6.35 一台 50kW、50Hz、4 极、380V、三相绕线转子感应电动机,当转子短路时,在 1447r/min 转速下产生满载转矩。电动机产生的最大转矩为 542N·m。外加的 0.9Ω 无感电阻与每相转子绕组串联,观察到电动机在 1415r/min 转速下产生额定转矩。计算电动机本身的每相转子电阻。

6.36 一台 125kW、380V、三相、6 极、50Hz 的绕线式转子感应电动机,转子通过端环直接短路,当在额定电压和频率下以 17% 的转差率运行时,产生 225% 的最大转矩。定子电阻和旋转损耗可以忽略,转子电阻和电感可以假设为常数,即与转子频率无关。计算:

a. 满载时以百分数表示的转差率。

b. 满载时以瓦为单位的转子 I^2R 损耗。

c. 在额定电压和频率下以标幺值和 N·m 表示的起动转矩。

若转子电阻加倍(通过在滑环处接入外加串联电阻),同时调节电动机负载使线电流等于对应于没有外加电阻时在额定负载下的电流值,计算:

d. 相应的转差率,以百分数表示。

e. 以 N·m 为单位的转矩。

6.37 一台三相、Y 连接、460V(线电压)、25kW、60Hz、4 极的绕线式转子感应电动机,具有下列归算到定子侧的等效电路参数,以欧姆每相为单位:

$$R_1 = 0.10 \quad R_2 = 0.08 \quad R_c = 1270 \quad X_1 = 1.12$$
$$X_2 = 1.22 \quad X_m = 253$$

a. 忽略旋转损耗和铁心损耗的所有影响,采用 MATLAB 画出在额定电压和额定频率下运行时电磁转矩随转速的变化曲线。

b. 假设转子电阻分别增加到 5、10 和 30 倍,在同一图上画出这台电动机的电磁转矩随转速的变化曲线。

c. 电动机连接到风扇负载,其负载机械特性为转矩随转速的平方变化,且在 1800r/min 下所需转矩为 117N·m,在同一图上画出风扇的转矩特性。

d. 对于四种转子电阻值分别计算出风扇的转速和功率。转速单位为 r/min,功率单位为 kW。

6.38 一台 575V、三相、4 极、60Hz、125kW 的绕线式转子感应电动机,当运行在额定电压和频率下且转子端部短路时,在 5.5% 转差率下产生 195% 的转矩和 210% 的线电流(转矩和电流表示为它们满载值的百分比),测量得到的每个滑环之间的转子电阻是 95mΩ,并可以假设保持不变。当一组对称的 Y 连接电阻器接到滑环上,以便将额定电压下的起动电流限制在它额定值的 210%,在 Y 连接的每条路径上必须选择多大的电阻?在这种情况下的起动转矩以额定转矩的百分比表示将是多少?

6.39 一台 100kW、三相、60Hz、460V、8 极的绕线式转子感应电动机,当运行在额定电压和频率下且端环直接短路时,在 869r/min 转速下产生额定满载输出功率,在额定电压和频率下产生的最大转矩是满载转矩的 295%,转子绕组的电阻是 0.18Ω/

相,忽略旋转损耗、杂散负载损耗和定子电阻的影响。

a. 计算满载时转子的 I^2R 损耗。

b. 计算最大转矩时的转速,单位为 r/min。

c. 为了产生最大起动转矩,必须在转子绕组中串联多大的电阻?

当转子绕组直接短路,电动机由 50Hz 电源供电,调节外加电压,使气隙磁通波与在额定 60Hz 的电源下运行时相等:

d. 计算 50Hz 的外加电压。

e. 计算当电动机产生的转矩等于它在额定 60Hz 下滑环短路时的转矩时,电动机所对应的转速。

6.40 一台 575V、175kW、60Hz、6 极的绕线式感应电动机具有下列以欧姆每相为单位的参数:

$$R_1 = 0.023 \qquad R_2 = 0.081 \qquad R_c = 287 \qquad X_1 = 0.25$$
$$X_2 = 0.29 \qquad X_m = 57$$

当从转子滑环两端测量时,转子的相-相电阻为 0.23Ω。为了求解本题,可以假设这台电动机驱动一个 $950\text{N} \cdot \text{m}$ 的恒转矩负载。提示:本题最容易的求解方法是,采用 MATLAB 搜索与所给判据匹配的运行点。

a. 如果电动机运行在额定电压下且转子滑环被短接,求电动机以 r/min 为单位的转速、负载功率、输入电流、效率和转子上的功率损耗。

b. 计算必须加在滑环上以使电动机转速达到 1050r/min 的外加电阻,以欧姆每相为单位。并求此时电动机以 r/min 为单位的转速、负载功率、输入电流、效率和转子上的功率损耗,同时计算外加转子电阻器上消耗的功率。

第7章 直流电机

直流电机的特征体现为其运行特性的多样性。结合励磁绕组的并励、串励、他励以及复励等各种方式,可将直流电机设计为在动态运行和稳态运行下具有不同的电压-电流特性(即发电机外特性)或转速-转矩特性(即电动机机械特性)。由于直流电动机的转速易于控制,因而直流电机拖动系统经常用于需要大范围调速或者需要精确控制电动机输出的场合。近年来,固态交流驱动技术已经得到长足的发展,在一些以前几乎是直流电机专属的应用场合,交流驱动系统正逐步替代直流电机。然而,直流电机特性的多样性再加上其驱动系统相对简单,会确保其仍将继续广泛应用于很多场合。

7.1 概 述

直流电机的基本特征示意图如图 7.1 所示,定子是凸极结构,磁极上有一个或多个励磁线圈,励磁绕组产生的气隙磁通关于磁极的中心线对称分布,这个中心线被称为磁场轴线或直轴。

就像在 4.6.2 节所讨论的,电枢回路向外部的引线连接到静止电刷,利用旋转的换向器和静止的电刷,就可以将每个旋转电枢线圈内部产生的交流电势转换成电枢外部接线端上的直流电势。因此,换向器和电刷结合在一起组成了一个机械整流器,它使电枢绕组输出直流电势,同时,使电枢磁势波在空间固定分布。换向器的工作原理将在 7.2 节详细讨论。

电刷的位置要这样安排:当线圈边位于中性区,即两极之间时,它正好处于换向状态,那么,电枢磁势波与磁极轴线相距 90 电角度,即位于交轴。在图 7.1(a) 的示意图中,电刷被放在交轴,因为这就是电刷(通过换向器)所连接电枢线圈的位置。电枢磁势波于是将沿着电刷的轴线,如图所示(实际电机中,例如参见图 7.7,因为受线圈端部到换向器连接线形状的影响,所以电刷的几何位置与示意图中的位置近似相差 90 电角度)。为简单起见,通常采用图 7.1(b)所示的电路符号。

尽管电磁转矩和电刷两端呈现的速度电势在某种程度上取决于磁通分布的空间波形,但为方便起见,我们仍然像第 4 章那样假设气隙磁通在空间正弦分布,这样,转矩可以用 4.7.2 节的磁场观点得到。

采用与式 4.83 推导过程的直接类比,电磁转矩 T_{mech} 可以根据每极直轴气隙磁通 Φ_d 与电枢磁势波的空间基波分量 F_{a1} 的相互作用来表示。具体来说,式 4.75 可以根据净直轴(定子)磁动势(用 F_d 代替 F_s)与基波净电枢绕组(转子)磁动势(用 F_{a1} 代替 F_r)来重新表示为

$$T_{mech} = -\left(\frac{poles}{2}\right)\left(\frac{\mu_0 \pi Dl}{2g}\right) F_d F_{a1} \sin\delta_{sr} \tag{7.1}$$

通过与式 4.82 类比并注意到 $B_d = \mu_0 F_d / g$,可以根据直轴磁通求解 F_d 如下:

$$F_d = \left(\frac{g \times \text{poles}}{2\mu_0 Dl} \right) \Phi_d \tag{7.2}$$

当电刷位于交轴时,两个磁场相距 90 电角度,其正弦值等于 1。将式 7.2 代入式 7.1 并置 $\delta_{sr} = 90°$ 可以得到

$$T_{\text{mech}} = \frac{\pi}{2} \left(\frac{\text{poles}}{2} \right)^2 \Phi_d F_{a1} \tag{7.3}$$

由于转矩的正方向可以根据物理概念得到,式中的负号被去掉了。电枢磁势锯齿波的峰值由式 4.10 给出,磁势的基波分量 F_{a1} 是其峰值的 $8/\pi^2$ 倍,因此

$$F_{a1} = \left(\frac{8}{\pi^2} \right) \left(\frac{C_a}{2m \cdot \text{poles}} \right) i_a \tag{7.4}$$

将式 7.4 代入式 7.3 得到

$$T_{\text{mech}} = \left(\frac{\text{poles} \, C_a}{2\pi m} \right) \Phi_d i_a = K_a \Phi_d i_a \tag{7.5}$$

式中:i_a 为外部电枢回路中的电流;C_a 为电枢绕组的总导体数;m 为电枢绕组的并联支路数。这里,

$$K_a = \frac{\text{poles} \, C_a}{2\pi m} \tag{7.6}$$

是由绕组设计决定的常数。

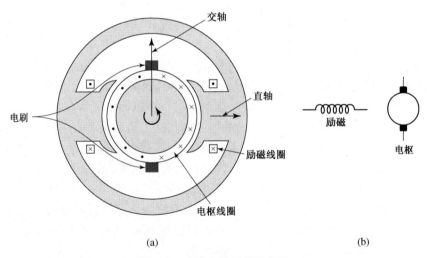

图 7.1　直流电机原理示意图

在 4.6.2 节中,我们给出了当电枢绕组只有一个线圈时,其产生电势经过整流后的波形,如图 4.30 所示。当电枢绕组由分布在不同槽中的几个线圈组成时,其电势波形如图 7.2 所示,图中,每个整流后的正弦波表示每个线圈中产生的电势,当线圈边位于主磁极的中性区时,线圈处于换向状态。

从电刷两端观察到的感应电势是电刷间所有串联线圈感应电势之和,用 e_a 表示,其波形如图 7.2 中所示的波浪线。当每极有 12 个左右的换向片时,这种波动将变得很小,在电刷间观测到的平均感应电势为所有整流后的线圈电势平均值之和。由式 4.55 可以得出电刷间的整流电势 e_a,也称为速度电势,为

$$e_{\mathrm{a}} = \left(\frac{\text{poles}\, C_{\mathrm{a}}}{2\pi\, m} \right) \varPhi_{\mathrm{d}} \omega_{\mathrm{m}} = K_{\mathrm{a}} \varPhi_{\mathrm{d}} \omega_{\mathrm{m}} \tag{7.7}$$

式中，K_{a} 是式 7.6 定义的绕组常数。分布绕组的整流电势等于集中线圈整流电势的平均值，两者的区别是，采用分布绕组使电势的波动大大减小。

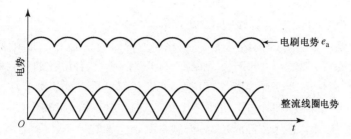

图 7.2　直流电机中电刷间的整流线圈电势和合成电势

若所有变量用 SI 单位制表示，从式 7.5 和式 7.7 可以得到

$$e_{\mathrm{a}} i_{\mathrm{a}} = T_{\mathrm{mech}} \omega_{\mathrm{m}} = P_{\mathrm{mech}} \tag{7.8}$$

值得注意的是，式中转矩和机械角速度的乘积表示机械功率，因此这个公式可以简单地描述为：与速度电势相关的瞬时电功率等于与电磁转矩相关的瞬时机械功率，功率流的方向取决于电机是作为电动机运行还是作为发电机运行。

直轴气隙磁通是由励磁绕组的总磁势 $\sum N_{\mathrm{f}} i_{\mathrm{f}}$ 产生的，磁通与磁势的关系特性被称为电机的磁化曲线，典型的磁化曲线形状如图 7.3(a) 所示。由于电枢磁势波的轴线由电刷的位置决定，位于交轴，与主磁极的磁场轴线垂直，因此图中假设电枢磁势对直轴磁通没有影响，但在本章的后面部分，当我们详细研究饱和对电机的影响时，还需要重新检验这个假设。这里需要注意的是，图 7.3(a) 中的磁化曲线没有通过原点，这是因为电机的主磁极结构中存在剩磁，也就是说，当主极磁势减小到零时，磁极的磁性材料并没有被完全去磁。

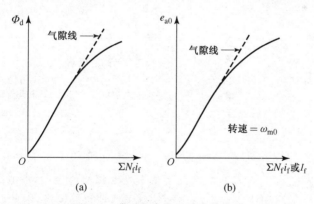

图 7.3　典型的直流电机磁化曲线

由于电枢电势正比于磁通与转速的乘积，为方便起见，通常用某一特定角速度 ω_{m0} 下的电枢电势 e_{a0} 来表示磁化曲线，如图 7.3(b) 所示。给定磁通后，其他角速度 ω_{m} 下的电势 e_{a} 求解如下：

$$\frac{e_{\mathrm{a}}}{\omega_{\mathrm{m}}} = K_{\mathrm{a}} \varPhi_{\mathrm{d}} = \frac{e_{\mathrm{a0}}}{\omega_{\mathrm{m0}}} \tag{7.9}$$

因此，

$$e_a = \left(\frac{\omega_m}{\omega_{m0}} \right) e_{a0} \tag{7.10}$$

或者,采用以 r/min 表示的转速,则

$$e_a = \left(\frac{n}{n_0} \right) e_{a0} \tag{7.11}$$

式中,n_0 是对应于角速度 ω_{m0} 的旋转转速,以 r/min 为单位。

在只有励磁绕组单独激励的情况下,将磁化曲线视为励磁电流 i_f 的函数很容易画出,而不必视为净励磁安匝数($\Sigma N_f i_f$)的函数,如图 7.3(b)所示。这种磁化曲线很容易通过试验方法来获得,因为励磁电流可以直接测量,而不必知道任何电机设计的细节。

在一个相当大的励磁范围内,电机中电工钢的磁阻与气隙磁阻相比可以忽略不计,在这一区域,磁通与励磁绕组的总磁势成正比,比例常数是直轴磁导 $\mathcal{P}_d$,因此,

$$\Phi_d = \mathcal{P}_d \sum N_f i_f \tag{7.12}$$

在图 7.3 中,通过原点并与磁化曲线的直线部分相切的虚线称为气隙线,这一术语的含义是指,不论电机中电工钢的磁饱和度如何,只要磁路中磁性材料的磁阻与气隙磁阻相比仍然可以忽略,那么就存在这种线性磁化特性。

直流电机的突出优点是,通过选择不同的励磁绕组励磁方式,可以获得多种不同的运行特性。各种励磁方式下绕组的连接如图 7.4 所示,在控制系统中,励磁方式不论是对电机稳态特性还是对动态性能都会产生很大的影响。

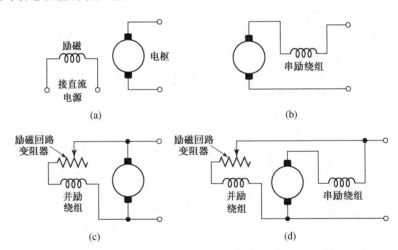

图 7.4　直流电机的励磁回路连接:(a)他励;(b)串励;(c)并励;(d)复励

首先考虑直流发电机。图 7.4(a)给出了他励发电机的连接图,在他励发电机中,所需的励磁电流与额定电枢电流相比非常小,一般是 1% 到 3% 的数量级,因此,用励磁回路中很小的能量就能够控制电枢回路中相当大的能量,即发电机是一个功率放大器。他励发电机常常用于反馈控制系统,此时该系统需要发电机电枢电压在很宽的范围内调节。

自励发电机的励磁绕组可以用三种方式供电,若励磁绕组与电枢绕组串联[见图 7.4(b)],可以得到串励发电机;若励磁绕组与电枢绕组并联[见图 7.4(c)],则得到并励发电机;或者励磁绕组可以有两部分[见图 7.4(d)],其中一部分与电枢串联,另一部分与电枢并联,从而产生复励发电机。对于自励发电机,铁心中必须存在剩磁以使自励过程能够开始,剩磁

的作用在图 7.3 中可以清楚地看到,当励磁电流为零时,磁通和电压有一个非零值。

直流发电机典型的稳态电压－电流特性如图 7.5 所示,图中假设电机恒转速运行。稳态时,感应电势 E_a 与电枢端电压 V_a 之间的关系是

$$V_a = E_a - I_a R_a \tag{7.13}$$

式中,I_a 是稳态电枢电流;R_a 是电枢回路电阻。在发电机中,E_a 大于 V_a,电磁转矩 T_{mech} 是阻碍电机旋转的反力矩。

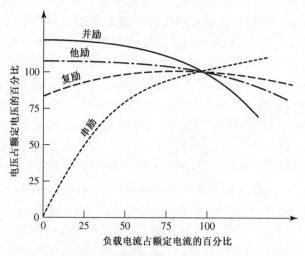

图 7.5 直流发电机的电压－电流特性

他励发电机的端电压随着负载电流的增加略微减小,这主要由电枢电阻的压降所致。由于串励发电机的励磁电流与负载电流相同,所以气隙磁通随负载的变化很大,导致端电压的变化也很大,因此串励发电机很少被应用。并励发电机的端电压虽然随负载增加也有一些下降,但对许多应用没有太大的影响。复励发电机的连接通常使串励绕组的磁势能够加强并励绕组的磁势,这样做的优点是通过串励绕组的作用,可以使每极磁通随着负载的增加而增大,从而使输出电压几乎不变,甚至随负载的增加而略微上升。并励绕组通常包含很多匝数,但导体的截面积相对较小,而绕在外面的串励绕组匝数很少,但导体的截面积相当大,因为串励绕组必须能承载电机的满载电枢电流。通过调节并励绕组回路中的变阻器,可以将并励和复励发电机的端电压控制在合理范围内。

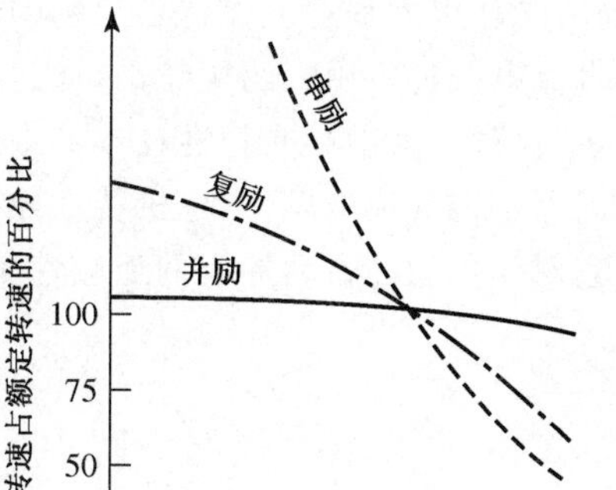

用于发电机的任何一种励磁方式都可以用于电动机。直流电动机典型的稳态转速－转矩特性如图 7.6 所示,这里假设电动机由恒定电源电压供电。在电动机中,电枢绕组产生的感应电势 E_a 与电枢端电压 V_a 之间的关系是

$$V_a = E_a + I_a R_a \tag{7.14}$$

图 7.6 直流电动机的转速－转矩特性

或者表示为

$$I_a = \frac{V_a - E_a}{R_a} \qquad\qquad (7.15)$$

式中，I_a 是指输入到电机中的电枢电流。此时感应电势 E_a 小于端电压 V_a，电枢电流的方向与发电机中的相反，电磁转矩与电枢的转向相同，帮助电机旋转。

在并励和他励电动机中，励磁磁通近似恒定，因此转矩的增加迫使电枢电流几乎与其成正比增加，但由于电枢电阻较小，电流的增加只引起反电势 E_a 有一个较小的下降。又由于反电势是由磁通和转速决定的（见式 7.7），因此转速的下降也很小。像笼型感应电动机一样，并励电动机是恒转速电动机，从空载到满载，电机转速的下降约为 6%。典型的转矩－转速特性如图 7.6 中的实线所示，起动转矩和最大转矩受限于能使电枢电流成功换向。

并励电动机最大的优点是转速易于控制，利用并励绕组回路中的变阻器可以任意改变励磁电流和每极磁通的大小，从而改变转速。转速的变化与磁通的变化相反，从而使反电势保持与所加的端电压近似相等。用这种方法能够获得的最大转速的变化范围大约是 4 或 6 比 1，变化范围受到换向条件的限制。通过改变外加电枢电压的大小，能够获得非常宽的转速调节范围。

在串励电机中，负载的增加伴随着电枢电流、电枢磁势以及定子磁场磁通的增加（如果电机铁心没有完全饱和）。由于磁通随负载的增加而增加，转速必然要下降，以便保持外加电压和反电势的平衡，此外，由于磁通的增加，使负载转矩增大而引起的电枢电流的增加比并励电动机的要小。所以，串励电动机是变速电动机，转速－转矩特性具有明显的下降趋势，如图 7.6 所示，这种特性在需要非常大的过载转矩的应用中具有特别的优越性，因为过载时转速的下降能使对应的功率保持为一个更合理的值，而不会变得很大。同时，磁通随电枢电流的增加还会导致串励电机具有非常好的起动特性。

在复励电机中，串励绕组可以被连接成积复励，从而使串励磁势加强并励绕组的磁势；也可以连接成差复励，使串励磁势削弱并励绕组的磁势，差复励连接很少使用。图 7.6 中用点画线表示积复励电动机的转速－负载特性，它位于并励和串励之间，速度随负载的下降取决于并励绕组和串励绕组的相对安匝数。复励电机克服了串励电机轻载时转速非常高的缺点，同时又在很大程度上保持了串励的优点。

直流电机在应用中的优势是，通过采用并励、串励或复励的励磁方式，可以使电机具有多种运行特性，其中一些特性在本节中已给出了简单的讨论。如果增加额外的电刷组，以便从换向器获得其他电压，则电机特性还存在更多的可能性。因此，直流电机系统的多功能性以及它对于手动和自动控制的适应性是直流电机最显著的特点。

7.2 换向器的作用

实际的直流电机与 4.2.2 节中的理想模型之间存在一定的差别，尽管 4.2.2 节中的基本概念仍然适用，但一些假设需要重新考虑，同时需要对模型做一些修改，最关键的问题是要考虑图 4.1 和图 4.13 中换向器的作用。

图 7.7 描绘了图 4.19 和图 4.20(a) 中的电枢绕组加上换向器和电刷后的连接图，其中线圈连接到换向片上。换向器用图中心的一圈换向片表示，片与片之间相互绝缘，同时与轴之间也绝缘。两个静止的电刷用换向器内的黑色矩形表示，尽管在实际的直流电机中电刷

通常接触的是换向器的外表面,如图 4.13 所示。槽内的线圈边用小圆圈代表的横截面表示,并用圈内的点和叉分别表示电流流向读者和背向读者,这与图 4.19 相同。线圈与换向片的连接用圆弧线表示。例如,槽 1 和槽 7 中的两个线圈,它们在电枢后部的端部连接用虚线表示,与相邻换向片的连接用粗弧线表示。由于所有线圈相同,为避免使图形复杂,其他线圈后端部的连接被省略了,但它们的连接很容易画出来,只要记住:如果线圈的一个边位于槽的上部,则另一个边要位于对面槽的下部,两槽的直线距离为直径。

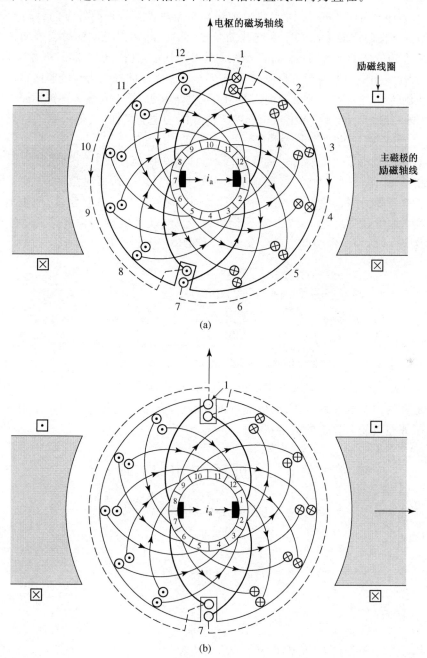

图 7.7 具有换向器和电刷的直流电机电枢绕组:(a)(b)电枢在两个位置的电流方向

在图 7.7(a)中,两个电刷分别与换向片 1 和换向片 7 相接触,进入右边电刷的电流平均地分到电枢绕组的两条并联支路中,第一条支路以槽 1 的内线圈边为起点,终点是与换向片 7 相接触的电刷;第二条支路的起点是槽 6 中的外线圈边,终点是换向片 7 处的电刷。通过跟踪这两条支路,图 7.7(a)中所示的电流方向很容易被证实,它们与图 4.19 中所示的方向相同。其总的效果与一个绕在电枢、磁场轴线垂直的线圈的效果相同,这样电枢上就施加了一个顺时针方向的电磁转矩,这个转矩趋向于使电枢磁场与励磁绕组的磁场对齐。

现在,假设电机作为发电机运行,由外加机械转矩驱动其按逆时针方向旋转。图 7.7(b)表示的状态是电枢转过对应于半个换向片的角度,此时,右边的电刷同时与换向片 1 和换向片 2 相接触,左边的电刷同时与换向片 7 和换向片 8 相接触,这样,位于槽 1 和槽 7 中的线圈被电刷短路,其他线圈中的电流用点和叉表示,它们产生的磁场的轴线仍然是垂直的。

进一步旋转后,电刷将分别和换向片 2 与换向片 8 接触,槽 1 和槽 7 将转到原来图 7.7(a)中槽 12 和槽 6 的位置,此时,除了槽 1 和槽 7 中线圈的电流反向,其他线圈的电流方向类似于图 7.7(a),电枢磁场的轴线仍然垂直。

在电刷同时与相邻两个换向片接触期间,与这两个换相片接触的线圈被暂时从电枢绕组的主电路移出,而被电刷短路,线圈中的电流被反向。理想的情况是,处于换相状态的线圈中的电流应该随时间以线性规律反向,这种换向状态被称为线性换向,若严重地偏离线性换向将导致电刷处出现火花,在 7.9 节我们将讨论产生无火花换向需要采取的措施。在线性换向时,任何线圈中的电流随时间变化的波形都是梯形波,如图 7.8 所示。

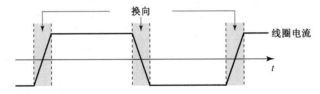

图 7.8　线性换向的电枢线圈中的电流波形

图 7.7 所示的绕组比大多数直流电机中使用的绕组要简单,除了小型电机,一般的直流电机具有更多的槽和换向片,而且电机的极数也多于两个。尽管如此,图 7.7 中的简单绕组已经包含了那些更复杂绕组的基本特征。

7.3　分析基础:电路方面

从式 7.3 和式 7.7 可得,直流电机的电磁转矩和感应电势分别为

$$T_{\text{mech}} = K_a \Phi_d I_a \tag{7.16}$$

和

$$E_a = K_a \Phi_d \omega_m \tag{7.17}$$

其中,

$$K_a = \frac{\text{poles } C_a}{2\pi m} \tag{7.18}$$

这里,分别用大写字母符号 E_a 和 I_a 来表示感应电势和电枢电流,目的是强调我们主要讨论电机的稳态运行问题,式中其余符号的定义参见 7.1 节。式 7.16 到式 7.18 都是电机分析的基本公

式,物理量 $E_a I_a$ 经常被称为电磁功率,由式 7.16 和式 7.17 可知,它与电磁转矩的关系是

$$T_{\text{mech}} = \frac{E_a I_a}{\omega_m} \tag{7.19}$$

电磁功率与电机轴上的机械功率不同,两者相差旋转损耗;同时,它与电机端的电功率也不同,相差并励回路和电枢回路的 I^2R 损耗。一旦确定了电磁功率 $E_a I_a$,则加上旋转损耗就是发电机轴上的机械功率,而减去旋转损耗则得到电动机轴上的机械功率。

从图 7.9 所示的绕组连接可以立即得到电压和电流之间的关系,即

$$V_a = E_a \pm I_a R_a \tag{7.20}$$

$$V_t = E_a \pm I_a(R_a + R_s) \tag{7.21}$$

以及端电流

$$I_t = I_a \pm I_f \tag{7.22}$$

这里,公式中的加号用于电动机,减号用于发电机,R_a 和 R_s 分别是电枢电阻和串励绕组电阻。电压 V_a 是指电枢绕组的端电压,而 V_t 表示直流电机的端电压,因此包括串联的励磁绕组压降,如果没有串励绕组,则这两个电压是相等的。

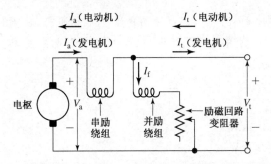

图7.9 标有电流方向的电动机或发电机连接图,长并励连接

当电机的连接比图 7.9 简单时,式 7.20 到式 7.22 中的一些项可以省略。除非另外特别说明,电阻 R_a 一般是指电枢和电刷的总电阻。有时,R_a 仅指电枢绕组的电阻,而电刷接触压降被单独考虑,通常假设为 2V。

例 7.1 一台 25kW、125V 的他励直流电机,以恒定转速 3000r/min 运行,并具有恒定励磁电流,开路电枢电压是 125V,电枢电阻为 0.02Ω。

当端电压分别为(a)128V 和(b)124V 时,计算电枢电流、端部功率、电磁功率和电磁转矩。

解:

a. 由式 7.20 可得,当 $V_t = 128V$ 和 $E_a = 125V$ 时,按照电动机的方向,电枢电流为

$$I_a = \frac{V_t - E_a}{R_a} = \frac{128 - 125}{0.02} = 150 \text{ A}$$

电动机端部输入功率是

$$V_t I_a = 128 \times 150 = 19.20 \text{ kW}$$

电磁功率由下式给出:

$$E_a I_a = 125 \times 150 = 18.75 \text{ kW}$$

此时,直流电机作为电动机运行,因此电磁功率比电动机输入功率小,其中一部分功

率消耗在电枢电阻上。

最后，根据式 7.19 计算电磁转矩：

$$T_{\text{mech}} = \frac{E_a I_a}{\omega_m} = \frac{18.75 \times 10^3}{100\pi} = 59.7 \, \text{N} \cdot \text{m}$$

b. 在这种情况下，E_a 大于 V_t，因此电枢电流将流出电机，电机作为发电机运行，此时有

$$I_a = \frac{E_a - V_t}{R_a} = \frac{125 - 124}{0.02} = 50 \, \text{A}$$

端部功率为

$$V_t I_a = 124 \times 50 = 6.20 \, \text{kW}$$

电磁功率为

$$E_a I_a = 125 \times 50 = 6.25 \, \text{kW}$$

电磁转矩为

$$T_{\text{mech}} = \frac{6.25 \times 10^3}{100\pi} = 19.9 \, \text{N} \cdot \text{m}$$

练习题 7.1

例 7.1 中的他励直流电机，当励磁电流与例 7.1 中相同时，观测到的转速为 2950r/min。当端电压为 125V 时，计算电机的端电流、端部功率和电磁功率。这台电机是用做电动机还是用做发电机？

答案：

端电流：$I_a = 104 \, \text{A}$。

端部功率：$V_t I_a = 13.0 \, \text{kW}$。

电磁功率：$E_a I_a = 12.8 \, \text{kW}$。

电机是作为电动机运行的。

例 7.2 重新考虑例 7.1 中的他励直流电机，励磁电流保持恒定，当转速为 3000r/min 时使端电压等于 125V。电机作为电动机运行时测得的端电压是 123V，端部功率为 21.9kW，计算这台电机的转速。

解：

根据端电压和功率可以计算出端电流：

$$I_a = \frac{\text{输入功率}}{V_t} = \frac{21.9 \times 10^3}{123} = 178 \, \text{A}$$

因此感应电势为

$$E_a = V_t - I_a R_a = 119.4 \, \text{V}$$

从式 7.11 可得转速为

$$n = n_0 \left(\frac{E_a}{E_{a0}} \right) = 3000 \times \left(\frac{119.4}{125} \right) = 2866 \, \text{r/min}$$

练习题 7.2

如果电机作为发电机运行，端电压为 124V，端部功率为 24kW，重复计算例 7.2。

答案：

3069r/min。

对于复励电机,在接线上可以存在变化。图 7.9 所示为长并励连接,并励绕组直接跨接在出线端的两端,串励绕组位于并励和电枢之间。另外一种可能的接法是短并励连接,如图 7.10 所示,并励绕组直接跨接在电枢两端,串励绕组位于并励和出线端之间,此时串励电流是 I_t,而不再等于 I_a,电压方程也需做相应的修改。这两种连接方式在实际应用中没有什么区别,因此我们通常不再区分它们,除非特别说明,复励电机将按照长并励接法处理。

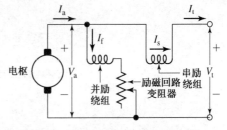

图 7.10   短并励复励直流电机的连接

尽管在正常运行时,端电压 V_t 与电枢感应电势 E_a 之间的差值很小,但它对电机的运行特性有一定的影响,这个电压差除以电枢电阻就决定了电枢电流 I_a 的大小,因此也就决定了电枢磁通的强度。要完全确定电机的性能还需要对影响直轴磁通,特别是对每极净磁通 Φ_d 的因素做类似的研究。

7.4   电枢磁势的影响

电枢磁势对气隙磁通的空间分布以及每极磁通的大小均有一定的影响。对磁通分布的影响将直接关系到换向的成功与否,对磁通大小的影响也很重要,因为磁通的大小直接影响到感应电势的大小以及单位电枢电流产生的转矩的大小。这些影响以及由此带来的问题在本节中论述。

在 4.3.2 节和图 4.20 中我们已经知道,电枢磁势波可以用锯齿波去逼近,它们对应于密集分布的电枢绕组或电流层产生的磁势波。对于电刷在中性位置的电机,理想的磁势波在图 7.11 中用虚线锯齿重新画出,图中,正的磁势纵坐标表示磁力线离开电枢表面。与主磁极不同,所有绕组中电流的方向用黑色带状区和横截线的阴影区表示。因为几乎所有直流电机的磁极都是凸极结构,所以磁通的空间分布不是三角形。图 7.11 中的实线表示只由电枢激励的气隙磁通密度的空间分布,很明显,由于两极中间的区域气隙路径很长,磁通密度明显减小。

电刷的位置将电枢磁势的轴线固定在距离主磁极磁场轴线 90 电角度处,对应的磁通路径如图 7.12 所示。可见,电枢磁势的影响就是产生了穿过主极面的磁通,而这一磁通的路径在极靴处横向穿过主极磁场磁通的路径,由此,这种电枢反应被称为横向磁化电枢反应(交轴电枢反应)。很明显它将引起主磁极一半极面下的磁通减小,而另一半极面下的磁通增加。

当电枢绕组和励磁绕组被同时激励时,合成的气隙磁通密度分布如图 7.13 中的实线所示,图中同时给出了单独由电枢激励的磁通分布(长虚线)和单独由励磁绕组激励的磁通分布(短虚线)。通过比较实线和短虚线可以看出,交轴电枢反应的作用是使一个极尖下的磁通增加,而使另一个极尖下的磁通减少。通常,由于铁磁回路的非线性,实线曲线并不是两条虚线曲线的代数和,当铁心饱和时,一个极尖下磁通的减少要大于另一个极尖下磁通的增加,因此每极的合成磁通要小于单独由励磁绕组激励的磁通,这种结果被称为交轴电枢反应的去磁作用。由于去磁是由磁路的饱和引起的,因此去磁作用的大小是励磁电流和电枢电流的非线性函数。通常在商用电机中,电枢反应对磁通密度的去磁作用很明显,特别是在重载运行时,因此分析电机性能时必须考虑这种去磁作用。

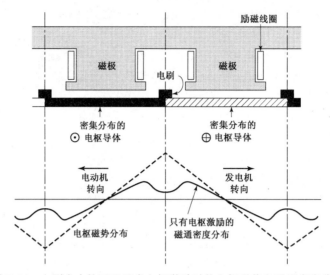

图 7.11　电刷在中性区且只有电枢激励时的电枢磁势和磁通密度分布

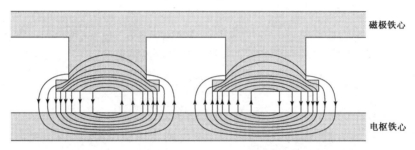

图 7.12　电刷在中性区且只有电枢激励时的磁通

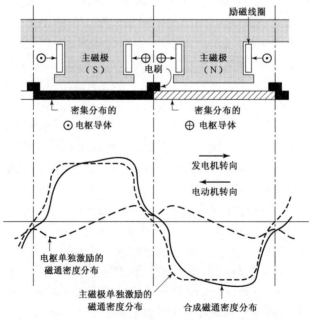

图 7.13　电刷在中性区的电枢、主磁极以及合成磁通密度的分布

交轴电枢反应引起的磁通分布畸变可能对电枢电流的换向产生有害的影响,特别是当这种畸变很严重时,事实上,这种畸变通常是限制直流电机短时过载能力的重要因素。磁通分布发生畸变的趋势在一些电机中是非常明显的。例如在并励电动机中,主磁极激励保持恒定,而电枢磁势在重载时可能达到很高的比例。在有串励绕组激励的电机中,这种趋势不明显,例如串励电动机,因为其励磁磁势与电枢磁势同时随负载增加。

交轴电枢反应的影响可以通过电机设计和电机结构来加以限制。主极励磁磁势应该成为决定气隙磁通大小的主要因素,尽量避免出现弱励磁磁势和强电枢磁势的情况。通过增加齿部和极面的饱和程度,避免采用过小的气隙,以及采用倒角或偏心的极面来增加极尖处的气隙,这些都可以增加交轴磁通路径(主要是电枢齿、极靴和气隙,特别是在极尖处)的磁阻。这些措施也同样影响到主磁通的路径,但对交轴磁通的影响更大一些。最好的但也是最昂贵的措施是,在极面处安装绕组来补偿电枢磁势,这种措施将在7.9节讨论。

如果电刷不在中性区位置,电枢磁势波的轴线与主磁极轴线的位移就不是90°,这样,电枢磁势不仅产生横磁化作用,而且产生直轴的去磁或磁化作用,去磁或磁化取决于电刷移动的方向。电刷偏离中性位置通常是由于疏忽造成的,例如电刷的定位不正确或安装得不好。然而在发明中间极之前,移动电刷通常是为了获得满意换向常用的一种方法,电刷移动的方向要使电枢磁势产生去磁作用,因此,在发电机中,电刷要顺着旋转方向移动,而在电动机中要逆着旋转方向移动,这样才能产生直轴去磁磁势,但去磁磁势可能导致电动机出现不稳定运行或发电机的端电压出现过大的电压降。电刷位置的不正确放置可以通过负载试验检测出来,如果电刷在中性位置,则对于相同的主磁极激励和电枢电流,不论电机是正转还是反转,发电机的端电压或电动机的转速都将保持不变。

7.5 分析基础:磁路方面

每极净磁通是由励磁磁势和电枢磁势合成后共同产生的,尽管在理想状态下,并励或他励直流电机的电枢磁势只产生沿着交轴的磁通,但在实际电机中,电枢电流还产生沿着直轴的磁通,一种情况是由电枢电流直接产生的,例如串励励磁绕组产生的磁势,另一种是由于饱和作用间接产生的,如7.4节所述,因此,电枢感应电势 E_a 和磁路状态的相互依赖关系是作用在磁极轴线上,或者说,直轴磁路上的所有磁势之和的函数。本节中首先考虑在定子主磁极上用于产生工作磁通的磁势,也就是主磁场磁势,然后考虑电枢反应对它的影响。

7.5.1 忽略电枢反应

当电机空载或忽略电枢反应时,合成磁势是作用在主级轴线即直轴上所有磁势的代数和,对于一般的复励发电机或电动机,当并励绕组的每极匝数为 N_f,串励绕组的每极匝数为 N_s,则

$$直轴磁势 = N_f I_f + N_s I_s \tag{7.23}$$

串励绕组电流 I_s 如式(7.23)所定义,它产生的磁势叠加到并励绕组所产生的磁势上。然而值得注意的是,在任何连接方式中,串励绕组电流的极性都可以反向,也就是说其实际

电流可正可负。对于产生正的串励电流($I_s>0$)的连接,被称为积串励绕组连接,其磁势的确叠加到并励绕组磁势上;对于产生负的串励电流($I_s<0$)的连接,被称为差串励绕组连接,此时的串励绕组磁势将从并励绕组磁势中减去。

当主磁极上存在附加励磁绕组时,式7.23中将出现附加项。附加绕组与7.9节中的补偿绕组不同,它们与正常的励磁绕组同心绕制,用于专门的控制。当串励或并励绕组不存在时,式7.23中对应的项自然应该被去掉。

因此,式7.23以安匝每极的形式计算作用在主磁路上的直轴励磁绕组的总磁势,而直流电机的磁化曲线通常只以主要励磁绕组电流的形式给出,当并励绕组存在时,几乎总是以并励绕组电流的形式给出。这样的磁化曲线的磁势单位与式7.23中磁势的单位可以通过两个相当简单的步骤之一统一起来,其一是将磁化曲线中的励磁电流乘以对应绕组的每极匝数,就可以给出以安匝每极形式表示的磁化曲线,其二是将式7.23的两边同除以并励绕组的匝数 N_f,把磁势的单位换算成并励绕组中的等效电流,它产生的磁势与原磁势相同,因此

$$I_{f,eq} = I_f + \left(\frac{N_s}{N_f}\right) I_s \tag{7.24}$$

在这种情况下,式7.23可以写为

$$\text{直轴磁势} = N_f\left(I_f + \left(\frac{N_s}{N_f}\right) I_s\right) = N_f I_{f,eq} \tag{7.25}$$

后一个步骤通常更方便,而且使用得更多。正如结合式7.23讨论的那样,串励绕组的连接将决定串励绕组磁势是与主磁极绕组磁势相加还是从主磁极磁势中减去。

图7.14给出了一个空载磁化特性的例子,即图中 $I_a=0$ 的曲线,它对应一台100kW、250V、1200r/min的发电机。注意到,磁势的刻度同时以并励绕组电流和安匝每极给出,后者是在1000匝每极并励绕组的基础上从前者得到的。磁化特性还可以以归一化或标幺值的形式给出,如图中上方的磁势刻度和右边的电压刻度,在这些刻度中,标幺值为1.0的励磁电流或磁势是指电机空载时在额定转速下产生额定电压所需的电流或磁势,类似地,标幺值为1.0的电压等于额定电压。

采用纵坐标以感应电势代替磁通来表示的磁化曲线可能会使问题变得复杂些,因为直流电机的转速不需要保持恒定,而转速又存在于磁通与感应电势之间的关系式中,因此,感应电势纵坐标必须对应某一给定的电机转速。式7.10和式7.11给出了在任意转速 ω_m 下的感应电势 E_a,这里根据感应电势的稳态值重新写出:

$$E_a = \left(\frac{\omega_m}{\omega_{m0}}\right) E_{a0} \tag{7.26}$$

或者,用单位为r/min的转速表示为

$$E_a = \left(\frac{n}{n_0}\right) E_{a0} \tag{7.27}$$

在这些公式中,ω_{m0} 和 n_0 分别是磁化曲线中以 rad/s 和 r/min 表示的速度,E_{a0} 是对应的感应电势。

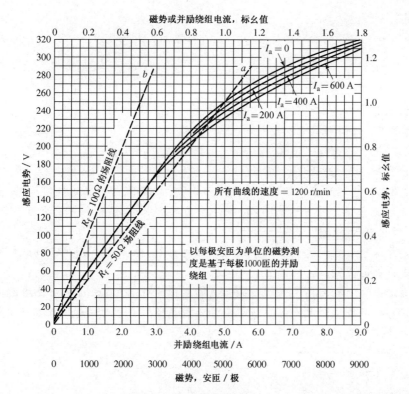

图 7.14 250V、1200r/min 直流电机的磁化曲线以及用于讨论 7.6.1 节自励的场阻线

例 7.3 一台 100kW、250V、400A 的长并励复励发电机,电枢电阻(包括电刷)为 0.025Ω,串励励磁绕组电阻为 0.005Ω,磁化曲线如图 7.14 所示,并励绕组的每极匝数是 1000匝,串励绕组的每极匝数是 3 匝,而且正的电枢电流产生的串励绕组直轴磁势与并励绕组磁势相加(即 $I_s = I_a$)。

当并励绕组电流为 4.7A,电机转速为 1150r/min 时,计算在额定端电流时的端电压。忽略电枢反应的影响。

解:

如图 7.9 所示,对于长并励连接,电枢电流与串励绕组电流相等,因此,

$$I_s = I_a = I_t + I_f = 400 + 4.7 = 405 \text{ A}$$

由式 7.24,并励绕组的等效电流为

$$I_{f,eq} = I_f + \left(\frac{N_s}{N_f}\right) I_s$$

$$= 4.7 + \left(\frac{3}{1000}\right) \times 405 = 5.9 \quad \text{等效并励绕组电流}$$

按这个等效并励电流查图 7.14 中 $I_a = 0$ 的曲线,可得感应电势为 274V,因此根据式 7.27 可以计算出在 1150r/min 转速下的实际感应电势为

$$E_a = \left(\frac{n}{n_0}\right) E_{a0} = \left(\frac{1150}{1200}\right) \times 274 = 263 \text{ V}$$

那么

$$V_t = E_a - I_a(R_a + R_s) = 263 - 405 \times (0.025 + 0.005) = 251 \text{ V}$$

练习题 7.3

当端电流为 375A,电机转速为 1190r/min 时重新计算例 7.3。

答案:

257V。

例 7.4 一台 50kW、450V 的直流电机具有下列特性:

电枢电阻:$R_a = 0.242\Omega$

并励绕组:$R_f = 167\Omega$,1250 匝/极

串励绕组:$R_s = 0.032\Omega$,1 匝/极

并励绕组电阻包括可变电阻器电阻,调节其大小使直流电动机连接到 450V 直流电源上时,电动机空载运行的转速为 1000r/min。为求解本题,假设电枢反应可以忽略,并且电动机的端电压为 450V。

a. 首先考虑电动机为没有串励绕组的并励电动机,采用 MATLAB 画出电动机转速随负载的变化曲线。

b. 现在考虑电动机为图 7.9 所示的长并励连接的电动机,并且串励绕组连接成使其励磁磁势与并励绕组相减。重新采用 MATLAB 画出电动机转速在电动机整个负载范围内的变化曲线。

解:

a. 由式 7.8 有

$$P_{mech} = E_a I_a$$

代入式 7.20 可得

$$P_{mech} = \frac{E_a(V_a - E_a)}{R_a}$$

此式给出根据 P_{mech} 计算 E_a 的表达式如下:

$$E_a = \frac{V_a \pm \sqrt{V_a^2 - 4R_a P_{mech}}}{2}$$

很明显,由于我们认为当 $P_{mech} = 0$ 时 $E_a = V_a$,所以此时必须采用十号。从给定的电动机特性可以看出,当 $n_0 = 1000$r/min 时,$E_{a0} = 450$V,因此由式 7.11 可得

$$n = \left(\frac{E_a}{E_{a0}}\right) n_0 = \frac{n_0\left(V_a + \sqrt{V_a^2 - 4R_a P_{mech}}\right)}{2E_{a0}}$$

此式可用于画出电动机转速作为 P_{mech} 的函数从 0 到 P_{rated} 的变化曲线,如图 7.15 所示。

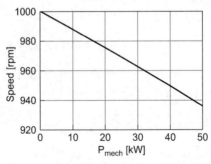

图 7.15　例 7.4(a)中电动机转速(r/min)随负载变化的曲线

b. 因为电动机按长并励连接，因此励磁电流保持如下的恒定值：

$$I_{f0} = \frac{V_a}{R_f} = \frac{450}{167} = 2.70 \text{ A}$$

此外，已知当电动机空载运行时其转速 $n_0 = 1000 \text{r/min}$，相应的直轴磁势产生的感应电势 $E_{a0} = V_{rated} = 450 \text{V}$，因此可以写出在转速 n_0 时，

$$E_{a0} = \left(\frac{I_{f,eq}}{I_{f0}} \right) V_{rated}$$

这里，注意到在 $I_s = -I_a$ 的情况下，由式 7.24 有

$$I_{f,eq} = I_{f0} - \left(\frac{N_s}{N_f} \right) I_a$$

最后，由式 7.11 可以写出感应电势作为电动机转速的函数的表达式：

$$E_a = \left(\frac{n}{n_0} \right) E_{a0} = \left(\frac{n}{n_0} \right) \left(1 - \left(\frac{N_s I_a}{N_f I_{f0}} \right) \right) V_{rated}$$

由式 7.21，并考虑到串励绕组电阻，则电枢电流可以由下式计算：

$$I_a = \frac{V_t - E_a}{(R_a + R_s)}$$

将这些公式做适当的代入处理，可以得到电枢电流 I_a 作为电动机转速函数的表达式：

$$I_a = \frac{N_f I_{f0}(n_0 V_t - n V_{rated})}{n_0 N_f I_{f0}(R_a + R_s) - n N_s V_{rated}}$$

同时对应的作为电动机转速函数的机械输出功率可以由 $P_{mech} = E_a I_a$ 给出。通过将电动机转速从 1100r/min 的初始值逐步增加，直到找到 50kW 的额定功率，可以获得所期望的如图 7.16 所示曲线。

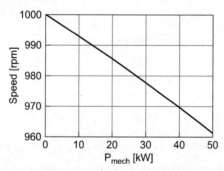

图 7.16　例 7.4(b)中电动机转速(r/min)随负载变化的曲线

下面是本例的 MATLAB 代码。

```
clc
clear

% Motor characteristics
Prated=50e3; % Rated power
Vrated=450; % Rated voltage
Ra=0.242; % Armature resistance
Rf=167; % Field resistance
Nf=1250; % Field turns/pole
```

```
Rs=0.032; % Series-field resistance
Ns=1; % Series-field turns/pole
n0=1000; % No load speed
Ea0=450; % No load voltage

% Part (a)
Va=450; % Terminal voltage

Pmech=linspace(0,Prated,100);
n=n0*(Va+sqrt(Va^2-4*Ra*Pmech))/(2*Ea0);
plot(Pmech/1000,n,'LineWidth',2)
xlabel('P_{mech} [kW]','FontSize',20)
ylabel('Speed [rpm]','FontSize',20)
set(gca,'FontSize',20)
set(gca,'xlim',[0 50])
set(gca,'xtick',[0 10 20 30 40 50])
grid on

disp('Hit any key for part (b)\n')
pause

% Part (b)
clear n Pmech

Vt=450; % Terminal voltage
If0=Vt/Rf; % Shunt-field current

P=0;
m=0;
while P<50*1000
  m=m+1;
  n(m)=1000-(m-1);
  Ia=Nf*If0*(n0*Vt-n(m)*Vrated)/(n0*Nf*If0*(Ra+Rs)-n(m)*Ns*Vrated);
  Ea=n(m)*Vrated*(If0-(Ns/Nf)*Ia)/(n0*If0);
  P=Ea*Ia;
  Pmech(m)=P;
end
plot(Pmech/1000,n,'LineWidth',2)
xlabel('P_{mech} [kW]','FontSize',20)
ylabel('Speed [rpm]','FontSize',20)
set(gca,'FontSize',20)
set(gca,'xlim',[0 50])
set(gca,'xtick',[0 10 20 30 40 50])
grid on
```

7.5.2　考虑电枢反应的影响

在 7.4 节中我们讨论过，由于交轴电枢反应的作用，电枢绕组中的电流将产生去磁效应，由于涉及非线性问题，对这种去磁效应的分析变得复杂一些。一种常用的方法是基于被讨论电机或相似设计及外形尺寸电机的被测性能来分析，试验时测取在主极和电枢都被激励下的数据，这样做是为了观测改变主极励磁和电枢磁势两者对电枢感应电势的影响。也可以基于像有限元法这样的技术，采用数值分析。

图 7.14 是对这些试验结果总结分析的一种形式，图中不仅绘出了空载特性($I_a = 0$)曲线，而且绘出了一组 I_a 值对应的曲线，这样，在分析电机性能时，考虑电枢反应的影响变成了一件简单的事情，只要采用与电枢电流相对应的磁化曲线即可。需要注意的是，所有这些曲线给出的都是电枢感应电势 E_a 的值，而不是负载下的端电压，同时可以看到，随着铁心饱和度的降低，这些曲线都趋向于与气隙线重合。

负载饱和曲线位于空载曲线的右边，两者之间的位移量是 I_a 的函数，因此电枢反应效应近似与作用在主磁极轴线上的去磁磁势 F_{ar} 相同，因此，这个附加项可以被加到式 7.23 中，其结果是直轴净磁势可以被假设为

$$\text{净磁势} = \text{总磁势} - F_{ar} = N_f I_f + N_s I_s - F_{ar} \tag{7.28}$$

当电枢反应被视为一个去磁磁势时，空载磁化曲线可以用做负载下产生的感应电势与净激励的关系曲线，在通常的运行范围内（对于图 7.14 中的电机，约在 240V 至 300V 之间），电枢反应的去磁效应可以被假设近似与电枢电流成正比。读者应该清楚，我们在图 7.14 中选择呈现的电枢反应的大小，是为了在随后的例题以及说明发电机及电动机性能特征的问题中，能够明显地体现出电枢反应的一些不利影响，它肯定比在设计完善且运行在额定电流下的正常电机中，人们所期望观察到的电枢反应要大。

例 7.5　重新考虑例 7.3 中的长并励复励直流发电机，与例 7.3 相同，在并励绕组电流为 4.7A，转速为 1150r/min 时，计算额定端电流时的端电压。计及电枢反应的影响。

解：

在例 7.3 中已经计算出 $I_s = I_a = 405$A，总磁势等于 5.9 的等效并励绕组电流，根据图 7.14 中给出的曲线分辨率，从标有 $I_a = 400$A 的曲线上可以确定对应的感应电势为 261V（可以对比一下，忽略电枢反应时为 274V），因此由式 7.27，在转速 1150r/min 下的实际感应电势等于

$$E_a = \left(\frac{n}{n_0}\right) E_{a0} = \left(\frac{1150}{1200}\right) \times 261 = 250 \text{ V}$$

那么

$$V_t = E_a - I_a(R_a + R_s) = 250 - 405 \times (0.025 + 0.005) = 238 \text{ V}$$

例 7.6　为了抵消电枢反应，将例 7.3 和例 7.4 中的串励励磁绕组增加到 4 匝，其电阻增加到 0.007Ω，重新计算例 7.5 中的端电压。

解：

如例 7.3 和例 7.5 所示，$I_s = I_a = 405$A，因此可以计算出主磁极磁势为

$$总磁势 = I_f + \left(\frac{Ns}{N_f}\right)I_s = 4.7 + \left(\frac{4}{1000}\right) \times 405$$
$$= 6.3 \quad 等效并励绕组电流$$

从图 7.14 中的 $I_a = 400$A 曲线并考虑到等效并励绕组电流为 6.3A,可以查得感应电势为 269V,则相应的转速为 1150r/min 时的感应电势为

$$E_a = \left(\frac{1150}{1200}\right) \times 269 = 258 \text{ V}$$

此时端电压为

$$V_t = E_a - I_a(R_a + R_s) = 258 - 405 \times (0.025 + 0.007) = 245 \text{ V}$$

练习题 7.4

假设串励绕组增加到 5 匝,总电阻增加到 0.009Ω,重新计算例 7.6。

答案:

250V。

7.6 直流电机稳态运行分析

尽管直流电机作为发电机运行和电动机运行时都可以应用完全相同的原理来分析,但两种运行方式面对的问题的性质不完全相同。对于发电机,转速由原动机决定,且通常是固定不变的,经常碰到的问题是需要确定对应特定负载和激励下的端电压的大小,或者是需要确定在特定负载和端电压下所需激励的大小。而对于电动机,碰到的问题常常是确定对应某一特定负载和激励下的电机转速的大小,或者是确定某一负载和转速下所需激励的大小,此时的端电压经常是固定的,等于外加电源电压。因此,应用共同的基本理论分析电机时,根据所分析的问题不同,应用的方法也不同。

7.6.1 发电机分析

由于他励发电机的主磁极励磁电流与发电机端电压无关,因此他励发电机的分析最简单。对于给定负载,等效主磁极激励由式 7.24 给出,与此相关的电枢感应电势 E_a 根据相应的磁化曲线确定,这个感应电势与式 7.20 或式 7.21 一起确定了电机的端电压。

并励发电机在正确选择运行条件下能够自励,在满足这些条件下,感应电势将自动建立起来(主要的初始条件是,在磁场系统内部有少量剩磁存在),直到最终达到由磁饱和限制的值。在自励发电机中,并励绕组激励取决于端电压,串励绕组激励取决于电枢电流。并励电流与端电压的依存关系,可以通过在磁化曲线图中画出场阻线,例如图 7.14 中的 0a 线,结合图示法来分析,场阻线 0a 是欧姆定律应用于并励绕组的简单图示,它是端电压随并励绕组电流运行点变化的轨迹。因此,$R_f = 50\Omega$ 对应的场阻线一定通过原点和点 (1.0A, 50V)。

并励发电机自励的趋势能够通过观察空载电压的建立过程看到。当励磁回路闭合时,剩磁产生的小的电压(从图 7.14 的磁化曲线上截取 6V)将产生一个小的励磁电流,如果合成磁势产生的磁通加强剩磁磁通,将产生更大的电压,从而获得更大的励磁电流。但是,如果励磁磁势削弱剩磁,则必须将并励绕组的两端反接才能建立电压。

这个过程可以借助图 7.17 看到。在图 7.17 中，感应电势 e_a 与电枢电感 L_a 和电阻 R_a 串联，并励绕组跨接在电枢两端，用它的电感 L_f 和电阻 R_f 表示。可以看出，由于发电机没有负载电流($i_t=0$)，因此 $i_a=i_f$，描述励磁电流 i_f 建立过程

$$(L_a + L_f)\frac{\mathrm{d}i_f}{\mathrm{d}t} = e_a - (R_a + R_f)i_f \tag{7.29}$$

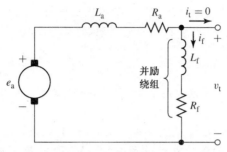

图 7.17　分析自励直流发电机电压建立过程的等效电路

从这个方程可以清楚地看到，只要绕组电感两端的净电压 $e_a - i_f(R_a+R_f)$ 是正的，励磁电流和相应的电压就增加，建立电压的过程就持续进行，直到由磁化曲线和场阻线表示的电压－电流关系被同时满足，这种情况发生在两条曲线的交点 $e_a=(R_a+R_f)i_f$ 处，对于图 7.14 中的场阻线 $0a$，此时 $e_a=250$V。从式 7.29 还可以明显地看出，这条场阻线应该包括电枢电阻，但是电枢电阻通常比场阻小得多，所以通常忽略电枢电阻。

需要注意的是，如果场阻太大，例如图 7.14 中对应于 $R_f=100\Omega$ 的场阻线 $0b$，则交点将在很低的电压处，建压过程不能发生。同时还可以看到，如果场阻线正好与磁化曲线的初始部分相切，如图 7.14 中对应于场阻为 57Ω 的场阻线，则交点可以在 $60\sim170$V 之间的任何地方，这将导致一种不稳定状态，对应的场阻被称为临界场阻，大于它，建压过程将无法进行。同样的建压过程和同样的结论可以被应用于复励发电机，在长并励复励电机中，由并励绕组电流产生的串励绕组磁势被完全忽略。

对于并励发电机，对应于某一电流 I_a 的磁化曲线是 E_a 随 I_f 变化的轨迹，场阻线是 V_t 随 I_f 变化的轨迹。在对应任何 I_f 值的稳态运行条件下，场阻线与磁化曲线之间的纵向距离一定是对应于这一负载状态下的压降 $I_a R_a$，因此，确定某一给定电枢电流下端电压的大小变成一件简单的事情，只要找到场阻线与磁化曲线在纵向相距的距离等于上述压降的地方，则对应于那个励磁电流的场阻线的纵坐标就是端电压的大小。然而对于复励发电机，串励绕组磁势将使场阻线与磁化曲线上的点发生水平和垂直位移，水平位移等于用等效并励绕组电流来计量的串励绕组磁势，垂直位移仍然是压降 $I_a R_a$。

显然，从上述的计算过程很难获得很高的计算精度，在直流电机中由磁滞引起的不确定性，使我们在任何情况下都无法获得高的计算精度。一般来说，电机在任一给定状态下运行对应的磁化曲线，可能是在电机磁路的、相当丰满的磁滞回线的上升部分或者下降部分，这主要取决于铁心前一磁化状态(磁化历史)。用来分析电机的曲线通常是平均磁化曲线，因此获得的结果在平均值上是完全正确的。但是，任何直流电机都可能遇到在某些时候其运行严重偏离平均值的情况。

例 7.7 一台 100kW、250V、400A、1200r/min 的直流并励发电机,磁化曲线(包括电枢反应)如图 7.14 所示,电枢回路电阻包括电刷接触电阻为 0.025Ω,发电机在 1200r/min 的恒定转速下运行,调节励磁(通过改变并励绕组回路的变阻器)使空载电压等于额定电压。

a. 计算电枢电流为 400A 时的端电压。

b. 若每极加上 4 匝的串励绕组,其电阻为 0.005Ω,并励励磁绕组的每极匝数为 1000 匝,发电机为平复励,即当调节并励绕组回路变阻器使空载电压为 250V 时,满载电压也是 250V。说明如何调节跨接在串励绕组两端的电阻(称为串励绕组分流器)才能产生所期望的性能。

解:

a. 场阻为 50Ω 的场阻线 $0a$(如图 7.14 所示)通过空载磁化曲线上的点 250V,5.0A,在 $I_a = 400A$ 时,

$$I_a R_a = 400 \times 0.025 = 10 \text{ V}$$

因此,在这个条件下的运行点对应于端电压 V_t(也就是并励绕组电压)比感应电势 E_a 小 10V 的情况。

10V 的垂直距离存在于 $I_a = 400A$ 的磁化曲线与励磁电流为 4.1A,对应 $V_t = 205V$ 的场阻线之间,相应的线电流为

$$I_t = I_a - I_f = 400 - 4 = 396 \text{ A}$$

注意到,当励磁电流为 1.2A,对应的电压为 $V_t = 60V$ 时,垂直距离也是 10V,因此电压—负载曲线在这一区域为双值曲线,可以看到这个运行点是不稳定的,而 $V_t = 205V$ 的点是额定运行点。

b. 对于 250V 的空载电压,并励绕组电阻一定是 50Ω,场阻线为 $0a$(如图 7.14 所示)。在满载时,因为 $V_f = 250V$,所以 $I_t = 5.0A$,因此,

$$I_a = 400 + 5.0 = 405 \text{ A}$$

及

$$E_a = V_t + I_a(R_a + R_p) = 250 + 405 \times (0.025 + R_p)$$

这里,R_p 是串励绕组电阻 $R_s = 0.005\Omega$ 和分流器电阻 R_d 并联后的值:

$$R_p = \frac{R_s R_d}{(R_s + R_d)}$$

串励绕组和分流电阻器是并联的,因此,并励绕组电流可以计算为

$$I_s = 405 \left(\frac{R_d}{R_s + R_d} \right) = 405 \left(\frac{R_p}{R_s} \right)$$

等效的并励绕组电流可以用式 7.24 计算为

$$I_{net} = I_f + \frac{4}{1000} I_s = 5.0 + \frac{4}{1000} I_s$$

$$= 5.0 + 1.62 \left(\frac{R_p}{R_s} \right)$$

从这个公式可以解出 R_p,接着(与 $R_s = 0.005\Omega$ 一起)代入到 E_a 的公式中得到

$$E_a = 253.9 + 1.25 I_{net}$$

这个关系式可以被画在图 7.14 中(E_a 在纵轴上,I_{net} 在横轴上),它与 $I_a = 400A$ 的磁化曲线的交点(当然,严格地讲,应该采用 $I_a = 405A$ 的曲线,但这么小的差别显然在这里没有意义)对应的电流是 $I_{net} = 6.0A$。

因此，

$$R_\mathrm{p} = \frac{R_\mathrm{s}(I_\mathrm{net} - 5.0)}{1.62} = 0.0031\ \Omega$$

以及

$$R_\mathrm{d} = 0.0082\ \Omega$$

练习题 7.5

重复例 7.7 中(b)的部分，若调节励磁使空载电压等于 250V，计算满载电压为 240V 时需要的分流器电阻的大小。

答案：

$R_\mathrm{d} = 1.9\ \mathrm{m\Omega}$。

例7.8 尽管自励的动态过程不是这里讨论的重点，但正如我们在 3.9 节看到的，MATLAB/Simulink 软件可以用于探索自励直流电机的建压特性。在本例中，我们将针对一台较理想的直流发电机，采用 MATLAB/Simulink 画出端电压随时间的变化曲线，电机参数如下所示：

$$R_\mathrm{a} = 0.02\Omega \quad L_\mathrm{a} = 10\mathrm{mH} \quad R_\mathrm{f} = 100\Omega \quad L_\mathrm{f} = 220\mathrm{mH}$$

并且感应电势随励磁电流的变化特性可以表示为

$$E_\mathrm{a} = \begin{cases} 120\,(I_\mathrm{f} + 0.05) & I_\mathrm{f} \leqslant 1.0\ \mathrm{A} \\ 120\,(I_\mathrm{f} + 0.05 - 0.1\,(I_\mathrm{f} - 1.0)^3) & 1.0\ \mathrm{A} < I_\mathrm{f} \leqslant 2.7\ \mathrm{A} \\ 120\,(2.259 + 0.133\,(I_\mathrm{f} - 2.7) - 0.5\,(I_\mathrm{f} - 2.7)^2) & \text{其他} \end{cases} \qquad (7.30)$$

上述特性如图 7.18 所示，图中同时给出了场阻线。

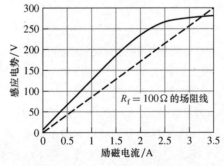

图 7.18　例 7.8 中的理想直流发电机的感应电势随励磁电流的变化曲线，同时给出场阻线

解：

式 7.29 描述了期望的电压瞬态特性，这里以积分形式重写如下：

$$i_\mathrm{f} = \int_0^t \left(\frac{e_\mathrm{a} - (R_\mathrm{a} + R_\mathrm{f})i_\mathrm{f}}{L_\mathrm{a} + L_\mathrm{f}} \right) \mathrm{d}t$$

或者采用在 MATLAB/Simulink 中实现的拉普拉斯变换形式：

$$i_\mathrm{f} = \frac{1}{s} \left(\frac{e_\mathrm{a} - (R_\mathrm{a} + R_\mathrm{f})i_\mathrm{f}}{L_\mathrm{a} + L_\mathrm{f}} \right)$$

此式的 MATLAB/Simulink 的典型模型如图 7.19 所示，需要注意的是，在 Simulink 模型中，励磁电流 i_f 采用变量"ifld"表示以避免与 MATLAB 中的"if"函数发生冲突。最终得到的端电压随时间变化的曲线如图 7.20 所示。

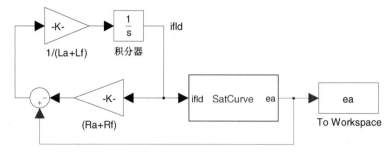

图 7.19　例 7.8 中的 MATLAB/Simulink 模型

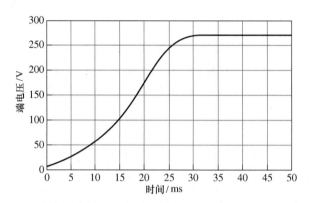

图 7.20　例 7.8 中的理想直流发电机的端电压随时间变化的曲线

7.6.2　电动机分析

电动机的端电压通常保持不变或者被控制在某一特定值,因此,电动机的分析几乎与他励发电机的分析相同,尽管此时转速是一个重要的变量而且是经常需要计算的量。分析的基础包括:与端电压和感应电势(反电势)相关的式 7.20 和式 7.21;对应主磁极励磁的式 7.24;在一定的电枢电流下用图示法表示反电势和励磁之间关系的磁化曲线;显示电磁转矩依赖于磁通和电枢电流的式 7.16;表示反电势与磁通和转速之间关系的式 7.17。最后两个关系式在电动机分析中具有特别重要的意义,其中,前者的重要性在于我们要经常检测转矩与定、转子磁场强度之间的相互依赖关系;而后者通常是一个中介,用于确定在已知其他运行条件下的电动机转速。

对应给定电枢电流 I_a 的电动机转速可按如下方法计算:首先从式 7.20 或式 7.21 计算出实际感应电势 E_a,然后用式 7.24 得到主磁极励磁。由于磁化曲线是在恒定转速 ω_{m0} 下画出的,而这个转速通常不同于电动机的实际转速 ω_m,因此从对应上述主磁极励磁的磁化曲线上读出的感应电势虽然对应于正确的磁通条件,但对应的转速是 ω_{m0},那么,代入式 7.26 就得到电动机的实际转速。

注意到,在这个计算过程的初始,我们将已知电枢电流作为假设条件。当需要计算在给定轴上输出功率或输出转矩下的转速时,则基于 I_a 假设值的迭代过程通常是求解的基础,这是经常碰到的情况。

例 7.9　一台 100 马力、250V 的直流并励电动机,磁化曲线(包括电枢反应)如图 7.14 所示,电枢回路电阻包括电刷电阻为 0.025Ω,空载旋转损耗是 2000W,杂散损耗是输出功率的 1.0%,调节励磁回路变阻器使空载转速等于1100r/min。

a. 作为计算转速—负载特性上运行点的例子,确定对应于400A电枢电流的以转每分钟作为单位的转速和以马力作为单位的输出功率。

b. 由于在(a)中观察到的转速—负载特性还不能令人满意,因此增加一个稳定绕组,是每极 $1\frac{1}{2}$ 匝的积复励串励绕组,这个绕组的电阻假设可以忽略。每极并励绕组匝数为1000,计算对应400A电枢电流的转速。

解:

a. 空载时,$E_a = 250\text{V}$,在1200r/min的空载饱和曲线上对应的运行点是

$$E_{a0} = 250 \times \left(\frac{1200}{1100}\right) = 273\text{V}$$

此时,$I_f = 5.90\text{A}$,励磁电流保持这个值不变。

当 $I_a = 400\text{A}$ 时,实际的反电势为

$$E_a = 250 - 400 \times 0.025 = 240\text{V}$$

从图7.14可知,当 $I_a = 400\text{A}$ 以及 $I_f = 5.90\text{A}$ 时,如果转速为1200r/min,则 E_a 的值是261V,那么,根据式7.27可以计算出实际转速为

$$n = 1200 \times \left(\frac{240}{261}\right) = 1100 \text{ r/min}$$

电磁功率为

$$E_a I_a = 240 \times 400 = 96 \text{ kW}$$

扣除旋转损耗后剩下的功率是94kW,若考虑杂散损耗,则输出功率 P_0 由下式给出:

$$94 \text{ kW} - 0.01 P_0 = P_0$$

或

$$P_0 = 93.1 \text{ kW} = 124.8 \text{ hp}$$

注意到,在这个负载下的转速与空载转速相同,说明电枢反应效应导致了一条基本上平直的转速—负载曲线。

b. 当 $I_f = 5.90\text{A}$ 及 $I_s = I_a = 400\text{A}$ 时,以等效并励绕组电流表示的主磁极磁势为

$$5.90 + \left(\frac{1.5}{1000}\right) \times 400 = 6.50 \text{ A}$$

从图7.14可得,在1200r/min下对应的 E_a 的值是271V,因此,现在的转速为

$$n = 1200 \times \left(\frac{240}{271}\right) = 1063 \text{ r/min}$$

输出功率与(a)中的相同。由于稳定绕组的作用,现在的转速—负载曲线是下降的。

练习题7.6

当电枢电流为 $I_a = 200\text{A}$ 时,重新计算例7.9。

答案:

a. 转速$=1097$r/min,$P_0 = 46.5\text{kW} = 62.4$ 马力。

b. 转速$=1085$r/min。

7.7　永磁直流电机

永磁直流电机在各种小功率装置中应用广泛,它的励磁绕组被永磁体代替,因此使电机结构更简单。永磁体给这些应用带来了许多好处,其中最主要的是,它们不再需要外部激励以及与此相关的功率损耗来产生电机中的磁场。此外,永磁体所需的空间会比励磁绕组所需的空间小一些,因此与类似的外部励磁电机相比,永磁电机的尺寸可能更小一些,价格有时也更便宜。

但是另一方面,永磁直流电机也会受到由永磁体所带来的限制,这些限制包括由于电动机绕组中过大的电流或永磁体过热所引起的去磁危险,此外,还会受到永磁体所能产生的气隙磁通密度大小的限制。但是随着新型永磁材料的发展,如钐—钴和钕—铁—硼(参见1.6节),这些永磁体的特性对永磁电机设计的限制会越来越小。

图 7.21 所示是一台典型的分马力永磁直流电动机的剖面图,与具有外部磁场激励的直流电机凸极磁场结构特征不同,永磁电动机一般均采用由圆柱形外壳(或它的一部分)组成的光滑定子结构,它们由径向磁化的厚度均匀的永磁材料做成,这样的结构在图 7.22 中说明,其中箭头表示磁化方向。图 7.22 中的转子与所有直流电机一样,具有绕组槽、换向器和电刷。同时需要注意的是,这些电动机的外壳具有双重作用:它由磁性材料做成,因此作为磁通的回路,同时又作为永磁体的支撑。

图 7.21　一台典型的分马力永磁直流电动机的剖面图

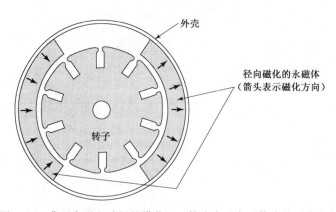

图 7.22　典型永磁电动机的横截面。箭头表示永磁体中的磁化方向

例7.10 图7.23(a)定义了一台与图7.22类似的永磁直流电动机的尺寸,假设具有下列数据:

转子半径 $R_r = 1.2\text{cm}$

气隙长度 $t_g = 0.05\text{cm}$

永磁体厚度 $t_m = 0.35\text{cm}$

同时假设转子和外壳都由无限导磁的材料制成 $(\mu \to \infty)$,而且永磁体是钕—铁—硼材料(参见图1.19)。忽略转子槽的影响,估算在这台电动机气隙中的磁通密度 B。

解:

由于假设转子和外壳都由具有无穷大磁导率的材料制成,因此,电动机可以用长度为 $2g$ 的气隙与长度为 $2t_m$ 的钕—铁—硼部分串联组成的等效磁路来表示[参见图7.23(b)]。注意到,由于在电动机中磁通路径的横截面积随半径的增加而增加,而它在等效磁路中被假设恒定,因此这个等效磁路是近似的。

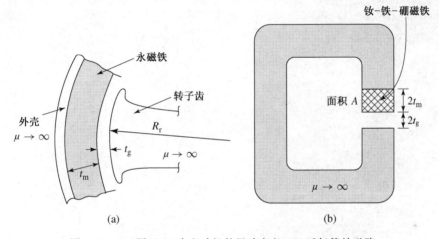

图7.23 (a)图7.22中电动机的尺寸定义;(b)近似等效磁路

根据例1.9直接类推,可以得到解。用 $2t_g$ 代替气隙长度 l_m,同时用 $2t_m$ 代替永磁体长度,则负载线的方程可以写为

$$B_m = -\mu_0 \left(\frac{t_m}{g} \right) H_m = -7\mu_0 H_m$$

这个关系式可以画在图1.19上,目的是根据它与钕—铁—硼的直流磁化曲线的交点找到运行点,同时我们知道,在SI单位制中钕—铁—硼的直流磁化曲线为一条直线,表达式为

$$B_m = 1.06\mu_0 H_m + 1.25$$

因此可得到

$$B_m = B_g = 1.09\,\text{T}$$

练习题7.7

若转子半径增加到 $R_r = 1.3\text{cm}$,永磁体厚度减少到 $t_m = 0.25\text{cm}$,估算例7.10中电动机的磁通密度。

答案:

$B_m = B_g = 1.03\,\text{T}$。

图 7.24 所示是另一种可选择形式的永磁直流电动机的拆分图,在这台电动机中,电枢绕组制成薄盘的形式(电枢上没有铁心),与一般的直流电动机相同,电刷用于使电枢电流换向,此时电刷与处于电枢内径的换向器部分相接触。盘式电枢上的电流径向流通,盘本身被放置在两组永磁体之间,永磁铁产生的轴向磁通穿过电枢绕组,像任何直流电动机一样,轴向磁通与径向电流相互作用产生转矩使电机旋转。这种电动机结构能够产生大的加速度(由于转子的转动惯量小)、没有齿转矩(由于转子是非磁性的)、电刷的寿命长且电机具有高速旋转能力(因为电枢电感小,所以不容易在换向片上产生电弧)。

永磁直流电机与本章前面讨论的直流电机的主要区别是,它们由永磁体提供固定的磁通,因此,除了没有励磁绕组连接,永磁直流电动机的等效电路与外部激励直流电动机的等效电路相同,图 7.25 所示为永磁直流电动机的等效电路。

图 7.24　盘式电枢永磁伺服电动机拆
　　　　 分图。永磁体是铝镍钴合金

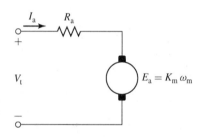

图 7.25　永磁直流电动机的等效电路

从式 7.17 可知,直流电动机的速度电势项可以写成 $E_a = K_a \Phi_d \omega_m$ 的形式,其中 Φ_d 是沿着励磁绕组轴线的净磁通,K_a 是几何常数。在永磁直流电机中,Φ_d 是常数,因此式 7.17 可以简化为

$$E_a = K_m \omega_m \tag{7.31}$$

其中,

$$K_m = K_a \Phi_d \tag{7.32}$$

被称为电动机的转矩常数,它是电动机几何尺寸和永磁体性能的常数。

最后,从式 7.19 很容易得到电机的转矩为

$$T_{mech} = \frac{E_a I_a}{\omega_m} = K_m I_a \tag{7.33}$$

换句话说,永磁电动机的转矩是转矩常数和电枢电流的乘积。

例 7.11 已知一台永磁直流电动机的电枢电阻是 1.03Ω，当在 50V 直流电源供电下空载运行时，观察到电机运行的速度为 2100r/min，吸收电流为 1.25A。计算：(a) 转矩常数 K_m；(b) 电动机的空载旋转损耗；(c) 当转速为 1700r/min 以及电源电压为 48V 时，电动机的输出功率。

解：

a. 从图 7.25 的等效电路可知，感应电势 E_a 的计算公式为

$$E_a = V_t - I_a R_a$$

$$= 50 - 1.25 \times 1.03 = 48.7 \text{ V}$$

当转速为 2100r/min 时，

$$\omega_m = \left(\frac{2100 \text{ r}}{\text{min}}\right) \times \left(\frac{2\pi \text{ rad}}{\text{r}}\right) \times \left(\frac{1 \text{ min}}{60}\right)$$

$$= 220 \text{ rad/s}$$

因此，从式 7.31 可得

$$K_m = \frac{E_a}{\omega_m} = \frac{48.7}{220} = 0.22 \text{ V/(rad/s)}$$

b. 空载时，感应电势 E_a 上的全部功率都用于供给旋转损耗，所以

$$旋转损耗 = E_a I_a = 48.7 \times 1.25 = 61 \text{W}$$

c. 在 1700r/min 下，

$$\omega_m = 1700 \times \left(\frac{2\pi}{60}\right) = 178 \text{ rad/s}$$

以及

$$E_a = K_m \omega_m = 0.22 \times 178 = 39.2 \text{ V}$$

此时输入电流为

$$I_a = \frac{V_t - E_a}{R_a} = \frac{48 - 39.2}{1.03} = 8.54 \text{ A}$$

电磁功率可以计算为

$$P_{mech} = E_a I_a = 39.2 \times 8.54 = 335 \text{ W}$$

假设旋转损耗保持空载时的值不变（肯定是近似的），则可以计算出轴上的输出功率：

$$P_{shaft} = P_{mech} - 旋转损耗 = 274 \text{W}$$

练习题 7.8

一台小型直流电动机电枢电阻的测量值为 178mΩ，当外加电源电压为 9V 时，观测到电动机以 14600r/min 的空载转速运行，同时吸收 437mA 的电流。计算：(a) 旋转损耗；(b) 电动机的转矩常数 K_m。

答案：

a. 旋转损耗 = 3.90W。

b. $K_m = 5.84 \times 10^{-3} \text{ V/(rad/s)}$。

7.8 换向和换向极

直流电机获得满意运行性能的最主要限制因素之一，就是电机通过与换向器接触的电刷来改变电枢电流方向的能力，即能否在换向器和电刷间没有火花、没有额外的局部损耗以

及发热的情况下改变电枢电流的方向。火花会引起换向极和电刷出现严重的烧焦、凹坑和损坏,这些问题为进一步的毁坏甚至烧毁铜条和电刷提供了条件。火花可能由不良的机械条件,例如电刷的跳动或者换向器磨损后表面粗糙、不光滑等引起;也可能像在一般开关问题中碰到的一样,由电气条件引起。后者主要受电枢磁势和合成磁通波形的影响。

如 7.2 节所述,正在换向的线圈处于两组电枢线圈之间的过渡状态,在换向周期结束时,线圈电流一定与开始时的电流大小相等而方向相反。图 7.7(b)所示的电枢处于中间位置,在此期间,槽 1 与槽 7 中的线圈正在换向,换向线圈被电刷短路。在这个换向周期中,电刷必须持续传导从电枢绕组到外电路的电枢电流 I_a。被短路的线圈构成一个感性电路,其中包含有随时间变化的电刷接触电阻、线圈中感应的旋转电势以及与电枢绕组其余部分的电导耦合和电感耦合。

获得好的换向不仅是一门严谨的科学,更是一门试验的艺术。定量分析的主要障碍在于碳-铜(电刷-换向器)接触膜的电气性态,它的电阻是非线性的,而且与电流密度、电流方向、温度、电刷材料、湿度和大气压力等因素有关,其在某些方面类似于电离气体或等离子体的性态。最重要的情况是,电刷表面某一部分过大的电流密度(因此在接触膜这一部分存在过大的能量密度),会导致火花甚至在该处导致膜的击穿。边界膜对摩擦表面有重要的润滑作用。在高海拔地区,必须采取一定的措施对电刷加以保护,否则电刷的磨损会非常快。

因此,无火花安全换向的试验基础就是,在碳-铜接触的任何点都要避免过大的电流密度。这种要求,与尽可能利用所有材料的目的相结合,导致设计者寻求这样一种设计,即在整个换向周期中,电刷表面的电流密度是均匀的。当换向线圈中的电流随时间线性变化时,对应于图 7.8 所示的线性换向,将产生这种情况,因此是最优的。

有助于产生线性换向的主要因素是电刷接触电阻的变化,这种变化是由于电刷后沿区域的电阻线性减少而前沿区域的电阻线性增加所致。几种电气因素会妨碍这种线性换向。换向线圈中的电阻是其中一例,但与单个电枢线圈的电阻压降相比,电刷接触电阻的压降足够大(具有1.0V的数量级),使线圈的电阻通常可以被忽略。线圈电感是一个影响更大的因素,不论是换向线圈的自感电势,还是由同时处于换向状态的其他线圈(特别是在同一槽中)产生的互感电势,都抵制换向线圈中的电流变化,这两个电势的和通常被称为电抗电势,它引起的后果是使被短路线圈中的电流在时间上滞后于线性换向所要求的电流,这种状态被称为欠换向或延迟换向。

因此,电枢电感的效应就是趋于在后刷尖处产生大的损耗和火花。为实现最佳换向,必须使电感尽可能小,这可以通过使每个电枢线圈采用可能的最少匝数以及采用具有短电枢的多极设计来实现。当电阻性的电刷压降与之相比足够大时,一定电抗电势对延迟换向的影响就可以最小,这就是采用碳电刷的主要原因之一,因为它有适当的接触压降。当利用电阻压降的效力来保证获得好的换向时,这种方法就被称为电阻换向,一般只是在分马力电机中用来作为唯一的换向方法。

在换向过程中的另一个重要的影响因素是被短路线圈中感应的旋转电势,根据它的符号,这个电势可能阻碍换向也可能帮助换向。例如在图 7.13 中,交轴电枢反应在中间极区域产生一定的磁通,在换向线圈中感应的旋转电势的方向与将要离开的极面下的电流方向相同,因此这个电势帮助线圈中的电流保持原有的方向,与电阻电压相同,抵制电流反向。为有助于换向,此旋转电势必须抵制电抗电势,一般原则是,在处于换向的线圈中产生一个旋转电势,使它近似补偿电抗电势,这种换向被称为电势换向,电势换向几乎被用于所有大于1马力的换向电机中。通过在两个主极之间放置小的窄磁极,可以在换向区产生适当的磁通密度,这些辅助极被称为中间极或换向极。图 7.26 所示为一台 4 极直流电动机的定子,从定子结构中可以清楚地看到主磁极和中间极。

图 7.26　一台 4 极直流电动机定子,在此
结构下同时显示主磁极和中间极

图 7.27 所示是中间极通常采用的外形,以及当它们被单独激励时产生的磁通的简图。换向极的极性,按发电机的旋转方向,必须是它前面主极的极性;而按电动机的旋转方向来讲,必须是它后面的主极极性。中间极的磁势必须足够大,以便能中和中间极区域的交轴电枢磁势,同时还要能激励足够的磁通从而在短路电枢线圈中产生旋转电势用于抵消电抗电势。由于电枢磁势与电抗电势都与电枢电流成正比,因此,换向极绕组必须与电枢串联。为了保持所希望的线性换向,换向极应该工作在相对较低的磁通水平上。利用换向极磁场可以使大型直流电机在宽广的运行范围内获得无火花换向。

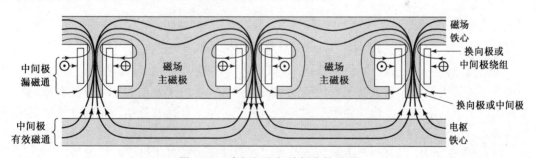

图 7.27　中间极和相关部分的磁通

7.9　补偿绕组

对于那些承受严重过载、快速变化负载或在弱的主磁场下运行的电机,可能遇到的问题不仅仅只是在电刷处出现火花。当电枢线圈位于严重畸变磁通(例如由与电枢反应相关的饱和效应引起)波峰值的瞬间,线圈电压可能足够高,以至于击穿与线圈连接的相邻两个换向片间的空气,在换向片间产生闪络或者说电弧。因为换向器周围的空气处于一种容易击穿的状

态,这是由于在电刷和换向器之间存在携带电枢电流的等离子体,所以,此时的击穿电压并不高。换向片间的最大电压应该被限制在 30～40V 量级以下,这就是为什么要将换向片间的平均电压限制在较低值的原因,因而决定了所提出设计方案中可以采用的最少换向片数。

在瞬态条件下,换向片间的高电压可能由与电枢磁通的增加和减小相关的感应电压产生,例如,观察图 7.12,可以使我们很清楚地看到这种性质的电压,即图中由电枢磁通的增加或减小在处于极中心位置的线圈中感应的电压。感应电压的符号表明,当发电机卸载或电动机加载时,这个电压将与正常旋转感应电势相加,其结果可能使换向片间的电弧火花快速地扩散到整个换向器,除了可能对换向器产生破坏性的影响,还会造成线路的直接短路。因此,即使存在中间极,主极下的电枢反应也一定会对电机能够正常运行的条件有所限制。

这些限制能够通过补偿或中和极面下的电枢磁势得到相当程度的放宽,这种补偿可以通过采用补偿绕组或者称极面绕组来获得,其原理如图 7.28 所示,这些绕组被嵌在极面上的槽中,并且极性与相邻电枢绕组的极性相反。由于补偿绕组的轴线与电枢的轴线相同,当给定合适的匝数时,它几乎可以完全中和极面下电枢导体产生的电枢反应。补偿绕组必须与电枢串联以便具有相同的电流。主磁极励磁绕组、电枢、换向绕组和补偿绕组合成后对气隙磁通的影响是,除了换向区,合成磁通密度分布与主磁极单独产生的完全相同(如图 7.13 所示),而且,增加补偿绕组可以改进电机响应的速度,这是因为补偿绕组减小了电枢回路的时间常数。

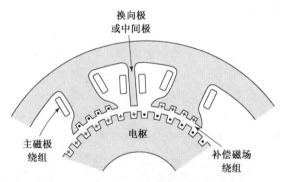

图 7.28　显示补偿绕组的直流电机截面示意图

极面绕组的主要缺点是它们的费用。它们主要用于为严重过载、快速变化负载(轧钢电动机是电机承受周期性重载的很好例子)设计的电机,或者用于采用并励绕组控制在宽广速度范围内运行的电动机。作为图示归纳,图 7.29 所示是一台具有补偿绕组的复励电机的线路图,图中线圈的相对位置说明,换向和补偿磁场作用在电枢轴线上,并励和串励绕组作用在主极轴线上,因此,沿着整个电枢圆周的气隙磁通都可以获得相当完善的控制。

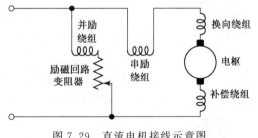

图 7.29　直流电机接线示意图

7.10　串励通用电动机

图 7.30 所示是一台具有串励绕组的直流电机接线图。对于这种连接,直轴磁通 Φ_d 与电枢电流成正比,因此,从式 7.17 可知,感应电势 E_a 与电枢电流和电动机转速的乘积成正比,从式 7.19 可以看到,转矩将与电枢电流的平方成正比。

图 7.31 中所示的虚线是这种串励电动机在直流运行条件下的典型转速-转矩特性。注意到,由于转矩和电枢电流的平方成正比,因此转矩仅仅取决于电枢电压的幅值大小,而与它的极性无关,改变外加电压的极性将不会改变转矩的大小和方向。

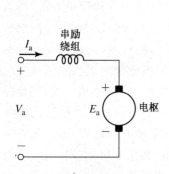

图 7.30　串励通用电动机

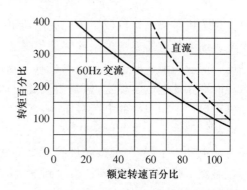

图 7.31　串励通用电动机典型的转矩-转速特性

如果串励电动机的转子和定子铁心通过正确叠装来减小交流涡流损耗,则这样的电动机称为串励通用电动机。串励通用电动机的方便之处是,它既可以用交流电运行也可以用直流电运行,而且具有相似的运行特性,因此这种单相串励电动机通常称为通用电动机。转矩角由电刷的位置固定,通常处于 90° 的最优值。如果供给串励通用电动机交流电流,尽管转矩的幅值以两倍的电源频率脉动,但转矩始终保持相同的方向,因此,可以得到一个平均转矩,而电动机的性能通常类似于直流供电下的性能。

小型通用电动机用在要求重量轻的场合,如用于真空吸尘器、厨房用具以及便携式工具中,它们通常运行在高速下(1500~15000r/min),典型特性如图 7.31 所示。交流和直流的特性略微不同,这有两个原因:(1)交流供电时,外加电压的一部分要降落在励磁绕组和电枢绕组的电抗压降上,因此对于给定的电流和转矩,电枢上产生的旋转反电势比直流供电时小,转速会低一些;(2)交流供电时,在电流波形的峰值处,磁路可能相当饱和,因此,磁通的均方根值在交流供电下比具有同样均方根的直流供电下可能要小一些,这样,交流供电下的转矩往往比直流供电下的转矩小。在分马力功率范围内,通用电动机能提供最高的功率-价格比以及高转速,但需要付出的代价是噪音大和寿命相对较短。

为了控制串励通用电动机的转速和转矩,可以利用称为晶闸管的电子开关元器件改变外加交流电压,这些在第 10 章中讨论。晶闸管的触发角可以人工调节,如在可控触发的电钻中,或者采用速度控制电路来控制,如在某些便携式工具和装置中。串励电动机和固态装置相结合可以提供经济、可控的电动机系统。

7.11 小　　结

本章讨论了直流电机的重要运行特性。一般而言,直流电机突出的优点在于它们的灵活性和多样性。在交流电动机驱动系统广泛应用之前,对许多需要高精度控制的应用场合,直流电机基本上是所能获得的唯一选择。它们的主要缺点源于与电枢绕组和换向器/电刷系统相关的复杂性,这种额外的复杂性不仅增加了成本,使之超过与它们竞争的交流电机,而且加大了对维护的需求,降低了电机本身的可靠性。然而,直流电动机还是具有优越性,它们还会继续在工业应用领域的大容量电机以及各种用途的小容量电机中保持强大的竞争力。

直流发电机是解决将机械能转化成直流形式电能这个问题的一种简单方法,尽管采用交流发电机馈电整流器系统也是我们能够考虑的一种选择。在直流发电机中,他励和自励积复励电机的应用最普遍。他励发电机具有输出电压范围宽的优点,而自励发电机在输出较低电压时产生的电压不稳定,这是由于此时的场阻线已经与磁化曲线相切的缘故。积复励发电机可以产生相当平的电压特性,甚至产生随负载增加而上升的电压特性,但是并励或他励发电机只能产生下降的电压特性,除非采用外加调节手段(例如加入串励励磁绕组)。

在直流电动机中,各种类型电机的主要特性描述如下:串励电动机运行时,随着负载的增加转速必然下降,通常空载转速会达到电机不允许的程度;转矩在磁通较小时几乎与电流的平方成正比,随着饱和的增加,与电流在 1 与 2 之间的某次幂成正比。并励电动机在恒定励磁电流下运行时,随着负载的增加转速也会略微下降,但几乎是恒定的,转矩几乎与电枢电流成正比。然而,一个同样重要的事实是,并励电动机能够通过并励绕组控制、电枢电压控制或二者的结合在宽广的范围内调速。复励电动机根据并励和串励绕组的相对强度,其特性介于两种电动机之间,本质上可以具有串励或并励电动机的优点。

在各种采用直流供电的小功率应用系统(汽车装置、便携式电子装置等)中,直流电机是成本利用率最高的选择。这些直流电机的结构多种多样,其中许多是基于永磁体激励的。尽管在不同的应用中可以发现各种各样的直流电机,但它们的性能都可以容易地用本章介绍的模型和方法来确定。

7.12　第 7 章变量符号表

δ, ϕ	相位角 [rad]
Φ_{d}	直轴磁通 [Wb]
μ	磁导率 [H/m]
μ_0	自由空间磁导率 $=4\pi\times10^{-7}$ [H/m]
θ_{a}	空间角度 [rad]
ω_{m}	机械角速度 [rad/s]
C_{a}	直流电机电枢绕组总匝数
D, l	线性尺寸 [m]

e, E	电势 [V]
F_{a1}	电枢绕组(转子)净基波磁势 [A]
F_{ar}	电枢反应磁势 [A]
F_d	直轴(定子)净磁势 [A]
g	气隙长度 [m]
i, I	电流 [A]
k_w	绕组系数
K_a	绕组常数
K_m	转矩常数 [N·m/A]
L	电感 [H]
m	电枢绕组并联支路数
n	转速 [r/min]
N	匝数
N_c	线圈匝数
N_{ph}	每相串联匝数
P	功率 [W]
$\mathcal{P}$	磁导 [H]
poles	极数
R	电阻 [Ω]
R_r	转子半径 [m]
t_m	磁体厚度 [m]
T	转矩 [N·m]

下标：

a	电枢
ag	气隙
c	线圈
d	直轴，分流
eq	等效
f	励磁(磁场)
L	线
m	磁体
mech	机械
p	并联
r	转子
s	定子，串励绕组，拉普拉斯算子
t	端部

7.13 习　　题

7.1　考虑一台他励直流电动机,描述电动机在下列条件下空载运行时转速的变化。

　　a. 改变电枢端电压,而励磁电流保持不变。

　　b. 改变励磁电流,而电枢端电压保持不变。

　　c. 励磁绕组直接并联在电枢两端,然后改变电枢端电压。

7.2　一台并励电动机在电枢端电压为 125V 下空载运行,观测到的转速是 1420r/min。当这台电动机在同样的电枢电压下空载运行,但在并励绕组中串联 8Ω 的外加电阻时,观测到的电动机转速是 1560r/min。

　　a. 计算并励绕组的电阻[①]。

　　b. 如果串联电阻从 8Ω 增加到 20Ω,计算此时电动机的转速。

　　c. 保持励磁回路电阻为原始值,如果电动机在 90V 端电压下空载运行,计算电动机转速。

7.3　一台并励连接、75kW、250V 直流电动机具有 45mΩ 的电枢电阻和 185Ω 的励磁电阻,在 250V 电压下运行时其空载转速为 1850r/min。

　　a. 电动机在 250V 端电压和 290A 电流下负载运行,计算:(i)以 r/min 为单位的电动机转速;(ii)以 kW 为单位的负载功率;(iii)以 N·m 为单位的负载转矩。

　　b. 假设负载转矩作为转速的函数保持恒定,且为(a)中的计算值,计算(i)电动机转速以及(ii)端电压下降到 200V 时的电动机输入电流。

　　c. 如果(a)中的负载转矩随转速的平方变化,重复(b)中的计算。

7.4　针对下列他励直流电动机运行条件的每种变化,描述下列情况下电枢电流和转速将如何变化。假设电枢电阻忽略不计。

　　a. 将电枢端电压减小一半,而励磁磁通和负载转矩保持恒定。

　　b. 将电枢端电压减小一半,而励磁磁通和负载功率保持恒定。

　　c. 将励磁磁通增加一倍,而电枢端电压和负载转矩保持恒定。

　　d. 将励磁磁通和电枢端电压都减小一半,而负载功率保持恒定。

　　e. 将电枢端电压减小一半,而励磁磁通保持恒定,并且负载转矩随转速的平方变化。

　　只需用简短的定性[②]陈述去描述影响的一般性质,例如“转速增大一倍”。

7.5　一台 35kW、250V 的直流电机在 1500r/min 转速下的恒转速磁化曲线如图 7.32 所示,电机为他励,电枢电阻是 95mΩ。这台电机在一台恒转速的同步电动机驱动下作为发电机运行。

　　a. 这台电机的额定电枢电流是多少?

　　b. 当发电机的转速保持在 1500r/min,同时电枢电流被限制在额定值时,计算发电机的最大输出功率以及恒定励磁电流分别为(i) 1.0A,(ii)2.0A 和(iii)

---

①　此处原文为 series field,疑有误——译者注。

②　此处原文为 quantitative,疑有误——译者注。

2.5A 对应的电枢电压。

c. 如果同步电动机[1]的转速减小到 1250r/min，重复计算(b)。

7.6 习题 7.5 中的发电机以 1500r/min 的恒定转速运行，负载电阻为 2.0Ω。

a. 采用 MATLAB 中的 spline 函数以及图 7.32 中的磁化曲线在 0A，0.5A，1.0A，1.5A，2.0A 和 2.5A 处的点，作出图 7.32 中磁化曲线的 MATLAB 图形。

b. 采用与(a)中相同的 spline 函数，用 MAT-LAB 画出当发电机励磁电流从 0 增加到 2.5A 时的(i)端电压和(ii)传递给负载的功率。

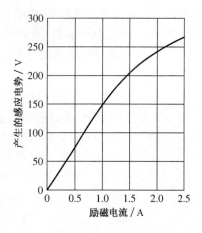

图 7.32　习题 7.5 中直流电动机在 1500r/min 转速下的磁化曲线

7.7 习题 7.5 中的直流电机作为电动机运行，由 250V 的恒定电枢端电压供电。如果忽略饱和效应，图 7.32 中的磁化曲线为一条直线，直线的恒定斜率为 150 伏/安培励磁电流。在本题的计算中，假设忽略饱和的影响。

a. 假设励磁电流保持在 1.67A 恒定不变，当电动机轴上的功率从 0 增加到 35kW 时，画出电动机转速作为其轴上功率函数的变化曲线。

b. 现在假设励磁电流能够调节，从而保持电动机的转速在 1500r/min 恒定不变。当电动机轴上的功率从 0 增加到 35kW 时，画出所需的励磁电流作为其轴上功率函数的变化曲线。

7.8 重复计算习题 7.7，此时考虑饱和效应，并用图 7.32 中的饱和曲线来表示。在(a)中，令励磁电流等于 1500r/min 下产生 250V 开路电枢端电压所需的电流[提示：本题采用 MATLAB 以及习题 7.6 中用到的 spline 函数很容易求解]。

7.9 一台 550V、100kW 他励直流电动机在 1750r/min 下的空载磁化曲线由下表给出：

E_a/V	509	531	547	560	571	581	589	596	603	609	615
I_f/A	2.5	2.7	2.9	3.1	3.3	3.5	3.7	3.9	4.1	4.3	4.5

励磁绕组为 1175 匝/极，电阻为 163Ω。电枢电阻为 57mΩ。

电机在 1700r/min 下作为并励连接的发电机运行。

a. 计算空载端电压。

b. 当加载 180A 的输入电流时，观测到发电机的端电压为 527V，计算以安匝/极为单位的电枢反应。

c. 如果转速增加到 1750r/min，并且输入电流保持在 180A，计算发电机端电压。

提示：本题可以采用图解法或利用 MATLAB 的 spline 函数表示磁化曲线来求解。

---

[1]　此处原文为 generator，疑有误——译者注。

7.10 习题 7.9 中的直流电机在 550V 端电压下作为他励电动机运行。

a. 重复习题 7.9 中的(b)部分,计算在 180A 输入电流时的电枢反应。

b. 电动机在 2.6A 的励磁电流下运行,画出电枢电流在 0 到 180A 范围内变化时电动机转速随电枢电流的变化曲线。假设电枢反应随输入电流线性变化。

7.11 一台 35kW、250V 的并励电动机,其电枢电阻为 0.13Ω,励磁电阻为 117Ω。在额定电压下空载运行时,其转速为 1975r/min,电枢电流为 152A,并且由于电枢反应的影响,其磁通比空载时减小 8%,那么满载转速是多少?

7.12 一台 20kW、250V、1150r/min 的并励发电机空载运行时,由转速为 1195r/min 的原动机驱动。当发电机输出功率为 20kW 时,转速下降到 1145r/min,假设转速的下降与发电机输出功率成正比。现在给发电机安装串励励磁绕组,将发电机改接成一台短并联复励发电机,使它的电压从空载时的 230V 上升到 80A 负载电流时的 250V。估计串励励磁绕组将有 0.049Ω 的电阻,电枢绕组(包括电刷)的电阻是 0.152Ω,并励励磁绕组的每极匝数是 650。

为了确定电枢反应的影响,将电机作为他励发电机运行,获得下列负载数据:

电枢端电压＝250V

电枢电流＝80.0A

励磁电流＝1.62A

转速＝1145r/min

在 1195r/min 下的磁化曲线如下所示:

E_a/V	230	240	250	260	270	280
I_f/A	1.05	1.13	1.25	1.44	1.65	1.91

计算:

a. 当 I_a＝80A 时,以等效的每极去磁安匝表示的电枢反应。

b. 所需的每极串励绕组匝数。

提示:本题或者用作图法求解,或者用 MATLAB 中的 spline 函数表示磁化曲线求解。

7.13 一台直流串励电动机在 300V 直流电源供电下运行,转速为 1225r/min,线电流是 70A,电枢回路电阻是 0.13Ω,串励绕组电阻是 0.09Ω。由于饱和效应,由 25A 电枢电流产生的磁通是 70A 电枢电流产生磁通的 54%。计算当电枢电压为 300V 以及电枢电流为 25A 时电动机的转速。

7.14 考虑例 7.3 中的长并励,250V、100kW 的直流电机,假设电机在 250V 恒定电源电压供电下作为电动机运行,具有 4.8A 恒定不变的并励绕组电流,采用 MAT-LAB 画出电动机转速作为负载函数随负载变化的曲线。作图时,忽略电枢反应的影响,用 MATLAB 中的 spline 函数表示图 7.14 中的磁化曲线。要求画两个图,第一个图是串励绕组安匝加强并励绕组安匝,而第二个图是串励绕组安匝抵消并励绕组安匝。

7.15 一台 250V、75kW 的他励直流电动机用于从 0 到 2400r/min 范围内的调速驱动。电机的电枢电阻为 $42m\Omega$,当其运行在转速为 2400r/min 时,在 4.5A 励磁电流下可以获得额定端电压。通过调节电枢端电压（在 1450r/min 时升高到 250V）并保持励磁电流恒定,可以获得从 0 到 1450r/min 的转速。通过减小励磁电流而将电枢端电压维持在 250V,可以获得从 1450r/min 到 2400r/min 的转速。为了求解本题,可以忽略电枢反应的影响。

a. 计算励磁电流、输入电流以及对应 250V 电枢端电压和 250hp 负载的转矩。

b. 在负载转矩等于(a)中计算值时,计算对应于 250V 电枢端电压和 1450r/min 转速运行条件下的励磁和电枢电流。

c. 对于运行在等于(a)中转矩计算值的恒转矩下以及按给定调速算法运行下,画出(i)电枢电流、(ii)电枢电压以及(iii)励磁电流随转速在整个转速范围内的变化曲线。

7.16 一台 550V、200kW 的他励直流电动机用于在 1500r/min 到 3800r/min 转速范围内驱动负载。电动机电枢电阻为 45mΩ,励磁绕组为 1200 匝/极。在 3500r/min 转速下,当励磁电流为 0.9A 时电动机可以获得额定开路电枢电压。假设开路电压随励磁电流线性变化,同时忽略电枢反应的影响。

考虑一个负载,它在 3800r/min 转速下需要 180kW,在 1500r/min 转速下需要 125kW,而且其转矩在这个转速范围内随转速线性变化。

a. 如果电动机运行在 550V 的恒定电枢端电压下,计算带载分别运行在 1500、2500r/min、3000r/min 和 3800r/min 转速下所需的励磁电流以及对应的电枢电流和在每一转速下电枢的功率消耗。

b. 如果电动机最初运行在 3800r/min 转速和 550V 电枢端电压下,而且励磁电流保持不变,同时电动机转速采用电枢电压控制方式来调节,计算带载分别运行在 1500r/min、2500r/min、3000r/min 和 3800r/min 转速下所需的电枢端电压以及对应的电枢电流和电枢功率消耗。

7.17 对于习题 7.16 中的直流电动机,当电枢电流为 350A 时,电枢反应的去磁效应被确定为 180A·匝/极,在考虑电枢反应影响的情况下重复习题 7.16 中的计算。假设电枢反应的影响与电枢电流成正比。

7.18 考虑一台其电枢端连接到恒电压电源并且驱动要求恒电磁转矩负载的他励直流电动机,说明如果 $E_a > 0.5V_t$(正常情况),则增加合成气隙磁通会减小转速;如果 $E_a < 0.5V_t$(与插入一个较大阻值的电阻与电枢串联时发生的情况一样),则增加合成气隙磁通将增大转速。

7.19 一台四极、25kW、250V 的他励直流电动机与一台三相、4 极、25kVA、460V 的圆柱磁极同步发电机机械耦合。直流电动机连接到恒定的 250V 直流电源,交流发电机连接到 460V、固定电压、固定频率的三相电源。同步发电机的同步电抗标幺值是 0.78,直流电动机的电枢电流[①]是 22mA,所有未指明的损耗都忽略不计。

a. 如果两台电机作为电动机—发电机组运行,从直流电源吸收电能,然后向交流电源传递电能。当在功率因数等于 1 时输出 30kW 功率时,交流电机的每相感应电势 E_{af} 是多少伏(线对中性点)？直流电动机的内部电压是多少？

---

① 此处原文为 resistance,疑有误——译者注。

b. 使交流电机的励磁电流保持在(a)中条件下的值,若要将两台电机之间的能量传递减小到零,能够采取什么调节方法? 在零功率传递的条件下,直流电机的电枢电流是多少? 交流电机的电枢电流是多少?

c. 保持交流电机的励磁电流与(a)和(b)中相同,若要使 30kW 的功率从交流电源传递到直流电源,能够采取什么调节措施? 在这些条件下,直流电机的电枢电流和内部电压是多少? 交流电机电流的大小和相位是多少?

7.20 一台 150kW、600V、600r/min 的直流串励铁道电动机,励磁和电枢绕组的总电阻(包括电刷)是 0.125Ω,在额定电压和转速下的满载电流是 250A,在 400r/min 转速时的磁化曲线如下所示:

感应电势/V	360	380	400	420	440	460	480
串励电流/A	220	238	256	276	305	346	404

当起动电流限制在 470A 时,计算内部起动转矩。假设电枢反应等效于随电流平方变化的去磁磁势[提示:本题或者用作图求解,或者利用 MATLAB 中的 spline 函数表示磁化曲线来求解]。

7.21 一台轴流风扇具有下列转速-负载特性:

转速/(r/min)	770	880	990	1100	1210	1320
功率/kW	5.8	7.8	10.4	13.4	17.3	22.2

风扇由一台 25kW、230V、4 极直流并励电动机驱动,电动机的电枢绕组有两条并联支路以及 $C_a=784$ 的带电导体,电枢回路电阻是 0.195Ω,每极电枢磁通是 $\Phi_d=5.9\times10^{-3}$Wb,并且电枢反应可以忽略不计。空载旋转损耗(认为是恒定的)估计为 1125W。

a. 当风扇在 1285r/min 转速下运行时,计算电动机端电压和电流以及风扇的功率。

b. 如果端电压下降到 180V,计算电动机输入电流以及风扇的转速和功率。(提示:本题通过采用 MATLAB 编程并采用 MATLAB 的 spline 函数表示风扇特性很容易求解。)

7.22 一台并励直流电动机在 230V 电源电压下运行,吸收的满载电枢电流为 53.7A,在空载和满载下均以 1250r/min 的转速运行。在这台电动机上获得下列数据:

- 电枢回路电阻(包括电刷)=0.15Ω
- 并励绕组每极匝数=1650 匝

当电机作为电动机空载运行且转速为 1250r/min 时得到的磁化曲线为

E_a/V	180	200	220	240	250
I_f/A	0.98	1.15	1.46	1.93	2.27

a. 计算当电动机连接到 230V 电源空载运行、转速为 1250r/min 时的并励绕组电流。假设忽略空载时的电枢反应。

b. 计算满载时以安匝每极表示的等效电枢反应。

c. 应该加入多少串励绕组匝数，才能使这台电机变成一台长并联积复励电动机，并且当电枢电流是 53.7A，外加电压是 230V 时，它的转速将为 1150r/min？假设串励绕组的电阻是 0.037Ω。

d. 如果安装每极 21 匝、电阻是 0.037Ω 的串励励磁绕组，计算当电枢电流为 53.7A、外加电压为 230V 时的电机转速。

（提示：本题或者用作图法求解，或者利用 MATLAB 中的 spline 函数表示磁化曲线来求解。）

7.23　一台 12.5kW、230V 的并励电动机，并励绕组为每极 2400 匝，电枢电阻（包括电刷）是 0.18Ω，换向极绕组电阻是 0.035Ω，并励绕组电阻（包括变阻器）是 375Ω。当电动机在额定端电压下空载运行，同时改变并励绕组电阻，可以获得下列数据：

转速/(r/min)	1665	1704	1743	1782	1821	1860
I_f/A	0.555	0.517	0.492	0.468	0.447	432

空载电枢电流忽略不计。当电动机在额定电压下满载运行、励磁电流为 0.468A 时，电枢电流为 58.2A，转速是 1770r/min。

a. 计算以每极等效去磁安匝表示的满载电枢反应。

b. 计算在给定运行条件下的电磁转矩和负载转矩以及旋转损耗。

c. 如果起动电枢电流被限制在 85A，当励磁电流为 0.555A 时电动机将产生多大的起动转矩？假设在这些条件下的电枢反应等于 175 安匝每极。

d. 设计一个串励励磁绕组，当给电动机加载使电枢电流等于 58.2A 时，电动机的转速为 1575r/min，此时的并励绕组电流等于使电机空载转速为 1800r/min 的值。假设串励绕组将有 0.045Ω 的电阻。

（提示：本题或者用作图法求解，或者利用 MATLAB 中的 spline 函数表示磁化曲线来求解。）

7.24　一台 230V 的并励电动机在额定电压下运行时，其满载和空载转速均为 1500r/min，满载电枢电流是 125A，并励励磁绕组的每极匝数是 1700 匝，电枢回路电阻（包括电刷和中间极）为 0.12Ω，在 1500r/min 下的磁化曲线为

E_a/V	200	210	220	230	240	250
I_f/A	0.40	0.44	0.49	0.55	0.61	0.71

a. 计算满载时电枢反应的去磁效应。

b. 给电机增加每极 3 匝、电阻为 0.038Ω 的长并联积串励励磁绕组，计算在满载电流和额定电压下的转速。并励绕组电流将仍然等于(a)中的电流值。

c. 给电机安装(b)中的串励励磁绕组，如果起动电枢电流被限制在 190A，计算以 N·m 表示的内部起动转矩。假设对应的电枢反应去磁效应等于 270 安匝每极。

（提示：本题或者用作图法求解，或者利用 MATLAB 中的 spline 函数表示磁

化曲线来求解。)

7.25 一台 350V 的直流并励电动机,电枢回路电阻是 0.21Ω,当在 350V 电源供电下运行、同时驱动恒转矩负载时,观测到电动机吸收的电枢电流为 84A。现在将 1.2Ω 的外加电阻串联到电枢回路,而保持并励绕组电流不变,忽略旋转损耗和电枢反应的影响,计算:

a. 由此产生的电枢电流。

b. 电动机转速变化的大小。

7.26 一台 75kW、460V 的并励电动机,电枢电阻为 0.082Ω,励磁回路电阻为 237Ω。当电枢电流为 171A 时,电动机在额定电压下输出额定功率。当电动机在额定电压下运行时,观测到当给电机加载使电枢电流等于 103.5A 时的转速为 1240r/min。

a. 计算这台电动机的额定负载转速。

为了在起动状态下同时保护电动机和直流电源,将一个外加电阻与电枢绕组串联连接(励磁绕组仍然直接跨接在 460V 电源上),然后,自动分步地调节电阻,使电枢电流不要超过额定电流的 180%。在所有外加电阻全部切除之前,电枢电流不允许下降到额定值以下,换句话说,电机以 180% 的额定电枢电流起动,一旦电流下降到额定值,就要切除足够的串联电阻使电流恢复到 180%,重复这一过程,直到所有串联电阻被切除。

b. 计算串联电阻的最大值。

c. 在起动运行中每步应该切除多少电阻以及每步的变化应该发生在什么转速下?

7.27 制造商关于一台永磁直流电动机的数据单表明,电机的转矩常数是 $K_m = 0.28$ V/(rad/s),电枢电阻是 1.75Ω。对于 100V 的直流恒定外加电枢电压,计算:

a. 以 r/min 表示的电动机空载转速。

b. 电机的堵转(零转速)电流和转矩(以 N·m 为单位)。

c. 画出电动机转矩随转速的变化曲线。

d. 采用电动机驱动一台小型泵,这台泵在 2000r/min 转速下需要 9N·m 的转矩,且其转矩随转速的平方变化。试求当这台泵采用一台端电压为 85V 的直流电动机驱动时的运行转速。

e. 采用电枢电压控制的直流电动机用于控制(d)中泵的转速,画出所需的直流电动机端电压随转速的变化曲线。

7.28 对一台小型永磁直流电动机的测量表明,它具有 8.9Ω 的电枢电阻。在 9V 外加电枢电压下,观测到电动机在吸收 45.0mA 的电枢电流时,获得 13340r/min 的空载转速。

a. 计算电动机的转矩常数 K_m,单位为 V/(rad/s)。

b. 计算空载旋转损耗,单位为 mW。

假设电动机在 9V 外加电枢电压下运行:

c. 计算电动机的堵转电流和转矩。

d. 在什么转速下电动机将获得 2W 的输出功率? 在这些运行条件下估算这台电

动机的效率。假设旋转损耗随转速的 3 次方变化。

7.29 编写计算永磁直流电动机参数的 MATLAB 程序,输入变量是电枢电阻、空载电枢电压、转速和电枢电流,输出应为空载旋转损耗和转矩常数 K_m。在一台具有 6Ω 电枢电阻、7.5V 空载电压、22mA 空载电枢电流和 8500r/min 空载转速的电动机上运行你的程序。

7.30 习题 7.28 中的直流电动机用于驱动在 8750r/min 转速下需要 1.2W 功率的负载。电动机与负载总的转动惯量是 3.2×10^{-6} kg·m²。采用 MATLAB 或 MATLAB/Simulink 分别画出电动机转速和电流随时间的变化曲线。假设系统初始状态是静止的,在 $t = 0$ 时刻在电动机端突加 9V 电压。

7.31 将习题 7.26 中的 75kW 直流电动机和限流电阻系统用于驱动一个 500N·m 的恒转矩负载,电动机和负载的总体转动惯量是 6.5kg·m²。采用 MATLAB 或 MATLAB/Simulink,假设在电动机初始静止状态下给系统施加 460V 直流电压,分别画出电动机转速和电动机电流随时间的变化曲线。

第8章 变磁阻电机和步进电动机

变磁阻电机(Variable-Reluctance Machine, VRM)[①]也许是最简单的电机,由装有励磁绕组的定子和具有凸极结构的铁磁转子构成。转子上不需要导体,因为依靠转子凸极向定子产生的磁通波对齐的趋势就可以产生转矩,转子凸极向定子磁通波靠齐基于这样一个原理,即趋向于使得一定的定子电流产生最大的定子磁链。此类电机定子绕组的电感是转子角位置的函数,产生的转矩当然可以用第3章讲述的方法进行计算。

尽管VRM这一概念的形成已经很久了,但是,只是到了最近几十年,这类电机才开始广泛应用于工程领域,这在很大程度上缘于这样一个事实,即尽管这类电机结构简单,但是控制起来相当复杂。例如,为了给各相绕组施加适当的励磁以获得转矩,就必须知道转子的角位置。正是由于多种可广泛获得的、低廉的数字芯片以及电力电子器件的发展,才推动VRM在许多领域内和其他类型的电动机形成了竞争的局面。

通过对VRM的各相有序地励磁,其转子会做步进式旋转,每一步转过一定的角度。步进电机的设计充分体现了这一有用的特征。此类电动机通常结合采用变磁阻结构和永磁体来增大转矩和提高位置精度。

8.1 VRM分析基础

变磁阻电机通常可以分成两类:单边凸极电机和双边凸极电机。两种电机的最显著特征都是:转子上既无绕组,也不需要永磁体,唯一的励磁源来自定子绕组。这是VRM的一个突出优点,因为这意味着该电机所有的电阻性损耗全部发生在定子上。由于定子通常比转子更容易有效地冷却,结果通常可以使定额的电动机结构尺寸得以缩小。

如第3章所述,为了产生转矩,VRM必须设计成定子绕组的电感随转子位置而变化。图8.1(a)示出了一台单边凸极VRM的截面图,可以看出,它由一个非凸极定子和一个2极的凸极转子构成,二者均采用高磁导率材料。图中示出的是两相定子绕组,尽管定子绕组可能会有任意多的相数。

图8.2(a)示出的是图8.1(a)所示的单边凸极VRM的定子电感随转子位置角 θ_m 变化的函数曲线。注意,定子每相绕组的电感均随转子位置而变,当转子磁轴线与定子某相磁轴线对齐时,该相电感达到最大值;而当这两个磁轴线正交时,该相电感达到最小值。从图中还可以看出,当转子磁轴线与定子两相中的一相磁轴线对齐时,定子两相之间的互感为0,其他时间随转子位置做周期性变化。

图8.1(b)示出了一台2极双边凸极VRM的截面图,其定、转子上均有凸出的磁极。在

[①] 变磁阻电机通常也称开关磁阻电机(SRM),表示它是VRM及驱动它的开关逆变器的结合。这一术语在技术文献中使用很普遍。

该电机中,定子有 4 个极,每个极上均有一个绕组,位置相对的磁极上的绕组属于同一相,可以把它们串联或并联起来。这样看来,该电机和图 8.1(a)所示的具有两相定子绕组和两个凸出转子极的电机很类似。同样,这种电机的每相电感也在最大值和最小值之间变化,当转子磁轴线与定子某相磁轴线对齐时,该相电感最大,正交时最小。

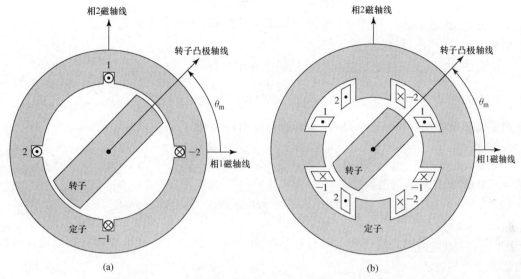

图 8.1 基本的两相 VRM:(a)单边凸极;(b)双边凸极

不同于图 8.1(a)所示的单边凸极电机,在忽略铁心磁阻的假设下,也不考虑与漏磁通对应的极小且基本恒定的互感分量时,各相之间的互感将为 0。另外,定子凸极增大了最大和最小电感之间的差值,也就提高了双边凸极电机产生转矩的能力。针对图 8.1(b)所示的双边凸极 VRM,图 8.2(b)示出了其相电感变化的模式。

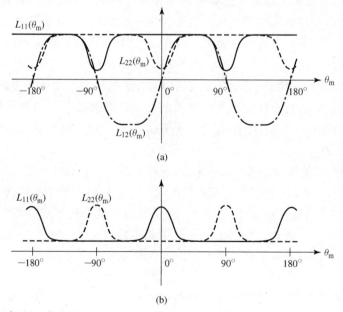

图 8.2 电感对 θ_m 曲线:(a) 图 8.1(a)的单边凸极 VRM;(b) 图 8.1(b)的双边凸极 VRM

单边凸极 VRM 的磁链和电流之间的关系如下所示：

$$\begin{bmatrix} \lambda_1 \\ \lambda_2 \end{bmatrix} = \begin{bmatrix} L_{11}(\theta_m) & L_{12}(\theta_m) \\ L_{12}(\theta_m) & L_{22}(\theta_m) \end{bmatrix} \begin{bmatrix} i_1 \\ i_2 \end{bmatrix} \tag{8.1}$$

式中，$L_{11}(\theta_m)$ 和 $L_{22}(\theta_m)$ 分别表示相 1 和相 2 的自感；$L_{12}(\theta_m)$ 为互感。注意，由对称性可知

$$L_{22}(\theta_m) = L_{11}(\theta_m - 90°) \tag{8.2}$$

还应注意，这些电感都是周期为 180° 的周期函数，因为转子从任意给定位置角转过 180° 后，电机的磁路没有发生任何改变。

由式 3.68，该系统的电磁转矩可以从磁共能求得：

$$T_{mech} = \frac{\partial W'_{fld}(i_1, i_2, \theta_m)}{\partial \theta_m} \tag{8.3}$$

上式求偏导数时应保持电流 i_1 和 i_2 为常数。这里，磁共能可以由式 3.70 求得：

$$W'_{fld} = \frac{1}{2}L_{11}(\theta_m)i_1^2 + L_{12}(\theta_m)i_1 i_2 + \frac{1}{2}L_{22}(\theta_m)i_2^2 \tag{8.4}$$

结合式 8.3 和式 8.4，可得转矩为

$$T_{mech} = \frac{1}{2}i_1^2 \frac{dL_{11}(\theta_m)}{d\theta_m} + i_1 i_2 \frac{dL_{12}(\theta_m)}{d\theta_m} + \frac{1}{2}i_2^2 \frac{dL_{22}(\theta_m)}{d\theta_m} \tag{8.5}$$

对于图 8.1(b) 所示的双边凸极 VRM，互感项 $dL_{12}(\theta_m)/d\theta_m$ 为 0，式 8.5 的转矩表达式可以简化为

$$T_{mech} = \frac{1}{2}i_1^2 \frac{dL_{11}(\theta_m)}{d\theta_m} + \frac{1}{2}i_2^2 \frac{dL_{22}(\theta_m)}{d\theta_m} \tag{8.6}$$

再把式 8.2 代入上式可得

$$T_{mech} = \frac{1}{2}i_1^2 \frac{dL_{11}(\theta_m)}{d\theta_m} + \frac{1}{2}i_2^2 \frac{dL_{11}(\theta_m - 90°)}{d\theta_m} \tag{8.7}$$

式 8.6 和式 8.7 显示了忽略互感影响时 VRM 的一个重要特性。在这类电机中，转矩表达式是一个和式，和式的每项都和某一相电流的平方成正比。由此得出结论：转矩的大小仅取决于相电流的值，与相电流极性无关。因此，给这类电机提供相电流的电子线路可以单向的，即不需要双向电流。

相电流通常由诸如晶体管、晶闸管之类的固态开关器件来接通或者关断，由于每个开关器件只需处理单向电流，这意味着该类电动机的驱动器需要的开关器件是那些双向电流控制器所需开关器件的一半（相应的控制电子线路也省掉一半）。结果是，VRM 的驱动系统不复杂且成本低。

对图 8.1(b) 所示的双边凸极 VRM 来说，忽略互感这一假设之所以行之有效，一是基于电机结构的对称性，二是基于忽略铁心磁阻这一假设。事实上，尽管对称性使得互感可能为 0，或者因为这些互感值与转子位置无关（例如，通过漏磁通耦合而形成的相间互感）而可以忽略不计，但是，即便如此，电机铁心的饱和也会引起不容忽视的非线性和互感效应。在这种情况下，尽管第 3 章的方法甚至式 8.3 的转矩表达式仍然有效，但往往很难获得解析表达式（参见 8.4 节）。

在设计和分析阶段，采用数值分析软件包就能够确定绕组的磁通—电流函数关系以及电动机的转矩，这些软件包能够计及电机非线性磁材料的特性。一旦电机制成，就可以进行

试验,一方面可以验证设计阶段所做各种假设和近似处理的有效性,另一方面还能准确掌握实际电机的性能。

基于上述观点,我们将用符号 p_s 表示定子极数,用 p_r 表示转子极数,相应的电机称为 p_s/p_r 电机。例8.1研究的是一台4/2 VRM。

例8.1 一台2相4/2 VRM如图8.3所示。其尺寸数据如下所示:

$$R = 3.8 \text{ cm} \qquad \alpha = \beta = 60° = \pi/3 \text{ rad}$$
$$g = 2.54 \times 10^{-2} \text{ cm} \quad D = 13.0 \text{ cm}$$

其各相的磁极线圈串联,每相绕组的串联总匝数 $N = 100$ 匝(每极50匝)。假设定、转子铁心的磁导率为无穷大。

a. 忽略漏磁通和边缘磁通,绘出相1的电感 $L(\theta_m)$ 对 θ_m 的函数曲线。

b. 假设(i) $i_1 = I_1$, $i_2 = 0$;(ii) $i_1 = 0$, $i_2 = I_2$,分别绘出转矩曲线。

c. 当对两相绕组同时励磁,且 $i_1 = i_2 = 5 \text{A}$,在转子位置角为(i) $\theta_m = 0°$;(ii) $\theta_m = 45°$;(iii) $\theta_m = 75°$时,分别计算作用在转子上的净转矩(N·m)。

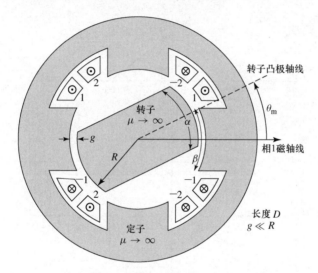

图8.3 例8.1的4/2 VRM

解:

a. 应用第1章介绍的磁路知识可知,相1绕组的最大电感 L_{max} 发生在转子凸极轴线和相1磁轴线对齐的位置。由式1.30可知,L_{max} 等于

$$L_{max} = \frac{N^2 \mu_0 \alpha R D}{2g}$$

式中,$\alpha R D$ 是对齐位置的气隙截面积;$2g$ 为磁路上总的气隙长度。根据给出的数据有

$$
\begin{aligned}
L_{max} &= \frac{N^2 \mu_0 \alpha R D}{2g} \\
&= \frac{(100)^2 \times (4\pi \times 10^{-7}) \times (\pi/3) \times (3.8 \times 10^{-2}) \times (0.13)}{2 \times (2.54 \times 10^{-4})} \\
&= 0.128 \text{ H}
\end{aligned}
$$

忽略边缘效应时,电感 $L(\theta_m)$ 与气隙截面积呈线性关系,如图8.4(a)所示。注意到,

这一理想化曲线预示着,当定子磁极和转子凸极无重叠时,电感值应该为0,而事实上,如图8.2所示,将会有一个小的电感值。

b. 由式8.7,转矩表达式由两项组成:

$$T_{mech} = \frac{1}{2}i_1^2 \frac{dL_{11}(\theta_m)}{d\theta_m} + \frac{1}{2}i_2^2 \frac{dL_{11}(\theta_m - 90°)}{d\theta_m}$$

且 $dL_{11}/d\theta_m$ 可以视为图8.4(b)所示的阶梯波,其最大值为 $\pm L_{max}/\alpha$(α 为弧度)。因此转矩如图8.4(c)所示。

c. 每个绕组产生的最大转矩为

$$T_{max} = \left(\frac{L_{max}}{2\alpha}\right)i^2 = \left(\frac{0.128}{2(\pi/3)}\right)5^2 = 1.53 \, \text{N} \cdot \text{m}$$

(i) 由图8.4(c)的曲线可知,在 $\theta_m = 0°$ 时,相2产生的转矩显然为0。尽管似乎相1立即产生转矩,但在实际电机中,转矩在 $\theta_m = 0°$ 时从 T_{max_1} 变到 $-T_{max_1}$,将会有一个有限的斜率,并且在 $\theta = 0°$ 处转矩为0。所以,相1和相2在该位置产生的净转矩为0。

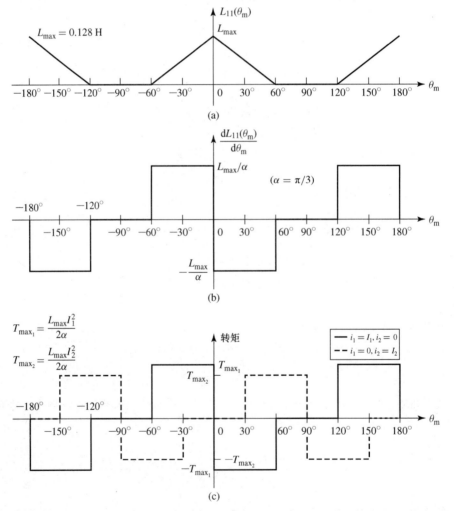

图 8.4 (a)$L_{11}(\theta_m)$ 对 θ_m 的曲线;(b)$dL_{11}(\theta_m)/d\theta_m$ 对 θ_m 的曲线;(c)转矩对 θ_m 的曲线

注意,不论相 1 和相 2 通过何种电流,在 $\theta_m=0$ 时,净转矩都为 0。这是图 8.3 所示的 4/2 结构的一个问题,因为在这个位置(同样地也会在 $\theta_m=\pm90°,180°$),转子可能会卡住,而且一旦卡住,就无法产生电磁转矩来推动它。

(ii)在 $\theta_m=45°$ 时,两相均产生转矩,相 1 产生的转矩为负,相 2 产生的转矩为正,由于相电流相等,所以转矩等值而反向,净转矩为 0。但是,与 $\theta_m=0$ 处不同,只要简单地选择合适的相电流,转矩在该处就可做到可正可负。

(iii)在 $\theta_m=75°$ 时,相 1 不产生转矩,相 2 产生一个幅值为 $T_{\max_2}$ 的正向转矩。因此在该位置,净转矩为正,幅值为 1.53N·m。注意在该处,由于相 1 转矩恒为 0,相 2 转矩只能为正(或者 0);所以不存在能产生负转矩的电流组合。

练习题 8.1

当 $\alpha=\beta=70°$ 时,重复例 8.1(c)的计算。

答案:

i. $T=0$N·m。

ii. $T=0$N·m。

iii. $T=1.59$N·m。

例 8.1 揭示了在设计 VRM 时需考虑的一些主要问题。很明显,对于这类电机,在设计时必须避免出现这样的转子位置,即在该位置任何一相都无法产生转矩。这正是设计 4/2 电机时必须面对的问题,因为 4/2 电机如果设计成均匀对称气隙,就必定出现一些这样的位置。

另一个问题显然是:要想控制 VRM 使其产生特定的转矩特性,必须依照某种与转子位置相协调的方式来施加相电流。例如,从图 8.4(c)可以看出,例 8.1 的每相绕组只在一些特定的 θ_m 处产生正转矩。因此 VRM 系统必须包括某种转子位置传感器及控制器,用来确定施加相电流的次序和波形以达到希望的运行结果。这通常在基于微处理器的控制器的监控下由电子开关器件(晶体管、晶闸管、GTO 等)来实现。

尽管例 8.1 的 4/2 VRM 可以做到能运转,但实际上因其性能难如人愿而不是特别有用,例如它有一些零转矩位置和一些事实上不可能达到正转矩的转子位置。由于这些缺陷,该电机不可能设计成能产生与转子位置角无关的恒定转矩;当然,没有一种相电流组合能在零转矩位置产生转矩,或者在只能产生负转矩的角位置区域产生正转矩。8.2 节将会指出,4/2 电机的这些缺陷可以通过设计成不对称结构来克服,这样就可以制成实用的 4/2 电机。

由本节可知,我们对 VRM 的分析是概念性的和直观的。在铁心为线性(没有磁饱和)的电机中,确定转矩是很简单的事情,只要求得定子绕组电感(自感和互感)对转子位置角的函数,把磁共能用这些电感表示,然后计算磁共能对转子位置角的偏导数即可(求偏导数时保持相电流为常数)。类似地,如 3.8 节所述,每个绕组的端电压,可以通过将该相磁链对时间的偏导数与绕组电阻压降相加而得到。

8.4 节将要讲到,在铁心为非线性(此时饱和效应很重要)的电机中,磁共能可以通过对相绕组磁链的近似积分得到,转矩同样可以从磁共能对转子位置角的偏导数得到。另一方面,在设计合理的变磁阻电动机中,没有转子绕组,通常也不存在其他转子电流,所以,与其他类型的交流电机(同步电机和感应电机)不同,变磁阻电动机也就不存在与转子相关的电暂态过程,这大大简化了这类电机的分析。

尽管 VRM 在概念和结构上很简单,其运行却相当复杂,需要精细的控制和电动机驱动电子线路以获得有效的运行性能。诸如此类的论点将在 8.2 节至 8.5 节讨论。

8.2 实际 VRM 的结构

实用的 VRM 驱动系统(电动机及其逆变器)的设计应达到的运行标准包括:

- 低成本。
- 与转子位置无关的恒定转矩。
- 要求的速度范围。
- 高效率。
- 较大的转矩－质量比。

对任何工程领域,具体应用 VRM 的最终设计方案应该是设计者所能得到的诸多可选方案的折中。因为 VRM 需要某种电子线路来控制其运行,设计者通常要对整个驱动系统的性能进行优化,这也给该类电动机的设计增加了限制条件。

VRM 可以制成各种结构。图 8.1 中示出了 4/2 电机的两种形式:图 8.1(a)为单边凸极电机,图 8.1(b)为双边凸极电机。尽管这两种设计结构均做到能运转,但双边凸极电机通常是首选机型,因为给定结构尺寸时,它可以产生较大的转矩。

参看式 8.7,可以定性地(假设铁心具有高磁导率,磁路不饱和)理解这一点,该式表明,转矩是相电感对转子位置角的导数 $dL_{11}(\theta_m)/d\theta_m$ 的函数。显然,在其他条件相同的情况下,这一导数越大,电机产生的转矩就越大。

这一导数可以认为是由相电感的最大值和最小值之比 L_{max}/L_{min} 决定的,换言之,我们可以得到

$$
\begin{aligned}
\frac{dL_{11}(\theta_m)}{d\theta_m} &\approx \frac{L_{max} - L_{min}}{\Delta\theta_m} \\
&= \frac{L_{max}}{\Delta\theta_m}\left(1 - \frac{L_{min}}{L_{max}}\right)
\end{aligned}
\tag{8.8}
$$

式中,$\Delta\theta_m$ 是最大电感和最小电感所在转子位置之间的角位移差。由式 8.8 可以看出,在给定 L_{max} 和 $\Delta\theta_m$ 时,最大的 L_{max}/L_{min} 将产生最大的转矩。根据几何结构分析,双边凸极电机通常具有较小的最小电感,当然其 L_{max}/L_{min} 值较大,所以在转子结构相同的情况下能产生较大的转矩。

正因为如此,双边凸极电机成了 VRM 的主流机型,所以本章的以下内容仅考虑双边凸极 VRM。一般来说,双边凸极电机的定、转子可以设计成 2 极或者多于 2 极的结构。必须指出,一旦确定了 VRM 的基本结构,L_{max} 也就由诸如匝数、气隙长度、磁极主要尺寸这样的量大致决定了。设计者挑战的方向只有设法获得较小的 L_{min},这是一项艰巨的任务,因为决定 L_{min} 的主要是漏磁通等一些较难计算和分析的量。

如例 8.1 所述,具有均匀气隙和对称几何结构的 4/2 VRM 存在一些难以避免的转子位置,在这些位置,无论怎样的相绕组励磁组合都无法产生转矩。可以看出,这些转矩零点发生在这样一些转子位置,所有定子相绕组在该位置同时达到最大电感值或者最小电感。由

于转矩决定于电感对转子位置角的导数，显然各相达到电感最大或者最小的位置会导致净转矩为零。

图8.5示出了一台6/4 VRM，从中可以看出，6/4电机的一个基本特征是不可能出现各相电感同时达到极值的瞬间，也就是说该电机不存在任何转矩为0的位置。这一点非常重要，因为这就消除了转子在静止时处于某个这样的位置而被卡住的可能，否则在电机起动之前必须用机械方法将转子推移到一个新位置。另外，6/4VRM除了不存在定、转子磁极同时对齐的位置，也不存在只能产生单向转矩（或者正或者负）的转子位置。因此，适当地控制相电流，就可能得到恒定转矩，且与转子位置无关。

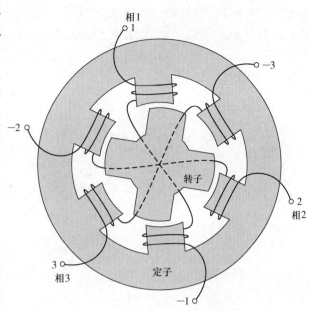

图 8.5　三相 6/4 VRM 截面图

对具有 p_s 个定子极和 p_r 个转子极的对称 VRM 来说，可以用一个简单的方法判定是否存在 0 转矩位置。如果比值 p_s/p_r（如果 p_r 大于 p_s，就反过来看 p_r/p_s）为整数，就存在 0 转矩位置。例如，6/4 电机的这一比值为 1.5，不存在 0 转矩位置；而 6/3 电机的这一比值为 2.0，存在 0 转矩位置。

在一些实例中，设计要求可能希望采用整数极数比。这时，可以把电机转子设计成不对称结构，消除 0 转矩位置。例如，转子半径可以设计成随转子位置角变化，图 8.6(a) 是这种情况的夸张显示。在这种设计中，还要求转子极宽大于定子极宽，由于在对齐位置 $dL(\theta_m)/d\theta_m$ 不再等于 0，所以这些位置不再是 0 转矩位置，可以参考图 8.6(b) 来理解这一点。

构造无零转矩位置的整极数比 VRM 的另一措施是，把一组两个或两个以上的 VRM 安装在一起串联运行，所有电机转子共享一个公共轴，定位时将每个 VRM 和其他 VRM 错开一定的角度。在这种模式下，各个电机的零转矩位置不再重合，对整个电机系统而言 0 转矩位置被消除。例如，将两台两相 4/2 VRM（如例 8.1 中的图 8.3 所示的电机）串联在一起，两台电机错开的角位移为 45°，得到的是一台无 0 转矩位置的 4 相 VRM。

通常，VRM 的每个定子极上绕有一个线圈。尽管可以把所有这些线圈作为单独的相来控制，但实际上总是把它们按极分成组而同时对组加以励磁。例如，图 8.3 所示的 4/2 VRM 被连接成 2 相电机；如图 8.5 所示，6/4 VRM 通常被连接成 3 相电机，位置相对的极被连成同一个相，按此方式驱动绕组，产生的磁通穿越转子时方向一致。

在某些情况下，VRM 的每相都有一组并绕绕组，这种结构被称为双线绕组，可以在某种程度简化逆变器结构，使得电动机驱动系统简单而低廉。

通常，当某相励磁后，转矩总是力图牵引转子到达能使磁链获得最大值的最近位置。在该相励磁断开后，下一相接着励磁，转子又被牵引到新的最大磁链位置。可见，转子转速由相电流的频率决定。然而，与同步电机不同，转子转速和相绕组的励磁频率、励磁序列之间的关系相当复杂，由转子极数、定子极数及相数决定，这一点将在例 8.2 中揭示。

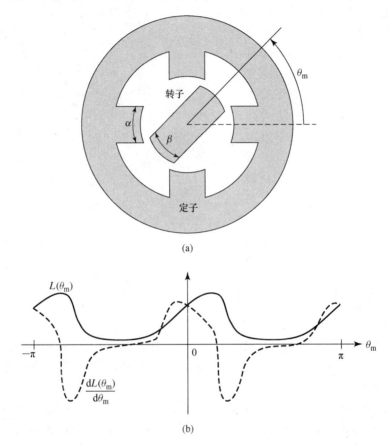

(a)

(b)

图 8.6　非均匀气隙 4/2 VRM：(a)夸张的示意图；(b)$L(\theta_m)$ 和 $dL(\theta_m)/d\theta_m$ 对 θ_m 的曲线

例 8.2　考虑 4 相 8/6 VRM，如果定子各相依次施加励磁，4 相全部励磁一遍需要的总时间为 T_0 秒(也就是每相励磁需要 $T_0/4$ 秒)。求定子磁势波的角速度以及对应的转子角速度。忽略系统的任何动态效应，假设转子对定子励磁是立即响应的。

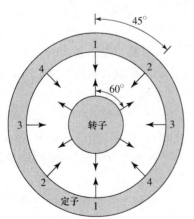

图 8.7　4 相 8/6 VRM示意图。磁极位置用箭头表示

解：

图 8.7 是 8/6 VRM 的示意图。磁极的具体形状对本题来说并不重要，所以图中对定、转子磁极只是用指示它们位置的箭头予以简单表示。图中的位置发生在转子和定子相 1 磁极对齐的瞬间。该位置对应于转子不加负载，相 1 加上励磁后的转子位置，因为在此位置，相 1 的磁链达到其最大值。

考虑下一步，也就是相 1 励磁被关断，相 2 励磁，在这一点，定子磁通波沿顺时针方向转过 45°。同样，当相 2 的励磁被关断，相 3 励磁时，定子磁通波又沿顺

时针方向转过 $45°$。所以定子磁通波的角速度 ω_s 为 $\pi/4$ 弧度($45°$)除以 $T_0/4$ 秒，即 $\omega_s = \pi/T_0$ rad/s。

还要注意，这并不是转子本身的角速度。当相 1 励磁被关断、相 2 励磁时，转子旋转的模式应该是使相 2 的磁链最大化。这时，图 8.7 显示转子将沿逆时针方向转过 $15°$，因为离相 2 最近的转子极对实际上超前于相 2 极对 $15°$。可见转子的角速度可用 $-\pi/12$ 弧度($15°$，负号表示逆时针转向)除以 $T_0/4$ 秒来计算，即 $\omega_m = -\pi/(3T_0)$ rad/s。

在本例中，转子的角速度是定子励磁角频率的 1/3，且方向相反！

练习题 8.2

对于一台 4 相 8/10 VRM，重复例 8.2 的计算。

答案：

$\omega_m = \pi/(5T_0)$ rad/s。

例 8.2 揭示了在 VRM 中励磁频率和同步转子频率之间存在的复杂关系。这一关系十分类似于两个机械齿轮间传动的情况，选择不同齿轮形状和结构，将会得到很宽的速度比。对大量超乎想象的各种不同结构的 VRM，很难推导出一个简单的规则来表示这一复杂关系。然而，仿照例 8.2，对我们感兴趣的特定结构的电机做出类似的推导过程却是相当简单的事情。

如果定子和转子大极被再分成一个个齿(可视为共用一个线圈激磁的一组小极)，就可以进一步改变 VRM 结构。图 8.8 揭示了这种电机的基本概念，图中示出的是一台三相 VRM 总共 6 个定子大极中的 3 个。这类定子及转子大极被再分成若干齿的电机称为城堡式 VRM(castleated VRM)。这一名称——城堡式 VRM 来自这样一个现象，那就是这种电机的定子齿看起来就像中世纪城堡的垛口。

在图 8.8 中，每个定子极分成 4 个次极，形成了宽度为 $6\frac{3}{7}°$(图中用 β 角表示)的 4 个齿，齿与齿之间的槽具有同样的宽度。转子也选择了同样的齿/槽宽度，这样转子上共有 28 个齿。注意，转子的齿数和对应的 β 值的选择应遵循这样的原则，即当转子齿和定子相 1 主极上的次极对齐时，不能和定子相 2、相 3 主极上的次极对齐，按照这一模式，定子绕组的连续励磁就会引起转子的旋转。

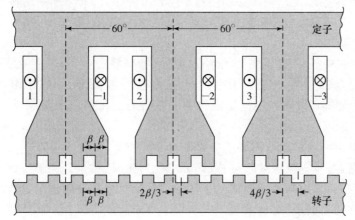

图 8.8 三相城堡式 VRM 示意图，定子为 6 极，每极 4 齿，转子为 28 极

城堡化使得转子转速与定子绕组的励磁频率、励磁序列之间的关系更加复杂。例如,由图 8.8 可知,对这一结构,当相 1 的励磁被关断、相 2 励磁后(对应于定子磁通波顺时针转过 $60°$),转子转过的角度为逆时针$(2\beta/3) = 4\frac{2}{7}°$。

根据以上分析可知,应用城堡化技术能使 VRM 以精确的转子位置精度做低速运动(当然会在给定输入功率时产生较大的转矩)。例如,图 8.8 的电机可以精确地以角增量$(2\beta/3)$旋转。采用更多的齿可以进一步提高此类电机的转子位置分辨率。这类电机可以用在要求低速、大转矩和精密的角度分辨率的场合。这一城堡式结构就是通常所说的步进电动机这一大类 VRM 的一个例子,之所以称为步进电动机,是因为从角度分辨率来说,它们能实现小的步进运动(小的步距角)。

8.3 产生转矩的电流波形

由 8.1 节可知,当互感和饱和效应被忽略以后,VRM 产生的转矩由一些相似项的和来决定,这些项由相电感对转子位置角的导数乘以对应相电流的平方构成。例如,从式 8.6 和式 8.7 可知,图 8.1(b)中的两相 4/2 VRM 的转矩为

$$
\begin{aligned}
T_{\text{mech}} &= \frac{1}{2}i_1^2\frac{\mathrm{d}L_{11}(\theta_{\text{m}})}{\mathrm{d}\theta_{\text{m}}} + \frac{1}{2}i_2^2\frac{\mathrm{d}L_{22}(\theta_{\text{m}})}{\mathrm{d}\theta_{\text{m}}} \\
&= \frac{1}{2}i_1^2\frac{\mathrm{d}L_{11}(\theta_{\text{m}})}{\mathrm{d}\theta_{\text{m}}} + \frac{1}{2}i_2^2\frac{\mathrm{d}L_{11}(\theta_{\text{m}} - 90°)}{\mathrm{d}\theta_{\text{m}}}
\end{aligned}
\tag{8.9}
$$

对 VRM 的每一相而言,相电感随转子位置角呈周期性变化,所以在 $L(\theta_{\text{m}})$ 的一个完整周期内,曲线 $\mathrm{d}L/\mathrm{d}\theta_{\text{m}}$ 下的面积为 0,即

$$
\int_0^{2\pi/p_{\text{r}}} \frac{\mathrm{d}L(\theta_{\text{m}})}{\mathrm{d}\theta_{\text{m}}} \, \mathrm{d}\theta_{\text{m}} = L(2\pi/p_{\text{r}}) - L(0) = 0
\tag{8.10}
$$

式中,p_{r} 为转子极数。

VRM 产生的平均转矩可以通过对转矩表达式(式 8.9)在一个完整转动周期上进行积分而得到。显然,如果定子电流保持为恒定,式 8.10 显示平均转矩将会为 0。因此,为了得到非 0 的时间平均转矩,定子电流必须随转子位置角变化。VRM 的平均转矩的期望值取决于应用场合的特点,例如,电动运行需要正的时间平均轴转矩,类似地,制动或者发电运行要求负的时间平均转矩。

当相绕组在具有正值 $\mathrm{d}L/\mathrm{d}\theta_{\text{m}}$ 的角位置被励磁时,将产生正转矩;在具有负值 $\mathrm{d}L/\mathrm{d}\theta_{\text{m}}$ 的位置被励磁时,将产生负转矩。考虑一台定、转子极宽均为 $40°$ 的 3 相 6/4 VRM(类似于图 8.5 所示的电机),该电机的电感随转子位置角的变化类似于图 8.9 所示的理想化的曲线。

将该电机作为电动机运行需要正的净转矩,反过来,在负的净转矩时,它可以作为发电机运行。注意,当转子位置处于某相的 $\mathrm{d}L/\mathrm{d}\theta_{\text{m}}$ 为正时,如果该相被励磁,则会产生正转矩。可见,需要有一个控制系统能够基于转子位置给每个相绕组施加励磁。事实上,也许正是由于这种控制上的要求,才使得 VRM 驱动系统比单独一台简单的 VRM 本体复杂得多。

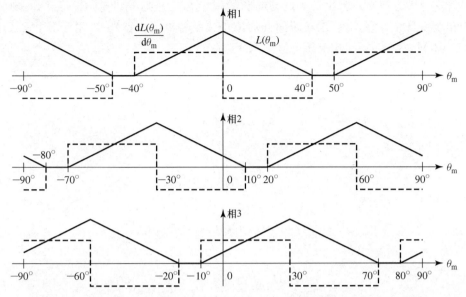

图 8.9　三相 6/4 VRM(定、转子极宽均为 40°)理想化的电感及 dL/dθ_m 曲线

VRM 之所以在各种场合得到广泛应用,原因之一就是得益于如今那些能够广泛获得且成本很低的微处理器及电力电子器件,它们大大降低了 VRM 驱动系统运行所需要的传感器和控制器的价位,使得 VRM 系统可以与其他同类用途的技术相竞争。尽管 VRM 驱动系统的控制比直流电动机、感应电动机及永磁交流电动机的控制要复杂,但在许多应用领域,就整个 VRM 驱动系统而言,已经不比其他竞争产品昂贵,而且控制更加灵活。

假设已经具备了合适的转子位置传感器和控制系统,剩下的问题就是如何激励相绕组。由图 8.9 可以看出,一种可能的励磁方案就是当转子处于某相 dL/dθ_m 为正的位置时,给该相施加恒定电流,在其余位置将该相电流控制为 0。

如果按照这一方案励磁,转矩波形将如图 8.10 所示。注意各相的转矩波形有重叠,合成转矩不再是常数,而是在平均转矩之上有一个脉动分量。一般来说,具有显著脉动分量的转矩波形通常被认为存在问题,因为它可能会在 VRM 中产生破坏应力,并且导致过大的振荡和噪音。

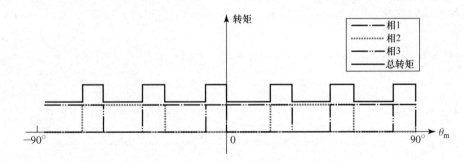

图 8.10　图 8.9 所示电动机的一相转矩及总转矩,在 dL/dθ_m＞0 处每相用恒定电流 I_0 励磁

通过分析图 8.9,可以得到各种能够减小图 8.10 中转矩波动的励磁方案。也许最简单的方案就是将每相的励磁范围从原来的由图 8.9 得到的 40°转子位置区变为 30°,这样,当前励磁相会在下一相励磁接通时关断,各相转矩将不会有重叠。

尽管这一方案似乎是解决转矩波动问题的理想方案,但实际上却是不可能实现的。问题在于相绕组具有自感,不可能在瞬间开通或者关断相电流。特别是,对于各相独立(没有耦合)的 VRM 来说[1],第 j 相电压电流关系式为

$$v_j = R_j i_j + \frac{\mathrm{d}\lambda_j}{\mathrm{d}t} \tag{8.11}$$

式中,

$$\lambda_j = L_{jj}(\theta_\mathrm{m}) i_j \tag{8.12}$$

因而

$$v_j = R_j i_j + \frac{\mathrm{d}}{\mathrm{d}t}[L_{jj}(\theta_\mathrm{m}) i_j] \tag{8.13}$$

式 8.13 可以改写为

$$v_j = \left\{ R_j + \frac{\mathrm{d}}{\mathrm{d}t}[L_{jj}(\theta_\mathrm{m})] \right\} i_j + L_{jj}(\theta_\mathrm{m}) \frac{\mathrm{d}i_j}{\mathrm{d}t} \tag{8.14}$$

或

$$v_j = \left[R_j + \frac{\mathrm{d}L_{jj}(\theta_\mathrm{m})}{\mathrm{d}(\theta_\mathrm{m})} \frac{\mathrm{d}\theta_\mathrm{m}}{\mathrm{d}t} \right] i_j + L_{jj}(\theta_\mathrm{m}) \frac{\mathrm{d}i_j}{\mathrm{d}t} \tag{8.15}$$

尽管式 8.13 到式 8.15 在数学形式上较为复杂,且通常需要用数值法求解,但是可以明显看出,当某相绕组加上电压后,建立励磁电流需要一定的时间。对于去除绕组电流的情况也可以做类似的分析。与建立电流相关的延时会限制最大可达到的转矩值,而电流衰减时间会导致产生负转矩(如果在 $\mathrm{d}L/\mathrm{d}\theta_\mathrm{m}$ 改变正负号后绕组电流中仍有电流)。这些影响将在例 8.3 中阐述,该例还在忽略绕组电阻的情况下,推导了这些方程式的近似解。

例 8.3 考虑例 8.1 中的理想化 4/2 VRM。假设绕组电阻值为 $R = 0.2\Omega$/相,每相漏电感值为 $L_1 = 5\mathrm{mH}$。对于恒定的转子转速 400r/min:(a)假设当 $\mathrm{d}L_{11}(\theta_\mathrm{m})/\mathrm{d}\theta_\mathrm{m}$ 变正的瞬间(即 $\theta_\mathrm{m} = -60° = -\pi/3$ 弧度时),给相 1 施加 $V_0 = 100\mathrm{V}$ 的恒值电压,计算在 $-60° \leqslant \theta_\mathrm{m} \leqslant 0°$ 区间,相 1 电流对时间的函数关系;(b)如果在 $\theta_\mathrm{m} = 0°$ 时施加 $-200\mathrm{V}$ 的恒定电压直到相 1 电流衰减到 0,求相 1 衰减电流对时间的函数;(c)借助 MATLAB[2],绘出这些电流和对应的转矩曲线;计算转矩—时间曲线的积分和转矩—时间曲线在一个正值转矩时间段的积分,并比较二者的结果。

解:

a. 由式 8.15,描述相 1 电流建立过程的微分方程为

$$v_1 = \left[R + \frac{\mathrm{d}L_{11}(\theta_\mathrm{m})}{\mathrm{d}\theta_\mathrm{m}} \frac{\mathrm{d}\theta_\mathrm{m}}{\mathrm{d}t} \right] i_1 + L_{11}(\theta_\mathrm{m}) \frac{\mathrm{d}i_1}{\mathrm{d}t}$$

在 400r/min 时,

$$\omega_\mathrm{m} = \frac{\mathrm{d}\theta_\mathrm{m}}{\mathrm{d}t} = 400 \text{ r/min} \times \frac{\pi}{30} \left[\frac{\text{rad/s}}{\text{r/min}} \right] = \frac{40\pi}{3} \text{ rad/s}$$

由图 8.4($-60° \leqslant \theta_\mathrm{m} \leqslant 0°$)有

---

① 提请读者注意:在某些情况下,各相独立这一假设并不正确,需要对 VRM 做更复杂的分析(参见推导完式 8.5 以后的讨论)。

② MATLAB 是 Math Works 公司的注册商标。

$$L_{11}(\theta_{\mathrm{m}}) = L_l + \frac{L_{\max}}{\pi/3} \left(\theta_{\mathrm{m}} + \frac{\pi}{3} \right)$$

故

$$\frac{\mathrm{d}L_{11}(\theta_{\mathrm{m}})}{\mathrm{d}\theta_{\mathrm{m}}} = \frac{3L_{\max}}{\pi}$$

和

$$\frac{\mathrm{d}L_{11}(\theta_{\mathrm{m}})}{\mathrm{d}\theta_{\mathrm{m}}} \frac{\mathrm{d}\theta_{\mathrm{m}}}{\mathrm{d}t} = \left(\frac{3 L_{\max}}{\pi} \right) \omega_{\mathrm{m}} = 5.12\ \Omega$$

这个值远大于绕组的电阻值 $R = 0.2\Omega$。

可见,我们可以在近似求解电流时舍去式 8.13 中的 Ri 项,只需解方程

$$\frac{\mathrm{d}(L_{11}i_1)}{\mathrm{d}t} = v_1$$

该方程的解为

$$i_1(t) = \frac{\int_0^t v_1 \mathrm{d}t}{L_{11}(t)} = \frac{V_1 t}{L_{11}(t)}$$

式中 $V_1 = 100\mathrm{V}$,把

$$\theta_{\mathrm{m}} = -\frac{\pi}{3} + \omega_{\mathrm{m}} t$$

代入 $L_{11}(\theta_{\mathrm{m}})$ 的表达式可得

$$L_{11}(t) = L_l + \left(\frac{3L_{\max}}{\pi} \right) \omega_{\mathrm{m}}\, t$$

所以

$$i_1(t) = \frac{100\, t}{0.005 + 5.12\, t}$$

其有效时间段直到 $\theta_{\mathrm{m}} = 0°$ 的时刻 $t = t_1 = 25\mathrm{s}$,在该点 $i_1(t_1) = 18.8\mathrm{A}$。

b. 在电流的衰减期,求解过程同(a)。由图 8.4 可知,当 $0° \leqslant \theta_{\mathrm{m}} \leqslant 60°$ 时,$\mathrm{d}L_{11}(\theta_{\mathrm{m}})/\mathrm{d}t = -5.12\Omega$,且式 8.15 中的 Ri 项可以忽略。结果,在这一阶段,可以通过积分求出相 1 的电流:

$$i_1(t) = i_1(t_1) + \frac{\int_{t_1}^t v_1 \mathrm{d}t}{L_{11}(t)} = \frac{V_2\,(t - t_1)}{L_{11}(t)}$$

式中 $V_2 = -200\mathrm{V}$ 且

$$L_{11}(t) = L_l + \left(\frac{3 L_{\max}}{\pi} \right) \omega_m(2t_1 - t)$$

由此式可见,电流在 $t = 33.45\mathrm{ms}$ 时达到 0。

c. 设 $i_2 = 0$,可以从式 8.9 求得转矩,即

$$T_{\mathrm{mech}} = \frac{1}{2} i_1^2 \frac{\mathrm{d}L_{11}}{\mathrm{d}\theta_{\mathrm{m}}}$$

利用 MATLAB 以及(a)和(b)的结果,我们分别在图 8.11(a)和图 8.11(b)中绘出了电流和转矩曲线。转矩曲线的积分为 $0.378\mathrm{N\cdot m\cdot s}$[①],而转矩曲线在对应于转矩为正的时段的积分为 $0.450\mathrm{N\cdot m\cdot s}$[②]。可见,负值转矩使得假设电流能够立即减到 0 而应当获得的转矩值减少了 16%。

---

① 原著数据为 $0.228\mathrm{N\cdot m\cdot s}$,疑有误——译者注。

② 原著数据为 $0.03\mathrm{N\cdot m\cdot s}$,疑有误——译者注。

首先注意,从(b)的结果和图 8.11(a)可知,尽管施加的负值电压的幅值是建立电流电压幅值的 2 倍,在切换到负值电压后,电流仍然在绕组中流通了 8.4ms。由图 8.11(b)可知,其结果是出现了一个产生负值转矩的显著时段。实际上,这就要求控制方案应该在 $dL(\theta_m)/d\theta_m$ 改变正负号之前施加反向电压来去除电流,通过损失掉部分正值平均转矩来抑制更大的负值平均转矩,从而使总的平均转矩得到提高。

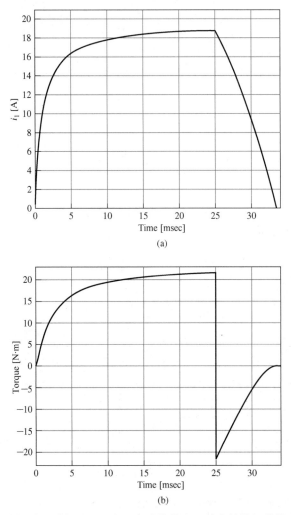

图8.11　例 8.3：(a)相 1 电流曲线；(b)对应的转矩曲线

该例还揭示了 VRM 运行的另外一个重要方面。对于电阻值为 0.2Ω、电感为常数的系统,人们可能会预期其稳态电流值为 $100/0.2=500A$,而在该系统中稳态电流值却小于 20A。原因显然可以从式 8.14 和式 8.15 中看出,因为 $dL_{11}(\theta_m)/dt=5.12\Omega$ 充当了一个与绕组电阻串联的视在电阻,而它的阻值却远大于绕组本身的电阻值。对应于该视在电阻的电压降(速度电势)幅值相当大,它把稳态电流值有效地限制在 $100/5.12=19.5A$。

以下是本例的 MATLAB 源程序：

```
clc
clear
```

```
% Inductances
Ll = 0.005;% Leakage inductance
Lmax = 0.128; % Maximum value of variable inductance

% Operating parameters
rpm = 400;
omegam = rpm*pi/30;

% Voltages
V1 = 100; % Positive voltage
V2 = -200; % Negative voltage

% Step through time
delt = 1e-5;
sw = 1;
n = 0;

% Initialize torque integrals
int1 = 0;
int2 = 0;

while sw > 0;
  n = n+1;
  t(n) = 2*delt*(n-1);
  thetam = -pi/3+omegam*t(n);

  if thetam < = 0
    i1(n) = V1*t(n)/(Ll+(3*Lmax*omegam/pi)*t(n));
    dL11dtheta = 3*Lmax/pi;
    Torque(n) = 0.5*dL11dtheta*i1(n)^2;
    int1 = int1 + Torque(n)*delt;
  else
    m = find(i1 == max(i1));
    L11 = Ll+(3*Lmax*omegam/pi)*(2*t(m)-t(n));
    i1(n) = max(i1)+V2*(t(n)-t(m))./L11;
    if i1(n) < 0
      sw = -1;
    end
    dL11dtheta = -3*Lmax/pi;
    Torque(n) = 0.5*dL11dtheta*i1(n)^2;
    int2 = int2 + Torque(n)*delt;
  end

end

% Plot the current
plot(t*1000,i1,'LineWidth',2)
set(gca,'ylim',[0 21]);
set(gca,'xlim',[0 34]);
set(gca,'FontSize',20)
```

```
set (gca,'xtick',[0 5 10 15 20 25 30])
xlabel ('Time [msec]','FontSize',20)
ylabel ('i_1[A]','FontSize',20)
grid on

pause

%  Plot the Torque
plot (t*1000,Torque,'LineWidth',2)
ylim ([-23 23]);
xlim ([0 34]);
set (gca,'FontSize',20)
xlabel ('Time [msec]','FontSize',20)
ylabel ('Torque [N\cdotm]','FontSize',20)
set (gca,'xtick',[0 5 10 15 20 25 30])
set (gca,'ytick',[-20 -15 -10 -5 0 5 10 15 20])
grid on
fprintf ('int1 = % g N-m-s\n',int1)
fprintf ('int2 = % g N-m-s\n',int2)
```

练习题 8.3

再来考虑例 8.3,如果把用来去除相电流的反向电压变为－250V,利用 MATLAB 计算转矩—时间曲线下的积分值,并与转矩—时间曲线在正值转矩时段的积分值做比较。

答案:

电流在 $t=32.2$ms 时衰减为 0;转矩曲线的积分为 0.392N·m·s[①],而在正值转矩时段的积分为 0.450N·m·s[②]。负值转矩使得假设电流能立即减为 0 而应当获得转矩值下降了 13%。

例 8.3 揭示了 VRM 性能的另一些重要方面,这在像例 8.1 那样的理想化分析中没有涉及,但却在实际应用中至关重要。很明显,不可能轻易地给绕组施加任意电流波形。在给定绕组外施电压后,绕组电感(及其时间导数)对最终产生的电流波形影响显著。

通常,在转子转速上升时,这一问题会变得更加突出。对于给定的外施电压,考虑例 8.3,可以看出:(1)随着转速的增加,电流值要达到一定的量级,必将占据可获得的正值 $dL(\theta_m)/d\theta_m$ 段的更大部分;(2)所能达到的稳态电流逐渐减小。增大有用转矩的一种常见方法是在 $dL(\theta_m)/d\theta_m$ 开始增大之前的某个时刻就施加相电压,这就给电流的建立提供了一个时间段,使之在转矩开始产生前就建立相当的量级。

更为困难的是(已经在例 8.3 中有所阐述),在导通时段开始时,需要一定的时间来增大电流;同理,在导通时段结束后,也需要时间来去除电流。结果是,如果相励磁在正 $dL(\theta_m)/d\theta_m$ 值时段的终点或者接近终点时被关断,很可能在 $dL(\theta_m)/d\theta_m$ 变负后,仍有电流在该相流通,因此会形成一个产生负转矩的时段,这就降低了 VRM 产生有效转矩的能力。

避免产生负转矩的一种方法是把相励磁充分提前关断,使电流在 $dL(\theta_m)/d\theta_m$ 变负时就

---

① 原著数据为 0.03N·m·s,疑有误——译者注。
② 原著数据为 0.228N·m·s,疑有误——译者注。

基本衰减到 0。但是,很明显,这也会带来不利的一面,因为在 $dL(\theta_m)/d\theta_m$ 为正的时段内关断相电流,同样会减小所产生的正值转矩。结论是,通常要求 VRM 接受一定量的负值转矩(为获得需要的正值转矩),并用另一相增加的正值转矩来弥补这一转矩损失。

图 8.12 示出了另外一种可能性。图 8.12(a)示出的是一台 4/2 VRM 的截面图,除了转子极弧角从 60° 增大到 75°,该图和图 8.3 一样,结果转子极比定子极宽出 15°。可以从图 8.12(b)看出,结果形成了一个能把 $dL(\theta_m)/d\theta_m$ 的正值段和负值段隔开的恒定电感区,显然,这就提供了一个附加时段,使电流能在进入产生负值转矩的区段之前就衰减完毕。

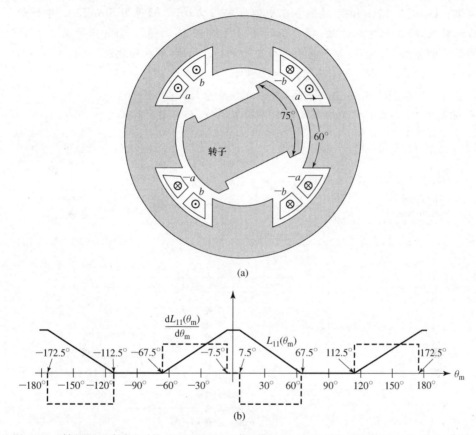

图 8.12 转子极弧宽出 15° 的 4/2 VRM:(a)截面图;(b)$L_{11}(\theta_m)$ 和 $dL_{11}(\theta_m)/d\theta_m$ 对 θ_m 曲线

尽管图 8.12 示出的是转子极宽出定子极 15° 的例子,在任何具体设计中,作为整个设计过程的一部分,极弧宽度差值的确定取决于这样一些因素,如相电流衰减所需的时间以及 VRM 的运行速度等。在设计过程中还有一点应该重视,那就是采用较宽的转子极会导致较大的 L_{min},这本身趋向于减少产生的转矩(参见对式 8.8 的讨论),并且延长建立电流的时间。

在恒转速运行的条件下,通常希望能使转矩成为与转子位置无关的恒定值。这样运行时,就可以减小转矩波动,因为转矩波动会引起过大的噪声和振动,甚至材料疲劳可能导致部件故障。产生恒定转矩也就意味着,当一相产生的转矩开始减小时,另一相的转矩必须增大来弥补。从如图 8.11 所示的转矩波形可以看出,这意味着相励磁是一个复杂的控制问题,并且在许多情况下,要完全达到无波纹转矩十分困难。

例 8.4 有可能推导出例 8.3 的解析解,因为这一理想化的 4/2 VRM 的电感变化形式简单,且绕组电阻足够小,在计算时可以被忽略而不失精度。一般来说,包括电阻效应以及事实上实际电机更为复杂的电感变化波形(相对于例 8.3 的理想化电感波形)时,将导致方程式 8.13 难于或者不可能用解析法求解。

结果就需要用数值方法来分析 VRM。尽管本章将不对数值法做详细介绍,但这里要用 MATLAB/Simulink[①] 给出一个简单的例子。尤其是,我们将重新考察例 8.3 中的 4/2 VRM 的稳态性能,这次要包括绕组电阻的影响,与例 8.3 采用同样的两种方案来控制绕组。(a)利用 Simulink,绘制相 1 电流和转矩曲线。(b)再用 Simulink,考察如下操作后的效果,修改相电压方案,将电压的开通角提前 5°,即在先于电感导数变正的位置 5° 给相应相施加 +100V,先于电感导数变负的位置 5° 给相应相施加 −200V。

解:

a. 图 8.13 示出了 Simulink 模块图,主要模块包括:

- 模块"L":该模块生成相电感对转子位置角 θ_m 的函数[见图 8.4(a)]。

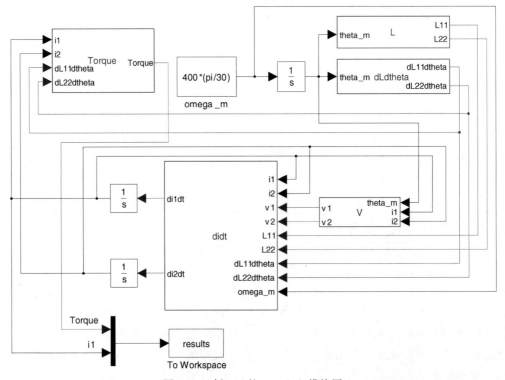

图 8.13　例 8.4 的 Simulink 模块图

- 模块"dLdtheta":该模块生成相电感导数对转子位置角 θ_m 的函数[见图 8.4(b)]。
- 模块"V":该模块生成施加到各相的电压对转子位置角 θ_m 的函数并计算相电流;当相电流达到 0 或第 1 次变负(因为该仿真用的是用数值法,衰减电流有可能在任何仿真点都达不到 0)时电压换接到 −250V。

---

① MATLAB 和 Simulink 是 MathWorks Inc. ,3 Apple Hill Drive,Natick,MA 01760,http://www.mathworks.com. 的注册商标。MATLAB 和 Simulink 都有学生版可供选用。

- 模块"didt"：该模块从式 8.15 计算相电流的导数：

$$\frac{\mathrm{d}i_j}{\mathrm{d}t} = \frac{1}{L_{jj}}\left(v_j - \left[R_j + \frac{\mathrm{d}L_{jj}(\theta_{\mathrm{m}})}{\mathrm{d}t}\omega_{\mathrm{m}}\right]i_j\right)$$

式中，

$$\omega_{\mathrm{m}} = \frac{\mathrm{d}\theta_{\mathrm{m}}}{\mathrm{d}t}$$

注意在转速恒定为 400r/min 时，

$$\omega_{\mathrm{m}} = \frac{400\,\pi}{30}$$

因为采用数值法来实现，可能会有一个微小的负值相电流出现在该模块的输入中，所以该模块还附加了一段代码，如果输入中出现负值电流，则该代码会将其重置为 0。

- 模块"Torque"：该模块从式 8.9 计算电磁转矩。

图 8.14(a) 示出了转子旋转一周的时间段上相 1 的电流曲线。该电流的最大值为 18.4A，与之可比的是例 8.3 算出的值 18.8A。相 1 与相 2 共同产生的总转矩曲线示于图 8.14(b)，转矩平均值为 10.1N·m。

b. 通过将开通角前移 5°，可以看出，各相绕组的电流上升很快，因为式 8.15 的 $\mathrm{d}L_{jj}/\mathrm{d}\theta_{\mathrm{m}}$ 项起初为 0，电流的建立仅受制于绕组的漏抗和电阻。这可以从图 8.15(a) 绘制的相 1 的电流波形看出，这里的电流峰值等于 47.6A 而不是 (a) 中的 18.4A。由此可见，在施加电压之后再过 5°，当 $\mathrm{d}L/\mathrm{d}\theta_{\mathrm{m}}$ 变正时，已经有足够的电流，电动机将立即开始产生转矩，这从图 8.15(b) 中的转矩波形可以看出。

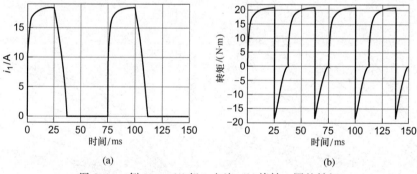

图 8.14　例 8.4a：(a) 相 1 电流；(b) 旋转 1 圈的转矩

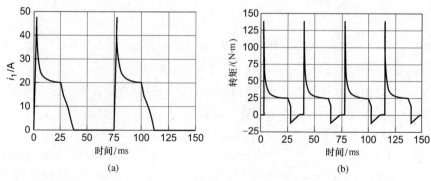

图 8.15　例 8.4b：(a) 相 1 电流；(b) 开通角前移 5°后旋转 1 圈的转矩

尽管较早地关断相电流,即在 $dL/d\theta_m$ 尚为正值的时段关断相电流,会减小正转矩,但能在 $dL/d\theta_m$ 变负时产生较小的负转矩。最终结果还是提高了平均转矩。在这种情况下,平均转矩为 $19.2N\cdot m$,与之可比的是,在(a)中未将开通角提前求出的值为 $10.1N\cdot m$。

8.4 非线性分析

和大多数电机一样,VRM 采用磁性材料来对定向和定形电机内的磁场,并增大在给定电流幅值时所能达到的磁通密度。为了从磁性材料上获得最大好处,实际 VRM 以足够大的磁通密度运行,致使在正常情况下其磁性材料处于饱和状态。

与第 5~7 章讨论的同步电机、感应电机和直流电机一样,VRM 实际工作磁密的确定,要对诸如成本、效率、转矩-质量比等量进行折中考虑。然而,由于 VRM 与其驱动线路关联十分紧密,设计 VRM 时通常还要做另一些折中考虑,这又会影响 VRM 工作磁密的选择。

图 8.2 示出的是图 8.1 所示 VRM 的典型电感-位置角曲线,它反映了所有 VRM 的特征。必须注意,只有在电机磁路为线性,使得磁通密度(当然也可以是磁链)正比于绕组电流的条件下,使用电感的概念才是严格有效的。这种线性分析法是基于电动机磁性材料具有恒定磁导率这一假设的,本章前面的分析均采用了这一假设。

图 8.16 示出了 VRM 磁链-电流特性的另一种表示形式。这种形式包括了不同转子位置角时的一系列磁链-电流关系曲线。该图的曲线对应的是如图 8.1 所示的转子为 2 极的电机,所以绘出 0°~90°范围内的曲线就足以代表整个电机的这一特性。

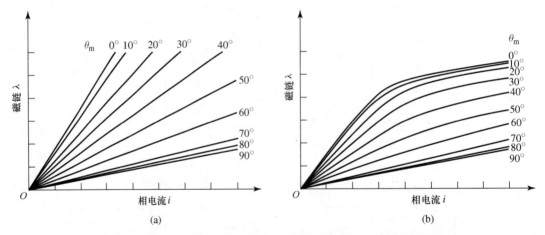

图 8.16　VRM λ 对 i 的关系曲线:(a)线性磁特性;(b)非线性磁特性

图 8.16(a)示出的是在电机磁路为线性,即磁导率为常数,不存在饱和时所测的 $\lambda-i$ 曲线。每一转子位置角对应一条直线,直线的斜率对应于该位置处绕组的电感 $L(\theta_m)$。事实上,图 8.2 所示的 $L(\theta_m)$ 对 θ_m 的曲线和图 8.16(a)的表示法是等效的。

实际上,VRM 的运行总是伴随着磁性材料的饱和,其 $\lambda-i$ 特性具有图 8.16(b)所示的形式。注意,当电流较小时,该特性为直线,对应于假设磁路为线性时的关系,见图 8.16(a)。而当电流较大时,磁路逐渐饱和,特性很快弯曲,结果在给定电流时得到的磁链明显变小。最后还要注意,在 $\theta_m=0°$(对应于定、转子磁极对齐的位置)时饱和效应最为明显,而在定、转子达到非对齐位置时,即对应于转子角较大的位置时,饱和效应较小。

饱和对 VRM 性能有两个近乎矛盾的重要影响。一方面,在给定电流时,饱和限制了磁通密度,趋向于限制 VRM 所能产生的总转矩;另一方面,我们将会看到,在给定输出功率时,饱和能降低所需逆变器的伏安容量,趋向于使逆变器变小,成本降低。设计合理的 VRM 系统应该基于对这两个影响的折中[①]。

饱和的这些效应,可以通过图 8.16(a)和图 8.16(b)所示的两台电机加以讨论。设两电机转速相等,其他运行条件也相同。为简单起见,假设一个相当理想的运行条件,那就是相 1 电流在 $\theta_m = -90°$(相 1 的完全非对齐位置)时被立即接通并达到 I_0,在 $\theta_m = 0°$(相 1 的完全对齐位置)时被立即关断。这一运行类似于例 8.1 讨论的情况,在那里,我们忽略了电流的建立和衰减瞬态响应带来的复杂影响,而这些影响在例 8.3 和例 8.4 中有所揭示。

由于转子对称,负的转子角位置对应的磁链与相应的正的转子角位置对应的磁链相等,因此对应于一个电流周期的磁链－电流轨迹可以由图 8.16(a)和图 8.16(b)来确定,两台电机对应的磁链－电流轨迹如图 8.17(a)和图 8.17(b)所示。

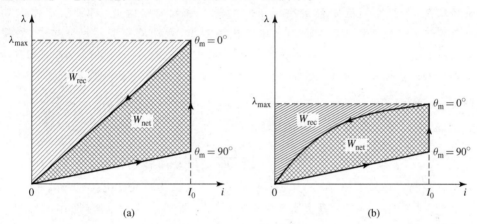

图 8.17 图 8.16 电机的磁链－电流轨迹:(a)线性;(b)非线性

遍历每个轨迹,需要输入绕组的功率可由电流和电压之积给出:

$$p_{in} = iv = i\frac{d\lambda}{dt} \tag{8.16}$$

一个周期输入电机的净电能(转化成机械功的能量)可以通过对式 8.16 沿上述轨迹积分求得:

$$净功 = \int p_{in}\, dt = \oint i\, d\lambda \tag{8.17}$$

可以看出,这就是图上轨迹包围的面积,在图 8.17(a)和图 8.17(b)中用 W_{net} 标志。注意饱和电机在一个周期内转化的有用功少于不饱和电机。结果是,为了得到相同的输出功率,饱和电机必须比相应的不饱和电机(假设的)做得大一些。这一分析提示了饱和在降低电机转矩和输出功率方面的影响。

也可以计算出从逆变器输入到绕组的最大能量,它等于输入功率从轨迹的起点到点

---

① 有关对 VRM 驱动系统中饱和效应的讨论,参考 T. J. E. Miller,"Converter Volt-Ampere Requirements of the Switched Reluctance Motor,"*IEEE Trans. Ind. Appl.* ,IA-21:1136-1144(1985)。

$(I_0, \lambda_{\max})$ 的积分值:

$$\text{最大能量} = \int_0^{\lambda_{\max}} i \, \mathrm{d}\lambda \tag{8.18}$$

这就是 λ-i 曲线下的总面积,如图 8.17(a) 和图 8.17(b) 所示,也就是图中标有 W_{rec} 和 W_{net} 的两块面积之和。

我们知道,面积 W_{net} 表示的能量对应于有用的能量输出。显然,面积 W_{rec} 表示的能量对应于保证 VRM 运行所需的附加输入能量(用来在 VRM 中产生磁场),这一能量不产生有用功,它对应于在工作周期内反复进出逆变器的无功功率。

逆变器的伏安容量取决于电动机运行时逆变器所能处理的每相平均功率,等于输入 VRM 的最大能量除以一个周期的时间 T。同样,VRM 的每相平均输出功率等于每个周期内输入逆变器的净能量除以 T。所以逆变器的伏安容量与 VRM 的输出功率之比为

$$\frac{\text{逆变器伏安容量}}{\text{净输出功率}} = \frac{\text{面积}(W_{\text{rec}} + W_{\text{net}})}{\text{面积}(W_{\text{net}})} \tag{8.19}$$

一般来说,逆变器的伏安容量决定了它的成本和尺寸。因此,对于给定输出功率的 VRM,逆变器伏安容量和 VRM 输出功率的比值越小,意味着逆变器尺寸越小,价格越便宜。比较图 8.17(a) 和图 8.17(b) 可以看出,对饱和电机来说,这一比值较小;饱和效应降低了每个周期中反复循环的能量,当然也就降低了驱动 VRM 的逆变器所需的伏安容量。

例 8.5 考虑一台对称 2 相 4/2 VRM,其 λ-i 特性可以用下面的 λ-i 关系式(对相 1)来表示,它是 θ_{m} 在 $0 \leqslant \theta_{\text{m}} \leqslant 90°$ 区间上的函数:

$$\lambda_1 = \left(0.005 + 0.09 \left(\frac{90° - \theta_{\text{m}}}{90°} \right) \left(\frac{8.0}{8.0 + i_1} \right) \right) i_1$$

电动机的相 2 和相 1 一样,且相与相之间没有明显互感。假设绕组的电阻不计。

a. 当 θ_{m} 从 0 变化到 $90°$,每次变化的步长取 $10°$,电流 i_1 从 0 递增到 30A 时,用 MATLAB 绘出该电动机的 λ_1-i_1 曲线簇。

b. 再利用 MATLAB、式 8.19 和图 8.17 计算逆变器伏安容量与 VRM 净输出功率在下述理想运行周期内的比值:

   (i) 当 $\theta_{\text{m}} = -90°$ 时,电流立即达到 25A。

   (ii) 保持此电流直到转子到达 $\theta_{\text{m}} = 0°$。

   (iii) 在 $\theta_{\text{m}} = 0°$ 时,电流立即减到 0。

c. 假设 VRM 作为电动机按(b)所描述的周期运行,转速恒定为 2500r/min,计算提供给转子的净电磁功率。

解:

a. λ_1-i_1 曲线簇如图 8.18(a) 所示。

b. 图 8.18(b) 示出了面积 W_{net} 和 W_{rec}。注意,如本节所述,λ-i 曲线关于 $\theta_{\text{m}} = 0°$ 对称,所以对应于负 θ_{m} 的曲线和对应于正值 θ_{m} 的一样。面积 W_{net} 由对应于 $\theta_{\text{m}} = 0°$ 及 $\theta_{\text{m}} = 90°$ 的 λ_1-i_1 曲线和直线 $i_1 = 25$A 围成。面积 W_{rec} 由直线 $\lambda_1 = \lambda_{\max}$ 和对应于 $\theta_{\text{m}} = 0°$ 的 λ_1-i_1 曲线围成,其中 $\lambda_{\max} = \lambda_1(25\text{A}, 0°)$。

用 MATLAB 积分求取上述面积,所要求的比值就可以从式 8.19 求得:

$$\frac{逆变器伏安容量}{净输出功率} = \frac{面积(W_{rec}+(W_{net})}{面积(W_{ret})} = 1.55$$

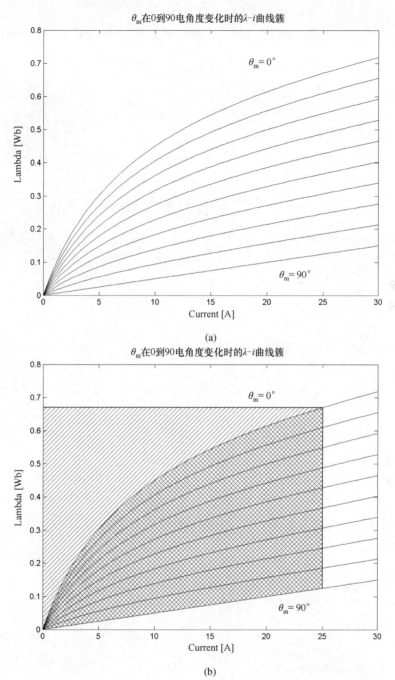

(a)

(b)

图 8.18 (a)例 8.5 中的 λ_1-i_1 特性；(b)例 8.5b 计算时用到的面积

c. 面积(W_{net})代表的能量是由每相提供给转子的,转子转过一周,两次获得这样的能量。如果面积(W_{net})用焦耳表示,每相提供的功率的瓦特数就为

$$P_{\text{phase}} = 2\left(\frac{\text{面积}(W_{\text{net}})}{T}\right)\text{W}$$

式中，T 为转过一周所需要的时间（s）。

通过 MATLAB 求得面积（W_{net}）$=9.91$ 焦耳，转速为 2500r/min 时，$T=60/2500=0.024$s：

$$P_{\text{phase}} = 2 \times \left(\frac{9.91}{0.024}\right) = 825\ \text{W}$$

因此，

$$P_{\text{mech}} = 2P_{\text{phase}} = 1650\ \text{W}$$

以下是 MATLAB 源程序：

```
clc
clear
% (a) First plot the lambda-i characteristics

for m = 1:10
theta(m) = 10*(m-1);
    for n= 1:101
i(n) = 30*(n-1)/100;
Lambda(n) = i(n)*(0.005+0.09*((90-theta(m))/90)*(8/(i(n)+8)));
    end

    plot(i,Lambda)
    if m==1
hold
    end
end

hold
xlabel('Current[A]')
ylabel('Lambda[Wb]')
title('Family of lambda-i curves as theta_m varies from 0 to 90 degrees')
text(17,.7,'theta_m = 0 degrees')
text(20,.06,'theta_m = 90 degrees')

% (b) Now integrate to find the areas.

% Peak lambda at 0 degrees, 25 Amps
lambdamax = 25*(0.005+0.09*(8/(25+8)));

AreaWnet = 0;
AreaWrec = 0;

% 100 integration step
deli = 25/100;

for n= 1:101
    i(n) = 25*(n-1)/100;
    AreaWnet = AreaWnet+deli*i(n)*(0.09)*(8/(i(n)+8));
```

```
        AreaWrec = AreaWrec+deli*(lambdamax-i(n)*(0.005+0.09*(8/(i(n)+8)))));
    end

    Ratio = (AreaWrec+AreaWnet)/AreaWnet;

    fprintf('\nPart(b) Ratio = % g', Ratio)

    % (c) Calculate the power

    rpm = 2500;
    rps = 2500/60;
    T = 1/rps;
    Pphase = 2*AreaWnet/T;
    Ptot = 2*Pphase;

    fprintf('\n\nPart(c)AreaWnet = % g[Joules]',AreaWnet)
    fprintf('\n        Pphase = % g[W]and Ptot = % g[W]\n',Pphase,Ptot)
```

练习题 8.4

考虑一台 2 相 VRM,除了每相附加 5mH 的漏电感,其他条件与例 8.5 一样。

a. 对于下述理想化运行周期,计算逆变器伏安容量和 VRM 净输出功率的比值:

  (i)当 $\theta_m = -90°$时,电流立即达到 25A。

  (ii)电流保持此恒定值,直到 $\theta_m = 10°$。

  (iii)在 $\theta_m = 10°$时,电流减小为 0。

b. 假设 VRM 要按照(a)的运行周期作电动运行,转速恒定为 2500r/min,计算转子上获得的净电磁功率。

答案:

a. $\dfrac{逆变器伏安容量}{净输出功率} = 1.75$。

b. $P_{mech} = 1467W$。

    很明显,饱和效应对大多数 VRM 的性能会产生十分重要的影响,因此必须加以考虑。另外,由于在电流发生变化的时间段,转子位置很可能发生了某些移动,例 8.5 给出的理想化运行周期在实际中显然是无法实现的。因此,在进行实际 VRM 系统设计的某些环节,有必要借助于有限元程序之类的数值分析软件包。许多这类程序同时具备建立考虑磁饱和的非线性效应以及机械(如转子运动)和电路(如电流的建立)动态效应模型的功能。

    正如我们所看到的,VRM 驱动系统的设计通常需要做折中考虑。一方面,在给定输出功率时,饱和趋向于增大 VRM 尺寸;另一方面,把两台输出功率相同的 VRM 做比较可以发现,饱和度较高的一台的逆变器通常需要较小的伏安容量。所以最终的设计方案应该是 VRM 及其逆变器的尺寸、成本、效率的优化折中。

8.5 步进电动机

    我们知道,当 VRM 的各相绕组以某种合适的步进方式按次序施加励磁时,VRM 将在每一步中转过一个特定的角度。为了发挥 VRM 这一特性而专门设计的电动机称为步进电动机。通常,步进电动机被设计成旋转一圈须经过许多步,例如每圈可能达到 50 步、100 步或 200 步(对应的步进角分别为 7.2°、3.6° 和 1.8°)。

步进电动机的一个重要特点就是能与数字电子系统相结合。这些系统通常具有广泛的应用领域,并且功能越来越强而成本越来越低。例如,步进电动机经常用在数字控制系统中,在这些系统中,电动机接收一系列脉冲形式的开环指令,推动转轴或者移动物体一个特定的位移。其典型的应用实例有:打印机和绘图仪中的馈纸及打印头定位电动机、磁盘驱动器和 CD 播放机中的驱动及磁头定位电动机、数字控制加工设备中的工作台和工具定位用电动机等。在许多应用场合,通过计算传送到电动机的控制脉冲的数目就可以容易地获得需要的定位信息,在这种情况下,不需要位置转感器和反馈控制。

VRM 的角度分辨率由定子及转子齿的数目决定,通过采用像 8.2 节讨论过的城堡化等技术能大大提高角度分辨率。步进电动机有多种设计方案和结构,除了变磁阻式结构,还有永磁式结构和混合式结构。采用永磁体与变磁阻几何结构的组合,可显著提高步进电动机的转矩和位置精度。

8.1 节到 8.3 节讨论的 VRM 结构由单个转子和具有多相绕组的定子构成。采用这种结构的步进电动机称为单段变磁阻式步进电动机。另一种变磁阻式步进电动机称为多段变磁阻式步进电动机,在这一结构中,电动机可以认为由安装在同一个轴上的一组轴向分布的单相 VRM 构成。

图 8.19 示出了一台多段变磁阻式步进电动机。这种类型的电动机由一系列段组成,各段沿轴向分布,具有相同的结构,且每段用各自的相绕组励磁,如图 8.20 所示。图 8.19 的电动机有三段和三相。当然通常也可以再增加段和相。对于有 n_s 段的电动机,其各段的转子或者定子(不能是两者全部)错开其极距角的 $1/n_s$。在图 8.19 中,转子极相互对齐,而定子错开的角位移为极距的 $1/3$。如果给每相依次施加励磁,则转子以这一角位移量为增量旋转。

图 8.21 示出了具有永磁体的 2 极转子的 2 相步进电动机。注意该电机实际上是 2 相同步电机,它和图 5.34 示出的三相永磁交流电机

图 8.19 三相三段变磁阻式步进电动机剖视图

类似。这类步进电动机和同步电动机的区别不在于电动机结构,而在于电动机如何运行。同步电动机通常规定用来驱动特定转速的负载,而步进电动机通常用来控制负载的位置。

假设图 8.21 所示的步进电动机的转子处于 $\theta_m = 0°、45°、90°、\cdots$ 的角位置时,绕组按如下序列励磁:

1. 相 1 单独通正电流。
2. 相 1 和相 2 同时通幅值相等的正电流。
3. 相 2 单独通正电流。
4. 相 1 通负值电流,相 2 通正电流,二者幅值相等。
5. 相 1 单独通负电流。
6. 如此循环。

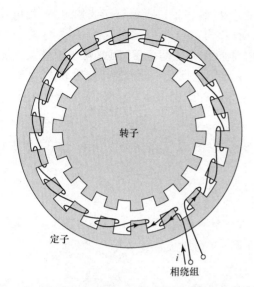

图 8.20 多相多段变磁阻式步进电动机的一段一相。
如图 8.19 所示,对 n_s 电动机,转子或定
子(不能都)各段之间错开极宽的 $1/n_s$

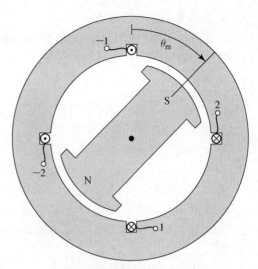

图 8.21 两相步进电动机示意图

注意,如果用永磁转子代替铁磁转子,转子仍以同样的方式运动。

图 8.21 的步进电动机也可以通过单独对线圈励磁来实现 90°步进。在这种情况下,只能用永磁转子。这可以从图 8.22 所示的这两类转子对应的矩角特性来理解。可见,永磁转子当励磁被移动 90°时能产生峰值转矩,而铁磁转子不产生转矩,且其运动方向不定。

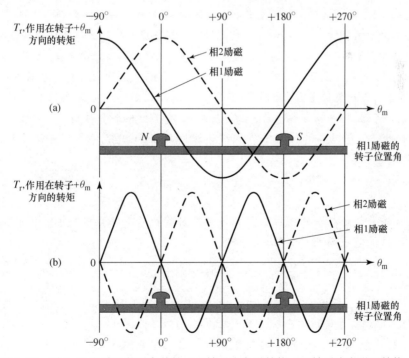

图 8.22 图 8.21 电动机的矩角特性:(a)转子为永磁结构;(b)转子为变磁阻结构

在图 8.21 所示的永磁转子步进电动机中,毫无疑问,转子位置依赖于绕组电流,由电流的方向来决定,改变电流方向就可以改变转子的转向。与之可比的是具有铁磁转子的 VRM,后者对任何特定组合的相电流都会出现两个同样的平衡位置,因此转子位置无法唯一确定。永磁转子 VRM 与铁磁转子 VRM 还有一点不同就是,即使绕组不加电流,也会有转矩使转子趋向于向定子极对齐,所以转子有一个预定的无励磁停止位置,这一特点在某些场合颇为有用。

例 8.6 利用第 3 章所讲的方法,并忽略饱和效应,图 8.21 所示的 2 相永磁转子步进电动机的转矩可以表示为

$$T_{\text{mech}} = T_0 \left(i_1 \cos \theta_{\text{m}} + i_2 \sin \theta_{\text{m}} \right)$$

其中 T_0 为正常数,决定于电动机结构和永磁体的特性。

如果电动机由驱动装置驱动,其各相绕组可以设定为三种电流—I_0、0 和 I_0,计算可能出现的停止位置(0 转矩位置);按此驱动方式,电动机的步进角为多大?

解:

一般来说,求取电动机的 0 转矩位置,可以通过令转矩表达式为 0,解出相应的转子位置即可。所以,令

$$T_{\text{mech}} = T_0 \left(i_1 \sin \theta_{\text{m}} - i_2 \cos \theta_{\text{m}} \right) = 0$$

得

$$i_1 \sin \theta_{\text{m}} - i_2 \cos \theta_{\text{m}} = 0$$

或者

$$\theta_{\text{m}} = \arctan \left(\frac{i_2}{i_1} \right)$$

注意,并非所有 0 转矩位置都对应于稳定平衡位置。例如,当运行在 $i_1 = I_0$ 且 $i_2 = 0$ 时,得到两个 0 转矩位置:$\theta_{\text{m}} = 0°$ 和 $\theta_{\text{m}} = 180°$,然而仅 $\theta_{\text{m}} = 0°$ 是稳定的。这和悬挂的钟摆相类似,当钟摆处于下垂的位置($\theta = 0°$)或与之反置的位置($\theta = 180°$)时,转矩均为 0。但是很明显,在钟摆反置时,一个对针摆反置位置的微小扰动就会使它向下转动并最终停止在悬垂平衡位置。

如果当转子离开某位置后,就能产生一个复位转矩,则可以确定该位置为转子的稳定平衡位置。因此,如果转子向 $+\theta_{\text{m}}$ 方向转动,必须产生一个负转矩;而当转子向 $-\theta_{\text{m}}$ 方向转动时,则要求产生一个正转矩。用数学术语来描述,就是停止位置的转矩应该有一个附加约束条件,即

$$\left. \frac{\partial T_{\text{mech}}}{\partial \theta_{\text{m}}} \right|_{i_1, i_2} < 0$$

其中,求偏导数是在 0 转矩位置并保持电流为常数的条件下进行的。因而,在这种情况下,停止位置必须满足附加约束条件

$$\left. \frac{\partial T_{\text{mech}}}{\partial \theta_{\text{m}}} \right|_{i_1, i_2} = -T_0 \left(i_1 \cos \theta_{\text{m}} + i_2 \sin \theta_{\text{m}} \right) < 0$$

由此式可知,对于此例来说,若 $i_1 = I_0$ 且 $i_2 = 0$,则在 $\theta_{\text{m}} = 0°$ 处,$\partial T_{\text{mech}} / \partial \theta_{\text{m}} < 0$,所以 $\theta_{\text{m}} = 0°$ 是一个稳定停止位置;同样,在 $\theta_{\text{m}} = 180°$ 处,$\partial T_{\text{mech}} / \partial \theta_{\text{m}} > 0$,所以 $\theta_{\text{m}} = 180°$ 不是稳定停止位置。

根据这些关系,表 8.1 列出了对应于各种相电流组合的稳定停止位置。

由此表可知,该驱动系统可产生的步进角为 $45°$。

表 8.1 例 8.6 的转子停止位置

i_1	i_2	θ_{m}
0	0	—
0	$-I_0$	270°
0	I_0	90°
$-I_0$	0	180°
$-I_0$	$-I_0$	225°
$-I_0$	I_0	135°
I_0	0	0°
I_0	$-I_0$	315°
I_0	I_0	45°

练习题 8.5

为了得到 22.5° 的步进角,对例 8.6 中的电动机驱动系统加以改进,使得各相可以用幅值为 0、$\pm kI_0$ 和 $\pm I_0$ 的电流来驱动。计算常系数 k 的值。

答案:

$k = \arctan(22.5°) = 0.4142$。

从例 8.6 可知,空载的步进电动机的稳定平衡位置应满足转矩为 0 的条件,即

$$T_{\mathrm{mech}} = 0 \tag{8.20}$$

并应该有正的复位转矩,即

$$\left.\frac{\partial T_{\mathrm{mech}}}{\partial \theta_{\mathrm{m}}}\right|_{i_1, i_2} < 0 \tag{8.21}$$

实际上,总会有一定的负载转矩来干扰步进电动机,使其离开这些理想的平衡位置。对于开环控制系统(即没有位置反馈机制的控制系统),通过把步进电动机的复位转矩设计得很大(即 $\partial T_{\mathrm{mech}}/\partial \theta_{\mathrm{m}}$ 的幅值很大),就可以得到高精度的位置控制系统。在这样的步进电动机中,因负载转矩导致的转子偏离理想平衡位置(满足式 8.20 和式 8.21)的位移很小。

例 8.6 也说明了怎样通过精心地对各相电流进行组合控制,以达到能提高步进电动机分辨率的目的。一种被称为微步(细分)控制的技术,可以用来提高各种步进电动机的步距分辨率。从接下来的例题将会看到,应用微步法可以实现极高的位置分辨率。然而,分辨率的提高是以增加步进电动机电子驱动线路和控制算法的复杂程度为代价的,因为这些线路和算法必须同时精确地控制多相绕组中各相电流的配额。

例 8.7 再来考虑例 8.6 的 2 相永磁式步进电动机。如果控制相电流,使其按照某一参考角度 θ_{ref} 的正弦函数规律以如下形式变化,即

$$i_1 = I_0 \cos\theta_{\mathrm{ref}}$$
$$i_2 = I_0 \sin\theta_{\mathrm{ref}}$$

计算最终的转子位置。

解:

将给出的电流表达式代入例 8.6 的转矩表达式,得

$$T_{mech} = T_0\,(i_1\cos\theta_m + i_2\sin\theta_m) = T_0 I_0\,(\cos\theta_{ref}\cos\theta_m + \sin\theta_{ref}\sin\theta_m)$$

利用三角恒等式 $\cos(\alpha-\beta)=\cos\alpha\cos\beta+\sin\alpha\sin\beta$ 可得

$$T_{mech} = T_0 I_0\,\cos(\theta_{ref} - \theta_m)$$

根据此式并结合例 8.6 的分析可知,转子平衡位置角应等于参考位置角,即 $\theta_m = \theta_{ref}$。在实际实现时,通常用数字控制器将 θ_{ref} 按一定步数增大,就会使得步进电动机的转子位置移动一定的步数。

混合式步进电动机结合了变磁阻和永磁式步进电动机的特点。图 8.23 是一台混合式步进电动机的照片,图 8.24 是混合式步进电动机的示意图。混合式步进电动机转子结构看上去很像多段变磁阻式步进电动机。在图 8.24(a)示出的转子中,两个相同的转子段沿转子轴向分布并错开半个转子极距角,而定子极在整个转子长度上是连续的。不同于多段变磁阻式步进电动机,在混合式步进电动机中,转子段被轴向永磁体分开。因而在图 8.24(a)中,转子的一端可以认为是 N 极而另一端是 S 极。图 8.24(b)是从端部看进去的混合式步进电动机的示意图。定子有 4 个极,相 1 绕组绕在竖直方向的极上,相 2 绕组绕在水平方向的极上。转子 N 极在电机离我们较近的一端,而 S 极(图中用阴影表示)在较远的一端。

图 8.23　1.8°/步的混合式步进电动机拆分图

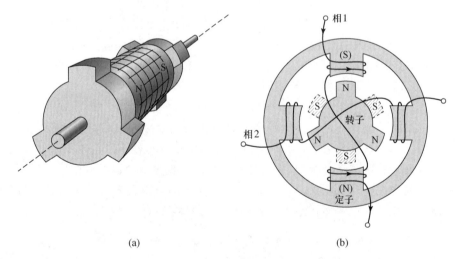

(a)　　　　　　　　　　　　　(b)

图 8.24　混合式步进电动机示意图:(a)两段转子,轴向有永磁体,两段的极之间错开半个极距;(b)从转子 N 端看进去的端视图,转子 S 极在另一远端(图中用阴影表示),定子相 1 励磁,使得转子处于图示的对齐位置

在图 8.24(b)中,相 1 励磁后,会使得上端的定子极为 S 极,下端的为 N 极。这一定子励磁与转子永磁体的磁通相互作用使得转子上 N 极端的 1 个磁极垂直向上,而 S 极端的一

个磁极垂直向下,如图中所示。注意,如果定子励磁被撤去,永磁体产生的转矩仍然会使得转子位置维持不变。

要使得转子转动,可撤去相1励磁,给相2加上励磁。如果相2的励磁使得右边定子极为S极而左边极为N极,则转子会逆时针转动30°。同样,如果相2施加相反的励磁,则转子会顺时针转动30°。因而,通过改变施加在相1和相2的励磁极性,就可以控制转子沿某个方向转动一定的角位移增量。

为了获得更高的角度分辨率,实际的混合式步进电动机的转子极数通常多于图8.24所示电动机的转子极数。相应地,定子极通常被城堡化(如图8.8所示)以进一步提高角度分辨率。另外,转子也可以制成多于两段的结构。

相比于前面讨论过的永磁体设计结构,混合式步进电动机的设计结构具有一定的优点。它可以很容易地获得很小的步距角,并且只需要一块简单的磁铁;而纯永磁电动机需要多极的永磁体。与变磁阻式步进电动机相比,混合式步进电动机产生设定的转矩需要较少的励磁,因为永磁体可以提供部分励磁。另外,当定子励磁撤去后,混合式步进电动机仍能维持转子位置,这与纯永磁电动机一样。

对于具体的应用,步进电动机设计方案的实际选择取决于所希望的运行特性、可行性、尺寸和成本等因素。另外,除了本章讨论的三种传统的步进电动机,也出现了许多其他的通常很巧妙的设计结构,这些设计尽管包括了多种结构和加工技术,但其运行原理是一样的。

8.6 小　结

变磁阻电机也许是最简单的电机,它由绕有励磁绕组的定子和具有磁性的凸极转子构成,转子凸极有向励磁所产生的定子磁极靠齐的趋势,从而产生转矩。

VRM属于同步电机,只有当转子的转动以某种方式和外施的定子磁势同步时,才会产生净转矩。这种同步关系可能很复杂,转子转速是外施励磁频率与某一分数系数的乘积,这一系数的值不仅与定、转子的极数有关,而且还与这些极上的齿数有关。事实上,在某些情况下,转子的转向会与定子外加磁势的转向相反。

要成功地运行VRM,必须按照某种与转子瞬时位置相关联的方式给定子相绕组施加励磁。因此,必须检测转子位置,且必须有一个控制器来决定合适的励磁波形并控制逆变器的输出,要得到这些波形,通常还需要斩波。最终的结论是,尽管VRM本身很简单,但要构成完整的驱动系统通常需要相当复杂的电子线路。

VRM在工程领域的应用得益于其低成本、可靠性和可控性。由于它产生的转矩只与定子相电流的平方有关而与其方向无关,它可以用单向驱动系统来驱动,从而降低功率器件的成本。然而,只是到了近代,随着低廉、可靠的电力电子线路和基于微处理器的控制系统的发展,VRM才得到了广泛应用,其应用范围一直从牵引驱动延伸到机器人领域内的大转矩、精密位置控制系统。

实际应用显示,VRM在可靠性方面具有较大的潜力,部分原因在于其结构简单和转子上没有绕组等这一特点。另外,在电动机或者逆变器的一相或者多相出现故障的情况下,VRM驱动系统仍然能够成功(在某种程度上定额会减少)运行。VRM通常有许多定子相(四相或者更多),即便在一些相失效的情况下,也能够提供相当的输出。因为转子无须励磁,所以在开路故障时相绕组中不会产生感应电势,短路故障时也不会在相绕组中产生感应电流,所以 VRM 可以继续运行而不存在进一步损坏的危险,也不会增加额外的损耗和发热。

由于 VRM 的转子和定子可以很容易地做成多齿结构(使得较小的转子位置变化可以引起较大的电感变化),这使得 VRM 单位体积的转矩可以做得很大。然而,应该折中考虑转矩和转速,因为这样的大转矩电机的转速会很低(符合这样一个准则:一定尺寸的电机产生的功率基本一样)。另一个极端情况是,VRM 的转子结构非常简单,通常不需要任何绕组,这使得有可能制造出十分坚固的 VRM 转子。这样的转子可以承受高速,现在已经制成了运行转速超过 200000r/min 的 VRM。

最后,我们已经看到,饱和对 VRM 的性能影响很大。日益发展的电力电子器件和微电子线路技术以及基于计算机的磁场分析技术已经把 VRM 驱动系统引入了许多实用领域,利用这些技术,能够实现 VRM 驱动系统的优化设计,使其在许多领域与其他技术形成了竞争态势。

步进电动机与某些 VRM 具有密切的关系,在这类 VRM 中,通过对定子各相连续励磁,就可以使得转子按设定的角度值运动。步进电动机具有很多设计方案和结构形式,包括变磁阻结构、永磁结构及混合结构等。变磁阻式步进电动机的转子位置不是唯一由相电流决定的,因为相电感不是转子位置角的单值函数。附加永磁体可以改变这一情况,并使得永磁式步进电动机的转子位置成为相电流的单值函数。

步进电动机是数字电子系统的重要配套机电产品。通过对定子绕组施加合适的电流,步进电动机的转子可以非常精确地以每步分数角度的步距运动。所以它们可以作为一种基本元件用在需要高精度角度控制的数控机电系统中。步进电动机已经在很宽广的领域得到了应用,包括用于数控电动工具、打印机、绘图仪和磁盘驱动器等。

8.7　第 8 章变量符号表

α, β	空间角度[rad]
λ	磁链[Wb]
μ_0	真空磁导率$=4\pi\times10^{-7}$[H/m]
θ_m	转子位置[rad]
ω_m	机械角速度[rad/s]
D	直径[m]
g	气隙长度[m]
i	电流[A]
L	电感[H]
N	匝数
p	功率[W]
R	半径[m],电阻[Ω]
t	时间[s]
T	转矩[N·m],时间[s]

v	电压[V]
W_{net}	对应于输出功率的能量[J]
W_{rec}	对应于无功功率的反复能量[J]
W'_{fld}	磁共能[J]

下标：

in	输入
max	最大
mech	机械
ref	参考

8.8 习　　题

8.1 重做例 8.1，电机的定子极面宽度变为 $\beta = 50°$，气隙长度变为 2×10^{-2} cm，其他条件和例题中相同。

8.2 在讲述式 8.1 时曾指出：在忽略铁心磁阻的假设下，图 8.1(b)所示的双边凸极 VRM 的相间互感近似为 0，除了一个很小的近乎常数的与漏磁通相关的电感分量。忽略所有漏磁效应，用磁路知识证明该论断的正确性。

8.3 用磁路法证明：在假设定、转子铁心的磁导率为无穷大，忽略所有漏磁时，图 8.5 所示的 6/4VRM 的相间互感为 0。

8.4 某 6/4VRM 具有图 8.5 所示的形式，其数据如下所示：

定子极弧宽	$\beta = 30°$
转子极弧宽	$\alpha = 30°$
气隙长度	$g = 0.45$mm
转子外圆半径	$R = 6.3$cm
有效长度	$D = 8$cm

该电机被连接成一个三相电动机，位置相对的磁极绕组串联构成一相绕组。每极 45 匝（每相 90 匝），定、转子铁心的磁导率可以看成无穷大，忽略相间互感效应。

a. 设转子位置角 θ_m 的 0 点选在相 1 电感最大的位置，绘出并标明相 1 电感对转子位置角的函数曲线。

b. 在(a)的坐标图上，加绘相 2 和相 3 的电感曲线。

c. 当转子位于相 1 电感最大的位置时，要使得相 1 极面下气隙中的磁通密度为 1.1T，求对应的相 1 电流值 I_0。

d. 设相 1 电流值保持为(c)中求得的值不变，相 2 和相 3 无电流，绘出转矩对转子位置角的函数曲线。

电动机用一个三相电流源逆变器驱动，该逆变器可以通过导通或者关断为 3 相中的每相提供幅值为 0 或者为恒定值 I_0 的电流。

e. 考虑理想情况，假设电流可以立即通断，确定可获得与转子位置无关的恒定正转矩的相电流序列(为转子位置的函数)。

f. 如果设定定子励磁频率,使得按照(e)的励磁序列对 3 相全部励磁一遍所需的时间为 $T_0 = 40\text{ms}$,求出转子角速度和转向。

8.5　某 6/4VRM,转子与定子极弧宽均为 35°,假设条件与习题 8.4 同,重复习题 8.4 的计算。

8.6　在 8.2 节中讨论图 8.5 时曾指出:就 6/4 电机而言,除了不存在所有定、转子磁极同时对齐的转子位置,也不存在只能产生单向转矩(或者正或者负)的转子位置。证明此论断的正确性。

8.7　考虑一台 3 相 6/8 极 VRM,定子相全部励磁一遍需要 10ms 时间。求转子角速度(r/min)。

8.8　图 8.8 所示的城堡式电机的相绕组的励磁方式为:各相轮流单独导通和关断(即在给定时间只能有一相导通)。

a. 要求转子顺时针旋转,步距角近似为 21.4°,描述所需的相绕组励磁序列。

b. 定子各相用矩形序列脉冲励磁,要产生一个稳定的 95r/min 的逆时针转子转速,计算所需的励磁相序以及两个脉冲之间的时间间隔。

8.9　把习题 8.8 中的转子齿数从 28 改为 26。

a. 相 1 励磁,转子转向停止位置。如果撤掉相 1 励磁,并给相 2 施加励磁,求转子转向和转过的角度数。

b. 定子相绕组用矩形脉冲序列励磁。要产生一个稳定的 50r/min 的逆时针转子转速,计算所需的励磁相序及两个脉冲之间的时间间隔。

8.10　某台具有图 8.8 形式的城堡式 VRM,每定子极有 5 个齿,转子共 40 个极,且 $\beta = 4.5°$,重做习题 8.8。

8.11　要求转子转速为 380r/min,重做例 8.3。

8.12　当转子转速为 450r/min,相绕组所加的去除电流的反向电压为 -250V 时,重做例 8.3。

8.13　借助 MATLAB/Sumulink,重复例 8.4 的仿真。利用你所编写的程序分别计算开通角提前 2.5° 和 7.5° 情况下的平均转矩。

8.14　习题 8.4 的 3 相 6/4 VRM 的绕组电阻为 0.17Ω/相,每相漏抗为 4.2mH。假设转子以恒定转速 1675r/min 旋转。

a. 绘出相 1 电感对转子位置角 θ_m 的函数曲线。

b. 当转子到达 $\theta_\text{m} = -30°$ 时,给相 1 绕组施加 105V 电压并保持到 $\theta_\text{m} = 0°$。计算并绘出该时间范围内相 1 电流对时间的函数曲线。

c. 当转子到达 $\theta_\text{m} = 0°$ 时,外施电压反向使得 -105V 的电压施加于该相绕组,并保持该电压直到该相电流减为 0,在该点绕组开路。计算并绘出电流开始衰减直到衰减为 0 的时间段内电流对时间的函数曲线。

d. 计算并绘出在(b)和(c)所讨论的时间段内的转矩曲线。

8.15　假设例 8.1 和例 8.3 中的 VRM 被修改,其转子用极面宽 75° 的另一转子替换,如图 8.12(a)所示。其他尺寸和参数均未改变。

a. 计算并绘出电机的 $L(\theta_m)$ 曲线。

b. 在 $\theta_m = -67.5°$ 即 $dL(\theta_m)/d\theta_m$ 变正时先给绕组施加 100V 恒定电压,接着在 $\theta_m = -7.5°$ 时(即当 $dL(\theta_m)/d\theta_m$ 变 0 时)施加 $-100V$ 恒定电压,并保持该电压直到电流为 0,重做例 8.3。

c. 绘出对应的转矩曲线。

8.16 对于某对称 2 相 4/2 VRM,其 $\lambda - i$ 特性可以表示成如下对 θ_m 在 $0 \leqslant \theta_m \leqslant 90°$ 上的函数式(对相 1 而言),重做例 8.5。

$$\lambda_1 = \left(0.01 + 0.18 \left(\frac{90° - \theta_m}{90°} \right) \left(\frac{8.0}{9.0 + i_1} \right)^{1.25} \right) i_1$$

8.17 考虑某具有如图 8.21 所示的永磁体转子的 2 相步进电动机,其矩角特性如图 8.22(a)所示。该电机的励磁用 4 位数字序列控制,该数字序列与绕组励磁的对应关系如下表所示:

位			位		
1	2	i_1	3	4	i_2
0	0	0	0	0	0
0	1	$-I_0$	0	1	$-I_0$
1	0	I_0	1	0	I_0
1	1	0	1	1	0

a. 做出能获得如下转子位置的 4 位励磁模式表:$0, 45°, \cdots, 315°$。

b. 通过依次施加(a)中的位模式,电动机可以转动。要使得电动机转速为 1400r/min,问位模式变化的时间间隔为多少毫秒?

8.18 考虑某 2 极永磁式步进电动机,其转矩—电流关系式具有如下形式:
$$T_{mech} = T_0(i_1 \cos \theta_m + i_2 \sin \theta_m)$$
与例 8.6 中一样,$T_0 = 3N \cdot m$,该电动机用一基于转子位置控制的 2 相电流源驱动,使得

$$i_1 = I_0 \cos (\theta_m + \phi) \qquad i_2 = I_0 \sin (\theta_m + \phi)$$

该电动机驱动一负载,该负载功率随转速化到原来的 2.5 次方变化,在转速为 1400r/min 时,负载功率为 3.5kW。电动机与负载的总转动惯量为 0.85 kg·m²。

假设电动机原来静止,当驱动器接通,并使 $I_0 = 8A$,编写该系统的 MAT-LAB/Simulink 仿真程序,对于 $\gamma = 0$ 及 $\gamma = \pi/4$ 绘制电动机转速对时间的函数曲线。

8.19 图 8.25 示出了一台 2 极混合式步进电动机,其定子为城堡式。转子的位置为电流从相 1 正端流进时的位置。

a. 如果相 1 被关断,相 2 励磁,电流从正端流入,计算对应的转子位置角,其转向是顺时针还是逆时针方向?

b. 要使得转子沿顺时针方向恒定旋转,描述相绕组的励磁序列。

c. 要使得转子转速达到 10r/min,确定相电流切换的频率。

8.20 考虑一多段、多相变磁阻式步进电动机，其示意图如图 8.20 所示，转子和定子段上各有 16 个极，3 个段上每段有 1 相绕组。电动机的定子各段的极相互对齐。

　　a. 计算转子各段之间应错开的角位移。

　　b. 要得到 750r/min 的转子转速，确定相电流切换的频率。

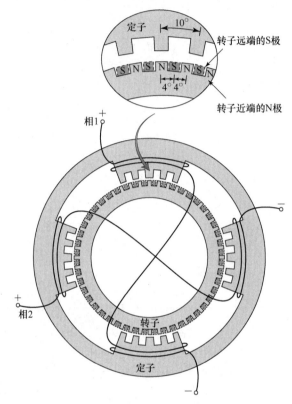

图 8.25　城堡式混合式步进电动机（习题 8.19）

第9章　单相和两相电动机

本章讨论单相电动机,重点讨论感应电动机,同时还要讨论同步磁阻电动机、磁滞电动机以及罩极式感应电动机。应当注意,7.10 节中讨论了另一种常见的单相电动机,即串励通用电动机。大多数分千瓦(分马力)感应电动机是单相电动机,在住宅及商业应用中,单相电动机广泛应用于各种设备之中,如电冰箱、空调、热风机、风扇、泵、洗衣机和烘干机等。

在本章,我们将用旋转磁场理论定性描述这些电动机,并且将从运行于单绕组的单相电动机的缜密分析入手。然而,大部分单相感应电动机实际上都是具有不对称绕组的两相电动机,两个绕组通常完全不同,即具有不同的匝数和(或)绕组分布。鉴于此,本章也将讨论两相电动机,包括建立定量分析理论,对在主绕组与辅绕组共同作用下运行的单相感应电动机进行分析。

9.1　单相感应电动机定性分析

从结构上看,大多数常见类型的单相感应电动机与多相笼型电动机类似,只是定子绕组的排列不同。图 9.1 示出的是一台具有笼型转子和单相定子绕组的感应电动机原理图,实际电动机中的定子绕组不是集中绕组,而是在槽中的分布绕组,能产生近似正弦的空间分布磁势。正如在 4.5.1 节所述,单相绕组产生两个相等的正向和反向旋转磁势波,根据对称性可以明显看出,这样的电动机本身注定产生不了起动转矩,因为当电机静止时,它将在两个方向产生相等的转矩。然而我们将会看到,如果采用辅助手段将电动机起动起来,结果就能产生一个沿起动方向的净转矩,使电动机能够持续转动。

在考虑辅助起动方法之前,我们先来讨论图 9.1 所示电动机的特性,如果定子电流是时间的余弦函数,则合成气隙磁势可由式 4.19 给出:

$$\mathcal{F}_{ag1} = F_{max} \cos(\theta_{ae}) \cos \omega_e t \qquad (9.1)$$

如 4.5.1 节所述,它可以写成幅值相等的正、反两个分量旋转磁势波的合成。正向旋转磁势波为

$$\mathcal{F}_{ag1}^{+} = \frac{1}{2} F_{max} \cos(\theta_{ae} - \omega_e t) \qquad (9.2)$$

反向旋转磁势波为

$$\mathcal{F}_{ag1}^{-} = \frac{1}{2} F_{max} \cos(\theta_{ae} + \omega_e t) \qquad (9.3)$$

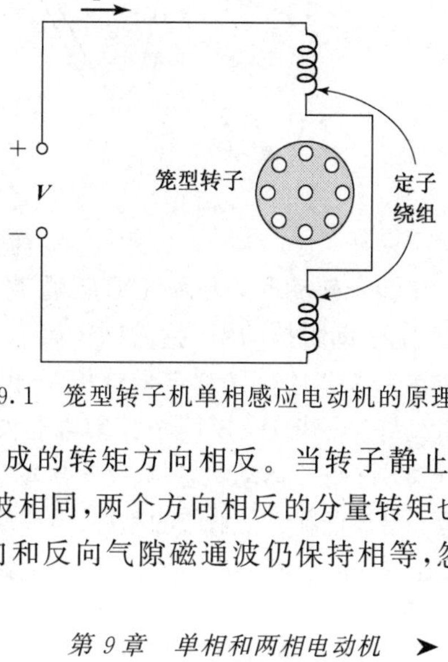

图 9.1　笼型转子机单相感应电动机的原理图

每个分量磁势波都产生感应电动机的作用,但形成的转矩方向相反。当转子静止时,定、转子电流的合成磁势产生的正向和反向气隙磁通波相同,两个方向相反的分量转矩也相等,因此没有起动转矩产生。当转子旋转时,如果正向和反向气隙磁通波仍保持相等,忽略

定子漏阻抗时,每个分量磁场将产生类似于多相电动机的转矩－转速特性,如图 9.2(a)中的虚曲线 f 和 b 所示。合成的转矩－转速特性是两个分量曲线的代数和,它表明,若电动机靠辅助方法起动,则无论起动方向如何,电动机都会产生沿起动方向的转矩。

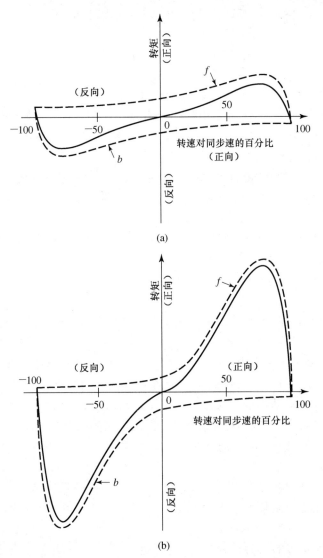

图 9.2　单相感应电动机的转矩-转速特性:(a)基于
恒定的正反向磁通波;(b)计及磁通波的变化

　　在转子转动时,认为气隙磁通波仍然相等这一假设在相当程度上简化了实际状况。第一,定子漏阻抗的影响被忽略;第二,转子感应电流的影响没有得到适当考虑。这些影响将会在 9.3 节进行详细定量分析时予以考虑。下面的定性分析表明,单相感应电动机的性能明显好于根据正、反两个相等磁通波所预估的性能。

　　当转子处于运动状态时,反向磁场感应的分量转子电流比静止时大,且功率因数较低,产生的转子磁势抵制定子电流的磁势,导致反向磁通波的减小。相反,由于正向磁场感应的分量转子电流比静止时小而功率因数较高,产生的转子磁势的磁效应(即对正向磁场的抵制作用)就比静止时小。因此,随着转速的增加,正向磁通波增大而反向磁通波减小,但两个磁通波的总和必须保持近似不变,因为若定子漏阻抗压降很小,它必须感应出近似不变的定子反电势。

所以,转子转动时,正向磁场产生的转矩比图 9.2(a)中给出的大,而反向磁场产生的转矩比图中给出的小,有关转矩的实际情况如图 9.2(b)所示。在正常运行区间,转差率(百分比转差)很小,正向磁场比反向磁场强几倍,其磁通波与对称多相电动机气隙中的恒定幅值旋转磁场没有太大的区别,所以,在正常运行区域,单相电动机的转矩-转速特性并不比具有同样转子且运行在同样的最大气隙磁通密度下的多相电动机差很多。

除了图 9.2 所示的转矩,由于转向相反的磁通及磁势波以 2 倍的同步转速掠过对方,其相互作用还会产生 2 倍定子频率的转矩脉动。这样的相互作用不产生平均转矩,但它趋向于导致单相电动机比多相电动机噪声高而效率低。因为单相电路瞬时输入功率的固有脉动,单相电动机中这种转矩脉动是不可避免的。对电动机采取弹性安装可以减小脉动转矩的影响。单相电动机转矩-转速曲线上给出的单相电动机转矩指的是瞬时转矩的时间平均值。

9.2　单相感应及单相同步电动机的起动和运行性能

单相感应电动机一般根据其起动方法来分类,并且按照描述这些方法的名称来命名。选择合适的电动机通常要考虑的因素包括:负载对起动转矩和运行转矩的要求、负载的工作周期、电动机的供电线路对起动电流和运行电流的限制等。单相电动机的成本随其定额及性能指标(如起动转矩-起动电流比)的提升而增加。为了最大限度地降低成本,应用工程师典型的做法是选择能满足应用规范的最低定额和性能指标的电动机。在使用大量电动机完成特定任务的应用场合,可以设计专用电动机以保证成本最低。在分千瓦电动机的销售中,成本上小的差别是很重要的。

本节定性讨论各种起动方法和相应的转矩-转速特性,用来定量分析这些电动机的理论将在 9.4.2 节中阐述。

9.2.1　裂相电动机

裂相电动机定子上有两个绕组,一个是主绕组(也称运行绕组),我们用下标"main"来表示;另一个是辅绕组(也称起动绕组),我们用下标"aux"来表示。与两相电动机中的情况一样,这两个绕组的磁轴线在空间的相位差为 90 电角度,其接方式如图 9.3(a)所示。辅绕组较之主绕组具有较高的电阻-电抗比,结果是两个绕组的电流不同相,如图 9.3(b)给出的起动状态下的相量图所示。因为辅绕组电流 I_{aux} 超前于主绕组电流 I_{main},所以定子磁场的波峰首先到达辅绕组磁轴线处,接着经过一定的时间后,定子磁场的波峰才到达主绕组磁轴线处。

裂相电动机的绕组电流相当于不对称的两相电流,裂相电动机也就相当于不对称的两相电动机,结果就能产生促使电动机起动的定子旋转磁场。电动机起动后,辅绕组要被断开。通常的做法是在运行转速达到同步转速的 75% 左右时用离心式开关将辅绕组断开。使辅绕组具有较高电阻-电抗比的一种简单方法就是:用较之主绕组导线细一些的导线绕制辅绕组。这一做法是允许的,因为尽管辅绕组的损耗大,但它只在起动时参与运行。将辅绕组布置在槽的上部,能在一定程度上减小其电抗。图 9.3(c)示出了这种电动机典型的转矩-转速特性曲线。

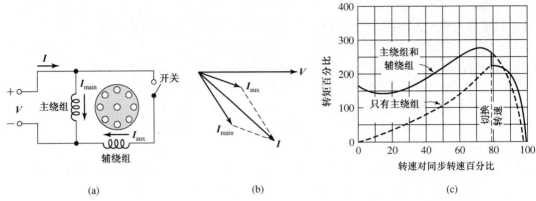

(a)　　　　　　　　　　　　(b)　　　　　　　　　　　　(c)

图 9.3　裂相电动机：(a)接线图；(b)起动相量图；(c)典型的转矩－转速特性

　　裂相电动机能以较低的起动电流产生适中的起动转矩。典型应用包括风扇、吹风机、离心泵和办公设备等；典型的定额为 $50\sim500\,\mathrm{W}$，在这个功率范围内，裂相电动机是能够获得的成本最低的电动机。

9.2.2　电容型电动机

　　电容器可以被用来提高电动机的起动性能或者运行性能，或者使两种性能都得到改进，这取决于电容器的大小和连接。电容起动电动机也属于裂相电动机，但两路电流之间的时间相位差是通过给辅绕组串联一个电容器来实现的，如图 9.4(a)所示。此外，当电动机起动之后，辅绕组还是要被断开，因此，辅绕组连同电容器都可以设计成间歇工作模式，以达到成本最低。

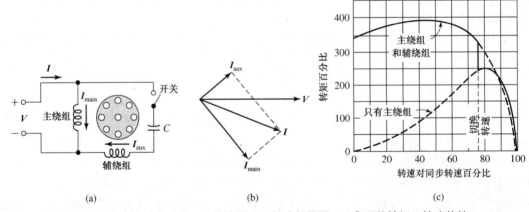

(a)　　　　　　　　　　　　(b)　　　　　　　　　　　　(c)

图 9.4　电容起动电动机：(a)接线图；(b)起动相量图；(c)典型的转矩－转速特性

　　通过采用电容值合适的起动电容器，在电动机静止时，可以使辅绕组电流 I_{aux} 超前于主绕组电流 I_{main} 90 电角度，就如同对称两相电动机中的情形一样[见图 9.4(b)]。实际上，在相位差角小于 $90°$ 时，起动转矩、起动电流与成本等指标将达成最好的折中。图 9.4(c)示出了这种电机典型的转矩－转速特性曲线，起动转矩大是其突出特点。这种电动机被用于压缩机、泵、冷藏机、空调设备以及其他重载起动的负载。

　　在永久裂相电容电动机中，起动后电容器和辅绕组不被断开。通过省掉开关可以简化这类电机的结构，并且功率因数、效率以及转矩脉动等会有所改善。例如，可以精心设计电容器和辅绕组,使得在任何所要求的负载下电动机都能实现理想的两相运行(即没有负序磁通波),这样就消除了可能存在的负序磁场在这样的工作点所引起的损耗,从而使效率得以提高。作为储能单元的电容器平滑(过滤)了来自单相电源输入功率中的脉动成分,也就消除了两倍定子频率的转矩脉动,从而使电动机能"安静"地运行。因为电容的选择必须在达到好的起动性能和达到好的运行性能之间做出妥协,所以肯定会牺牲掉部分起动转矩。图9.5给出了永久裂相电容电动机的最终的转矩-转速特性曲线以及原理图。

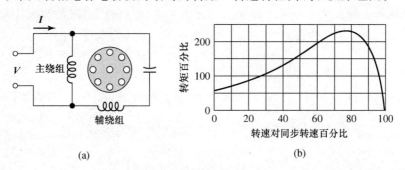

(a)   (b)

图9.5 永久裂相电容电动机及典型的转矩-转速特性

如果采用两个电容器,一个用于起动,一个用于运行,从理论上讲就能够同时获得最优的起动性能和运行性能。图9.6(a)示出了实现该结果的一种方案,最优运行状态所需的小值电容器始终串联在辅绕组支路中,通过给该运行电容器并联另一个电容器来得到起动所需的大值电容器,这个并联电容器还接有一个开关,当电动机达到一定的转速时开关断开。这种电动机被称为电容起动、电容运转电动机。

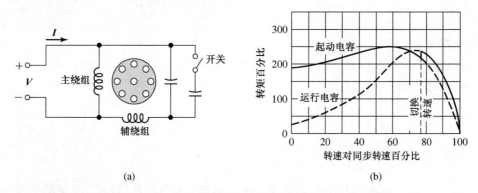

(a)   (b)

图9.6 电容起动、电容运转电动机及其典型转矩-转速特性

对于电容起动电动机,一台500W电动机所采用的电容器的典型值是$300\mu F$,由于该电容器只在起动时承受电流,所以采用专门为电动机起动而制造的小型交流电解型电容器。对于同样的电动机,永久连接的运行电容器的典型额定值是$40\mu F$,由于它是连续运行的,因此采用交流纸质、箔质和油型的电容器。不同类型电动机的成本与它们的性能密切相关,电容起动电动机的成本最低,其次是永久裂相电容电动机,电容起动、电容运转电动机的成本最高。

例9.1 一台2.5kW、120V、60Hz的电容起动电动机,其主绕组和辅绕组具有如下列阻抗(起动时):

$$Z_{\text{main}} = 4.5 + \text{j}3.7\Omega \quad \text{主绕组}$$

$$Z_{aux} = 9.5 + j3.5\Omega \quad \text{辅绕组}$$

求起动时,使主绕组和辅绕组的电流在时间相位上正交所需的起动电容值。

解:

电流 I_{main} 和 I_{aux} 如图 9.4(a) 和图 9.4(b) 所示,主绕组的阻抗角为

$$\phi_{main} = \arctan\left(\frac{3.7}{4.5}\right) = 39.6°$$

为了产生与主绕组电流在时间相位上正交的电流,辅绕组支路(包括起动电容)的阻抗角必须是

$$\phi = 39.6° - 90.0° = -50.4°$$

辅绕组和起动电容的联合阻抗等于

$$Z_{main} = Z_{aux} + jX_c = 9.5 + j(3.5 + X_c)\Omega$$

其中 $X_c = -\dfrac{1}{\omega C}$ 是电容的电抗,同时 $\omega = 2\pi \times 60\,rad/s$,那么

$$\arctan\left(\frac{3.5 + X_c}{9.5}\right) = -50.4°$$

$$\frac{3.5 + X_c}{9.5} = \tan(-50.4°) = -1.21$$

所以

$$X_c = -1.21 \times 9.5 - 3.5 = -15.0\,\Omega$$

因此电容 C 为

$$C = \frac{-1}{\omega X_c} = \frac{-1}{2\pi \times 60 \times (-15.0)} = 177\mu F$$

练习题 9.1

考虑例 9.1 中的电动机,如果用 $200\mu F$ 的电容器代替 $177\mu F$ 的电容器,求主、辅绕组电流之间的相位差。

答案:

$85.2°$。

9.2.3　罩极感应电动机

如图 9.7(a) 的示意图所描述,罩极感应电动机通常具有凸极结构,每个极的一部分被一短路的铜环所围绕,该铜环被称为罩极线圈。罩极线圈中的感应电流会引起每极被罩部分的磁通滞后于其他部分的磁通,其结果类似于旋转磁场从磁极的未罩部分向被罩部分的方向移动,从而在笼型转子中感应电流,并产生小的起动转矩。图 9.7(b) 示出了罩极电动机典型的转矩－转速特性曲线。罩极电动机的效率低,但它们是分千瓦电动机中价格最低的机型,其定额一般在 50W 以下。

9.2.4　自起动同步磁阻电动机

上述感应电动机类别中的任何一种都可以制成相应的自起动同步磁阻电动机。只要设法使气隙磁阻成为转子位置角(相对于定子绕组的磁轴线)的函数,当转子以同步转速旋转

时,就可以产生磁阻转矩。例如,假设鼠笼转子的部分齿被去掉,留下来的导条与端环完整如初,就像原来的鼠笼感应电动机一样。图9.8(a)示出的就是为4极定子设计的这种转子冲片。定子可以是多相型或者上述单相型中的任何一种。

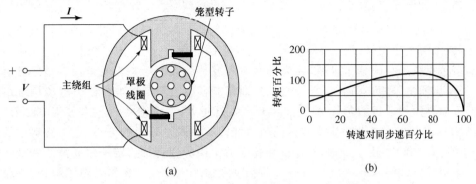

图 9.7　罩极感应电动机和典型的转矩－转速特性

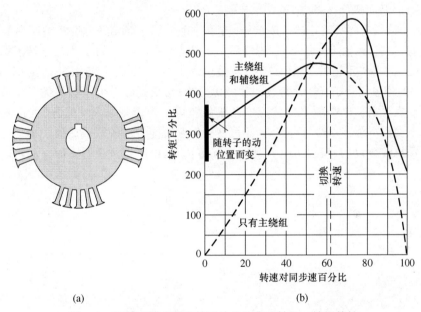

图 9.8　四极磁阻电动机转子冲片及典型转矩－转矩特性

　　该类电动机能像感应电动机那样起动,并在轻载时能加速到小值转差率。根据第3章讲述的原理,转子总是趋向于调整自身相对于同步旋转的正向气隙磁通波的角位置,以达到磁路的磁阻最小,正是这种趋势产生了磁阻转矩。当转差率很小时,磁阻转矩的方向缓慢交变。当转矩变化到正半周期时,转子加速,而在接下来的负半周期,转子减速。如果转子的转动惯量及机械负载足够小,经过磁阻转矩正半周期的加速,转子将被从小转差率转速(接近同步转速)加速到同步转速,也即转子被牵入同步,并以同步转速持续旋转。任何反转的定子磁通波的存在都将引起转矩脉动及附加损耗,但只要负载转矩不是过大,同步运行状态就可以维持。

　　图9.8(b)示出的是裂相起动同步磁阻电动机典型的转矩－转速特性曲线。注意,它有较高的感应电动转矩,其原因是,同步磁阻电动机参照感应电动机的结构来制造,为了取得令人满意的同步电动运行特性,所参照的感应电动机定额应达到常规同步电机的2～3倍。

还应注意到,转子凸极对感应电动运行特性的影响主要在停止点附近,在那里存在显著的齿槽效应,即转矩随转子位置的有显著的变化。

9.2.5　磁滞电动机

磁滞现象可以用来产生机械转矩。磁滞电动机最简单的转子型式是硬磁钢制成的光滑圆柱体,既无绕组也无齿,位于定子之内。定子内圆有槽且嵌有分布绕组,并设计使之产生尽可能接近正弦的空间分布磁通,因为磁通波的波动会大大增加损耗。在单相磁滞电动机中,定子绕组通常采用如图 9.5 所示的永久裂相电容型。若挑选电容使得电动机绕组内部形成接近对称两相运行的条件,则定子主要产生以同步转速旋转的空间基波气隙磁场。

图 9.9(a)示出的是两极定子电机的气隙及转子中瞬时磁通的分布,定子磁势波的磁轴线 SS' 以同步速旋转,由于磁滞,转子的磁化滞后于磁势波,因此,转子磁通波的磁轴线滞后于定子磁势波磁轴线 RR' 一个磁滞滞后角 δ[如图 9.9(a)所示]。如果转子静止,将会产生与定子磁势基波分量、转子磁通、转矩角 δ 的正弦值三者乘积成正比的起动转矩,如果负载转矩小于起动转矩,则转子将加速。

只要转子以低于同步转速的速度旋转,转子的每个部位都要经历按转差频率反复的磁滞周期。当转子加速时,如果磁通恒定,则滞后角 δ 保持恒定,因为 δ 角只取决于转子材料的磁滞回线,而与磁滞回线反复的速率无关。电动机因此而产生恒定转矩并达到同步转速,如图 9.9(b)中的理想化转矩-转速特性曲线所示,这一特征是磁滞电动机的优点之一。可与之对比的是,磁阻式电动机必须根据感应电动机的转矩-转速特性来"捕捉"负载使其进入同步;而磁滞电动机不管转动惯量有多大,总能使任何它所能带动的负载达到同步。达到同步之后,磁滞电动机继续以同步转速运行,并调节其转矩角,以产生负载所需的驱动转矩。

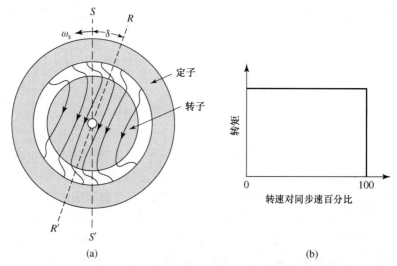

图 9.9　(a)磁滞电动机的气隙和转子中的磁场;(b)理想化的转矩-转速特性

磁滞电动机本身是安静的,并带动负载平稳旋转。而且,转子还能形成与定子磁场相同的极数,当定子用几套绕组绕制并采用变极接法时,磁滞电动机自身可以实现多速同步运行。因为从静止到同步转速,磁滞电动机的转矩都是均匀的,所以它可以加速高转动惯量负载并使之达到同步。

9.3 单相感应电动机的旋转磁场理论

正如 9.1 节所述,单相感应电动机的定子磁势波可以等效地表示成两个沿相反方向以同步速度旋转、幅值恒定的分量磁势波。每个分量磁势波均会产生各自的分量转子电流,并且会像对称多相电动机中一样产生感应电动作用。双旋转磁场这一概念不仅有助于直观定性分析,而且可以用来建立适合于多种类型感应电动机的定量分析理论。这里我们不讨论全部的定量理论[①],然而,我们将考虑一种简单却重要的情况,即单相感应电动机仅依靠主绕组运行的情况。

考虑转子静止且只有定子主绕组通电的情况,这时电动机可以等效为二次侧短路的变压器,其等效电路如图 9.10(a)所示,其中 $R_{1,\text{main}}$ 和 $X_{1,\text{main}}$ 分别为主绕组的电阻和漏电抗,$X_{\text{m,main}}$ 为励磁电抗,$R_{2,\text{main}}$ 和 $X_{2,\text{main}}$ 分别为转子静止时的电阻和漏电抗,并且通过一定的匝数比归算到了定子主绕组。在这里被忽略的铁心损耗以后将计入旋转损耗。外施电压为 V,主绕组电流为 I_{main},电势 E_{main} 为由定、转子电流的共同作用产生的静止脉振气隙磁通波在主绕组中产生的反电势。

根据 9.1 节所述的双旋转磁场概念,定子磁势可以分解成幅值折半的正、反两个旋转磁势。电机静止时,产生的正、反向合成气隙磁通波的幅值均等于脉振磁通幅值的一半。在图 9.10(b)中,等效电路中表征气隙磁通效应的部分被分成相同的两部分,分别代表正、反向磁场的效应。

接下来考虑电动机通过某种辅助方法起动后的情况,此时电动机仅靠主绕组以转差率 s 沿正向磁场方向运行。正向磁场所感应的转子电流具有转差频率 sf_e,这里 f_e 为定子外施电源的频率。与具有对称多相转子或鼠笼转子的多相电动机一样。转子电流会产生一个相对于转子以转差速度旋转的正向旋转磁势波,显然该波相对于定子的转速为同步转速。定、转子的正向合成旋转磁势波将产生一个合成正向气隙磁通波,它在定子主绕组中产生反电势 $E_{\text{main,f}}$。从定子边来看,转子的反作用与对称多相电动机中的情况类似,可以用一个并联在 $\text{j}0.5X_{\text{m,main}}$ 上的阻抗 $0.5R_{2,\text{main}}/s+\text{j}0.5X_{2,\text{main}}$ 来表示,在如图 9.10(c)所示的等效电路中标有"f."的部分所示。系数 0.5 是脉振磁势分解为正、反两个旋转分量磁势时出现的。

现在来考虑有关反向磁场的情况。转子仍然相对于正向磁场以转差率 s 运行,相对于反向磁场,转子的转差率为 $2-s$。因此,反向磁场会在转子中感应出频率为 $(2-s)f_e$ 的电流。当转差率 s 很小时,这一转子电流的频率几乎是定子电流频率的两倍。

在某个小转差率时,反向磁场产生的高频分量转子电流将叠加在正向磁场产生的低频分量上构成总转子电流。在定子上观察,反向磁场感应的转子电流产生的转子磁势波以同步转速反向旋转。从定子的观点看,表示这些相互作用的等效电路和转差率为 $2-s$ 的多相电动机的等效电路类似,在如图 9.10(c)所示的等效电路中用标有"b."的部分所示。与正向磁场的情况一样,系数 0.5 是由于脉振定子磁势分解成正、反向旋转分量所引起的。代表反向磁场的并联电路两端的电势 $E_{\text{main,b}}$ 为由合成反向磁场在定子主绕组中所产生的反电势。

利用图 9.10(c)的等效电路,当外施电压和电动机阻抗已知时,对于任意假定的转差率,可以计算出定子电流、输出功率和功率因数。为简化符号,令

[①] 对单相感应电动机的详尽分析可参考:C. B. Veinott, *Fractional- and Subfractional-Horsepower Electric Motors*, McGraw-Hill,New York,1970。

$$Z_f \equiv R_f + jX_f \equiv \left(\frac{R_{2,\text{main}}}{s} + jX_{2,\text{main}} \right) \quad 并联 \ jX_{\text{m,main}} \tag{9.4}$$

及

$$Z_b \equiv R_b + jX_b \equiv \left(\frac{R_{2,\text{main}}}{2-s} + jX_{2,\text{main}} \right) \quad 并联 \ jX_{\text{m,main}} \tag{9.5}$$

从单相定子主绕组来看,表示正、反向磁场作用的阻抗分别为图 9.10(c)中的 $0.5Z_f$ 和 $0.5Z_b$。

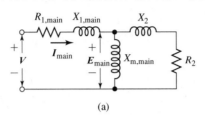

(a)

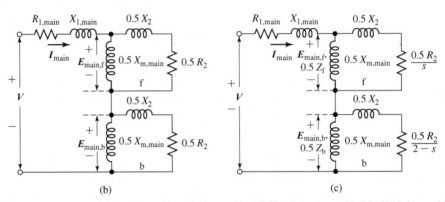

(b)   (c)

图 9.10 单相感应电动机等效电路:(a)转子堵转;(b)转子堵转,示出了正反转磁场的效应;(c)转子旋转

分析图 9.11(c)的等效电路,可以得到与 9.1 节[见图 9.2(b)]的定性推理得到的同样结论,即当转子转动后,正向气隙磁通波增大而反向波减小。当电动机运行在小转差率时,转子电阻在正向磁场中的效应 $0.5R_{2,\text{main}}/s$ 比静止时的值大得多,而在反向磁场中的效应 $0.5R_{2,\text{main}}/(2-s)$ 却比静止时的值小。所以,正向磁场对应的阻抗大于其静止值,而反向磁场对应的阻抗较小。正向磁场的反电势 $E_{\text{main,f}}$ 比其静止值大,而反向磁场的反电势 $E_{\text{main,b}}$ 较小,也就是说,正向气隙磁通波增大而反向磁通波减小。

机械功率和转矩可以采用第 6 章中针对多相电动机推导出的转矩和功率关系式来计算。正、反向磁场产生的转矩可以按此方式分别计算。转向相反的磁通和磁势波之间的相互作用会引起双倍于定子频率的脉动转矩,但不产生平均转矩。

和式 6.26 一样,正向磁场产生的电磁转矩 $T_{\text{main,f}}$(单位为 N·m)为 $1/\omega_S$ 乘以正向磁场在定子绕组中产生的功率 $P_{\text{gap,f}}$(W),其中 ω_S 为同步机械角速度(rad/s),所以

$$T_{\text{main,f}} = \frac{1}{\omega_s} P_{\text{gap,f}} \tag{9.6}$$

当励磁阻抗被处理而成为纯感性时,$P_{\text{gap,f}}$ 为阻抗 $0.5Z_f$ 吸收的功率,即

$$P_{\text{gap,f}} = I^2 (0.5R_f) \tag{9.7}$$

---

① 原文为 internal torqure(内转矩或内在转矩),等同于中文教材的电磁转矩,为忠实原文,译成"内在转矩",下同——译者注

这里，R_f 为由式 9.4 定义的正向磁场阻抗的电阻分量。

同样，反向磁场产生的内在转矩[①] $T_{main,b}$ 为

$$T_{main,b} = \frac{1}{\omega_s} P_{gap,b} \tag{9.8}$$

式中，$P_{gap,b}$ 为定子绕组对反向磁场作用的功率，即

$$P_{gap,b} = I^2(0.5R_b) \tag{9.9}$$

这里，R_b 为由式 9.5 定义的反向磁场阻抗 Z_b 的电阻分量。

反向磁场的转矩与正向磁场的转矩方向相反，所以净内在转矩 T_{mech} 为

$$T_{mech} = T_{main,f} - T_{main,b} = \frac{1}{\omega_s}(P_{gap,f} - P_{gap,b}) \tag{9.10}$$

由于两个分量气隙磁场产生的转子电流频率不同，总的转子 I^2R 损耗为由各分量磁场产生的损耗的代数和。通常，比较式 6.17 和式 6.19 可知，旋转磁场产生的转子 I^2R 损耗等于旋转磁场对转子的转差率乘以从定子边吸收过来的功率，所以

正向磁场的转子欧姆损耗 $\qquad I^2R = sP_{gap,f} \tag{9.11}$

反向磁场的转子欧姆损耗 $\qquad I^2R = (2-s)P_{gap,b} \tag{9.12}$

总的转子欧姆损耗 $\qquad I^2R = sP_{gap,f} + (2-s)P_{gap,b} \tag{9.13}$

因为功率等于转矩乘以角速度，而转子角速度为 $(1-s)\omega_s$，利用式 9.10，转换成机械功率的内在功率 P_{mech}(W) 为

$$P_{mech} = (1-s)\omega_s T_{mech} = (1-s)(P_{gap,f} - P_{gap,b}) \tag{9.14}$$

与多相电动机中的情况一样，内在转矩 T_{mech} 和内在功率 P_{mech} 并非输出量，因为还未考虑旋转损耗。显而易见，合理的做法是从 T_{mech} 或者 P_{mech} 中减去摩擦和风阻损耗，并且通常假设铁心损耗可以按照同样的方式处理。对于转速变化较小的正常运行情况，通常假设旋转损耗不变。

例 9.2 一台 $\frac{1}{4}$ 马力、110V、60Hz、4 极电容起动电动机的等效电路参数值(单位为 Ω)和损耗数据如下所示：

$$R_{1,main} = 2.02 \quad X_{1,main} = 2.79 \quad R_{2,main} = 4.12 \quad X_{2,main} = 2.12 \quad X_{m,main} = 66.8$$

铁心损耗＝24W 摩擦和风阻损耗＝13W

当电动机在额定电压和频率、起动绕组开路的情况下作为单相电动机运行时，对于转差率为 0.05，确定定子电流、功率因数、输出功率、转速、转矩和效率。

解：

首先确定在给定转差率时正、反向磁场对应的阻抗值。下面的关系式从式 9.4 推得，可以简化正向磁场阻抗 Z_f 的计算：

$$R_f = \left(\frac{X_{m,main}^2}{X_{22}}\right)\frac{1}{sQ_{2,main} + 1/(sQ_{2,main})} \qquad X_f = \frac{X_{2,main}X_{m,main}}{X_{22}} + \frac{R_f}{sQ_{2,main}}$$

式中，

$$X_{22} = X_{2,main} + X_{m,main} \qquad Q_{2,main} = \frac{X_{22}}{R_{2,main}}$$

将给定的数值代入，当 $s = 0.05$ 时，

$$Z_f = R_f + jX_f = 31.9 + j40.3 \ \Omega$$

[①] 用试验确定电动机常数和损耗的方法，参见 Veinott, op. cit. , 第 18 章。

在以上关系式中,用 $2-s$ 代替 s 就可以得到相应的反向磁场阻抗 Z_b 表达式。当 $(2-s)Q_{2,\text{main}}$ 大于 10(通常情况也如此)时,利用如下的近似式求得的结果误差不会超过 1%:

$$R_b = \frac{R_{2,\text{main}}}{2-s}\left(\frac{X_{m,\text{main}}}{X_{22}}\right)^2 \qquad X_b = \frac{X_{2,\text{main}}X_{m,\text{main}}}{X_{22}} + \frac{R_b}{(2-s)Q_{2,\text{main}}}$$

代入给定数值,当 $s=0.05$ 时可得

$$Z_b = R_b + jX_b = 1.98 + j2.12\ \Omega$$

图 9.10(c)的等效电路中的串联元件相加为

$$R_{1,\text{main}} + jX_{1,\text{main}} = 2.02 + j2.79$$

$$0.5(R_f + jX_f) = 15.95 + j20.15$$

$$\underline{0.5(R_b + jX_b)} = \underline{0.99 + j1.06}$$

$$\text{总输入阻抗 } Z = 18.96 + j24.00 = 30.6\angle 51.7°$$

$$\text{定子电流 } I = \frac{V}{Z} = \frac{110}{30.6} = 3.59\text{A}$$

$$\text{功率因数} = \cos(51.7°) = 0.620$$

$$\text{输入功率} = P_{\text{in}} = VI \times \text{功率因数} = 110 \times 3.59 \times 0.620 = 244\text{W}$$

正向磁场吸收的功率(见式 9.7)为

$$P_{\text{gap,f}} = I^2(0.5R_f) = 3.59^2 \times 15.95 = 206\text{ W}$$

反向磁场吸收的功率(见式 9.9)为

$$P_{\text{gap,b}} = I^2(0.5R_b) = 3.59^2 \times 0.99 = 12.8\text{ W}$$

内在功率(见式 9.14)为

$$P_{\text{mech}} = (1-s)(P_{\text{gap,f}} - P_{\text{gap,b}}) = 0.95 \times (206-13) = 184\text{ W}$$

假设铁心损耗可以和摩擦与风阻损耗一起考虑,旋转损耗变为 $24+13=37\text{W}$,轴上的输出功率即为上式与该值之差,所以

$$P_{\text{shaft}} = 184 - 37 = 147\text{ W} = 0.197\text{ hp}$$

根据式 4.42,同步速度(rad/s)由下式给出:

$$\omega_s = \left(\frac{2}{\text{poles}}\right)\omega_e = \left(\frac{2}{4}\right)120\pi = 188.5\text{ rad/s}$$

或者根据式 4.44,用 r/min 表示为

$$n_s = \left(\frac{120}{\text{poles}}\right)f_e = \left(\frac{120}{4}\right)60 = 1800\text{ r/min}$$

$$\text{转子转速} = (1-s)(\text{同步转速})$$
$$= 0.95 \times 1800 = 1710\text{r/min}$$

且

$$\omega_m = 0.95 \times 188.5 = 179\text{ rad/s}$$

由式 9.14 可以求得转矩为

$$T_{\text{shaft}} = \frac{P_{\text{shaft}}}{\omega_m} = \frac{147}{179} = 0.821\text{N}\cdot\text{m}$$

且效率为

$$\eta = \frac{P_{\text{shaft}}}{P_{\text{in}}} = \frac{147}{244} = 0.602 = 60.2\%$$

查看所记录的功率试验数据，可以计算出损耗：

$$I^2 R_{1,\text{main}} = (3.59)^2 \times 2.02 = 26.0$$

正向磁场转子欧姆损耗　　$I^2 R = 0.05 \times 206 = 10.3 \text{(式 9.11)}$

反向磁场转子欧姆损耗　　$I^2 R = 1.95 \times 12.8 = 25.0 \text{(式 9.12)}$

旋转损耗＝37.0

总损耗＝98.3W

由 $P_{\text{in}} - P_{\text{shaft}}$ 可得，总损耗＝97W，可见在计算精度之内。

练习题 9.2

假设例 9.2 中的电动机在额定电压、额定频率下运行，转差率为 0.065。求：(a) 定子电流和功率因数；(b) 输出功率。

答案：

a. 4.0A，功率因数＝0.70 滞后。

b. 190W。

分析例 9.2 中的数值的量级，通常能提示我们做出某些近似。这些近似特别适合于计算反向磁场阻抗。注意当转差率处于满载转差率附近时，阻抗 $0.5(R_b + jX_b)$ 仅为电动机总阻抗的 5% 左右，因此，这一阻抗值偏差达到 20% 时在电动机电流中引起的误差仅为 1%。尽管严格来说反向磁场阻抗是转差率的函数，但对于正常运行范围内的任意合理的转差率值，比如 5%，由计算引起的误差很小，所以可以假设 R_b 和 X_b 为常数。

相对更加近似的处理方法通常认为，$jX_{m,\text{main}}$ 对反向磁场阻抗的分流效应可以忽略不计，所以

$$Z_b \approx \frac{R_{2,\text{main}}}{2-s} + jX_{2,\text{main}} \tag{9.15}$$

该式给出的反向磁场电阻值偏大百分之几，这可以通过与例 9.2 中的精确表达式相比较看出。在式 9.15 中，如果忽略 s，得到的反向磁场电阻将会偏小，所以这样的近似趋向于抵消式 9.15 中的误差。所以，对较小的转差率有

$$Z_b \approx \frac{R_{2,\text{main}}}{2} + jX_{2,\text{main}} \tag{9.16}$$

在多相电动机（见 6.5 节）中，最大内在转矩和产生最大内在转矩对应的转差率可以很容易地用电动机参数来表示，且最大内在转矩与转子电阻值无关。在单相电动机中不存在如此简单的表达式。单相电动机的问题有些复杂，这是由于存在反向磁场。反向磁场的影响有两个方面：(1) 吸收某些外施电压，因此降低了正向磁场的可用电压，减小了产生的正向转矩；(2) 反向磁场产生负转矩，减小了有效转矩。这两个效应均取决于转子电阻和漏电抗，因此，与多相电动机不同，单相电动机的最大内在转矩受转子电阻的影响，若增大转子电阻，将降低最大转矩值并使得发生最大转矩的转差率值增大。

原理上讲，由于反向磁场的影响，当采用相同的转子和相同的定子铁心时，单相感应电动机的性能在某种程度上逊色于多相电动机。单相电动机具有较小的最大转矩值，且发生最大转矩的转差率较小。对于同样的转矩，单相电动机具有较高的转差率和较大的损耗，这在很大程度上缘于反向磁场引起的转子 $I^2 R$ 损耗。单相电动机的输入容量较大，在原理上也是由于反向磁场消耗的功率和无功容量所致。在某种程度上，单相电动机的定子 $I^2 R$ 损耗也较大，因为是一相而不是多相必须承担全部的电流。因为损耗较大，在相同转矩时其效率就

较低而温升较高。在相同的功率和转速定额下,单相电动机比多相电动机需要更大的尺寸。由于尺寸大,其最大转矩与结构较小而定额相同的多相电动机可以比肩。尽管结构尺寸较大且需要辅助起动机构,标准分千瓦(额定功率小于 1kW)通用单相电动机的成本基本上与相应定额的多相电动机成本相同,因为同一套成型设备所生产的这种产品的产量很大。

9.4 两相感应电动机

如前所述,大多数单相感应电动机实际上采用的是两相电动机的结构形式,其两相定子绕组在空间正交。主、辅绕组通常有很大的不同,其匝数、线规和匝数分布均不同。这一差别,再结合一般与辅绕组串联的电容器,注定使两相绕组电流所产生的磁势相当不对称,顶多在某个特殊运行点也许是对称的。因此,我们将讨论两相电动机的各种解析分析方法,这些理论既可以加深对电动机性能的理解,也可以用来建立单相和两相电动机的分析方法。

把第 6 章介绍的有关分析三相电动机的方法稍加修改,即考虑用实际上的相数是 2 而不是 3,就可以用来分析对称运行状态时的对称两相电动机。本节我们首先讨论一种可以用来分析对称两相电动机在不对称状态下运行的方法,然后正式推导不对称两相电动机的理论模型,这一模型可以用来分析单相电动机主、辅绕组均参与运行的一般情况。

9.4.1 对称两相电动机的不对称运行及对称分量法

单独从主绕组运行,就是电动机在不对称定子电流驱动下运行的极端情况。在某些情况下,不对称电压或者电流是由连接到电动机的电源线路引起的,例如,一线保险丝熔断的情况。在另一些情况下,不对称电压是由单相电动机的起动阻抗引起的,这在 9.2 节已经做了阐述。本节的目的是根据双旋转磁场概念,建立两相感应电动机的对称分量理论,并说明如何用这一理论来解决各种问题,其中包括具有两套在空间正交放置的定子绕组的感应电动机的问题。

首先,回顾当对称两相电压施加于两相电动机的定子端时发生的现象。该两相电动机具有均匀气隙、对称多相转子或者笼型转子、两个相同定子绕组 α 和 β 在空间正交分布;两相定子电流的幅值相等而在时间相位上正交。当 α 绕组中的电流达到其瞬时最大值时,β 绕组中的电流为 0,定子磁势波以 α 绕组的磁轴线为对称中心。同样,当 β 绕组中的电流达到其最大值时,定子磁势波便以 β 绕组的磁轴线为对称中心。因此,在对应于外施电压相位变化 90° 的时间段内,定子磁势波在空间转过 90 电角度,且转动方向取决于电流的相序。在 4.5 节中,通过更为完整的分析证明了这一旋转磁势具有恒定的幅值和恒定的角速度。这一事实自然是感应电动机对称运行理论的基础。

可以很容易地确定电动机在某一相序的对称两相外施电压驱动下的运行特性。如果转子的转差率为 s,转向为由 α 绕组转向 β 绕组,当外施电压 V_β 滞后于 V_α 90°时,从端口观察到的每相阻抗由图 9.11(a)中的等效电路给出。在以下的介绍中,把这一相序称为正序,并且用下标"f"指示,因为正序电流产生正向旋转的磁场。如果转子以同样的转速和转向旋转,当外施电压 V_β 超前 V_α 90°时,从端口观察到的每相阻抗由图 9.11(b)中的等效电路给出。这一相序称为负序,用下标"b"指示,因为负序电流产生反向旋转的磁场。

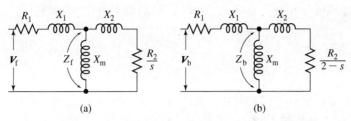

图 9.11　两相电动机不对称运行时的一相等效电路：
（a）对应于正向磁场；（b）对应于反向磁场

现假设两组相序相反的对称两相电压源串联共同驱动电动机,如图 9.12(a)所示,相量电压 V_f 和 jV_f 分别施加于 α 绕组和 β 绕组,组成了正序对称系统;另外,相量电压 V_b 和 $-jV_b$ 组成另一对称系统,但其相序为负序。

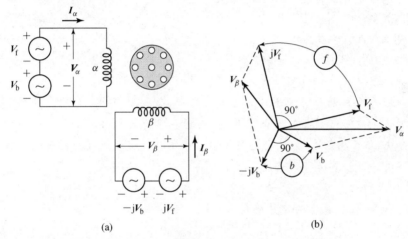

图 9.12　相序相反的两组对称系统合成不对称两相系统

作用于 α 绕组的合成电压 V_α 为一个相量：

$$V_\alpha = V_f + V_b \tag{9.17}$$

作用于 β 绕组的合成电压相量为

$$V_\beta = jV_f - jV_b \tag{9.18}$$

图 9.12(b)给出的是一般化的相量图,其中正序系统包括相量 V_f 和 jV_f,负序系统包括相量 V_b 和 $-jV_b$。合成电压相量 V_α 和 V_β 的幅值通常不相等,时间相位也不正交。通过这一讨论可知,外施电压为 V_α 和 V_β 的两相不对称系统可以由两组相序相反的对称电压系统合成得到。

然而,对称的分量系统处理起来要比其所合成的不对称系统方便得多。因为对每个分量系统来说,感应电动机的运行相当于对称两相电动机,所以,计算由外施电压的每个对称分量系统所产生的分量电流很容易。根据叠加原理,绕组的实际电流就是其分量之和。所以,如果 I_f 和 I_b 分别为 α 绕组中的正、负序电流相量,则相应的 β 绕组中的正、负序电流相量分别为 jI_f 和 $-jI_b$,绕组的实际电流 I_α 和 I_β 为

$$I_\alpha = I_f + I_b \tag{9.19}$$

$$I_\beta = jI_f - jI_b \tag{9.20}$$

通常,必须进行相反的计算,即从特定的电压或者电流求取其对称分量。从式 9.17 和

式 9.18 中可以解出用已知电压相量 $\boldsymbol{V}_\alpha$ 和 $\boldsymbol{V}_\beta$ 表示的分量电压 $\boldsymbol{V}_f$ 和 $\boldsymbol{V}_b$，即

$$V_f = \frac{1}{2}(V_\alpha - jV_\beta) \tag{9.21}$$

$$V_b = \frac{1}{2}(V_\alpha + jV_\beta) \tag{9.22}$$

图 9.13 示出了这一运算的相量图。很明显，α 绕组中的电流的对称分量 $\boldsymbol{I}_f$ 和 $\boldsymbol{I}_b$ 可以类似地用已知的两相电流相量 $\boldsymbol{I}_m$ 和 $\boldsymbol{I}_a$ 来表示，即

$$I_f = \frac{1}{2}(I_\alpha - jI_\beta) \tag{9.23}$$

$$I_b = \frac{1}{2}(I_\alpha + jI_\beta) \tag{9.24}$$

例 9.3 一台 5 马力、220V、60Hz、4 极、2 相笼型感应电动机每相等效电路参数如下(单位为 Ω)：

$$R_1 = 0.534 \quad X_1 = 2.45$$

$$X_m = 70.1 \quad R_2 = 0.956 \quad X_2 = 2.96$$

该电动机在不对称两相 60Hz 电源驱动下运行，电源两相电压分别为 230V 和 210V，较小的电压超前于较大电压 80°。当转差率为 0.05 时，求：(a)外施电压的正、负序分量；(b)定子相电流的正、负序分量；(c)相电流的有效值；(d)内在机械功率。

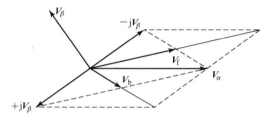

图 9.13 不对称两相电压分解成对称分量

解：

我们用 MATLAB[①] 来解该问题。

a. 用 $\boldsymbol{V}_\alpha$ 和 $\boldsymbol{V}_\beta$ 分别表示两相外施电压，则

$$V_\alpha = 230\angle 0° = 230 + j0 \text{ V}$$

$$V_\beta = 210\angle 80° = 36.4 + j207 \text{ V}$$

根据式 9.21 和式 9.22，电压的正、负序分量分别为

$$V_f = 218.4 - j18.2 = 219.2\angle -4.8° \text{ V}$$

$$V_b = 11.6 + j18.2 = 21.6\angle 57.5° \text{ V}$$

b. 由于用 MATLAB 处理复数很容易，没有必要采用例 9.2 推导的近似式，利用图 9.11(a)和图 9.11(b)的等效电路就可以计算出电动机的正、反向磁场所对应的输入阻抗。用对应于正向磁场的输入阻抗去除对应于正向磁场的电压，可得

$$I_f = \frac{V_f}{R_1 + jX_1 + Z_f} = 9.3 - j6.3 = 11.2\angle -34.2° \text{ A}$$

类似地，用对应于反向磁场的输入阻抗去除对应于反向磁场的电压可得

$$I_b = \frac{V_b}{R_1 + jX_1 + Z_b} = 3.7 - j1.5 = 4.0\angle -21.9° \text{ A}$$

c. 根据式 9.19 和式 9.20，求出绕组电流为

$$I_\alpha = I_f + I_b = 13.0 - j7.8 = 15.2\angle -31.0° \text{ A} \tag{9.25}$$

$$I_\beta = jI_f - jI_b = 4.8 + j5.6 = 7.4\angle 49.1° \text{ A} \tag{9.26}$$

---

① MATLAB 是 Math Works 公司的注册商标。

注意,与外施电压相比,绕组电流更加不对称。即使研究的轴负载没有使电动机过载,损耗也会因电流不对称而有相当程度的增大,具有最大电流的定子绕组可能会过热。

d. 正向磁场通过气隙转换的功率等于正向磁场对应的等效电路的输入功率减去对应的定子损耗:

$$P_{gap,f} = 2\left(\mathrm{Re}[V_f I_f^*] - I_f^2 R_1\right) = 4149\,\mathrm{W}$$

式中,出现系数 2 是因为这是一台 2 相电动机。同样,进入反向磁场的功率为

$$P_{gap,b} = 2\left(\mathrm{Re}[V_b I_b^*] - I_b^2 R_1\right) = 14.5\,\mathrm{W}$$

这里,符号 $\mathrm{Re}[\ ]$ 表示复数的实部,上标 $*$ 表示共轭复数。

最后,根据式 9.14,内机械功率等于气隙磁场产生的总功率的 $(1-s)$ 倍,即

$$P_{mech} = (1-s)(P_{gap,f} - P_{gap,b}) = 3927\,\mathrm{W}$$

如果知道铁心损耗、摩擦与风阻损耗和杂散负载损耗,从内在功率中减去这些损耗就可以求得轴上的输出功率。摩擦和风阻损耗仅决定于转速,与相同转速下对称运行时的值一样。然而,铁心损耗和杂散负载损耗在某种程度上大于同样正序电压和电流对称运行时的值,其增加值原理上由反向磁场在转子中产生的 $(2-s)$ 倍频的铁心损耗和负载杂散损耗引起。

以下是 MATLAB 源程序:

```
clc
clear

% Useful constants
f =60;% 60 Hz system
omega =2*pi*f;
s = 0.05; %  slip

% Parameters

R1 = 0.534;
X1 = 2.45;
Xm = 70.1;
R2 = 0.956;
X2 = 2.96;

% Winding voltages

Valpha = 230;
Vbeta = 210*exp(j*80*pi/180);

% (a)Calculate Vf and Vb from Equations and 9-21 and 9-22
Vf = 0.5*(Valpha-j*Vbeta);
Vb = 0.5*(Valpha+j*Vbeta);
magVf = abs(Vf);
angleVf = angle(Vf)*180/pi;

magVb =abs(Vb);
angleVb =angle(Vb)*180/pi;
```

```
fprintf('\n(a)')
fprintf('\n Vf = % .1f+j% .1f = % .1f at angle % .1f degrees V', ...
real(Vf),imag(Vf),magVf,angleVf);
fprintf('\n Vb = % .1f +j % .1f = % .1f at angle % .1f degrees V\n', ...
real(Vb),imag(Vb),magVb,angleVb);

%(b)First calculate the forward- field input impedance of the motor from
% the equivalent circuit of Fig.9-12(a).

Zf = R1+j*X1+j*Xm*(R2/s+j*X2)/(R2/s+j*(X2+Xm));
% Now calculate the forward- field current.

If = Vf/Zf;

magIf = abs(If);
angleIf = angle(If)*180/pi;

% Next calculate the backward-field input impedance of the motor from
% Fig.9-12(b).

Zb = R1+j*X1+j*Xm*(R2/(2-s)+j*X2)/(R2/(2- s)+j*(X2+Xm));

% Now calculate the backward-field current.

Ib = Vb/Zb;

magIb = abs(Ib);
angleIb = angle(Ib)*180/pi;

fprintf('\n(b)')
fprintf('\n If = % .1f+j % .1f = % .1f at angle % .1f degrees A', ...
real(If),imag(If),magIf,angleIf);
fprintf('\n Ib = % .1f+j % .1f = % .1f at angle % .1f degrees A\n', ...
real(Ib),imag(Ib),magIb,angleIb);

%(c) Calculate the winding currents from Eqs. 9-19 and 9-20

Ialpha = If+Ib;

Ibeta = j*(If-Ib);

magIalpha = abs(Ialpha);
angleIalpha = angle(Ialpha)*180/pi;

magIbeta = abs(Ibeta);
angleIbeta = angle(Ibeta)*180/pi;

fprintf('\n(c)')
fprintf('\n Ialpha = % .1f+ j % .1f = % .1f at angle % .1f degrees A', ...
```

```
real(Ialpha),imag(Ialpha),magIalpha,angleIalpha);
fprintf('\n Ibeta = % .1f+ j % .1f = % .1f at angle % .1f degrees A\n', ...
    real(Ibeta),imag(Ibeta),magIbeta,angleIbeta);

%(d)Power delivered to the forward field is equal to the
%forward-field input power less the stator-winding I^2R loss
Pgf = 2*(real(Vf*conj(If))-R1*magIf^2);

% Power delivered to the backward field is equal to the
%backward-field input power less the stator-winding I^2R loss

Pgb =2*(real(Vb*conj(Ib))-R1*magIb^2);

% The electromagnetic power is equal to (1-s) times the
%net air-gap power

Pmech = (1-s)*(Pgf-Pgb);

fprintf('\n(d)')
fprintf('\n Power to forward field = % .1f W',Pgf)
fprintf('\n Power to backward field = % .1f W',Pgb)
fprintf('\n Pmech = % .1f W\n',Pmech)
fprintf('\n')
```

练习题 9.3

对于例 9.3 的电动机,假设运行在例题给出的不对称电压下,当转差率从 $s=0.04$ 变化到 $s=0.05$ 时,利用 MATLAB 绘制内在机械功率对转差率的函数关系曲线。在同一坐标平面上(用虚线),绘制在幅值为 220V、相位差为 90°的对称两相电压驱动下的内在机械功率曲线。

答案:

曲线如图 9.14 所示。

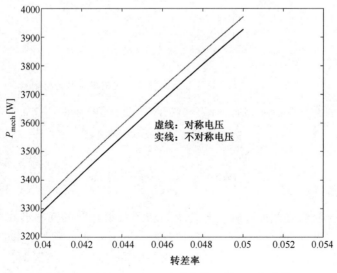

图 9.14 用 MATLAB 绘出的练习题 9.3 的曲线

9.4.2 一般情况：不对称两相感应电动机

我们已经讨论过，有一个主绕组和辅绕组的单相感应电动机是不对称两相感应电动机的一个特例。本节利用单相电动机的习惯符号来建立这种不对称两相电动机的模型。我们假设两相绕组的磁轴线在空间正交（通常情况也确实如此），但其不对称性表现在它们可能具有不同的匝数、不同的分布方式等方面。

如图 9.15 所示，我们的分析法是把转子用等效两相绕组来表示，并且先把定、转子的磁链/电流关系表示成如下形式：

$$\begin{bmatrix} \lambda_{\text{main}} \\ \lambda_{\text{aux}} \\ \lambda_{\text{r1}} \\ \lambda_{\text{r2}} \end{bmatrix} = \begin{bmatrix} L_{\text{main}} & 0 & \mathcal{L}_{\text{main,r1}}(\theta_{\text{me}}) & \mathcal{L}_{\text{main,r2}}(\theta_{\text{me}}) \\ 0 & L_{\text{aux}} & \mathcal{L}_{\text{aux,r1}}(\theta_{\text{me}}) & \mathcal{L}_{\text{aux,r2}}(\theta_{\text{me}}) \\ \mathcal{L}_{\text{main,r1}}(\theta_{\text{me}}) & \mathcal{L}_{\text{aux,r1}}(\theta_{\text{me}}) & L_{\text{r}} & 0 \\ \mathcal{L}_{\text{main,r2}}(\theta_{\text{me}}) & \mathcal{L}_{\text{aux,r2}}(\theta_{\text{me}}) & 0 & L_{\text{r}} \end{bmatrix} \begin{bmatrix} i_{\text{main}} \\ i_{\text{aux}} \\ i_{\text{r1}} \\ i_{\text{r2}} \end{bmatrix} \quad (9.27)$$

式中：θ_{mc} 为转子位置角，其单位为电弧度；L_{main} 为主绕组自感；L_{aux} 为辅绕组自感；L_{r} 为等效转子绕组自感；$\mathcal{L}_{\text{main,r1}}(\theta_{\text{me}})$ 为主绕组和等效转子绕组 1 之间的互感；$\mathcal{L}_{\text{main,r2}}(\theta_{\text{me}})$ 为主绕组和等效转子绕组 2 之间的互感；$\mathcal{L}_{\text{aux,r1}}(\theta_{\text{me}})$ 为辅绕组和等效转子绕组 1 之间的互感；$\mathcal{L}_{\text{aux,r2}}(\theta_{\text{me}})$ 为辅绕组和等效转子绕组 2 之间的互感。

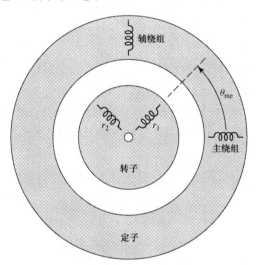

图 9.15 转子用等效两相绕组代替后两相感应电动机图示

假设气隙磁通为正弦分布，则主绕组和转子绕组之间的互感具有如下形式：

$$\mathcal{L}_{\text{main,r1}}(\theta_{\text{me}}) = L_{\text{main,r}} \cos \theta_{\text{me}} \quad (9.28)$$

和

$$\mathcal{L}_{\text{main,r2}}(\theta_{\text{me}}) = -L_{\text{main,r}} \sin \theta_{\text{me}} \quad (9.29)$$

式中，$L_{\text{main,r}}$ 为互感幅值。

辅绕组与转子绕组之间的互感和主绕组与转子绕组之间的互感形式相同，只是辅绕组与主绕组在空间错开 90 电角度，所以，可以写成

$$\mathcal{L}_{\text{aux,r1}}(\theta_{\text{me}}) = L_{\text{aux,r}} \sin \theta_{\text{me}} \quad (9.30)$$

和

$$\mathcal{L}_{\text{aux,r2}}(\theta_{\text{me}}) = L_{\text{aux,r}} \cos\theta_{\text{me}} \tag{9.31}$$

注意,辅绕组通常与主绕组匝数不同(也可能分布形式不同),因此,为了建模需要,通常习惯表示认为

$$L_{\text{aux,r}} = a\, L_{\text{main,r}} \tag{9.32}$$

式中,

$$a = 匝数比 = \frac{辅绕组有效匝数}{主绕组有效匝数} \tag{9.33}$$

类似地,如果把励磁支路的自感表示成漏感 $L_{\text{main,l}}$ 和励磁电感 L_{m} 之和,

$$L_{\text{main}} = L_{\text{main,l}} + L_{\text{m}} \tag{9.34}$$

则辅绕组的自感可以写成如下形式:

$$L_{\text{aux}} = L_{\text{aux,l}} + a^2 L_{\text{m}} \tag{9.35}$$

电动机的电压方程式可以用绕组电流和磁链表示为

$$v_{\text{main}} = i_{\text{main}} R_{\text{main}} + \frac{\mathrm{d}\lambda_{\text{main}}}{\mathrm{d}t} \tag{9.36}$$

$$v_{\text{aux}} = i_{\text{aux}} R_{\text{aux}} + \frac{\mathrm{d}\lambda_{\text{aux}}}{\mathrm{d}t} \tag{9.37}$$

$$v_{\text{r1}} = 0 = i_{\text{r1}} R_{\text{r}} + \frac{\mathrm{d}\lambda_{\text{r1}}}{\mathrm{d}t} \tag{9.38}$$

$$v_{\text{r2}} = 0 = i_{\text{r2}} R_{\text{r}} + \frac{\mathrm{d}\lambda_{\text{r2}}}{\mathrm{d}t} \tag{9.39}$$

这里,R_{main}、R_{aux} 和 R_{r} 分别为主绕组、辅绕组和转子绕组的电阻。注意,因为在感应电动机中,转子绕组本身是短路的,所以其电压被置为 0。

在建立裂相感应电动机(参见 9.2.1 节)模型时,主绕组和辅绕组通常被简单地并联起来,所以,在电动机起动时,v_{main} 和 v_{aux} 均被设置为等于单相电源电压,辅绕组被断开之后,辅绕组电流变为 0,电动机可以表示成降阶模型,即只包含一个主绕组和两个等效转子绕组。

在建立 9.2.2 节介绍的各种带电容器的电动机模型时,要列写电路方程,必须考虑这一因素,即主绕组直接接到单相电源,而电容器被连接在电源和辅绕组之间。在电动机起动后,辅绕组是否被从电源断开,取决于所研究的电动机类型。

最后,可以用 3.5 节所述的方法表示出电动机的电磁转矩,即

$$\begin{aligned} T_{\text{mech}} &= i_{\text{main}} i_{\text{r1}} \left(\frac{\mathrm{d}\mathcal{L}_{\text{main,r1}}(\theta_{\text{me}})}{\mathrm{d}\theta_m} \right) + i_{\text{main}} i_{\text{r2}} \left(\frac{\mathrm{d}\mathcal{L}_{\text{main,r2}}(\theta_{\text{me}})}{\mathrm{d}\theta_m} \right) \\ &\quad + i_{\text{aux}} i_{\text{r1}} \left(\frac{\mathrm{d}\mathcal{L}_{\text{aux,r1}}(\theta_{\text{me}})}{\mathrm{d}\theta_m} \right) + i_{\text{aux}} i_{\text{r2}} \left(\frac{\mathrm{d}\mathcal{L}_{\text{aux,r2}}(\theta_{\text{me}})}{\mathrm{d}\theta_m} \right) \\ &= \left(\frac{\text{poles}}{2} \right) [-L_{\text{main,r}} (i_{\text{main}} i_{\text{r1}} \sin\theta_{\text{me}} + i_{\text{main}} i_{\text{r2}} \cos\theta_{\text{me}}) \\ &\quad + L_{\text{aux,r}} (i_{\text{aux}} i_{\text{r1}} \cos\theta_{\text{me}} - i_{\text{aux}} i_{\text{r2}} \sin\theta_{\text{me}})] \end{aligned} \tag{9.40}$$

式中,$\theta_{\text{m}} = (2/极数)\theta_{\text{me}}$ 为用弧度表示的转子位置角。

与第 6 章多相感应电机和本章先前单相电机等效电路的推导相类似,假设电机的机械角速度为定值 ω_{me},对应于转差率为 s,电源角频率为恒定值 ω_{e} 并稳态运行,则本节推出的方程式还可以做进一步讨论。与这一假设相对应,转子电流的频率为 $\omega_{\text{r}} = \omega_{\text{e}} - \omega_{\text{mc}} = s\omega_{\text{e}}$(由定

子正序磁场产生)和 $\omega_r = \omega_e + \omega_{mc} = (2-s)\omega_e$(由定子负序磁场产生)。在经过一系列代数处理(包括利用式 9.38 和式 9.39 消去转子电流)后,式 9.27 表示的主绕组及辅绕组的磁链/电流关系式可以写成相量形式:

$$\lambda_{main} = \left[L_{main} - jL_{main,r}^2(\boldsymbol{K}^+ + \boldsymbol{K}^-) \right] \boldsymbol{I}_{main} + L_{main,r}L_{aux,r}(\boldsymbol{K}^+ - \boldsymbol{K}^-)\boldsymbol{I}_{aux} \tag{9.41}$$

和

$$\lambda_{aux} = -L_{main,r}L_{aux,r}(\boldsymbol{K}^+ - \boldsymbol{K}^-)\boldsymbol{I}_{main} + \left[L_{aux} - jL_{aux,r}^2(\boldsymbol{K}^+ + \boldsymbol{K}^-) \right] \boldsymbol{I}_{aux} \tag{9.42}$$

式中,

$$\boldsymbol{K}^+ = \frac{s\omega_e}{2(R_r + js\omega_e L_r)} \tag{9.43}$$

和

$$\boldsymbol{K}^- = \frac{(2-s)\omega_e}{2(R_r + j(2-s)\omega_e L_r)} \tag{9.44}$$

类似地,电压方程式 9.36 和式 9.37 变成

$$V_{main} = \boldsymbol{I}_{main} R_{main} + j\omega_e \lambda_{main} \tag{9.45}$$

$$V_{aux} = \boldsymbol{I}_{aux} R_{aux} + j\omega_e \lambda_{aux} \tag{9.46}$$

转子电流中均包括正序和负序分量,正序分量(频率为 $s\omega_e$)的复数由下式给出:

$$\boldsymbol{I}_{r1}^+ = \frac{-js\omega_e[L_{main,r}\boldsymbol{I}_{main} + jL_{aux,r}\boldsymbol{I}_{aux}]}{2(R_r + js\omega_e L_r)} \tag{9.47}$$

和

$$\boldsymbol{I}_{r2}^+ = -j\boldsymbol{I}_{r1}^+ \tag{9.48}$$

而负序分量[频率为 $(2-s)\omega_e$]的复数为

$$\boldsymbol{I}_{r1}^- = \frac{-j(2-s)\omega_e[L_{main,r}\boldsymbol{I}_{main} - jL_{aux,r}\boldsymbol{I}_{aux}]}{2(R_r + j(2-s)\omega_e L_r)} \tag{9.49}$$

和

$$\boldsymbol{I}_{r2}^- = j\boldsymbol{I}_{r1}^- \tag{9.50}$$

最后,经过仔细地代数推导,电磁转矩的时间平均值可以表示为

$$<T_{mech}> = \left(\frac{poles}{2} \right) \mathrm{Re} \left[(L_{main,r}^2 \boldsymbol{I}_{main} \boldsymbol{I}_{main}^* + L_{aux,r}^2 \boldsymbol{I}_{aux} \boldsymbol{I}_{aux}^*)(\boldsymbol{K}^+ - \boldsymbol{K}^-)^* \right. $$
$$\left. + jL_{main,r}L_{aux,r}(\boldsymbol{I}_{main}^* \boldsymbol{I}_{aux} - \boldsymbol{I}_{main} \boldsymbol{I}_{aux}^*)(\boldsymbol{K}^+ + \boldsymbol{K}^-)^* \right] \tag{9.51}$$

式中,符号 Re[]表示复数的实部,上标 * 表示共轭复数。注意式 9.51 的推导基于所有电流都用有效值表示这一假设。

例 9.4 考虑如 9.4.1 节讨论的对称两相电动机,这时式 9.27 到式 9.39 可以简化,因为两个绕组的自感、互感及电阻值分别相等。用 9.4.1 节的符号,以"α"和"β"代替"main"和"aux",式 9.41 和式 9.42 表示的磁链/电流关系式就变成

$$\lambda_\alpha = \left[L_\alpha - jL_{\alpha,r}^2(\boldsymbol{K}^+ + \boldsymbol{K}^-) \right] \boldsymbol{I}_\alpha + L_{\alpha,r}^2(\boldsymbol{K}^+ - \boldsymbol{K}^-)\boldsymbol{I}_\beta$$

$$\lambda_\beta = -L_{\alpha,r}^2(\boldsymbol{K}^+ - \boldsymbol{K}^-)\boldsymbol{I}_\alpha + \left[L_\alpha - jL_{\alpha,r}^2(\boldsymbol{K}^+ + \boldsymbol{K}^-) \right] \boldsymbol{I}_\beta$$

而且,电压方程式(式 9.45 和式 9.46)将变为

$$V_\alpha = \boldsymbol{I}_\alpha R_\alpha + j\omega_e \lambda_\alpha$$

$$V_\beta = \boldsymbol{I}_\beta R_\alpha + j\omega_e \lambda_\beta$$

证明当用一组正序电压(此时 $\boldsymbol{V}_\beta = -\mathrm{j}\boldsymbol{V}_\alpha$)驱动时,该电动机的每相等效电路具有图 9.11(a)所示的正向磁场(正序)等效电路的形式。

解:

将正序电压代入以上方程式并解出阻抗 $Z_\alpha = \boldsymbol{V}_\alpha / \boldsymbol{I}_\alpha$ 得

$$Z_\alpha = R_\alpha + \mathrm{j}\omega_\mathrm{e}L_\alpha + \frac{(\omega_\mathrm{e}L_{\alpha,\mathrm{r}})^2}{(R_\mathrm{r}/s + \mathrm{j}\omega_\mathrm{e}L_\mathrm{r})}$$

$$= R_\alpha + \mathrm{j}X_\alpha + \frac{X_{\alpha,\mathrm{r}}^2}{(R_\mathrm{r}/s + \mathrm{j}X_\mathrm{r})}$$

该方程式可以改写为

$$Z_\alpha = R_\alpha + \mathrm{j}(X_\alpha - X_{\alpha,\mathrm{r}}) + \frac{\mathrm{j}X_{\alpha,\mathrm{r}}[\,\mathrm{j}(X_\mathrm{r} - X_{\alpha,\mathrm{r}}) + R_\mathrm{r}/s\,]}{(R_\mathrm{r}/s + \mathrm{j}X_\mathrm{r})}$$

设 $R_\mathrm{a} \Rightarrow R_1$、$(X_\mathrm{a} - X_{\mathrm{a,r}}) \Rightarrow X_1$、$(X_\mathrm{r} - X_{\mathrm{a,r}} \Rightarrow X_2)$ 以及 $R_\mathrm{r} \Rightarrow R_2$,可以看出该方程式表示的等效电路确实具有图 9.11(a)所示的等效电路的形式。

练习题 9.4

参考例 9.4 的推导,证明当用一组负序电压(此时 $\boldsymbol{V}_\beta = \mathrm{j}\boldsymbol{V}_\alpha$)驱动时,该电动机的每相等效电路具有图 9.11(b)所示的反向磁场(负序)等效电路的形式。

答案:

在负序运行情况下,阻抗 Z_α 等于

$$Z_\alpha = R_\alpha + \mathrm{j}\omega_\mathrm{e}L_\alpha + \frac{(\omega_\mathrm{e}L_{\alpha,\mathrm{r}})^2}{(R_\mathrm{r}/(2-s) + \mathrm{j}\omega_\mathrm{e}L_\mathrm{r})}$$

$$= R_\alpha + \mathrm{j}X_\alpha + \frac{X_{\alpha,\mathrm{r}}^2}{(R_\mathrm{r}/(2-s) + \mathrm{j}X_\mathrm{r})}$$

与例 9.4 类似,该式对应于图 9.11(b)所示的等效电路形式。

例 9.5 一 2 极单相感应电动机具有如下参数:

$$L_\mathrm{main} = 80.6\,\mathrm{mH} \qquad R_\mathrm{main} = 0.58\,\Omega$$

$$L_\mathrm{aux} = 196\,\mathrm{mH} \qquad R_\mathrm{aux} = 3.37\,\Omega$$

$$L_\mathrm{r} = 4.7\,\mu\mathrm{H} \qquad R_\mathrm{r} = 37.6\,\mu\Omega$$

$$L_\mathrm{main,r} = 0.588\,\mathrm{mH} \qquad L_\mathrm{aux,r} = 0.909\,\mathrm{mH}$$

该电动机由单相、电压有效值为 230V 的电源驱动,并作为 60Hz 电容永久裂相电动机,与辅绕组串联的电容为 $35\mu\mathrm{F}$。为了使辅绕组电流获得一定的相位移,主、辅绕组的按图 9.16所示的极性连接。电动机的旋转机械损耗为 40W,铁心损耗为 105W。

设电动机运行转速为 3500r/min。

a. 计算主绕组、辅绕组和电源的电流以及电容电压幅值。

b. 计算电磁转矩的时间平均值和轴上的输出功率。

c. 计算电动机的输入功率和效率。注意,由于本节的模型推导中没有显式计及铁心损耗,读者可以将其简单地考虑成输入功率的附加分量。

d. 绘出电动机从静止到达到同步转速过程中,电磁转矩的时间平均值对速度的函数曲线。

解:

MATLAB很容易处理复数,是解决该题目的理想工具。

a. 电动机主绕组直接连到单相电源,因此可以直接令 $V_{\text{main}} = V_s$。然而,辅绕组是通过一个电容接到单相电源的,且极性反接,因而必须写成

$$V_{\text{aux}} + V_C = -V_s$$

其中,电容电压为

$$V_C = jI_{\text{aux}}X_C$$

这里,电容容抗 X_C 等于

$$X_C = -\frac{1}{(\omega_e C)} = -\frac{1}{(120\pi \times 35 \times 10^{-6})} = -75.8\ \Omega$$

设 $V_s = V_0 = 230V$ 并把这些式子代入式9.45和式9.46,再利用式9.41和式9.42,就可以得到如下形式的主、辅绕组电流的矩阵方程:

$$\begin{bmatrix} (R_{\text{main}} + j\omega_e A_1) & j\omega_e A_2 \\ -j\omega_e A_2 & (R_{\text{aux}} + jX_c + j\omega_e A_3) \end{bmatrix} \begin{bmatrix} I_{\text{main}} \\ I_{\text{aux}} \end{bmatrix} = \begin{bmatrix} V_0 \\ -V_0 \end{bmatrix}$$

式中,

$$A_1 = L_{\text{main}} - jL_{\text{main,r}}^2(K^+ + K^-)$$

$$A_2 = L_{\text{main,r}}L_{\text{aux,r}}(K^+ - K^-)$$

和

$$A_3 = L_{\text{aux}} - jL_{\text{aux,r}}^2(K^+ + K^-)$$

一旦用式6.1求得转差率,参数 K 和 K^+ 就可以从式9.43和式9.44求得。转差率 s 为

$$s = \frac{n_s - n}{n_s} == \frac{3600 - 3500}{3600} = 0.278$$

用 MATLAB 就很容易求解该矩阵方程,结果为

$$I_{\text{main}} = 15.9\angle -37.6°\ \text{A}$$

$$I_{\text{aux}} = 5.20\angle -150.7°\ \text{A}$$

和

$$I_s = 18.5\angle -22.7°\ \text{A}$$

电容电压幅值为

$$|V_C| = |I_{\text{aux}}X_C| = 374\ \text{V}$$

b. 利用 MATLAB 可以从式9.51求得电磁转矩对时间的平均值为

$$<T_{\text{mech}}> = 9.74\ \text{N} \cdot \text{m}$$

从通过气隙的功率中减去旋转机械损耗 P_{rot},就可以得到轴上的输出功率:

$$P_{\text{shaft}} = \omega_m <T_{\text{mech}}> - P_{\text{rot}}$$

$$= \left(\frac{2}{\text{poles}}\right)(1-s)\omega_e(<T_{\text{mech}}>) - P_{\text{rot}}$$

$$= 3532\ \text{W}$$

c. 可以求得主绕组的输入功率为

$$P_{\text{main}} = \text{Re}\left[V_0 I_{\text{main}}^*\right] = 2893\ \text{W}$$

并且,输入到辅绕组和电容器(不产生损耗)上的功率为

$$P_{aux} = \mathrm{Re}\left[-V_0 I_{aux}^*\right] = 1043 \text{ W}$$

包括铁心损耗 P_{core} 在内的总输入功率为

$$P_{in} = P_{main} + P_{aux} + P_{core} = 4041 \text{ W}$$

最后,效率由下式确定:

$$\eta = \frac{P_{shaft}}{P_{in}} = 0.874 = 87.4\%$$

d. 利用 MATLAB 求得的转矩< T_{mech} > 对转速的函数曲线如图 9.17 所示。

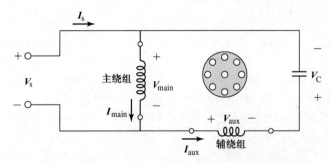

图 9.16 例 9.5 中的永久裂相电容电动机接线图

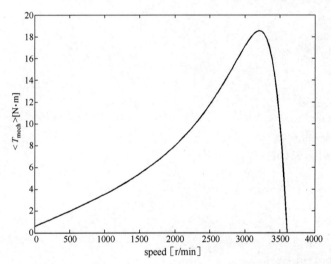

图 9.17 例 9.5 的单相感应电动机的时间平均转矩对转速的函数曲线

以下是 MATLAB 源程序:

```
clc
clear

% Source parameters
V0 = 230;
omegae = 120*pi;

% Motor parameters
poles = 2;
Lmain = .0806;
```

```
Rmain = 0. 58;
Laux = 0. 196;
Raux = 3. 37;
Lr = 4. 7e -6;
Rr = 37. 6e -6;
Lmainr = 5. 88e -4;
Lauxr = 9. 09e -4;
C = 35e -6;
Xc = -1/(omegae*C);
Prot = 40;
Pcore = 105;

%  Run through program twice.  If calcswitch = 1, then
%  calculate at speed of 3500 r/min only.  The second time
%  program will produce the plot for part (d).

for calcswitch =1:2

if calcswitch ==1
  mmax =1;
else
  mmax =101;
end

for m =1:mmax

if calcswitch ==1
  speed(m) = 3500;
else
  speed(m) = 3599*(m-1)/100;
end

%  Calculate the slip
ns = (2/poles)*3600;
s = (ns-speed(m))/ns;

%  part (a)
%  Calculate the various complex constants
Kplus = s*omegae/(2*(Rr+j*s*omegae*Lr));
Kminus = (2-s)*omegae/(2*(Rr+j*(2-s)*omegae*Lr));
A1 = Lmain- j*Lmainr^2*(Kplus+Kminus);
A2 = Lmainr*Lauxr*(Kplus-Kminus);
A3 = Laux-j*Lauxr^2*(Kplus+Kminus);
%  Set up the matrix
M(1,1) = Rmain+j*omegae*A1;
M(1,2) = j*omegae*A2;
```

```
M(2,1) = -j*omegae*A2;
M(2,2) = Raux+j*Xc+j*omegae*A3;

%  Here is the voltage vector
V = [V0 ; -V0];

%  Now find the current matrix

I = M\V;

Imain = I(1);
Iaux = I(2);
Is = Imain-Iaux;

magImain = abs(Imain);
angleImain = angle(Imain)*180/pi;
magIaux = abs(Iaux);
angleIaux = angle(Iaux)*180/pi;
magIs = abs(Is);
angleIs = angle(Is)*180/pi;

% Capacitor voltage
Vcap = Iaux*Xc;
magVcap = abs(Vcap);

%  part (b)
Tmech1 = conj(Kplus-Kminus);
Tmech1 = Tmech1*(Lmainr^2*Imain*conj(Imain)+Lauxr^2*Iaux*conj(Iaux));
Tmech2 = j*Lmainr*Lauxr*conj(Kplus+Kminus);
Tmech2 = Tmech2*(conj(Imain)*Iaux-Imain*conj(Iaux));
Tmech(m) = (poles/2)*real(Tmech1+Tmech2);
Pshaft = (2/poles)*(1-s)*omegae*Tmech(m) -Prot;

%  part (c)
Pmain = real(V0*conj(Imain));
Paux = real(-V0*conj(Iaux));
Pin = Pmain+ Paux+ Pcore;
eta = Pshaft/Pin;
if calcswitch ==1
  fprintf('part (a):')
  fprintf('\n Imain = % g A at angle % g degrees',magImain,angleImain)
  fprintf('\n Iaux = % g A at angle % g degrees',magIaux,angleIaux)
  fprintf('\n Is = % g A at angle % g degrees',magIs,angleIs)
  fprintf('\n Vcap = % g V\n',magVcap)
  fprintf('\npart (b):')
  fprintf('\n Tmech = % g N-m',Tmech)
```

```
fprintf('\n Pshaft = % g W\n',Pshaft)
fprintf('\npart (c):')
fprintf('\n Pmain = % g W',Pmain)
fprintf('\n Paux = % g W',Paux)
fprintf('\n Pin = % g W',Pin)
fprintf('\n eta = % g percent\n\n',100*eta)
  else
    plot(speed,Tmech)
    xlabel('speed [r/min]')
    ylabel('< Tmech> [N—m]')

  end

end % end of for m loop
end % end of for calcswitch loop
```

练习题 9.5

(a)计算例 9.5 的单相感应电动机运行于转速为 3475r/min 时的效率。

(b)当电容值在 25μF 到 45μF 范围取值时,求能使该电动机在这一转速获得最大效率的电容值,并求对应的最大效率。

答案:

a. 86.4%。

b. 41.8μF,86%。

9.5 小　　结

本章的主题之一就是第 6 章关于感应电机理论的引申及其在单相感应电动机中的应用。这一理论是从对称多相感应电动机的简单旋转磁场出发并逐步加以合理扩展的,其最基本概念就是把定子磁势波分解成两个幅值恒定的、沿气隙圆周以同步速度旋转但转向相反的旋转波。如果转子对正向旋转磁场的转差率为 s,则对反向旋转磁场的转差率为 (2-s)。对于每个磁场分量来说,就像对称多相电动机一样,都要产生感应电动作用。从定子方面来看,转子的反作用可以用简单的等效电路予以直观地量化表示。在采用双旋转磁场理论分析时,可以很容易地考虑磁场之间的相互作用,这也是采用这种理论的根本原因。

对单相绕组来说,正向和反向分量磁势波一样,其幅值等于该绕组产生的静止脉动磁势幅值最大值的一半。将定子脉动磁势分解为其正、反两个旋转分量,直接引出了 9.1 节进述的单相感应电动机的物理概念,并最终发展成为 9.3 节所进述的定量理论以及图 9.10 所给出的等效电路。

在多数情况下,单相感应电动机实际上是单相电源驱动的具有不对称绕组的两相电动机。因此,为了全面理解单相感应电动机,有必要研究两相电动机的性能。所以,接下来的 9.4.1 节把双旋转磁场理论应用到了不对称电源驱动的对称两相电动机,这一讨论引出了对称分量的概念,在那里,一个不对称两相系统的电流或者电压可以被分解并表示成两个相反相序的两相对称分量系统的叠加。把电流分解成对称分量系统相当于把定子磁势波分解成正向和反向旋转分量,因此,转子对各称分量系统的反作用与我们已经讨论过的一样。经过类似的推理过程(这里没有讨论),可以得到著名的三相对称分量法,该方法可以用来解决包括不对称运行在内的三相旋转电机的诸多问题。采用对称分量法,可以很容易地用旋转磁场理论来分析旋转电机,这也是采用对称分量法的主要原因。

最后,在本章末尾的 9.4.2 节,阐述了一般情况下具有不对称绕组的两相电动机的理论分析方法。这一理论可以用来分析单相电动机在主、辅绕组都参与运行时的情况。

9.6　第 9 章变量符号表

δ, ϕ	相位角[rad]
θ_{ae}	定子空间位置电角度[rad]
θ_{m}	转子位置角[rad]
θ_{me}	转子位置电角度[rad]
λ	磁链[Wb]
$\boldsymbol{\lambda}$	磁链,复数量[Wb]
ω_{e}	电频率[rad/s]
ω_{m}	转子角速度[rad/s]
ω_{me}	转子电角速度[rad/s]
ω_{r}	转子电频率[rad/s]
ω_{s}	同步角速度[rad/s]
a	匝数比
C	电容值[F]
$\boldsymbol{E}, \boldsymbol{V}$	电势或电压,复数量[V]
f_{e}	电频率[Hz]
$F, \mathcal{F}$	磁势[A]
i, I	电流[A]
$\boldsymbol{I}$	电流,复数量[A]
$k_{2,\text{main}}, \boldsymbol{K}^{+}, \boldsymbol{K}^{-}, \boldsymbol{A}_{1}, \boldsymbol{A}_{2}, \boldsymbol{A}_{3}$	用到的系数
$L, \mathcal{L}$	电感值[H]
n	转速[r/min]
n_{s}	同步转速[r/min]
P	功率[W]
poles	极数
R	电阻值[Ω]
s	转差率
t	时间[s]
T	转矩[N·m]

v, V	电压[V]
X	电抗值[Ω]
X_c	容抗值[Ω]
Z	阻抗值[Ω]

下标:

α, β	相标记
aux	辅绕组
b	反向磁场
C	电容器
f	正向磁场
gap	气隙
m	磁化
main	主绕组
max	最大
r	转子
rot	旋转
s	电源

9.7 习　　题

9.1　一台750kW、120V、60Hz电容起动电动机的主绕组和辅绕组(起动时用)的参数如下所示:

$$Z_{main} = 6.43 + j9.67 \ \Omega \qquad 主绕组$$
$$Z_{aux} = 10.6 + j12.2 \ \Omega \qquad 辅绕组$$

a. 求当电动机在额定电压起动时,两绕组中的电流的幅值和相位角。

b. 求在起动时,能使得主、辅绕组电流在时间相位上正交的起动电容值。

c. 当在辅绕组中串入(b)中的电容值时,重复计算(a),并求出辅绕组的电压和相位角(相对于外施电压)。

9.2　当电动机采用的电源为120V、50Hz时,重新计算习题9.1。

9.3　给定所施电源频率和相应主、辅绕组起动时的阻抗 Z_{main} 和 Z_{aux} ,编写MATLAB程序,求出一个电容值,该电容串接在起动绕组中时,能使起动绕组的电流滞后于主绕组电流 $90°$ 。用你的程序求解习题9.1的60Hz电动机。

9.4　一台120V、60Hz、2极、永久裂相电容单相感应电动机的额定输出功率为500W。该电动机在额定电压下负载运行,辅绕组中的串接电容为 $41.3\mu F$,测得主绕组电流为4.89A,相位角为 $-55.8°$ (相对于电源电压),辅绕组电流为3.32A,相位角为 $34.2°$ 。

a. 计算电动机的输入功率、功率因数和效率。

b. 计算主绕组和辅绕组的阻抗 Z_{main} 和 Z_{aux}。

c. 主绕组与辅绕组的差别仅在于匝数不同,主绕组每极 180 匝。计算辅绕组的每极匝数。

d. 证明在该运行条件下,主绕组与辅绕组的磁势共同产生一个旋转磁通波。

9.5 当转差率为 0.035 时,重新计算例 9.2。

9.6 一台 600W、115V、60Hz、6 极电容起动电动机的等效电路参数(Ω)及损耗数据如下:

$$R_{1,\text{main}} = 1.07 \qquad R_{2,\text{main}} = 1.47 \qquad X_{1,\text{main}} = 1.83$$
$$X_{\text{m,main}} = 34.3 \qquad X_{2,\text{main}} = 1.12$$

铁心损耗＝57W,摩擦和风阻损耗＝17.7W

当电动机运行于单相额定电压、额定频率、起动绕组开路、转差率为 0.065 时,计算转速、定子电流、功率因数、输出功率、转速、转矩和效率。

9.7 一台 750W、4 极、120V、60Hz 单相感应电动机具有如下参数值(电阻和电抗单位为 Ω/相):

$$R_{1,\text{main}} = 0.55 \qquad R_{2,\text{main}} = 1.70 \qquad X_{1,\text{main}} = 0.83$$
$$X_{\text{m,main}} = 41.5 \qquad X_{2,\text{main}} = 0.72$$

铁心损耗＝57W,摩擦和风阻损耗＝17.7W

当该电动机运行在额定电压、转差率为 7.2％ 时,求其转速、定子电流、转矩、输出功率和效率。

9.8 编写 MATLAB 程序,绘制习题 9.7 中的单相电动机的转速和效率对输出功率的函数曲线,输出功率的范围为 $0 \leqslant P_{\text{out}} \leqslant 750\text{W}$。

9.9 改造习题 9.7 中的 750W、120V 单相感应电动机,使之能在 240V 电源下运行,其主绕组被重新绕制成与原绕组外观一样的绕组,新绕组匝数为原来的 2 倍而导线截面积为原来的一半。

a. 计算重绕后的电动机主绕组参数。

b. 重绕后的电动机在 240V 电源下单独从主绕组运行,当电动机输出功率为 700W 时,求相应的转差率,并计算该状态时主绕组的电流和电动机效率。

9.10 一台 4 极电容起动单相感应电动机静止时,主、辅绕组的电流有效值分别为 $I_{\text{main}} = 18.9\text{A}$ 和 $I_{\text{aux}} = 12.1\text{A}$。辅绕组电流超前于主绕组电流 58°。每极有效匝数(即考虑绕组分布效应后的校正匝数)为 $N_{\text{main}} = 47$ 和 $N_{\text{aux}} = 73$,两绕组在空间正交。

a. 计算正向和反向定子磁势波的幅值。

b. 假设辅绕组电流的幅值和相位可以调节,问辅绕组电流幅值和相位各为多少时,能产生纯粹的正向磁势波?

9.11 单相感应电动机转矩－转速特性上有内在转矩为 0 但转速不为 0 的点,推导用 $Q_{2,\text{main}}$ 表示的该点转速表达式(参考例 9.2)。

9.12 一台 7.5kW、230V、60Hz、4 极、2 相笼型感应电动机等效电路每相参数(单位为 Ω)为

$$R_1 = 0.266 \qquad X_1 = 1.27 \qquad X_\text{m} = 34.1 \qquad R_2 = 0.465 \qquad X_2 = 1.39$$

该电动机在不对称两相 60Hz 电源驱动下运行,电源两相电压分别为 232V 和

198V,较小的电压超前于较大电压 75°。当转差率为 0.047 时,求:

    a. 外施电压及电动机电流的正序和负序分量。

    b. 每个绕组中的相电流。

    c. 内在机械功率。

9.13 考虑例 9.12 中的 2 相鼠笼感应电动机,设其运行在恒定转速 1725r/min,绕组 1 的电压保持在恒定值 230V。

    a. 假设绕组 2 的电压值从 200V 变化到 240V,而其相位角恒定且超前绕组 1 的电压相位 90°,绘制内在机械功率对绕组 2 电压的函数曲线。

    b. 假设绕组 2 的电压保持恒定值 230V 而相位角从超前绕组 1 的电压相位 70°变化到 110°,绘制内机械功率对绕组 2 的相位角的函数曲线。

9.14 考虑例 9.3 中的两相电动机。

    a. 求在例题中的条件下电动机的起动转矩。

    b. 如果给电动机施加 220V 对称两相电压源,比较产生的起动转矩与(a)中的计算结果。

    c. 如果该两相感应电动机的定子电压 V_α 和 V_β 在时间相位上正交而幅值不相等,证明产生的转矩与施加幅值为 $\sqrt{V_\alpha V_\beta}$ 的对称两相电压源时产生的起动转矩相等。

9.15 习题 9.12 中的感应电动机通过一个相阻抗 $Z=0.32+j1.5\,\Omega$/相的馈电线连接到两相电源。电源电压可以表示为

$$V_\alpha = 237\angle 0° \qquad V_\beta = 211\angle 73°$$

当转差率为 5.2% 时,试证明,感应电动机的端电压比电源电压更接近一组两相对称电压。

9.16 一台两相、1.5kW、220V、4 极、60Hz 鼠笼感应电动机折算到定子边的每相等效电路参数如下(单位为 Ω)。设空载旋转损耗为 106W。

$$R_1 = 0.49 \qquad R_2 = 2.6 \qquad X_1 = X_2 = 3.7 \qquad X_m = 66$$

    a. 加到 α 相的电压为 $220\angle 0°\,V$,加到 β 相的电压为 $204\angle 80°\,V$。求转差率 $s=0.042$ 时的电磁转矩。

    b. 在(a)中的电压下,起动转矩是多少?

    c. 外施电压调整为 $V_\alpha = 220\angle 0°\,V$ 和 $V_\beta = 220\angle 90°\,V$,求输出功率达到满载值时的转差率。

    d. 当电动机运行于(c)的状态时,β 相开路。问当转差率 $s=0.042$ 时,电动机的输出功率为多少?

    e. 在(d)的运行条件下,开路的 β 相绕组将会产生多大的端电压?

9.17 一台 120V、60Hz、电容运行、2 极单相感应电动机具有如下参数:

$$L_{main} = 41.1\ mH \qquad R_{main} = 0.331\ \Omega$$

$$L_{aux} = 89\ mH \qquad R_{aux} = 1.55\ \Omega$$

$$L_r = 2.04\ \mu H \qquad R_r = 15.0\ \mu \Omega$$

$$L_{main,r} = 0.30\ mH \qquad L_{aux,r} = 0.461\ mH$$

假设电动机的铁心损耗为 48W，旋转损耗为 23W。电动机的两相绕组按照图 9.16 所示的极性连接，运行电容为 $46\mu F$。

a. 计算电动机起动转矩。

当电动机运行于 3475r/min 时，计算：

b. 主、辅绕组的电流。

c. 总的线电流和功率因数。

d. 输出功率。

e. 输入电功率和效率。

注意：使用 MATLAB 很容易求解该习题。

9.18 一台 230V、50Hz、电容运行、4 极单相感应电动机具有如下参数：

$$L_{main} = 135 \text{ mH} \qquad R_{main} = 1.22 \ \Omega$$
$$L_{aux} = 363 \text{ mH} \qquad R_{aux} = 5.17 \ \Omega$$
$$L_r = 6.77 \ \mu H \qquad R_r = 259 \ \mu\Omega$$
$$L_{main,r} = 1.16 \text{ mH} \qquad L_{aux,r} = 1.43 \text{ mH}$$

假设电动机的铁心损耗为 62W，旋转损耗为 27W。电动机的两相绕组按照图 9.16 所示的极性连接，运行电容为 $18\mu F$。

a. 计算当电动机运行在 230V[①]，能产生 1.5kW 输出功率时的转速。

b. 计算运行状态为(a)的情况下，电动机的电流和效率。

9.19 将习题 9.18 的单相感应电动机运行在 230V、60Hz 的电源上。计算在转速为 1710r/min 时能使电动机效率最高的电容值。假设铁耗保持在 62W，旋转损耗增大到 39W。在 230V、1710r/min 及此电容值下运行时，计算电动机的输出功率、效率和端电流。

9.20 考虑习题 9.17 的感应单相电动机，编写 MATLAB 程序，求电动机运行于 3475r/min，电容在 $50\mu F$ 到 $100\mu F$ 范围取值时，能使该电动机获得最大效率的电容值，并求对应的最大效率。

9.21 为了提高起动转矩，习题 9.17 的单相感应电动机被改接成电容起动、电容运转电动机。编写 MATLAB 程序，求能把起动转矩提高到 $0.55N \cdot m$ 的起动电容最小值。

9.22 考虑例 9.5 的单相感应电动机，其转速范围从 3350r/min 到 3580r/min。

a. 用 MATLAB 绘制给定转速范围内的输出功率曲线。

b. 绘制给定转速范围的电动机效率曲线。

c. 如果电容值增加到 $30\mu F$，在与(b)同一图上绘制电动机效率曲线。

---

① 原文为 230rpm，疑有误——译者注。

第10章　转速及转矩控制

电动机应用在很多要求对速度和转矩进行控制的场合。在 20 世纪的很长一段时间,交流电机仍主要用做单速装置,一般是在固定频率电源(大多数情况为 50Hz 或 60Hz 电网)下运行,而速度的控制则需要变频电源。因而,虽然与其竞争对手相比,直流电机更复杂、更昂贵且需要更多的维护,会增加一些花费,但在需要变速和转矩控制的应用场合仍由直流电机来承担,它可以提供非常灵活的速度控制。

固态电力电子开关器件和控制用微处理器的实用化极大地改变了这一状况。如今,从交流电机得到变速性能以及转矩控制必需的、提供变压/变流和变频波形的电力电子系统的制造已成为可能。带来的影响是,交流电机现在已在许多传统应用场合取代了直流电机,并且已经开发了广阔的新应用领域。

本章的目的是讨论电机控制的各种技术。由于就此主题的深入讨论对单独一章来说太宽泛,也超出了本书的范围,所以这里的内容实质上必然是介绍性的。这里介绍转速和转矩控制的基本技术,并描述用于实现控制策略的电子驱动线路的典型结构。应该认识到,系统的动态性能在有些应用场合可能起着至关重要的作用,它涉及从响应的速度到整个系统的稳定性等各方面。虽然此处呈现的方法构成了动态分析的基础,但本章的讨论仅关注稳态运行。

在同步电机和感应电机转矩控制的讨论中,介绍了磁场定向控制技术或者称矢量控制技术,并与直流电动机中的转矩控制做了类比。与对转速控制的讨论相比,这些内容在数学上稍微要复杂一些,需要运用在附录 C 中推导的 dq0 变换。本章的写作使得这些内容可以依据教师的判断来进行取舍,且不会伤及对转速控制的讨论。

10.1　直流电动机的控制

控制交流电机的电力电子驱动广泛应用以前,在需要灵活控制的应用场合,直流电动机为必选电机。虽然近些年交流驱动已变得相当普遍,但直流电机容易控制确保了它们在许多应用场合得以继续使用。

10.1.1　转速控制

控制直流电动机转速的三个最常用方法是:调节磁通,通常是用控制励磁电流的方法;调节电枢电路的相关电阻;调节电枢端电压。

励磁电流控制　因为在某种程度上,励磁电流控制涉及相对低功率等级的控制(输入直流电机励磁绕组的功率一般只是输入电枢功率的很小部分),所以励磁电流控制常常用于控制他励或者并励直流电动机的速度。图 7.4(a)中给出了他励直流电机的接线图,图 10.1 中所示为相应的等效电路。当然,此方法也适用于复励电动机。并励励磁电流可以用与并励绕组串联的可变电阻来调节。另一方面,他励绕组励磁电流可以由电力电子电路来供给,用于迅速改变励磁电流以响应各种控制信号。

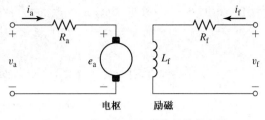

图 10.1　他励直流电动机的等效电路

为研究励磁电流控制的效果,我们从直流电动机拖动恒转矩负载 T_{load} 的情况开始讨论。根据式 7.12 和式 7.17 知,直流电动机中产生的电势(反电势)可以写为

$$E_a = K_f i_f \omega_m \tag{10.1}$$

式中,i_f 是励磁电流;ω_m 是以 rad/s 为单位的角速度;$K_f = K_a \mathcal{P}_d N_f$ 是几何常数,由电动机的结构尺寸、用于制造电动机的磁性材料的特性以及励磁绕组的匝数等决定。注意到,严格来说 K_f 并不是恒定不变的,因为它与直轴磁导成正比,而当电动机中的磁通量级增大到某点,使磁饱和效应变得显著时,直轴磁导一般会变化。

电磁转矩由式 7.19 给出为

$$T_{mech} = \frac{E_a I_a}{\omega_m} = K_f i_f I_a \tag{10.2}$$

且从图 10.1 的等效电路可以看出,电枢电流为

$$I_a = \frac{(V_a - E_a)}{R_a} \tag{10.3}$$

设电动机转矩 T_{mech} 等于负载转矩 T_{load},求解式 10.1 到式 10.3 得到 ω_m 为

$$\omega_m = \frac{(V_a - I_a R_a)}{K_f i_f} = \frac{\left(V_a - \frac{T_{load} R_a}{K_f i_f}\right)}{K_f i_f} \tag{10.4}$$

根据式 10.4,已知与电枢电压 V_a 比,电枢电阻压降 $I_a R_a$ 一般相当小,可见,对给定电枢电压和负载转矩,电动机转速将随着励磁电流减小而增加,当励磁电流增加时减小。可以获得的最低转速为相应于最大励磁电流(励磁电流受发热因素所限)的速度;最高转速机械上受转子的机械紧固性限制,电气方面受弱磁情况下电枢反应影响使换向变差的限制。

电枢电流一般受电动机冷却能力的限制。在很多直流电动机中,用同轴驱动风扇来帮助冷却,而风扇的冷却能力与电动机的转速有关。为近似考察当改变速度时允许的电动机连续输出的限度,我们将忽略通风改变的影响,并假设电枢电流 I_a 不会超过其额定值,以确保电动机不会过热。此外,在近似讨论中,我们将忽略旋转损耗的影响(当然其随电动机速度改变)。因为电枢电阻上的电压降相对较小,速度电势 E_a 将基本维持在一个稍低于所加电枢电压的恒值,励磁电流的任何变化都将由电动机速度的改变来补偿。

因此,在恒值端电压下改变励磁电流运行时,随着速度的改变,$E_a I_a$ 最大值因而也是允许的电动机输出功率实际上保持恒值不变,以这种方式控制的直流电动机称为恒功率驱动。然而,转矩直接随磁通变化,因此在最大励磁电流时转矩有最高允许值,并因而有最低转速。因此,励磁电流控制最适合于在低速时需要转矩增大的驱动场合。当照此控制的电动机用于在整个转速范围需要恒转矩的负载时,电机的功率定额及规格由转矩和最高转速的乘积来确定。这样的驱动在较低速度时规格裕度自然过大,这是限制大型电动机实际转速范围的首要经济因素。

例 10.1 一台 25kW、3600r/min、240V 直流电动机，有 47mΩ 的电枢电阻，及 187Ω 电阻和 4.2H 电感的他励绕组。当电枢端电压为 240V 时，发现电动机空载转速在 0.34A 励磁电流时为 3600r/min。

假设电枢端电压维持 240V 恒定，电动机拖动随转速变化的负载为

$$P_{\text{load}} = 22.4 \left(\frac{n}{3600} \right)^3 \text{ kW}$$

式中，n 是以 r/min 为单位的电动机转速。计算使电动机转速在 1800r/min 到 3600r/min 之间改变时需要的励磁电压范围。旋转损耗的影响可以忽略不计。

解：

负载转矩等于负载功率除以用 rad/s 作为单位来表示的电动机速度 ω_{m}。首先，将功率用 $\omega_{\text{m}} = n\pi/30$ 来表达：

$$P_{\text{load}} = 22.4 \left(\frac{\omega_{\text{m}}}{120\pi} \right)^3 \text{ kW}$$

于是得出负载转矩为

$$T_{\text{load}} = \frac{P_{\text{load}}}{\omega_{\text{m}}} = 4.18 \times 10^{-4} \, \omega_{\text{m}}^2 \text{ N} \cdot \text{m}$$

因而，在 1800r/min 下，$\omega_{\text{m}} = 60\pi$ 及 $T_{\text{load}} = 14.9\text{N} \cdot \text{m}$。在 3600r/min 下，$\omega_{\text{m}} = 120\pi$ 及 $T_{\text{load}} = 59.4\text{N} \cdot \text{m}$。

在求解 i_{f} 之前，我们必须先求得 K_{f} 的值，这可以从空载数据求得。具体来说，我们已知对 240V 的端电压和 0.34A 的励磁电流，电动机空载转速为 3600r/min（$\omega_{\text{m}} = 120\pi$）。因为在空载条件下 $E_{\text{a}} \approx V_{\text{a}}$，我们可以根据式 10.1 求得 K_{f} 为

$$K_{\text{f}} = \frac{E_{\text{a}}}{i_{\text{f}} \omega_{\text{m}}} = \frac{240}{0.34 \times 120\pi} = 1.87 \text{ V/(A} \cdot \text{rad/s)}$$

为求得在电动机某一给定转速 ω_{m} 下需要的励磁电流，我们可以求解式 10.4 来得到 i_{f}：

$$i_{\text{f}} = \frac{V_{\text{a}}}{2K_{\text{f}}\omega_{\text{m}}} \left(1 \pm \sqrt{1 - \frac{4\omega_{\text{m}}T_{\text{load}}R_{\text{a}}}{V_{\text{a}}^2}} \right)$$

已知 R_{a} 较小，因而 $i_{\text{f}} \approx V_{\text{a}}/(K_{\text{f}}\omega_{\text{m}})$，可知上式中根号前应该用正号。因此，

$$i_{\text{f}} = \frac{V_{\text{a}}}{2K_{\text{f}}\omega_{\text{m}}} \left(1 + \sqrt{1 - \frac{4\omega_{\text{m}}T_{\text{load}}R_{\text{a}}}{V_{\text{a}}^2}} \right)$$

一旦求得了励磁电流，就可以求出励磁电压为

$$V_{\text{f}} = R_{\text{f}}i_{\text{f}}$$

这样，引出如下表格：

r/min	$T_{\text{load}}/(\text{N} \cdot \text{m})$	I_{f}/A	V_{f}/V
1800	14.9	0.679	127
3600	59.4	0.334	62.5

因而，控制器必须供给从 62V 到 127V 范围内的电压。

电枢回路电阻控制 通过在电枢回路插入外部串联电阻，电枢回路电阻控制提供了获

得降低转速的方法。此方法可以用于串励、并励以及复励电动机。对后两种类型电机,串联电阻必须连接在并励励磁绕组和电枢之间(电阻串接在电枢支路中),而不是在电源线和电动机之间。这是串励电动机转速控制的常用方法,其作用一般来说类似于用转子附加外部串联电阻对绕线式转子感应电动机的控制。

根据电枢串联电阻值的不同,转速可能随负载显著变化,因为转速取决于这一电阻上的电压降因而也就是负载要求的电枢电流。例如,一台 1200r/min 的并励电动机,其转速在负载下用电枢串联电阻减小到 750r/min,如果负载去掉将回到几乎 1200r/min 运行,因为空载电流在串联电阻上产生的电压降可以忽略。在串励电动机中,速度调整率大的缺点或许并不重要,因其仅用在需要变速或可以容忍的场合。

这一转速控制方法的显著缺点是在外部电阻中有大的功率损耗,当转速大大降低时尤其如此。事实上,对恒转矩负载,输入到电动机及电阻的功率维持恒定,而输出到负载的功率与转速成比例减少,所以长时间在低速下运行的运行费用比较高。然而因为其最初成本低,串电阻方法(或在下一段中讨论的此方法的变形)在仅需要短时间或间歇性降速的应用场合,从经济上说是具有吸引力的。与励磁电流控制不同,电枢电阻控制带来的是恒转矩驱动,因为当转速改变时,按最初的近似考虑,磁通及允许的电枢电流维持恒值。

将这一控制方案变形得到电枢并联分支方法,可应用于串励电动机[如图 10.2(a)所示]或并励电动机[如图 10.2(b)所示]。从其效果来说,电阻 R_1 和 R_2 起分压器作用,将降低后的电压施加到电枢。因为现在可以调整两个电阻以提供期望的性能,就具有较大的灵活性。对串励电动机,空载转速可以调节到一个有限的合理值,所以此方案适用于轻载时产生低转速。对并励电动机,低速范围内的转速调整率略微有些改善,因为空载转速肯定比没有控制电阻时的值低。

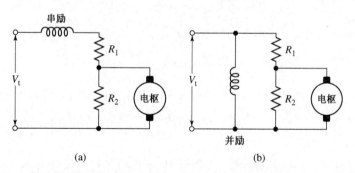

图 10.2 转速控制的电枢并联分支法,适用于(a)串励电动机和(b)并励电动机

电枢端电压控制 电枢端电压控制可以很容易地用电力电子逆变系统来实现。有很多结构方式的逆变电路,例如图 10.3 所示为 H 全桥逆变电路的拓扑结构。若开关 S_1 和 S_3 闭合,电枢电压等于 V_{dc};而若开关 S_2 和 S_4 闭合,则电枢电压等于 $-V_{dc}$。无疑,用这样的 H 桥电路结构,与开关控制信号的适当选择相结合,使电枢电压在 V_{dc} 和 $-V_{dc}$ 之间迅速切换,可以使此系统获得在 $-V_{dc} \leqslant V_a \leqslant V_{dc}$ 范围内任何期望的

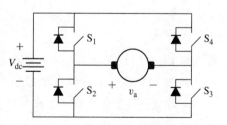

图 10.3 用 H 全桥逆变电路实现的电枢端电压控制

电枢电压。这种控制称为脉宽调制(Pulse Width Modulation,PWM)。

电枢电压控制具有的优点是,因为电枢电阻上的电压降相对较小,在稳态情况下,并励电动机电枢端电压的变化,几乎伴随着完全相等的速度电势变化。对恒定并励电流即恒定磁通,这一速度电势的变化必然伴随着电动机转速成比例的变化。因此,用电枢端电压方法可以直接控制电动机转速。

例 10.2 一台 500V、75kW(100 马力)、2500r/min 的他励直流电动机,有如下参数:

$$励磁电阻: \quad R_f = 109\Omega$$
$$额定励磁电压: \quad V_{f0} = 300V$$
$$电枢电阻: \quad R_a = 0.084\Omega$$
$$几何常数: \quad K_f = 0.694 V/(A \cdot rad/s)$$

假设励磁电压保持为恒值300V且电动机运行在拖动额定转矩负载,计算当电枢电压从250V到500V变化时,电动机转速随端电压的变化。

解:

由于励磁电压恒定,励磁电流等于

$$I_f = \frac{V_f}{R_f} = \frac{300}{109} = 2.75 \, A$$

这台电动机的额定转速为 $\omega_{m,rated} = 2500 \times (\pi/30) = 262 rad/s$,因此额定转矩等于

$$T_{rated} = \frac{P_{rated}}{\omega_{m,rated}} = \frac{75 \times 10^3}{262} = 286 \, N \cdot m$$

从式 10.2 可以看出,对恒定励磁电流下的额定转矩运行,电枢电流将恒定不变:

$$I_a = \frac{T_{rated}}{K_f I_f} = \frac{286}{0.694 \times 2.75} = 150 \, A$$

最后,可以根据式 10.4 求得电动机转速为

$$\omega_m = \frac{(V_a - I_a R_a)}{K_f I_f} = 0.524 \times (V_a - 78.5) \, rad/s$$

据此可以看出,电动机转速随端电压线性变化。具体来说,在 $V_a = 250V$ 下,$\omega_m = 124.3 rad/s$ (1187r/min);在 $V_a = 500V$ 下,$\omega_m = 255.2 rad/s$(2437r/min)。

练习题 10.1

计算当负载从 0 变到满载转矩时,为将例 10.2 电动机的转速维持在 2000r/min 需要的电枢电压的变化。

答案:

12.5V。

例 10.3 例 10.2 的电动机最初以 2150r/min 转速和 45kW 的功率运行。励磁绕组由 300V 的恒定电压直流电源供电。

a. 计算:(i)负载转矩;(ii)输入端电流;(iii)端电压。

b. 电动机和负载有 $J = 17.5 kg \cdot m^2$ 的总转动惯量。假设当转速变化时负载转矩维持恒定不变,如果端电压突然降低100V,计算电动机转速随时间的变化。

解:

a. (i)在 2150r/min 转速下，$\omega_{\mathrm{m}} = 2150 \times (\pi/30) = 225 \mathrm{rad/s}$。

$$T_{\mathrm{load}} = \frac{P_{\mathrm{load}}}{\omega_{\mathrm{m}}} = \frac{45 \times 10^3}{225} = 200 \mathrm{N \cdot m}$$

(ii)从例 10.2 可知，$I_{\mathrm{f}} = 2.75\mathrm{A}$。因此根据式 10.1，速度电势为

$$E_{\mathrm{a}} = K_{\mathrm{f}} I_{\mathrm{f}} \omega_{\mathrm{m}} = 0.694 \times 2.75 \times 225 = 430\mathrm{V}$$

因而根据式 10.2 有

$$I_{\mathrm{a}} = \frac{T_{\mathrm{load}} \omega_{\mathrm{m}}}{E_{\mathrm{a}}} = \frac{200 \times 225}{430} = 105\mathrm{A}$$

(iii)在此运行条件下，端电压等于

$$V_{\mathrm{a}} = E_{\mathrm{a}} + R_{\mathrm{a}} I_{\mathrm{a}} = 430 + 0.084 \times 105 = 440\mathrm{V}$$

b. 电动机转速受如下微分方程约束：

$$J \frac{\mathrm{d}\omega_{\mathrm{m}}}{\mathrm{d}t} = T_{\mathrm{mech}} - T_{\mathrm{load}}$$

式中，

$$T_{\mathrm{mech}} = K_{\mathrm{f}} I_{\mathrm{f}} I_{\mathrm{a}} = K_{\mathrm{f}} I_{\mathrm{f}} \left(\frac{V_{\mathrm{a}} - E_{\mathrm{a}}}{R_{\mathrm{a}}} \right) = K_{\mathrm{f}} I_{\mathrm{f}} \left(\frac{V_{\mathrm{a}} - K_{\mathrm{f}} I_{\mathrm{f}} \omega_{\mathrm{m}}}{R_{\mathrm{a}}} \right)$$

将上两式结合得到关于 ω_{m} 的微分方程：

$$J \frac{\mathrm{d}\omega_{\mathrm{m}}}{\mathrm{d}t} + \left(\frac{(K_{\mathrm{f}} I_{\mathrm{f}})^2}{R_{\mathrm{a}}} \right) \omega_{\mathrm{m}} = \left(\frac{K_{\mathrm{f}} I_{\mathrm{f}}}{R_{\mathrm{a}}} \right) V_{\mathrm{a}} - T_{\mathrm{load}}$$

将 $T_{\mathrm{load}} = 200\mathrm{N \cdot m}$ 和 $V_{\mathrm{a}} = 340\mathrm{V}$ 代入得到

$$\frac{\mathrm{d}\omega_{\mathrm{m}}}{\mathrm{d}t} + 2.47 \omega_{\mathrm{m}} = 430$$

此微分方程的解为

$$\omega_{\mathrm{m}} = \omega_{\mathrm{m},\infty} + (\omega_{\mathrm{m0}} - \omega_{\mathrm{m},\infty}) \mathrm{e}^{-t/\tau}$$

其中，$\omega_{\mathrm{m0}} = 225\mathrm{rad/s}(2150\mathrm{r/min})$；$\omega_{\mathrm{m},\infty} = 181\mathrm{rad/s}(1730\mathrm{r/min})$；且 $\tau = 405\mathrm{ms}$。图 10.4 中绘出了电动机转速随时间的变化曲线。

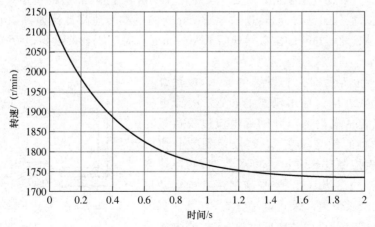

图 10.4　例 10.3(b)端电压从 440V 到 340V 阶跃变化导致的转速随时间变化曲线

电动机的电枢电压控制常常与励磁电流控制相结合,以得到尽可能宽的转速范围。对这样的双重控制,基准转速(基速)可以定义为电动机在额定电压、标称/额定磁通下获得的转速。对基速以下的运行,一般按照给定运行点占基速的分数来限定最大端电压与额定电压的比例。对基速以上的运行,端电压一般限定为其额定值,用励磁电流的适当减小来实现。

　　因为电枢最大电压和电流限制为恒定值,所以基速以上的范围受限于恒最大功率。与此相反,基速以下的范围受限于恒最大转矩,因为与在电枢电阻控制中一样,磁通和允许的电枢电流近似维持恒定。因此,整体输出的限制如图 10.5 中所示,图 10.5(a)中为近似允许的转矩而图 10.5(b)为近似允许的功率。恒转矩特性非常适合于机床工业中的许多应用场合,其中许多负载主要在于克服移动部件的摩擦,因此具备基本上恒转矩的要件。

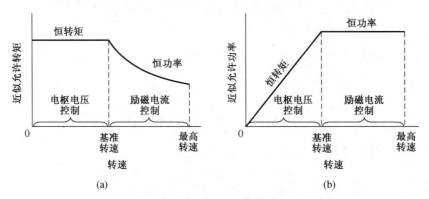

图 10.5　用电枢电压与励磁电流结合法对转速控制的(a)转矩和(b)功率限制

　　转速调整率和基速以上转速范围的限制,在有关励磁电流控制中已经给出:最高转速通常不超过 4 倍基准转速,最好不超过两倍基速。对常规电机,可靠且稳定运行的低限大约为 1/10 基速,相应的总的最高到最低范围不超过 40∶1。

　　由于忽略电枢反应,所以从空载到满载转矩,转速的降低完全是由满载电枢电阻压降导致的。这一满载电枢电阻压降在电压控制运行范围为恒值,因为通常认为满载转矩因而也是满载电流在该范围为恒值。因此,当以 r/min 为单位来计量时,转速从空载到满载转矩的降低为一定值,与空载转速无关。对于电动机电压的各调节值,相应的转矩-转速曲线由一系列平行直线来近似。注意到,转速从 1200r/min 的空载转速降低比如说 40r/min,通常无关紧要;然而,从 120r/min 的空载转速降低 40r/min 有时可能至关重要,在系统设计中需要矫正措施。

　　图 10.6 所示为反馈控制系统的框图,该系统可用于调节他励或并励直流电动机的转速。直流电动机模块的输入包括电枢电压和励磁电流以及负载转矩 T_{load}。电动机的最终转速 ω_{m} 被反馈到控制器模块,此模块代表控制逻辑和电力电子线路,其以速度参考(给定)信号 ω_{ref} 为基准,控制施加到直流电动机的电枢电压和励磁电流。采用这种方案,有可能将电动机稳态转速控制在很高的精度,取决于控制器的设计,与负载转矩的变化无关。

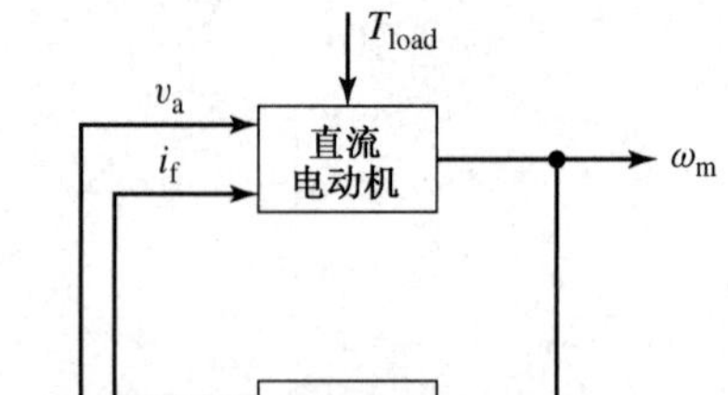

图 10.6　他励或并励电动机
转速控制系统框图

例 10.4 图 10.7 所示为应用于例 10.2 直流电动机的简单速度控制器的框图。在此控制器中,励磁电压(未示出)保持在其 300V 的额定值恒定。因而,仅仅对电枢电压施加控制,且具有形式

$$V_a = V_{a0} + G(\omega_{ref} - \omega_m)$$

式中,V_{a0} 为当 $\omega_m = \omega_{ref}$ 时的电枢电压,而 G 为所乘增益常数。

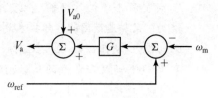

图 10.7 例 10.4 的直流电动机简单速度控制器原理框图

当参考速度设为 $2000r/min(\omega_{ref} = 2000 \times \pi/30)$ 时,计算 V_{a0} 及 G,使得电动机转速在空载时为 2000r/min,而当转矩增加到其额定满载值时仅降低 25r/min。

解:

正如在例 10.2 中求得的,在这种情况下,励磁电流为 2.75A。空载时,2000r/min,

$$V_a \approx E_a = K_f I_f \omega_m = 0.694 \times 2.75 \times 2000 \left(\frac{\pi}{30}\right) = 400V$$

因而,$V_{a0} = 400V$。

在例 10.2 中求得满载转矩为 $T_{rated} = 286N \cdot m$,因而根据式 10.2 可以求出达到额定满载转矩需要的电枢电流为

$$I_a = \frac{T_{rated}}{K_f I_f} = \frac{286}{0.694 \times 2.75} = 150 \, A$$

在 1975r/min 的转速下,求出 E_a 为

$$E_a = K_f I_f \omega_m = 0.694 \times 2.75 \times 1975 \times \left(\frac{\pi}{30}\right) = 395V$$

因而

$$V_a = E_a + I_a R_a = 395 + 150 \times 0.084 = 408V$$

求解 G 得出

$$G = \frac{V_a - V_{a0}}{\omega_{ref} - \omega_m} = \frac{408 - 400}{(2000 - 1975) \times \left(\frac{\pi}{30}\right)} = 3.06 \, V \cdot s/rad$$

练习题 10.2

再考虑例 10.4 中的电动机和控制器,如果负载转矩减小到等于额定满载转矩的一半,计算:(a)电动机的转速;(b)相应的负载功率。

答案:

a. 1988r/min。

b. 29.6kW。

例 10.5 例 10.2 的直流电动机被用于工业加工过程,要求电动机转速维持在 2200r/min(空载下)和 2185r/min(200N·m 的满载转矩下)的范围内。直流电动机励磁电流保持在其额定值恒定不变,而电动机转速用改变电枢端电压来控制。

a. 电动机最初运行在未带载,调节电枢端电压使转速达到 2200r/min($\omega_m = 2200 \times (\pi/30) = 230.4rad/s$)。计算需要的电枢端电压 V_{a0}。

b. 将电枢端电压保持在(a)中求出的 V_{a0} 值,如果电动机加载到 200N·m 的满载转矩,

计算稳态下的端部输入电流和电动机转速。

c. 为满足转速范围的具体技术要求,将采用图 10.7 中所示形式的转速控制器。计算增益 G 的值,以使在 $\omega_{\text{ref}} = 230.4\text{rad/s}$、电动机加载 $200\text{N}\cdot\text{m}$ 的转矩时,电动机转速为 2185r/min。

d. 假设电动机和负载的总转动惯量为 $J = 22.4\text{kg}\cdot\text{m}^2$,在 $t = 0.1\text{s}$ 时突然施加 $200\text{N}\cdot\text{m}$ 的恒转矩负载,用 MATLAB 绘出电动机运行在有速度控制器和没有速度控制器两种情况下,电动机转速、电枢电流以及端电压随时间变化的曲线。

解:

a. 空载下,$I_a \approx 0$ 且因此 $V_a \approx E_a$。此电动机在 2200r/min 即 $\omega_m = 230.4\text{rad/s}$ 下的额定励磁电流为 $I_f = 300\text{V}/109\Omega = 2.75\text{A}$。因此根据式 10.1 有

$$V_{a0} \approx E_a = K_f I_f \omega_m = 440 \text{ V}$$

b. 根据式 10.2 有

$$I_a = \frac{T_{\text{load}}}{K_f I_f} = 105 \text{ A}$$

而根据式 10.4 有

$$\omega_m = \frac{(V_a - I_a R_a)}{K_f I_f} = 225.8 \text{ rad/s}$$

相应于 2156r/min 的转速。

c. 在 2185r/min 的转速下,$\omega_m = 2185 \times (30/\pi) = 228.8\text{rad/s}$,因此

$$E_a = K_f I_f \omega_m = 437 \text{ V}$$

产生 $200\text{N}\cdot\text{m}$ 的稳态负载转矩需要的电枢电流等于 105A,不随电动机转速变化。因此我们可以求得需要的电枢端电压为

$$V_a = E_a + I_a R_a = 437 + 105 \times 0.084 = 445.8 \text{ V}$$

根据图 10.7 的框图求 G 得出

$$G = \frac{V_a - V_{a0}}{\omega_{\text{ref}} - \omega_m} = \frac{445.8 - 400.1}{230.4 - 228.8} = 3.7 \text{ V/(rad/s)}$$

d. MATLAB/Simulink 需要以积分方程形式公式化的动态方程。电动机转速由如下微分方程确定:

$$J \frac{\text{d}\omega_m}{\text{d}t} = T_{\text{mech}} - T_{\text{load}}$$

其积分形式为

$$\omega_m = \omega_{m0} + \frac{1}{J} \int_0^t (T_{\text{mech}} - T_{\text{load}})\text{d}t$$

式中 $\omega_0 = 230.4\text{rad/s}(2200\text{r/min})$ 是电动机最初转速。根据式 10.2 有

$$T_{\text{mech}} = \frac{E_a I_a}{\omega_m}$$

而根据式 10.3 有

$$I_a = \frac{V_a - E_a}{R_a}$$

以及根据式 10.1 有

$$E_a = K_f I_f \omega_m$$

对控制器：

$$V_a = V_{a0} + G(\omega_m - \omega_{ref})$$

其中 ω_{ref} 设置为等于 ω_{m0}，因而控制器试图将电动机转速维持在 2200r/min。没有控制器时，$V_a = V_{a0}$。

图 10.8 是最终的 Simulink 模型。图中标记为"初始化"的模块调用预设仿真需要的模型参数和初始条件的 MATLAB 程序。速度控制器模块中包含有一个切换开关，其可用来在仿真之前接入或者断开速度控制器。负载切换开关在 0.1s 时自动动作，以施加 200N·m 负载。

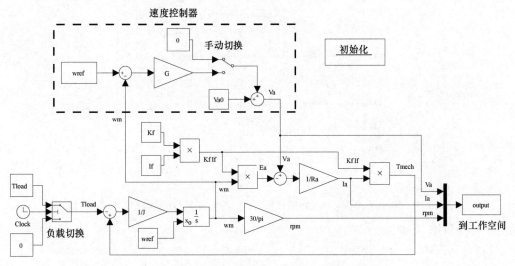

图 10.8　例 10.5 的 Simulink 模型

图 10.9 中给出了电动机转速、电枢电流和端电压的曲线。注意到，采用速度控制器不仅带来了期望的转速调整率，而且也加快了响应时间。

在永磁直流电动机中，永磁体产生的励磁磁通当然是固定的（可能的例外是，当电动机发热时温度变化对磁体性能的影响）。根据式 10.1 及式 10.2 可知，速度电势可以写为

$$E_a = K_m \omega_m \tag{10.5}$$

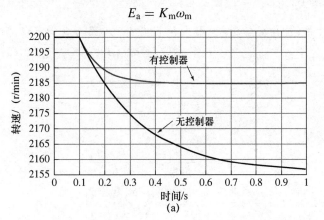

图 10.9　例 10.5：(a)电动机转速；(b)I_a；(c)端电压 V_a 随时间的变化曲线

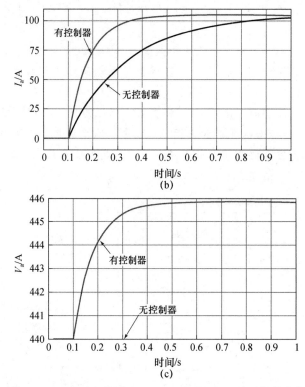

图 10.9 例 10.5：(a)电动机转速；(b)I_a；(c)端电压 V_a 随时间的变化曲线（续）

而电磁转矩可以写为

$$T_{mech} = K_m I_a \tag{10.6}$$

将式 10.5 和式 10.6 与式 10.1 和式 10.2 对比说明，除了需要用转矩常数 K_m 取代 $K_f I_f$ 项，永磁直流电动机的分析与并励或他励直流电动机的分析相同。

例 10.6 例 7.11 的永磁直流电动机有 1.03Ω 的电枢电阻和 $K_m = 0.22\text{V}/(\text{rad}/\text{s})$ 的转矩常数。假设电动机驱动 800W 的恒功率负载（包括旋转损耗），计算当电枢电压从 40V 变到 50V 时电动机的转速。

解：

电动机输出功率（包括旋转损耗）由乘积 $E_a I_a$ 供给，因而我们可以写为

$$P_{load} = E_a I_a = K_m \omega_m I_a$$

求解 ω_m 得出

$$\omega_m = \frac{P_{load}}{K_m I_a}$$

电枢电流可以写为

$$I_a = \frac{(V_a - E_a)}{R_a} = \frac{(V_a - K_m \omega_m)}{R_a}$$

可以将此两式结合，以得到求取 ω_m 的如下形式方程式：

① 原书为"端电压"——译者注。

$$\omega_m^2 - \left(\frac{V_a}{K_m}\right)\omega_m + \frac{P_{load}R_a}{K_m^2} = 0$$

从上式可以求得

$$\omega_m = \frac{V_a}{2K_m}\left[1 \pm \sqrt{1 - \frac{4P_{load}R_a}{V_a^2}}\right]$$

已知,如果电枢电阻上的压降很小,则 $V_a \approx E_a = K_m\omega_m$,根号前取正号,因而

$$\omega_m = \frac{V_a}{2K_m}\left[1 + \sqrt{1 - \frac{4P_{load}R_a}{V_a^2}}\right]$$

代入数值得到:对 $V_a = 40V, \omega_m = 169.2\text{rad/s}(1616\text{r/min})$;而对 $V_a = 50V, \omega_m = 217.5\text{rad/s}$ (2077r/min)。

练习题 10.3

如果电枢电压保持为50V恒定,而负载功率从100W变到500W,计算例10.6的永磁直流电动机的转速变化(r/min)。

答案:

2077r/min 到 1540r/min。

10.1.2 转矩控制

正如我们已经看到的,直流电动机的电磁转矩正比于电枢电流 I_a,在他励或并励电动机中用下式给出:

$$T_{mech} = K_f I_f I_a \tag{10.7}$$

而在永磁电动机中,

$$T_{mech} = K_m I_a \tag{10.8}$$

从这些表达式看出,转矩可以直接用控制电枢电流来控制,而电流控制可以很容易地用电力电子线路来实现。图10.10所示为三种可能的结构形式的示意图,用于切换直流电流(一般通过所谓的直流环节电感来提供)以产生可变直流,此可变直流可以直接加到直流电动机的电枢接线端。

在图10.10(a)中,相控整流电路与直流环节滤波电感结合,用来产生可变直流环节电流,可直接施加到直流电动机的电枢接线端。在图10.10(b)中,恒定直流环节电流由二极

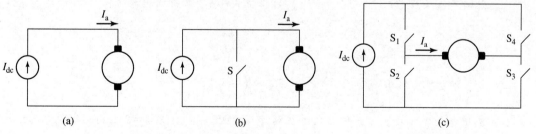

图 10.10 电枢电流控制的三个典型结构:(a)可变直流环节电流(由相控整流电路产生)直接施加到直流电动机电枢接线端;(b)恒定直流环节电流结合单极性脉宽调制;(c)恒定直流环节电流结合H全桥

管整流电路产生,然后用脉冲宽度调制方案来改变电枢电流①。其中开关 S 交替打开或闭合:当开关 S 打开时,电流 I_{dc} 流入直流电动机电枢;而当开关 S 闭合时,电枢短路且 I_a 衰减。因而,开关 S 的占空比将控制进入电枢的平均电流。最后,图 10.10(c)所示为 H 桥结构。适当控制四个开关 S_1 到 S_4,可使这一 PWM 系统得到在 $-I_{dc} \leqslant I_a \leqslant I_{dc}$ 范围内的任何期望的电枢平均电流。

注意到在图 10.10(b)和图 10.10(c)的两个 PWM 结构中,通过直流电动机电枢瞬时电流的迅速变化,可能引起大的电压尖峰,这可能损害电机绝缘,以及引起换向器闪络和电压击穿。为消除这些影响,实际系统在电枢接线端必须包含某种滤波环节(例如大的电容),以限制电压上升以及为驱动电流的高频分量提供低阻抗路径。

图 10.11 所示为典型控制器,其中转矩控制被速度反馈环包围。这看起来类似于图 10.6 的转速控制。然而,此时速度控制器不是控制电枢电压,它的输出为转矩参考信号 T_{ref},而 T_{ref} 又作为转矩控制器的输入。除了由于采用转矩的直接控制带来的潜在快速控制响应,这类系统的另一个优点是,在所有运行情况下,它都自动将直流电动机的电枢电流限制到可以接受的程度,正如例 10.7 所示。

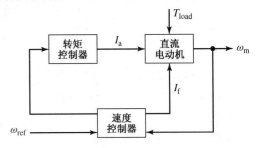

图 10.11　采用电动机转矩直接控制的直流电动机速度控制系统框图

例 10.7　考虑例 10.2 的 100 马力直流电动机,驱动转矩随转速线性变化的负载,在 2500r/min 的转速时等于额定满载转矩(286N·m)。假设电动机和负载的总转动惯量等于 15kg·m²。励磁电压保持 300V 恒定。

a. 计算为达到 2000r/min 和 2500r/min 的转速需要的电枢电压和电流,以及相应的速度电势。

b. 假设电动机在电枢电压控制器下运行,电枢电压突然从其 2000r/min 的值变为 2500r/min 的值。求取由此引起的电动机转速及电枢电流随时间变化的函数。

c. 假设电动机在电枢电流控制器下运行,电枢电流突然从其 2000r/min 的值变为 2500r/min 的值。求取由此引起的电动机转速随时间变化的函数。

解:

a. 忽略所有旋转损耗,令 $T_{mech} = T_{load}$,可根据式 10.2 求出电枢电流:

$$I_a = \frac{T_{load}}{K_f I_f}$$

$$T_{load} = \left(\frac{\omega_m}{\omega_f}\right) T_{fl}$$

式中 ω 是以 rad/s 为单位的电动机转速,$\omega_f = 2500 \times (\pi/30) = 261.8 rad/s(2500r/min)$ 及 $T_{fl} = 286N·m$。得出

$$I_a = \frac{\omega_m T_{fl}}{\omega_f K_f I_f}$$

然后求解 $V_a = E_a + I_a R_a$，使得可以填写完成如下表格：

r/min	$\omega_m/(\text{rad/s})$	E_a/V	V_a/V	I_a/A	$T_{load}/(N \cdot m)$
2000	209.4	400	410	120	229
2500	261.8	500	513	150	286

b. 决定电动机转速的动态方程为

$$J \frac{d\omega_m}{dt} = T_{mech} - T_{load}$$

在电枢电压控制下，

$$T_{mech} = K_f I_f I_a = K_f I_f \left(\frac{V_a - E_a}{R_a} \right)$$

$$= K_f I_f \left(\frac{V_a - K_f I_f \omega_m}{R_a} \right)$$

因而，控制微分方程为

$$J \frac{d\omega_m}{dt} = K_f I_f \left(\frac{V_a - K_f I_f \omega_m}{R_a} \right) - \left(\frac{T_{fl}}{\omega_f} \right) \omega_m$$

即

$$\frac{d\omega_m}{dt} + \frac{1}{J} \left(\frac{T_{fl}}{\omega_f} + \frac{(K_f I_f)^2}{R_a} \right) \omega_m - \frac{K_f I_f V_a}{J R_a}$$

$$= \frac{d\omega_m}{dt} + 2.97 \omega_m - 1.52 V_a = 0$$

根据这一微分方程可知，电动机最初运行在 $\omega_m = \omega_i = 209\text{rad/s}$，如果电枢电压 V_a 突然从 $V_i = 410\text{V}$ 变到 $V_f = 513\text{V}$，则转速将按指数规律上升到 $\omega_m = \omega_f = 261.8\text{rad/s}$，规律为

$$\omega_m = \omega_f + (\omega_i - \omega_f) e^{-t/\tau}$$

$$= 261.8 - 52.4 e^{-t/\tau} \text{ rad/s}$$

式中，$\tau = 1/2.97 = 340\text{ms}$。若以 r/min 来表示，则

$$n = 2500 - 500 e^{-t/\tau} \text{ r/min}$$

在电压变到 513V 的最初瞬间，速度电势仍等于其 2000r/min 时的 $E_i = 400\text{V}$ 的值，因此电枢电流初始值将为

$$I_{a,i} = \frac{(V_f - E_i)}{R_a} = \frac{513 - 400}{0.084} = 1345 \text{ A}$$

电枢电流也将以相同的 340ms 时间常数，按指数规律从这一初始值减小到其 150A 的最终值。因此，

$$I_a = 150 + 1195 e^{-t/\tau} \text{ A}$$

注意到，供给直流电动机的电源未必能提供如此大的初始电流（大约 9 倍的额定满载电枢电流）。此外，大电流及相应的高转矩可能潜在地带来对直流电动机换向器、电刷和电枢绕组的伤害。因此，作为实际应用问题，实用控制器无疑会限制电枢电压的变化

率,以避免电压这样的突然阶跃,因此不会出现像此处计算的这样急剧的转速改变。

c. 决定电动机转速的动态方程与(b)中的相同,负载转矩计算式也相同。然而,此时因为电动机在电流控制器下运行,在电流从 120A 的初始值变到 150A 最终值后,电磁转矩保持在 $T_{\text{mech}} = T_{\text{f}} = 286\text{N} \cdot \text{m}$ 恒定。

因而,

$$J \frac{\text{d}\omega_{\text{m}}}{\text{d}t} = T_{\text{mech}} - T_{\text{load}} = T_{\text{f}} - \left(\frac{T_{\text{fl}}}{\omega_{\text{f}}}\right) \omega_{\text{m}}$$

即

$$\frac{\text{d}\omega_{\text{m}}}{\text{d}t} + \left(\frac{T_{\text{fl}}}{J\omega_{\text{f}}}\right) \omega_{\text{m}} - \frac{T_{\text{fl}}}{J}$$

$$= \frac{\text{d}\omega_{\text{m}}}{\text{d}t} + 7.28 \times 10^{-2} \omega_{\text{m}} - 19.1 = 0$$

此时,转速将按指数规律上升到 $\omega_{\text{m}} = \omega_{\text{f}} = 261.8\text{rad/s}$,规律为

$$\omega_{\text{m}} = \omega_{\text{f}} + (\omega_{\text{i}} - \omega_{\text{f}})\text{e}^{-t/\tau}$$

$$= 261.8 - 52.4\,\text{e}^{-t/\tau}\,\text{rad/s}$$

式中,现在时间常数 $\tau = 1/0.0728 = 13.7\text{s}$。

很明显,在电流控制器下电动机转速的变化要慢得多。然而,在此瞬变过程期间,电动机电流或电动机转矩决不会超过其额定值。此外,如果想要更快的响应,电枢电流(因而也就是电动机转矩)可以暂时设为高于额定值的定值[例如,与在(b)中求得的 9 倍系数相比,取 2 到 3 倍额定值],从而限制对电动机的潜在危害。

练习题 10.4

考虑例 10.7 在电流(转矩)控制下工作的直流电动机/负载组合,以 2000r/min 的转速和 119A 的电枢电流稳态运行。如果电枢电流突然变到 250A,计算电动机达到 2500r/min 的转速需要的时间。

答案:

3.6s。

10.2 同步电动机的控制

10.2.1 转速控制

正如在第 4 章和第 5 章中所讨论的,同步电动机从根本上说属于恒转速电机,就像式 4.42 和式 4.44 描述的那样,其转速由电枢电流的频率决定。具体来说,式 4.42 表明,同步角速度正比于所施加电枢电压的电频率而反比于电机的极数:

$$\omega_{\text{s}} = \left(\frac{2}{\text{poles}}\right) \omega_{\text{e}} \tag{10.9}$$

式中,poles 为极数;ω_{s} 为气隙磁势波的同步空间角速度(rad/s);$\omega_{\text{e}} = 2\pi f_{\text{e}}$ 为所施加的电励磁的角频率(rad/s);f_{e} 为所施加的电频率(Hz)。

很明显,同步电动机控制的最简单方式,是用多相电压源型逆变器例如图 10.12 所示的三相逆变电路来驱动电动机,通过对所施加电枢电压频率的控制来控制转速。整流部分在"直流环节"电容上产生直流电压 V_{dc},用控制逆变部分中的开关来产生脉宽调制(PWM)的可变幅值交流电压波。直流环节电压 V_{dc} 本身也可改变,例如通过在整流部分采用相位控制来改变。

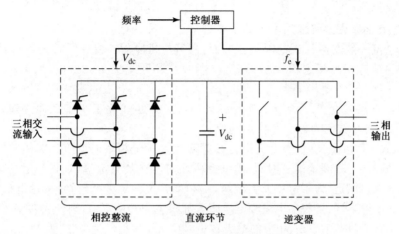

图 10.12　三相电压源型逆变器

逆变器输出波形的频率当然可以用控制逆变器开关器件的开关频率来改变。对交流电机应用场合,正如立刻将要看到的,与这一频率控制相配合的,必然是对所施加电压大小的控制。

根据法拉第定律可知,交流电机中电枢电压的气隙(磁通相应的)分量,正比于电机中磁通密度峰值及电频率。因而,如果忽略电枢电阻和漏电抗上的电压降,可以写出

$$V_a = \left(\frac{f_e}{f_{rated}}\right)\left(\frac{B_{peak}}{B_{rated}}\right) V_{rated} \tag{10.10}$$

式中:V_a 为电枢电压的幅值;f_e 为运行频率;B_{peak} 为气隙磁通密度峰值;V_{rated}、f_{rated} 以及 B_{rated} 为相应于额定运行点的值。

考虑电枢电压的频率改变而其幅值保持为额定值($V_a = V_{rated}$)的情况。在这些条件下,根据式 10.10 可知

$$B_{peak} = \left(\frac{f_{rated}}{f_e}\right) B_{rated} \tag{10.11}$$

式 10.11 清楚地说明了电压恒定、变频运行带来的问题。具体来说,对某一给定电枢电压,电机磁通密度反比于频率,因而当频率减小时,磁通密度将增加。因而,对在额定电压和频率下运行于饱和状态的典型电机,频率的任何减小都将使电机中磁通密度更进一步地增加。事实上,频率的显著下降,将可能使磁通密度增加到对电机带来潜在损害的程度,这一方面是由于铁耗增加,另一方面是由于提供较高磁通密度需要的电机电流增加。

所以,对频率小于或等于额定频率,典型情况是使电机在恒磁通密度下运行。根据式 10.10 可知,由于 $B_{peak} = B_{rated}$,

$$V_a = \left(\frac{f_e}{f_{rated}}\right) V_{rated} \tag{10.12}$$

此式可以重写为

$$\frac{V_a}{f_e} = \frac{V_{rated}}{f_{rated}} \tag{10.13}$$

从式 10.13 可以看出,恒磁通运行可以通过维持电枢电压与频率的比值恒定来获得,称为恒电压频率比(恒值 V/Hz)运行。从额定频率下降到低频,一般总是维持这一恒值。低频时,电枢电阻压降成为所施加电压的主要部分。

电机端电流一般受热约束的限制。因而,倘若电机冷却不受转子转速的影响,则最大允许的端电流将维持在其额定值 I_{rated} 恒定,与所施加的频率无关。所以,对频率低于额定频率,由于 V_a 正比于 f_e,电机最大功率将正比于 $f_e V_{rated} I_{rated}$。在这些条件下的最大转矩可以用功率除以转子转速 ω_s 求得。从式 10.9 可以看出,ω_s 也正比于 f_e。因而可知,最大转矩正比于 $V_{rated} I_{rated}$,因此其恒为额定运行点的值。

同样,从式 10.10 可见,如果电机运行在频率超过额定频率而电压为其额定值,则气隙磁通密度将下降到低于其额定值。因而,为维持磁通密度在其额定值,对频率超过额定频率,就需要增加端电压。但是,为了避免损害绝缘,对频率超过额定频率,通常维持电机端电压为其额定值。在此条件下,如果将端电流和电压两者都限定为其额定值,则最大功率将为恒值并等于 $V_{rated} I_{rated}$ 即额定功率。于是,相应的最大转矩将反比于电机转速变化,为 $V_{rated} I_{rated}/\omega_s$。这一运行模式的最高运行转速,或者由电子驱动装置所能提供的最高频率决定,或者由转子可以运行的最高转速决定,而此最高转速下没有由于机械方面的原因,例如过大的离心力或出现轴系共振,带来的损坏的危险。

图 10.13 所示为同步电动机在变频运行下,最大功率和最大转矩随转速变化的曲线。额定频率和转速以下的运行模式称为恒转矩模式;额定转速以上的运行模式称为恒功率模式。

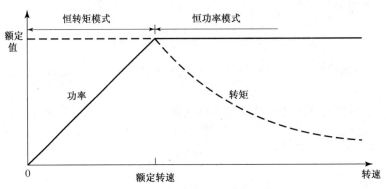

图 10.13 同步电动机变速运行模式

例 10.8 例 5.4 的 45kVA、220V、60Hz、6 极、三相同步电机作为电动机运行,由可变频率、三相电压源型逆变器驱动。逆变器在 60Hz 下供给 220V,当频率减小时维持恒值 V/Hz。电机有 0.836 标幺值的饱和同步电抗,在 2.84A 的励磁电流下达到额定开路电压。对本例的分析,假设电动机损耗可以忽略。

a. 电动机运行在 60Hz、220V 及额定功率、单位功率因数,计算:(i)以 r/min 为单位的电动机转速;(ii)电动机励磁电流。

b. 如果逆变器频率减小到 50Hz,电动机负载调节到额定转矩,计算:(i)最终电动机转速;(ii)再次达到单位功率因数运行所需要的电动机励磁电流。

解：

a. (i)电动机运行在其同步转速，同步转速可根据式 4.44 求出为

$$n_s = \left(\frac{120}{\text{poles}}\right) f_e = \left(\frac{120}{6}\right) 60 = 1200 \text{ r/min}$$

(ii)正如在第 5 章看到的，励磁电流可以根据产生的电势确定。对电动机运行，

$$\boldsymbol{E}_{af} = \boldsymbol{V}_a - jX_s\boldsymbol{I}_a = 1.0 - j0.836 \times 1.0 = 1.30\angle-39.9° \text{ 标幺值}$$

式中，V_a 被选为参考相量。因而，励磁电流为

$$I_f = 1.30 \times 2.84 = 3.70 \text{ A}$$

注意到，已选择标幺值来求解 E_{af}。以实际单位所做的解答当然产生相同的结果。

b. (i)当频率从 60Hz 减小到 50Hz 时，电动机转速将从 1200r/min 下降到 1000r/min。

(ii)再考虑所产生电势的方程：

$$\boldsymbol{E}_{af} = \boldsymbol{V}_a - jX_s\boldsymbol{I}_a$$

式中，此处将假设方程以实际单位写出，且电压等于其线一中点值。

当逆变器频率从 60Hz 减小时，逆变器电压将正比下降，因为逆变器保持恒值 V/Hz。因而可以写出

$$V_a = \left(\frac{\omega_m}{\omega_{m0}}\right) V_{a0}$$

式中下标 0 用于表示(a)中求出的 60Hz 值。电抗也正比于频率，因而

$$X_s = \left(\frac{\omega_m}{\omega_{m0}}\right) X_{s0}$$

产生的电势正比于电动机转速(因而即频率)及励磁电流，因此可以写出

$$E_{af} = \left(\frac{\omega_m}{\omega_{m0}}\right)\left(\frac{I_f}{I_{f0}}\right) E_{af0}$$

最后，如果意识到，为在此频率减小了的条件下以额定转矩及单位功率因数运行，电动机电枢电流必须等于在(a)中求出的值，即 $I_a = I_{a0}$，则可以将所产生电势方程写为

$$\left(\frac{\omega_m}{\omega_{m0}}\right)\left(\frac{I_f}{I_{f0}}\right)\boldsymbol{E}_{af0} = \left(\frac{\omega_m}{\omega_{m0}}\right)\boldsymbol{V}_{a0} - j\left(\frac{\omega_m}{\omega_{m0}}\right)X_{s0}\boldsymbol{I}_{a0}$$

即

$$\left(\frac{I_f}{I_{f0}}\right)\boldsymbol{E}_{af0} = \boldsymbol{V}_{a0} - jX_{s0}\boldsymbol{I}_{a0}$$

由于带下标 0 的量相应于(a)的解，其必须满足

$$\boldsymbol{E}_{af0} = \boldsymbol{V}_{a0} - jX_{s0}\boldsymbol{I}_{a0}$$

因此可见必然有 $I_f = I_{f0}$。换句话说，这一运行状况的励磁电流等于在(a)中求得的值，即 $I_f = 3.70$A。

练习题 10.5

考虑例 10.8(b)的同步电动机在 50Hz 运行。如果负载转矩减小到额定转矩的 75%，计算达到单位功率因数需要的励磁电流。

答案：

3.35A。

虽然同步电动机的稳态运行转速由驱动频率决定,但用频率控制方法控制转速在实际应用中受到限制,这在很大程度上是由于同步电机的转子难以跟随所施加电枢电压频率的任意改变。此外,起动是一个主要问题,因此同步电动机的转子通常装设有鼠笼绕组,称为阻尼器或阻尼绕组,与感应电动机的鼠笼绕组相似,如图 5.3 所示。电枢加多相电压后,转子励磁绕组不励磁,转子将由于感应电动机作用几乎升速到同步转速。如果负载及惯量不是太大,当励磁绕组随后加励磁时,电动机将牵入同步。

随着改变转速出现的问题是由于,为产生转矩,同步电动机的转子必须与定子磁通保持同步。采用一定的控制策略,使定子磁通及其与转子磁通的关系得以直接控制,同步电动机的控制就可以大大增强。这样的控制,等同于对转矩的直接控制,将在 10.2.2 节中讨论。

10.2.2 转矩控制

交流电机中的直接转矩控制,可以以多种不同的方式来实现,通常称为磁场定向控制或矢量控制。为便于讨论磁场定向控制,有必要回顾 5.6.1 节的讨论。在附录 C 中将此观点格式化。在此观点下,定子量(磁通、电流、电压等)被分解成与转子同步旋转的分量。直轴量代表沿励磁绕组轴线方向的分量,而交轴分量沿垂直于励磁绕组轴线方向。

附录 C 的 C.2 节导出了由励磁绕组和三相定子绕组组成的同步电机的 dq0 变量的基本关系。得出变换后的磁通—电流关系为

$$\lambda_d = L_d i_d + L_{af} i_f \tag{10.14}$$

$$\lambda_q = L_q i_q \tag{10.15}$$

$$\lambda_f = \frac{3}{2} L_{af} i_d + L_{ff} i_f \tag{10.16}$$

式中,下标 d、q 及 f 分别指直轴、交轴及励磁绕组量。注意,贯穿本章的分析都将假设是对称运行情况,此时零序分量为 0,因而可以忽略。

相应的变换后的电压方程式为

$$v_d = R_a i_d + \frac{d\lambda_d}{dt} - \omega_{me}\lambda_q \tag{10.17}$$

$$v_q = R_a i_q + \frac{d\lambda_q}{dt} + \omega_{me}\lambda_d \tag{10.18}$$

$$v_f = R_f i_f + \frac{d\lambda_f}{dt} \tag{10.19}$$

式中,$\omega_{me} = (ploes/2)\omega_m$ 为转子的电角速度。

最后,作用在同步电动机转子上的电磁转矩表示为(见式 C.31)

$$T_{mech} = \frac{3}{2} \left(\frac{poles}{2} \right) (\lambda_d i_q - \lambda_q i_d) \tag{10.20}$$

在稳态、对称三相运行情况下,$\omega_{me} = \omega_e$,式中 ω_e 为电枢电压和电流的电(角)频率,单位为 rad/s。因为电枢产生的磁势及磁通波与转子同步旋转,因此随 dq 坐标系统同步旋转。

在这些条件下,在 dq 坐标系中的观测者将看到恒定磁通,因而可以令 $d/dt = 0$ [①]。

令下标 F、D 及 Q 分别代表励磁、直轴及交轴量的相应恒定、稳态值,则式 10.14 到式 10.16 的磁通—电流关系于是变为

$$\lambda_D = L_d i_D + L_{af} i_F \tag{10.21}$$

$$\lambda_Q = L_q i_Q \tag{10.22}$$

$$\lambda_F = \frac{3}{2} L_{af} i_D + L_{ff} i_F \tag{10.23}$$

电枢电阻一般相当小,如果将其忽略,则稳态电压方程式(式 10.17 到式 10.19)于是变为

$$v_D = -\omega_e \lambda_Q \tag{10.24}$$

$$v_Q = \omega_e \lambda_D \tag{10.25}$$

$$v_F = R_f i_F \tag{10.26}$$

最终,可以将式 10.20 写为

$$T_{mech} = \frac{3}{2} \left(\frac{poles}{2} \right) (\lambda_D i_Q - \lambda_Q i_D) \tag{10.27}$$

从此处往后,我们将把注意力集中在凸极效应可以忽略的电机上。这样,直轴和交轴同步电感相等,可以写出

$$L_d = L_q = L_s \tag{10.28}$$

式中,L_s 为同步电感。将其代入式 10.21 和式 10.22,然后代入式 10.27,得出

$$T_{mech} = \frac{3}{2} \left(\frac{poles}{2} \right) [(L_s i_D + L_{af} i_F) i_Q - L_s i_Q i_D]$$

$$= \frac{3}{2} \left(\frac{poles}{2} \right) L_{af} i_F i_Q \tag{10.29}$$

式 10.29 表明,转矩由励磁磁通(正比于励磁电流)与电枢电流的交轴分量(换句话说即电枢电流与励磁磁通正交的分量)的相互作用而产生。我们也可以看出,对隐极电机,电枢电流的直轴分量,其沿励磁磁通方向,不产生转矩。

这一结果与第 4 章推导出的转矩一般化表达式完全一致。考虑例如式 4.75,它以定子和转子磁势(分别为 F_s 和 F_r)以及两者之间角度正弦的乘积表达转矩:

$$T = -\left(\frac{poles}{2} \right) \left(\frac{\mu_0 \pi Dl}{2g} \right) F_s F_r \sin \delta_{sr} \tag{10.30}$$

式中,δ_{sr} 是定子和转子磁势之间的空间电角度。这清楚地表明,电枢磁势的直轴分量不产生转矩,而根据定义,直轴分量是定子磁势中沿转子励磁绕组磁势方向的分量。

式 10.29 表明,隐极同步电动机中的转矩,正比于励磁电流和电枢电流交轴分量的乘积,这正好类似于直流电机中转矩的产生。对直流电机,式 7.13 和式 7.16 可以结合起来说明转矩正比于励磁电流和电枢电流的乘积。

可以进一步补充说明隐极同步电机和直流电机之间的相似性。考虑式 5.21,它将同步发电机产生的线—中点电势的有效值表示为

---

① 这可以很容易地通过将对称三相电枢电流和电压的表达式代入变换方程正规推导出来。

$$E_{af} = \frac{\omega_e L_{af} i_F}{\sqrt{2}} \tag{10.31}$$

代入式 10.29 得到

$$T_{mech} = \frac{3}{2}\left(\frac{poles}{\sqrt{2}}\right)\frac{E_{af}i_Q}{\omega_e} \tag{10.32}$$

这正好类似于直流电机的式 7.19($T_{mech} = E_a I_a / \omega_m$),其中转矩正比于所产生电势和电枢电流的乘积。

直流电机的电刷和换向器强制换向后的电枢电流和电枢磁通沿交轴,以使 $I_d = 0$,正是这一交轴电流与直轴励磁磁通的相互作用才产生转矩[1]。磁场定向控制器检测转子的位置并控制电枢电流的交轴分量,在同步电机中产生相同的效果。

虽然电枢电流的直轴分量在转矩产生中不起作用,但可以很容易地说明,它在决定定子合成磁通及电机端电压中确实在起作用。具体来说,根据附录 C 的变换方程有

$$v_a = v_D \cos(\omega_e t) - v_Q \sin(\omega_e t) \tag{10.33}$$

因而,电枢线-中点电压的有效值大小等于[2]

$$V_a = \sqrt{\frac{v_D^2 + v_Q^2}{2}} = \omega_e \sqrt{\frac{\lambda_D^2 + \lambda_Q^2}{2}}$$
$$= \omega_e \sqrt{\frac{(L_s i_D + L_{af} i_F)^2 + (L_s i_Q)^2}{2}} \tag{10.34}$$

有效值线-中点 V_a 除以电(角)频率 ω_e,得到电枢线-中点磁链有效值的表达式为

$$(\lambda_a)_{rms} = \frac{V_a}{\omega_e} = \sqrt{\frac{\lambda_D^2 + \lambda_Q^2}{2}} = \sqrt{\frac{(L_s i_D + L_{af} i_F)^2 + (L_s i_Q)^2}{2}} \tag{10.35}$$

同样,附录 C 的变换方程可用于说明电枢电流的有效值大小等于

$$I_a = \sqrt{\frac{i_D^2 + i_Q^2}{2}} \tag{10.36}$$

从式 10.29 可以看出,转矩受励磁电流和电枢电流交轴分量的乘积 $i_F i_Q$ 控制,因而仅仅给定期望的转矩并不足以唯一地确定 i_F 或 i_Q。事实上,在此处呈现的磁场定向控制观点下,实际有 3 个独立变量 i_F、i_Q 和 i_D,一般需要 3 个约束来唯一地确定它们。除了给定期望的转矩,典型控制器将利用在式 10.35 和式 10.36 中得到的基本关系,实现对端部磁链和电流的附加约束。

图 10.14(a)所示为一典型磁场定向转矩控制系统的结构框图。控制系统计算电动机电流的各个参考值(设定点),用下标"ref"标记。假设控制器有理想性能,因而供给电动机的电流在稳态情况下等于其参考值,即 $i_D = (i_d)_{ref}$、$i_Q = (i_q)_{ref}$ 和 $i_F = (i_f)_{ref}$,适当时将交替使用这

---

[1] 在实际直流电动机中,电刷可能会被调整到稍微离开这一理想条件以改善换向。此时,将会引起一些直轴电流,产生小的电枢磁通直轴分量。

[2] 严格来说,电压表达式中应包含电枢电阻,此时,电枢电压的有效值大小将由以下表达式给出:

$$V_a = \sqrt{\frac{v_D^2 + v_Q^2}{2}} = \sqrt{\frac{(R_a i_D - \omega_e \lambda_Q)^2 + (R_a i_Q + \omega_e \lambda_D)^2}{2}}$$

些值。

转矩控制器模块计算交轴电流参考值$(i_q)_{ref}$,其有两个参考输入即转矩(T_{ref})和励磁电流$[(i_f)_{ref}]$。$(i_f)_{ref}$由辅助控制器计算,辅助控制器也确定直轴电流的参考值$(i_d)_{ref}$。

转矩控制器基于T_{ref}和$(i_f)_{ref}$,根据式 10.29 来计算$(i_q)_{ref}$:

$$(i_q)_{ref} = \frac{2}{3}\left(\frac{2}{poles}\right)\frac{T_{ref}}{L_{af}(i_f)_{ref}} \tag{10.37}$$

注意到需要位置传感器来确定转子的角位置,以实现 dq0 向 abc 的变换,此变换确定由三相电流源型逆变器供给电动机相电流的参考值。

在很多应用场合,最终的控制目标不是为了控制电动机转矩而是为了控制转速或位置。图 10.14(b)说明了怎样将图 10.14(a)的转矩控制系统用做速度控制环的组成部分,其中采用速度反馈形成了包围内部转矩控制环的外部控制环。

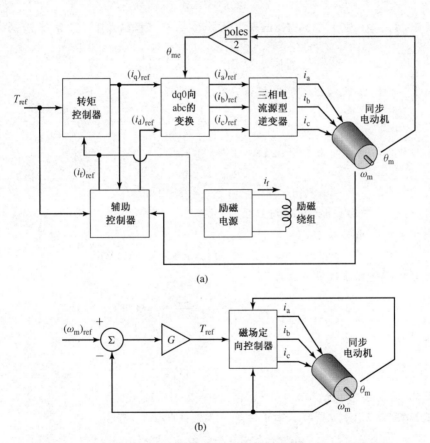

图 10.14　(a)同步电动机的磁场定向转矩控制系统框图;(b)围绕磁场定向转矩控制系统建立的同步电动机速度控制环的框图

例 10.9　再考虑例 10.8 的 45kVA、220V、6 极同步电动机,运行在 60Hz,有 3.70A 的励磁电流。如果电动机加载到额定转矩且以额定转速稳态运行,磁场定向控制系统使得 $i_D = 0$,计算:(a)标幺值电枢电流;(b)以标幺值表示的电动机端电压。

解：

a. 首先必须计算 L_{af}。从例 10.8 可知，电动机在 2.84A 励磁电流时产生额定开路电压（220V 有效值，线—线）。根据式 10.31 有

$$L_{af} = \frac{\sqrt{2}\,E_{af}}{\omega_e i_F}$$

式中 E_{af} 为产生的有效值、线—中点电势。因而

$$L_{af} = \frac{\sqrt{2} \times (220/\sqrt{3})}{120\pi \times 2.84} = 0.168\,H$$

这一 6 极电动机的额定转矩等于

$$T_{rated} = \frac{P_{rated}}{(\omega_m)_{rated}} = \frac{P_{rated}}{(\omega_e)_{rated} \times (2/poles)}$$

$$= \frac{45 \times 10^3}{120\pi \times (2/6)} = 358\,N\cdot m$$

因而，令 $T_{ref} = T_{rated} = 358 N\cdot m$ 及 $i_F = 3.70A$，可以根据式 10.37 求得 i_Q 为

$$i_Q = \frac{2}{3}\left(\frac{2}{poles}\right)\frac{T_{ref}}{L_{af}i_F} = \frac{2}{3} \times \left(\frac{2}{6}\right) \times \frac{358}{0.168 \times 3.70} = 128\,A$$

由于 $i_D = 0$，根据式 10.36，电枢电流有效值等于

$$I_a = \frac{i_Q}{\sqrt{2}} = 90.5\,A$$

此电动机的基值电流为

$$I_{base} = \frac{P_{base}}{\sqrt{3}\,V_{base}} = \frac{45 \times 10^3}{\sqrt{3} \times 220} = 118\,A$$

因而，$I_a = 90.5/118 = 0.77$ 标幺值。

b. 由于 $i_D = 0$，根据式 10.21 有

$$\lambda_D = L_{af}i_F = 0.168 \times 3.70 = 0.622\,Wb$$

此电机的电抗性基值阻抗为

$$Z_{base} = \frac{V_{base}^2}{P_{base}} = \frac{220^2}{45 \times 10^3} = 1.08\,\Omega$$

相应的基值电感为

$$L_{base} = \frac{Z_{base}}{(\omega_e)_{base}} = \frac{1.08}{120\pi} = 2.87\,mH$$

因此，同步电感为 $L_s = 0.836 \times 2.87\,mH = 2.40\,mH$。

根据式 10.22（取 $L_q = L_s$，由于这是一台隐极电动机）有

$$\lambda_Q = L_s i_Q = (2.40 \times 10^{-3}) \times 128 = 0.307\,Wb$$

最后，根据式 10.34，这一运行条件下的线—中点电压为

$$V_a = \omega_e \sqrt{\frac{\lambda_D^2 + \lambda_Q^2}{2}} = (120\pi) \times \sqrt{\frac{0.620^2 + 0.307^2}{2}} = 184\,V$$

相应于 320V 的端部线—线电压，其大大超过了 220V 额定电压。实际上，这样的运行除了有可能损害电动机绝缘，也可能由于电动机会高度饱和使同步电感和励磁—

电枢互感比此处假设的要小而无法达到。

在接下来的例子中将会看到,怎样通过 i_F,i_D 及 i_Q 的不同选择来在降低了的端电压下得到相同的转矩。

例 10.10 本例中将以考察磁场定向控制器为目的,重新审视例 10.9。控制器设定电动机转矩为其额定值 T_{rated},并检查电枢线—中点磁链有效值 $(\lambda_a)_{rms}$ 是否大于额定值,如果大于额定值,就提供直轴电流将 $(\lambda_a)_{rms}$ 减小到其额定值。

编写一个采用这一策略的 MATLAB 程序,在励磁电流 5.0A 范围内寻找一个所需电枢电流值最小的运行点。注意到因为电动机运行在额定转速和频率,且因为电枢磁链限定在其最大额定值,所以相比于采用例 10.9 的控制器的 320V 结果,此时电动机端电压不会超过其 220V 线—线电压的额定值。

解:

根据式 10.35,线—中点磁链的额定有效值(对应于额定端电压)等于

$$(\lambda_a)_{rated} = \frac{V_{rated}}{\omega_e} = \frac{220/\sqrt{3}}{120\pi} = 337 \text{ mWb}$$

MATLAB 程序将实现以下算法:

- 根据式 10.35 可知,存在一个 i_Q 的最大值,使得可以调整 i_D(通过改变 i_F)将 $(\lambda_a)_{rms}$ 设定为等于 $(\lambda_a)_{rated}$:

$$(i_Q)_{max} = \frac{\sqrt{2}\,(\lambda_a)_{rated}}{L_s}$$

- 基于达到额定转矩 T_{rated} 的要求,可以根据式 10.29 求得相应的励磁电流最小值为

$$(i_F)_{min} = \frac{2}{3}\left(\frac{2}{poles}\right)\frac{T_{rated}}{L_{af}(i_Q)_{max}}$$

- 对励磁电流 i_F 的每一个值,根据式 10.37 计算 i_Q 为

$$i_Q = \frac{2}{3}\left(\frac{2}{poles}\right)\frac{T_{rated}}{L_{af}\,i_F}$$

- 设定 $i_D = 0$,根据式 10.35 计算电枢线—中点磁链有效值:

$$(\lambda_a)_{rms} = \sqrt{\frac{(L_{af}i_F)^2 + (L_s i_Q)^2}{2}}$$

- 检查 $(\lambda_a)_{rms}$ 是否大于额定值 $(\lambda_a)_{rated}$。如果是,就根据式 10.35 计算使线—中点磁链有效值等于额定值需要的直轴电流:

$$i_D = \frac{\sqrt{2\,(\lambda_a)_{rated}^2 - (L_s\,i_Q)^2} - L_{af}i_F}{L_s}$$

- 可以根据式 10.35 计算电枢线—中点磁链有效值为

$$(\lambda_a)_{rms} = \sqrt{\frac{(L_s i_D + L_{af}i_F)^2 + (L_s i_Q)^2}{2}}$$

且可以计算端部线—中点电压为

$$V_a = \omega_e(\lambda_a)_{rms}$$

- 最后,可以根据式 10.36 计算电枢电流有效值为

$$I_a = \sqrt{\frac{i_D^2 + i_Q^2}{2}}$$

且其标幺值为 I_a/I_{rated}。

图 10.15 为最终电枢电流随励磁电流变化的曲线。在 3.70A 的励磁电流下出现 1.00 标幺值(118A)的最小电枢电流。此情况下的直轴和交轴电流为 $i_D = -107A$ 和 $i_Q = 128A$,且相应的端电压为 220V 线—线电压。

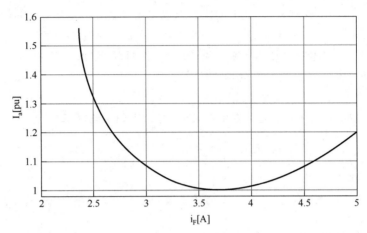

图 10.15　例 10.10 的电枢电流标幺值随励磁电流变化的曲线

以下为 MATLAB 程序:

```
clc
clear

%%%%%%%%%%%%%%%
% Motor parameters
%%%%%%%%%%%%%%%

Prated = 45e3;
Vrated = 220;
Irated = Prated/(sqrt(3)*Vrated);
poles = 6;
Lspu = 0.836;
AFNL = 2.84;
frated = 60;
omegaerated = 2*pi*frated;
omegamrated = omegaerated*(2/poles);

% Base impedance and inductance
Zbase = Vrated^2/Prated;
Lbase = Zbase/omegaerated;

% Synchronous inductance
Ls = Lspu*Lbase;

% Rated line-neutral voltage
Varated = Vrated/sqrt(3);
```

```matlab
% Calculate Laf
Laf = sqrt(2)*Varated/(omegaerated*AFNL);

% Rated rms line-neutral flux linkage
Lambdaarated = Varated/omegaerated;

% Maximum value of iQ so that flux linkage
% can be limited to rated value
iQmax = sqrt(2)*Lambdaarated/Ls;

% Rated torque
Trated = Prated/omegamrated;

% Define range of iF starting with minimum value
% of field current to insure rated torque.
iFmin = (2/3)*(2/poles)*Trated/(Laf*iQmax);
iFmax = 5.0;

% Search over the field current to find that value
% which results in minimum armature current
deliF = 0.001;
n = 0;
iF = iFmin;

while iF <= iFmax
  n = n+1;
  ifld(n)= iF;
  iQ(n)= (2/3)*(2/poles)*Trated./(Laf*iF);
  iD(n)= 0;
  Lambdaarms = sqrt(((Laf*iF)^2+(Ls*iQ(n))^2)/2);
% iD required if Lambdaarms > Lambdaarated
  if Lambdaarms > Lambdaarated
    iD(n)= (sqrt(2*Lambdaarated^2-(Ls*iQ(n))^2)-Laf*iF)/Ls;
  end
  Ia(n)= sqrt((iD(n)*iD(n)+iQ(n)*iQ(n))/2);
  Iapu(n)= Ia(n)/Irated;
  iF = iF+deliF;
end

% Find index to minimum Ia
m = find(Ia == min(Ia));

Ia_min = Ia(m);
Iapu_min = Iapu(m);
iF_min = ifld(m);
iD_min = iD(m);
iQ_min = iQ(m);
lambdaa_min = sqrt(((Laf*iF_min+Ls*iD_min)^2+(Ls*iQ_min)^2)/2);
Va_min = omegaerated*lambdaa_min;

fprintf('At iF = % 1.2f:\n',iF_min)
fprintf(' Va = % 3.1f [V,l-l]\n',sqrt(3)*Va_min)
```

```
fprintf(′ Ia = % 2.1f [A] = % 1.2f [pu]\n′,Ia_min,Iapu_min)
fprintf(′ iQ = % 2.1f [A],iD = % 2.1f [pu]\n\n′,iQ_min,iD_min)

% Plot the results
hold off
plot(ifld,Iapu,′LineWidth′,2)
set(gca,′FontSize′,20)
xlabel(′i_F [A]′,′FontSize′,20)
ylabel(′I_a [pu]′,′FontSize′,20)
set(gca,′ylim′,[0.98,1.6])
set(gca,′ytick′,[1.0 1.1 1.2 1.3 1.4 1.5 1.6])
set(gca,′xlim′,[2 5])
set(gca,′xtick′,[2.0 2.5 3.0 3.5 4.0 4.5 5.0])
grid on
```

正如我们已经讨论过的,实际磁场定向控制必须确定所有三个电流 i_F、i_D 和 i_Q 的值。在例 10.9 中,相对任意地选择了这三个值中的两个($i_F = 2.84$ 和 $i_D = 0$),其结果是这样的控制得到了期望的转矩,但端电压超过电动机额定电压 30%。在实际系统中,需要附加约束以得到一个可以接受的控制策略。一种策略是要求电动机运行在额定磁通及最小电枢电流,服从端电压不超过其额定值的约束,就像例 10.10 所描述的,必要时加上负的直轴电流以减小电枢磁链。

本节的讨论聚焦在有励磁绕组、且有相应的励磁控制能力的同步电机上。当然,其基本概念也适用于转子上有永磁极的同步电机。然而,在永磁同步电机的情况下,有效励磁是固定的,因此磁场定向控制策略就少了一个自由度。

对于永磁同步电机,由于有效的等效励磁电流由永磁体固定,所以交轴电流就直接由期望的转矩决定。考虑一台在电(角)频率 ω_e 下产生额定有效值、线-中点开路(E_{af})rated 的三相永磁电动机。根据式 10.31 可知,这台电动机的等效 $L_{af}i_F$ 乘积,以符号 Λ_{PM} 表示,为

$$\Lambda_{PM} = \frac{\sqrt{2}(E_{af})_{rated}}{\omega_e} \tag{10.38}$$

因而,这台电动机的直轴磁通-电流关系,对应于式 10.21,变为

$$\lambda_D = L_d i_D + \Lambda_{PM} \tag{10.39}$$

式 10.29 的转矩表达式变为

$$T_{mech} = \frac{3}{2}\left(\frac{poles}{2}\right)\Lambda_{PM}i_Q \tag{10.40}$$

从式 10.40 可见,对磁场定向控制下的永磁同步电机,交轴电流由期望的转矩唯一地确定,而式 10.37 变为

$$(i_Q)_{ref} = \frac{2}{3}\left(\frac{2}{poles}\right)\frac{T_{ref}}{\Lambda_{PM}} \tag{10.41}$$

一旦给定(i_Q)ref,控制量的选择就仅剩下确定直轴电流的期望值(i_D)ref。一种可能的做法就是直接令(i_D)ref = 0。对某一给定转矩,这显然将导致可能的最小电枢电流。然而,正如在例 10.9 中已经看到的,某些情况下,这将会导致端电压超过电机的额定电压。因而,这种

情况下通常要供给直轴电流以减小式 10.39 的直轴磁链,进而降低端电压。此方法通常称为弱磁,它是以增加电枢电流为代价的[①]。图 10.16 所示为磁场定向控制系统用于永磁电动机的框图。

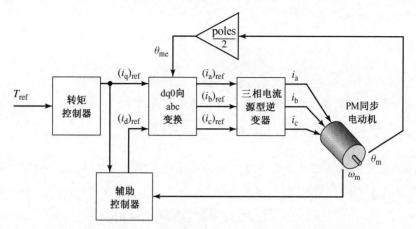

图 10.16　永磁同步电动机磁场定向转矩控制系统的框图

例 10.11　一台 25kW、4000r/min、220V、2 极、三相永磁同步电动机,在 3200r/min 的旋转速度下产生额定开路电压,有 1.75mH 的同步电感。假设电动机在磁场定向控制下,运行在 2800r/min 且 65% 额定转矩。

a. 计算需要的交轴电流。

b. 如果电动机运行在仅有交轴电流($i_D = 0$),计算最终标幺值电枢磁链。

c. 如果磁场定向控制器设定为维持电枢磁链为其额定值(1.0 标幺值),计算 i_D 的相应值及电枢电流的相应有效值和标幺值。

解:

a. 这台电机的额定速度为

$$(\omega_m)_{rated} = 4000 \times \left(\frac{\pi}{30}\right) = 419 \text{ rad/s}$$

而额定转矩为

$$T_{rated} = \frac{P_{rated}}{(\omega_m)_{rated}} = \frac{25 \times 10^3}{419} = 59.7 \text{ N} \cdot \text{m}$$

此电动机在 $n = 3200$r/min 的转速下,达到其额定开路电压 $220/\sqrt{3} = 127$V。相应的电(角)频率为

$$\omega_e = \left(\frac{poles}{2}\right)\left(\frac{\pi}{30}\right)n = \left(\frac{\pi}{30}\right) \times 3200 = 335 \text{ rad/s}$$

根据式 10.38,

$$\Lambda_{PM} = \frac{\sqrt{2}(E_{af})_{rated}}{\omega_e} = \frac{\sqrt{2} \times 127}{335} = 0.536 \text{ Wb}$$

---

① 参见 T. M. Jahns, "Flux-Weakening Regime Operation of an Interior Permanent Magnet Synchronous Motor Drive", *IEEE Transactions on Industry Applications*, Vol. 23, pp. 681-689。

因而，令 $T_{ref}=0.65 \times T_{rated}=38.8 \mathrm{N \cdot m}$，根据式 10.41 求得

$$(i_Q)_{ref} = \frac{2}{3}\left(\frac{2}{poles}\right)\frac{T_{ref}}{\Lambda_{PM}} = \frac{2}{3}\times\left(\frac{38.8}{0.536}\right) = 48.3 \mathrm{~A}$$

b. 由于 $(i_D)_{ref}=0$，

$$\lambda_D = \Lambda_{PM} = 0.536 \mathrm{~Wb}$$

及

$$\lambda_Q = L_s i_Q = 1.75 \times 10^{-3} \times 48.3 = 0.0845 \mathrm{~Wb}$$

因而，根据式 10.35，电枢线—中点磁链有效值等于

$$\lambda_a = \sqrt{\frac{\lambda_D^2 + \lambda_Q^2}{2}} = \sqrt{\frac{0.536^2 + 0.0845^2}{2}} = 0.384 \mathrm{~Wb}$$

电枢线—中点磁链有效值基值可以根据基值线—中点电压 $(V_a)_{base}=127\mathrm{V}$ 和基值频率 $(\omega_e)_{base}=419\mathrm{rad/s}(66.7\mathrm{Hz})$ 确定，为

$$(\lambda_a)_{base} = \frac{(V_a)_{base}}{(\omega_e)_{base}} = 0.303 \mathrm{~Wb}$$

因而，电枢磁链标幺值等于 $0.384/0.303=1.27$ 标幺值。从本计算可见，电动机在此运行情况下显著饱和。实际上，计算或许不精确，因为如此程度的饱和将极可能引起同步电感及转子和定子间磁耦合的减小。

c. 为维持额定电枢磁链，此控制必须产生电枢电流的直轴分量以减小直轴磁链，使总的电枢磁链等于额定值 $(\lambda_a)_{base}$。具体来说，必须有

$$\lambda_D = \sqrt{2(\lambda_a)_{base}^2 - \lambda_Q^2} = \sqrt{2 \times 0.303^2 - 0.0844^2} = 0.420 \mathrm{~Wb}$$

现在，可以根据式 10.39（令 $L_d=L_s$）求得 i_D：

$$i_D = \frac{\lambda_D - \Lambda_{PM}}{L_s} = \frac{0.420 - 0.536}{1.75 \times 10^{-3}} = -66.3 \mathrm{~A}$$

相应的电枢电流有效值为

$$I_a = \sqrt{\frac{i_D^2 + i_Q^2}{2}} = \sqrt{\frac{66.3^2 + 48.3^2}{2}} = 58.0 \mathrm{~A}$$

此电机的电枢电流有效值基值等于

$$I_{base} = \frac{P_{base}}{\sqrt{3}V_{base}} = \frac{25 \times 10^3}{\sqrt{3} \times 220} = 65.6 \mathrm{~A}$$

因而，电枢电流标幺值等于 $58.0/65.6=0.88$ 标幺值。

对比(b)和(c)中的结果可以看出，在磁场定向控制下，怎样通过引入直轴电流，将弱磁用于控制永磁同步电动机的端电压。

练习题 10.6

再来考虑例 10.11 的电动机。对电动机运行在 2500r/min 转速，80% 额定转矩的情况，重做例 10.11 的(b)和(c)的计算。

答案：

对(b)，$\lambda_a=1.27$ 标幺值。

对(c)，$I_a=0.98$ 标幺值。

例 10.12 本例中将考查 2 极、三相永磁同步电机的磁场定向控制,设计成在速度低于基速时为恒最大转矩而速度高于基速时为恒最大功率运行。当以额定磁通运行时,电动机在 3000r/min 的基速下达到其 460V 的额定端电压,且有 80A 的最大安全运行电流。电动机设计为可以运行在超过基速,在 460V 的最高端电压下达到 7000r/min 的速度。电动机为隐极式,有 4.85mH 的同步电感,且在 4900r/min 的速度下达到额定开路电压。

电动机用电子驱动器供电,驱动器内含有带速度反馈环的磁场定向控制器,如图 10.17 的框图所示。此应用场合,控制器增益已设定为 $G = 31 \cdot 4 \text{N} \cdot \text{m}/(\text{rad/s})$。驱动器控制策略实现如下特性:

- 驱动器输出电流限制在电动机最大安全运行电流 $I_{a,\max} = 80\text{A}$。

- 直到需要直轴电流来保证电动机磁通密度不超过其额定值、且端电压不超过 460V 的运行点以前,驱动器将仅供给交轴电流。如果需要的交轴电流和直轴电流的合成电流超过最大安全运行电流,驱动器则减小交轴电流,从而减小电动机转矩,直到不超过电动机的运行约束(磁链、端电压和电流)。

为考查控制器的性能,假设电动机驱动的负载在 2800~7000r/min 速度范围吸收 30kW 恒定功率。从本例的目的考虑,忽略损耗和电枢电阻的影响。

a. 观测到电动机运行在 2800r/min 的转速。(i)计算电动机转矩和相应的参考速度$(\omega_m)_{\text{ref}}$;(ii)计算直轴和交轴电流;(iii)计算电枢电流和电动机端电压。

b. 将参考速度设定为 7000r/min。(i)计算相应的电动机转速和转矩;(ii)计算以安培为单位的直轴和交轴电流及电枢电流。

c. 电动机及负载有 $J = 0.10 \text{kg} \cdot \text{m}^2$ 的总转动惯量。假如电动机最初运行在 2800r/min,将参考速度突然改变到 7000r/min。利用 MATLAB/Simulik,绘出电动机转速、转矩、端电压和电流(q 轴、d 轴和电枢电流有效值)随时间变化的曲线。

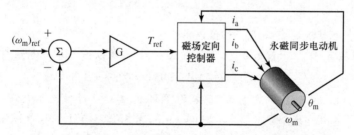

图 10.17 例 10.12 的永磁同步电动机转速闭环控制框图

解:

一些预备计算:

- 根据式 10.35,从额定线—中点电压和基速$[(\omega_e)_{\text{base}} = (\omega_m)_{\text{base}} = 3000 \times (\pi/30) = 314.2\text{rad/min}]$计算出电枢线—中点磁链额定有效值为

$$(\lambda_a)_{\text{rated}} = \frac{460/\sqrt{3}}{314.2} = 845 \text{ mWb}$$

- 电动机在 4900r/min$[\omega_e = 4900 \times (\pi/30) = 513.1\text{rad/s}]$的速度下达到开路额定电压,因而根据式 10.38 有

$$\Lambda_{PM} = \frac{\sqrt{2}\,(E_{af})_{rated}}{\omega_e} = \frac{\sqrt{2} \times (460/\sqrt{3})}{513.1} = 732\ mWb$$

a. (i)在 2800r/min 下，$\omega_m = 2800 \times (\pi/30) = 293.2\ rad/s$，相应的转矩为

$$T_{load} = \frac{P_{load}}{\omega_m} = 102.3\ N \cdot m$$

根据图 10.17 的框图，设定 $T_{ref} = T_{load}$，可以计算出参考速度为

$$(\omega_m)_{ref} = \omega_m + \frac{T_{load}}{G} = 293.2 + \frac{102.3}{31.4} = 296.5\ rad/s$$

相应于 2831r/min 的转速。

(ii)根据式 10.41 计算产生期望转矩需要的交轴电流的值：

$$i_Q = \frac{2}{3}\left(\frac{2}{poles}\right)\frac{T_{load}}{\Lambda_{PM}} = 93.2\ A$$

这是一台隐极电动机，$L_d = L_q = L_s = 4.85\ mH$。因而根据式 10.22 有

$$\lambda_Q = L_s i_Q = 452\ mWb$$

根据式 10.39，对于 $i_D = 0$，

$$\lambda_D = \Lambda_{PM} = 732\ mWb$$

因此根据式 10.35 有

$$(\lambda_a)_{rms} = \sqrt{\frac{\lambda_D^2 + \lambda_Q^2}{2}} = 608\ mWb$$

其小于$(\lambda_a)_{rated}$。因为电动机运行在基速以下，这样就确保了端电压将小于 460V。因而就不需要弱磁，控制器将设定 $i_D = 0$。

(iii)根据式 10.36，电枢电流为

$$I_a = \frac{i_Q}{\sqrt{2}} = 65.9\ A$$

此电流在电动机的安全运行限值以内。

最后，根据式 10.35，因为 $\omega_e = \omega_m = 293.2\ rad/s$，所以线—中点电压有效值为

$$V_a = \omega_e (\lambda_a)_{rms} = 293.2 \times 0.608 = 178.4\ V$$

相应于 308.9V 的线—线电压，正如所预期的，其远小于额定端电压。

b. (i)此时，参考速度给定为 $n_{ref} = 7000\ r/min$，因此必须通过令参考转矩等于

$$T_{ref} = G(\omega_{ref} - \omega_m) = G(n_{ref} - n) \times (\pi/30)$$

来求得电动机转速 n。

由于负载转矩为

$$T_{load} = \frac{P_{load}}{\omega_m} = \frac{P_{load}}{n\,(\pi/30)}$$

所以推得关于 n 的二次方程：

$$n^2 - n_{ref}\,n + \left(\frac{P_{load}}{G}\right)\left(\frac{30}{\pi}\right)^2 = 0$$

此方程有 12r/min 和 6988r/min($\omega_m = 731.7\ rad/s$)两个解，6988r/min 显然是正确的

值。负载转矩因而为

$$T_{\text{load}} = \frac{P_{\text{load}}}{\omega_{\text{m}}} = 41.0 \, \text{N} \cdot \text{m}$$

(ii)再根据式 10.41 可以计算出交轴电流:

$$i_{\text{Q}} = \frac{2}{3} \left(\frac{2}{\text{poles}} \right) \frac{T_{\text{load}}}{\Lambda_{\text{PM}}} = 37.3 \, \text{A}$$

因为电动机运行在基速以上,所以如果需要,控制器就会将电枢线—中点磁链有效值限制到其额定值,将电动机端部线—线电压限制到其 460V 的额定值。为检验是否要包含控制器的作用,我们先从假设不需要直轴电流弱磁开始。由于 $i_{\text{D}} = 0$,根据式 10.35,电枢线—中点磁链有效值就是

$$(\lambda_{\text{a}})_{\text{rms}} = \sqrt{\frac{\lambda_{\text{PM}}^2 + (L_s i_{\text{Q}})^2}{2}} = 0.533 \, \text{Wb}$$

其仍然小于 $(\lambda_{\text{a}})_{\text{rated}}$。然而,因为电动机运行在基速以上,就需要检查相应的端电压。根据式 10.35,因为 $\omega_{\text{e}} = \omega_{\text{m}} = 731.7 \, \text{rad/s}$,线—中点电压是

$$V_{\text{a}} = \omega_{\text{e}} (\lambda_{\text{a}})_{\text{rms}} = 390.0 \, \text{V}$$

相应于 675.8V 的线—线电压,其超过了额定端电压。

因而,在此运行情况下就需要弱磁,控制器将提供足够的直轴负电流以将端部线—线电压限制到 460V(265.6V 线—中点电压)。需要的电枢线—中点磁链有效值为

$$(\lambda_{\text{a}})_{\text{rms}} = \frac{V_{\text{a}}}{\omega_{\text{e}}} = \frac{265.6}{731.7} = 363 \, \text{mWb}$$

且因此有

$$\lambda_{\text{D}} = \sqrt{2(\lambda_{\text{a}})_{\text{rms}}^2 - \lambda_{\text{Q}}^2} = \sqrt{2(\lambda_{\text{a}})_{\text{rms}}^2 - (L_s i_{\text{Q}})^2} = 480 \, \text{mWb}$$

我们可以根据式 10.39 求得 i_{D}:

$$i_{\text{D}} = \frac{\lambda_{\text{D}} - \lambda_{\text{PM}}}{L_s} = -51.9 \, \text{A}$$

注意到正如所预期的,i_{D} 为负,正是通过减小直轴磁通而产生弱磁要求的。

根据式 10.36,电枢电流为

$$I_{\text{a}} = \frac{\sqrt{i_D^2 + i_Q^2}}{\sqrt{2}} = 45.2 \, \text{A}$$

其又完全在电动机的安全运行范围。

c. 我们将假设驱动器能够向电动机提供的相电流,完全匹配所需要的 d 轴和 q 轴电流,因而正好产生需要的转矩。所以,我们将直接根据 d 轴和 q 轴量来编写仿真程序,不需要变换到相变量。

仿真所需要的基本方程是描述图 10.17 的速度控制器的方程

$$T_{\text{ref}} = G(\omega_{\text{ref}} - \omega_{\text{m}}) = G(n_{\text{ref}} - n) \times (\pi/30)$$

以及描述电动机转速的一阶微分方程

$$J \frac{\text{d}\omega_{\text{m}}}{\text{d}t} = T_{\text{mech}} - T_{\text{load}}$$

其中

$$T_{\text{load}} = \frac{P_{\text{load}}}{\omega_{\text{m}}}$$

按照 Simulink 需要的积分形式，得出电动机的转速为

$$\omega_{\text{m}} = \omega_{\text{m0}} + \frac{1}{J} \int_0^t (T_{\text{mech}} - T_{\text{load}}) \mathrm{d}t$$

其中 ω_{m0} 是仿真开始时的电动机速度，此处 $\omega_{\text{m0}} = 2800 \times (\pi/30) = 293.2\text{rad/s}$。

图 10.18 为 Simulink 模型的框图。图中标记为"初始化"的模块调用预设仿真需要的模型参数和初始条件的 MATLAB 程序。标记为"速度切换"的单元通过将参考速度从 $n_{\text{ref,a}} = 2831\text{r/min}$ 切换到 $n_{\text{ref,b}} = 7000\text{r/min}$ 来启动转速的改变。

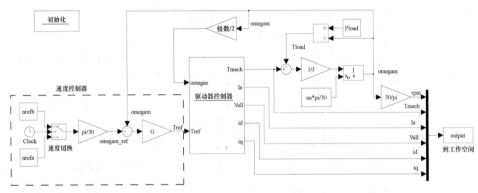

图 10.18 例 10.12 的 Simulink 模型

驱动器控制策略在标记为"驱动器控制器"的子系统中用下面的 MATLAB 函数实现：

```
function [Tmech,Ia,Vall,id,iq] = Control(Iamax,Tref,...
    LambdaPM,L_s,Vrated,lambdaarated,omegae,poles)

Tmechmax = LambdaPM*(Iamax*sqrt(2))*(3/2)*(poles/2);

%  Set Tmech = Tref to start
Tmech = Tref;
if Tmech > Tmechmax
  Tmech = Tmechmax;
end

%  First pass at iq and id
iq = (2/3)*(2/poles)*Tmech/LambdaPM;
id = 0;

%  Loop to find Tmech if necessary
sw = 0;
while(sw = = 0)
  %  Check if corresponding Ia is greater than Iamax. If so
  %  reduce iq
  if iq >  sqrt(2)*Iamax;
    iq = 0.999*sqrt(2)*Iamax;
```

```
  end

  % Find largest acceptable negative id
  id1 = -LambdaPM/L_s;
  id2 = -sqrt(2*Iamax^2 - iq^2);
  idmin= max(id1,id2);

  % Find the corresponding minimum value of lambdaarms
  lambdaarmsmin = sqrt(((LambdaPM+L_s*idmin)^2+(L_s*iq)^2 )/2);
  Vamin = omegae*lambdaarmsmin;

  % Check if these minimum values acceptable
  if(lambdaarmsmin < = lambdaarated)&&...
      (Vamin < = Vrated/sqrt(3))
   % Acceptable. First find out if id is needed by assuming
   % iq only and checking lambdaarms and Va
     sw = 1; % Set switch to exit Tmech loop
     lambdaarms = sqrt((LambdaPM^2+(L_s*iq)^2)/2);
     Va = omegae*lambdaarms;
     if(lambdaarms < = lambdaarated)&&(Va < = Vrated/sqrt(3))
      id = 0; %  No id needed
      sw = 1;
     else
      % id needed. Find the value that meets both constraints
      id1 = (sqrt(2*lambdaarated^2 -(L_s*iq)^2)- LambdaPM)/L_s;
      id2 = (sqrt(2*(Vrated/(sqrt(3)*omegae))^2 -(L_s*iq)^2)...
          - LambdaPM)/L_s;
      % Required id is the minimum(largest negative)value
      id = min(id1,id2);
     end
else
  % Minimum values not acceptable. Reduce Tmech and loop
  % until an acceptable Tmech is found
  Tmech = 0.999*Tmech;
  % Corresponding iq
  iq = (2/3)*(2/poles)*Tmech/LambdaPM;
  end
end %  end of 'while sw = = 0

% Calculate Ia and Va
Ia = sqrt((id^2+iq^2)/2); % RMS armature current
lambdaarms = sqrt(((LambdaPM+L_s*id)^2+(L_s*iq)^2)/2);
Va = omegae*lambdaarms;
Vall = sqrt(3)*Va; %  Line-line voltage
```

图 10.19(a)中绘出了电动机转速。注意到速度切换开关被控制为在仿真开始后 0.1s 进行参考速度的改变,然后,电动机用了稍大于 0.9s 达到其 6988r/min 的最终速度。

紧随着参考速度的改变,来自速度控制器的参考转矩信号跳到一个较大的值:

$$T_{ref} = (n_{ref,b} - n_{ref,a})\ (\pi/30)\ G = 13.7\ kN \cdot m$$

因为驱动电流有效值限制在 80A,相应于交轴电流的最大可能值 $i_{q,max} = 80\sqrt{2} = $ 113A,所以驱动器会将电动机最大转矩限制到

$$T_{mech,max} = \frac{3}{2}\left(\frac{poles}{2}\right)\Lambda_{PM}\ i_{q,max} = 124.2\ N \cdot m$$

正如在图 10.19(b) 中可以看到的,当参考速度切换到 7000r/min 时,电动机转矩立刻跃升到这一值。从图 10.19(c) 可以看出,电枢电流 I_a 和交轴电流也立即跃变到各自的最大值,分别为 80A 和 113A。

正如在图 10.19(d) 中可以看到的,相应的端电压跃变到 328V,其小于 460V 的电动机额定电压。其结果是,不需要弱磁,直轴电流设置为等于 0。随着电动机转速升高,可以看到,q 轴电流维持在其最大值恒定,而端电压升高。正如从图中可以看出的,当电动机转速在大约 0.42s 接近 4000r/min 时,端电压达到 460V。此时需要弱磁来限制端电压,驱动器必须提供负的 d 轴电流,就像在图 10.19(c) 中看到的。这反过来就需要驱动器减小电枢电流的 q 轴分量,以将电枢电流有效值限制在 80A,且有电动机转矩的相应减小,在图 10.19 中可以看出这两点。最后,我们可以看到,随着电动机转速达到其 7000r/min 的参考速度,参考转矩迅速下降,且电动机转速、转矩和电流稳定到如(b)中计算出的稳态值。

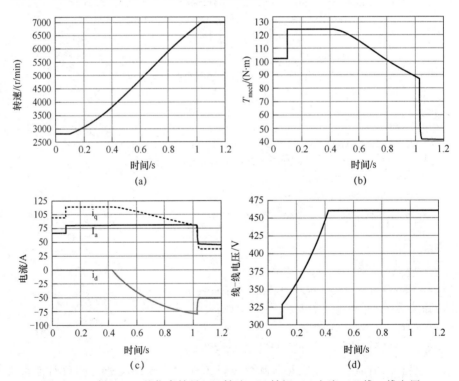

图 10.19　例 10.12 的仿真结果:(a)转速;(b)转矩;(c)电流;(d)线—线电压

10.3 感应电动机的控制

10.3.1 转速控制

由恒定频率电源供电的感应电动机,能极好地满足完全恒速驱动的需求。然而,许多电动机的应用场合,需要几个速度或者甚至转速在一定的范围连续可调。从早期的交流电力系统开始,工程技术人员就一直致力于调速交流电动机的开发。

感应电动机的同步转速可以通过(a)改变极数或(b)改变线路频率来改变。运行转差率可以通过(c)改变线路电压,(d)改变转子电阻,或(e)施加适当频率的电压到转子电路来改变。以下 5 小节中讨论了基于这 5 种可能方法的速度控制的突出特征。

变极电动机   在变极电动机中,定子绕组设计成通过简单改变线圈的连接,就可以按2∶1的比例改变极数,于是可以选择两个同步速度中的任意一个。转子几乎总是笼型,它依靠产生与定子诱导磁场相同极数的转子磁场起作用。用两套独立定子绕组,每一套都按变极布置,笼型电动机就可以得到 4 个同步速度,例如,60Hz 运行时有 600r/min,900r/min,1200r/min 和 1800r/min。

变极绕组的基本原理示于图 10.20,其中,aa 和 $a'a'$ 为两个线圈,构成部分 a 相定子绕组。当然,实际绕组每组由数个线圈组成。其他定子相绕组(图中未示出)同样布置。图 10.20(a)中,线圈连接成产生 4 极磁场;图 10.20(b)中,线圈 $a'a'$ 中电流已用控制器反接,结果是形成两极磁场。

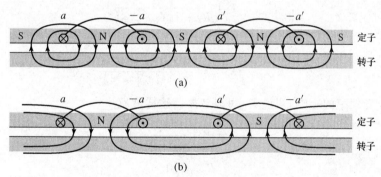

图 10.20   变极绕组原理

图 10.21 所示为这两个线圈的 4 种可能的布置:它们可以串联或并联连接,其电流或者同向(4 极运行)或者反向(两极运行)。此外,电机所有相可以按 Y 或△连接,因而带来 8 种可能的组合。

注意到,对于给定的相电压,不同的连接将导致不同的气隙磁通密度量级。例如,对一定的线圈布置,从△接法改为 Y 接法将使线圈电压(因而也是气隙磁通密度)按 $\sqrt{3}$ 倍减小。同样,两个线圈串联到并联的连接改变将使每个线圈上的电压加倍,因此使气隙磁通密度的大小加倍。当然,磁通密度的这些改变可以通过所施加绕组电压的改变来补偿。无论如何,当考虑特定应用场合中采用的连接方式时,必须考虑磁通的这些改变,以及电动机转矩的相应改变。

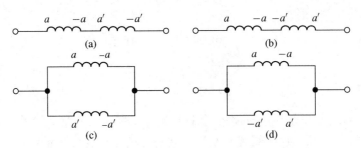

图 10.21　变极感应电动机中，a 相定子线圈的 4 种可能的布置：(a)串联连接，
4 极；(b)串联连接，2 极；(c)并联连接，4 极；(d)并联连接，2 极

　　电枢频率控制　感应电动机的同步速度可以通过改变所施加的电枢电压的频率来控制。这一速度控制方法与 10.2.1 节中对同步电机讨论的方法相同。事实上，用于同步电机驱动的相同逆变器结构，例如图 10.12 这样的三相电压源型逆变器，同样可用于驱动感应电动机。任何交流电动机，为维持近似不变的磁通密度，电枢电压也应直接随频率改变（恒电压频率比 V/Hz）。

　　给定频率下，感应电动机的转矩－转速曲线，可以用第 6 章的方法计算，其精确度取决于该频率时电动机参数的精确度。考虑式 6.36 的转矩表达式，将其重写于此：

$$T_{mech} = \frac{1}{\omega_s} \left[\frac{n_{ph} V_{1,eq}^2 (R_2/s)}{(R_{1,eq} + (R_2/s))^2 + (X_{1,eq} + X_2)^2} \right] \tag{10.42}$$

式中，$\omega_s = (2/poles)\omega_e$，而 ω_e 为电动机的电励磁频率，以 rad/s 为单位，

$$V_{1,eq} = V_1 \left(\frac{jX_m}{R_1 + j(X_1 + X_m)} \right) \tag{10.43}$$

及

$$R_{1,eq} + jX_{1,eq} = \frac{jX_m(R_1 + jX_1)}{R_1 + j(X_1 + X_m)} \tag{10.44}$$

　　为探讨改变频率的影响，假设 R_1 可以忽略。这样就有

$$V_{1,eq} = V_1 \left(\frac{X_m}{X_1 + X_m} \right) \tag{10.45}$$

$$R_{1,eq} = 0 \tag{10.46}$$

及

$$X_{1,eq} = \frac{X_m X_1}{X_1 + X_m} \tag{10.47}$$

　　设下标 0 表示感应电动机各个参数在额定频率时的值，当电励磁频率改变时，可以写出

$$(X_{1,eq} + X_2) = \left(\frac{\omega_e}{\omega_{e0}} \right) (X_{1,eq} + X_2)_0 \tag{10.48}$$

在恒电压频率比 V/Hz 控制下，也可将等效电源电压写为

$$V_1 = \left(\frac{\omega_e}{\omega_{e0}} \right) (V_1)_0 \tag{10.49}$$

因此，由于 $V_{1,eq}$ 等于 V_1 乘以一个当频率改变时保持恒定的电抗比，有

$$V_{1,\mathrm{eq}} = \left(\frac{\omega_\mathrm{e}}{\omega_{\mathrm{e}0}}\right)(V_{1,\mathrm{eq}})_0 \tag{10.50}$$

最后,我们可以将电动机转差率写为

$$s = \frac{\omega_\mathrm{s} - \omega_\mathrm{m}}{\omega_\mathrm{s}} = \frac{\mathrm{poles}}{2}\left(\frac{\Delta\omega_\mathrm{m}}{\omega_\mathrm{e}}\right) \tag{10.51}$$

式中,$\Delta\omega_\mathrm{m} = \omega_\mathrm{s} - \omega_\mathrm{m}$ 为电动机同步角速度和机械角速度间的差值。

将式 10.48 到式 10.51 代入式 10.42 得出

$$T_{\mathrm{mech}} = \frac{n_{\mathrm{ph}}[(V_{1,\mathrm{eq}})_0]^2(R_2/\Delta\omega_\mathrm{m})}{\left[\left(\frac{2\omega_{\mathrm{e}0}}{\mathrm{poles}}\right)(R_2/\Delta\omega_\mathrm{m})\right]^2 + [(X_{1,\mathrm{eq}} + X_2)_0]^2} \tag{10.52}$$

式 10.52 说明了一般趋势,从中我们可以看出,感应电动机转矩－转速特性与频率的关联仅出现在 $R_2/\Delta\omega_\mathrm{m}$ 项。因而,在 R_1 可以忽略的假设下,当感应电动机的供电频率改变时,转速－转矩随 $\Delta\omega_\mathrm{m}$(同步转速和电动机转速之间的差值)变化的函数曲线的形状将维持不变。因此,当 $\omega_\mathrm{e}(f_\mathrm{e})$ 变化时,转矩－转速特性将只是沿转速轴线移位。

图 10.22(a)中所示为一组这样的曲线。注意到,当电源频率(因而也是同步速度)减小时,一定的 $\Delta\omega_\mathrm{m}$ 值就相应于较大的转差率。因而,例如,如果 4 极电动机在 60Hz 下驱动,最大转矩出现在 1638r/min,相应于 9% 的转差率;而当在 30Hz 下驱动时,最大转矩将出现在 738r/min,相应于 18% 的转差率。

实际上,R_1 的影响也许不能完全忽略,对大的转差率值尤其如此。假如果真如此,转速－转矩曲线的形状就将随所施加电源频率的改变而稍微有些变化。图 10.22(b)所示为这种情况的典型曲线簇。

例 10.13 一台三相、575V、60Hz、100kW、4 极感应电动机有下列以 Ω/相给出的参数:

$$X_1 = 0.239 \quad X_2 = 0.344 \quad X_\mathrm{m} = 35.40 \,^{①}$$

$$R_1 = 0.102 \quad R_2 = 0.125$$

电动机在变频、恒电压频率比电动机驱动器下运行,60Hz 时端电压是 575V。

电动机驱动负载,负载功率可以假设按下式变化:

$$P_{\mathrm{load}} = 92.0\left(\frac{n}{1800}\right)^3 \mathrm{kW}$$

式中,n 是以 r/min 为单位的负载转速。电动机旋转损耗可以假设为能够忽略。

编写一个 MATLAB 程序,以求取在(a)60Hz 电源频率和(b)40Hz 电源频率下的端部线－线电压、电动机转差率和以 r/min 为单位的转速、以 kW 为单位的电动机负载、端电流及功率因数。

解:

当电源频率 f_e 改变时,电动机电抗将发生变化:

$$X = X_0\left(\frac{f_\mathrm{e}}{60}\right)$$

式中,X_0 为 60Hz 下的电抗值。同样,电枢线－中点电压必须按下式改变:

---

① 原书为 35.4091.4,有误——译者注。

$$V_1 = \frac{220}{\sqrt{3}} \left(\frac{f_e}{60} \right) = 127 \left(\frac{f_e}{60} \right) \text{ V}$$

从式 4.42 可知,电动机的同步角速度等于

$$\omega_s = \left(\frac{4\pi}{\text{poles}} \right) f_e = \pi f_e \text{ rad/s}$$

且在任何给定电动机转速 ω_m 下,得出相应的转差率为

$$s = \frac{\omega_s - \omega_m}{\omega_s}$$

用式 10.42 到式 10.44,寻找一个速度 ω_m,使得 $P_{\text{load}} = \omega_m T_{\text{mech}}$,可以求出电动机转速。端部电流和功率因数可以根据第 6 章中所描述的电动机入端阻抗来计算。如果按此方法去做,结果如下。

a. 对 $f_e = 60\text{Hz}$:

端电压$=575\text{V}$ 线一线

转速$=1736\text{r/min}$

转差率$=3.56\%$

$P_{\text{load}} = 82.5\text{kW}$

端部电流$=91.4\text{A}$

功率因数$=90.6\%$

b. 对 $f_e = 40\text{Hz}$:

端电压$=383\text{V}$ 线一线

转速$=1172\text{r/min}$

转差率$=2.34\%$

$P_{\text{load}} = 25.4\text{kW}$

端部电流$=41.7\text{A}$

功率因数$=91.8\%$

以下为 MATLAB 源程序:

```
clc
clear

% Here are the 60-Hz motor parameters

V10 = 575/sqrt(3);
Nph = 3;
poles = 4;
fe0 = 60;
R1 = 0.102;
R2 = 0.125;
X10 = 0.239;
X20 = 0.344;
Xm0 = 35.40;

%  Loop over two frequency values
fe1 = 60;
```

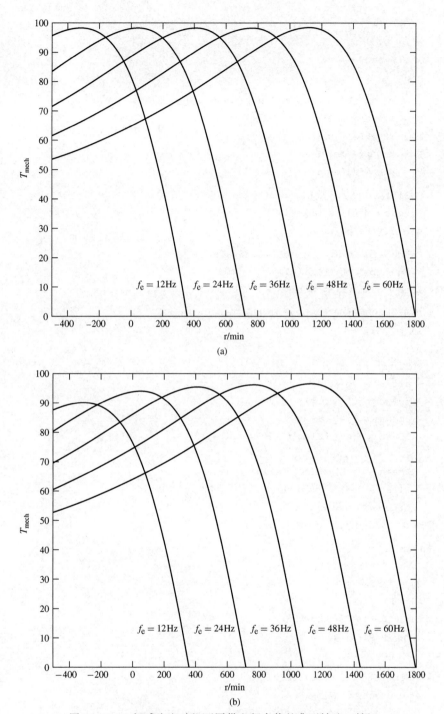

图 10.22　4极感应电动机不同供电频率值的典型转速－转矩
曲线簇：(a)R_1非常小其影响可忽略；(b)R_1不能忽略

```
fe2 = 40;

for m = 1:2,
  if m == 1
```

```
    fe = fe1;
  else
    fe = fe2;
  end

%  Calculate the reactances and the voltage
  X1 = X10*(fe/fe0);
  X2 = X20*(fe/fe0);
  Xm = Xm0*(fe/fe0);
  V1 = V10*(fe/fe0);

% Calculate the synchronous speed
  omegas = 4*pi*fe/poles;
  ns = 120*fe/poles;

% Calculate stator Thevenin equivalent
  V1eq = abs(V1*j*Xm/(R1+j*(X1+Xm)));
  Z1eq = j*Xm*(R1+j*X1)/(R1+j*(X1+Xm));

% Search over the slip until the Pload = Pmech
  slip = 0.;
  error = 1;
  while error >= 0;
    slip = slip+0.00001;
    rpm = ns*(1-slip);
    omegam = omegas*(1-slip);
    I2hat = V1eq/(Z1eq+j*X2+R2/slip);
    I2 = abs(I2hat);
    Pmech = 3*I2^2*R2*(1-slip)/slip;
    Pload = 92e3*(rpm/1800)^3;
    error = Pload-Pmech;
  end % End of while loop

%  Find I1
  Z2 = R2/slip+j*X2;
  Zm = j*Xm;
  Z1 = R1+j*X1;
  Zin = Z1+Zm*Z2/(Zm+Z2);
  I1hat = V1/Zin;
  I1 = abs(I1hat);

%  Calculate the power factor
  pf = Pmech/(3*V1*I1);

  fprintf('\nFor fe = % g[Hz]:',fe)
  fprintf('\n Terminal voltage = % g[V l-l]',V1*sqrt(3))
  fprintf('\n rpm = % g',rpm)
  fprintf('\n slip = % g[percent]',100*slip)
  fprintf('\n Pload = % g[kW]',Pload/1000)
  fprintf('\n I1 = % g[A]',I1)
```

```
fprintf ('\n pf = % 1.2f [percent]',100*pf)
fprintf ('\n\n')
```

end % End of for m = 1:2 loop

练习题 10.7

对 50Hz 的电源频率,重做例 10.13。

答案:

端电压＝479V 线－线。

转速＝1456r/min。

转差率＝2.94%。

P_{load}＝48.7kW。

端部电流＝63.9A。

功率因数＝91.8%。

电源电压控制　感应电动机产生的内部转矩,正比于施加到其一次接线端的电压的平方,如图 10.23 中的两个转矩－转速特性所示。如果负载具有虚线所示的转矩－转速特性,转速将从 n_1 减小到 n_2。这种转速控制方法通常用于驱动风扇的小功率笼型电动机,此时所要考虑的是成本问题,而高转差率运行的低效率可以容忍。其特征是转速控制的范围相当有限。

转子电阻控制　在 6.7.1 节中就已经指出了对绕线转子电动机,通过改变其转子电路电阻对转速进行控制的可能性。三个不同转子电阻值的转矩－转速特性示于图 10.24。如果负载具有虚线所示的转矩－转速特性,则相应于每一个转子电阻值的转速为 n_1、n_2 及 n_3。这一转速控制方法有类似于并励直流电动机采用电枢串联电阻的方法来控制转速的特征。

电源电压和转子电阻两种控制方法的主要缺点为,转速降低后效率降低,且当负载变化时其转速调整率大。此外,绕线转子感应电动机的成本及维护要求相当高,使得笼型电动机与固态驱动器的结合在大多数应用场合已成为首选。

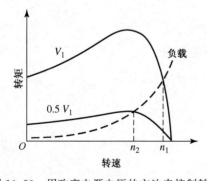

图 10.23　用改变电源电压的方法来控制转速

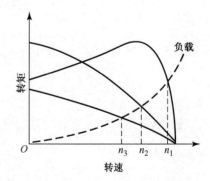

图 10.24　用改变转子电阻的方法来控制转速

10.3.2　转矩控制

在 10.2.2 节中,已经建立了同步电机磁场定向控制的概念。在此观点下,电枢磁通和电流被分解成两个分量,其随转子及气隙磁通波同步旋转。电枢电流和磁通沿励磁绕组轴线取向的分量称为直轴分量,而与此轴线正交的分量称为交轴分量。

已经证明,用于同步电机的相同观点同样适用于感应电机。正如在 6.1 节所讨论的,稳态下,感应电动机的转子和定子绕组产生的磁势和磁通波以同步速度旋转,并且彼此间同步。因而,感应电机中转矩产生的机理与同步电机中意义相同。两者间的差别是,感应电机中,转子电流不是直接供给的,而是当感应电动机转子相对于由定子电流产生的旋转磁通波滑动时感应产生的。因此,与同步电机中的情况不同,虽然感应电动机中的转子磁通波和定子磁通波同步旋转,但它们并不与转子同步旋转。

为研究将磁场定向控制应用于感应电机,我们从附录 C 的 C.3 节的 dq0 变换开始。这一变换将定子和转子两者的量都转换到同步旋转坐标系。在对称三相、稳态情况下,零序分量将为 0,其余的直轴和交轴分量将为恒值。因此,式 C.52 到式 C.58 的磁链电流关系变成为

$$\lambda_D = L_S i_D + L_m i_{DR} \tag{10.53}$$

$$\lambda_Q = L_S i_Q + L_m i_{QR} \tag{10.54}$$

$$\lambda_{DR} = L_m i_D + L_R i_{DR} \tag{10.55}$$

$$\lambda_{QR} = L_m i_Q + L_R i_{QR} \tag{10.56}$$

在这些式子中,下标 D、Q、DR 和 QR 分别代表定子和转子量的直轴和交轴分量的恒定值。可以直接从等效电路参数确定电感参数,为

$$L_m = \frac{X_{m0}}{\omega_{e0}} \tag{10.57}$$

$$L_S = L_m + \frac{X_{10}}{\omega_{e0}} \tag{10.58}$$

$$L_R = L_m + \frac{X_{20}}{\omega_{e0}} \tag{10.59}$$

式中,下标 0 意指额定频率下的值。

在稳态情况下,转换后的电压方程式 C.63 及式 C.64 和式 C.66 及式 C.67 变为

$$v_D = R_a i_D - \omega_e \lambda_Q \tag{10.60}$$

$$v_Q = R_a i_Q + \omega_e \lambda_D \tag{10.61}$$

$$0 = R_{aR} i_{DR} - (\omega_e - \omega_{me}) \lambda_{QR} \tag{10.62}$$

$$0 = R_{aR} i_{QR} + (\omega_e - \omega_{me}) \lambda_{DR} \tag{10.63}$$

式中,ω_{me} 是转子电角速度。

可以证明,电阻与等效电路的电阻有关,为

$$R_a = R_1 \tag{10.64}$$

及

$$R_{aR} = R_2 \tag{10.65}$$

为形成磁场定向控制方案,我们从转矩表达式 C.70 开始:

$$T_{mech} = \frac{3}{2} \left(\frac{poles}{2} \right) \left(\frac{L_m}{L_R} \right) (\lambda_{DR} i_Q - \lambda_{QR} i_D) \tag{10.66}$$

为推导 C.3 节中的 dq0 变换,参考系选择为定子和转子磁通波的同步坐标系,因而以角

速度 $\omega_s=(2/poles)\omega_e$ 旋转。就推导的目的来说,没有必要指定坐标系的绝对角位置。此处,简便的做法是选择坐标系的直轴沿转子磁通方向。

如果按此选择,就没有沿坐标系交轴的转子磁通。因而

$$\lambda_{QR} = 0 \tag{10.67}$$

而转矩表达式 10.66 变成

$$T_{mech} = \frac{3}{2}\left(\frac{poles}{2}\right)\left(\frac{L_m}{L_R}\right)\lambda_{DR}i_Q \tag{10.68}$$

根据式 10.62 可知

$$i_{DR} = 0 \tag{10.69}$$

且因此有

$$\lambda_{DR} = L_m i_D \tag{10.70}$$

及

$$\lambda_D = L_S i_D \tag{10.71}$$

从式 10.70 及式 10.71 可见,通过选择使同步旋转坐标系沿转子磁通的轴线以及令 $\lambda_{QR}=0$,转子直轴磁通(其确实是总转子磁通)以及直轴磁通就由电枢电流的直轴分量决定。注意到这与直流电动机正好相似。直流电动机中,励磁磁通和电枢直轴磁通由励磁电流决定;而在这一磁场定向控制方案中,转子磁通和电枢直轴磁通由电枢直轴电流决定。换句话说,在这一磁场定向控制方案中,电枢电流的直轴分量起着与直流电机中励磁电流相同的作用。

转矩表达式 10.68 体现出了与直流电动机的类比。由此可见,一旦电枢直轴电流设定了转子直轴磁通 λ_{DR},转矩于是就由电枢交轴电流决定,就像直流电动机中转矩由电枢电流决定一样。

在我们已经推导出的方法的具体实现中,直轴和交轴电流 i_D 和 i_Q 必须变换成电动机三相电流 $i_a(t)$、$i_b(t)$ 及 $i_c(t)$,这可以用式 C.48 的 dq0 逆变换来做,式 C.48 需要已知 a 相轴线与同步旋转坐标系直轴之间的电角度 θ_S。

由于不可能直接测量转子磁通的轴线,就需要计算 θ_S,如式 C.46 所给出的,$\theta_S=\omega_e t+\theta_0$。解式 10.63 求 ω_e 得出

$$\omega_e = \omega_{me} - R_{aR}\left(\frac{i_{QR}}{\lambda_{DR}}\right) \tag{10.72}$$

根据式 10.56 且 $\lambda_{QR}=0$ 可知

$$i_{QR} = -\left(\frac{L_m}{L_R}\right)i_Q \tag{10.73}$$

于是,将式 10.73 与式 10.70 相结合得出

$$\omega_e = \omega_{me} + \frac{R_{aR}}{L_R}\left(\frac{i_Q}{i_D}\right) = \omega_{me} + \frac{1}{\tau_R}\left(\frac{i_Q}{i_D}\right) \tag{10.74}$$

式中,$\tau_R=L_R/R_{aR}$ 为转子时间常数。

现在,我们可以对式 10.74 积分以求取 θ_S。

$$\bar{\theta}_S = \left[\omega_{me} + \frac{1}{\tau_R}\left(\frac{i_Q}{i_D}\right)\right]t + \theta_0 \tag{10.75}$$

式中，$\bar{\theta}_S$ 意指 θ_S 的计算值（常常称为 θ_S 的估计值）。在更一般的动态意义上，

$$\bar{\theta}_s = \int_0^t \left[\omega_{me} + \frac{1}{\tau_R} \left(\frac{i_Q}{i_D} \right) \right] dt' + \theta_0 \tag{10.76}$$

注意到式 10.75 和式 10.76 都需要知道 θ_0，即在 $t=0$ 时的 $\bar{\theta}_S$ 值。虽然我们在此不去验证，但可以证明，在实际实现中，这一初始角度中误差的影响随时间衰减到 0，因此可以将其设定为 0 却不失一般性。

图 10.25(a)所示为感应电动机磁场定向转矩控制系统的框图。标注为"预测器"的模块代表实现式 10.76 的积分运算，其计算从 dq0 到 abc 变量变换需要的 θ_S 的估计值。

注意到，需要速度传感器来提供预测器必需的转子速度的测量。也要注意，预测器需要知道转子时间常数 $\tau_R = L_R/R_{aR}$。一般而言，不可能准确获知这一常数，这是由于电机参数的不可靠，以及电动机运行时转子电阻 R_{aR} 毫无疑问会随温度改变。可以证明，τ_R 的误差在 θ_S 的估算中会引起偏差，由此引起转子磁通位置估算中的误差，并因此导致施加的电枢电流不会准确地沿直轴和交轴。虽然在转矩及转子磁通中有相应的误差，但转矩控制器基本上仍将按预期工作。

正如同步电动机一样，可以根据式 10.35 求出电枢磁链有效值为

$$(\lambda_a)_{rms} = \sqrt{\frac{\lambda_D^2 + \lambda_Q^2}{2}} \tag{10.77}$$

将式 10.54 和式 10.73 结合，得出

$$\lambda_Q = L_S i_Q + L_m i_{QR} = \left(L_S - \frac{L_m^2}{L_R} \right) i_Q \tag{10.78}$$

将式 10.71 和式 10.78 代入式 10.77 得出

$$(\lambda_a)_{rms} = \sqrt{\frac{L_S^2 i_D^2 + \left(L_S - \frac{L_m^2}{L_R} \right)^2 i_Q^2}{2}} \tag{10.79}$$

最后，正如对式 10.34 在脚注中所讨论的，可以求得电枢线-中点电压有效值为

$$V_a = \sqrt{\frac{v_D^2 + v_Q^2}{2}} = \sqrt{\frac{(R_a i_D - \omega_e \lambda_Q)^2 + (R_a i_Q + \omega_e \lambda_D)^2}{2}}$$

$$= \sqrt{\frac{\left(R_a i_D - \omega_e \left(L_S - \frac{L_m^2}{L_R} \right) i_Q \right)^2 + (R_a i_Q + \omega_e L_S i_D)^2}{2}} \tag{10.80}$$

这些表达式说明，电枢磁链和端电压由电枢电流的直轴和交轴分量来决定。因而，图 10.25(a)中标记为"转矩控制器"的模块必须计算直轴和交轴电流的参考值 $(i_D)_{ref}$ 和 $(i_Q)_{ref}$，其既要达到所期望的转矩，又要服从对电枢磁链（以避免电动机饱和）、电枢电流 $(I_a)_{rms} = \sqrt{(i_D^2 + i_Q^2)/2}$（以避免电枢过热）和电枢电压（以避免潜在的绝缘损害）的约束。

注意到，正如在 10.2.2 节中关于同步电机的讨论，图 10.25(a)的转矩控制系统一般嵌入在一个大的控制环中，图 10.25(b)的速度控制环即为一个这样的例子。

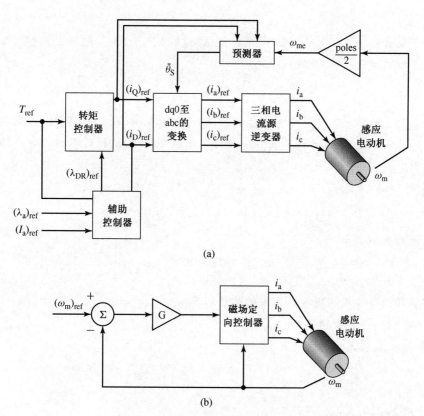

(a)

(b)

图 10.25　(a)感应电动机磁场定向转矩控制系统框图;(b)建立于
磁场定向转矩控制系统的感应电动机速度控制环框图

例 10.14　例 10.13 的三相、575V、60Hz、100kW、4 极感应电动机,由磁场定向速度控制系统[类似于图 10.25(b)的系统]驱动。控制器编程为在确保电动机电压和电枢磁链有效值不超过电机额定值、且电动机端电流不超过 100A 有效值以避免电动机过热的前提下,达到所期望的参考转矩。如果在不超过其中一个或多个约束下不能达到所期望的电磁转矩,则控制器就将电动机转矩减到足够小,以确保满足所有约束条件。

如果电磁功率是 82.5kW 且电动机运行在 1736r/min 的转速下,求直轴和交轴电流、电枢电流的有效值幅值、电频率及端电压有效值。

解:

此例题可以很容易地编写一个 MATLAB 程序来求解,以实现控制器算法。我们必须首先确定这台电机的参数。根据式 10.57 到式 10.65 有

$$L_m = \frac{X_{m0}}{\omega_{e0}} = \frac{35.4}{120\pi} = 93.90 \text{mH}$$

$$L_S = L_m + \frac{X_{10}}{\omega_{e0}} = 91.90 + \frac{0.239}{120\pi} = 93.54 \text{mH}$$

$$L_R = L_m + \frac{X_{20}}{\omega_{e0}} = 93.90 + \frac{0.344}{120\pi} = 94.81 \text{mH}$$

$$R_a = R_1 = 0.102\Omega$$

$$R_{aR} = R_2 = 0.125\Omega$$

这台电机的端部额定线—中点电压有效值为 $(V_a)_{rated} = 575/\sqrt{3} = 332.0V$,因而这台电机的电枢磁链额定有效值为

$$(\lambda_a)_{rms,rated} = \frac{(V_a)_{rated}}{\omega_{e0}} = \frac{332.0}{120\pi} = 0.881 \text{ Wb}$$

因为我们已经知道这是一个可以达到的运行点(参见例 10.13),所以就没必要包含减小转矩的算法这一环节,此环节是在不超过电动机运行约束,就达不到运行点的情况下才引入的。

对此给定运行条件,

$$\omega_m = n\left(\frac{\pi}{30}\right) = 1736 \times \left(\frac{\pi}{30}\right) = 181.8 \text{ rad/s}$$

且电磁转矩为

$$T_{mech} = \frac{P_{mech}}{\omega_m} = \frac{82.5 \times 10^3}{181.8} = 453.8 \text{ N} \cdot \text{m}$$

我们将按以下步骤实现控制算法的相应环节。

- 步骤 1:作为初步预估,设 $\lambda_{DR} = \sqrt{2} \times (\lambda_a)_{rms,rated}$。
- 步骤 2:根据式 10.68 计算 i_Q:

$$i_Q = \frac{2}{3}\left(\frac{2}{poles}\right)\left(\frac{L_R}{L_m}\right)\left(\frac{T_{mech}}{\lambda_{DR}}\right)$$

- 步骤 3:根据式 10.70 计算 i_D:

$$i_D = \frac{\lambda_{DR}}{L_m}$$

并根据式 10.36 计算电枢电流有效值:

$$I_a = \sqrt{\frac{i_D^2 + i_Q^2}{2}}$$

- 步骤 4:根据式 10.71 和式 10.78 计算:

$$\lambda_D = L_S i_D$$

$$\lambda_Q = \left(L_S - \frac{L_m^2}{L_R}\right)$$

并根据式 10.77 计算相应的电枢磁链有效值:

$$(\lambda_a)_{rms} = \sqrt{\frac{\lambda_D^2 + \lambda_Q^2}{2}}$$

- 步骤 5:根据式 10.80 计算端部相—中点电压有效值:

$$V_a = \sqrt{\frac{(R_a i_D - \omega_e \lambda_Q)^2 + (R_a i_Q + \omega_e \lambda_D)^2}{2}}$$

- 步骤 6:核查以发现所有约束是否得到满足。具体地,能够接受的解答必须有

$$I_a \leqslant 100 \text{ A}$$

$$(\lambda_a)_{rms} \leqslant (\lambda_a)_{rms,rated}$$

和

$$V_a \leqslant (V_a)_{rated}$$

如果满足了所有约束,那么就找到了运行条件。如果没有满足约束,则减小 λ_{DR} 并返回步骤 2。

这一控制策略用以下 MATLAB 程序实现:

```
clc
clear

% Here are the 60-Hz motor parameters
Varated = 575/sqrt(3);
poles = 4;
R1 = 0.102;
R2 = 0.125;
X10 = 0.239;
X20 = 0.344;
Xm0 = 35.40;

fe0 = 60;
omegae0 = 2*pi*fe0;
Lm = Xm0/omegae0;
LS = Lm+X10/omegae0;
LR = Lm+X20/omegae0;
Ra = R1;
RaR = R2;

% Maximum armature current
Iamax = 100;

% Rated rms armature flux linkages
lambdaarmsrated = Varated/omegae0;
lambdaarmsrated_peak = sqrt(2)*lambdaarmsrated;

% Specified operating condition
rpm = 1736;
omegam = rpm*pi/30;
omegame = omegam*(poles/2);
Pmech = 82.5e3;
Tmech = Pmech/omegam;

% Starting value of lambdaDR
lambdaDR = lambdaarmsrated_peak;

% Loop to find controller output
sw = 0;
while sw == 0;

    iQ = (2/3)*(2/poles)*(LR/Lm)*(Tmech/lambdaDR);
    iD = lambdaDR/Lm;
    Ia = sqrt((iD^2+iQ^2)/2);
    omegae = omegame+(RaR/LR)*(iQ/iD);
```

```
fe = omegae/(2*pi);
lambdaD = LS*iD;
lambdaQ = (LS-Lm^2/LR)*iQ;
lambdaarms = sqrt((lambdaD^2+lambdaQ^2)/2);
Va = sqrt(((Ra*iD-omegae*lambdaQ)^2+(Ra*iQ+omegae*lambdaD)^2)/2);

  if (lambdaarms > lambdaarmsrated)||(Va > Varated)||(Ia > Iamax)
    lambdaDR = 0.999*lambdaDR;
  else
    sw = 1;
  end
end % End of loop
fprintf('iQ = % 3.1f,iD = % 3.1f [A]\n',iQ,iD)
fprintf('Ia = % 3.1f [A]\n',Ia)
fprintf('omegame = % 3.1f [rad/sec],omegae = % 3.1f [rad/sec]\n',omegame,ome-
gae)
fprintf('fe = % 3.1f [Hz]\n',fe)
fprintf('Va = % 3.1f [V,1-n],Va = % 3.1f [V,1-1]\n',Va,Va*sqrt(3))
```

运行此 MATLAB 程序得出如下结果：

$$i_D = 12.6 \, \text{A} \qquad i_Q = 128.7 \, \text{A} \qquad I_a = 91.4 \, \text{A}$$

$$f_e = 60.0 \, \text{Hz} \qquad V_a = 574.9 \, \text{A}$$

注意到这一运行情况下的磁场定向控制策略,得到了与例 10.13(a)的恒电压频率比控制基本上相同的电动机电压、电流和所施加的电频率。这并不惊奇,因为电动机仅对其端电压和电流而不是对产生这些电压和电流的策略做出响应,且此时两种策略都给这台电动机施加了基本上相同的电压和电流。

练习题 10.8

再次考虑例 10.14 的感应电动机及磁场定向控制系统。假设转速重新调整到 1172r/min,且电磁功率为 25.4kW,相应于例 10.13(b)的运行情况。求直轴和交轴电流、电枢电流的有效值幅值、电频率及端电压有效值。

答案：

$i_D = 13.1\text{A}$, $i_Q = 56.5\text{A}$, $I_a = 41.0\text{A}$,

$f_e = 40.0\text{Hz}$, $V_a = 389.7\text{A}$。

注意到,此时,例 10.13 的电压频率比策略与例 10.14 的磁场定向控制策略,在运行于相同的功率和速度下,得到了稍有不同的端电压和电流值。引起这一差别的原因是,电压频率比策略是基于端电压(其包括了电枢电阻的电压降)来近似维持电枢磁通密度恒定,而磁场定向控制策略直接计算电枢磁通密度。

独立控制转子磁通和转矩的能力具有重要的控制意义。例如,考虑转子直轴磁通对直轴电流变化的动态响应。当 $\lambda_{qR} = 0$ 时,式 10.62 变成

$$0 = R_{aR}i_{dR} + \frac{\mathrm{d}\lambda_{dR}}{\mathrm{d}t} \tag{10.81}$$

用 λ_{dR} 替换 i_{dR},根据式 10.55 有

$$i_{dR} = \frac{\lambda_{dR} - L_m i_d}{L_R} \qquad (10.82)$$

得出转子磁链 λ_{dR} 的微分方程：

$$\frac{d\lambda_{dR}}{dt} + \left(\frac{R_{aR}}{L_R}\right)\lambda_{dR} = \left(\frac{L_m}{L_R}\right)i_d \qquad (10.83)$$

从式 10.83 可以看出,转子磁通对直轴电流 i_d 阶跃变化的响应相对较慢;λ_{dR} 将以转子时间常数 $\tau_R = L_R / R_{aR}$ 按指数变化。由于转矩正比于乘积 $\lambda_{dR} i_q$,可见,从 i_q 的变化将得到快速的转矩响应。因而,例如,为实现转矩阶跃变化,实际控制方案可能是从 $(i_Q)_{ref}$ 的阶跃变化开始,以得到期望的转矩变化,接着调整 $(i_D)_{ref}$ (因而也就是 λ_{dR}),使按照期望值重新调整电枢电流或端电压。$(i_D)_{ref}$ 的调整应与 $(i_Q)_{ref}$ 的补偿调整相结合,以维持转矩在其期望值。

就像在例 10.14 中所讨论的,在稳态运行情况下,电压频率比控制器和磁场定向控制器两者能达到相同的运行点。而在很多应用场合,磁场定向控制器有别于电压频率比控制器的,正是运行条件变化时它的快速转矩控制和响应能力。

10.4 变磁阻电动机的控制

与直流和交流(同步或感应)电机不同,不能只是将变磁阻电动机[①](Variable Reluctance Motor,VRM)"插接"到直流或交流电源就指望其运转。如在第 8 章所讨论的,各相必须用电流(一般为单极性的)来激励,这些电流的时间选择必须与转子极的位置审慎关联以产生有用的时间平均转矩。因此,虽然 VRM 本身或许是最简单的旋转电机,但实际 VRM 驱动系统却相对要复杂一些。

VRM 驱动系统具有竞争力,仅仅是因为这一复杂系统,可以很容易且低廉地用电力电子和微电子电路来实现。即使最简单的 VRM 运行模式,这些驱动系统也需要相当复杂程度的可控性。一旦能够实现这一控制性能,就可以添加相对高级的控制特色(一般按附加软件的形式)而无须额外的费用,更进一步增强了 VRM 驱动的竞争力。

除 VRM 本身外,基本的 VRM 驱动系统由如下部分组成:转子位置传感器、控制器以及逆变器。转子位置传感器的作用是提供一个轴位置的指示,可用于控制各相激励的时间选择及波形。这正类似于汽车发动机中用于控制汽缸点火的定时信号。

控制器一般用微电子(微处理器)电路中的软件来实现。其作用是确定为达到期望的电动机转速-转矩特性必需的各相激励的顺序及波形。除了设定期望转速和/或转矩及轴位置(从轴位置传感器来)点,复杂的控制器常常用到额外的输入,包括转轴速度和相电流大小。连同对给定转速来确定期望的转矩的基本控制功能一起,更复杂的控制器试图提供做了某些优化(对最大效率、稳定的瞬态性能等)的激励。

控制线路一般由低功率电子电路组成,不能直接用于供给激励电动机各相需要的电流。相反,其输出中包含控制逆变器的信号,而逆变器再供给相电流,用一组适当的电流加到 VRM 相绕组,实现对 VRM 的控制。

图 10.26(a)到图 10.26(c)所示为驱动 VRM 的逆变器系统中会碰到的三个通用结构。

---

① 也称为开关磁阻电动机(Switched Reluctance Motor,SRM)——译者注。

这些结构称为 H 桥逆变器。标记为"S"的开关代表例如晶体管或者三端开关器件 TRIACS（可控二极管）等电力电子器件。标记为"D"的元件是二极管，它是一种仅沿单方向（沿二极管符号箭头所指方向）传送电流的电路元件。二极管可以建模为当电流沿箭头方向流通时是短路，而当电流试图反向时是开路。

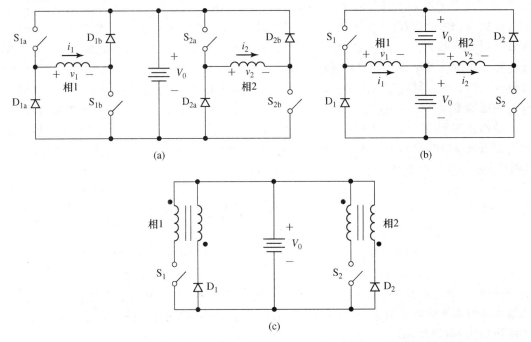

(a)　　　　　　　　　　　　(b)

(c)

图 10.26　逆变器结构：(a)两相逆变器，每相用两个开关；(b)两相逆变器，用分裂电源且每相一个开关；(c)两相逆变器，双线相绕组每相一个开关

图 10.26 中的每种逆变器都以两相结构示出。可以看出，将每种结构扩展以驱动其他相也很容易实现。图 10.26(a)的结构或许是最简单的。闭合开关 S_{1a} 和 S_{1b}，将相 1 绕组连接到供电电源上($v_1=V_0$)，引起绕组电流增加。仅打开两个开关的一个强制绕组短路，电流就将通过相应连接的二极管衰减；而当打开两个开关，将绕组通过二极管 D_{1a} 和 D_{1b} 连接到负极性电源时($v_1=-V_0$)，绕组电流衰减就更迅速。注意，这种结构能够再生（将能量返回供电电源），但不能供给相绕组负的电流。然而，由于 VRM 中的转矩正比于相电流的平方，所以也不需要负的绕组电流。

绕组的平均电流可以通过脉宽调制方式来控制，在该方法下一系列开关结构交替对相绕组充电和放电。采用这一技术，可以很容易地使像图 10.26(a)这样的逆变器提供驱动 VRM 需要的波形。

图 10.26(a)的逆变器结构或许是最简单的具有再生能力的 H 桥结构。其主要缺点是每相需要两个开关。在许多应用场合，开关（及其相关的驱动线路）的成本左右着逆变器的成本，因此就成本本来说，与其他每相需要一个开关的结构相比，此结构不大具有吸引力。

图 10.26(b)所示即为一个这样的结构。该结构需要一个分裂电源（即两个电压 V_0 的电源），但每相只要一个开关和一个二极管。闭合开关 S_1，将相 1 绕组连接到上面的直流电源。打开开关就引起相电流转移到二极管 D_1，使绕组连接到底下的直流电源。因而，相 1

由上面的直流电源供电而经底下的电源再生。注意,为维持对称及平衡从每个电源供给的能量,相 2 与相 1 相对连接以使其从底下的电源供电而再生到上面的电源。

图 10.26(b)结构的主要缺点是它需要一个分裂电源,且当开关打开时,开关必须承受 $2V_0$ 的电压。留意到当二极管 D_1 正向偏置且流过电流时,其看起来像是短路的,因而开关 S_1 连接到了两个电源上,这一点就显而易见。这样的开关很可能比图 10.26(a)的结构需要的开关更贵。与图 10.26(a)的逆变电路相比,这两点都会抵消通过去掉一个开关和一个二极管可以获得的某些价格优势。

第三种逆变器结构示于图 10.26(c)。这种结构仅需要单一直流电源,每相仅用一个开关和一个二极管。这一结构通过采用双线相绕组实现再生。在双线绕组中,每相由两个独立的绕组绕成,绕组在磁方面紧密耦合(这可以通过同时绕制两个绕组来得到),可以设想为变压器的一次侧和二次侧绕组。

当开关 S_1 闭合时,相 1 的一次侧绕组加电压,励磁该相绕组。打开开关时在二次侧绕组中就感应出沿对 D_1 正向偏置方向的电压[注意在图 10.26(c)中用圆点指示的极性]。其结果是,电流就从一次侧绕组转移到二次侧绕组,其极性为使得相中的电流衰减到 0 而能量返回电源。

虽然这一结构仅需要单一直流电源,但它要求开关必须承受超过 $2V_0$ 的电压(超过的程度由当电流从一次侧转移到二次侧绕组时,在一次侧漏电抗上产生的电压决定),且在电机中需要更复杂的双线绕组。此外,这种结构中的开关必须包含缓冲电路(一般由电阻电容的组合构成)以保护其免受瞬时过电压。引起这些过电压的原因是,虽然双线绕组的两个绕组绕制成尽可能紧密的耦合,但不可能达到理想化的耦合。因此,将有能量存储在一次侧绕组的漏磁场中,而当开关打开时,能量必须耗散掉。

正如在第 8 章中所讨论的,VRM 运行需要控制施加到各相的电流。例如,产生恒转矩的一个控制策略是,在各相 $dL/d\theta_m$ 为恒值期间,对该相施加恒定电流。这样就产生正比于相电流平方的恒转矩。转矩的大小就可以用改变相电流的大小来控制。

驱动 VRM 相绕组需要的控制更复杂,因为由于磁性材料中的饱和效应,相绕组电感随转子位置和电流量级变化。因此,通常不可能实现基于预先计算好的策略的开环 PWM 方案。反之,脉宽调制一般采用电流反馈来实现。可以测出瞬时相电流,设计出开关转换方案,以使当发现电流达到预期的最大值时断开关,而当电流衰减到预期的最小值时接通开关。依此方式,平均相电流就按照预定的随转子位置和期望转矩变化的关系来控制。

本节就变磁阻电机驱动系统主题做了简要介绍。大多数情况下,在实际驱动系统能得以实现以前,必须考虑许多额外的问题。例如,为了正确控制相励磁,需要传感精确的转子位置,且控制环必须适当补偿以确保其稳定性。此外,电动机相绕组中电流生成时的一定的上升和下降时间,将从根本上限制可能得到的转子最大转矩和转速。

一个完整的 VRM 驱动系统的性能,与其所有部件包括 VRM、控制器及逆变器的性能有关。从这个意义上说,VRM 完全不同于本章较早前讨论的感应电机、同步电机和直流电机。因而,将整个驱动系统按整体封装来设计,而不是孤立地设计单独的部件(VRM、逆变器、控制器等)才更有用。图 10.26 的逆变器结构是许多可用做 VRM 驱动系统的逆变器的代表。特定应用场合的逆变器,必须基于工程和经济性考虑,作为完整 VRM 驱动系统设计的一部分来选择。

10.5 小　　结

本章介绍了电机控制的多种方法。电机控制这一博大主题,需要远比此处可能进行的更加广泛的讨论,因而,我们的目标有些局限。最值得关注的是,本章的讨论几乎毫无例外地集中在稳态性能上,没有考虑瞬变过程和动态性能问题。

以直流电动机的讨论作为出发点。对直流电动机,将控制方法再分成两类较为方便:转速控制和转矩控制。直流电动机速度控制策略相对直截了当一些。除了补偿电枢电阻上的电压降,决定稳态转速的条件是电机产生的反电势必等于施加的电枢电压。由于产生的反电势正比于励磁磁通和电动机转速,因而可知,电动机稳态转速正比于电枢电压而反比于励磁磁通。

另一个考察点是对转矩的控制。因为换向器/电刷系统维持了励磁磁通和电枢磁通之间恒定的角度关系,所以直流电动机中的转矩就正比于电枢电流和励磁磁通的乘积。因而,直流电动机转矩可以用控制电枢电流以及励磁磁通来直接控制。

因为同步电动机只在同步转速下产生转矩,所以同步电动机的转速就由施加的电枢激励的电频率决定。因而,稳态转速控制就只是控制电枢频率问题。转矩控制也是有可能的。通过将定子量变换到随转子同步旋转的坐标系(用附录 C 的 dq0 变换),我们可以发现,转矩正比于励磁磁通和电枢电流在空间与励磁磁通正交的分量。这正好类似于直流电动机中的转矩产生原理。采用这一观点的控制策略称为矢量控制或磁场定向控制。

感应电机异步运行,转子电流由转子关于定子产生的同步旋转磁通波的相对运动所感应。当由施加到电枢绕组的恒定频率电源供电时,电动机将在比同步转速稍微低一点的速度下运行,且电动机转速随负载转矩增加而降低。因而,虽然在大多数情况下,转速不会偏离同步速度一个很大量,但精确的转速调节就不是一件简单的事情。

与同步电动机中的情况类似,尽管感应电动机的转子以低于同步速的转速旋转,但转子磁通和定子磁通波之间的相互作用的确是同步的。因此,变换到同步旋转的坐标系会导致转子磁通和定子磁通波恒定。于是,用直接类似于同步电动机磁场定向观点的形式,可以将转矩以转子磁链和电枢电流与转子磁链正交分量(称为电枢电流的交轴分量)的乘积来表示。再者,可以证明转子磁链正比于电枢电流的直轴分量,因而电枢电流直轴分量的作用非常像同步电动机中的励磁电流。感应电机控制的这一磁场定向观点,与实现该观点需要的电力电子电路及控制系统相结合,已使得感应电机广泛适用于各种变速应用场合。

最后,本章以对变磁阻电机控制的简要讨论作为结束。为产生有用的转矩,这种电机一般需要相对复杂的、非正弦的电流波形,其形状必须按转子位置的函数关系来控制。一般来说,这些波形采用 10.4 节中所讨论类型的 H 桥逆变器,用脉宽调制与电流反馈相结合来产生。波形的具体细节主要取决于 VRM 的几何结构和磁路特性,不同电动机其差别可能非常显著。

10.6　第 10 章变量符号表

λ	磁链 [Wb]
Λ_{PM}	永磁体直轴磁链 [Wb]
ω_e	电角频率 [rad/s]

ω_m	转子角速度 [rad/s]
ω_{me}	转子电角速度 [rad/s]
ω_s	同步角速度 [rad/s]
τ	时间常数[s]
θ_s	转子磁通轴线角 [rad]
$\bar{\theta}_s$	θ_s 的估计值[rad]
B	磁通密度 [T]
D, l	线性尺寸 [m]
e, E	电势
E_{af}	感应电势 [标幺值]
$\boldsymbol{E}_{af}$	感应电势,复数量 [标幺值]
f	频率 [Hz]
f_e	电频率 [Hz]
F	磁势 [A]
G	系数 [V/(rad/s)],[N·m/(rad/s)]
i	电流 [A]
I	电流 [A,标幺值]
$\boldsymbol{I}$	电流,复数量 [标幺值]
J	转动惯量 [kg·m²]
K_f	几何常数 [Ω/(rad/s)]
K_m	转矩常数 [V/(rad/s)]
L	电感 [H]
L_s	同步电感[H]
n	转速 [r/min]
n_s	同步转速 [r/min]
P	功率 [W]
poles	极数
R	电阻 [Ω]
s	滑差(转差率)
t	时间 [s]
τ	时间常数(s)
T	转矩 [N·m]
v	电压 [V]
V	电压 [V,标幺值]
$\boldsymbol{V}$	电压,复数量 [V,标幺值]
X_m	磁化电抗 [Ω,标幺值]
X_s	同步电抗 [Ω,标幺值]

下标:

a	电枢

base	基值
d,D,DR	直轴分量
dc	直流
eq	等效
f,F	磁场(励磁),最终
fl	满载
i	初始
max	最大
mech	机械
min	最小
q,Q,QR	交轴分量
R	转子
rated	额定
S	定子
ref	参考(给定)
rms	有效值

10.7　参 考 文 献

有关电机控制的讨论,有许多极好的书籍,比这里给出的介绍更加透彻。本参考文献目录列出了众多教材中的一部分,供希望更深入学习这一主题的读者选用。

Boldea, I., *Reluctance Synchronous Machines and Drives*. New York: Clarendon Press·Oxford, 1996.

Holmes, G., and Lipo, T., *Pulse Width Modulation for Power Converters: Principles and Practice*, IEEE Press, John Wiley & Sons, 2003.

Kenjo, T., *Stepping Motors and Their Microprocessor Controls*. New York: Clarendon Press·Oxford, 1984.

Leonhard, W., *Control of Electric Drives.*, 2nd ed. Berlin: Springer, 1996.

Miller, T. J. E., *Brushless Permanent-Magnet and Reluctance Motor Drives*. New York: Clarendon Press·Oxford, 1989.

Miller, T. J. E., *Switched Reluctance Motors and Their Controls*. New York: Magna Press Publishing and Clarendon Press·Oxford, 1993.

Mohan, N., *Advanced Electric Drives: Analysis, Control and Modeling Using Simulink*. Minneapolis: MNPERE (http://www.MNPERE.com), 2001.

Mohan, N., *Electric Drives: An Integrative Approach*. Minneapolis: MNPERE (http://www.MNPERE.com), 2001.

Murphy, J. M. D., and F. G. Turnbull, *Power Electronic Control of AC Motors*. New York: Pergamon Press, 1988.

Novotny, D. W., and T. A. Lipo, *Vector Control and Dynamics of AC Drives*. New York: Clarendon Press·Oxford, 1996.

Subrahmanyam, V., *Electric Drives: Concepts and Applications*. New York: McGraw-Hill, 1996.

Trzynadlowski, A. M., *Control of Induction Motors*. San Diego, California: Academic Press, 2001.

Vas, P., *Sensorless Vector and Direct Torque Control*. Oxford: Oxford University Press, 1998.

Wu, B., High-Power Converters and AC Drives, IEEE Press, John Wiley & Sons, 2006.

10.8 习　　题

10.1　当在额定电压下运行时,一台 2.5kW、120V、1725r/min 的他励直流电动机,在 0.85A 的励磁电流下达到 1708r/min 的空载转速。电动机有 163mΩ[①] 的电枢电阻及 114Ω 的并励电阻。对本习题,可以假设旋转损耗可忽略不计。

此电动机用于控制负载的转速,负载转矩在 1400～1750r/min 的转速范围内为 13.7N·m 恒值。电动机运行在 120V 恒值电枢电压下。励磁绕组从 120V 电枢直流电源经脉宽调制系统供电,平均励磁电压和电流因而也就是电动机转速,通过调节脉宽调制的占空比来改变。当占空比在 0 到 1.0 之间变化时,将使得平均励磁电压在 0 到 120V 范围线性变化。

a. 计算达到在 13.7N·m 转矩和 1750r/min 下运行需要的励磁电流。计算相应的 PWM 占空比 D。

b. 计算达到在 13.7N·m 转矩和 1400r/min 下运行需要的励磁电流。计算相应的 PWM 占空比。

c. 绘出需要的 PWM 占空比,在期望的 1400～1750r/min 转速范围随转速变化的函数曲线。

10.2　对在 1500r/min 时转矩为 13.7N·m,且按转速的 1.8 次方变化的负载,重做习题 10.1。

10.3　习题 10.1 的直流电动机,有励磁绕组电感 $L_f=3.4H$ 及转动惯量 $J=0.105kg·m^2$。电动机驱动 13.7N·m 的恒转矩负载,运行在额定端电压和 1500r/min 的初始速度。

a. 计算初始励磁电流 I_f 及 PWM 占空比 D。

在时刻 $t=0$,PWM 占空比从(a)中求出的值突然变为 $D=0.75$。

b. 计算过渡过程消失后,励磁电流和电动机转速的最终值。

c. 求解出励磁电流随时间变化的函数表达式。

d. 用 MATLAB/Simulink,绘出电动机转速和电枢电流随时间变化的函数曲线。

10.4　例 10.1 的直流电动机和负载有 $J=2.1kg·m^2$ 的总转动惯量。电动机最初加 240V 的电枢电压和 62.5V 的励磁电压,运行在 1500r/min 的速度。当励磁电压突然变到 110V:

a. 计算达到稳态后电动机的转速和电枢电流。

b. 利用 MATLAB/Simulink,绘出电动机转速和电枢电流随时间变化的函数曲线。

10.5　一台并励连接的 240V、20kW、3400r/min 直流电动机有下列参数:

---

① 原书为 mA,疑有误——译者注。

$$励磁电阻：\quad R_f = 197\Omega$$

$$电枢电阻：\quad R_a = 0.134\Omega$$

$$几何常数：\quad K_f = 0.531 V/(A \cdot rad/s)$$

当在额定电压、空载下运行时，电动机电流是 1.93A。

a. 计算空载转速及旋转损耗。

b. 假设旋转损耗恒定不变，用 MATLAB 绘出电动机输出功率随转速变化的函数曲线。绘图时输出功率限制到最大 20kW。

c. 采用电枢电压控制，以维持当电动机带载时电动机转速恒定。对此运行条件，并励电压将保持为 240V 恒值。绘出为维持电动机 3325r/min 的恒定速度，需要的电枢电压随输出功率变化的函数曲线。

d. 考虑对这台电动机采用电枢电压控制，而励磁绕组保持并联到电枢接线端上的情形。对这一运行条件，重做(c)。这样的运行切实可行吗？为什么电动机运行状态与(c)有显著差别？

10.6 一台小型永磁直流电动机的数据单提供了下列参数：

$$额定电压：\quad V_{rated} = 6V$$

$$空载转速：\quad n_{nl} = 15025 r/min$$

$$空载电流：\quad I_{nl} = 0.2A$$

$$堵转电流：\quad I_{stall} = 1.9A$$

a. 计算电枢电阻 R_a 和转矩常数 K_m。

b. 计算空载旋转损耗。

c. 电动机驱动小型飞机上的螺旋桨推进器，观测到在 6.0V 端电压下电动机以 12000r/min 的转速运行。假设旋转损耗按转速的立方变化，计算供给螺旋桨推进器的功率。计算此运行情况下的电动机效率。

10.7 一台小型永磁直流电动机有下列特征参数：

$$额定电压：\quad V_{rated} = 3V$$

$$额定输出功率：\quad P_{rated} = 0.32W$$

$$空载转速：\quad n_{nl} = 13100 r/min$$

$$转矩常数：\quad K_m = 0.214 mV/(r/min)$$

$$堵转转矩：\quad T_{stall} = 0.094 \text{ 盎司} \cdot \text{英寸}[1]$$

a. 计算电动机电枢电阻。

b. 计算空载旋转损耗。

c. 假设电动机连接到负载，使得在 13000r/min 的转速时，总的轴功率（实际负载加上旋转损耗）等于 300mW。假设总负载按电动机转速的立方变化，编写 MATLAB 程序，以绘出对 $1.0V \leqslant V_a \leqslant 3.0V$，电动机转速随端电压变化的函数曲线。

10.8 一台 350W 永磁直流电动机的数据表单提供了下列参数：

$$额定电压：\quad V_{rated} = 24V$$

---

[1] 1 盎司=28.35g；1 英寸=2.54cm——编者注。

$$电枢电阻：\qquad R_a = 97\text{m}\Omega$$

$$空载转速：\qquad n_{nl} = 3580\text{r/min}$$

$$空载电流：\qquad I_{a,nl} = 0.47\text{A}$$

a. 计算电动机转矩常数 K_m，单位 V/(rad/s)。

b. 计算空载旋转损耗。

c. 电动机从 30V 直流电源通过 PWM 逆变器供电。表 10.1 给出了测得的电动机电流随 PWM 占空比 D 变化的函数关系。对每个 D 值，通过计算电动机转速及负载功率，完成此表格。假设旋转损耗按电动机转速的立方变化。

表 10.1 习题 10.8 的电动机性能数据表

D	I_a/A	r/min	P_{load}/W
0.80	14.70		
0.75	12.79		
0.70	11.55		
0.65	10.34		
0.60	9.20		
0.55	8.07		
0.50	7.02		

10.9 习题 10.8 的电动机有 $J = 1.33 \times 10^{-3}\,\text{kg·m}^2$ 的转动惯量。对本习题，假设电机不带载且忽略所有旋转损耗的影响。

a. 如果电动机用 15A 的恒值电枢电流供电，计算达到 3500r/min 的转速需要的时间。

如果电动机用 24V 的恒值端电压供电，

b. 计算达到 3500r/min 的转速需要的时间。

c. 绘出电动机转速和电枢电流随时间变化的函数曲线。

10.10 一台 1200W、240V、3600r/min 的永磁直流电动机，由电流源型逆变器供电运行，以提供电动机转矩的直接控制。电动机转矩常数为 $K_m = 0.645\text{V/(rad/s)}$，其电枢电阻为 2.33Ω。在 3600r/min 的转速下电动机旋转损耗为 109W。假设当电动机转速变化时，旋转损耗可以用一个恒值损耗转矩来表征。

a. 计算这台电动机的额定电枢电流。相应的以 N·m 为单位的电磁转矩是多少？

b. 电流源向电动机电枢提供 4.4A 的电流，测得电动机转速为 3120r/min。计算负载转矩和功率。

c. 假设(b)中的负载转矩随转速线性变化，而且电动机及负载有 $9.2 \times 10^{-3}\,\text{kg·m}^2$ 的总转动惯量。如果(b)中的电枢电流突然增加到 5.0A，绘出电动机转速随时间变化的函数曲线。

10.11 习题 10.10 的直流电动机，用图 10.7 所示形式的速度控制器来控制，将参考速度设定为 3600r/min 即 $\omega_m = 120\pi$，求：

a. 使电动机空载转速为 3600r/min 时的参考电压 V_{a0}。

b. 使得当电动机负载等于 1.2kW 时转速为 3550r/min 的增益常数 G，以及相应的电枢电压。

10.12 习题 10.10 和习题 10.11 的直流电动机,用习题 10.11 的控制器来控制运行,参考速度 3600r/min。电动机同轴连接到一台交流发电机,发电机的旋转损耗可以认为正比于转速,且在 3600r/min 下是 95W。电动机及发电机的总转动惯量为 0.02kg·m^2。发电机最初未带载,且在加载到 3.0N·m 的转矩时以 3600r/min 运行。假设转速变化时发电机负载转矩维持恒定,用 MATLAB/Simulink 绘出电动机转速、端电压和电枢电流随时间变化的函数曲线。

10.13 一台 500V、50kW、2200r/min 的他励直流电动机有下列参数:

$$
\begin{aligned}
&\text{励磁电阻:} &R_f &= 127\Omega \\
&\text{额定励磁电压:} &V_{f0} &= 300V \\
&\text{电枢电阻:} &R_a &= 0.132\Omega \\
&\text{几何常数:} &K_f &= 0.886\text{V/(A·rad/s)}
\end{aligned}
$$

此电动机应用于负载转矩在空载到 220N·m 之间变化的场合。电动机及负载的总惯量为 6.5kg·m^2。应用场合要求,在负载的上述范围,电动机转速维持在 2125r/min 和 2150r/min 范围内。对此电动机及转速和负载范围,重做例 10.5 的计算和 MATLAB/Simulink 仿真。

10.14 一台 75kW、480V、60Hz、2 极同步电动机,有 0.87 标幺值的同步电抗。电动机在 27A 励磁电流下达到额定转速、额定开路电压。对本习题,可以忽略电动机所有损耗。

a. 如果电动机运行在额定电压和速度,计算达到额定功率、单位功率因数运行需要的励磁电流。

b. 如果电动机运行在 40Hz、320V、额定电流和单位功率因数,计算电动机速度、输出功率和励磁电流。

c. 如果电动机运行在 75Hz、480V、额定电流和单位功率因数,计算电动机速度、输出功率和励磁电流。

10.15 一台 1150kVA、4600V、60Hz、三相、4 极同步电动机,由额定值为 1250kVA 的变频、三相、恒 V/Hz 逆变器驱动。同步电动机有 1.29 标幺值的同步电抗,且在 98A 励磁电流下达到额定开路电压。

a. 计算该电动机以 r/min 为单位的额定转速以及额定电流。

b. 如果电动机运行在额定电压及额定转速和 1000kW 的输入功率,计算达到单位功率因数运行需要的励磁电流。

(b)中的负载功率以转速的 2.7 次方变化。如果电动机励磁电流保持固定,减小逆变器频率以使电动机运行在 1325r/min 的转速。

c. 计算逆变器频率、电动机输入功率以及功率因数。

d. 计算使电动机回到单位功率因数需要的励磁电流。

10.16 考虑一台三相同步电动机,给出其下列数据:

额定线—线电压(V)

额定容量(VA)

额定频率(Hz)和速度(r/min)

标幺值同步电抗

额定开路电压下的励磁电流（AFNL）（A）

电动机用变频、恒值 V/Hz 逆变器，在高达 120％电动机额定转速的速度下运行。

    a. 在电动机端电压及电流不能超过其额定值的假设下，编写 MATLAB 程序，对给定的运行速度，计算电动机端电压、电动机最大可能的输入功率及达到这一运行状态需要的相应励磁电流。可以认为饱和效应及电枢电阻忽略不计。

    b. 用习题 10.15 的同步电动机，对 1500r/min 和 2000r/min 的电动机转速，试用编写的程序。

10.17   为了进行隐极同步电动机磁场定向控制计算，编写一个 MATLAB 程序，以计算同步电感 L_s 和电枢与励磁绕组的互感 L_{af}，两者单位均为 H；以及以 N·m 为单位的额定转矩。给出下列数据：

- 额定线－线电压（V）
- 额定容量（VA）
- 额定频率（Hz）
- 极数
- 标幺值同步电抗
- 额定开路电压下的励磁电流（AFNL）（A）

    对一台有 0.932 标幺值同步电抗、AFNL＝15.8A 的 460V、100kW、4 极、60Hz 电动机，试用你的程序。

10.18   一台 125kVA、540V、60Hz、4 极、三相同步电机作为同步电动机，用如图 10.14（a）所示的系统在磁场定向转矩控制下运行。该电机有 0.882 标幺值的同步电抗，且 AFNL＝17.3A。电动机在额定转速下运行，在 14.6A 的励磁电流下，加载到 50％的额定转矩，磁场定向控制器设置为维持 i_D＝0。

    a. 计算同步电感 L_s 及电枢与励磁绕组的互感 L_{af}，两者单位均为 H。

    b. 求交轴电流 i_Q 及相应电枢电流 i_a 的有效值大小。

    c. 求取电动机端部线－线电压。

10.19   习题 10.18 的同步电动机在磁场定向转矩控制下运行，使 i_D＝0。励磁电流设置为等于 15.6A，转矩参考值设置为等于电动机额定转矩的 0.8 倍，观测到电动机转速为 1515r/min。

    a. 计算电动机输出功率。

    b. 求交轴电流 i_Q 及相应电枢电流 i_a 的有效值大小。

    c. 计算定子电频率。

    d. 求取电动机端部线－线电压。

10.20   考虑习题 10.18 的磁场定向转矩控制系统中，同步电动机上的负载增加，电动机开始慢下来的情形。基于已知某些负载特性，可以肯定的是，为使电动机回到其额定速度，必须将转矩设置点 T_{ref} 从 50％提高到 85％电动机额定转矩。

    a. 如果使励磁电流保持在 14.6A 不变，计算交轴电流值、电枢电流有效值、电动机端部线－线电压（以 V 为单位及用标幺值），其将产生对参考转矩这一变化的响应。

b. 为在合理的电枢端电压时达到这一运行状态,磁场定向控制策略改变为在例10.9之后的正文中描述的单位功率因数策略。以该策略为基础,计算:

(i)电动机励磁电流。

(ii)直轴和交轴电流 i_D 和 i_Q。

(iii)电枢电压有效值。

(iv)电动机接线端线—线电压(以 V 为单位及用标幺值)。

10.21 考虑一台 450kW、2300V、50Hz、6 极同步电动机,有 1.32 标幺值的同步电抗和 AFNL＝117A。电动机采用在例 10.9 之后的正文中描述的单位功率因数策略,在磁场定向转矩控制下运行。电动机用于驱动转矩随转速二次方变化的负载,在 1000r/min 时转矩为 4100N·m。完整的驱动系统将包括如图 10.14(b)中所示的转速控制环。

编写一个 MATLAB 程序,其输入为期望的电动机转速(高达 1000r/min),其输出为电动机转矩、功率和功率因数、励磁电流、直轴和交轴电流、电枢电流和端部线—线电压。

10.22 一台 125kVA、480V、60Hz、4 极、三相同步电机,有 1.15 标幺值的饱和同步电抗,且在 18.5A 的励磁电流下达到额定开路电压。这台电机用做同步电动机,并用逆变器在磁场定向控制策略下运行。对在额定转矩和 1500r/min 的运行,求取产生最小电枢电流并使端部磁链不超过其额定值的励磁电流。求相应的直轴和交轴电流、用标幺值表示和以安培为单位的电枢电流、端电压及输出功率。

10.23 考虑一个磁场定向控制器,控制器将电动机端电压限制到其额定值,并且将有效值线—中点磁链限制到其额定值(对额定速度以上运行),或者将电动机端电压限制到其额定值(对额定速度以下运行)。该控制器用于例 10.10 的电动机,目标是在(a)1000r/min 和(b)1400r/min 的速度下产生可能的最大转矩。对每种情况,计算最终电动机端电压和电流、直轴和交轴电流、电动机输出功率,以及用额定转矩的百分数表示的转矩和相应的励磁电流。

10.24 例 10.22 的同步电机和磁场定向控制逆变器系统,在 2000r/min 的速度下运行。

a. 求取产生最小电枢电流并使端部磁链不超过其额定值的励磁电流。求相应的直轴和交轴电流、用标幺值表示和以安培为单位的电枢电流、端电压及输出功率。

b. 电动机运行在如(a)中的 2000r/min,磁场定向控制策略修改为,在受端电压不超过电动机额定电压和电枢电流不超过其额定值的约束下,传递可能的最大转矩。求相应的直轴和交轴电流、用标幺值表示和以安培为单位的电枢电流、端电压、输出功率及用额定转矩的百分数表示的转矩。

10.25 一台 2.5kVA、230V、2 极、三相永磁同步电动机,在 3530r/min 的转速时达到额定开路电压。其同步电感为 15.6mH。

a. 计算这台电动机的 Λ_{PM}。

b. 如果电动机在额定电压和额定电流下以 3600r/min 的转速运行,计算以 kW

为单位的电动机功率,分别为 i_D 和 i_Q 的电枢电流直轴分量和交轴分量峰值,以及以安培为单位和用标幺值表示的电枢电流。

10.26 将磁场定向转矩控制应用于习题 10.25 的永磁同步电动机。如果该电动机在额定端电压下以 4000r/min 运行。

a. 如果将电动机电流限制到其额定值,计算电动机可以提供的转矩和功率。

b. 计算相应的 i_D 和 i_Q 的值。

10.27 一台 25kVA、480V、2 极、三相永磁同步电动机,有 9500r/min 的最高转速,在 7675r/min 的转速时产生额定开路电压。电动机有 5.59mH 的同步电感。电动机在磁场定向转矩控制下运行。

a. 计算不超过额定电枢电流,电动机能产生的最大转矩。

b. 假设电动机运行在由转矩控制器调节以产生最大转矩[如在(a)中求得的]及 $i_D=0$,计算电动机不超过额定电枢电压可以运行的最高转速。

c. 为运行在转速超过(b)中求得的值,将采用弱磁控制以维持电枢电压为额定值。假设额定电枢电压和电流时电动机运行在 9500r/min,计算:

(i)电动机转矩。

(ii)电动机功率和功率因数。

(iii)直轴电流 i_D。

(iv)交轴电流 i_Q。

10.28 习题 10.27 的永磁电动机运行在矢量控制下,采用下列规则:

• 端电压不超过额定值

• 端电流不超过额定值

• $i_D=0$,除非需要弱磁以免超过电枢电压

编写 MATLAB 程序,绘出对转速高达 9500r/min,此系统能产生的最大功率和转矩随电动机转速变化的函数曲线。

10.29 一台三相、2 极永磁同步电动机,在 19250r/min 的转速时产生其 475V 的额定开路电压,有 0.36mH 的同步电感。从发热考虑限制电动机端电流在 350A 的最大值。电动机用磁场定向控制器控制运行,控制器在速度低于 19250r/min 时限定端部磁通密度有效值为其额定值,在速度超过 19250r/min 时限定电动机端电压为其额定值。对分别以(a)16000r/min 和(b)25000r/min 的转速运行,计算电动机可能的最大输出功率、相应的端电流和电压,以及直轴和交轴电流。

10.30 考虑一台 460V、50kW、4 极、60Hz 的感应电动机,有下列归算到定子、以欧姆每相表示的等效电路参数:

$$R_1 = 0.049 \quad R_2 = 0.118 \quad X_1 = 0.53 \quad X_2 = 0.55 \quad X_m = 29.6$$

电动机在变频、恒 V/Hz 驱动下运行,驱动器在 60Hz 时输出为 460V。忽略所有旋转损耗的影响。电动机驱动器最初调节到 60Hz 的频率。

a. 计算最大转矩及相应的转差率和以 r/min 为单位的电动机转速。

b. 计算 3.2% 转差率时的电动机转矩及相应的输出功率。

c. 假设(b)中的负载转矩维持恒定,如果将驱动频率减小到 45Hz,假如 R_1 可以

忽略，估算以 r/min 为单位的最终电动机转速；包含 R_1 的影响，计算对应于这一转速的电动机实际转矩。

10.31 考虑习题 10.30 的 460V、50kW、4 极感应电动机及驱动系统。

    a. 编写 MATLAB 程序，对 20Hz、40Hz 和 60Hz 的驱动频率，每个频率下其速度范围从 −200r/min 到同步转速，绘出电动机的转速−转矩特性。

    b. 确定使起动转矩最大需要的驱动频率，计算相应的以 N·m 为单位的转矩。对这一驱动频率，在(a)绘出的图上绘出转速−转矩特性。

10.32 一台 1100kW、2400V、8 极、60Hz 的三相感应电动机，有下列 Y 接法、归算到定子、以欧姆每相表示的等效电路参数：

$$R_1 = 0.054 \quad R_2 = 0.29 \quad X_1 = 0.59 \quad X_2 = 0.61 \quad X_m = 24.2$$

电动机用一个恒值 V/Hz 驱动器驱动，驱动器在 60Hz 频率下电压为 2400V。电动机用于驱动在 842r/min 的转速下功率为 1050kW、且按转速的 3 次方变化的负载。用 MATLAB，绘出当驱动频率在 15Hz 到 60Hz 间变化时，电动机转速随频率变化的函数曲线。

10.33 一台 125kW、60Hz、4 极、480V 的三相绕线转子感应电动机，转子短路，在 1732r/min 的转速下产生满载转矩。转子每相串入外部 790mΩ 无感电阻，观测到电动机在 1693r/min 的转速下产生其额定转矩。计算原来电动机的转子每相电阻。

10.34 习题 10.33 的绕线转子电动机，用于驱动等于电动机额定满载转矩的恒转矩负载。用习题 10.33 的结果，计算将电动机转速调节到 1550r/min 需要的外部转子电阻。

10.35 一台 45kW、400V、三相、4 极、50Hz 的绕线转子感应电动机，其转子直接在滑环上短路，当运行在额定电压和频率时，在 15.7% 转差率下产生 237% 额定转矩的最大内转矩。定子电阻和旋转损耗可以被忽略；转子电阻可以假设为常数，与转子频率无关。确定：

    a. 用百分数表示的满载转差率。

    b. 以瓦为单位的满载转子 I^2R 损耗。

    c. 额定电压和频率下的起动转矩（N·m）。

    如果转子电阻现在加倍（在滑环上接入外部串联电阻），确定：

    d. 当定子电流为其满载值时，以 N·m 为单位的转矩。

    e. 相应的转差率。

10.36 一台 45kW、三相、440V、6 极、60Hz[①] 的绕线转子感应电动机，其转子在滑环上短路，当在额定电压和频率下运行时，在 1164r/min 的转速下产生额定满载输出。额定电压和频率下能产生的最大转矩为 227% 满载转矩。转子绕组的电阻为 0.34Ω/相，Y 接法。忽略旋转损耗和负载杂散损耗以及定子电阻。

    a. 计算满载下转子 I^2R 损耗。

    b. 计算最大转矩下的转速。

---

① 原书题中未给出 60Hz 频率——编者注。

c. 为产生最大起动转矩，必须接入多大的与转子串联的电阻？

电动机现在以 50Hz 供电运转，调节施加的电压，使得对任意给定转矩，气隙磁通波有与在同样转矩下 60Hz 运行时相同的幅值。

d. 计算施加的 50Hz 电压。

e. 计算转速，该转速下电动机产生的转矩等于其在滑环短路下、60Hz 时的值。

10.37 习题 10.32 的三相、2400V、1100kW、8 极感应电动机，用磁场定向转速控制系统驱动，其控制器编程为置电枢线－中点磁链有效值 $(\lambda_a)_{rms}$ 等于其额定值。电机驱动负载运行在 850r/min，已知在此速度下负载为 950kW。求：

a. 电枢电流直轴分量 i_D 和交轴分量 i_Q 的峰值。

b. 此运行状态下电枢电流有效值。

c. 以 Hz 为单位的驱动电频率。

d. 电枢线－线电压有效值。

10.38 将磁场定向控制驱动系统应用于一台 230V、15kW、4 极、60Hz 的感应电动机。电动机有下列归算到定子、以欧姆每相表示的等效电路参数：

$$R_1 = 0.0429 \quad R_2 = 0.0937 \quad X_1 = 0.459 \quad X_2 = 0.471 \quad X_m = 24.8$$

电动机连接到负载，负载转矩可以假设正比于转速，$T_{load} = 64(n/1800)\text{N·m}$，式中 n 是用 r/min 为单位的电动机转速。调节磁场定向控制器，使得转子磁链 λ_{DR} 等于电机的额定最大磁链，而且电动机转速为 1275r/min。求：

a. 以 Hz 为单位的电频率。

b. 电枢电流和线－线电压有效值。

c. 电动机输入 kVA。

d. 如果磁场定向控制器设置为维持电动机转速在 1275r/min，绘出当 λ_{DR} 在电机额定最大磁链的 75% 到 100% 之间变化时，按额定 V/Hz 的百分数表示的电枢 V/Hz 有效值随 λ_{DR} 变化的函数曲线。多大的额定最大磁链百分数会导致电动机运行在额定有效值电枢 V/Hz？

10.39 习题 10.38 的 15kW 感应电动机驱动系统及负载，在 1425r/min 的速度下运行，调整磁场定向控制器以维持转子磁链 λ_{DR} 等于电机额定最大值的 85%。

a. 计算相应的电枢电流直轴分量 i_D 和交轴分量 i_Q 的值，以及电枢电流有效值。

b. 计算相应的端部线－线电压和驱动电频率。

交轴电流 (i_Q) 现在增加 10% 而直轴电流保持不变。

c. 计算最终的电动机转速及输出功率。

d. 计算端电压和驱动频率。

e. 计算输入到电动机的总 kVA。

f. 控制器设置为维持恒定转速，按额定最大磁链的百分数确定 λ_{DR} 的设置点，其设置端部 V/Hz 等于电机额定 V/Hz。

（提示：此题的答案极易用 MATLAB 程序搜索期望的结果来求得。）

10.40 一台三相、8 极、60Hz、4160V、1250kW 的笼型感应电动机，Y 接法，有下列归算到定子、以 Ω/相表示的等效电路参数：

$$R_1 = 0.212 \qquad R_2 = 0.348 \qquad X_1 = 1.87 \qquad X_2 = 2.27 \qquad X_m = 44.6$$

电动机在磁场定向控制驱动系统下,以 836r/min 的转速和 1135kW 的输出功率运行。磁场定向控制器设置为维持转子磁链 λ_{DR} 等于电机的额定最大磁链。

a. 计算电动机端部线－线电压有效值、电枢电流有效值及电频率。

b. 说明当感应电动机转速为 836r/min、端电压及频率等于(a)中求得的值时,第 6 章的感应电动机稳态等效电路和相应的计算能得出相同的输出功率和端部电流。

附录 A 三相电路

交流电能的生产、传输及大功率使用,几乎毫无例外地都涉及一类称为多相系统或多相电路的系统或电路。在这类系统中,每一个电压源由一组具有相关大小和相位角的电压组成。因而,一个 q 相系统用到的电压源,一般由 q 个大小完全相等、顺序相移 $360°/q$ 相位角的电压组成。三相系统用到的电压源,一般由三个大小完全相等、相位差 $120°$ 相位角的电压组成。由于具有明显的经济及运行优势,三相系统到目前为止是最常用的系统。因此,本附录中重点讨论三相系统。

三相电源的三个电压个体,可以各自连接到其自己独立的电路,于是就有三个分立的单相电路。反过来,正如在 A.1 节中将要说明的,在三个电压和相关的电路间可以进行对称的电连接以构成三相系统。本附录关心的正是后者。注意,"相"这个词现在有两个截然不同的含义。它也许指多相系统或电路的一部分,或者如同在熟悉的稳态电路理论中一样,它也许用于表示电压或电流相量间的角位移。而将两者混淆的可能性非常小。

A.1 三相电压的产生

考察图 A.1 的 2 极、三相原型发电机。电枢上有三个线圈 aa′、bb′ 和 cc′,其轴线在空间彼此相移 $120°$。绕组可以示意性地表示为如图 A.2 中所示。当磁极励磁且旋转时,依照法拉第定律,三相中将产生电压。如果磁极结构设计成使磁通在磁极范围正弦分布,则匝链任一相的磁通将随时间正弦变化,三相中将感应正弦电压。如图 A.3 所示,由于三相在空间位移 $120°$,这三个电压将在时间上相移 $120°$ 电角度。相应的相量图于图 A.4。一般而言,如图 A.3 和图 A.4 中的时间原点和坐标轴,以方便分析为准则来选择。

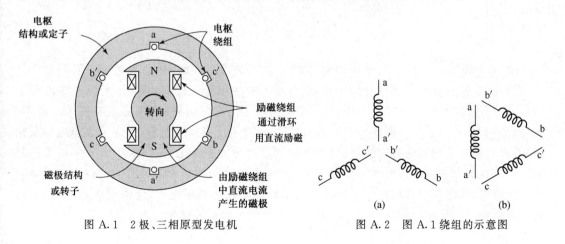

图 A.1　2 极、三相原型发电机　　　　图 A.2　图 A.1 绕组的示意图

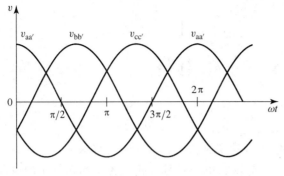

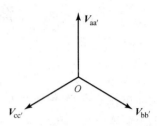

图 A.3　图 A.1 和图 A.2 的绕组中产生的电压　　　图 A.4　所产生电压的相量图

依此方式产生的电压有两种可能的用法。三相绕组的六个接线端 a、a′、b、b′、c 及 c′ 可以连接到三个独立的单相系统,或者绕组的三相可以互相连接用于给三相系统供电。几乎普遍采用的是后一种方式。绕组的三相可以按两个可能的方式互相连接,如图 A.5 所示。可以将接线端 a′、b′ 和 c′ 连接以形成中点 n,得到 Y 接法;或者可以将接线端 a 和 b′、b 和 c′、及 c 和 a′ 各自连接,得到△接法。在 Y 接法中,如图 A.5(a)中虚线所示,或许要或许不要中线。如果存在中线,该系统称为三相四线系统;如果不存在中线,则称为三相三线系统。在△接法中[见图 A.5(b)],没有中线存在,只能形成三相三线系统。

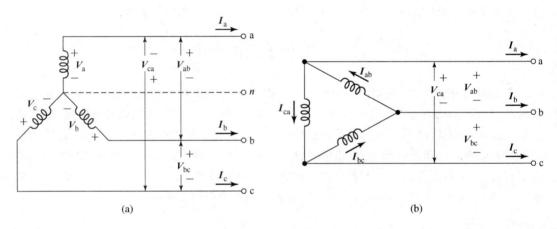

图 A.5　三相连接法:(a)Y 接法;(b)△接法

图 A.3 和图 A.4 的三相电压相等且相位差 120°,这是对称三相系统的一般特性。再者,在对称三相系统中,其中一相中的阻抗等于另外两相任一相中的阻抗,所以产生的相电流也相等且彼此相位差 120°。同样,每相中通过相等的有功功率和相等的无功功率。然而,不对称三相系统可能在一个或多个方面不对称:电源电压可能不对称,或许是大小或许是相位;或者相阻抗可能不相等。注意,本附录中只针对对称系统进行讨论,提出的方法及得到的结论不适用于不对称系统。大多数实际分析是在假设对称系统下进行的。许多工业负载为三相负载,因此自然为对称的。当由三相电源向单相负载供电时,会采取一定的措施,通过将近似相等的单相负载分配到三相的每相来保持三相系统对称。

A.2 三相电压、电流和功率

当图 A.1 中的三相绕组做如图 A.5(a)中的 Y 连接时,则电压相量图为图 A.6 的相量图。图 A.6 中的相量次序或相序为 abc,就是说,a 相电压在 b 相电压之前 120°达到最大值。

三相电压 V_a、V_b 和 V_c 称为相—中点电压。三个电压 V_{ab}、V_{bc} 和 V_{ca} 称为线—线电压。图 A.6 中采用双下标符号极大地简化了画完整相量图的工作。下标指出了确定电压的两个点,例如,电压 V_{ab} 用 $V_{ab}=V_a-V_b$ 来计算。

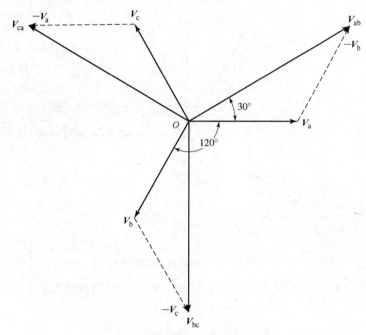

图 A.6 Y 接法系统的电压相量图

根据基尔霍夫电压定律,线—线电压 V_{ab} 为

$$V_{ab} = V_a - V_b = \sqrt{3}\,V_a \angle 30° \tag{A.1}$$

如图 A.6 所示。同样

$$V_{bc} = \sqrt{3}\,V_b \angle 30° \tag{A.2}$$

及

$$V_{ca} = \sqrt{3}\,V_c \angle 30° \tag{A.3}$$

这些式子说明,线—线电压的大小为相—中点电压的 $\sqrt{3}$ 倍。

当三相按△连接时,相应的电流相量图在图 A.7 中给出。△中电流为 I_{ab}、I_{bc} 和 I_{ca}。正如从图 A.7 的相量图可以看出的,根据基尔霍夫电流定律,线电流 I_a 为

$$I_a = I_{ab} - I_{ca} = \sqrt{3}\,I_{ab} \angle -30° \tag{A.4}$$

同样,

$$I_b = \sqrt{3}\,I_{bc} \angle -30° \tag{A.5}$$

及

$$I_c = \sqrt{3}\, I_{ca} \angle -30°\tag{A.6}$$

用文字来叙述,式 A.4 到式 A.6 说明,对△接法,线电流的大小是△中电流大小的 $\sqrt{3}$ 倍。正如所见,△中电流和△接法线电流间的关系,与 Y 接法的相−中点电压和线−线电压间的关系相似。

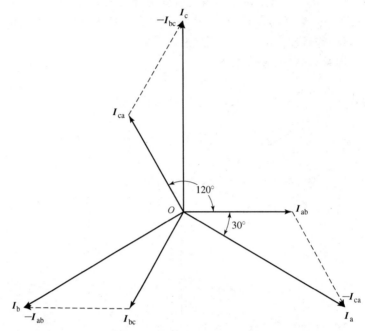

图 A.7　△接法的电流相量图

如果时间原点选取为 a 相电压波达正最大值点,则三相的瞬时电压为

$$v_a(t) = \sqrt{2}\, V_{rms} \cos \omega t\tag{A.7}$$

$$v_b(t) = \sqrt{2}\, V_{rms} \cos (\omega t - 120°)\tag{A.8}$$

$$v_c(t) = \sqrt{2}\, V_{rms} \cos (\omega t + 120°)\tag{A.9}$$

式中,V_{rms} 为相−中点电压的有效值。当相电流从相应的相电压位移角度 θ 时,则瞬时相电流为

$$i_a(t) = \sqrt{2}\, I_{rms} \cos (\omega t + \theta)\tag{A.10}$$

$$i_b(t) = \sqrt{2}\, I_{rms} \cos (\omega t + \theta - 120°)\tag{A.11}$$

$$i_c(t) = \sqrt{2}\, I_{rms} \cos (\omega t + \theta + 120°)\tag{A.12}$$

式中,I_{rms} 为相电流的有效值。

于是,每相中瞬时功率便为

$$p_a(t) = v_a(t)i_a(t) = V_{rms}I_{rms}[\cos (2\omega t + \theta) + \cos \theta]\tag{A.13}$$

$$p_b(t) = v_b(t)i_b(t) = V_{rms}I_{rms}[\cos (2\omega t + \theta - 240°) + \cos \theta]\tag{A.14}$$

$$p_c(t) = v_c(t)i_c(t) = V_{rms}I_{rms}[\cos (2\omega t + \theta + 240°) + \cos \theta]\tag{A.15}$$

注意,每相的平均功率等于

$$<p_a(t)> = <p_b(t)> = <p_c(t)> = V_{rms}I_{rms} \cos \theta\tag{A.16}$$

电压和电流间的相位角 θ 称为功率因数角,$\cos\theta$ 称为功率因数。如果 θ 为负,就说功率因数滞后,如果 θ 为正,就说功率因数超前。

所有三相的总瞬时功率为

$$p(t) = p_a(t) + p_b(t) + p_c(t) = 3V_{rms}I_{rms}\cos\theta \tag{A.17}$$

注意到,式 A.13 到式 A.15 中涉及时间的余弦项(括弧中的第 1 项)的和为 0。这就说明,对称三相电路的三相瞬时功率的总和为恒值,不随时间变化。这一情形用图形化方式描绘在图 A.8 中。图中绘出了三相的瞬时功率及总的瞬时功率,总功率为三个单独波形的和。对称三相系统的总瞬时功率等于每相平均功率的 3 倍,这是多相系统的显著优点之一。在多相电动机的运行中,这一点具有特殊的意义,因为这意味着转轴功率输出为恒值,不会引起转矩脉动及由转矩脉动诱发的振动。

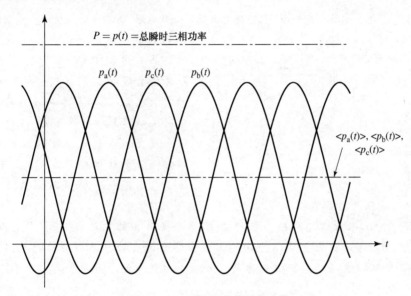

图 A.8　三相系统中的瞬时功率

以单相为基础来考虑,对 Y 接法或△接法的系统,连接到阻抗为 $Z_{ph} = R_{ph} + jX_{ph}$ Ω/相的对称三相负载,每相平均功率 P_{ph} 为

$$P_{ph} = V_{rms}I_{rms}\cos\theta = I_{ph}^2 R_{ph} \tag{A.18}$$

此处,R_{ph} 为每相电阻。三相总有功功率 P 为

$$P = 3P_{ph} \tag{A.19}$$

类似地,对每相无功功率 Q_{ph} 和三相总无功功率 Q,有

$$Q_{ph} = V_{rms}I_{rms}\sin\theta = I_{ph}^2 X_{ph} \tag{A.20}$$

及

$$Q = 3Q_{ph} \tag{A.21}$$

式中,X_{ph} 为每相电抗。

每相视在功率 S_{ph} 也称为每相伏安以及三相总视在功率 S 为

$$S_{ph} = V_{rms}I_{rms} = I_{rms}^2 Z_{ph} \tag{A.22}$$

$$S = 3S_{ph} \tag{A.23}$$

式 A.18 和式 A.20 中,θ 为相电压和相电流之间的相位角。正如单相情况一样,其由下式给出:

$$\theta = \arctan\left(\frac{X_{ph}}{R_{ph}}\right) = \arccos\left(\frac{R_{ph}}{Z_{ph}}\right) = \arcsin\left(\frac{X_{ph}}{Z_{ph}}\right) \qquad (A.24)$$

因此,对称三相系统的功率因数等于其中任意一相的功率因数。

A.3 Y 和△接法电路

给出三个特殊例子以阐明 Y 和△接法电路的计算细节,并将普遍适用的解释性评注混合在解答中。

例 A.1 图 A.9 中所示为一个 60Hz 输电系统的等效电路,由具有 $Z_1 = 0.05 + j0.20\Omega$ 的传输线组成,在传输线的受电端为等效阻抗 $Z_L = 10.0 + j3.00\Omega$ 的负载。回程导线的阻抗应认为是 0。

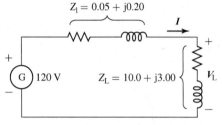

图 A.9 例 A.1 中(a)的电路

a. 计算输电线电流 I;负载电压 V_L;负载吸收的有功功率、无功功率和视在功率;传输线中的有功和无功功率损耗。

现在假设构造 3 个这样相同的系统,以供给 3 个这样相同的负载。不是按上下位置画出接线图,而是按图 A.10 所示的方式画出,当然,这在电方面是相同的。

b. 对图 A.10,求出各个传输线中的电流;各个负载上的电压;供给各个负载的有功功率、无功功率及视在功率;3 个输电系统中各自的有功和无功功率损耗;供给负载的总有功功率、无功功率及视在功率;3 个输电系统中的总有功和无功功率损耗。

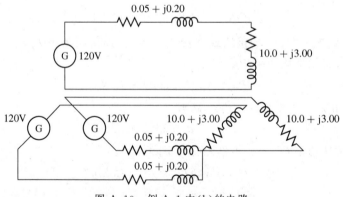

图 A.10 例 A.1 中(b)的电路

接下来考虑将 3 个回程导线合为 1 个,且电压源的相位关系使得形成对称的三相四线系统,如图 A.11 中所示。

c. 对图 A.11,求出输电线电流;负载电压(线—线和线—中线两个电压);负载的每一相吸收的有功功率、无功功率及视在功率;每一输电线中的有功和无功损耗;负载吸收的三相总有功功率、无功功率及视在功率;输电线中的总有功和无功损耗。

d. 图 A.11 中,合成的回程导线或称中线中的电流为多大?

e. 如果希望,图 A.11 中这根导线能否省去?

现在假设将这个中线省去,得到图 A.12 的三相三线系统。

f. 对图 A.12,重做(c)。

g. 以本例的结果为基础,简要叙述将对称三相 Y 接法电路问题简化为其等效单相问题的方法。注意区别线—线电压和线—中线电压的使用。

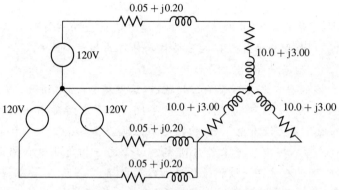

图 A.11　例 A.1 中(c)至(e)的电路

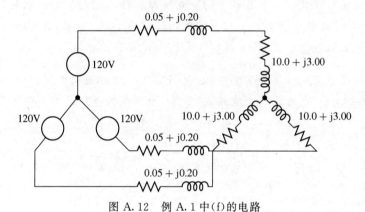

图 A.12　例 A.1 中(f)的电路

解:

a.

$$I = \frac{120}{\sqrt{(0.05+10.0)^2 + (0.20+3.00)^2}} = 11.4\,\text{A}$$

$$V_{\text{L}} = I\,|Z_{\text{L}}| = 11.4\,\sqrt{(10.0)^2 + (3.00)^2} = 119\,\text{V}$$

$$R_{\text{L}} = I^2 R_{\text{L}} = (11.4)^2 \times 10.00 = 1300\,\text{W}$$

$$Q_{\text{L}} = I^2 X_{\text{L}} = (11.4)^2 \times 3.00 = 390\,\text{VAR}$$

$$S_{\text{L}} = I^2\,|Z_{\text{L}}| = (11.4)^2\,\sqrt{(10.0)^2 + (3.00)^2} = 1357\,\text{VA}$$

$$P_1 = I^2 R_1 = (11.4)^2 \times 0.05 = 6.5\,\text{W}$$

$$Q_1 = I^2 R_1 = (11.4)^2 \times 0.20 = 26\,\text{VAB}$$

b. 很明显,前 4 个与(a)中有相同的值。

$$总有功功率 = 3P_{\text{L}} = 3 \times 1300 = 3900\,\text{W}$$

$$总无功功率 = 3Q_{\text{L}} = 3 \times 390 = 1170\,\text{VAR}$$

$$总视在功率 = 3S_{\text{L}} = 3 \times 1357 = 4071\,\text{VA}$$

$$输电线总有功损耗＝3P_1＝3 \times 6.5＝19.5W$$
$$输电线总无功损耗＝3Q_1＝3 \times 26＝78VAR$$

c. 在(b)中得到的结果不受这一变化的影响。(a)和(b)中的电压现在是线—中线电压。线—线电压为

$$\sqrt{3} \times 119＝206V$$

d. 依据基尔霍夫电流定律,中线电流是3个输电线电流的相量和。这些线电流相等且相位差120°。由于相位差120°的3个相等相量的相量和为0,所以中线电流为0。

e. 中线电流为0,如果希望,中线导线可以省去。

f. 由于中线导线的存在与否不影响工作状态,这些值与(c)中相同。

g. 不管物理上是否存在,可以假设有中线导线。由于在对称三相电路中,中线导线不传送电流,因此其上没有电压降,中线导线应认为具有0阻抗。于是,Y接法的一相,与中线导线一起,可以移开来进行研究。由于这一相是从中点摘出的,所以必须用线—中点电压。通过这一过程得到单相等效电路,其中所有量相应于三相电路的一相中的量。另外两相中的情况相同(除了电流和电压中的120°相位移),没有必要再对其进行单独研究。三相系统中的输电线电流与单相电路中的相同,三相总有功功率、无功功率及视在功率为单相电路中相应量的3倍。如果想要线—线电压,必须用单相电路中的电压乘以 $\sqrt{3}$ 来得到。

例A.2 3个值为 $Z_Y＝4.00＋j3.00＝5.00\angle36.9°\Omega$ 的阻抗,连接成Y接法,如图A.13所示。对208V的对称线—线电压,求线电流、功率因数和总有功功率、无功功率及视在功率。

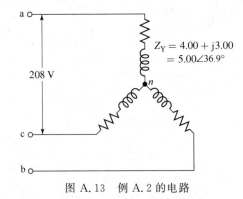

$$Z_Y = 4.00 + j3.00$$
$$= 5.00\angle36.9°$$

图A.13 例A.2的电路

解:

在任意一相例如a相上,线—中点(相)电压有效值V为

$$V = \frac{208}{\sqrt{3}} = 120.1\,V$$

因此,线电流为

$$\boldsymbol{I} = \frac{V}{Z_Y} = \frac{120.1}{5.00\angle36.9°} = 24.02\angle-36.9°\,A$$

且功率因数等于

$$功率因数＝\cos\theta＝\cos(-36.9°)＝0.80\ 滞后$$

因而,

$$P = 3I^2 R_r = 3 \times (24.02)^2 \times 4.00 = 6924 \text{W}$$
$$Q3I^2 X_r = 3 \times (24.02)^2 \times 3.00 = 5193 \text{VAR}$$
$$S = 3VI = 3 \times (120.1) \times 24.02 = 8654 \text{VA}$$

注意,a 相和 c 相(见图 A.13)并非形成一个简单的串联电路。因此,电流不能用 208V 除以 a 相与 c 相的阻抗和来求出。的确,根据基尔霍夫电压定律,可以写出 a 点和 c 点之间的电压方程,但这必须是考虑 a 相和 c 相电流之间 120°相位差的相量方程。因而,例 A.1 中概括的思想方法引出了最简单的解答。

例 A.3 3 个值为 $Z_\Delta = 12.00 + \text{j}9.00 = 15.00\angle 36.9°\ \Omega$ 的阻抗,连接成 △ 接法,如图 A.14所示。对 208V 的对称线—线电压,求线电流、功率因数和总有功功率、无功功率及视在功率。

解:

△ 的任意一个支上的电压 V_Δ 等于线—线电压 V_{1-1},因而[1]

$$V_\Delta = V_{1-1} = 208 \text{V}$$

△ 中的电流由线—线电压除以 △ 阻抗得出:

$$I_\Delta = \frac{V_{1-1}}{Z_\Delta} = \frac{208}{15.00\angle 36.9°} = 13.87\angle -36.9°\ \text{A}$$

$$功率因数 = \cos\theta = \cos(-36.9°) = 0.80 \ 滞后$$

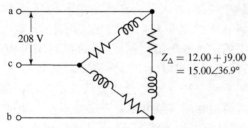

图 A.14 例 A.3 的电路

根据式 A.4 知,线[2]电流等于

$$I = \sqrt{3}\ I_\Delta = \sqrt{3} \times 13.87 = 24.02 \text{A}$$

同时,

$$P = 3\ P_\Delta = 3\ I_\Delta^2\ R_\Delta = 3 \times (13.87)^2 \times 12.00 = 6926 \text{W}$$
$$Q = 3\ Q_\Delta = 3\ I_\Delta^2\ X_\Delta = 3 \times (13.87)^2 \times 9.00 = 5194 \text{VAR}$$

及

$$S = 3\ (S_{ph})_\Delta = 3V_{1-1}\ I_\Delta = 3 \times 208 \times 13.87 = 8655 \text{VA}$$

注意,ab 相和 bc 相并非形成一个简单的串联电路,cba 路径也不能与经过 ca 相的直接路径形成简单并联组合。因此,线电流不能用 208V 除以 Z_{ca} 与 $Z_{ab} + Z_{bc}$ 并联的等效阻抗来求出。可以写出涉及多个相量的基尔霍夫定律方程,但这些量必须是考虑各相电流及电压之间 120°相位差的相量。因而,上面概括的方法引出了最简单的解答。

将例 A.2 和例 A.3 的结果比较可以得出颇有价值和有趣的结论。注意到,在这两个案例

---

① 原书疑有误——译者注。

② 原书为相——译者注。

中,线—线电压、线电流、功率因数、总有功功率、总无功功率及总视在功率相等(在舍入误差范围内)。换句话说,从接线端 a、b 和 c 观察到的情况相同,即无法从其端部量来区分这两个电路。也将发现,Y 接法(见图 A.13)的每相阻抗、电阻及电抗恰好等于△接法(见图 A.14)每相对应值的 1/3。因此,对称△接法可以用对称 Y 接法来代替,倘若每相电路参数遵从关系

$$Z_Y = \frac{1}{3}Z_\triangle \tag{A.25}$$

反之,倘若满足式 A.25,Y 接法也可以用△接法来代替。这一 Y-△等效概念系从一般性的 Y-△转换派生而来,并不是特殊数值情况下的偶然结果。

根据这一等效得出两个重要推论:(1)对于对称电路的一般计算方法,可以完全基于 Y 接法电路或完全基于△接法电路,这取决于各人的喜好。由于处理 Y 接法通常较方便,故常常采用前者;(2)在经常出现的不指定连接方式且连接方式与解答不相干的问题中,可以假设为或者 Y 接法或者△接法,而更常选用的仍是 Y 接法。例如,在三相电动机性能分析中,除非研究内容必须考虑绕组本身内部的细节情况,否则就不需要知道确切的绕组连接。整个分析于是可以基于假设 Y 接法进行。

A.4 对称三相电路分析及单线图

将△-Y 等效原理与例 A.1 揭示的方法相结合可明显看出,任何对称三相电路问题都可以用代表各相的三个单相等效电路来表示。具体来说,我们已经发现,在此情况下,除了相与相之间有 120°的相移,各相上的电压和电流相等。因此,求解出某一单相中的电压和电流,就足以确定其余两相中的电压和电流。据此,就可以利用单相电路分析的所有方法,然后将单相分析的结果转换回三相形式以得出最终结果。

在此方法下,如果三相系统以其等效 Y 连接的形式体现,则三相等效电路就能完全用一相的等效电路来表示,而其他两相的等效电路就没必要重复。类似地,这一系统的相量表示也能完全由单相的相量图来体现。每种情况下,通过将单相值相移±120°,就能很容易地得到其余相的电压和电流。

图 A.15 中给出了这种单线图的例子,所示为两个三相发电机通过其相应的电线或电缆供给共同的变电站负载。如果想要,可以指明设备的具体接法。因而,图 A.15(b)指明 G_1 为 Y 接法而 G_2 为△接法。阻抗以 Ω/相给出。

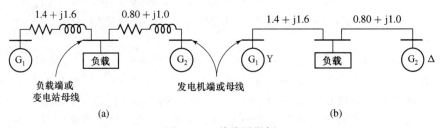

图 A.15 单线图举例

当涉及有功功率、无功功率和视在功率时,直接处理整个三相电路而不是专注于一相有时更方便。出现这种可能是因为,可以根据线—线电压和线电流写出三相有功功率、无功功率及视在功率的简单表达式,而与电路为 Y 接法或△接法无关。因而,根据式 A.18 和式 A.19,三相有功功率为

$$P = 3\,P_{\mathrm{ph}} = 3\,V_{\mathrm{ph}}I_{\mathrm{ph}}\cos\theta \tag{A.26}$$

由于 $V_{\mathrm{l-l}} = \sqrt{3}\,V_{\mathrm{ph}}$，所以式 A.26 变为

$$P = \sqrt{3}\,V_{\mathrm{l-l}}I_{\mathrm{ph}}\cos\theta \tag{A.27}$$

类似地，

$$Q = \sqrt{3}\,V_{\mathrm{l-l}}\,I_{\mathrm{ph}}\sin\theta \tag{A.28}$$

及

$$S = \sqrt{3}\,V_{\mathrm{l-l}}\,I_{\mathrm{ph}} \tag{A.29}$$

然而，应该牢记，式 A.24 给出的功率因数角 θ 为 $\boldsymbol{V}_{\mathrm{ph}}$ 和 $\boldsymbol{I}_{\mathrm{ph}}$ 之间的角度而不是 $\boldsymbol{V}_{\mathrm{l-l}}$ 和 $\boldsymbol{I}_{\mathrm{ph}}$ 之间的角度。

例 A.4　图 A.15 等效电路中，负载从两个三相发电站通过具有图上给出的每相阻抗的输电线供电。负载在 0.80 滞后功率因数下需要 30kW。发电机 G_1 运行在 797V 端部线—线电压，并在 0.80 滞后功率因数下供给 15kW。求负载电压以及发电机 G_2 的端电压、输出有功功率和无功功率。

解：

令 I、P 和 Q 分别表示线电流、三相有功功率和无功功率。下标 1 和 2 表示系统的各个分支；下标 r 表示在输电线的受电端测量到的量。于是有

$$I_1 = \frac{P_1}{\sqrt{3}\,E_1\cos\theta_1} = \frac{15000}{\sqrt{3}\,(797)\,(0.80)} = 13.6\ \mathrm{A}$$

$$P_{\mathrm{r1}} = P_1 - 3\,I_1^2\,R_1 = 15000 - 3\,(13.6)^2\,(1.4) = 14.22\ \mathrm{kW}$$

$$Q_{\mathrm{r1}} = Q_1 - 3\,I_1^2\,X_1 = 15000\tan(\arccos 0.80) - 3\,(13.6)^2\,(1.6) = 10.35\ \mathrm{kVAR}$$

后面两个式子中 $I_1^2 R_1$ 和 $I_1^2 X_1$ 前出现系数 3，是因为电流 I_1 为相电流。负载电压为

$$V_{\mathrm{L}} = \frac{S}{\sqrt{3}\,I_1} = \frac{\sqrt{(14200)^2 + (10350)^2}}{\sqrt{3}\times 13.6}$$
$$= 748\ \mathrm{V}\ \text{线—线}$$

因为负载需要 30kW 的有功功率和 $30\times\tan(\arccos 0.80) = 22.5\mathrm{kVAR}$ 的无功功率，所以

$$P_{\mathrm{r2}} = 30000 - 14220 = 15780\mathrm{W}$$

以及

$$Q_{\mathrm{r2}} = 22500 - 10350 = 12.15\ \mathrm{kVAR}$$

$$I_2 = \frac{S}{\sqrt{3}\,V_{\mathrm{l-l}}} = \frac{\sqrt{(15780)^2 + (12150)^2}}{\sqrt{3}\times 748} = 15.4\ \mathrm{A}$$

$$P_2 = P_{\mathrm{r2}} + 3\,I_2^2\,R_2 = 15780 + 3\times(15.4)^2\times0.80 = 16.35\ \mathrm{kW}$$

$$Q_2 = Q_{\mathrm{r2}} + 3\,I_2^2\,X_2 = 12150 + 3\times(15.4)^2\times1.0 = 12.87\ \mathrm{kVAR}$$

$$V_2 = \frac{S}{\sqrt{3}\,I_2} = \frac{\sqrt{(16350)^2 + (12870)^2}}{\sqrt{3}\times 15.4}$$
$$= 780\ \mathrm{V}\ (\mathrm{l\text{-}l})$$

A.5　附录 A 变量符号表

ω 　　　　　　　　　　电角频率[rad/s]

θ	相位角[rad]
q	相数
t	时间[s]
i, I	电流[A]
$\boldsymbol{I}$	电流,复数量[A]
p, P	功率[W]
Q	无功功率[VAR]
R	电阻[Ω]
S	视在功率[VA]
v, V	电压[V]
$\boldsymbol{V}$	电压,复数量[V]
X	电抗[Ω]
Z	阻抗[Ω]

下标:

a	电枢
a,b,c	相标识
base	基值
d,D,DR	直轴分量
dc	直流
eq	等效
f,F	磁场(励磁),最终
fl	满载
i	初始
l	线
l-l	线-线
L	负载
max	最大
mech	机械
min	最小
ph	每相
q,Q,QR	交轴分量
R	转子
ref	参考(给定)
rms	有效值
r	接受端
S	定子
Y	Y(星形)接法
△	△(三角形)接法

附录 B　交流分布绕组的电势、磁场和电感

电机中所产生电势和电枢磁势的幅值和波形,由绕组布置及电机基本结构决定。而这些结构形式又由电机中材料和空间的有效利用及与用途的匹配来限定。本附录中,通过对对称稳态下交流电势和磁势的分析处理,补充介绍第 4 章中有关这些事项的讨论。注意力集中在对电势的时间基波分量及磁势的空间基波分量分析上。

B.1　感应电势

依照式 4.52,每相有 N_{ph} 串联匝数的集中绕组($k_w = 1$)产生的每相电势有效值为

$$E_{rms} = \sqrt{2}\pi f N_{ph} \Phi_p \tag{B.1}$$

式中,f 为频率;Φ_p 为每极基波磁通。

更复杂和实用的绕组,会使每相的线圈边分布在每极下数个槽中。于是,式 B.1 可用于计算单个线圈的电势。为确定整个线圈组的电势,各组成线圈的电势必须以相量相加。基波频率电势的这种相加算法就是本节的论题。

B.1.1　短距分布绕组

图 B.1 描绘了一个三相、2 极电机的分布绕组的简单例子。这种情况保留了具有整数相数、极数及每极每相槽数的更一般电机的所有特征。同时,图中所示为双层绕组。双层绕组通常使端部连接更简单,使电机制造更经济,除了一些 10kW 以下的小型电动机,在几乎所有电机中得到采用。通常,线圈的一边例如 a_1 放置在一个槽的底部,另一边 $-a_1$ 放置在另一槽的上部。线圈边例如 a_1 和 a_3 或 a_2 和 a_4,处在相邻的槽中,属于相同的相,形成一个相带。当采用每极每相整数槽时,所有相带相同。对常规电机,三相电机一个相带对应的圆周角为 60 电角度,两相电机为 90 电角度。

图 B.1 中的各个线圈都跨过一个整极距即 180 电角度,因此绕组为整距绕组。假设现在在槽的上部的所有线圈边沿逆时针移位一个槽,如图 B.2 所示。任一线圈,例如 a_1 和 $-a_1$ 构成的线圈,于是仅跨过一个极距的 5/6,即 $\frac{5}{6} \times 180 = 150$ 电角度,绕组即为分数节距或变弦绕组[①]。类似地,移位两个槽就得到 2/3 节距绕组,以此类推。所有相的线圈组现在就混在一起,因为某些槽就包含了 a 和 b、a 和 c 以及 b 和 c 相的线圈边。各个相的线圈组,例如由 a_1、a_2、a_3、a_4 在一边而 $-a_1$、$-a_2$、$-a_3$、$-a_4$ 在另一边形成的线圈组,仍然与其他相的线圈组相隔 120 电角度,所以产生三相电势。除了缩短端部接线的这一次要特征,还可以证明,短距绕组也能削弱电势和磁势波中的谐波成分。

[①]　国内习惯上称为短距绕组——译者注。

线圈边之间的端部连接通常处在磁通密度可以忽略的区域,因此,改变端部连接不会显著影响绕组的互磁链。槽中线圈边如何安置于是就是产生电势的决定因素,在图 B.1 和图 B.2 中仅需要具体说明线圈边的放置。唯一要求是,一相中所有线圈边的相互连接方式,应该是使各个电势对总的电势起增加作用。实用的结论是,端部连接可以根据制造的难易程度来选择;而理论上的结论是,为体现出计算方面的优势,一相中的线圈边可以按任意方式组合构成等效线圈。

　　与整距集中绕组相比,采用图 B.1 和图 B.2 的分布和短距绕组做出了一个牺牲:对每相相同的匝数,产生的基波频率电势较低。然而,谐波减小的程度一般会相对更大一些,况且可以安放在固定铁心结构上的总匝数会增加。图 B.1 中绕组分布的影响是,线圈 a_1 和 a_2 的电势与线圈 a_3 和 a_4 的电势不同相。因而,线圈 a_1 和 a_2 的电势可以用图 B.1 中的相量 OX 来代表,而线圈 a_3 和 a_4 的电势用相量 OY 来代表。这两个电势间的时间相位移与相邻槽间的电角度相同,所以 OX 和 OY 与相邻槽的中心线相吻合。a 相的合成相量 OZ 显然比 OX 和 OY 的代数和要小。

　　此外,图 B.2 中短距的影响是,与假如为整距时相比,线圈匝链的磁通小于总的每极磁通。可以通过把线圈边 a_2 和 $-a_1$ 当做有电势相量 OW(见图 B.2)的一个等效线圈,把线圈边 a_1、a_4、$-a_2$ 和 $-a_3$ 当做有电势相量 OX(两倍于 OW 长度)的两个等效线圈,把线圈边 a_3 和 $-a_4$ 当做有电势相量 OY 的一个等效线圈,将此影响添加到绕组分布的影响上。a 相合成相量 OZ 显然比 OW、OX 和 OY 的代数和要小,也比图 B.1 中的 OZ 小。

　　这两个影响可以合并包含到一个绕组系数 k_w 中,用来作为式 B.1 中的削减系数。因而,每相产生的电势有效值为

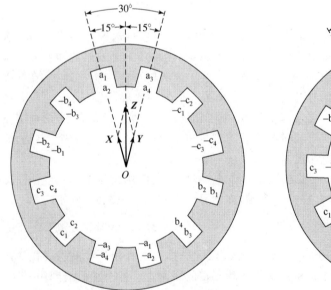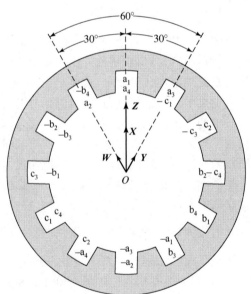

图 B.1　2 极、三相整距分布电枢绕组及电势相量图　　图 B.2　2 极、三相短距分布电枢绕组及电势相量图

$$E_{\text{rms}} = \sqrt{2}\pi k_w f N_{\text{ph}} \Phi_p \tag{B.2}$$

式中,N_{ph} 为每相总串联匝数,而 k_w 计及了与集中的整距绕组情况的差异。对三相电机,

式 B.2 得到 △ 接法绕组的线－线电势和 Y 接法绕组的线－中点电势。正如在任何对称 Y 接法中一样，后一种绕组接法中的线－线电势是线－中点电势的 $\sqrt{3}$ 倍。

B.1.2 宽度系数和节距系数

分别考虑绕组分布和短距的影响，可以获得以通用形式表示的削减系数，以便定量分析。将绕组分布在每个相带 n 个槽中的影响，是得到相互间相位移为槽之间电角度 γ 的 n 个电势相量，γ 等于 180 电角度除以每极槽数。这样一组相量示于图 B.3(a)，为了更便于相加再示于图 B.3(b)。每个相量 AB、BC 和 CD 都是中心在 O 的圆的弦，对应圆心角 γ。相量和 AD 对应着角度 $n\gamma$，正如以前所注意到的，对常规的、均匀分布的三相电机为 60 电角度，相应的两相电机为 90 电角度。根据三角形 OAa 和三角形 OAd，分别有

$$OA = \frac{Aa}{\sin(\gamma/2)} = \frac{AB}{2\sin(\gamma/2)} \tag{B.3}$$

$$OA = \frac{Ad}{\sin(n\gamma/2)} = \frac{AD}{2\sin(n\gamma/2)} \tag{B.4}$$

使 OA 的这两个值相等，得到

$$AD = AB\,\frac{\sin(n\gamma/2)}{\sin(\gamma/2)} \tag{B.5}$$

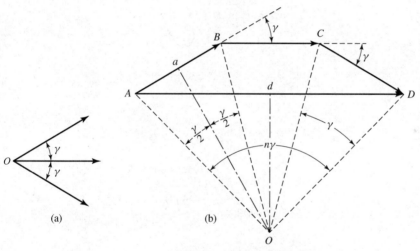

图 B.3　(a)线圈电势相量；(b)相量和

但是，相量的代数和为 $n(AB)$，因此，将绕组分布所引起的削减系数为

$$k_b = \frac{AD}{nAB} = \frac{\sin(n\gamma/2)}{n\sin(\gamma/2)} \tag{B.6}$$

系数 k_b 称为绕组的宽度系数（breadth factor）[①]。

短距对线圈电势的影响可以通过首先确定短距线圈的磁链来获得。因为每相有 n 个线圈及 N_{ph} 个总串联匝数，每个线圈就有 $N_c = N_{ph}/n$ 匝每线圈。从图 B.4 可见，线圈边－a 离开边 a 仅 ρ 电角度而不是整 180°。N_c 匝线圈的磁链为

[①]　国内习惯上称为分布系数——译者注。

$$\lambda = N_c B_{\text{peak}} lr \left(\frac{2}{\text{poles}} \right) \int_\alpha^{\rho+\alpha} \sin\theta \, \mathrm{d}\theta$$

$$= N_c B_{\text{peak}} lr \left(\frac{2}{\text{poles}} \right) [\cos\alpha - \cos(\alpha+\rho)] \tag{B.7}$$

式中：l 为线圈边的轴向长度；r 为线圈半径，poles 为极数。

为体现出以 ω 电弧度每秒在旋转，将 α 用 ωt 来取代，则式 B.7 变为

$$\lambda = N_c B_{\text{peak}} lr \left(\frac{2}{\text{poles}} \right) [\cos\rho - \cos(\omega t + \rho)]$$

$$= -N_c B_{\text{peak}} lr \left(\frac{4}{\text{poles}} \right) \sin\left(\frac{\rho}{2} \right) \sin\left(\omega t + \left(\frac{\rho}{2} \right) \right) \tag{B.8}$$

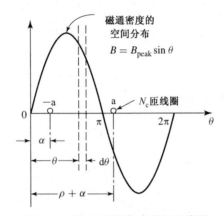

图 B.4　处于正弦磁场中的短距线圈

而瞬时电势为

$$e = \frac{\mathrm{d}\lambda}{\mathrm{d}t} = -\omega N_c B_{\text{peak}} lr \left(\frac{4}{\text{poles}} \right) \sin\left(\frac{\rho}{2} \right) \cos\left(\omega t + \left(\frac{\rho}{2} \right) \right) \tag{B.9}$$

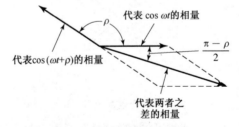

图 B.5　短距线圈的相量和

式 B.9 中的相位角 $(\rho/2)$ 仅仅表示当图 B.4[1] 中的 α 为 0 时，瞬时电势不再为 0。然而，系数 $\sin(\rho/2)$ 为一个幅值削减系数，所以式 B.1 的电势有效值修正为

$$E_{\text{rms}} = \sqrt{2} \pi k_p f N_{\text{ph}} \Phi_p \tag{B.10}$$

式中，节距系数 k_p[2] 为

---

[1]　原书为图 B.5，疑有误——译者注。

[2]　国内习惯上称为短距系数——译者注。

$$k_p = \sin\left(\frac{\rho}{2}\right) \tag{B.11}$$

当应用分布和短距两个系数时,电势有效值为

$$E_{rms} = \sqrt{2}\pi k_b k_p f N_{ph}\Phi_p = \sqrt{2}\pi k_w f N_{ph}\Phi_p \tag{B.12}$$

这是式 B.2 的另一种形式,绕组系数 k_w 可视为短距系数和分布系数的乘积:

$$k_w = k_b k_p \tag{B.13}$$

例 B.1　计算图 B.2 的短距、分布绕组的分布系数、短距系数和绕组系数。

解:

图 B.2 的绕组每相带有两个线圈,相互隔开 30 电角度。根据式 B.6 可知,分布系数为

$$k_b = \frac{\sin(n\gamma/2)}{n\sin(\gamma/2)} = \frac{\sin[2(30°)/2]}{2\sin(30°/2)} = 0.966$$

短距线圈跨过 $150° = 5\pi/6 \text{rad}$,根据式 B.11 可知,短距系数为

$$k_p = \sin\left(\frac{\rho}{2}\right) = \sin\left(\frac{5\pi}{12}\right) = 0.966$$

则绕组系数为

$$k_w = k_b k_p = 0.933$$

B.2　电枢磁势波

绕组在每极每相数个槽中的分布及采用短距线圈,不仅影响绕组中产生的电势,而且影响由其产生的磁场。本节考察磁势分布的空间基波分量。

B.2.1　整距集中绕组

在 4.3 节中已经看到,多极电机中 N_{ph} 匝的多相集中绕组,产生沿气隙圆周的矩形磁势波。当用幅值为 I 的正弦电流励磁时,依据式 4.7,磁势波空间基波分量的时间最大幅值为

$$(F_{ag1})_{peak} = \frac{4}{\pi}\frac{N_{ph}}{poles}(\sqrt{2}I) \quad \text{A·匝/极} \tag{B.14}$$

式中,式 4.7 的绕组系数 k_w 已置为单位值,因为在当前情况下,我们正在讨论集中绕组的磁势波。

多相集中绕组的每一相都在空间产生这样的随时间变化的驻波磁势。这种情况,构成了得到式 4.41 的分析基础。对集中绕组,式 4.41 可以重新写为

$$\mathcal{F}(\theta_{ae}, t) = \frac{3}{2}\left(\frac{4}{\pi}\right)\left(\frac{N_{ph}}{poles}\right)(\sqrt{2}I)\cos(\theta_{ae} - \omega t) \tag{B.15}$$

$$= \frac{6}{\pi}\left(\frac{N_{ph}}{poles}\right)(\sqrt{2}I)\cos(\theta_{ae} - \omega t) \tag{B.16}$$

三相电机中,以安培匝数每极表示的合成磁势波的幅值于是为

$$F_A = \frac{6}{\pi}\left(\frac{N_{ph}}{poles}\right)(\sqrt{2}I) \quad \text{A·匝/极} \tag{B.17}$$

类似地,对一台 q 相的电机,磁势幅值为

$$F_{A} = \frac{2q}{\pi}\left(\frac{N_{\mathrm{ph}}}{\mathrm{poles}}\right)(\sqrt{2}I) \quad \mathrm{A} \cdot 匝/极 \tag{B.18}$$

在式 B.17 和式 B.18 中，I 为每相电流有效值。等式仅包括了实际分布的基波分量，适用于对称励磁的整距集中绕组。

B.2.2 短距分布绕组

当每相绕组的线圈在每极下数个槽中分布时，通过对前述集中绕组简化处理的叠加，可以获得空间合成基波磁势。从图 B.6 可以看出分布的影响，这只是图 B.1 给出的每极每相有两个槽的 2 极、三相、整距绕组的再现。线圈 a_1 和 a_2、b_1 和 b_2 及 c_1 和 c_2 本身构成了等效的三相、2 极集中绕组，因为其形成了由多相电流励磁且机械上彼此相移 120°的三套线圈。因此，其产生旋转的空间基波磁势。当认为 N_{ph} 仅仅是线圈 a_1 和 a_2 的串联匝数和时，这一分量的幅值由式 B.17 给出。同样，线圈 a_3 和 a_4、b_3 和 b_4 及 c_3 和 c_4 产生另一个相同大小、但与前者空间相移槽距角 $\gamma=30°$ 的磁势波。将这两个正弦波分量相加，可以获得绕组的空间合成基波磁势。

线圈 $a_1 a_2$、$b_1 b_2$ 和 $c_1 c_2$ 的磁势分量可用图 B.6 中的相量 OX 表示。适合用这样的相量表示法是因为有关的波形是正弦的，而相量图只是正弦波相加的便利手段。然而，这些是空间正弦波，而不是时间正弦波。相量 OX 画在当 a 相电流为最大时刻，磁势峰值的空间位置。OX 的长度正比于相关线圈的匝数。同样，线圈 $a_3 a_4$、$b_3 b_4$ 和 $c_3 c_4$ 的磁势，可以用相量 OY 来表示。因此，相量 OZ 代表合成磁势波。可以发现，正像在相应的电势图中一样，合成磁势比如果相同的每相匝数集中在每极一个槽中时的要小。

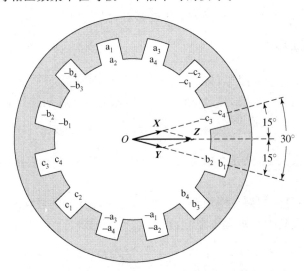

图 B.6 2 极、三相、整距分布电枢绕组及磁势相量图

以相同的方式，对短距绕组也可画出如图 B.7 描绘的磁势相量，这仅仅是图 B.2 给出的每极每相两个槽的 2 极、三相、短距绕组的再现。相量 OW 代表由导体 a_2 和 $-a_1$、b_2 和 $-b_1$ 以及 c_2 和 $-c_1$ 形成的等效线圈的磁势分量；OX 代表 $a_1 a_4$ 和 $-a_3 -a_2$、$b_1 b_4$ 和 $-b_3 -b_2$ 以及 $c_1 c_4$ 和 $-c_3 -c_2$ 形成的等效线圈的磁势分量；OY 代表 a_3 和 $-a_4$、b_3 和 $-b_4$ 以及 c_3 和 $-c_4$ 形成的等效线圈的磁势分量。当然，合成相量 OZ 比各个分量的代数和小，也比图 B.6 中的 OZ 小。

与图 B.1 和图 B.2 比较可看出，这些相量图与产生电势的相量图相同。因此，以前推导的短距系数和分布系数可直接应用于确定合成磁势。因而，对一个分布、短距、多相绕组，磁势空间基波分量的幅值可以在式 B.17 和式 B.18 中用 $k_b k_p N_{ph} = k_w N_{ph}$，而不是直接用 N_{ph} 来获得。对三相电机，这些表达式于是变为

$$F_A = \frac{6}{\pi} \left(\frac{k_b k_p N_{ph}}{poles} \right) (\sqrt{2}I) = \frac{6}{\pi} \left(\frac{k_w N_{ph}}{poles} \right) (\sqrt{2}I) \tag{B.19}$$

而对 q 相电机，

$$F_A = \frac{2q}{\pi} \left(\frac{k_b k_p N_{ph}}{poles} \right) (\sqrt{2}I) = \frac{2q}{\pi} \left(\frac{k_w N_{ph}}{poles} \right) (\sqrt{2}I) \tag{B.20}$$

式中，F_A 以安培匝数每极为单位。

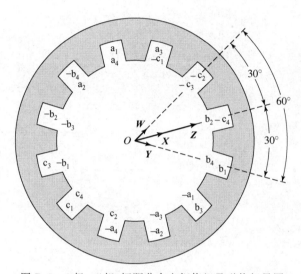

图 B.7　2 极、三相、短距分布电枢绕组及磁势相量图

B.3　分布绕组的气隙电感

图 B.8(a) 所示为一个有同心式圆柱形转子的 2 极磁结构中的 N 匝、整距、集中电枢绕组。这一结构的磁势示于图 B.8(b)。由于气隙长度 g 比平均气隙半径 r 小得多，所以气隙径向磁场可以认为均匀且等于磁势除以 g。根据式 4.4 可知，空间基波磁势由下式给出：

$$\mathcal{F}_{ag1} = \frac{4}{\pi} \frac{Ni}{2} \cos\theta_a \tag{B.21}$$

而相应的气隙磁通密度为

$$B_{ag1} = \mu_0 \frac{\mathcal{F}_{ag1}}{g} = \frac{2\mu_0 Ni}{\pi g} \cos\theta_a \tag{B.22}$$

将式 B.22 积分以求取每极基波气隙磁通(式 4.47)：

$$\Phi_p = l \int_{-\pi/2}^{\pi/2} B_{ag1} r \, \mathrm{d}\theta_a = \frac{4\mu_0 Nlr}{\pi g} i \tag{B.23}$$

式中，l 为气隙的轴向长度。可以根据式 1.28 求出线圈的气隙电感为

$$L = \frac{\lambda}{i} = \frac{N\Phi_p}{i} = \frac{4\mu_0 N^2 lr}{\pi g} \tag{B.24}$$

对有 N_{ph} 串联匝数及绕组系数 $k_w = k_b k_p$ 的多极分布绕组，将 N 用每对极有效匝数 $(2k_w N_{ph}/\text{poles})$ 替代，可以根据式 B.24 求出其气隙电感为：

$$L = \frac{4\mu_0 lr}{\pi g}\left(\frac{2k_w N_{ph}}{\text{poles}}\right)^2 = \frac{16\mu_0 lr}{\pi g}\left(\frac{k_w N_{ph}}{\text{poles}}\right)^2 \tag{B.25}$$

最后，图 B.9 示意性地显示了两个线圈（标注为 1 和 2），分别有绕组系数 k_{w1} 和 k_{w2} 及 $(2N_1/\text{poles})$ 和 $(2N_2/\text{poles})$ 匝每对极，其磁轴线相隔电角度 α（等于其空间角位移的 $\text{poles}/2$ 倍）。得出这两个绕组间的互感为

$$\begin{aligned} L_{12} &= \frac{4\mu_0}{\pi}\left(\frac{2k_{w1}N_1}{\text{poles}}\right)\left(\frac{2k_{w2}N_2}{\text{poles}}\right)\frac{lr}{g}\cos\alpha \\ &= \frac{16\mu_0(k_{w1}N_1)(k_{w2}N_2)lr}{\pi g(\text{poles})^2}\cos\alpha \end{aligned} \tag{B.26}$$

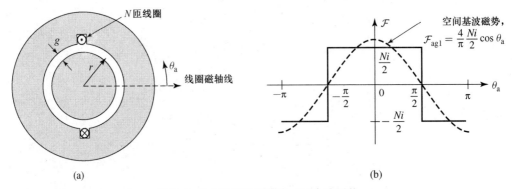

图 B.8　(a)N 匝集中线圈；(b)合成磁势

虽然图中所示一个绕组在转子，而第二个绕组在定子，但式 B.26 对两个绕组都在同一个部件上的情况同样有效。

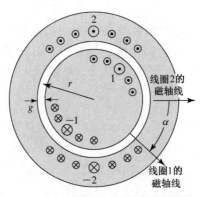

图 B.9　相隔 α 电角度的两个分布绕组

例 B.2　在一台有气隙长度 0.381mm、平均转子半径 6.35cm、轴向长度 20.3cm 的感应电动机上，看到了图 B.2 所示的 2 极定子绕组布置。每个定子线圈有 15 匝，各相线圈

的连接示于图 B.10。计算 a 相气隙电感 L_{aa0} 及 a 相与 b 相间的互感 L_{ab}。

解：

注意到,线圈沿定子的放置方式,是使得两个并联支路的磁链相等。此外,如果一个支路断开,所有的电流流入另一剩余支路,正如实际上呈现的,并不是在两个分支间均分,气隙磁通分布将不会改变。因而,相电感可以通过计算仅与一个并联支路有关的电感来求取。

这一结果也许看来有些令人迷惑,因为两个支路以并联方式连接,因而似乎并联电感应该是单个支路电感的一半。然而,电感分享公共磁路,它们的合成电感必须反映这一事实。但应该指出,相电阻为每个支路电阻的一半。

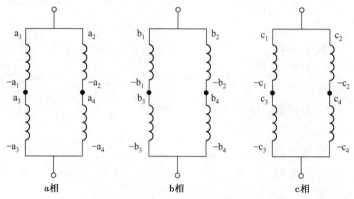

图 B.10 例 B.2 中图 B.2 的各相线圈连接

例 B.1 中已计算出了绕组系数,因而根据式 B.25 有

$$L_{aa0} = \frac{16\mu_0 lr}{\pi g}\left(\frac{k_w N_{ph}}{poles}\right)^2$$

$$= \frac{16\times(4\pi\times10^{-7})\times0.203\times0.0635}{\pi\times(3.81\times10^{-4})}\times\left(\frac{0.933\times30}{2}\right)^2$$

$$= 42.4\,\text{mH}$$

绕组轴线相隔 $\alpha=120°$,因而根据式 B.26 有

$$L_{ab} = \frac{16\mu_0(k_w N_{ph})^2 lr}{\pi g(poles)^2}\cos\alpha = -21.2\,\text{mH}$$

B.4 附录 B 变量符号表

α	用电角度表示的旋转角度[rad]
γ	用电角度表示的槽距角[rad]
λ	磁链[Wb]
μ_0	自由空间磁导率$=4\pi\times10^{-7}$[H/m]
Φ_p	每极基波磁通[Wb]
ρ	用电角度表示的线圈跨(节)距[rad]
θ_a	定子空间角[rad]

θ_{ae}	用电角度表示的定子空间角[rad]
ω	电角频率[rad/s]
B_{peak}	磁通密度峰值[T]
e, E	感应电势[V]
f	电频率[Hz]
$F, \mathcal{F}$	磁势[A]
F_A	磁势幅值[A·匝/极]
g	气隙长度[m]
i	电流[A]
l	线圈长度[m]
k_b	分布系数
k_p	短距系数
k_w	绕组系数
L	电感[H]
n	每相槽数
N	匝数
N_c	线圈匝数
N_{ph}	每相匝数
poles	极数
q	相数
r	半径[m]

下标：

ag	气隙
rms	有效值

附录 C dq0 变换

本附录中,将对 5.6 节介绍的直轴和交轴(dq0)理论格式化。介绍了从三相定子量向其直轴和交轴分量的格式化数学变换。然后,将这些变换用于描述同步电机以 dq0 变量表示的控制方程。

C.1 向直轴和交轴变量的变换

在 5.6 节中,作为帮助凸极电机分析的一个方法,介绍了将同步电机电枢量分解为两个旋转分量的观点。两个分量中,一个沿励磁绕组轴线,为直轴分量;一个与励磁绕组轴线正交,为交轴分量。这一观点行之有效,究其原因是,虽然由于转子的凸极性使每个定子相具有时变电感,但经变换后的量随转子旋转,因此有不变的磁路。虽然此处不做讨论,但由于转子不同的流通路径,在瞬态情况下,会出现附加的凸极效应,使这一变换概念显得更加有用。

同样,无论是否存在凸极效应,从分析转子和定子磁通及磁势波相互作用的观点来说,这一变换也很有用。通过将定子量变换成随转子同步旋转的等效量,在稳态情况下,这些相互作用就变成相距一个恒定空间角度的恒定磁势和磁通波的相互作用。这确实是相应于转子坐标系中的观测者的观点。

这一变换背后隐藏着的古老思想,源于法国安德烈·勃朗德尔(Andre Blondel)的成果,此方法有时称为勃朗德尔(Blondel)双反应法。此处用到的形式,是 R. E. Doherty、C. A. Nickle、R. H. Park 以及

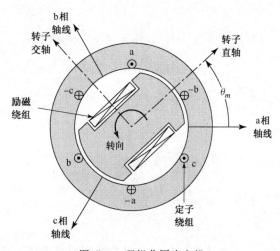

图 C.1 理想化同步电机

他们在美国的同事,进行了许多改进发展的结果。变换本身,称为 dq0 变换,可以直接用转子直轴和定子 a 相轴线间的电角度 θ_{me}(等于空间角度 θ_m 的 poles/2 倍)来呈现,如式 4.1 的定义和图 C.1 所示。

设 S 代表要变换的定子量(电流、电压或磁通),可以用矩阵形式写出变换关系为

$$\begin{bmatrix} S_d \\ S_q \\ S_0 \end{bmatrix} = \frac{2}{3} \begin{bmatrix} \cos(\theta_{me}) & \cos(\theta_{me} - 120°) & \cos(\theta_{me} + 120°) \\ -\sin(\theta_{me}) & -\sin(\theta_{me} - 120°) & -\sin(\theta_{me} + 120°) \\ \frac{1}{2} & \frac{1}{2} & \frac{1}{2} \end{bmatrix} \begin{bmatrix} S_a \\ S_b \\ S_c \end{bmatrix} \tag{C.1}$$

以及反变换为

$$\begin{bmatrix} S_{\mathrm{a}} \\ S_{\mathrm{b}} \\ S_{\mathrm{c}} \end{bmatrix} = \begin{bmatrix} \cos(\theta_{\mathrm{me}}) & -\sin(\theta_{\mathrm{me}}) & 1 \\ \cos(\theta_{\mathrm{me}} - 120°) & -\sin(\theta_{\mathrm{me}} - 120°) & 1 \\ \cos(\theta_{\mathrm{me}} + 120°) & -\sin(\theta_{\mathrm{me}} + 120°) & 1 \end{bmatrix} \begin{bmatrix} S_{\mathrm{d}} \\ S_{\mathrm{q}} \\ S_{0} \end{bmatrix} \tag{C.2}$$

式中,下标 d 和 q 分别代表直轴和交轴。式中也包含了一个用下标 0 标记的第 3 个分量,称为零序分量。此分量为获得 3 个定子相的量的唯一变换所必需,其相应于电枢电流中不产生净气隙磁通,因此不产生匝链转子电路的净磁通的分量。正如从式 C.1 可见,在三相对称条件下,没有零序分量。本书中仅考虑三相对称情况,因此对零序分量不再做详细讨论。

注意到,dq0 变换适用于要变换量的瞬时值,而不是有效值。因而,当进行此处介绍的格式化即时变换时,必须谨慎小心以避免采用有效值。有效值在如第 5 章的相量分析中经常采用。

例 C.1 一台 2 极同步电机带有对称三相电枢电流:

$$i_{\mathrm{a}} = \sqrt{2}I_{\mathrm{a}}\cos\omega t \qquad i_{\mathrm{b}} = \sqrt{2}I_{\mathrm{a}}\cos(\omega t - 120°) \qquad i_{\mathrm{c}} = \sqrt{2}I_{\mathrm{a}}\cos(\omega t + 120°)$$

转子以同步速度 ω 旋转,在 $t = 0$ 时转子直轴沿定子 a 相轴线。求直轴和交轴电流分量。

解:

转子直轴和定子 a 相轴线之间的角度可以表示为

$$\theta_{\mathrm{me}} = \omega t$$

根据式 C.1 有

$$i_{\mathrm{d}} = \frac{2}{3}[i_{\mathrm{a}}\cos\omega t + i_{\mathrm{b}}\cos(\omega t - 120°) + i_{\mathrm{c}}\cos(\omega t + 120°)]$$
$$= \frac{2}{3}\sqrt{2}I_{\mathrm{a}}[\cos^2\omega t + \cos^2(\omega t - 120°) + \cos^2(\omega t + 120°)]$$

利用三角恒等式 $\cos^2\alpha = \frac{1}{2}(1 + \cos 2\alpha)$ 得出

$$i_{\mathrm{d}} = \sqrt{2}I_{\mathrm{a}}$$

类似地,

$$i_{\mathrm{q}} = -\frac{2}{3}[i_{\mathrm{a}}\sin\omega t + i_{\mathrm{b}}\sin(\omega t - 120°) + i_{\mathrm{c}}\sin(\omega t + 120°)]$$
$$= -\frac{2}{3}\sqrt{2}I_{\mathrm{a}}[\cos\omega t \sin\omega t + \cos(\omega t - 120°)\sin(\omega t - 120°)$$
$$+ \cos(\omega t + 120°)\sin(\omega t + 120°)]$$

利用三角恒等式 $\cos\alpha\sin\alpha = \frac{1}{2}\sin 2\alpha$ 得出

$$i_{\mathrm{q}} = 0$$

这一结果正好符合 dq0 变换的物理描述。根据 4.5 节的讨论可知,三相对称电流施加到这台电机,产生同步旋转的磁势波,该磁势波产生的磁通在 $t = 0$ 时沿定子 a 相轴线。这一磁通波因而在 $t = 0$ 时沿转子直轴,因为转子以相同的速度在旋转,所以磁通波保持沿转子直轴。因此,定子电流仅产生直轴磁通,因而仅由直轴分量组成。

C.2 以 dq0 变量表示的同步电机基本关系

式 5.2 到式 5.5 给出了由励磁绕组和三相定子绕组构成的同步电机的磁链电流关系。这一简化电机足以说明电机采用 dq0 变量表示法的基本特征,转子附加电路例如阻尼绕组的影响可以直截了当地引入。

为便于分析,在此重复写出用每相变量表示的磁链电流关系(式 5.2 到式 5.5):

$$
\begin{bmatrix} \lambda_a \\ \lambda_b \\ \lambda_c \\ \lambda_f \end{bmatrix} = \begin{bmatrix} \mathcal{L}_{aa} & \mathcal{L}_{ab} & \mathcal{L}_{ac} & \mathcal{L}_{af} \\ \mathcal{L}_{ba} & \mathcal{L}_{bb} & \mathcal{L}_{bc} & \mathcal{L}_{bf} \\ \mathcal{L}_{ca} & \mathcal{L}_{cb} & \mathcal{L}_{cc} & \mathcal{L}_{cf} \\ \mathcal{L}_{fa} & \mathcal{L}_{fb} & \mathcal{L}_{fc} & \mathcal{L}_{ff} \end{bmatrix} \begin{bmatrix} i_a \\ i_b \\ i_c \\ i_f \end{bmatrix}
\tag{C.3}
$$

和 5.2 节的分析不同,此处的分析将包括凸极的影响,凸极会引起定子自感和互感随转子位置的变化。

为了此处分析的需要,假设图 C.1 的理想化同步电机满足两个条件:(1)气隙磁导有一个恒定分量和一个随两倍转子角度(电角度)的余弦变化的较小分量,转子角度以直轴为参考;(2)气隙磁通中空间谐波的影响可以忽略不计。虽然这些近似可能看起来有些强制,但它们构成了经典的 dq0 电机分析的基础,且在许多应用场合能给出极好的结果。从本质上说,这些假设涉及忽略了引起定子电压和电流时间谐波的影响,因而与以前忽略由离散绕组产生的谐波的假设一致。

采用 5.2 节的符号,可以根据转子电角度 θ_{me}(转子直轴和定子 a 相轴线间),写出电机的各种电感。定子自感为

$$
\mathcal{L}_{aa} = L_{al} + L_{aa0} + L_{g2} \cos 2\theta_{me}
\tag{C.4}
$$

$$
\mathcal{L}_{bb} = L_{al} + L_{aa0} + L_{g2} \cos (2\theta_{me} + 120°)
\tag{C.5}
$$

$$
\mathcal{L}_{cc} = L_{al} + L_{aa0} + L_{g2} \cos (2\theta_{me} - 120°)
\tag{C.6}
$$

式中,L_{al} 为绕组漏电感;L_{aa0} 为对应于气隙磁导恒定分量的电感;L_{g2} 为对应于气隙磁导随转子位置角变化分量的电感的幅值。

定子相与相之间互感为

$$
\mathcal{L}_{ab} = \mathcal{L}_{ba} = -\frac{1}{2}L_{aa0} + L_{g2} \cos (2\theta_{me} - 120°)
\tag{C.7}
$$

$$
\mathcal{L}_{bc} = \mathcal{L}_{cb} = -\frac{1}{2}L_{aa0} + L_{g2} \cos 2\theta_{me}
\tag{C.8}
$$

$$
\mathcal{L}_{ac} = \mathcal{L}_{ca} = -\frac{1}{2}L_{aa0} + L_{g2} \cos (2\theta_{me} + 120°)
\tag{C.9}
$$

励磁绕组自感为

$$
\mathcal{L}_{ff} = L_{ff}
\tag{C.10}
$$

以及定子与转子之间互感为

$$
\mathcal{L}_{af} = \mathcal{L}_{fa} = L_{af} \cos \theta_{me}
\tag{C.11}
$$

$$
\mathcal{L}_{bf} = \mathcal{L}_{fb} = L_{af} \cos (\theta_{me} - 120°)
\tag{C.12}
$$

$$
\mathcal{L}_{cf} = \mathcal{L}_{fc} = L_{af} \cos (\theta_{me} + 120°)
\tag{C.13}
$$

与 5.2 节比较说明,凸极的影响仅出现在定子自感和互感项,为一个随 $2\theta_{me}$ 变化的项。这一两倍角变化可以参考图 C.1 来理解,从中可以看出,转子旋转通过 180° 就再现磁路的最初结构。注意到,定子各相自感当转子直轴沿该相的轴线时为最大,而相与相间的互感当转子直轴沿这两相间的中间位置时为最大。这是所预期的结果,因为转子直轴为气隙磁通磁阻最小(磁导最大)路径。

当以 dq0 变量表示时,式 C.3 的磁链表达式变得更加简单。这可以通过对式 C.3 的磁

链和电流运用式 C.1 的变换来实现。处理过程稍微有点费事,但因为其仅仅是代数运算,此处省略。得到结果为

$$\lambda_d = L_d i_d + L_{af} i_f \tag{C.14}$$

$$\lambda_q = L_q i_q \tag{C.15}$$

$$\lambda_f = \frac{3}{2} L_{af} i_d + L_{ff} i_f \tag{C.16}$$

$$\lambda_0 = L_0 i_0 \tag{C.17}$$

在这些式子中,出现了新的电感项:

$$L_d = L_{al} + \frac{3}{2}(L_{aa0} + L_{g2}) \tag{C.18}$$

$$L_q = L_{al} + \frac{3}{2}(L_{aa0} - L_{g2}) \tag{C.19}$$

$$L_0 = L_{al} \tag{C.20}$$

量 L_d 和 L_q 分别是直轴和交轴同步电感,直接对应于 5.6 节中讨论的直轴和交轴同步电抗(即 $X_d = \omega_e L_d$ 和 $X_q = \omega_e L_q$)。电感 L_0 是零序电感。注意到,用式 C.14 到式 C.17 表示的变换后的磁链电流关系,不再包含随转子位置变化的电感。这一特征使得 dq0 变换非常有用。

电压方程

$$v_a = R_a i_a + \frac{d\lambda_a}{dt} \tag{C.21}$$

$$v_b = R_a i_b + \frac{d\lambda_b}{dt} \tag{C.22}$$

$$v_c = R_a i_c + \frac{d\lambda_c}{dt} \tag{C.23}$$

$$v_f = R_f i_f + \frac{d\lambda_f}{dt} \tag{C.24}$$

变换后得到

$$v_d = R_a i_d + \frac{d\lambda_d}{dt} - \omega_{me}\lambda_q \tag{C.25}$$

$$v_q = R_a i_q + \frac{d\lambda_q}{dt} + \omega_{me}\lambda_d \tag{C.26}$$

$$v_f = R_f i_f + \frac{d\lambda_f}{dt} \tag{C.27}$$

$$v_0 = R_a i_0 + \frac{d\lambda_0}{dt} \tag{C.28}$$

此处再次省略了代数运算细节,且式中 $\omega_{me} = d\theta_{me}/dt$ 为转子电角速度。

在式 C.25 和式 C.26 中,$\omega_{me}\lambda_q$ 和 $\omega_{me}\lambda_d$ 项是速度电势项,它们的出现是选择在以电角速度 ω_{me} 旋转的坐标系中定义变量的结果。这些速度电势项就类似于第 9 章的直流电机分析中遇到的速度电势项。在直流电机中,换向器/电刷系统实现将电枢(转子)电势向励磁绕组(定子)坐标系的变换。

现在,我们有了分析简单同步电机的基本关系式。它们由磁链电流方程式 C.14 到方程式 C.17、电压方程式 C.25 到方程式 C.28 以及变换方程式 C.1 和方程式 C.2 组成。当转子电角

速度 ω_{me} 为恒定时,微分方程为常系数线性方程。此外,相比于速度电势项 $\omega_{me}\lambda_q$ 和 $\omega_{me}\lambda_d$,方程式 C. 25 和方程式 C. 26 中的变压器电势项 $d\lambda_d/dt$ 和 $d\lambda_q/dt$ 常常可以忽略,得到更进一步的简化。省略这些项相当于忽略定子电压和电流瞬时解的谐波和直流分量。无论采用解析法或计算机仿真,变换后的方程一般都比用相变量直接表达的方程更容易求解。

在运用这些方程和电机学文献中的相应方程时,应该留意采用的符号惯例和单位。此处,已对电枢电流选择了电动机参考惯例,即正的电枢电流流入电机接线端。此处也采用了 SI 单位制(伏、安培、欧姆、亨等)。在其他文献中,常常在几个标幺值体系中选用其一以做数字简化[①]。

为完善这一套有用的方程,需要功率和转矩的表达式。进入三相定子的瞬时功率为

$$p_s = v_a i_a + v_b i_b + v_c i_c \tag{C.29}$$

采用为电压和电流写出的方程式 C. 2,从方程式 C. 29 可以消除各相的量。其结果为

$$p_s = \frac{3}{2}(v_d i_d + v_q i_q + 2v_0 i_0) \tag{C.30}$$

用第 3 章的方法可以很容易地得到电磁转矩 T_{mech},由于输出功率对应于速度电势除以转轴速度(以机械弧度每秒为单位)。从式 C. 25 和式 C. 26 的速度电势项,又已知 ω_{me} 为以电弧度每秒表示的转子速度,根据式 C. 30 得到

$$T_{mech} = \frac{3}{2}\left(\frac{poles}{2}\right)(\lambda_d i_q - \lambda_q i_d) \tag{C.31}$$

关于符号惯例的说明。正如本附录的推导中的情况,当对电流选择电动机参考惯例时(即电流的正的参考方向为进入电机),式 C. 31 的转矩为起加速转子作用的转矩。相反,如果选择发电机参考惯例,则式 C. 31 的转矩为起使转子减速作用的转矩。一般来说,这一结果与式 4.83 表达的转矩从相互作用的磁场而产生相一致。在式 C. 31 中可看到所有分量的交互作用的叠加:直轴磁通通过与交轴磁势的相互作用产生转矩,而交轴磁通通过与直轴磁势的相互作用产生转矩。注意到,对这两个交互作用,由于磁通和与其交互作用的磁势相夹 90 电角度,因此交互作用角的正弦(见式 4.83)为 1,所以再进一步得出简化形式的式 C. 31。

作为最后的警示,再次提醒读者,式 C. 29 到式 C. 31 中的电流、磁通及电压等为瞬时值。因而,强烈要求读者避免在这些方程式和在本附录里出现的变换方程式中使用有效值。

C.3 以 dq0 变量表示的感应电机基本关系

在本推导中,假设感应电机在转子和定子两者上均具有三相绕组,且无凸极效应。这样,磁链电流关系可以写为

$$\begin{bmatrix} \lambda_a \\ \lambda_b \\ \lambda_c \\ \lambda_{aR} \\ \lambda_{bR} \\ \lambda_{cR} \end{bmatrix} = \begin{bmatrix} \mathcal{L}_{aa} & \mathcal{L}_{ab} & \mathcal{L}_{ac} & \mathcal{L}_{aaR} & \mathcal{L}_{abR} & \mathcal{L}_{acR} \\ \mathcal{L}_{ba} & \mathcal{L}_{bb} & \mathcal{L}_{bc} & \mathcal{L}_{baR} & \mathcal{L}_{bbR} & \mathcal{L}_{bcR} \\ \mathcal{L}_{ca} & \mathcal{L}_{cb} & \mathcal{L}_{cc} & \mathcal{L}_{caR} & \mathcal{L}_{cbR} & \mathcal{L}_{ccR} \\ \mathcal{L}_{Aa} & \mathcal{L}_{aRb} & \mathcal{L}_{aRc} & \mathcal{L}_{aRaR} & \mathcal{L}_{aRbR} & \mathcal{L}_{aRC} \\ \mathcal{L}_{bRa} & \mathcal{L}_{bRb} & \mathcal{L}_{bRc} & \mathcal{L}_{bRaR} & \mathcal{L}_{bRbR} & \mathcal{L}_{bRcR} \\ \mathcal{L}_{cRa} & \mathcal{L}_{cRb} & \mathcal{L}_{cRc} & \mathcal{L}_{cRaR} & \mathcal{L}_{cRbR} & \mathcal{L}_{cRcR} \end{bmatrix} \begin{bmatrix} i_a \\ i_b \\ i_c \\ i_{aR} \\ i_{bR} \\ i_{cR} \end{bmatrix} \tag{C.32}$$

[①] 参见 A. W. Rankin "Per-Unit Impedances of Synchronous Machines," *Trans. AIEE* 64：569－573 839－841(1945)。

式中,下标 a、b、c 指定子量,而下标 aR、bR、cR 指转子量。

于是,可以根据转子电角度 θ_{me}(此处定义为转子 aR 相与定子 a 相轴线之间的夹角),写出电机的各种电感如下。

定子自感为

$$\mathcal{L}_{aa} = \mathcal{L}_{bb} = \mathcal{L}_{cc} = L_{aa0} + L_{al} \tag{C.33}$$

式中,L_{aa0} 为定子自感的气隙分量,而 L_{al} 为漏电感分量。

转子自感为

$$\mathcal{L}_{aRaR} = \mathcal{L}_{bRbR} = \mathcal{L}_{cRcR} = L_{aRaR0} + L_{aRl} \tag{C.34}$$

式中,L_{aRaR0} 为转子自感的气隙分量,而 L_{aRl} 为漏电感分量。

定子相与相之间互感为

$$\mathcal{L}_{ab} = \mathcal{L}_{ba} = \mathcal{L}_{ac} = \mathcal{L}_{ca} = \mathcal{L}_{bc} = \mathcal{L}_{cb} = -\frac{1}{2}L_{aa0} \tag{C.35}$$

转子相与相之间互感为

$$\mathcal{L}_{aRbR} = \mathcal{L}_{bRaR} = \mathcal{L}_{aRcR} = \mathcal{L}_{cRaR} = \mathcal{L}_{bRcR} = \mathcal{L}_{cRbR} = -\frac{1}{2}L_{aRaR0} \tag{C.36}$$

而定子与转子之间互感为

$$\mathcal{L}_{aaR} = \mathcal{L}_{aRa} = \mathcal{L}_{bbR} = \mathcal{L}_{bRb} = \mathcal{L}_{ccR} = \mathcal{L}_{cRc} = L_{aaR}\cos\theta_{me} \tag{C.37}$$

$$\mathcal{L}_{baR} = \mathcal{L}_{aRb} = \mathcal{L}_{cbR} = \mathcal{L}_{bRc} = \mathcal{L}_{acR} = \mathcal{L}_{cRa} = L_{aaR}\cos(\theta_{me} - 120°) \tag{C.38}$$

$$\mathcal{L}_{caR} = \mathcal{L}_{aRc} = \mathcal{L}_{abR} = \mathcal{L}_{bRa} = \mathcal{L}_{bcR} = \mathcal{L}_{cRb} = L_{aaR}\cos(\theta_{me} + 120°) \tag{C.39}$$

相应的电压方程式变成为

$$v_a = R_a i_a + \frac{d\lambda_a}{dt} \tag{C.40}$$

$$v_b = R_a i_b + \frac{d\lambda_b}{dt} \tag{C.41}$$

$$v_c = R_a i_c + \frac{d\lambda_c}{dt} \tag{C.42}$$

$$v_{aR} = 0 = R_{aR} i_{aR} + \frac{d\lambda_{aR}}{dt} \tag{C.43}$$

$$v_{bR} = 0 = R_{aR} i_{bR} + \frac{d\lambda_{bR}}{dt} \tag{C.44}$$

$$v_{cR} = 0 = R_{aR} i_{cR} + \frac{d\lambda_{cR}}{dt} \tag{C.45}$$

式中,电压 v_{aR}、v_{bR} 和 v_{cR} 置为 0,因为转子绕组在其端部短路。

在定子磁通波与转子同步旋转(至少在稳态时)的同步电机中,dq0 变换参考系的选择相对明了一些。具体来说,最有用的是向固定在转子上的坐标系的变换。

感应电机中参考系的选择就不是那么明了了。例如,有人可能选择固定在转子的坐标系,直接应用式 C.1 和式 C.2 的变换。如果这样去做,则因为感应电机的转子不是以同步速度旋转,在转子坐标系中看到的磁链将不为恒值,因而变换后的电压方程式中的时间微分就不等于 0。由此可见,直轴和交轴磁链、电流及电压等为时变的,结果使这些变换毫无实用价值。

另一种是选择以同步角速度旋转的坐标系。此时,定子和转子两者的量都必须变换。

对定子量,式 C.1 和式 C.2 中的转子角度 θ_{me} 应该用 θ_S 替换,此处

$$\theta_S = \omega_e t + \theta_0 \tag{C.46}$$

为 a 相轴线与同步旋转的 dq0 坐标系轴线之间的角度和 θ_0。

于是,定子量的变换方程式变成为

$$\begin{bmatrix} S_d \\ S_q \\ S_0 \end{bmatrix} = \frac{2}{3} \begin{bmatrix} \cos(\theta_S) & \cos(\theta_S - 120°) & \cos(\theta_S + 120°) \\ -\sin(\theta_S) & -\sin(\theta_S - 120°) & -\sin(\theta_S + 120°) \\ \frac{1}{2} & \frac{1}{2} & \frac{1}{2} \end{bmatrix} \begin{bmatrix} S_a \\ S_b \\ S_c \end{bmatrix} \tag{C.47}$$

而其反变换为

$$\begin{bmatrix} S_a \\ S_b \\ S_c \end{bmatrix} = \begin{bmatrix} \cos(\theta_S) & -\sin(\theta_S) & 1 \\ \cos(\theta_S - 120°) & -\sin(\theta_S - 120°) & 1 \\ \cos(\theta_S + 120°) & -\sin(\theta_S + 120°) & 1 \end{bmatrix} \begin{bmatrix} S_d \\ S_q \\ S_0 \end{bmatrix} \tag{C.48}$$

同样,对转子,θ_S 应该用 θ_R 替换,这里,

$$\theta_R = (\omega_e - \omega_{me})t + \theta_0 \tag{C.49}$$

为转子 aR 相的轴线与同步旋转的 dq0 坐标系轴线之间的角度,且 $(\omega_e - \omega_{me})$ 为从转子坐标系看到的同步旋转坐标系的电角速度。

于是,转子量的变换方程式变成为

$$\begin{bmatrix} S_{dR} \\ S_{qR} \\ S_{0R} \end{bmatrix} = \frac{2}{3} \begin{bmatrix} \cos(\theta_R) & \cos(\theta_R - 120°) & \cos(\theta_R + 120°) \\ -\sin(\theta_R) & -\sin(\theta_R - 120°) & -\sin(\theta_R + 120°) \\ \frac{1}{2} & \frac{1}{2} & \frac{1}{2} \end{bmatrix} \begin{bmatrix} S_{aR} \\ S_{bR} \\ S_{cR} \end{bmatrix} \tag{C.50}$$

而其反变换为

$$\begin{bmatrix} S_{aR} \\ S_{bR} \\ S_{cR} \end{bmatrix} = \begin{bmatrix} \cos(\theta_R) & -\sin(\theta_R) & 1 \\ \cos(\theta_R - 120°) & -\sin(\theta_R - 120°) & 1 \\ \cos(\theta_R + 120°) & -\sin(\theta_R + 120°) & 1 \end{bmatrix} \begin{bmatrix} S_{dR} \\ S_{qR} \\ S_{0R} \end{bmatrix} \tag{C.51}$$

对转子和定子量运用这一套变换,变换后的磁链电流关系,定子边变成为

$$\lambda_d = L_S i_d + L_m i_{dR} \tag{C.52}$$

$$\lambda_q = L_S i_q + L_m i_{qR} \tag{C.53}$$

$$\lambda_0 = L_0 i_0 \tag{C.54}$$

转子边变成

$$\lambda_{dR} = L_m i_d + L_R i_{dR} \tag{C.55}$$

$$\lambda_{qR} = L_m i_q + L_R i_{qR} \tag{C.56}$$

$$\lambda_{0R} = L_{0R} i_{0R} \tag{C.57}$$

至此,我们就定义了一套新的电感

$$L_S = \frac{3}{2} L_{aa0} + L_{al} \tag{C.58}$$

$$L_m = \frac{3}{2} L_{aaR0} \tag{C.59}$$

$$L_0 = L_{al} \tag{C.60}$$

$$L_R = \frac{3}{2} L_{aRaR0} + L_{aRl} \tag{C.61}$$

$$L_{0R} = L_{aRl} \tag{C.62}$$

变换后的定子电压方程式为

$$v_{\mathrm{d}} = R_{\mathrm{a}}i_{\mathrm{d}} + \frac{\mathrm{d}\lambda_{\mathrm{d}}}{\mathrm{d}t} - \omega_{\mathrm{e}}\lambda_{\mathrm{q}} \tag{C.63}$$

$$v_{\mathrm{q}} = R_{\mathrm{a}}i_{\mathrm{q}} + \frac{\mathrm{d}\lambda_{\mathrm{q}}}{\mathrm{d}t} + \omega_{\mathrm{e}}\lambda_{\mathrm{d}} \tag{C.64}$$

$$v_0 = R_{\mathrm{a}}i_0 + \frac{\mathrm{d}\lambda_0}{\mathrm{d}t} \tag{C.65}$$

转子电压方程式为

$$0 = R_{\mathrm{aR}}i_{\mathrm{dR}} + \frac{\mathrm{d}\lambda_{\mathrm{dR}}}{\mathrm{d}t} - (\omega_{\mathrm{e}} - \omega_{\mathrm{me}})\lambda_{\mathrm{qR}} \tag{C.66}$$

$$0 = R_{\mathrm{aR}}i_{\mathrm{qR}} + \frac{\mathrm{d}\lambda_{\mathrm{qR}}}{\mathrm{d}t} + (\omega_{\mathrm{e}} - \omega_{\mathrm{me}})\lambda_{\mathrm{dR}} \tag{C.67}$$

$$0 = R_{\mathrm{aR}}i_{\mathrm{0R}} + \frac{\mathrm{d}\lambda_{\mathrm{0R}}}{\mathrm{d}t} \tag{C.68}$$

最后,采用第 3 章的方法,转矩可以用许多等效方式表示。包括

$$T_{\mathrm{mech}} = \frac{3}{2}\left(\frac{\mathrm{poles}}{2}\right)(\lambda_{\mathrm{d}}i_{\mathrm{q}} - \lambda_{\mathrm{q}}i_{\mathrm{d}}) \tag{C.69}$$

及

$$T_{\mathrm{mech}} = \frac{3}{2}\left(\frac{\mathrm{poles}}{2}\right)\left(\frac{L_{\mathrm{m}}}{L_{\mathrm{R}}}\right)(\lambda_{\mathrm{dR}}i_{\mathrm{q}} - \lambda_{\mathrm{qR}}i_{\mathrm{d}}) \tag{C.70}$$

C.4　附录 C 变量符号表

λ	磁链[Wb]
θ	相位角[rad]
θ_{me}	用电角度表示的转子位置角[rad]
$\theta_{\mathrm{R}}, \theta_{\mathrm{S}}$	相对于同步旋转坐标系的角度[rad]
$\omega, \omega_{\mathrm{e}}$	电角频率,转子角速度[rad/s]
ω_{me}	转子电角速度[rad/s]
i, I	电流[A]
$L, \mathcal{L}$	电感[H]
L_{aa0}	对应于气隙磁导恒定分量的电感分量[H]
L_{al}	漏电感[H]
L_{g2}	对应于气隙磁导随转子位置角变化分量的电感分量[H]
p	功率[W]
poles	极数
R	电阻[Ω]
S	定子量
t	时间[s]
T	转矩[N·m]
v	电压[V]

下标：

0	零序
a、b、c	相标识
d	直轴
f	励磁绕组
mech	机械
q	交轴
R	转子
S	定子

附录 D　实际电机性能和运行的工程问题

本书讨论了电机学最基本和最重要的特征,这些内容是我们理解各种电机运行特性的基础。当我们把掌握的电机学理论应用到工程实践时,会遇到一些相关的实际问题。本附录旨在引入这类问题,并讨论在各种类型电机中都会遇到的损耗、冷却和定额等问题。

D.1　损　　耗

对电机损耗问题的考虑之所以重要,有三个原因:(1)损耗决定电机的效率,并且在很大程度上影响电机的运行成本;(2)损耗引起电机发热,且相应的温升最终决定在不过度损坏电机绝缘的前提下,所能得到的最大功率输出;(3)与提供这些损耗相关的压降或者电流因素必须在电机设计方案中给予合理考虑。

与变压器或者任何能量传递装置一样,电机的效率由下式给出:

$$效率 = \frac{输出}{输入} \tag{D.1}$$

也可以表示为

$$效率 = \frac{输入-损耗}{输入} = 1 - \frac{损耗}{输入} \tag{D.2}$$

$$效率 = \frac{输出}{输出+损耗} \tag{D.3}$$

除了轻载情况,旋转电机的运行效率普遍较高。例如,对 $1\sim10\,kW$ 的系列电动机来说,其满载平均效率在 80% 到 90% 之间;对 $10\,kW$ 以上到几百 kW 的电动机来说,效率可以达到 90% 到 95%;更大功率电动机的效率还要高出几个百分点。

通常采用式 D.2 和式 D.3 给出的形式来计算电机效率,因为人们总是通过测量损耗,而不是直接测量负载情况下的输入和输出功率来确定电机的效率。如果采用完全相同的测量和计算方法,则通过测量损耗确定的效率,可以用来比较相互竞争的电机产品。因此,美国国家标准化协会(ANSI)、电气和电子工程师协会(IEEE)和国家电气制造业协会(NEMA)严格规定了各种损耗及其测量条件。以下讨论归纳了几种通常需要考虑的损耗的发生机理。

欧姆损耗(Ohmic Losses)　欧姆损耗也即 I^2R 损耗,存在于电机的所有绕组中。尽管一般会通过测量每一具体运行点的绕组温度对计算做修正,但约定计算这些损耗时采用的是绕组在 75℃ 时的直流电阻。另外,交流下的绕组 I^2R 损耗取决于绕组的有效(交流)电阻,而有效电阻与运行频率和电机磁通情况有关。由直流电阻和有效电阻的差别引起的损耗偏差被计入负载杂散损耗,后面将要讨论这一损耗。对同步电机和直流电机的励磁系统,只将励磁绕组内的损耗计入电机效率计算;提供励磁的外部电源内的损耗,是将电机作为电厂的一部分,计入电厂的效率中。与 I^2R 损耗紧密相关的还有滑环和换向器上的电刷接触损耗。习惯上,在感应电机和同步电机中,这一损耗通常被忽略不计。在工业用直流电机中,当采用有引线(线辫)的碳和石墨电刷时,认为电刷总接触压降为 2V 的恒值。

机械损耗(Mechanical Losses)　机械损耗包括电刷及轴承上的摩擦损耗、风阻引起的损耗等。如果有通风装置,不管是自带风扇还是外风扇,还应包括使空气在电机和通风系统中循环所需的功率(除去强迫气流通过电机外部的长管道或狭窄管道所需的功率)。摩擦和风阻损耗可以通过测量电机的输入功率来确定,此时电机以适当转速运转但不带载且不励磁。通常,摩擦和风阻损耗与铁心损耗合并在一起,并同时确定。

开路或者空载铁心损耗(Open-Circuit or No-Load Core Loss)　开路铁心损耗包括磁滞和涡流损耗,是仅在主励磁绕组激励的情况下,由电机铁心中时变磁通密度引起的损耗。在直流电机和同步电机中,尽管由于开槽引起的磁通变化也会在磁极铁心,特别是在磁极铁心的极靴和极面中引起损耗,但铁心损耗主要还是局限在电枢铁心中。在感应电机中,铁心损耗主要局限在定子铁心中。通过使电机不带载,运行在额定转速或者频率、并且适当的磁通或者电压条件下,测出电机的输入功率,然后扣除摩擦和风阻损耗,并且如果测试中电机是自驱的,还要扣除空载电枢 I^2R 损耗(感应电动机的空载定子 I^2R 损耗),就可以得到开路铁心损耗。通常,在额定电压附近,测取空载铁心损耗随电枢电压变化的函数曲线数据。可以认为,用负载下电枢电阻压降对额定电压进行修正(对交流电机要用相量修正),负载下的铁心损耗取电压等于修正后值时测得的损耗值。然而,对于感应电机,通常省却这一修正,一般就采用额定电压时的铁心损耗。如果仅仅为了确定效率,就没有必要将开路铁心损耗与摩擦及风阻损耗分离,将这二者之和统称为空载旋转损耗。

涡流损耗随磁密、频率及叠片厚度等的平方变化。正常运行条件下,涡流损耗可以足够准确地近似表示为

$$P_e = K_e(B_{max}f\delta)^2 \tag{D.4}$$

式中:δ 为叠片厚度;B_{max} 为磁密最大值;f 为频率;K_e 为比例系数。系数 K_e 取决于所用的单位、铁心体积及铁心电阻率。

磁滞损耗的变化规律只能用基于经验的公式来表示。最常用的关系式是

$$P_h = K_h f B_{max}^n \tag{D.5}$$

式中:K_h 是比例系数,取决于铁心的特性和体积以及所用的单位;指数 n 在 1.5~2.5 之间,电机中估算时经常所取的值为 2.0。在式 D.4 和式 D.5 中,频率可以用速度来替代,磁通密度可以换成电压,但比例系数要做相应改变。

当电机负载时,负载电流产生的磁势会严重影响磁通密度的空间分布,实际的铁心损耗可能会显著增大。例如,谐波磁势会在气隙附近的铁心中产生可观的损耗。增大的总的铁耗通常被归为负载杂散损耗的一部分。

负载杂散损耗(Stray Load Loss)　负载杂散损耗包括:由于铜导体中电流分布的不均匀引起的损耗,由于负载电流使得磁场畸变而引起的附加铁心损耗,等等。这类损耗难以精确确定。根据惯例,对直流电机一般取输出功率的 1.0%。对同步电机和感应电机,负载杂散损耗一般通过多个标准试验来确定。

D. 2 定额和发热

电机和变压器这类电磁装置的定额,通常从机械和热两方面的考虑来确定。例如,绕组最大电流一般由绝缘材料不被损坏,或者其寿命不被过度缩短前提下所能承受的最高温度来决定。同样,电动机或者发电机的最高转速一般从机械方面考虑来决定,关乎于转子的结构紧固性或轴承的性能。由 D.1 节考虑的损耗引起的温度升高,无疑是确定电机定额的主要因素。

由于绝缘材料的退化同时受时间和温度这两个因素的影响,所以电机的寿命与其工作温度密切相关。绝缘材料的退化是一种化学现象,涉及缓慢氧化和突然固化,并导致机械耐久性和介电强度的损害。很多情况下,考虑退化速率后,绝缘材料的寿命可以表示成如下指数函数:

$$寿命 = A e^{B/T} \tag{D.6}$$

式中,A 和 B 为常数;T 为绝对工作温度。可见,根据式 D.6,如果绘出对数坐标材料寿命和均匀坐标温度倒数之间的关系,将会得到一条直线。这样的关系图为绝缘材料和绝缘结构的热评估提供了具有参考价值的指南。根据以往且或多或少地凭经验可知,温度上升 8℃～10℃,有机绝缘材料失效时间就会缩短一半,据此可以得到大致的寿命－温度关系。

绝缘材料和绝缘结构(其或许是差别很大的绝缘材料和技术的结合)的评估,在很大程度上是基于加速寿命试验。对于不同类型的电气设备,其正常预期寿命和使用条件差别悬殊。比如,在某些军事和导弹应用场合,预期寿命可能只是几分钟的事情;在某些航空器和电子设备中为 500～1000 小时;而在大型工业设备中是 10～30 年或者更长。试验规程也随着设备种类的不同而相应地变化。在称为绝缘寿命试验模型的模型上做加速寿命试验,普遍应用于绝缘评估。然而,这种试验难以方便地用于所有设备,特别是大型电机的绝缘结构。

绝缘寿命试验一般要尽量模拟工作条件,这些条件通常包括如下方面:

- 加热到试验温度引起的热冲击。
- 在这一温度的持续加热。
- 冷却到室温或者更低温度引起的热冲击。
- 实际工作中可能遇到的振动和机械应力。
- 曝露在潮湿环境。
- 介电试验确定绝缘状态。

必须测试足够多的试验样本,以便能采用统计学方法来分析测试结果。根据这些试验得到的寿命－温度关系,可以按适当的耐热等级将绝缘材料或者绝缘结构分类。

对商用绝缘材料和绝缘结构的允许耐热极限,应查阅 ANSI、IEEE 和 NEMA 的最新标准。工业电机最感兴趣的三种 NEMA 绝缘结构等级是 B 级、F 级和 H 级。B 级绝缘包括云母、玻璃纤维、石棉和有适当黏合物的类似材料。F 级绝缘也包括云母、玻璃纤维和与 B 级绝缘类似的合成物质,但这一类材料必须能承受更高的温度。H 级绝缘希望能承受再高一些的温度,包括硅橡胶材料和以硅树脂等做黏合物的含有云母、玻璃纤维、石棉等的合成材料。经验和试验表明,绝缘材料或绝缘结构能够在推荐的温度下工作,因而形成了这一重要的分类标准。

在确定绝缘材料的耐热等级后,工业电机不同部件的允许可测温升可以从相关标准查得。适度地详细划分则要依据电机的种类、温度的测量方法、涉及的部件、电机是否封闭以及冷却方式(自然冷却、风冷、氢冷等)等来进行。对于普通电机和确定用途(或特种)电机来说,也有区别。术语"普通电动机"是指用于通常的工作条件而没有限制为特殊应用场合或某类应用场合,具有常规运行特性和机械结构,容量可达 200 马力[①]且为标准额定容量之一的电动机。相对而言,"特种电动机"是指运行特性或者机械结构之一,或者两者都为特殊用途而设计的电动机。对同一耐热等级的绝缘,用在普通电动机时的允许温升要低于用在特种电动机时的允许温升,主要是因为普通电动机的运行条件未知,应留出较大的安全系数。然而,为了部分补偿较低的温升,允许普通用途电动机在额定电压下运行时有 1.15 的运行系数。运行系数是给额定输出所加的乘数,表示在该运行系数规定的条件下,电机能连续运行承带的允许负载。

从表 D.1 可以看到允许温升的例子。该表适用于整数马力的感应电动机,基于环境温度为 40℃,并假设通过测定绕组电阻的增加值来确定温升。

表 D.1　允许温升/℃ *

电动机类型	B 级	F 级	H 级
运行系数 1.15	90	115	
运行系数 1.00,封装绕组	85	110	
全封闭,风扇冷却	80	105	125
全封闭,无通风	85	110	130

* 摘自 NEMA 标准。

最常用的电机定额为连续定额,定义了在不突破规定限度时,能持续承担的输出功率(直流发电机用 kW 表示,交流发电机用特定功率因数时的 kVA 表示,电动机用马力或 kW 表示)。对于间歇负载、周期负载或者负载率变动的负载,可以给出电机短时定额,定义在规定时间内能承担的负载。短时定额的标准时限为 5、15、30 和 60 分钟。电机定额也规定了速度、电压和频率,以及允许的电压和频率变化等。例如,电动机必须能够在电压高于或低于额定电压 10% 时安全运行;交流电动机必须能在频率高于或低于额定频率 5% 时安全运行;电压和频率的组合波动不能超过 10% 等。其他的性能条件规定了例如电动机应能承受适度的短时过载等。这样,用户就可以指望电动机能够短时过载,比如,在 90% 正常电压时,允许电机在安全裕度内过载 25%。

与电机定额相对的是特定应用场合电机规格的选择问题。当负载需求维持基本恒定时,这是一件相对简单的事情。然而,在许多电动机应用场合,负载会或多或少地在较大范围内循环变化。典型的起重机或者升降机的工作循环就是一个很好的例子。从热观点来看,必须通过详细研究电动机在一个工作循环各阶段的损耗,求出电动机的平均发热量。另外,开启式和半封闭式电动机的通风情况随电动机转速变化,这一点必须考虑。选择电机时明智的做法,应该是基于对涉及电动机的大量试验数据和相当的经验数据的掌握。对基本上恒速运行的电动机,估算需要的规格时,有时假设其绝缘发热随负载的平方变化,但这一假设明显过分强调了电枢 I^2R 损耗的作用,而忽视了铁心损耗。代表工作循环的功率—时间曲线的有效值纵坐标,可以用与求周期变化的电流有效值同样的方法求得,并且基于这一

---

① 　1 马力≈0.735kW——译者注。

结果来选择电动机定额,即

$$有效值 kW = \sqrt{\frac{\Sigma(kW)^2 \times 时间}{运行时间 + (停顿时间/k)}} \tag{D.7}$$

式中,k 是考虑由于停顿使通风变差引入的常数,对开启式电动机近似等于 4。一个完整工作循环的时长,必须比电动机达到其稳定温度所需的时间要短。

尽管很粗略,但有效值 kW 方法经常被使用。还需要把估算结果规整到可以得到的商用电机规格[①],从而避开精确的计算。频繁起动或反转的电动机必须予以特殊考虑,因为从热观点看,此种运行方式相当于严重过载。另外,当工作循环中负载有高的转矩峰值,而纯粹依据热观点选择的连续定额电动机不能提供如此需求的转矩时,应该另做考虑。对这种工作循环,通常选用短时定额的特种电动机。一般来说,与输出功率相同的连续定额的电动机相比,短时定额电动机尽管热容量较小,但其具有较好的转矩产生能力。之所以有这样两个特征,是因为短时定额电动机铁心中的磁密和导体的电流密度设计得较高。一般来说,短时定额时限越小,其转矩产生能力与热容量的比值就越大。允许短时定额电动机比普通电动机有较高的温升。比如,150kW、1 小时、50℃ 定额的电动机可能具有 200kW 连续定额电动机的转矩能力,然而能承受的连续功率输出为其额定输出功率的 0.8 倍,或者说 120kW。在许多情况下,对需要 120kW 连续定额电动机具有的热容量,但需要 200kW 连续定额电动机才具有的最大转矩能力的驱动场合,选择这样的短时定额电动机是一种经济的解决方案。

D.3　电机的冷却方式

一般来说,电气设备的冷却会随其规格的增大而更加困难。散热面积大致随设备尺寸的平方而增大,而由损耗产生的热量大致与设备的体积成正比,也就是说近似随设备尺寸的立方而增大。对于大型汽轮发电机,因为从经济性、机械要求、运输和安装等方面考虑,都要求电机结构紧凑,转子锻件尤其如此,冷却问题就显得特别严重。甚至在中型电机中,例如超过几千 kVA 的发电机中,通常也要采用封闭式通风系统。为确保冷却媒质能有效地带走所有损耗产生的热量,必须相当精细地设计冷却管道结构。

在汽轮发电机中,通常选用氢作为全封闭通风系统的冷却媒质。氢具有如下特质,使其非常适合冷却用途:

- 在相同的温度和压力下,氢的密度仅是空气密度的 0.07 倍,所以阻力和通风损耗小得多。
- 同等重量时,氢的比热是空气的 14.5 倍,这就意味着,对于同样的温度和压力,氢与空气单位体积的储热能力大致相当;但通过电机发热部件与冷却气体之间的强制对流,氢的热交换能力远远高于空气。
- 由于不存在污尘、湿气和氧化,绝缘材料的寿命会延长,维护成本会降低。
- 起火的危险性降低,因为在氢与空气的混合物中,如果氢气的含量大于 70%,也不会

---

① 市场能得到的电动机通常都是 NEMA 定义的标准规格。有关电动机和发电机的 NEMA 标准规定了电动机定额以及类型和机座尺寸。

发生爆炸。

前两个特质带来的好处是,采用氢气冷却方式后,在同样的运行条件下,必须散去的热量减少,同时容易带走更多的热量。

电机及其用来使氢气冷却的水冷式热交换装置必须密封在一个气体密封仓中。问题的症结在于轴承的密封。冷却系统通常维持比大气稍大的压力(至少 0.5Pa),以使得泄漏气体的方向向外,不至于把易爆混合物质聚集到电机内。在这样的压力下,电机的定额可以比空气冷却时的定额提高约 30%,并且满载效率提高约 0.5%。冷却系统使用的压力有逐渐增大的趋势(如 15~60Pa)。把氢气压力从 0.5Pa 增大到 15Pa,同样的温升下,电机输出会提高约 15%;进一步提高到 30Pa,又可以增大输出大约 10%。

一个重大的进展被称为导体冷却或者内冷,采用该方法几乎可以使得一定物理尺寸的氢冷汽轮发电机的输出功率增大一倍。在该方法中,冷媒(液体或气体)被强迫通过导体或者导线束内的空腔,在图 D.1 中可看到这类导体的例子。可以看出,由电气绝缘形成的阻热层在很大程度上被包围起来了,导体损耗产生的热量可被冷媒直接吸收。转子导体通常用氢气作为冷却媒质。定子导体可用气体或液体冷却方式,较早的时候采用氢气冷媒,短暂使用过油,后来常用水。图 4.2 和图 4.9 所示是定子和转子均采用水冷的水轮发电机。

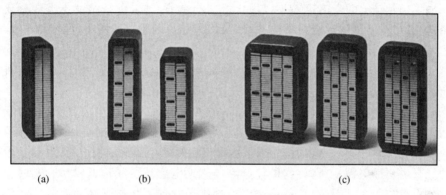

图 D.1 汽轮发电机双层定子绕组的线棒截面图,绝缘结构采用通过真空浸渍的合成树脂:
(a)间接冷却空心股线棒;(b)双线并线股线水冷线棒;(c)4 线并绕股线水冷线棒

D.4 励 磁

电机磁路中的合成磁通由电机所有绕组的合成磁势建立。在传统的直流电机中,有效磁势大部分由励磁绕组产生;在变压器中,净励磁由一次侧或者二次侧绕组提供,或者说各自提供一部分。交流电机中存在类似的情况。为交流电机提供励磁,会在两个不同的方面对电机应用的运行经济性带来重要影响。

D.4.1 交流电机的功率因数

因为提供无功功率也需要一定的成本,所以交流电机运行时的功率因数是衡量其经济性的一个重要指标。低功率因数对系统运行的不利影响主要有三个方面:(1)发电机、变压器和传输设备之所以用 kVA(容量)而不是用 kW(有功功率)来定额,是因为它们的损耗和发热基本上由电压和电流的乘积决定,而与功率因数无关。交流设备的物理尺寸和成本大致正比于其额定容量,所以,发电机、变压器和传输设备提供一定有用量的有功功率需要的投资大致反比于功率因数。(2)低功率因数意味着发电和传输设备中会有更大的电流和 I^2R 损耗。(3)更为不利的是,低功率因数会使电压调整性变差。

从所需无功功率与建立磁通之间的关系,可以很容易地看出影响电动机所需无功功率的因素。和其他任何电磁装置一样,电动机运行所需的合成磁通必须靠电流的磁化分量来建立。不管磁化电流是在定子绕组还是在转子绕组中流通,其磁路和基本的能量转换过程没有任何差别。这和变压器的情况类似,在变压器中由哪一个绕组通过励磁电流,对建立磁通来说没有根本差别。在一些情况下,各个绕组都会提供部分励磁。如果全部或者部分磁化电流由交流绕组提供,则该绕组的输入中就必须包含滞后性无功功率,因为磁化电流滞后于电压 90°。从效果看,滞后性无功功率在电动机中建立磁通。

在感应电动机中,唯一可能的励磁来源是定子输入。因此,感应电动机必须运行在滞后性功率因数状态。这一滞后性功率因数在空载时非常低,在满载时会增大到 85% 到 90% 或者更高,引起功率因数的改善是由于负载增大时,所需的有功功率随之增大。

对同步电动机来说,可能会有两个励磁源:电枢绕组中的交流电流或者励磁绕组中的直流电流。如果励磁绕组的电流恰好足以提供所需的磁势,则电枢绕组就不需要磁化电流分量或者无功功率,电动机就运行在单位功率因数1。如果励磁电流减小,即使得电动机欠励,则磁势的不足必须由电枢绕组弥补,这样电动机会运行在滞后性功率因数的状态。如果励磁电流增大,即使得电动机过励,则多余的磁势必须依靠电枢绕组来平衡,电枢电流中会出现一个超前的分量,电动机于是就运行于超前性功率因数的状态。

由于必须给如变压器和感应电动机这样的感性负载提供磁化电流,而处于过励状态的同步电动机具有提供滞后性电流的能力,这是同步电动机的一大优点,具有很好的经济意义。从效果看,过励状态同步电动机充当了产生滞后性无功功率的发电机,并就此解除提供这一无功分量需要的电源。所以,它们能起到与就地电容设备同样的作用。有时也将空载运行的同步电机接入电力系统,仅仅用来调节功率因数或者控制无功功率。这样的同步电机通常称为同步补偿机,较大规格时它比静止电容器更为经济。

当给定子电路中接入足够大的容性负载时,同步电机和感应电机都可能自励。容性电流于是实现励磁,并可能引起严重的过电压或过大的瞬态转矩。由于传输线路具有一定的固有电容,当同步发电机输出电压到空载或者轻载的长输电线路时会引起这一问题。有时需要在线路的送电端接上并联电抗器来补偿容性电流。对感应电动机,当电动机和电容器作为一个整体来投切时,通常用限制并联电容器大小的方法来避免自励。

D.4.2 汽轮发电机励磁系统

随着汽轮发电机可以做到的容量不断增大,为其提供直流励磁电流(在较大型机组中达4000A 或更高)也越来越困难。一种常用的励磁电源是与发电机同轴驱动的直流发电机,其输出通过电刷和滑环向交流发电机的励磁绕组提供励磁。另外,也可以用传统的同轴驱动交流发电机作为主励磁机来给主发电机提供励磁。该励磁机具有静止的电枢和旋转的励磁绕组,其频率可能是 180Hz 或者 240Hz,其输出送到一个静止的固态整流器,整流器的输出再通过(电刷和)滑环给汽轮发电机提供励磁。

滑环、换向器和电刷不可避免地会涉及冷却和维护问题。许多现代励磁系统通过尽量少用滑动接触和电刷来避免这类问题。例如,某些励磁系统用的也是同轴驱动的交流发电机,但励磁机的励磁绕组静止不动,而其交流电枢绕组随轴旋转。采用旋转整流器,直流励磁可以不通过滑环而直接施加到主发电机的励磁绕组。

正在制造中的最新设计的励磁系统不需要任何旋转的励磁发电机。在这类系统中,励磁功率通过一种特殊的辅助变压器从本地电网中获得。另外,还可以直接从主发电机的输出端获得励磁功率,其中一种系统是主发电机设计有一个特殊的电枢绕组来提供励磁功率。在这些系统中,励磁功率是采用晶闸管(SCR)相控整流获得。由于性能可靠的大功率 SCR 的发展,使实现这类励磁系统已经成为可能。这类系统设计相对简单,并且能提供许多现代应用需要的快速响应性能。

D.5　电机的效率

伴随着对能源及其成本的日益关注,人们自然要关注能量的利用效率。尽管电能可以高效地转化为机械能,但最高效率的获得既要对电机进行精心设计,也需要实现电机与应用场合的合理匹配。

显然,提高电机效率的一种方法就是减小其内部损耗,正如 D.1 节阐述的那样。例如,通过增大槽面积,以便使用更多的铜来增大绕组的截面积进而减小其电阻,就可以减少绕组的 I^2R 损耗。

铁心损耗可以通过减少电机铁心中磁通密度的办法来降低。通过增大铁心体积,就能降低铁心中的磁通密度。这样一来,尽管单位重量的损耗下降了,但材料的总体积增大了(当然质量也增大了),根据电机设计方案的变化,可能会存在这样一个点,过了该点,增大铁心体积时,损耗实际上反而会增大。类似地,对一定的磁通密度,通过使用更薄的叠片,就可以减小涡流损耗。

可以看出,这里涉及一个如何折中的问题:提高电机效率,通常需要更多的材料,因此尺寸更大且成本也更高。对特定的应用要求,用户通常选择“最低成本”解决方案:如果高效电动机增加的投入成本能在其寿命期内被节省的能源弥补,人们或许会选择高效、成本较高的电机;如果不是这样,尽管这种电机的效率较高,但用户未必十分乐意选用。

同样,某些类型电机的效率天生就高于其他类型的电机。例如,单相电容起动感应电动机(见 9.2 节)相对低廉,具有较高的可靠性,在各种小型器具应用场合被广泛使用,如电冰箱、空调和电风扇等。然而,它们的效率天生就低于相应的三相电动机。如果将单相感应电动机改为电容运转型,则其效率会有所提高,但因其成本相对较高,经济上通常并不划算。

为了优化电机的使用效率,电机必须与其应用场合合理匹配,既要考虑规格,也要考虑性能。由于典型的感应电动机趋向于吸取几乎恒定的无功功率,而与负载无关,并且由于这会引起输电线上的电阻损耗,所以选择完全满足特定应用要求的最小容量感应电动机是比较明智的做法。另外,还可以采用容性功率因数来补偿。现代固态控制技术的合理利用,也能在优化性能和效率方面起到重要作用。

当然,对任何特定应用场合,都有许多实际的限制会影响电动机的选择。这些因素中最重要的是,人们一般能得到的只是一些标准规格的电机。例如,制造商通常制造的分马力交流电动机的容量为 1/8 马力、1/6 马力、1/4 马力、1/3 马力、1/2 马力、3/4 马力和 1 马力（NEMA 标准定额）。这些离散的可选容量限制了对特定应用的调整余地。如果需要的是 0.8 马力，用户无疑最终要购买 1 马力的装置，勉强接受稍微低于最佳效率的运行。从经济上考虑，只有在大批量需求时才定制 0.8 马力电动机。

必须指出，电动机与其应用场合不匹配是造成电动机使用效率低下的最主要根源。即使是效率很高的 50kW 电动机，但用来驱动 20kW 的负载，其运行效率也会有某种程度的降低。然而，这种不匹配在实际场合仍然屡见不鲜，这在很大程度上是由于人们对运行负载难以把握；同时，在应用工程师方面，为了保证考虑的系统即使面临设计的不确定性也能可靠运行，选择电机时趋向于保守。可能需要很长时间来对这一问题进行仔细研究，才能有效地提高电机应用领域的能源利用率。

附录 E　常数和 SI 单位转换系数表

常数

自由空间磁导率　　$\mu_0 = 4\pi \times 10^{-7} H/m$

自由空间介电常数　$\epsilon_0 = 8.854 \times 10^{-12} F/m$

转换系数

长度　　　　1m = 3.281ft = 39.37in

质量　　　　1kg = 0.0685slug = 2.205lb(质量) = 35.27oz

力　　　　　1N = 0.225lbf = 7.23poundals

转矩　　　　$1N \cdot m = 0.738lbf \cdot ft = 141.6oz \cdot in$

压力　　　　$1Pa(N/m^2) = 1.45 \times 10^{-4} lbf/in^2 = 9.86 \times 10^{-6} atm$

能量　　　　$1J(W \cdot s) = 9.48 \times 10^{-4} BTU = 0.239calories$

功率　　　　$1W = 1.341 \times 10^{-3} hp = 3.412BTU/hr$

转动惯量　　$1kg \cdot m^2 = 0.738slug \cdot ft^2 = 23.7lb \cdot ft^2 = 141.6oz \cdot in \cdot s^2$

磁通　　　　$1Wb = 10^8 lines$(麦克斯韦)

磁通密度　　$1T(Wb/m^2) = 10000gauss = 64.5kilolines/in^2$

磁化强度　　$1A \cdot turn/m = 0.0254A \cdot turn/in = 0.0126oersted$